Schmusch Elektronische Meßtechnik

Elektronik 6

Wolfgang Schmusch

Elektronische Meßtechnik

Prinzipien, Verfahren, Schaltungen

4., durchgesehene Auflage

Vogel Buchverlag

Zur Fachbuchgruppe «Elektronik» gehören die Bände:

Klaus Beuth/Olaf Beuth: Elementare Elektronik

Heinz Meister: Elektrotechnische Grundlagen
(Elektronik 1)

Klaus Beuth: Bauelemente
(Elektronik 2)

Klaus Beuth/Wolfgang Schmusch: Grundschaltungen
(Elektronik 3)

Klaus Beuth: Digitaltechnik
(Elektronik 4)

Helmut Müller/Lothar Walz: Mikroprozessortechnik
(Elektronik 5)

Wolfgang Schmusch: Elektronische Meßtechnik
(Elektronik 6)

Klaus Beuth/Richard Hanebuth/Günther Kurz: Nachrichtentechnik
(Elektronik 7)

Wolf-Dieter Schmidt: Sensorschaltungstechnik
(Elektronik 8)

Die Deutsche Bibliothek – CIP-Einheitsaufnahme

Elektronik. – Würzburg : Vogel,
6. Schmusch, Wolfgang: Elektronische Meßtechnik. –
4. Aufl. – 1998

Schmusch, Wolfgang:
Elektronische Meßtechnik : Prinzipien, Verfahren,
Schaltungen / Wolfgang Schmusch. – 4. Aufl. – Würzburg :
Vogel, 1998
(Elektronik; 6)
Vogel-Fachbuch : Elektronik)
ISBN 3-8023-1769-6

ISBN 3-8023-1769-6
4. Auflage. 1998

Printed in Germany

Vorwort

Die sprunghafte Entwicklung der Elektrotechnik und Elektronik in der zweiten Hälfte unseres Jahrhunderts hat auch der elektrischen Meßtechnik eine Vielzahl neuer Methoden und Verfahren erschlossen. So gibt es wohl keine physikalische Größe, die man nicht mit ausreichender Genauigkeit auf elektrischem Wege erfassen und zur Anzeige bringen könnte.

Die moderne Meßtechnik ist in hohem Maße auf Bauteile der Elektronik angewiesen und damit abhängig von der Zuverlässigkeit z. T. sehr komplexer Bausteine. Operationsverstärker, integrierte Digitalschaltkreise, ADU- und DAU-Schaltungen sind nur einige. Es versteht sich von selbst, daß man neu entwickelte Bauelemente erst nach genauer Kenntnis ihres Langzeitverhaltens und ihrer Beeinflußbarkeit durch Umweltfaktoren, wie z. B. Temperatur, Luftfeuchtigkeit oder atmosphärischer Druck, in Meßgeräten einsetzen wird, um Meßergebnisse mit garantierten Fehlergrenzen erzielen zu können.

Im Rahmen der Vogel-Fachbücher Elektronik gibt der vorliegende Band einen Einblick in Prinzipien, Verfahren und Schaltungen der elektronischen Meßtechnik. Dabei wird auf eine gut verständliche und anschauliche Darstellungsweise besonderer Wert gelegt, mathematische Ableitungen sind auf das zum Verständnis der Zusammenhänge nötige Maß beschränkt. In Form von Blockschaltbildern wird gezeigt, wie die einzelnen Verfahren in Meßgeräten oder Meßeinrichtungen zur Anwendung kommen. Die Behandlung von Fragen der Zuverlässigkeit elektronischer Bauelemente würde den Rahmen dieses Buchs sprengen. Es sei allerdings auf die große Bedeutung dieser Probleme hingewiesen, die wesentlich die Genauigkeit und Einsatzmöglichkeiten der elektronischen Meßgeräte mitbestimmen.

Das Buch wendet sich an einen breiten Leserkreis in Fachschulen und Fachhochschulen, an Studierende, die nach ergänzender, praxisorientierter Fachliteratur suchen, und an Facharbeiter, die sich in das Gebiet der elektronischen Meßtechnik einarbeiten möchten.

Die Darstellungsweise macht das Buch zum Selbststudium geeignet. Das setzt allerdings einige Vorkenntnisse aus dem Bereich der analogen und digitalen Schaltungstechnik sowie Kenntnisse über elektronische Bauelemente voraus, die mit den Bänden Elektronik 1 bis 4 der gleichen Buchreihe vermittelt werden. Da, wo es nötig erscheint, wird auf Kapitel dieser Bände verwiesen.

Zur 3. Auflage

Die 3. Auflage dieses Buches wurde deutlich erweitert. Das neu hinzugefügte Kapitel 7 – Elektronische Meßgeräte – vermittelt die Anwendung von Meßverfahren und -methoden in modernen Meßgeräten. Meßverstärker, Digital-Analog- und Analog-Digital-Umsetzer, Digitalmultimeter, Spezialoszilloskope und die automatische Meßtechnik werden beschrieben. Dabei wurden sowohl geänderte Lehrpläne von Fachschulen als auch Wünsche des breiten Leserkreises von Studierenden und Dozenten berücksichtigt.
Besonders danke ich allen, die mit wertvollen Zuschriften und Hinweisen zur Gestaltung und Themenauswahl dieses Buches beigetragen haben.

Freiburg i. Br. Wolfgang Schmusch

Inhaltsverzeichnis

Anhang

1 Grundbegriffe der Meßtechnik

1.1 Größen, Einheiten, Normalien

1.1.1 Größen und Einheiten

Die Meßtechnik beschäftigt sich mit der Beobachtung und zahlenmäßigen Erfassung von Naturerscheinungen oder technischen Abläufen. Zur Beschreibung dieser Vorgänge dienen pyhsikalische Größen, deren Anzahl grundsätzlich beliebig groß sein könnte. Tatsächlich genügen jedoch relativ wenige Grund- oder Basisgrößen, um eine vollständige Beschreibung zu ermöglichen. Verknüpfungen solcher Basisgrößen werden als abgeleitete physikalische Größen bezeichnet. So können z. B. Länge und Zeit Basisgrößen sein, während die Geschwindigkeit als Verknüpfung von Länge und Zeit eine abgeleitete Größe ist.

> Physikalische Größen beschreiben Eigenschaften von Körpern, Zuständen oder Vorgängen.
> Grund- oder Basisgrößen sind voneinander unabhängig definierte Größen.
> Verknüpfungen von Basisgrößen sind abgeleitete Größen.

Die Messung physikalischer Größen erfolgt durch einen Vergleich. Dazu wird für die Basisgrößen, aber auch für abgeleitete Größen, eine Einheitsgröße, kurz Einheit genannt, festgelegt.

Die Messung besteht nun darin, festzustellen, um wievielmal größer oder kleiner die reale Größe im Vergleich zu ihrer Einheit ist.

$$\text{Größe} = \text{Maßzahl} \cdot \text{Einheit}$$

> Zu jedem Größensystem gehört ein Einheitensystem, das die verwendeten Größen in normierter Form darstellt.
> Die Maßzahl der Einheitsgröße = 1 Einheit ist immer 1.

Um Größen und ihre Einheiten deutlich zu unterscheiden, werden für sie unterschiedliche Symbole verwendet. Als Beispiel sei das Ergebnis einer Spannungsmessung dargestellt:

$$\text{Größe} = \text{Maßzahl} \cdot \text{Einheit}$$

$$\text{Spannung} = 50 \cdot 1\,\text{Volt}$$

$$U = 50 \cdot 1\,\text{V} = 50\,\text{V}$$

Das Produkt aus Maßzahl und Einheit (50 V) stellt den quantitativen Wert der Größe dar.
Größengleichung: Die im vorliegenden Beispiel dargestellte Gleichungsform wird als Größengleichung bezeichnet. Auf der linken Seite steht die Größenbezeichnung, rechts vom Gleichheitszeichen der Wert oder ein Term, der den Zusammenhang mit anderen Größen wiedergibt:

U	=	50 V		
Größe	=	Wert von U		
U	=	I	·	R
Größe	=	Größe	·	Größe
U	=	1 A	·	50 Ω
Größe	=	Wert von I	·	Wert von R
U	=	I	·	50 Ω
Größe	=	Größe	·	Wert von R

Die vier Schreibweisen zeigen jeweils unterschiedliche Formen von Größengleichungen.

> Größengleichungen geben den Wert einer Größe an oder deren Beziehung zu anderen Größen.

Einheitengleichung: Will man den mathematischen Zusammenhang zwischen verschiedenen Einheiten als Gleichung darstellen, so entsteht die Einheitengleichung.

1 Watt = 1 Ampere · 1 Volt
1 W = 1 A · 1 V

Sie kann auch in der Form:

$$\{P\} = 1\,\text{A} \cdot 1\,\text{V} = 1\,\text{W}$$

geschrieben werden, um einen Bezug zur Größe P herzustellen. Die Größe steht dann in geschweiften Klammern.

> Einheitengleichungen geben den mathematischen Zusammenhang zwischen verschiedenen Einheiten wieder.

1.1.2 Internationales Einheitensystem (SI)

Schon vor mehr als 100 Jahren gab es im Interesse des internationalen Handels, im Interesse der Wirtschaftsverflechtungen und im Interesse des besseren Austauschs wissenschaftlicher Erkenntnisse Bestrebungen, Basisgrößen und Basiseinheiten international einheitlich festzulegen. Mit der Unterzeichnung der Meterkonvention durch 17 Staaten im Jahr 1875 gelang es erstmals, eine verbindliche Vereinbarung über Maße und Gewichte im internationalen Rahmen zu schaffen. Die so gegründete Generalkonferenz für Maß und Gewicht (Conférence Générale des Poids et Measures – CGPM) ist bis heute die höchste internationale Autorität im Meßwesen. Diese richtete das Internationale Büro für Maß und Gewicht ein:

Bureau International des Poids et Measures – BIPM, zu dessen Aufgaben es gehört, die international gültigen Prototypen der Einheiten aufzubewahren. Sitz dieser Einrichtung ist Sérves bei Paris. Die Unterzeichnerstaaten vergleichen ihre nationalen Normalien regelmäßig mit denen des BIPM in Paris, um die Vereinheitlichung zu erhalten. Inzwischen gehören etwa 50 Staaten der Generalkonferenz an, die sich in unregelmäßigen Abständen versammelt.

Im Jahr 1954 begründete die Generalkonferenz das heute gültige «Internationale Einheitensystem», dem im Jahr 1960 die Kurzbezeichnung SI (Systéme International d'Unités) gegeben wurde.

1971 erweiterte man nochmals die Zahl der Basisgrößen und nahm die Stoffmenge mit der Einheit 1 Mol in die SI-Einheiten auf.

> Seit 1969 sind die SI-Einheiten in der Bundesrepublik Deutschland für den Geschäfts- und Amtsverkehr verbindlich (Gesetz über Einheiten im Meßwesen, 5. Juli 1970).

Die Tabelle 1.1 zeigt die Basisgrößen und -einheiten mit ihren Kurzzeichen.

Definition der Einheiten: Hinter den Definitionen der heute gültigen Einheiten steht ein langer geschichtlicher Prozeß. Während im Mittelalter die Einheiten vorzugsweise vom Menschen (Elle, Fuß) abgeleitet wurden, ging man nach der französischen Revolution dazu über, Erde und Wasser in den Mittelpunkt zu stellen. Die Längeneinheit wurde aus einer Erdvermessung gewonnen, die Masseneinheit durch einen Kubikdezimeter Wasser bei der Temperatur des schmelzenden Eises (später bei 4 Grad Celsius) repräsentiert und die Zeiteinheit von der Erdumdrehung abgeleitet. Man schuf Prototypen für das Meter und das

Basisgröße		Basiseinheit	
Name	Zeichen	Name	Zeichen
Länge	l	Meter	m
Masse	m	Kilogramm	kg
Zeit	t	Sekunde	s
Stromstärke	I	Ampere	A
thermodynamische Temperatur	T	Kelvin	K
Lichtstärke	I_v	Candela	Cd
Stoffmenge	–	Mol	mol

Tabelle 1.1 Basisgrößen und -einheiten des internationalen Einheitensystems (SI)

Kilogramm aus einer Platin-Iridium-Legierung, die eine «zeitlose» Verkörperung dieser Einheiten darstellen sollten.

Die weitere technische Entwicklung, insbesondere die Verfeinerung der meßtechnischen Verfahren und Geräte machte es möglich, auch geringste Veränderungen der Materialeigenschaften und der Zeitabläufe in der Natur zu registrieren. Damit erwies sich auch das Bezugssystem Erde–Wasser als zu wenig verläßlich, weil es Veränderungen unterworfen ist. Maxwell regte Mitte des 19. Jh. an, das Bezugssystem für Länge, Zeit und Masse im atomaren Bereich zu suchen. Nur fehlten noch die technischen Voraussetzungen.

Meter und Sekunde: Das heutige internationale Einheitensystem leitet die Basiseinheiten Meter und Sekunde von atomaren Strahlungsvorgängen ab.*)

Kilogramm: Die Masseneinheit Kilogramm bezieht sich auf den 1889 verbindlich erklärten Internationalen Prototyp, einen Platin-Iridium-Zylinder mit der definierten Masse 1 kg.

Ampére: Die Einheit der Stromstärke wird auf die Kraftwirkung zwischen stromdurchflossenen Leitern zurückgeführt.**)

Kelvin: Zur Definition der thermodynamischen Temperatur wurde eine international gültige Temperaturskala aufgestellt, auf der die Temperatur des schmelzenden Eises (Tripelpunkt) mit 273,16 K angegeben ist. 1 Kelvin ist also der 273,16te Teil dieser Temperatur.

Candela: Die Lichtstärke 1 Candela wird durch einen schwarzen Strahler mit bestimmter Oberfläche und Temperatur dargestellt.

Mol: 1 Mol ist diejenige Stoffmenge, die aus ebensovielen Teilchen besteht, wie in 0,012 kg Kohlenstoff (^{12}C) Atome enthalten sind. Die Art der Teilchen der Stoffmenge muß dabei angegeben werden.

Der besondere Vorzug des internationalen Einheitensystems besteht darin, daß die Einheiten aufeinander abgestimmt (kohärent) sind. Die abgeleiteten Einheiten entstehen durch Multiplikation oder Division der Basiseinheiten. Es treten keine Proportionalitätsfaktoren auf.

Tabelle 1.2 zeigt einige wichtige abgeleitete SI-Größen und SI-Einheiten.

Im internationalen Einheitensystem sind auch die Vielfachen und Teile der Einheiten durch Vorsätze festgelegt worden. Sie sind grundsätzlich dem Dezimalsystem entnommen.

In der Tabelle 1.3 sind die genormten Vorsätze aufgeführt.

1.1.3 Normalien

Normalien oder Etalons sind die Verkörperungen von Einheiten und müssen daher von den vereinbarten Basisgrößen abgeleitet sein. Da es sich in der Praxis als kaum möglich erweist, z. B. ein Normal für die Basisgröße Stromstärke zu realisieren, hat man praktische Normalien geschaffen, die sich gut handhaben lassen.

Praktische Normalien sind in der Elektrotechnik für die Einheiten Farad, Ohm, Henry, Volt, Hertz entwickelt worden.

*) Die Einheit 1 Sekunde wird von der Strahlung des Nuklids ^{133}Cs abgeleitet.
1 Meter ist die Länge der Strecke, die Licht im Vakuum während des Zeitabschnittes von $1/299792458$ Sekunden durchläuft.

**) 1 Ampere ist die Stärke eines Gleichstromes, der zwischen zwei parallelen, im Abstand von 1 m angeordneten Leitern die Kraft $0{,}2 \cdot 10^{-6}$ N je Meter Leitungslänge hervorruft. Dabei sind bestimmte Anforderungen an den Leiterquerschnitt und die Umgebung einzuhalten.

Abgeleitete Größe Formelzeichen	Größengleichung	Abgeleitete SI-Einheit	Anerkannte, nicht zum SI gehörende Einheiten
Ebener Winkel α	$\alpha = \frac{\text{Bogenlänge}}{\text{Radius}}$	Radiant $1\,\text{rad} = 1\,\frac{\text{m}}{\text{m}}$	Grad $1° = \frac{\pi}{180}\,\text{rad}$
Raumwinkel Ω	$\Omega = \frac{\text{Kugelfläche}}{\text{Radius Quadrat}}$	Steradiant $1\,\text{sr} = 1\,\frac{\text{m}^2}{\text{m}^2}$	
Fläche A	$A = l_1 \cdot l_2$	Quadratmeter $1\,\text{m}^2$	Ar $1\,\text{a} = 100\,\text{m}^2$
Volumen V	$V = l_1 \cdot l_2 \cdot l_3$	Kubikmeter $1\,\text{m}^3$	Liter $1\,\text{l} = 10^{-3}\,\text{m}^3$
Geschwindigkeit v	$v = \frac{l}{t}$	Meter/Sekunde $1\,\frac{\text{m}}{\text{s}}$	Knoten $1\,\text{kn} = 1852\,\frac{\text{m}}{\text{h}}$ $= 0{,}154\,\frac{\text{m}}{\text{s}}$
Beschleunigung b	$b = \frac{v}{t}$	Meter/Sekunde Quadrat $1\,\frac{\text{m}}{\text{s}^2}$	
Kraft F	$F = m \cdot b$	Newton $1\,\text{N} = 1\,\text{kg} \cdot \frac{\text{m}}{\text{s}^2}$	veraltet: Kilopond ($1\,\text{kp} \approx 9{,}81\,\text{N}$)
Druck p	$p = \frac{F}{A}$	Pascal $1\,\text{Pa} = \frac{1\,\text{N}}{\text{m}^2}$	Bar $1\,\text{bar} = 10^5\,\text{Pa}$
Arbeit, Energie W, E	$W = F \cdot l$ $W = U \cdot I \cdot t$	Joule $1\,\text{J} = 1\,\text{N} \cdot \text{m}$ $1\,\text{J} = 1\,\text{V} \cdot \text{A} \cdot \text{s}$ $= 1\,\text{W} \cdot \text{s}$	Kilowattstunde $1\,\text{kWh} = 3{,}6 \cdot 10^6\,\text{J}$ Elektronenvolt $1\,\text{eV} = 1{,}6 \cdot 10^{-19}\,\text{J}$
Leistung P	$P = \frac{W}{t}$	Watt $1\,\text{W} = 1\,\frac{\text{J}}{\text{s}}$ $1\,\text{W} = 1\,\text{V} \cdot \text{A}$	Voltampere, reaktiv 1 VAR = 1 W (Blindleistung)
Ladung Q	$Q = I \cdot t$	Coulomb $1\,\text{C} = 1\,\text{A} \cdot \text{s}$	
Spannung U	$U = \frac{W}{Q}$	Volt $1\,\text{V} = 1\,\frac{\text{J}}{\text{C}} = 1\,\frac{\text{W}}{\text{A}}$	

Tabelle 1.2 Abgeleitete SI-Größen und -Einheiten (Fortsetzung nächste Seite)

Abgeleitete Größe Formelzeichen	Größengleichung	Abgeleitete SI-Einheit	Anerkannte, nicht zum SI gehörende Einheiten
elektrische Feldstärke E	$E = \frac{U}{l}$	Volt/m $1 \frac{\text{V}}{\text{m}}$	
Widerstand R	$R = \frac{U}{I}$	Ohm $1\,\Omega = 1 \frac{\text{V}}{\text{A}}$	
Kapazität C	$C = \frac{Q}{U}$	Farad $1\,\text{F} = 1 \frac{\text{C}}{\text{V}} = 1 \frac{\text{A} \cdot \text{s}}{\text{V}}$	
magnetische Feldstärke H	$H = \frac{I}{l}$	Ampere/Meter $1 \frac{\text{A}}{\text{m}}$	
magnetischer Fluß Φ	$\Phi = \frac{I \cdot N \cdot A}{l \cdot \mu}$	Weber $1\,\text{Wb} = 1\,\text{V} \cdot \text{s}$	veraltet: Maxwell $1\,\text{M} = 10^{-8}\,\text{V} \cdot \text{s}$
Flußdichte B	$B = \frac{\Phi}{A}$	Tesla $1\,\text{T} = 1 \frac{\text{Wb}}{\text{m}^2} = 1 \frac{\text{V} \cdot \text{s}}{\text{m}^2}$	veraltet: Gauß $1\,\text{G} = 10^{-4}\,\text{T}$
Kreisfrequenz ω	$\omega = \frac{\alpha}{t} = \frac{2 \cdot \pi}{T}$ $= 2 \cdot \pi \cdot f$	$\{\omega\} = \frac{1\,\text{rad}}{\text{s}}$	
Periodendauer T	Zeit zwischen zwei Punkten gleicher Phase	Grundeinheit $\{T\} = 1\,\text{s}$	
Frequenz f	$f = \frac{n\text{-Perioden}}{t} = \frac{1}{T}$	Hertz $1\,\text{Hz} = \frac{1}{\text{s}}$	
Induktivität L	$L = \frac{U \cdot t}{I}$	Henry $1\,\text{H} = 1 \frac{\text{Wb}}{\text{A}} = 1 \frac{\text{V} \cdot \text{s}}{\text{A}}$	
Lichtstrom Φ_v	$\Phi = I_L \cdot \Omega$	Lumen $1\,\text{lm} = 1\,\text{cd} \cdot \text{sr}$	
Beleuchtungsstärke E_v	$E_v = \frac{\Phi}{A}$	Lux $1\,\text{lx} = 1 \frac{\text{lm}}{\text{m}^2}$	
radioaktive Strahlungsaktivität A	$A = \frac{\text{rad. Zerfall}}{\text{Zeit}}$	Becquerel $1\,\text{Bq} = \frac{1}{\text{s}}$	veraltet: Curie $1\,\text{Ci} = 3{,}7 \cdot 10^{10}\,\text{Bq}$
Äquivalentdosis D	$D = \frac{\text{Energieäquivalent}}{\text{Masse}}$	Sievert $1\,\text{Sv} = 1 \frac{\text{J}}{\text{kg}}$	veraltet: Rem $1\,\text{rem} = 10^{-2}\,\text{Sv}$

Tabelle 1.2 Abgeleitete SI-Größen und -Einheiten (Fortsetzung)

Tabelle 1.3
Genormte Vorsätze zu den internationalen Einheiten

Vorsatz	Kurzzeichen	Zahlenfaktor
Atto-	a	10^{-18}
Femto-	f	10^{-15}
Piko-	p	10^{-12}
Nano-	n	10^{-9}
Mikro-	µ	10^{-6}
Milli-	m	10^{-3}
Zenti-	c	10^{-2}
Dezi-	d	10^{-1}
Deka-	da	10
Hekto-	h	10^{2}
Kilo-	k	10^{3}
Mega-	M	10^{6}
Giga-	G	10^{9}
Tera-	T	10^{12}
Peta-	P	10^{15}
Exa-	E	10^{18}

Für diese Einheiten gibt es Primärnormalien, die vom Internationalen Büro für Maß und Gewicht unmittelbar durch Primärmessungen von den Basisgrößen abgeleitet sind und ständig überwacht werden. Die einzelnen Länder sind im Besitz solcher Primärnormalien. Sie unterstehen der strengen Überwachung durch staatliche Stellen.

Von diesen Primärnormalien werden Sekundärnormalien abgeleitet, die dann zur Eichung von Referenz- oder Arbeitsnormalien in speziellen Eichlabors eingesetzt werden. Alle Normalien unterliegen staatlicher Kontrolle.

Meßgeräte werden schließlich durch Arbeitsnormalien geeicht und abgeglichen.

Hinsichtlich der Genauigkeit stehen natürlich Primärnormalien an erster Stelle. Sie werden daher auch Normalien 1. Ordnung genannt. Arbeitsnormalien stehen an letzter Stelle.

Zwischen gleichrangigen Normalien der einzelnen Einheiten bestehen ebenfalls Genauigkeitsunterschiede. So sind Frequenznormalien mit der größten Genauigkeit herstellbar, da sie unmittelbar mit atomaren Schwingungserzeugern geeicht werden können.

Alle anderen elektrischen Normalien sind über viele Zwischenschritte auf die Basiseinheiten abgestimmt und daher weniger genau herstellbar.

1.2 Meßfehler

Überprüft man an einer elektronischen Schaltung z. B. die Spannung mit verschiedenen Meßinstrumenten, so wird man in der Regel mit jedem Spannungsmesser einen geringfügig anderen Meßwert erhalten. Selbst wenn mit dem gleichen Meßgerät die Messung mehrfach wiederholt wird, werden sich bei genauem Vergleich der Meßwerte Unterschiede zwischen den Meßwerten zeigen. Daraus ergibt sich natürlich die Frage nach dem richtigen Wert.

Tatsächlich ist jede Messung mit einer Unsicherheit verbunden, die man eingrenzen aber nicht völlig beseitigen kann. Dazu ist es erforderlich, die Fehlerquellen und -ursachen etwas näher zu betrachten.

1.2.1 Fehlerarten und Fehlerangabe

Systematische Fehler: Führt man in einer Schaltung eine Spannungsmessung durch, so bedeutet es zugleich einen Eingriff in die Schaltung selbst, da ja der Spannungsmesser als Parallelwiderstand zwischen den Meßpunkten liegt. Dies kann zu einer Fehlmessung führen. Das gleiche gilt für die Messung aller anderen elektrischen Größen in einer Schaltung.

Ebenso können Fehler entstehen, wenn das Meßgerät z. B. einen bestimmten Temperaturgang besitzt. Werden Messungen bei unterschiedlichen Temperaturen durchgeführt, dann ist der Meßwert durch den Temperaturgang verfälscht.

Fehler der beschriebenen Art treten unter gleichen Meßbedingungen immer in der gleichen Größe auf. Sie sind vorhersehbar und korrigierbar und werden systematische Fehler genannt.

Systematische Fehler sind vorhersehbar und korrigierbar. Sie treten unter gleichen Meßbedingungen immer mit gleichem Betrag und Vorzeichen auf.
Systematische Fehler werden verursacht:
Durch Belastung des Meßobjekts mit dem Meßgerät, durch Fehler der Meßmethode und durch Fehler in der Meßwertumformung des Meßgeräts.

Zufällige Fehler: Von den systematischen Fehlern sind die zufälligen Fehler zu unterscheiden. Sie können durch unregelmäßige Einstreuung von Fremdsignalen in eine Schaltung verursacht sein, sie können durch fehlerhafte Kontakte entstehen. Bei Zeigerinstrumenten kann Reibung in den Lagern solche Fehler verursachen; schließlich gehören Ablesefehler der messenden Person zu den zufälligen Fehlern.

Zufällige Fehler sind nicht vorhersehbar und daher auch nicht korrigierbar. Sie können nur durch häufige Wiederholung des Meßvorgangs erkannt werden.
Ursachen für zufällige Fehler sind z. B.:
Fremdsignaleinstreuung, schlechte Kontakte, Reibung, falsches Ablesen des Instruments.

Fehlerangabe: Als Meßfehler wird die Abweichung des gemessenen Werts vom richtigen Wert der Meßgröße definiert. Man unterscheidet dabei zwischen dem absoluten Fehler und relativen Fehlerangaben.

Der absolute Fehler ist die Differenz zwischen dem gemessenen Wert und dem richtigen Wert der Meßgröße.
Der absolute Fehler hat die gleiche Einheit wie die Meßgröße.

$$F = \Delta x = x - x_R \qquad \text{(Gl. 1.1)}$$

F absoluter Fehler
x gemessener Wert der Meßgröße
x_R richtiger Wert der Meßgröße
Δx Differenz der Meßwerte

Um die Größe des Fehlers besser einschätzen zu können, wird der absolute Fehler auf den richtigen Meßwert bezogen. So entsteht die Angabe des relativen Fehlers.

Der relative Fehler bezieht den absoluten Fehler des gemessenen Werts auf den richtigen Wert der Meßgröße. Der relative Fehler hat keine Einheit.

$$f = \frac{F}{x_R} = \frac{x - x_R}{x_R} \qquad \text{(Gl. 1.2)}$$

f relativer Fehler

Bei kleinen Fehlern kann der relative Fehler näherungsweise auf den gemessenen Wert bezogen werden. Dann ergibt sich die Näherung:

$$f \approx \frac{F}{x} = \frac{x - x_R}{x} \qquad \text{(Gl. 1.3)}$$

Bei Meßgeräten ist es üblich, den Anzeigefehler auf den Meßbereichsendwert zu beziehen:

$$f_A = \frac{F}{x_E} = \frac{x - x_R}{x_E} \qquad \text{(Gl. 1.4)}$$

f_A relativer Anzeigefehler eines Meßgeräts
x_E Bereichsendwert des Meßgeräts

Der relative Fehler wird häufig in Prozent angegeben:

$$f_{\%} = f \cdot 100\% \qquad \text{(Gl. 1.5)}$$

$$f_{A\%} = f_A \cdot 100\%$$

1.2.2 Rechnen mit systematischen Fehlern

Wie bereits im Abschnitt 1.2.1 beschrieben wurde, lassen sich systematische Fehler grundsätzlich korrigieren und können dann aus der weiteren Fehlerbetrachtung herausfallen. Diese Korrektur ist bei größeren Fehlern notwendig. So werden für bestimmte Meßgeräte Korrekturtabellen oder -kurven erstellt, nach denen der angezeigte Meßwert korrigiert werden kann.

Häufig verzichtet man auf diese Korrektur und gibt beim gemessenen Wert nur den maximal möglichen rel. Fehler an. Wird das Meßergebnis aus mehreren Teilmeßwerten gebildet, so gehen die Einzelfehler nach bestimmten Gesetzmäßigkeiten in das Meßergebnis ein. Diese Fehlerfortpflanzung wird im folgenden Abschnitt erläutert.

1.2.2.1 Fehlerfortpflanzung bei der Addition und Subtraktion von Meßwerten

In Bild 1.1 ist eine Reihenschaltung aus drei Widerständen dargestellt, die von einem Strom durchflossen ist. Die Teilspannungen werden gemessen. Die gemessenen Werte sind mit einem systematischen Fehler behaftet. Es soll nun untersucht werden, mit welchem Fehler der Gesamtspannung gerechnet werden muß, wenn sie aus der Summe der gemessenen Teilspannungen gebildet wird.

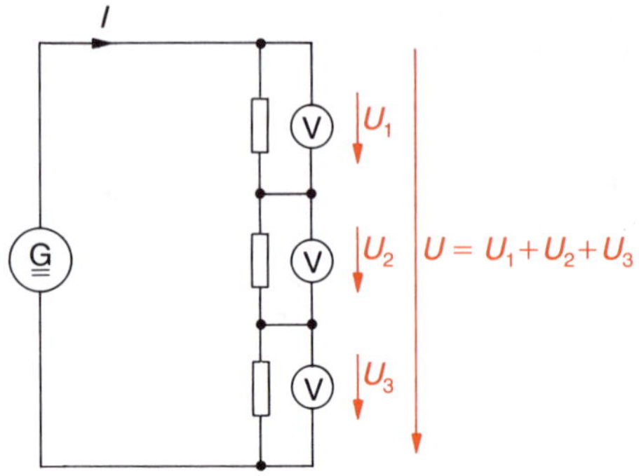

Bild 1.1
Addition von Meßwerten

Setzt man in Gl. 1.1 für x die Spannungen der Reihenschaltung ein, so erhält man für die Teilspannungen:

$$U_1 = U_{1R} + \Delta U_1;\ U_2 = U_{2R} + \Delta U_2;\ U_3 = U_{3R} + \Delta U_3;$$

Dabei kennzeichnet der Index $_R$ wieder den richtigen Wert, die ΔU-Werte in den Gleichungen sind die absoluten systematischen Fehler der Teilmessungen. Als Meßergebnis aus den Teilmessungen gewinnt man:

$$U = U_{1R} + \Delta U_1 + U_{2R} + \Delta U_2 + U_{3R} + \Delta U_3$$

$$U = U_R + \Delta U = \underbrace{U_{1R} + U_{2R} + U_{3R}}_{U_R} + \underbrace{\Delta U_1 + \Delta U_2 + \Delta U_3}_{\Delta U}$$

> Bei der Addition von Meßwerten werden die absoluten Fehler addiert.

Mit x als allgemeiner Bezeichnung für einen Meßwert (siehe Gl. 1.1) und y als Ergebnis, das aus Teilmessungen zusammengesetzt ist, gilt in allgemeiner Form:

$$y = y_R + \Delta y = x_1 + x_2 + x_3$$

$$\boxed{\Delta y = \Delta x_1 + \Delta x_2 + \ldots} \qquad \text{(Gl. 1.6)}$$

y Meßergebnis
y_R richtiger Wert
Δy absoluter Fehler des Meßergebnisses

Dabei ist natürlich selbstverständlich, daß das Vorzeichen der einzelnen absoluten Fehler beachtet werden muß. Das Beispiel zeigt anschaulich, wie sich der Gesamtfehler bei einer solchen Addition erhöht, wenn alle Teilfehler das gleiche Vorzeichen haben. Im vorliegenden Fall würde man deshalb natürlich gleich die Gesamtspannung messen.

Sollen die Teilspannungen nicht addiert, sondern subtrahiert werden, so müssen auch die absoluten Fehler voneinander abgezogen werden:

$$U = U_{1R} + \Delta U_1 - (U_{2R} + \Delta U_2)$$

$$U = U_R + \Delta U = \underbrace{U_{1R} - U_{2R}}_{U_R} + \underbrace{\Delta U_1 - \Delta U_2}_{\Delta U}$$

Auch hierbei ist das Vorzeichen der absoluten Fehler zu berücksichtigen.

> Bei der Subtraktion von Meßwerten werden die absoluten Fehler subtrahiert.

In allgemeiner Form läßt sich der Zusammenhang schreiben:

$$y = y_R + \Delta y = x_1 - x_2$$

$$\boxed{\Delta y = \Delta x_1 - \Delta x_2} \qquad \text{(Gl. 1.7)}$$

In vielen Fällen ist der absolute Fehler der Messung nicht genau bekannt. Es werden dann nur die maximal möglichen Fehler, die positiv oder negativ sein können, angegeben. Der Fehler nach Addition oder Subtraktion der Meßwerte kann dann auch nur als maximaler absoluter Fehler berechnet werden. Für beide Fälle gilt dann:

$$\boxed{\Delta y_{max} = \pm (|\Delta x_1| + |\Delta x_2|)} \qquad \text{(Gl. 1.8)}$$

> Sind die absoluten Fehler der Messungen dem Vorzeichen nach nicht bekannt, so kann bei Addition und Subtraktion der Meßwerte nur der maximale absolute Fehler als Summe der Beträge der einzelnen absoluten Fehler berechnet werden.

1.2.2.2 Fehlerfortpflanzung bei der Multiplikation von Meßwerten

Bild 1.2 zeigt eine Meßanordnung zur Messung der Leistung P im Widerstand R. Aus den Messungen der Stromstärke I und der Spannung U wird die Leistung berechnet. Beide Messungen sind mit einem systematischen Fehler behaftet. Damit ist auch das Ergebnis P fehlerhaft.

$$P = U \cdot I = (U_R + \Delta U) \cdot (I_R + \Delta I)$$

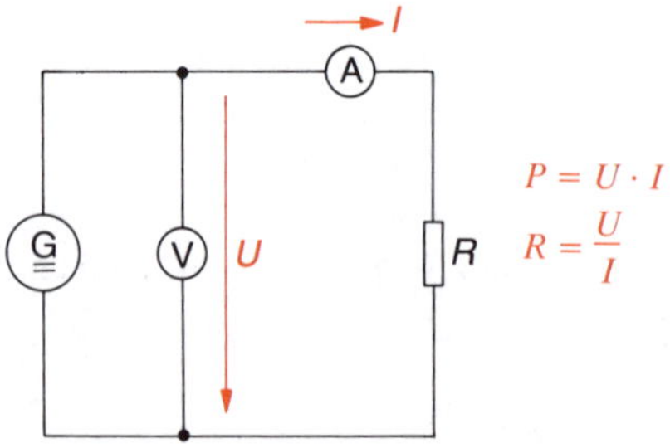

Bild 1.2 Multiplikation und Division von Meßwerten

$$P = P_R + \Delta P = \underbrace{U_R \cdot I_R}_{P_R} + \underbrace{\Delta U \cdot I_R + \Delta I \cdot U_R + \Delta U \cdot \Delta I}_{\Delta P}$$

P_R richtiger Wert der Leistung
ΔP absoluter Fehler der Leistungsmessung

$$f_P = \frac{\Delta P}{P_R} = \frac{\Delta U \cdot I_R + \Delta I \cdot U_R + \Delta U \cdot \Delta I}{U_R \cdot I_R}$$

$$f_P = \frac{\Delta U}{U_R} + \frac{\Delta I}{I_R} + \underbrace{\frac{\Delta U}{U_R} \cdot \frac{\Delta I}{I_R}}_{\text{bei kleinen Fehlern vernachlässigbar}}$$

$$f_P \approx \frac{\Delta U}{U_R} + \frac{\Delta I}{I_R} = f_U + f_I$$

f_P rel. Fehler der Leistungsmessung
f_U, f_I rel. Fehler der Spannungs- und Strommessung

Die Rechnung zeigt, wie sich die Fehler der einzelnen Messungen fortpflanzen.

Bei der Multiplikation von Meßwerten addieren sich deren rel. Fehler (Näherung).

In allgemeiner Form gilt somit der Zusammenhang:

$$y = x_1 \cdot x_2 \cdot x_3 \ldots$$

$$f_y \approx f_{x1} + f_{x2} + f_{x3} \qquad \text{(Gl. 1.9)}$$

Dabei sind f_{x1}, f_{x2}, f_{x3} die rel. Fehler der Teilmessungen und f_y der rel. Fehler des Produkts. Auch hier ist vorausgesetzt, daß das Vorzeichen der einzelnen Fehler bekannt ist und bei der Addition berücksichtigt wird. Trifft das nicht zu, so kann nur wieder ein maximaler Fehler ermittelt werden:

$$f_{y\,max} \approx \pm (|f_{x1}| + |f_{x2}| + |f_{x3}|) \qquad \text{(Gl. 1.10)}$$

1.2.2.3 Fehlerfortpflanzung bei der Division von Meßwerten

Ermittelt man aus der Strom- und Spannungsmessung in Bild 1.2 den Widerstand R, so müssen die Meßwerte dividiert werden:

$$R = \frac{U}{I} = \frac{U_R + \Delta U}{I_R + \Delta I} = R_R + \Delta R; \text{ mit } R_R = \frac{U_R}{I_R}$$

Um den Fehler des Meßergebnisses zu finden, sind einige Umrechnungen notwendig.

Mit $R_R = \frac{U_R}{I_R}$ läßt sich schreiben:

$$\frac{R}{R_R} = \frac{R_R + \Delta R}{R_R} = 1 + \frac{\Delta R}{R_R} = \frac{(U_R + \Delta U) \cdot I_R}{(I_R + \Delta I) \cdot U_R} = \frac{1 + \frac{\Delta U}{U_R}}{1 + \frac{\Delta I}{I_R}}$$

Für kleine Fehler gilt die Näherung:

$$1 + \frac{\Delta R}{R_R} = \frac{1 + \frac{\Delta U}{U_R}}{1 + \frac{\Delta I}{I_R}} \approx \left(1 + \frac{\Delta U}{U_R}\right) \cdot \left(1 - \frac{\Delta I}{I_R}\right) = 1 + \underbrace{\frac{\Delta U}{U_R} - \frac{\Delta I}{I_R} - \frac{\Delta U}{U_R} \cdot \frac{\Delta I}{I_R}}_{\frac{\Delta R}{R_R}}$$

Durch Vergleich erkennt man:

$$f_R = \frac{\Delta R}{R_R} \approx \frac{\Delta U}{U_R} - \frac{\Delta I}{I_R} - \underbrace{\frac{\Delta U}{U_R} \cdot \frac{\Delta I}{I_R}}_{\text{vernachlässigbar für kleine Fehler}}$$

$$f_R \approx \frac{\Delta U}{U_R} - \frac{\Delta I}{I_R} = f_U - f_I$$

f_R rel. Fehler der Widerstandsmessung
f_U, f_I rel. Fehler der Spannungs- und Strommessung

Bei der Division von Meßwerten subtrahieren sich die rel. Fehler (Näherung).

Allgemein läßt sich dieser Zusammenhang in Gleichungsform so darstellen:

$$y = \frac{x1}{x2}$$

$$\boxed{f_y \approx f_{x1} - f_{x2}} \qquad \text{(Gl. 1.11)}$$

Wenn also beide Fehler das gleiche Vorzeichen haben, ist der Fehler des Meßergebnisses kleiner als der einer Einzelmessung.

Sind die Vorzeichen nicht bekannt, so kann wieder nur ein Maximalfehler angegeben werden:

$$f_{\mathrm{y\,max}} \approx \pm \left(|f_{\mathrm{x1}}| + |f_{\mathrm{x2}}|\right) \qquad \text{(Gl. 1.12)}$$

1.2.3 Rechnen mit zufälligen Fehlern

Wie die Bezeichnung zufälliger Fehler schon ausdrückt, sind solche Fehler in ihrer Größe nicht vorhersehbar. Um sie dennoch zu erkennen, muß man eine Messung mehrfach wiederholen. Mit Hilfe der Statistik lassen sich dann Aussagen über den richtigen Wert der Meßgröße machen. Allerdings setzen diese statistischen Methoden Meßreihen mit möglichst vielen Einzelmessungen unter jeweils gleichen Meßbedingungen voraus. In der Praxis führt man Stichprobenuntersuchungen durch, aus denen dann Fehlergrenzen mit einer bestimmten Wahrscheinlichkeit abgeleitet werden können. Das Ergebnis einer Einzelmessung wird dann in der Regel innerhalb der statistisch gefundenen Fehlergrenze liegen. Größere Abweichungen vom richtigen Wert können aber nie ganz ausgeschlossen werden.

1.2.3.1 Normalverteilung

Die theoretische Grundlage zur Beurteilung und Auswertung zufälliger Fehler in der Meßtechnik bildet die Wahrscheinlichkeitstheorie.

n	R_n/Ω	n	R_n/Ω	n	R_n/Ω	n	R_n/Ω	n	R_n/Ω
1	101,5	11	96,8	21	95,4	31	100,2	41	98,9
2	100,8	12	96,4	22	101	32	102,6	42	99
3	98,3	13	100,3	23	99,3	33	102,8	43	100,9
4	98,9	14	98,3	24	102,4	34	103	44	99,1
5	98,4	15	99,7	25	98	35	101,8	45	98,7
6	99,5	16	101,6	26	100,4	36	98,6	46	103,6
7	101,4	17	102	27	100	37	99,6	47	96,2
8	100,1	18	102,3	28	100,7	38	97,6	48	102,4
9	104,4	19	100,5	29	101,6	39	99,8	49	99,2
10	97,7	20	99,4	30	97,6	40	98,8	50	100,6
Gesamtzahl aller Messungen: $n = 50$									
Mittelwert: $\overline{R} = 99{,}96\,\Omega$ (Näherung des richtigen Werts)									
Empirische Standardabweichung: $s = 1{,}98\,\Omega$									
Maximaler Fehler einer Einzelmessung bei 99,7%iger statistischer Sicherheit: $\pm 3s = \pm 5{,}94\,\Omega$									

Tabelle 1.4 Ergebnisse einer Meßreihe

Diese stellt mathematische Modelle zur Verfügung, um gewisse Voraussagen über das Auftreten sogenannter zufälliger Ereignisse machen zu können. Für viele industrielle Prozesse und meßtechnische Aufgabenstellungen, bei denen ja immer mit zufälligen Fehlern zu rechnen ist, wird das Modell der Normalverteilung angewendet.

Dieses setzt voraus, daß die zufälligen Fehler von vielen unterschiedlichen Fehlerquellen verursacht sind, die, jede für sich, nur einen kleinen Teil zum Gesamtfehler beitragen.

Natürlich treffen diese Voraussetzungen nicht immer zu. Dann gilt es, ein anderes passendes Modell zu suchen und anzuwenden.

Die Erfahrung zeigt, daß in der Meßtechnik in den meisten Fällen mit der Normalverteilung gerechnet werden kann. Diese wird im folgenden noch etwas erläutert.

Zufallsgröße und Erwartungswert: Tabelle 1.4 zeigt die Ergebnisse einer wiederholt durchgeführten Widerstandsmessung. Der angezeigte Widerstandswert R ist hierbei die nach der Wahrscheinlichkeitstheorie zu betrachtende Zufallsgröße x, während die Einzelwerte R_1, R_2, $R_3, \dots R_n$ Realisierungen der Zufallsgröße sind und allgemein mit $x_1, x_2, x_3, \dots x_n$ bezeichnet werden. Unter diesen Realisierungen kann sich auch der richtige Wert befinden, den man in der Wahrscheinlichkeitstheorie als Erwartungswert μ bezeichnet. Grundsätzlich kann bei beliebig vielen Messungen innerhalb eines bestimmten Bereiches jede beliebige Realisierung auftreten, die Verteilung ist stetig. Natürlich werden sich die gemessenen Einzelwerte um den Erwartungswert häufen, sonst hätte die Messung keinen Sinn.

Der Anzeigewert eines Meßgeräts ist eine Zufallsgröße x, da er von zufälligen Fehlern beeinflußt ist.

Wahrscheinlichkeitsdichte: Bild 1.3 zeigt einen Kurvenverlauf, der die Wahrscheinlichkeitsdichte in Abhängigkeit von den einzelnen Realisierungen (Meßergebnissen der Meßreihe) darstellt, wenn die sogenannte Normalverteilung der Zufallsgröße angenommen wird. Die Wahrscheinlichkeitsdichte gibt an, mit welcher Wahrscheinlichkeit die einzelnen x-Werte in einen bestimmten Intervall Δx fallen. So ist die schraffierte Fläche im Bild 1.3 ein Maß dafür, welcher Prozentsatz der Realisierungen zwischen den Grenzwerten x_u und x_o liegt. Dabei entspricht die Gesamtfläche unter der dargestellten Funktion $f_w(x)$ der Gesamtzahl aller Realisierungen, also 100%. Das Maximum der Kurve liegt beim Erwartungswert μ. In dessen Nähe häufen sich die gemessenen Werte.

Eine typische Kenngröße von $f_w(x)$ ist die Standardabweichung σ (Bild 1.4). Im Abstand $\pm\sigma$ vom Erwartungswert μ liegen die Wendepunkte der Kurve.

Die Standardabweichung σ (Sigma) kennzeichnet den Einfluß zufälliger Fehler auf den Meßwert eines Meßgeräts.

Betrachtet man den in Bild 1.4 hervorgehobenen Flächenteil zwischen den Grenzen $\mu \pm \sigma$, dann macht er 68,3% der Gesamtfläche unter der Kurve aus. Das bedeutet, 68,3% aller Anzeigewerte eines Meßgeräts, mit dem eine Meßreihe aus sehr vielen (theoretisch unendlich vielen) Einzelwerten erstellt worden ist, liegen im Bereich $\mu \pm \sigma$. Dabei ist natürlich ein Meßgerät mit normalverteilter Fehlercharakteristik vorausgesetzt.

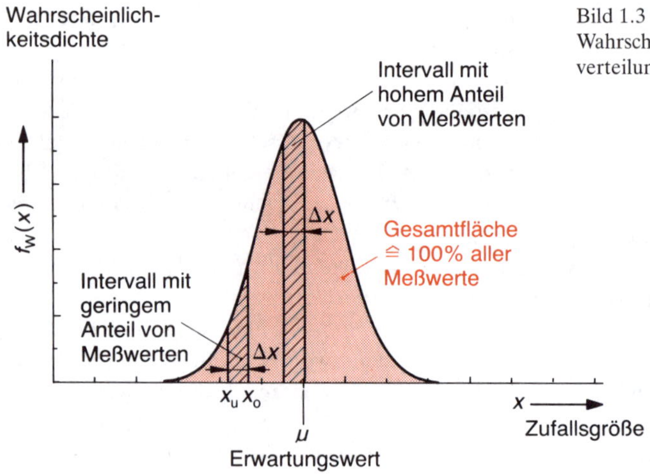

Bild 1.3
Wahrscheinlichkeitsdichte mit Normalverteilung

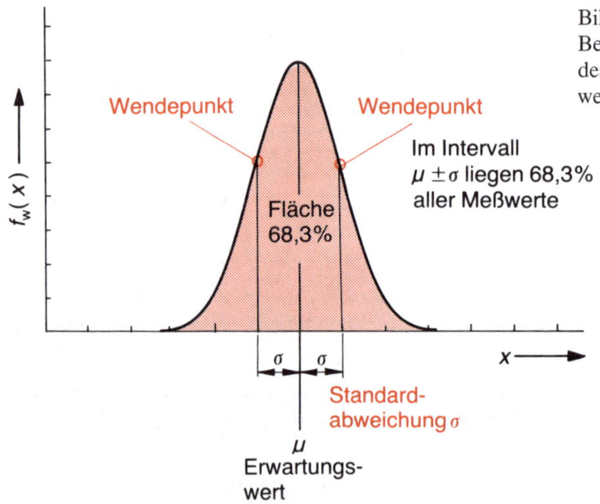

Bild 1.4
Bestimmung der Wahrscheinlichkeit des Auftretens bestimmter Anzeigenwerte, Standardabweichung

Die Tabelle 1.5 zeigt eine Aufstellung der jeweils in das Intervall $\mu \pm \Delta x$ fallenden Anzeigewerte, bezogen auf die Gesamtzahl n aller Realisierungen. Aus diesen Erkenntnissen folgt für die Entwicklung von Meßeinrichtungen, daß die Standardabweichung möglichst klein gehalten werden muß, wenn ein Meßgerät bei einer Einzelmessung eine zuverlässige Anzeige liefern soll.

Konkret bedeutet das z. B.: Ist σ so klein, daß als maximaler absoluter Fehler $\pm 3\sigma$ akzeptiert werden kann, dann liegen nach Tabelle 1.5 99,7% aller Anzeigewerte innerhalb dieser Fehlergrenzen, und nur bei 0,3% der Messungen könnte ein größerer zufälliger Fehler auftreten.

Δx	Statistische Sicherheit in %	Δx	Statistische Sicherheit in %	Δx	Statistische Sicherheit in %
0	0				
$\pm 0{,}1 \cdot \sigma$	7,97	$\pm 1{,}1 \cdot \sigma$	72,9	$\pm 2{,}1 \cdot \sigma$	96,4
$\pm 0{,}2 \cdot \sigma$	15,9	$\pm 1{,}2 \cdot \sigma$	77	$\pm 2{,}2 \cdot \sigma$	97,2
$\pm 0{,}3 \cdot \sigma$	23,6	$\pm 1{,}3 \cdot \sigma$	80,6	$\pm 2{,}3 \cdot \sigma$	97,9
$\pm 0{,}4 \cdot \sigma$	31,1	$\pm 1{,}4 \cdot \sigma$	83,8	$\pm 2{,}4 \cdot \sigma$	98,4
$\pm 0{,}5 \cdot \sigma$	38,3	$\pm 1{,}5 \cdot \sigma$	86,6	$\pm 2{,}5 \cdot \sigma$	98,8
$\pm 0{,}6 \cdot \sigma$	45,1	$\pm 1{,}6 \cdot \sigma$	89	$\pm 2{,}6 \cdot \sigma$	99,1
$\pm 0{,}7 \cdot \sigma$	51,6	$\pm 1{,}7 \cdot \sigma$	91,1	$\pm 2{,}7 \cdot \sigma$	99,3
$\pm 0{,}8 \cdot \sigma$	57,6	$\pm 1{,}8 \cdot \sigma$	92,8	$\pm 2{,}8 \cdot \sigma$	99,5
$\pm 0{,}9 \cdot \sigma$	63,2	$\pm 1{,}9 \cdot \sigma$	94,3	$\pm 2{,}9 \cdot \sigma$	99,6
$\pm \sigma$	68,3	$\pm 2 \cdot \sigma$	95,5	$\pm 3 \cdot \sigma$	99,7

Tabelle 1.5 Statistische Sicherheit abhängig vom Intervall $\Delta x = x - \bar{x}$

Im Bild 1.5 ist die Normalverteilung für drei verschiedene Werte von σ dargestellt. Die Gesamtfläche unter den drei Kurven ist dabei jeweils gleich.

> Der durch zufällige Fehler verursachte absolute Fehler eines Meßgeräts mit normalverteilten Anzeigewerten beträgt mit 99,7%iger Sicherheit $|F| \leqq 3\sigma$.

Bild 1.5
Verlauf der Wahrscheinlichkeitsdichte f_w bei unterschiedlichen Standardabweichungen

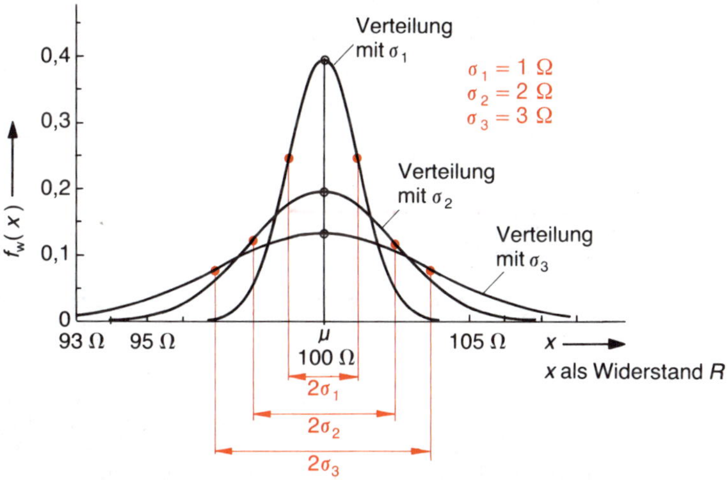

1.2.3.2 *Auswertung einer Meßreihe*

Die Tabelle 1.4 zeigt die Meßergebnisse einer Widerstandsmessung mit einem Meßautomaten. Die Ergebnisse weisen annähernd eine Normalverteilung auf. Bei Messungen dieser Art spielen häufig Kontaktierungsprobleme eine Rolle, aber auch viele andere Einflußfaktoren, wie z. B. Temperaturschwankungen oder Luftfeuchtigkeitsschwankungen, die auf das Meßobjekt und die Meßeinrichtung wirken. Diese Einflüsse überlagern sich und treten als zufällige Fehler in Erscheinung.

Die Existenz zufälliger Fehler kann im Prinzip schon mit zwei Messungen nachgewiesen werden, wenn diese trotz gleicher Meßbedingungen zu unterschiedlichen Ergebnissen führen. Problematisch wird dann aber die Frage nach dem richtigen Wert. Hier kann nur eine Meßreihe mit möglichst vielen Messungen weiterführen.

Mittelwert: Geht man einmal davon aus, daß alle systematischen Fehler korrigiert wären und nur die zufälligen Fehler zu beachten sind, dann kann der richtige Wert der Meßgröße näherungsweise durch Mittelwertbildung aus den Einzelmessungen der Meßreihe gefunden werden:

$$\bar{x} = \frac{x1 + x2 + x3 + \ldots xn}{n} \qquad \bar{x} = \frac{1}{N}\sum_{i=1}^{N} x_i \qquad \text{(Gl. 1.13)}$$

$\bar{x}$ Mittelwert aus n Einzelmessungen

Mit den Ergebnissen der Tabelle 1.4 würde sich der Mittelwert $R = 99{,}96\,\Omega$ ergeben.

Dieser Mittelwert ist aber nicht gleichzusetzen mit dem richtigen Wert, insbesondere dann nicht, wenn die Meßreihe nur wenige Messungen ($n < 20$) aufweist und die Einzelmessungen deutlich voneinander abweichen.

Zufällige Fehler können durch mehrfache Wiederholung der Messung (Meßreihe) erkannt werden. Der arithmetische Mittelwert aller Einzelmeßwerte gibt näherungsweise den richtigen Wert der Meßgröße an, wenn systematische Fehler korrigiert sind.

Empirische Standardabweichung: Um die auftretenden zufälligen Fehler beurteilen und Meßeinrichtungen hinsichtlich dieser Fehler vergleichen zu können, berechnet man aus den Werten der Meßreihe die empirische Standardabweichung.

$$s = \sqrt{\frac{(x_1 - \bar{x})^2 + (x_2 - \bar{x})^2 + (x_3 - \bar{x})^2 + \ldots + (x_n - \bar{x})^2}{n - 1}} \qquad \text{(Gl. 1.14)}$$

Für eine Meßreihe mit sehr vielen normalverteilten Meßwerten ($n > 100$) entspricht die empirische Standardabweichung s nach Gl. 1.14 nahezu der Standardabweichung σ des mathematischen Modells (siehe 1.2.3.1).

Wendet man Gl. 1.14 auf die Werte der Tabelle 1.4 an, so ergibt sich für die Widerstandsmessung die Standardabweichung $s = 1{,}98\,\Omega$.

$$\sigma = \sqrt{\sigma^2} = \sqrt{\frac{1}{N-1}\sum_{i=1}^{N}(\bar{x} - x_i)^2}$$

Die empirische Standardabweichung ist ein Maß für die mittlere Abweichung der Einzelwerte einer Meßreihe vom Mittelwert.

Die aus der Meßreihe ermittelte Standardabweichung kann auch als relative Abweichung in Prozent angegeben werden und wird dann empirischer Variationskoeffizient v genannt.

$$v = \frac{s}{\bar{x}} \cdot 100\% \qquad \text{(Gl. 1.15)}$$

Mit diesem Wert lassen sich besonders gut Vergleiche zwischen verschiedenen Meßeinrichtungen durchführen. Der Variationskoeffizient für die Widerstandsmessung nach Tabelle 1.4 beträgt $v = 1{,}98\%$. Die empirische Standardabweichung s, die ja in der Praxis immer nur aus einer endlichen Zahl von Einzelmeßwerten gewonnen werden kann, ist näherungsweise so wie die Standardabweichung σ verwendbar.

So läßt sich aus der Tabelle 1.5 entnehmen, daß z. B. mit einer Sicherheit von 99,7% alle Meßwerte im Bereich $\pm\, 3s$ um den Mittelwert $\bar{x}$ oder mit einer Sicherheit von 68,3% im Bereich $\pm s$ um den Mittelwert $\bar{x}$ liegen.

Die Meßeinrichtung, mit der die Ergebnisse der Tabelle 1.4 ermittelt wurden, arbeitet mit einer empirischen Standardabweichung $s = 1{,}98\,\Omega$. Führt man mit dieser Meßeinrichtung eine Einzelmessung durch, so kann mit einer Sicherheit von 99,7% angenommen werden, daß der richtige Wert der Meßgröße höchstens um $\pm 3s \approx \pm 6\,\Omega$ vom Meßwert abweichen kann, wenn systematische Fehler korrigiert sind.

Bild 1.5 zeigt Verteilungskurven für drei verschiedene σ-Werte. Die Kurven für $\sigma_2 = 2\,\Omega$ mit $\mu = 100\,\Omega$ entspricht näherungsweise der Meßwertverteilung nach Tabelle 1.4 mit $s = 1{,}98\,\Omega$ und $\bar{x} = 99{,}96\,\Omega$.

1.2.3.3 Fehlerfortpflanzung von zufälligen Fehlern

Zufällige Fehler sind dem Vorzeichen nach nicht bekannt. Außerdem treten sie zeitlich nicht immer mit dem gleichen Betrag auf. Aus diesem Grund kann immer nur ein Maximalfehler abgeschätzt werden.

Addition und Subtraktion von Meßwerten: Wird ein Meßergebnis aus der Addition oder Subtraktion von verschiedenen Meßwerten nach der Beziehung

$$y = x_1 \pm x_2 \pm x_3$$

gebildet, so kann die Standardabweichung s_y des Ergebnisses y aus der quadratischen Addition der Standardabweichungen s_{x1}, s_{x2}, s_{x3} der Einzelmeßwerte berechnet werden.

$$s_y = \sqrt{s_{x1}^2 + s_{x2}^2 + s_{x3}^2} \qquad \text{(Gl. 1.16)}$$

Multiplikation und Division von Meßwerten: Hierbei läßt sich die Zusammenfassung der Standardabweichungen mit Hilfe der Variationskoeffizienten (Gl. 1.15) durchführen.

Für $y = x_1 \cdot x_2$ und $y = \frac{x_1}{x_2}$ ergibt sich jeweils die gleiche Beziehung.

$$v_y = \frac{s_y}{y} \cdot 100\% = \sqrt{v_1^2 + v_2^2} \qquad \text{(Gl. 1.17)}$$

$v_1 = \frac{s_{x1}}{x_1} \cdot 100\%$ Variationskoeffizient von x_1

$v_2 = \frac{s_{x2}}{x_2} \cdot 100\%$ Variationskoeffizient von x_2

v_y Variationskoeffizient des Produktes und des Quotienten

Fehlerangabe: Von den Standardabweichungen s_y der jeweiligen Meßergebnisse lassen sich Maximalfehler ableiten, die sich nach der statistischen Sicherheit (vgl. Tabelle 1.4) richten, mit der man arbeiten möchte.

In der Praxis sind Sicherheiten von 95% oder 99,7% üblich.

1.2.4 Fehlerangaben bei Meßgeräten

1.2.4.1 Garantiefehlergrenzen und Fehlerfortpflanzung

Zur Beurteilung der Fehler eines Meßgeräts geben die Hersteller Garantiefehlergrenzen an, die den maximal zulässigen Fehler unter bestimmten Betriebsbedingungen kennzeichnen (VDE 0410).

Welche Fehlerarten den Meßgerätefehler bestimmen, ist für den Anwender meist nicht erkennbar. Die Garantiefehlergrenzen sind in der Regel auf den Meßbereichsendwert bezogen und werden in Prozent angegeben:

$$G = \frac{F}{x_E} \cdot 100\% \qquad \text{(Gl. 1.18)}$$

G Garantiefehlergrenze
F absoluter Fehler
x_E Endwert des Meßbereichs

> Die Garantiefehlergrenzen eines Meßgeräts sind die vom Hersteller garantierten maximal zulässigen Fehlergrenzen. Sie sind auf den Meßbereichsendwert bezogen und können zweiseitige (±) oder einseitige (+ oder −) Fehler sein.

Da ja der Bereichsendwert eine feste Größe ist, läßt sich aus Gl. 1.18 der absolute Fehler innerhalb des Meßbereichs bestimmen:

$$F = \frac{G \cdot x_E}{100\%} \qquad \text{(Gl. 1.19)}$$

Dieser Fehler kann theoretisch bei jedem Anzeigewert auftreten. Um den rel. Meßfehler klein zu halten, ist es daher ratsam, den Meßbereich so zu wählen, daß die Anzeige möglichst in der Nähe des Endwerts erfolgt.

$$f = \frac{F}{x} = \frac{x_E}{x} \cdot \frac{G}{100\%} \qquad \text{(Gl. 1.20)}$$

f maximaler rel. Fehler des Meßwerts x

Je weiter der Meßwert x vom Endwert x_E entfernt ist, desto größer ist nach Gl. 1.20 der rel. Fehler des Meßwerts.

Um den rel. Meßfehler klein zu halten, sollte der Meßbereich so gewählt werden, daß die Anzeige in der Nähe des Bereichsendwerts erfolgt.

Digitalanzeige: Bei digitalanzeigenden Instrumenten kommt der Quantisierungsfehler von 1 Digit als zusätzlicher Fehler hinzu. Dieser wirkt sich insbesondere bei kleinen Zahlenwerten stark aus. Bei der Anzeige 1000 entspricht 1 Digit dem rel. Fehler $\frac{1}{1000}$, also 1‰. Bei der Anzeige 10 entspricht 1 Digit dem rel. Fehler $\frac{1}{10}$, also 10%. Auch Digitalanzeiger sollten daher in der Nähe des Bereichsendwerts betrieben werden.

Fehlerfortpflanzung: Betrachtet man die Meßgerätefehler als systematische Fehler, so läßt sich die Fehlerabschätzung eines Meßergebnisses aus mehreren Teilmessungen nach den Gleichungen des Abschnitts 1.2.2 vornehmen. Dabei können aber nur Maximalfehlerabschätzungen vorgenommen werden. Diese Fehler werden allerdings in der Praxis kaum zutreffen, da es unwahrscheinlich ist, daß die verwendeten Meßgeräte alle ihren Größtfehler aufweisen und dann noch mit einem Vorzeichen, bei dem sich die Fehler addieren.

Die Fehlerabschätzung wird realistischer, wenn – wie bei den zufälligen Fehlern – eine statistische Fehlerverteilung angenommen wird. Für die Addition und Subtraktion von Meßwerten $y = x_1 \pm x_2 \pm x_3$ ergibt sich danach ein wahrscheinlicher absoluter Fehler

$$F_{yw} = \pm \sqrt{F_{x1}^2 + F_{x2}^2 + F_{x3}^2} \qquad \text{(Gl. 1.21)}$$

F_{yw} wahrscheinlicher absoluter Fehler des Ergebnisses
F_{x1}, F_{x2}, F_{x3} absolute Fehler der Meßgeräte zur Messung x_1, x_2, x_3

Für die Multiplikation und Division

$$y = x_1 \cdot x_2; \; y = \frac{x_1}{x_2}$$

werden die relativen Fehler quadratisch addiert.

$$f_{yw} = \pm \sqrt{f_{x1}^2 + f_{x2}^2} \qquad \text{(Gl. 1.22)}$$

f_{yw} wahrscheinlicher rel. Fehler des Ergebnisses
f_{x1}, f_{x2} rel. Fehler der Meßgeräte zur Messung von x_1, x_2

1.2.4.2 Klasseneinteilung nach VDE 0410

Entsprechend ihrer Garantiefehlergrenzen werden Meßgeräte in Genauigkeitsklassen eingeteilt. So gehört ein Gerät mit den Garantiefehlergrenzen ±1,5% zur Klasse 1,5.

Nach dem Verwendungszweck unterscheidet man Feinmeßgeräte für erhöhte Genauigkeitsanforderungen und Betriebsmeßgeräte. Tabelle 1.6 gibt eine Übersicht der Genauigkeitsklassen nach VDE 0410.

Die Einhaltung der Garantiefehlergrenzen und damit der Klassencharakteristik ist an bestimmte Betriebsbedingungen gebunden. Dazu gehören beispielsweise: Nenntemperatur (z. B. 23 °C), Nennlage (z. B. waagerecht), Nennfrequenz (z. B. 50 Hz). Genaue Angaben sind in VDE 0410 niedergelegt.

Feinmeßgeräte	Betriebsmeßgeräte
Klassen	Klassen
0,05; 0,1; 0,2; 0,5	1; 1,5; 2,5; 5

Tabelle 1.6
Genauigkeitsklassen nach VDE 0410

Empfindlichkeit: Vom Begriff der Genauigkeit ist der Begriff der Empfindlichkeit zu unterscheiden.

Die Empfindlichkeit eines Meßgeräts ist das Verhältnis der Anzeigenänderung zu der sie verursachenden Änderung der Meßgröße.

Bei analogen Meßgeräten kann die Anzeigenänderung als Längenänderung Δl eingesetzt werden, bei digitalen Meßgeräten wird die Anzeigenänderung in Ziffernschritten ΔN angegeben.

$$E = \frac{\Delta l}{\Delta x}$$ Analogmeßgerät

$$E = \frac{\Delta N}{\Delta x}$$ Digitalmeßgerät

E Empfindlichkeit

Meist sind sehr empfindliche Meßgeräte weniger genau, da hier kleinste Fehler des Meßgeräts schon eine nennenswerte Beeinflussung der Anzeige nach sich ziehen.

2 Kenngrößen von Strom und Spannung

Zur Kennzeichnung eines Stroms oder einer Spannung sind grundsätzlich drei Angaben von Wichtigkeit:

1. Angabe zum Wert,
2. Angabe zum Zeitverhalten,
3. Angabe zur Kurvenform.

Diese Angaben können sehr verschieden ausgedrückt sein. Sie hängen vor allem vom Zeitverhalten der betrachteten Größe ab.

Bild 2.1 zeigt vier verschiedene Spannungsverläufe, entsprechende Stromverläufe sind natürlich ebenso darstellbar.

Gleichspannung: Die Spannung Bild 2.1a ist zeitlich konstant. Praktisch wird sie immer auch kleine Schwankungen aufweisen. Insbesondere beim Ein- und Ausschalten ist das Übergangsverhalten von großer Wichtigkeit. Es können Einschwing- oder Ausschwingvorgänge auftreten, die von der konkreten Schaltung bestimmt sind.

Impulsspannung: Eine Impulsspannung Bild 2.1b kann sehr verschiedene Formen annehmen: Es können Nadelimpulse, Rechteckimpulse oder Schwingimpulse auftreten. Diese Spannungen können grundsätzlich jede denkbare Kurvenform haben. Sie sind als nichtperiodische Vorgänge zu betrachten. Bild 2.1b zeigt einen einseitigen Rechteckimpuls, d. h., es tritt nur eine Spannungspolarität auf. Zweiseitige Impulse wechseln die Polarität der Spannung.

Rechteckpuls: Eine periodische Impulsfolge wird als Puls bezeichnet. Auch hier sind beliebige Kurvenformen denkbar, ebenso einseitige wie zweiseitige Impulsfolgen. Bild 2.1c zeigt einen einseitigen Rechteckpuls.

Sinusspannung: Diese periodische Spannung läßt sich sehr einfach als Zeitfunktion darstellen (Bild 2.1d). Leitet man die Sinusspannung vom rotierenden Spannungszeiger ab, so ergibt sich ein linearer Zusammenhang zwischen Zeit und Winkel:

$$\varphi = \frac{2 \cdot \pi}{T} \cdot t = \omega \cdot t$$

Damit läßt sich die Zeitachse im Bild 2.1d auch in Winkeleinheiten beschriften. Durchläuft ein sinusförmiges Signal eine Schaltung, so kann zwischen Ausgangs- und Eingangssignal eine Phasenverschiebung auftreten, die man in der Zeitgleichung berücksichtigt:

$$u = \hat{u} \cdot \sin(\omega \cdot t + \varphi)$$

φ Nullphase der Spannung u

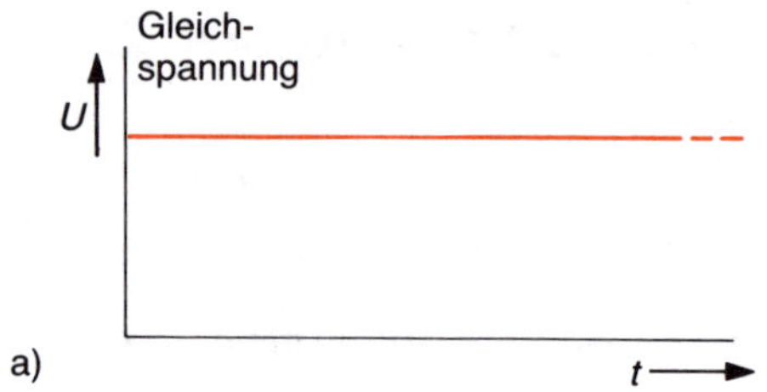

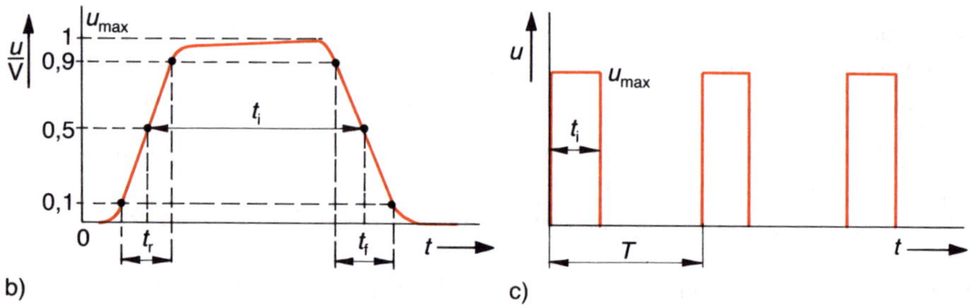

t_i Impulsdauer
t_r Anstiegszeit (rise time)
t_f Abfallzeit (fall time)
u_{max} Maximalspannung

T Periodendauer

$f = \frac{1}{T}$ Folgefrequenz

$V = \frac{T}{t_i}$ Tastverhältnis

u_{max} Maximalspannung

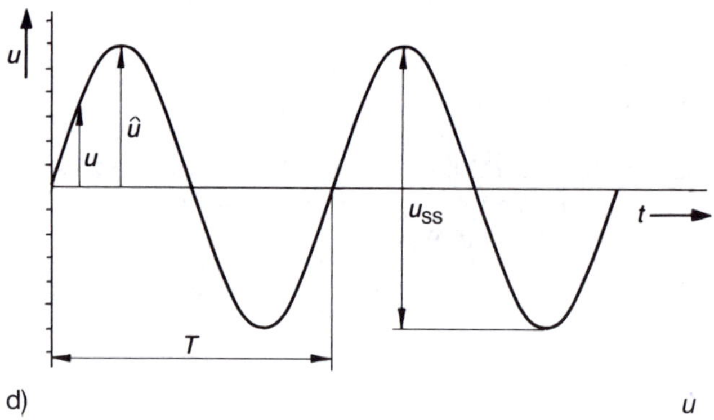

$\hat{u}$ Scheitelspannung
u Momentanwert
u_{ss} Spitze-Spitze-Spannung
T Periodendauer

$f = \frac{1}{T}$ Frequenz

$\omega = 2 \cdot \pi \cdot f$: Kreisfrequenz

Zeitgleichung:
$u = \hat{u} \cdot \sin(\omega \cdot t)$

Bild 2.1 Spannungen mit unterschiedlichem Zeitverhalten
a) Gleichspannung
b) Rechteckimpuls
c) Rechteckpuls, periodisch
d) Sinusspannung, periodisch

2.1 Mittelwerte periodischer Spannungen und Ströme

Das Bild 2.2 zeigt den Ausschnitt einer Schaltung, bei der die Ausgangsspannung U_a mit vier verschiedenen Meßgeräten gemessen worden ist. Die Ergebnisse sind ebenfalls in Bild 2.2 dargestellt: Bild 2.2b gibt das Oszillogramm wieder, Bild 2.2c zeigt die Meßwerksymbole von drei weiteren Spannungsmessern mit den zugehörigen Meßwerten. Während das Oszilloskop den Momentanwert der Spannung abhängig von der Zeit aufzeichnet, kann mit den drei

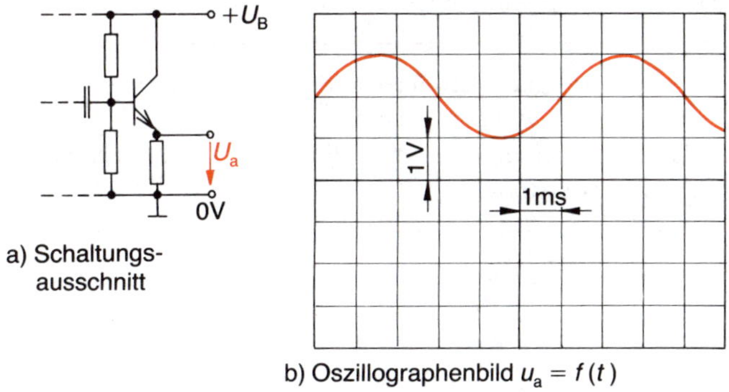

c) Anzeige der Spannungsmesser

—	~ 50 Hz-20 kHz	≂
Drehspulmeß-werk Gleichspannung	Drehspulmeßwerk Wechselspannungs-meßbereich	Dreheisen-meßwerk
$U_a = 2\,V$	$U_a = 0{,}707\,V$	$U_a = 2{,}12\,V$

Bild 2.2 Spannungsmessung mit unterschiedlichen Meßgeräten
a) Schaltungsausschnitt
b) Oszillographenbild $u_a = f(t)$
c) Anzeige der Spannungsmesser

Zeigermeßgeräten nur ein typischer Spannungsmittelwert erfaßt werden, der je nach dem angewandten Meßprinzip unterschiedlich groß ist. Soll also die Messung mit einem Zeigerinstrument zu einem verwertbaren Meßergebnis führen, muß die Art des angezeigten Mittelwerts bekannt sein. Die eigentliche Mittelwertbildung erfolgt bei Zeigerinstrumenten aufgrund der mechanischen Trägheit des Meßsystems. Deshalb sind diese Instrumente bei zeitlich veränderlichen Spannungen bzw. Strömen nur dann als Mittelwertbildner geeignet, wenn die Frequenz dieser Größen genügend hoch ist (z. B. $f > 25\,Hz$). Bei niedrigen Frequenzen folgt der Zeiger nach bestimmten Gesetzmäßigkeiten – abhängig vom Meßprinzip – den Momentanwerten der Spannungen und Ströme.

2.1.1 Linearer Mittelwert

Der lineare Mittelwert ist der arithmetische Mittelwert einer Spannung oder eines Stroms. Er entspricht dem Gleichanteil der betrachteten Größe. Ein reiner Gleichspannungsmesser, wie er z. B. mit Hilfe eines Drehspulmeßwerks realisiert werden kann, zeigt also immer den arithmetischen Mittelwert der zu messenden Spannung an. Dies führt bei der Spannung im Bild 2.2 zum Meßwert $U_a = 2\,V$. Bei einem gegebenen Spannungs-Zeit-Verlauf läßt sich dieser Mittelwert durch Auswertung der Fläche unter der Kurve ermitteln. Ist der funktionale Zusammenhang $u = f(t)$ in Gleichungsform gegeben, so kann der arithmetische Mittelwert durch mathematische Integration über eine Periode der Funktion berechnet werden.

> Der lineare Mittelwert einer zeitlich veränderlichen Spannung entspricht dem Gleichspannungsanteil dieser Spannung.
> Der lineare Mittelwert eines zeitlich veränderlichen Stroms entspricht dem Gleichstromanteil dieses Stroms.

Den mathematischen Zusammenhang gibt Gl. 2.1 wieder.

$$\overline{u} = \frac{1}{T} \cdot \int_0^T u(t) \cdot dt \qquad \text{(Gl. 2.1)}$$

$\overline{u}$ linearer Mittelwert der Spannung $u(t)$
T Periodendauer der Spannung $u(t)$

Entsprechend gilt dann für den linearen Mittelwert eines Stroms:

$$\overline{i} = \frac{1}{T} \cdot \int_0^T i(t) \cdot dt \qquad \text{(Gl. 2.2)}$$

$\overline{i}$ linearer Mittelwert des Stroms $i(t)$

Mit Hilfe einer grafischen Flächenauswertung läßt sich der lineare Mittelwert von Strom und Spannung auch bei nicht gegebener Funktionsgleichung ermitteln.

Bild 2.3 zeigt eine Treppenspannung. Um den arithmetischen Mittelwert zu bestimmen, wird eine Periode des Spannungsverlaufs in einzelne berechenbare Flächenstücke zerlegt und so die Summe der Spannungs-Zeit-Flächen über eine Periode ermittelt. Positive Spannungsanteile ergeben «positive» Flächen, negative Spannungsanteile ergeben «negative» Flächen. Der lineare Mittelwert kann daraus berechnet werden:

$$\overline{u} = \frac{u_1 \cdot \Delta t_1 + u_2 \cdot \Delta t_2 + \ldots + u_n \cdot \Delta t_n}{T} \qquad \text{(Gl. 2.3)}$$

Eine entsprechende Berechnungsgleichung läßt sich natürlich für den Strom bilden.

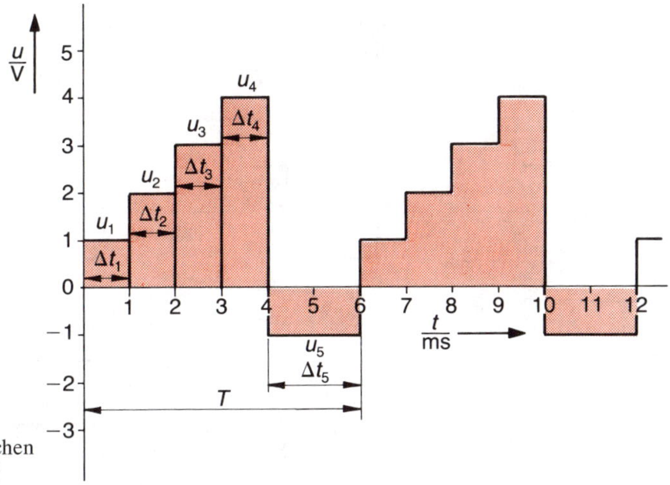

Bild 2.3
Bestimmung des arithmetischen Mittelwerts einer Spannung

$$\bar{i} = \frac{i_1 \cdot \Delta t_1 + i_2 \cdot \Delta t_2 + \ldots. + i_n \cdot \Delta t_n}{T} \qquad \text{(Gl. 2.4)}$$

Mit den Zahlenwerten aus Bild 2.2 kann man für die dargestellte Treppenspannung den linearen Mittelwert gewinnen:

$$\bar{u} = \frac{1\,\text{V} \cdot 1\,\text{ms} + 2\,\text{V} \cdot 1\,\text{ms} + 3\,\text{V} \cdot 1\,\text{ms} + 4\,\text{V} \cdot 1\,\text{ms} - 1\,\text{V} \cdot 2\,\text{ms}}{6\,\text{ms}}$$

$$\underline{\underline{\bar{u} = 1{,}33\,\text{V}}}$$

Betrachtet man diesen Wert als den Gleichspannungsanteil, so läßt sich die Spannung in Bild 2.3 als Summe dieser Gleichspannung und einer reinen Wechselspannung auffassen. Bild 2.4 zeigt den Zerlegungsvorgang. In Bild 2.4 wird auch deutlich, daß der verbleibende Wechselspannungsanteil den arithmetischen Mittelwert $\bar{u} = 0\,\text{V}$ besitzt, denn die «positiven» und «negativen» Flächenanteile sind gleich groß.

Der lineare Mittelwert einer reinen Wechselspannung ist immer $\bar{u} = 0$ V.

Betrachtet man noch einmal das Oszillogramm der gemessenen Spannung Bild 2.2, dann ist erkennbar, daß hier eine Gleichspannung $\bar{u}_a = 2$ V mit einer Sinusspannung überlagert ist. Der Gleichspannungsmesser zeigt nur den arithmetischen Mittelwert, also den Gleichspannungsanteil an.

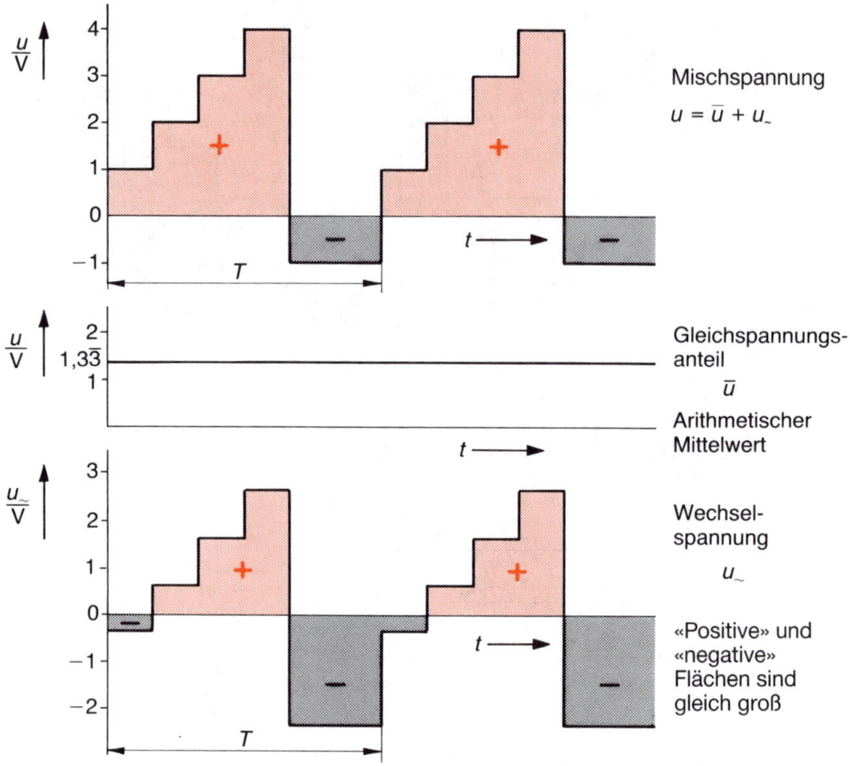

Bild 2.4 Zerlegung einer Spannung in Gleich- und Wechselspannungsanteil

2.1.2 Quadratischer Mittelwert

Der Spannungsmesser mit Dreheisenmeßwerk (Bild 2.2c) registriert einen Mittelwert, der sowohl Gleich- als auch Wechselspannungsanteile erfaßt. Der Zeigerausschlag ist dem arithmetischen Mittelwert der Spannungs- bzw. Stromquadrate proportional. Er zeigt also den quadratischen Mittelwert an.

> Der quadratische Mittelwert von Spannung bzw. Strom ist der arithmetische Mittelwert aller Spannungs- bzw. Stromquadrate.

Ist der funktionale Zusammenhang zwischen den Momentanwerten von Spannung bzw. Strom und der Zeit bekannt, so läßt sich der quadratische Mittelwert durch Integration über eine Periode berechnen:

$$\overline{u^2} = \frac{1}{T} \cdot \int_0^T u^2(t) \cdot dt \qquad \text{(Gl. 2.5)}$$

$u_{eff} = \sqrt{\overline{u^2}}$

$$\overline{i^2} = \frac{1}{T} \cdot \int_0^T i^2(t) \cdot \mathrm{d}t$$ (Gl. 2.6)

$\overline{u^2}$ quadratischer Mittelwert der Spannung $u(t)$
$\overline{i^2}$ quadratischer Mittelwert des Stroms $i(t)$

Da durch die Bildung der Quadrate alle negativen Spannungs- oder Stromwerte zu positiven Meßwerten führen, ist der quadratische Mittelwert einer reinen Wechselspannung im Gegensatz zum linearen Mittelwert nicht 0. Ebenso wie der lineare Mittelwert ist der quadratische Mittelwert auch grafisch aus dem Spannungs- oder Stromverlauf zu finden. Allerdings muß hierbei zunächst das Quadrat von Spannung bzw. Stromstärke gebildet werden. Bild 2.5 gibt dafür ein Beispiel.

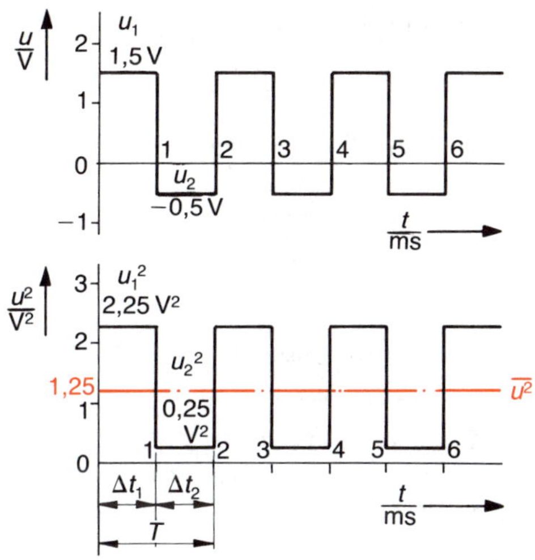

Bild 2.5 Quadratischer Mittelwert einer Spannung
a) Rechteckspannung
b) Rechteckspannung quadriert

Dargestellt ist eine Rechteckspannung, die quadriert wird. Aus den Quadraten wird der Mittelwert gebildet. Allgemein gilt für n Teilabschnitte einer Periode:

$$\overline{u^2} = \frac{u_1^2 \cdot \Delta t_1 + u_2^2 \cdot \Delta t_2 + \ldots . + u_n^2 \cdot \Delta t_n}{T}$$ (Gl. 2.7)

Entsprechend gilt für einen Stromverlauf:

$$\overline{i^2} = \frac{i_1^2 \cdot \Delta t_1 + i_2^2 \cdot \Delta t_2 + \ldots . + i_n^2 \cdot \Delta t_n}{T}$$ (Gl. 2.8)

In der Darstellung Bild 2.5 gibt es nur zwei Teilabschnitte. Daraus errechnet sich der quadratische Mittelwert:

$$\overline{u^2} = \frac{u_1^2 \cdot \Delta t_1 + u_2^2 \cdot \Delta t_2}{T}$$

$$\overline{u^2} = \frac{2{,}25\,\mathrm{V}^2 \cdot 1\,\mathrm{ms} + 0{,}25\,\mathrm{V}^2 \cdot 1\,\mathrm{ms}}{2\,\mathrm{ms}}$$

$$\underline{\underline{\overline{u^2} = 1{,}25\,\mathrm{V}^2}}$$

2.1.2.1 *Effektivwert der Leistung*

Die Bedeutung der quadratischen Mittelwerte wird erkennbar, wenn man an die elektrische Leistung denkt, die eine Spannung bzw. ein Strom im Widerstand R erzeugt. Für den Gleichstromkreis gilt:

$$P = \frac{U^2}{R} = I^2 \cdot R$$

Eine Wechselspannung bzw. ein Wechselstrom erzeugt die mittlere Leistung:

$$\boxed{P = \frac{\overline{u^2}}{R} = \overline{i^2} \cdot R} = \frac{U_{eff}^2}{R} = \frac{\left(\sqrt{\overline{u^2}}\right)^2}{R} = \frac{\overline{u^2}}{R} \qquad \text{(Gl. 2.9)}$$

Diese mittlere Leistung wird Effektivleistung genannt.

> Die Effektivleistung ist der Mittelwert der elektrischen Leistung einer Spannung bzw. eines Stroms. Die an einem Widerstand R umgesetzte Effektivleistung ist dem quadratischen Mittelwert von Spannung bzw. Strom am Widerstand proportional.

2.1.2.2 *Effektivwert von Spannung und Stromstärke*

Vergleicht man die von einem Gleichstrom im Widerstand umgesetzte Leistung mit der eines Wechselstroms, dann kann man mit Hilfe der quadratischen Mittelwerte Vergleichsgrößen ableiten. Bei gleicher Leistung von Gleich- und Wechselstrom gilt:

$$\frac{U^2}{R} = \frac{\overline{u^2}}{R};\ I^2 \cdot R = \overline{i^2} \cdot R$$

$$U^2 = \overline{u^2}$$

$$I^2 = \overline{i^2}$$

Der Vergleich zeigt, daß eine Wechselspannung die gleiche mittlere Leistung erzeugt wie eine Gleichspannung, wenn die quadratischen Mittelwerte der Spannungen gleich groß sind. Dabei ist der quadratische Mittelwert einer Gleichspannung natürlich identisch mit dem Quadrat der Gleichspannung selbst.

Die für den Vergleich herangezogene Gleichspannung U bzw. der Gleichstrom I werden als die Effektivwerte (wirksamen Werte) der Wechselspannung und des Wechselstroms bezeichnet.

$$U = \sqrt{\overline{u^2}} \qquad \text{(Gl. 2.10)}$$

$$I = \sqrt{\overline{i^2}} \qquad \text{(Gl. 2.11)}$$

U Effektivwert der Wechselspannung $u(t)$
I Effektivwert des Wechselstroms $i(t)$

So ergibt sich der Effektivwert der im Bild 2.4 dargestellten Rechteckspannung:

$$U = \sqrt{\overline{u^2}};\ \underline{\underline{U}} = \sqrt{1{,}25\,\text{V}^2} = \underline{\underline{1{,}12\,\text{V}}}$$

Der Effektivwert einer zeitlich veränderlichen Spannung (Strom) gibt die Gleichspannung (Gleichstrom) an, welche die gleiche Leistung am Widerstand R erbringt wie die veränderliche Spannung (Strom).

Bild 2.6 zeigt zwei Wechselspannungen, Bild 2.6a eine Sinusspannung, Bild 2.6b eine Dreieckspannung. Außerdem ist jeweils das Quadrat der Momentanwerte dargestellt.

Beide Spannungen haben die Maximalwerte 3 V, die Spannungsquadrate somit 9 V^2.

Der arithmetische Mittelwert der Sinusspannungsquadrate ergibt sich als die Hälfte des Maximalwerts, also $\overline{u^2} = 4{,}5\ \text{V}^2$. In Bild 2.6a ist das an der Gleichheit der roten und schwarzen Flächenteile erkennbar.

Der Effektivwert errechnet sich:

$$U = \sqrt{\overline{u^2}};$$
$$\underline{\underline{U}} = \sqrt{4{,}5\,\text{V}^2} = \underline{\underline{2{,}12\,\text{V}}}$$

Allgemein gilt für den Effektivwert einer sinusförmigen Spannung bzw. eines sinusförmigen Stroms:

$$U = \sqrt{\overline{u^2}} = \sqrt{\frac{\hat{u}^2}{2}} = \frac{\hat{u}}{\sqrt{2}} = 0{,}707 \cdot \hat{u} \qquad \text{(Gl. 2.12)}$$

$$I = \sqrt{\overline{i^2}} = \sqrt{\frac{\hat{\imath}^2}{2}} = \frac{\hat{\imath}}{\sqrt{2}} = 0{,}707 \cdot \hat{\imath} \qquad \text{(Gl. 2.13)}$$

$\hat{u}$, $\hat{\imath}$ Scheitelwerte von Sinusspannung und -strom

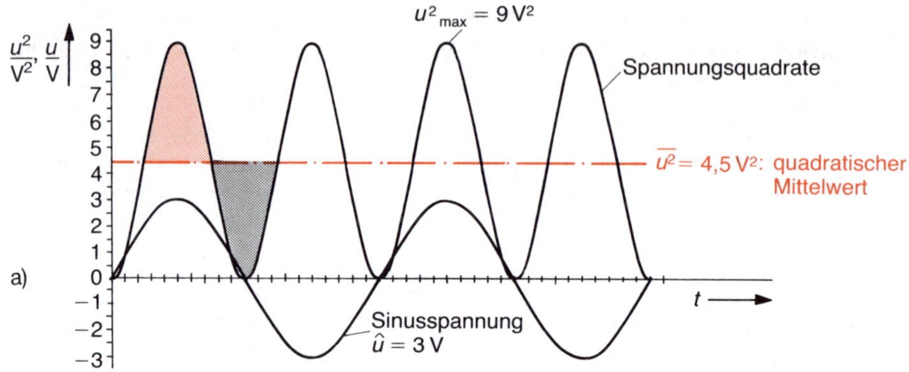

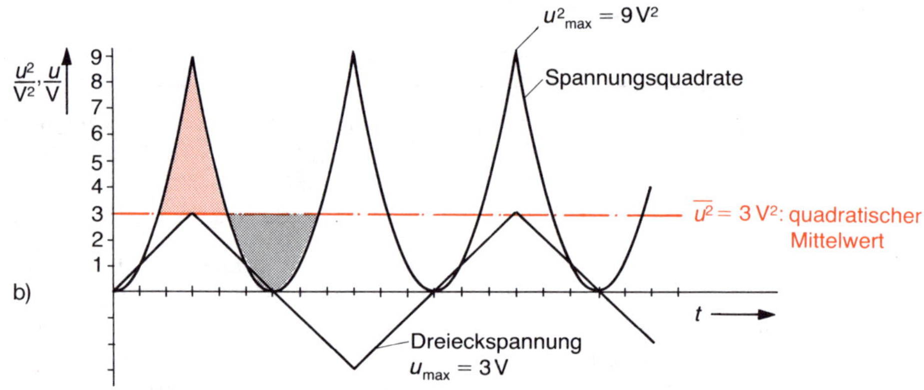

Bild 2.6 Quadratische Mittelwerte, Effektivwertbestimmung

a) Quadratischer Mittelwert einer Sinusspannung

b) Quadratischer Mittelwert einer Dreiecksspannung

Der arithmetische Mittelwert der Dreieckspannungs-Quadrate ist nicht ohne weiteres aus dem Verlauf grafisch zu ermitteln. Unter Anwendung der Integralrechnung erhält man hier als Mittelwert ⅓ des Maximalwerts der Spannungsquadrate, also $\overline{u^2} = 3\,V^2$. In Bild 2.6b ergibt sich für die Mittellinie Gleichheit der roten und schwarzen Flächenteile.

Der Effektivwert der Dreieckspannung errechnet sich:

$$U = \sqrt{\overline{u^2}}$$

$$\underline{\underline{U}} = \sqrt{3\,V^2} = \underline{\underline{1{,}73\,V}}$$

Allgemein gilt für den Effektivwert einer Dreieckswechselspannung bzw. eines entsprechenden Stroms:

$$\boxed{U = \sqrt{\frac{u^2_{max}}{3}} = \frac{u_{max}}{\sqrt{3}} = 0{,}577 \cdot u_{max}} \qquad \text{(Gl. 2.14)}$$

$$I = \sqrt{\frac{i^2_{max}}{3}} = \frac{i_{max}}{\sqrt{3}} = 0{,}577 \cdot i_{max} \qquad \text{(Gl. 2.15)}$$

u_{max}, i_{max} Maximalwerte von Dreieckspannung und Dreieckstrom

Will man den Effektivwert einer periodischen Spannung ermitteln, die aus der Überlagerung mehrerer verschiedener Teilspannungen entstanden ist, so ist das sehr einfach, wenn die Effektivwerte der Teilspannungen bekannt sind. Man kann die Effektivleistung dieser Spannung an einem Widerstand als Summe der effektiven Teilleistungen auffassen. Daraus resultiert, daß sich die quadratischen Mittelwerte addieren.

$$\overline{u^2} = \overline{u_1^2} + \overline{u_2^2} + \ldots \overline{u_n^2} \qquad \text{(Gl. 2.16)}$$

Unter Verwendung von Gl. 2.10 ist der Effektivwert der Gesamtspannung berechenbar:

$$U = \sqrt{\overline{u^2}} = \sqrt{\overline{u_1^2} + \overline{u_2^2} + \ldots \overline{u_n^2}}$$

$$U = \sqrt{U_1^2 + U_2^2 + \ldots U_n^2} \qquad \text{(Gl. 2.17)}$$

Der Effektivwert der Gesamtspannung ergibt sich aus der quadratischen Addition der Effektivwerte der Teilspannungen.

Die entsprechenden Gleichungen können natürlich auch für den Strom gebildet werden.

Als Beispiel sei nochmals die Spannung Bild 2.5 herangezogen. Die dargestellte Rechteckspannung läßt sich nach Abschnitt 2.1.1 in eine Gleichspannung $\overline{u} = 0{,}5\,\text{V}$ und in eine symmetrische Wechselspannung mit dem Maximalwert $u_{max} = 1\,\text{V}$ zerlegen. Der Effektivwert der Wechselspannung beträgt ebenfalls $U = 1\,\text{V}$. Für die Gesamtspannung ergibt sich daraus der quadratische Mittelwert:

$$\overline{u^2} = \overline{u_1^2} + \overline{u_2^2}$$
$$\overline{u^2} = (0{,}5\ \text{V})^2 + (1\ \text{V})^2 = 1{,}25\ \text{V}^2$$

Der Effektivwert der Gesamtspannung wird damit

$$\underline{\underline{U}} = \sqrt{1{,}25\,\text{V}^2} = \underline{\underline{1{,}118\,\text{V}}}$$

2.1.3 Gleichrichtwert

Will man mit einem Gleichspannungsmeßgerät auch Wechselspannungen messen, so muß zuerst eine Gleichrichtung der Wechselspannung erfolgen. Insbesondere im Bereich der Niederfrequenztechnik ($f < 50\,\text{kHz}$) verwendet man dazu in der Regel Zweipuls-Mittelwertgleichrichter (vgl. Abschnitt 5.2.3). Bild 2.7 zeigt eine auf diese Weise gleichgerichtete

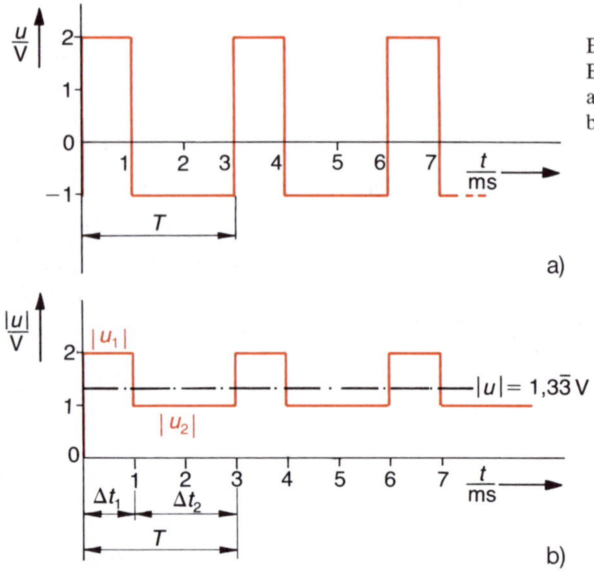

Bild 2.7
Bestimmung des Gleichrichtwerts
a) Wechselspannung $u(t)$
b) Gleichgerichtete Wechselspannung $u(t)$

Wechselspannung. Ein Gleichspannungsmesser wertet nun den linearen Mittelwert dieser gleichgerichteten Spannung aus und bringt ihn zur Anzeige. Der so entstandene Mittelwert wird Gleichrichtwert genannt.

Der Gleichrichtwert ist der arithmetische Mittelwert einer gleichgerichteten Spannung bzw. eines gleichgerichteten Stroms.

Mathematisch läßt sich der Gleichrichtwert durch das Integral über eine Periode der Spannungs- bzw. Strombeträge darstellen.

$$|\overline{u}| = \frac{1}{T} \int_0^T |u(t)| \cdot \mathrm{d}t \qquad \text{(Gl. 2.18)}$$

$$|\overline{i}| = \frac{1}{T} \int_0^T |i(t)| \cdot \mathrm{d}t \qquad \text{(Gl. 2.19)}$$

$|\overline{u}|$, $|\overline{i}|$ Gleichrichtwerte der Spannung $u(t)$ bzw. des Stroms $i(t)$

Aus dem Kurvenverlauf der gleichgerichteten Größen kann der Gleichrichtwert auch wieder durch grafische Integration gefunden werden:

$$|\overline{u}| = \frac{|u_1| \cdot \Delta t_1 + |u_2| \cdot \Delta t_2 + \ldots + |u_n| \cdot \Delta t_n}{T} \qquad \text{(Gl. 2.20)}$$

$$|\bar{i}| = \frac{|i_1| \cdot \Delta t_1 + |i_2| \cdot \Delta t_2 + \ldots + |i_n| \cdot \Delta t_n}{T} \qquad \text{(Gl. 2.21)}$$

Im Bild 2.7 wird der Gleichrichtwert auf diese Weise ermittelt. Man erhält als Ergebnis:

$$|\bar{u}| = \frac{|u_1| \cdot \Delta t_1 + |u_2| \cdot \Delta t_2}{T}$$

$$\underline{\underline{|\bar{u}|}} = \frac{2\,\text{V} \cdot 1\,\text{ms} + 1\,\text{V} \cdot 2\,\text{ms}}{3\,\text{ms}} = \underline{\underline{1{,}33\,\text{V}}}$$

Weitere Beispiele verschiedener Kurvenformen sind in Bild 2.8 dargestellt.

2.1.4 Besondere Kenngrößen der Mittelwerte

Scheitelfaktor oder Crestfaktor: Diese Kenngröße ist besonders bei Effektivwertmeßgeräten zu beachten. Obwohl der Meßwert innerhalb des gewählten Meßbereichs liegt, kann das Meßgerät übersteuert sein und falsche Meßwerte liefern, wenn das zu messende Signal zu hohe Spitzenwerte aufweist.

> Der Scheitelfaktor oder Crestfaktor gibt das Verhältnis von Spitzenwert zu Effektivwert eines Signals an.

Die Größenbezeichnung ξ für den Scheitelfaktor bezieht sich in der Regel auf Spannungsverhältnisse, kann allerdings auch auf Stromverhältnisse angewandt werden.

$$\xi = \frac{u_{max}}{U} \qquad \text{(Gl. 2.22)}$$

u_{max} Spitzenwert der Spannung
U Effektivwert

Effektivwertmeßgeräte erlauben in der Regel Messungen von Signalen mit einem Scheitelfaktor bis etwa $\xi = 10$.

Bild 2.8 zeigt einige Spannungsverläufe mit Angabe der Mittelwerte und des Scheitelfaktors.

Formfaktor: Wechselspannungs- oder Wechselstrommesser, die den Gleichrichtwert erfassen, haben meist eine Skala, die in Effektivwerten für die Sinuskurvenform geeicht ist. Das bedeutet, wenn mit einem solchen Gerät eine Sinusspannung gemessen wird, dann ist an der Skala der Effektivwert ablesbar. Diese Eichung ist möglich, da zwischen dem Gleichrichtwert und dem Effektivwert ein festes Zahlenverhältnis besteht, das allerdings für jede Kurvenform einen anderen Wert hat. Dieser Zahlenfaktor wird Formfaktor F genannt.

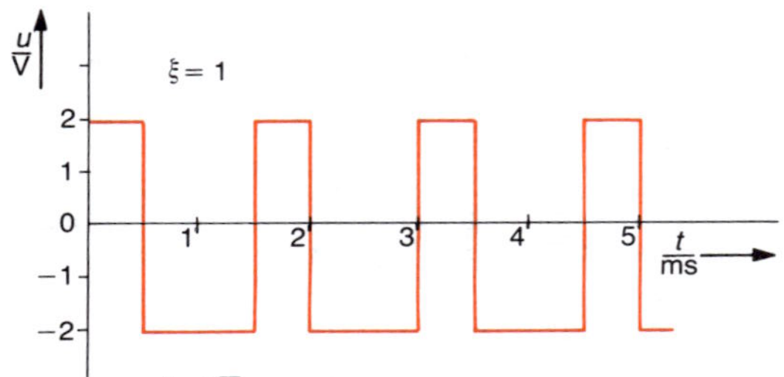

a) Rechteckspannung
$\overline{u} = -0{,}667\,V$
$\overline{|u|} = 2\,V$
$U = 2\,V$

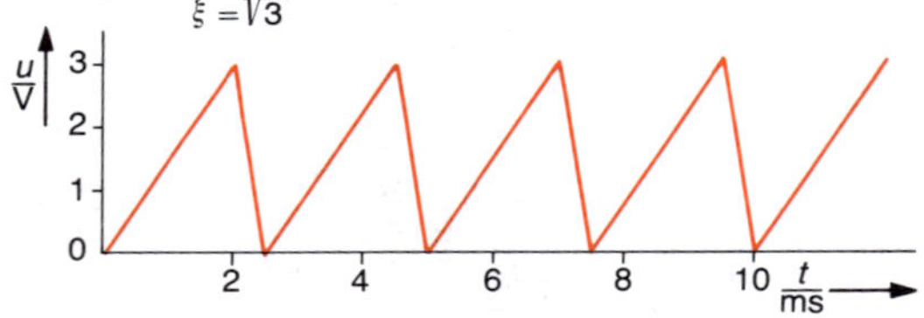

b) Sägezahnspannung mit Gleichspannungsanteil
$\overline{u} = 1{,}5\,V$
$\overline{|u|} = 1{,}5\,V$
$U = \sqrt{\overline{u}^2 + U_S^2}$
$U = \sqrt{2{,}25\,V^2 + \left(\frac{1{,}5\,V}{\sqrt{3}}\right)^2}$
$U = 1{,}732\,V$

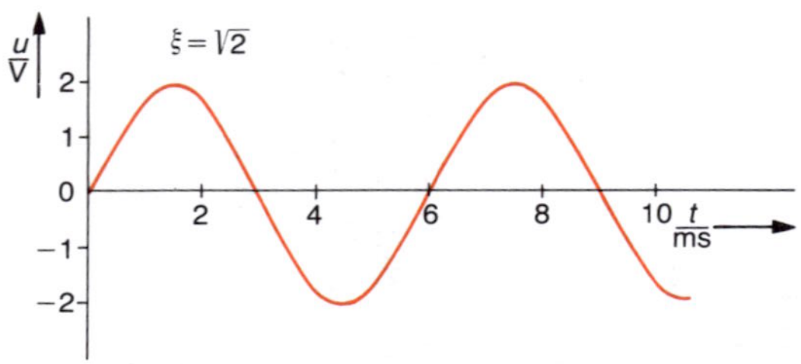

c) Sinusspannung
$\overline{u} = 0\,V$
$\overline{|u|} = \frac{2 \cdot \hat{u}}{\pi}$
$\overline{|u|} = 1{,}273\,V$
$U = \frac{\hat{u}}{\sqrt{2}}$
$U = 1{,}414\,V$

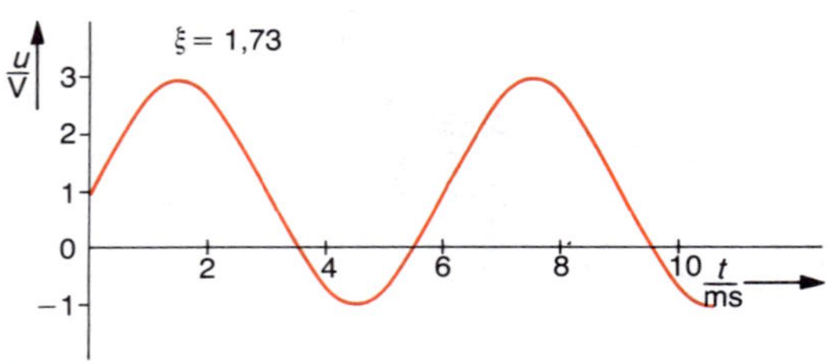

d) Sinusspannung mit Gleichspannungsanteil
$\overline{u} = 1\,V$
$\overline{|u|} = 1{,}436\,V$
$U = \sqrt{\overline{u}^2 + U_{\sim}^2}$
$U = \sqrt{1\,V^2 + \left(\frac{2\,V}{\sqrt{2}}\right)^2}$
$U = 1{,}732\,V$

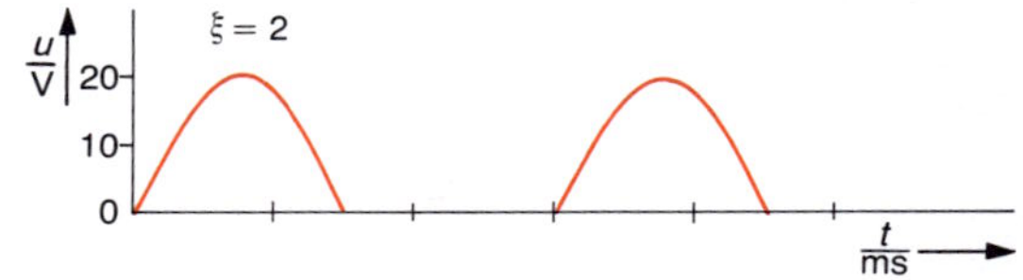

e) Sinusspannung nach Einpulsgleichrichtung
$\overline{u} = \frac{\hat{u}}{\pi}$; $\overline{u} = 6{,}366\,V$
$\overline{|u|} = \overline{u} = 6{,}366\,V$
$U = \frac{\hat{u}}{2}$; $U = 10\,V$

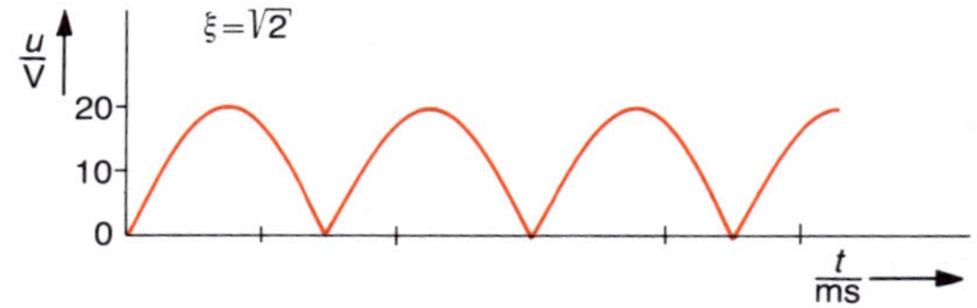

f) Sinusspannung nach Zweipulsgleichrichtung
$\overline{u} = \frac{2 \cdot \hat{u}}{\pi}$; $\overline{u} = 12{,}732\,V$
$\overline{|u|} = \overline{u} = 12{,}732\,V$
$U = \frac{\hat{u}}{\sqrt{2}}$; $U = 14{,}142\,V$

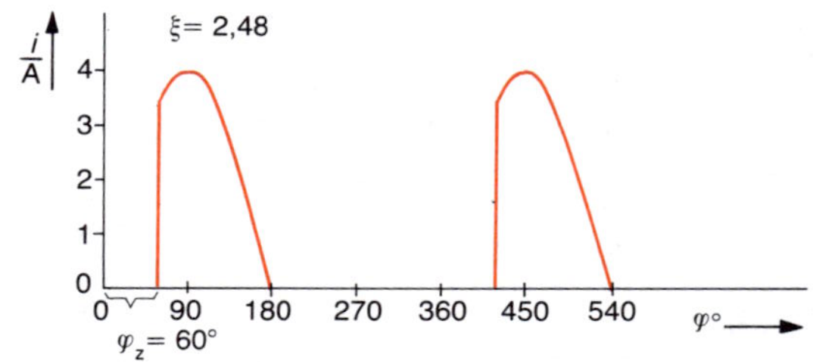

g) Angeschnittener Sinushalbwellenstrom
φ_z: Phasenanschnittwinkel
$\overline{i} = \frac{\hat{i}}{2\pi}(1 + \cos\varphi_z)$
$\overline{i} = 0{,}955\,A$
$\overline{|i|} = \overline{i} = 0{,}955\,A$
$I = \frac{\hat{i}}{2}\sqrt{\left(1 - \frac{\varphi_z}{180°} + \frac{\sin(2 \cdot \varphi_z)}{2\pi}\right)}$
$I = 1{,}79\,A$

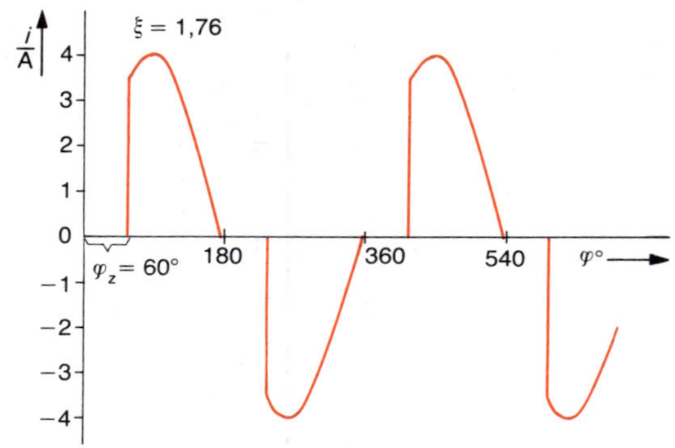

h) Angeschnittener Sinusvollwellenstrom
φ_z: Phasenanschnittwinkel
$\overline{i} = 0\,A$
$\overline{|i|} = \frac{\hat{i}}{\pi}(1 + \cos\varphi_z)$
$\overline{|i|} = 1{,}91\,A$
$I = \frac{\hat{i}}{\sqrt{2}}\sqrt{\left(1 - \frac{\varphi_z}{180°} + \frac{\sin(2 \cdot \varphi_z)}{2\pi}\right)}$
$I = 2{,}54\,A$

Bild 2.8 Mittelwerte verschiedener Spannungs- und Stromverläufe

$$F = \frac{U}{|\overline{u}|} \qquad \text{(Gl. 2.23)}$$

U Effektivwert der Spannung $u(t)$
$|\overline{u}|$ Gleichrichtwert der Spannung $u(t)$

Der Formfaktor gibt das Verhältnis von Effektivwert zu Gleichrichtwert an.

Für Sinusspannungen (Bild 2.8c) gelten die Beziehungen:

$$U = \frac{\hat{u}}{\sqrt{2}}; \; |\overline{u}| = \frac{2\,\hat{u}}{\pi}$$

Daraus errechnet sich der Formfaktor

$$F = \frac{\hat{u} \cdot \pi}{\sqrt{2} \cdot 2 \cdot \hat{u}}$$

$\underline{\underline{F = 1{,}11}}$: Formfaktor für Sinuskurvenform

Wählt man eine andere Kurvenform, so ergibt sich auch ein anderer Formfaktor.

Rechteckform (Bild 2.8a): $U = u_{max}; \quad |\overline{u}| = u_{max}$

$$F = \frac{u_{max}}{u_{max}}$$

$\underline{\underline{F = 1}}$

Dreiecksform (Bild 2.8b): $U = \frac{u_{max}}{\sqrt{3}}; \quad |\overline{u}| = \frac{1}{2} \cdot u_{max}$

$$F = \frac{u_{max} \cdot 2}{\sqrt{3} \cdot u_{max}}$$

$\underline{\underline{F = 1{,}155}}$

Daraus ergibt sich eine praktische Konsequenz:

Ein Meßgerät, das den Gleichrichtwert erfaßt, muß für jede Kurvenform eine eigene Skala aufweisen, wenn diese mit Hilfe des Formfaktors in Effektivwerten geeicht sein soll.

Meist sind diese Instrumente nur mit der Skala für Sinusgrößen versehen. Andere Kurvenformen können dann nur über Umrechnungen ausgewertet werden.

2.2 Kenngrößen nichtsinusförmiger periodischer Spannungen und Ströme

Sinusförmige Vorgänge zeigen bei der Übertragung durch lineare elektrische Systeme eine Besonderheit: Die Kurvenform des Sinus bleibt erhalten, lediglich Phasen- oder Amplitudenveränderungen können auftreten. Anders verhält es sich mit nichtsinusförmigen Vorgängen. Je nach der Art des Übertragungssystems werden durch differenzierende oder integrierende Schaltungsteile Änderungen der Kurvenform verursacht. Bild 2.9 zeigt das am Beispiel der Signalübertragung durch einen Hochpaß. Die Sinusspannung hat ihre Form behalten, die nichtsinusförmige Spannung hat sich deutlich in der Form verändert. Es soll nun dargestellt werden, wie sich dieser Unterschied erklären läßt.

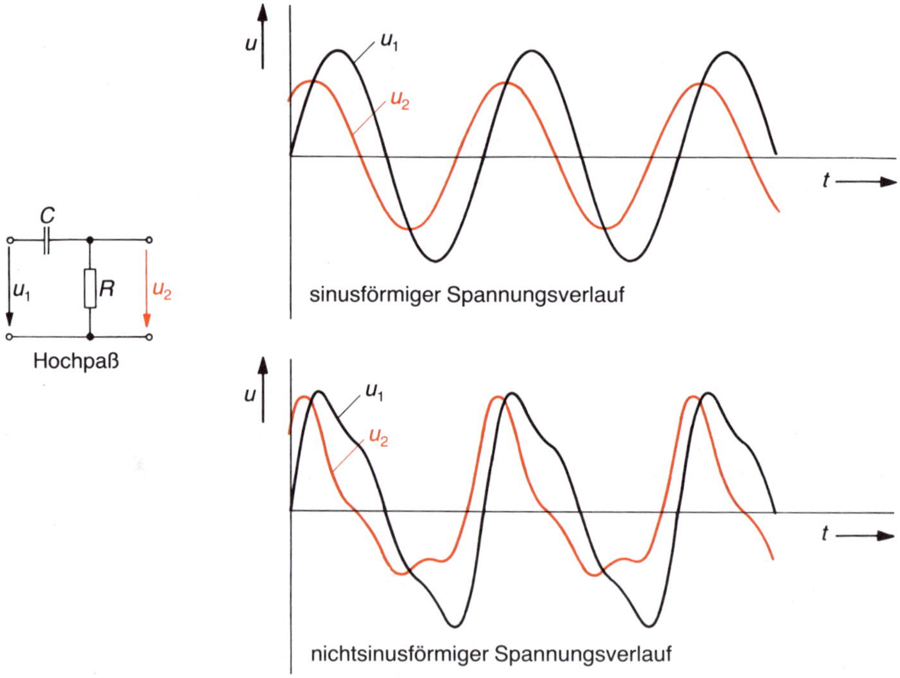

Bild 2.9 Spannungsbeeinflussung durch einen Hochpaß

2.2.1 Amplitudenspektrum – Frequenz

Folgefrequenz: Man kann sich eine nichtsinusförmige Spannung als Summe vieler Sinusspannungen unterschiedlicher Frequenz, Amplitude und Phasenlage vorstellen. Je mehr ein Kurvenverlauf von der Sinusform abweicht, desto größer ist die Zahl der enthaltenen Sinusvorgänge. Der neu entstandene Kurvenverlauf kann periodisch oder nichtperiodisch sein, wie dies die Darstellungen Bild 2.10a und b veranschaulichen.

(Stichwort: „Fourier-Analyse“!)

Bild 2.10
Nichtperiodischer und periodischer Spannungsverlauf
a) Nichtperiodischer Spannungsverlauf
b) Periodischer Spannungsverlauf

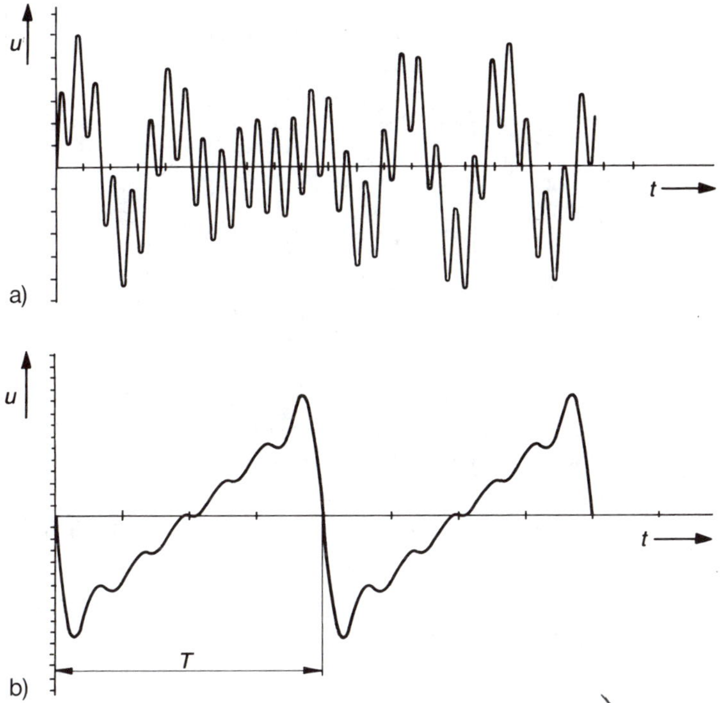

Eine nichtsinusförmige Spannung ist dann periodisch, wenn die enthaltenen Sinusfrequenzen im Verhältnis ganzer Zahlen zueinander stehen.

Bei periodischen Vorgängen wird der Zeitverlauf durch Angabe der Periodendauer T und der Wiederholungs- oder Folgefrequenz f gekennzeichnet.

Die Folgefrequenz einer nichtsinusförmigen periodischen Spannung kann als Zahl der Perioden je Sekunde angegeben werden.

Die Kenngröße, Kreisfrequenz ω, ist auf den nichtsinusförmigen Vorgang nicht anwendbar. Sie bezieht sich immer auf diskrete Sinusschwingungen.
Amplitudenspektrum und Kurvenform: Wird eine nichtsinusförmige Spannung von einer Schaltung übertragen, die für jede der enthaltenen Sinusfrequenzen ein anderes Übertragungsmaß aufweist, also Amplitude und Phasenlage jeweils unterschiedlich beeinflußt, so verändert sich die Kurvenform der Summenspannung. Dies geschieht auch beim Hochpaß im Bild 2.9. Die dort dargestelle nichtsinusförmige Spannung besteht aus den drei Sinusspannungen mit den Werten:

$\hat{u}_{11} = 2$ V; $f_1 = 50$ Hz
$\hat{u}_{12} = 0{,}5$ V; $f_2 = 100$ Hz
$\hat{u}_{13} = 0{,}33$ V; $f_3 = 150$ Hz

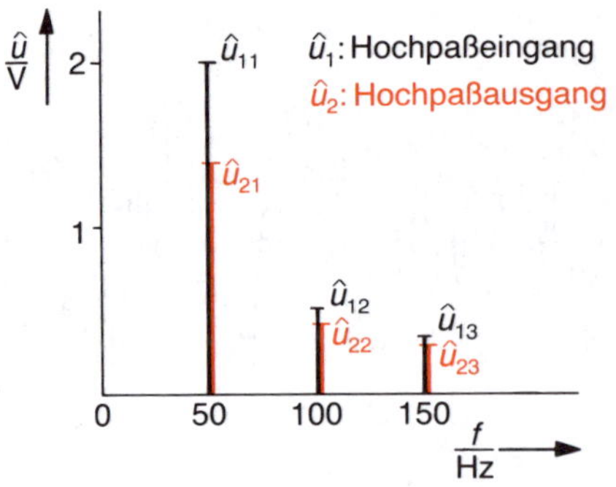

Bild 2.11 Amplitudenspektrum; Veränderung durch Hochpaß nach Bild 2.9

Das Amplitudenspektrum veranschaulicht den Gehalt an Sinusfrequenzen. Für den genannten Spannungsverlauf zeigt dieses Bild 2.11. Die Länge der Spektrallinien gibt den Scheitelwert (oder Effektivwert) der Spannungen an.

> Das Amplitudenspektrum einer nichtsinusförmigen Spannung stellt die Amplituden der enthaltenen Sinusspannungen abhängig von der jeweiligen Frequenz als Linien dar.

Der Hochpaß in Bild 2.9 hat eine Grenzfrequenz von $f_g = 50$ Hz. Damit ergeben sich mit den folgenden Gleichungen je nach Frequenz unterschiedliche Werte für die Amplitude und Phasenverschiebung:

$$\hat{u}_2 = \frac{\hat{u}_I}{\sqrt{1 + \left(\frac{f_g}{f}\right)^2}}; \ \varphi = \arctan \frac{fg}{f}$$

$$\hat{u}_{21} = 1{,}414 \text{ V}; f_1 = \ \ 50 \text{ Hz}; \varphi_1 = 45°$$
$$\hat{u}_{22} = 0{,}447 \text{ V}; f_2 = 100 \text{ Hz}; \varphi_2 = 26{,}57°$$
$$\hat{u}_{23} = 0{,}316 \text{ V}; f_3 = 150 \text{ Hz}; \varphi_3 = 18{,}43°$$

Diese Unterschiedlichkeit in Amplitude und Phase bewirkt die Kurvenformveränderung im Bild 2.9. Das Amplitudenspektrum der Ausgangsspannung ist in Bild 2.11 dem der Eingangsspannung gegenübergestellt.

Zur Erfassung des Amplitudenspektrums dient in der Meßtechnik der Spektrumanalysator. Er zeigt die Spektrallinien auf einem Oszillographenschirm als Spannungsimpulse.

In der Elektronik arbeitet man mit sehr verschiedenartigen nichtsinusförmigen Vorgängen. Im folgenden sollen die sogenannten «sinusverwandten» und einige Pulsvorgänge hinsichtlich ihrer Spektren etwas näher betrachtet werden.

2.2.1.1 Sinusverwandte Spannungen

Zwei Vorgänge, die man zu den sinusverwandten zählt, sind die Schwebung und die modulierte Trägerfrequenz.

Schwebung: Eine Schwebung entsteht, wenn zwei Spannungen unterschiedlicher Frequenz addiert (überlagert) werden. Dies führt zu grundsätzlich verschiedenen Kurvenformen je nach dem, ob die beiden Frequenzen sehr dicht beieinanderliegen oder sehr weit auseinanderliegen.

Bild 2.12a zeigt die resultierende Spannung für den Fall, daß sich f_1 und f_2 nur wenig unterscheiden. In Bild 2.12b stehen die Frequenzen im Verhältnis 1:10. Für Schwebungen nach Bild 2.12a läßt sich die Folgefrequenz als Differenz der beiden sich überlagernden Frequenzen näherungsweise angeben:

$$\boxed{f_s = |f_1 - f_2|}$$

f_s Schwebungsfrequenz für $|f_1 - f_2| < 0{,}1 \cdot f_1$

Das Amplitudenspektrum einer Schwebung ist in Bild 2.12c für zwei Spannungen mit gleicher Amplitude dargestellt.

Bild 2.12
Schwebung
a) Schwebung für $f_1 \approx f_2$
b) Schwebung für $f_2 = 10 \cdot f_1$
c) Amplitudenspektrum einer Schwebung

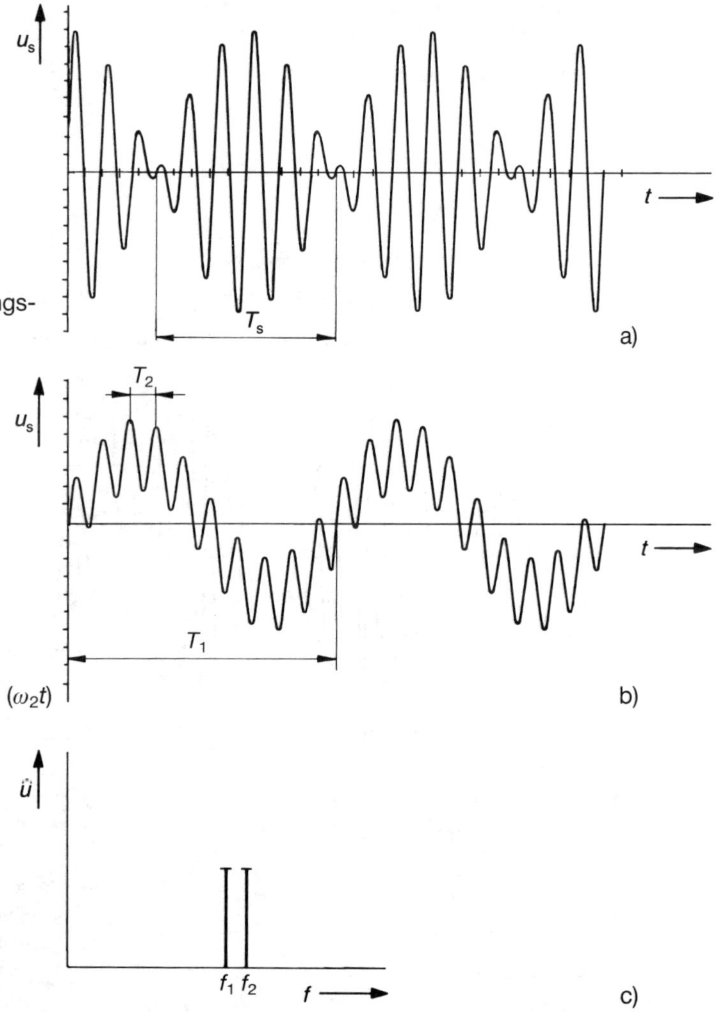

T_s Periodendauer der Schwebung

$f_s = \frac{1}{T_s} = |f_1 - f_2|$ Schwebungsfrequenz

$f_1 = \frac{1}{T_1}$

$f_2 = \frac{1}{T_2}$

$\omega_1 = 2 \cdot \pi \cdot f_1$

$\omega_2 = 2 \cdot \pi \cdot f_2$

$u_s = \hat{u}_1 \cdot \sin(\omega_1 t) + \hat{u}_2 \cdot \sin(\omega_2 t)$

Eine Schwebung entsteht durch Addition zweier Sinusspannungen unterschiedlicher Frequenz.

Amplitudenmodulierte Trägerfrequenz: Bei diesem Spannungsverlauf ändert sich die Amplitude der Trägerfrequenz f_T zeitabhängig mit der Modulationsfrequenz f_M. In Bild 2.13a ist eine solche Spannung dargestellt. Die Folgefrequenz des Gesamtvorgangs ist hier durch die Modulationsfrequenz f_M gegeben. Die einzelnen Sinusschwingungen haben die Frequenz f_T des Trägers.

Analysiert man eine amplitudenmodulierte Trägerfrequenz hinsichtlich ihres Amplitudenspektrums, so zeigt sich, daß sie drei Frequenzen enthält:

$$f_1 = f_T - f_M$$
$$f_2 = f_T$$
$$f_3 = f_T + f_M$$

Mit den Amplituden:

$$\hat{u}_1 = \frac{1}{2} \cdot \Delta\hat{u}_T$$
$$\hat{u}_2 = \hat{u}_T$$
$$\hat{u}_3 = \frac{1}{2} \cdot \Delta\hat{u}_T$$

$\hat{u}_T$ Amplitude der Trägerfrequenz f_T
$\Delta\hat{u}_T$ Maximale Amplitudenänderung der Trägerfrequenz f_T

Das Amplitudenspektrum Bild 2.13b weist dementsprechend drei Spektrallinien auf.

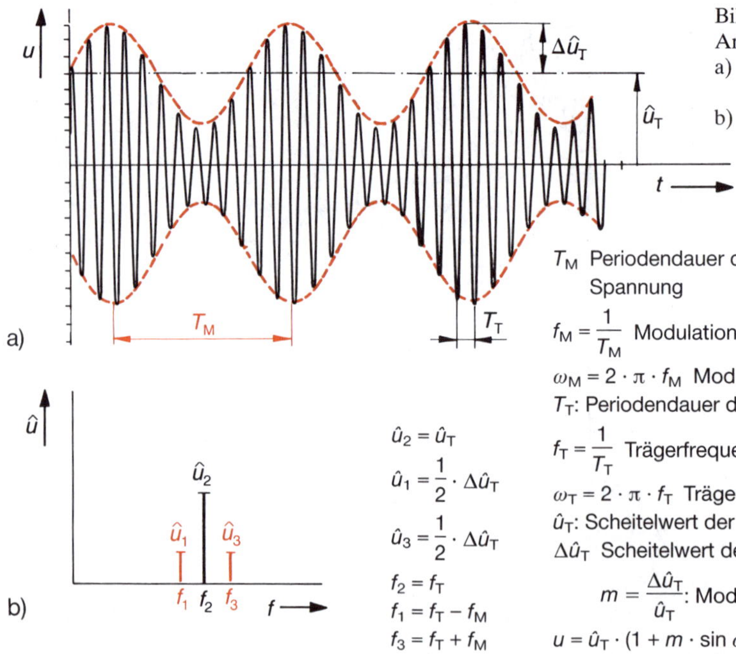

Bild 2.13
Amplitudenmodulation
a) Amplitudenmodulierte Trägerfrequenz
b) Amplitudenspektrum

Bild 2.14
Pulsspannungen

T_1 Periodendauer

$f_1 = \frac{1}{T_1}$ Folgefrequenz, Frequenz der Grundschwingung

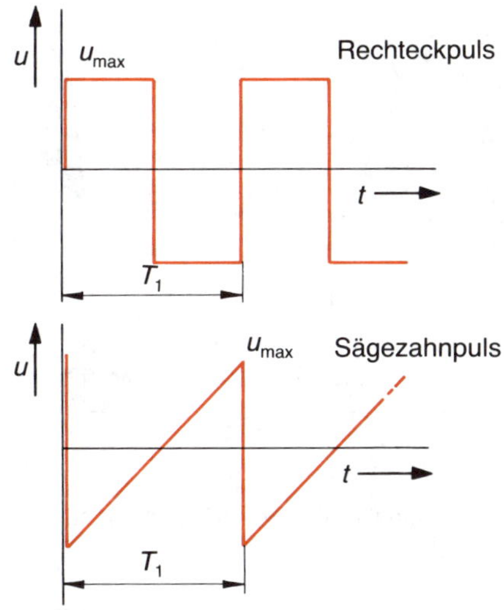

2.2.1.2 *Pulsspannungen*

Im Bild 2.14 sind zwei Pulsvorgänge dargestellt: Rechteckpuls und Sägezahnpuls. Diese Pulse lassen sich nach FOURIER durch die Summe unendlich vieler Sinusschwingungen nachbilden.

Für eine Rechteckspannung ergibt sich die Fourierreihe:

$$u = \frac{4}{\pi} \cdot u_{max} \cdot \left(\sin(\omega_1 \cdot t) + \frac{1}{3} \cdot \sin(3 \cdot \omega_1 \cdot t) + \frac{1}{5} \cdot \sin(5 \cdot \omega_1 \cdot t) + \frac{1}{7} \cdot \sin(7 \cdot \omega_1 \cdot t) + \ldots \right) \quad \text{(Gl. 2.24)}$$

u_{max} Maximalwert der Rechteckspannung

Die Sinusschwingung mit der tiefsten Frequenz ($\omega_1 = 2 \cdot \pi \cdot f_1$) wird Grundschwingung oder 1. Harmonische genannt. Die höheren Frequenzen ($3 \cdot \omega_1$, $5 \cdot \omega_1$ ...) sind ganzzahlige Vielfache der Grundfrequenz. Diese Schwingungen werden als Oberschwingungen oder Oberwellen bezeichnet. So ist die Frequenz $f = 3 \cdot f_1$ die erste Oberschwingung der Grundschwingung f_1.

Bild 2.15 zeigt die aus der Addition von vier Sinusspannungen ($f_1, f_2 = 3 \cdot f_1, f_3 = 5 \cdot f_1, f_4 = 7 \cdot f_1$) gewonnene Summenspannung, die bereits deutlich eine Rechteckform aufweist.

Man erkennt, daß die Frequenz der Grundschwingung gleich der Folgefrequenz des Rechteckpulses ist. Die Frequenzen der Oberwellen sind ungeradzahlige Vielfache der Grundfrequenz f_1.

Das Amplitudenspektrum geht aus Bild 2.16a hervor.

> Das Amplitudenspektrum eines Rechteckpulses enthält die ungeradzahligen Vielfachen der Grundfrequenz. Die Amplitude nimmt mit steigender Frequenz ab.

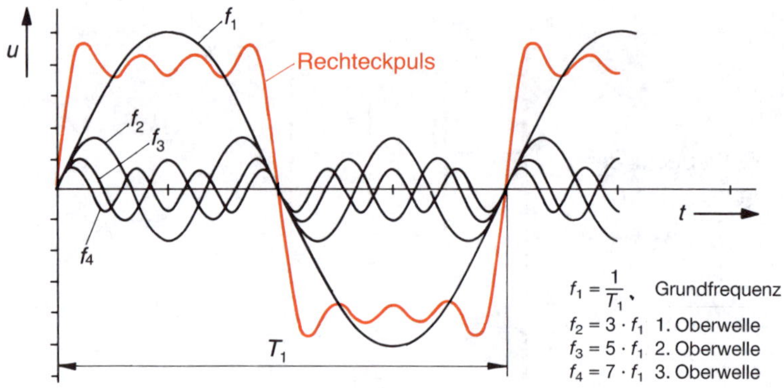

Bild 2.15
Rechteckpuls aus
4 Sinusspannungen

Die Sägezahnspannung Bild 2.14 läßt sich durch die folgende Fourierreihe darstellen:

(Gl. 2.25)

$$u = -\frac{2}{\pi} \cdot u_{\max} \cdot \left(\sin(\omega_1 \cdot t) + \frac{1}{2} \cdot \sin(2 \cdot \omega_1 \cdot t) + \frac{1}{3} \cdot \sin(3 \cdot \omega_1 \cdot t) + \frac{1}{4} \cdot \sin(4 \cdot \omega_1 \cdot t) + \ldots\right)$$

Das Amplitudenspektrum dieser Spannung zeigt Bild 2.16b.

Das Amplitudenspektrum eines Sägezahnpulses enthält alle ganzzahligen Vielfachen der Grundfrequenz. Die Amplitude nimmt mit steigender Frequenz ab.

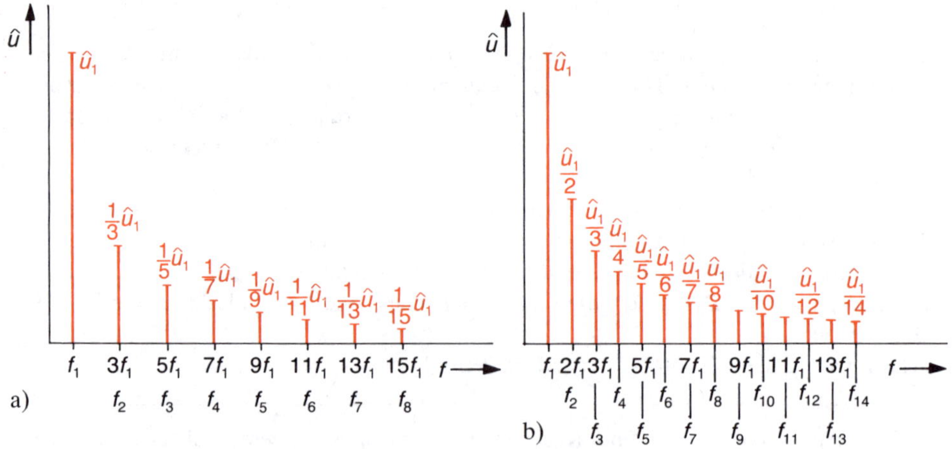

Bild 2.16 Amplitudenspektren von Rechteck- und Sägezahnpuls

a) Amplitudenspektrum des Rechteckpulses
b) Amplitudenspektrum des Sägezahnpulses

2.2.2 Klirrfaktor

Im Abschnitt 2.2.1 wurde gezeigt, daß die Überlagerung von Sinusschwingungen unterschiedlicher Frequenz zu einem nichtsinusförmigen Vorgang führt.

Umgekehrt läßt sich der Schluß ziehen:

Wenn eine sinusförmige Signalspannung infolge nichtlinearer Schaltungseinflüsse eine Änderung ihrer Kurvenform erfährt, dann müssen neue Frequenzen hinzugekommen sein. Diese Erscheinung ist bei einer Audioanlage auch akustisch wahrnehmbar. Wird der Audioverstärker übersteuert, dann hat der zunächst klare Sinuston einen «klirrenden» Charakter.

Zur Beurteilung nichtlinearer Signalverzerrungen durch Verstärker oder andere Übertragungseinrichtungen dient der Klirrfaktor.

> Der Klirrfaktor ist ein Maß für das Entstehen neuer Frequenzen durch Nichtlinearitäten im Übertragungsweg.

Der Klirrfaktor wird am Ausgang einer Übertragungsstrecke gemessen. Als Eingangssignal wird eine Sinusspannung verwendet. Diese wird als Grundfrequenz oder Grundschwingung betrachtet. Am Ausgang existieren neben der Grundschwingung die durch Nichtlinearitäten erzeugten zusätzlichen Sinusschwingungen. Sie werden Oberwellen genannt, ihre Frequenzen sind ganzzahlige Vielfache der Grundfrequenz.

> Der Klirrfaktor ist das Verhältnis des Effektivwerts aller Oberwellen zum Effektivwert des Gesamtsignals. Angabe in Prozent.

Unter Verwendung von Gl. 2.17 läßt sich der Klirrfaktor berechnen:

$$k = \sqrt{\frac{U_2^2 + U_3^2 + U_4^2 + \ldots}{U_1^2 + U_2^2 + U_3^2 + U_4^2 + \ldots}} \cdot 100\%$$

U_1 Effektivwert der Grundfrequenz f_1
U_2, U_3, U_4 Effektivwerte der Oberwellen $f_2, f_3, f_4, \ldots$

Zur Messung des Klirrfaktors werden spezielle Klirrfaktormeßbrücken verwendet, die den Klirrfaktor direkt in Prozent anzeigen.

Da mit zunehmender Amplitude der Grundschwingung auch die nichtlinearen Verzerrungen und damit der Klirrfaktor zunehmen, gehört zur Angabe des Klirrfaktors immer auch die Angabe der Amplitude der Grundschwingung.

> Der Klirrfaktor ist aussteuerungsabhängig. Beim Erreichen der Aussteuerungsgrenze steigt er sehr stark an.

3 Meßprinzipien elektrischer Zeigerinstrumente

3.1 Das Meßwerk als Meßumformer

Zeigerinstrumente für elektrische Größen sind Meßumformer, die eine für den Menschen unmittelbar nicht wahrnehmbare oder nicht quantitativ auswertbare Größe in eine andere umformen, die dann mit Hilfe eines Zeigers ablesbar wird und durch Vergleich mit einer Skala zu einem Meßwert führt.

> Zeigerinstrumente sind analoge Instrumente. Sie formen die Meßgröße in eine analoge, gut auswertbare physikalische Größe – Winkel oder Länge – um.

Die Umsetzung der so gewonnenen mechanischen Größe Winkel oder Länge in eine Zahl erfolgt mit Hilfe der Skala durch die messende Person. Hier findet also als letzter Schritt eine Analog-Digital-Umsetzung durch den Menschen statt. Damit ist der Messende in die Meßeinrichtung einbezogen und somit auch in die Fehlerbetrachtung des Systems. Diese Funktion der messenden Person kann von einem elektronischen Analog-Digital-Umsetzer (ADU) übernommen werden. Natürlich wird hierbei auch der Umformungsprozeß elektrischer in mechanische Größen, also das eigentliche Meßwerk, überflüssig. Das so konzipierte Meßgerät wird üblicherweise als Digitalmeßgerät bezeichnet.

> Digitalmeßgeräte setzen die Meßgröße in eine Zahlenanzeige um.

Die folgenden Ausführungen beziehen sich auf analoge Anzeigesysteme. Digitalinstrumente werden in einem eigenen Kapitel behandelt.

3.1.1 Abbildungsmaßstab

Der Zusammenhang zwischen der Meßgröße und der analogen, auszuwertenden Winkel- oder Längengröße kann sehr verschieden sein und wird vom Prinzip der Umformung bestimmt. Bild 3.1 zeigt drei verschiedene funktionale Zusammenhänge zwischen dem Wert der Meßgröße x und dem zugeordneten Längenabschnitt l einer Skala:

Lineare Abbildung: $\frac{l}{l_{max}} = \frac{x}{x_{max}}$ Wurzel-Abbildung: $\frac{l}{l_{max}} = \sqrt{\frac{x}{x_{max}}}$

Quadratische Abbildung: $\frac{l}{l_{max}} = \left(\frac{x}{x_{max}}\right)^2$ Logarithmische Abbildung: $\frac{l}{l_{max}} = \lg \frac{x}{x_0}$

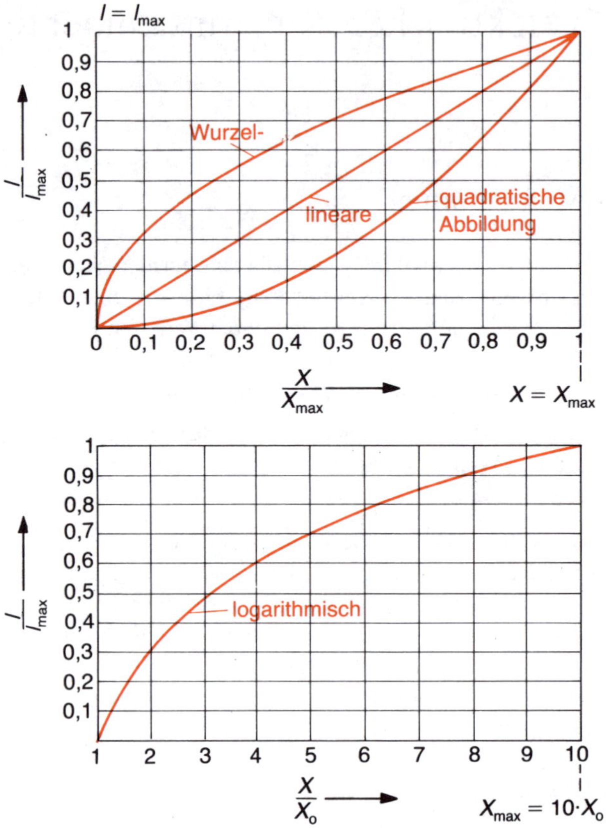

Bild 3.1
Abbildung der Meßgröße auf die Skalenlänge

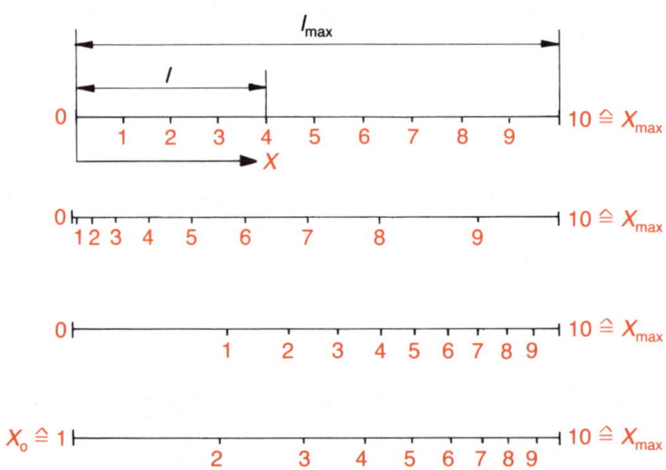

Abbildungen linear:

$$l = l_{max} \cdot \frac{X}{X_{max}}$$

quadratisch:

$$l = l_{max} \cdot \left(\frac{X}{X_{max}}\right)^2$$

Wurzel:

$$l = l_{max} \cdot \sqrt{\frac{X}{X_{max}}}$$

logarithmisch:

$$l = l_{max} \cdot \lg\left(\frac{X}{X_o}\right)$$

Bild 3.2 Skalenbeschriftung mit verschiedenen Abbildungsmaßstäben

Hierbei ist jeweils x_{max} der Bereichsendwert der Meßgröße, dem die maximale Skalenlänge l_{max} zugeordnet ist.

Der logarithmische Maßstab hat die Besonderheit, daß der Anfangswert der Skala nicht den Wert $x = 0$ markieren darf, da ja der Logarithmus für Werte < 1 negativ wird, für 0 sogar negativ unendlich. Daher beginnt die Skala bei einem bestimmten Anfangswert x_0. Überträgt man die dargestellten Zusammenhänge auf eine Längenskala, so entstehen die gezeichneten Strichmarkierungen Bild 3.2.

In der Praxis trifft man die lineare Skala sehr häufig an. Die quadratische und die Wurzelskala sind manchmal kombiniert. Allerdings werden beide ebenso wie auch die logarithmische Skala nicht oft angewandt.

3.1.2 Drehmomentwaage

Die meisten Zeigerinstrumente formen die Meßgröße in einen analogen Winkel um. Dabei führt der Zeiger eine Drehbewegung aus. Dies ist mechanisch einfacher zu realisieren als die Abbildung auf eine analoge Länge mit Linearbewegung des Zeigers. Um eine Drehbewegung zu erreichen, wird zunächst ein dem Wert der Meßgröße entsprechendes elektrisches Drehmoment erzeugt. Dieses wird mit dem Gegendrehmoment einer Feder ins Gleichgewicht gebracht. Das mechanische Gegendrehmoment der Drehfeder ist dem Drehwinkel proportional. Damit ist der Winkel ebenso dem elektrischen Drehmoment und der Meßgröße x proportional:

$$\alpha \sim M_{mech} = M_{el} \sim x$$
$$\alpha \sim x$$

Das erzeugte elektrische Drehmoment wird mit Hilfe einer Drehfeder «ausgewogen», und man kann daher von einer Drehmomentwaage sprechen.

> Bei einem elektrischen Zeigerinstrument wird die Meßgröße in ein analoges elektrisches Drehmoment umgeformt, das mit einer Drehfederwaage ausgewertet wird.

Bild 3.3 veranschaulicht diesen Umformungsvorgang. Das Drehfedermoment läßt sich berechnen:

$$M_{mech} = D \cdot \alpha$$

Hierbei ist D die Drehfederkonstante und α der Drehwinkel.

Im Momentengleichgewicht gilt:

$$M_{mech} = M_{el}$$
$$D \cdot \alpha = M_{el}$$

$$\boxed{\alpha = \frac{M_{el}}{D}} \qquad \text{(Gl. 3.1)}$$

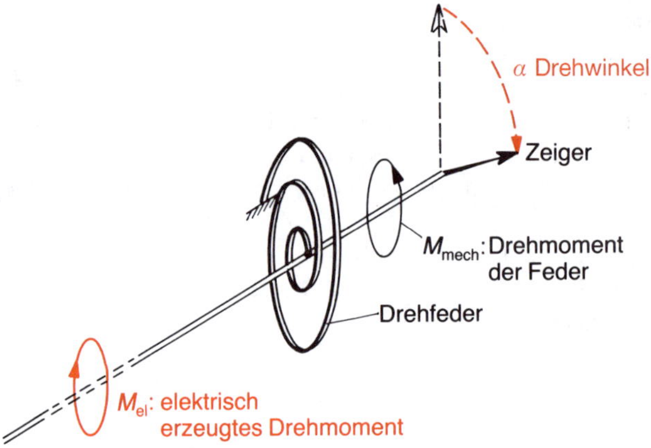

Bild 3.3
Drehfedersystem als Drehmomentwaage

Die Gleichung zeigt somit, daß der Drehwinkel dem elektrischen Drehmoment direkt proportional ist, sofern die Federkonstante während der Drehung ihren Wert behält. Das aber wird vorausgesetzt. Je kleiner der D-Wert gewählt ist, d. h., je weicher die Feder ist, desto empfindlicher reagiert das Meßwerk. Bei kleinen Federkonstanten machen sich allerdings auch Fehlereinflüsse, wie z. B. die Lagerreibung, stärker bemerkbar, so daß die Erhöhung der Empfindlichkeit leicht zum Verlust an Genauigkeit führen kann.

Der Drehwinkel des Zeigers ist dem elektrischen Drehmoment direkt proportional. Der Winkel ist um so größer, je kleiner die Drehfederkonstante ist.

3.1.3 Wirbelstrombremse

Im Abschnitt 3.1.2 wurde das Prinzip der Drehmomentwaage beschrieben. Die Drehbewegung des Zeigers kommt zur Ruhe, wenn Momentengleichgewicht herrscht. Setzt man dem elektrischen Drehmoment jedoch kein Federmoment entgegen, so müßte der Zeiger eine gleichmäßig beschleunigte Drehbewegung ausführen. Dies trifft natürlich in der Realität so nicht zu, weil der Zeiger eben nur bis zum Anschlag bewegt würde und dann mechanisch blockiert wäre.

Bei bestimmten Meßgeräten ist die kontinuierliche Drehbewegung jedoch erwünscht. Ein Beispiel dafür ist der Induktionszähler. Auch hier wird für ein Gleichgewicht der Drehmomente gesorgt. Es ist allerdings ein dynamisches Gleichgewicht. Das Gegendrehmoment ist nicht vom Zeigerausschlag abhängig, sondern von der Drehgeschwindigkeit der Welle. Ein Zeiger verliert hier natürlich seinen Sinn. Die Geschwindigkeit wird über ein mechanisches Zählwerk ausgewertet. Das Gegendrehmoment wird von einer Wirbelstrombremse erzeugt. Hierbei bewegt sich eine Aluminiumscheibe durch das Feld eines Dauermagneten (Bild 3.4). Nach dem Induktionsgesetz treten dabei Wirbelströme auf, die ihrerseits ein Magnetfeld bewirken, das zur Hemmung der Drehbewegung führt. Das Gegendrehmoment steigt mit zunehmender Drehgeschwindigkeit an. Bei einer bestimmten Drehzahl n herrscht Gleichgewicht.

Bild 3.4
Wirbelstrombremse

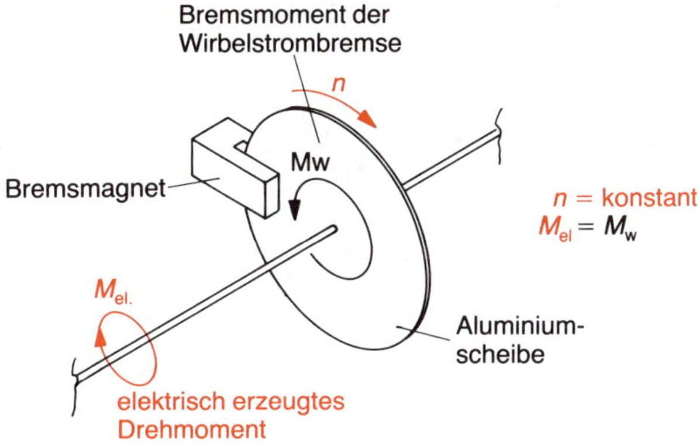

$$M_{el} = M_w$$

und die Drehbewegung wird gleichförmig. Da das Bremsmoment der Wirbelstrombremse proportional zur Drehzahl n ist, gilt im dynamischen Gleichgewichtszustand:

$$\boxed{n \sim M_{el}} \qquad \text{(Gl. 3.2)}$$

Die auf eine sich drehende Aluminiumscheibe wirkende Wirbelstrombremse erzeugt ein Gegendrehmoment, das der Drehzahl n proportional ist.

3.2 Dämpfung von Meßwerken

Im Abschnitt 3.1.2 wurde die Drehmomentwaage beschrieben. Dieses aus der Drehfeder und der bewegten Masse bestehende System ist in der Lage, mechanische Schwingungen auszuführen.

Der Zeiger des Meßinstruments stellt sich dann nicht sofort auf den Meßwert ein, sondern pendelt eine gewisse Zeit, bis schließlich die mechanische Schwingung abgeklungen ist. Erst dann kann abgelesen werden.

Um die Einstellzeit des Instrumentes abzukürzen, wird das mechanische Schwingsystem bedämpft. Bild 3.5 zeigt das Einschwingverhalten bei verschieden starker Bedämpfung. Dabei wird deutlich, daß sowohl eine zu schwache als auch eine zu starke Dämpfung die Einstellzeit ungünstig beeinflußt. Zur Kennzeichnung der Vorgänge wird der Dämpfungsfaktor d des Systems verwendet. Dieser läßt sich experimentell aus der Überschwingweite (vgl. Bild 3.5) ableiten:

$\ddot{u} = \dfrac{\Delta\alpha}{\alpha_N}$: Überschwingweite

$$d = \frac{\ln \frac{1}{ü}}{\sqrt{\pi^2 + \left(\ln \frac{1}{ü}\right)^2}} \qquad \text{für } 0 \leq ü \leq 1 \qquad \text{(Gl. 3.3)}$$

Umgekehrt läßt sich aus dem Dämpfungsfaktor d die zu erwartende Überschwingweite berechnen:

$$ü = e^{-\frac{d \cdot \pi}{\sqrt{1 - d^2}}} \qquad \text{für } 0 \leq d \leq 1$$

Bei fehlender Dämpfung ist der Dämpfungsfaktor $d = 0$ und die Überschwingweite $ü = 1$. Der Zeiger pendelt dann zwischen den Werten $\alpha = 0$ und $\alpha = 2 \cdot \alpha_N$, dem doppelten Anzeigenennwert, periodisch hin und her. Die Periodendauer dieser Schwingung hängt von der Drehfederkonstante und der bewegten Masse ab.

Ein ungedämpftes Drehfedersystem führt periodische Schwingungen aus, deren Periodendauer um so größer ist, je größer die bewegte Masse und je kleiner die Drehfederkonstante ist.

Die Überschwingweite wird 0 für den Dämpfungsfaktor $d = 1$. Nun tritt keine Schwingung mehr auf, der Zeiger bewegt sich direkt auf den Nennwert α_N zu. Wird die Dämpfung weiter vergrößert, so nähert sich der Zeiger dem Nennwert «kriechend».

Es läßt sich zeigen, daß die kürzeste Einstellzeit bei einem Dämpfungsfaktor $d = 0,8$ erreicht wird. Die Überschwingweite beträgt hierbei $ü = 0,015$, der Zeiger schwingt also um 1,5% über den Nennwert hinaus.

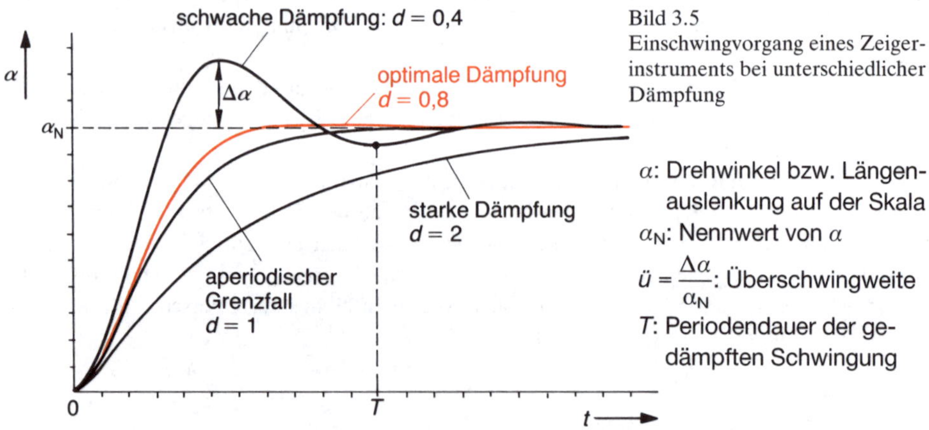

Bild 3.5
Einschwingvorgang eines Zeigerinstruments bei unterschiedlicher Dämpfung

Unter der Einstellzeit eines Zeigerinstruments versteht man die Zeit, die nach einer sprunghaften Änderung der Meßgröße vergeht, bis der Zeiger in einen Bereich um den Nennwert einschwingt, der innerhalb der durch die Klassengenauigkeit festgelegten Toleranz liegt. Bei Klasse 1,5 sind das ±1,5% der Skalenlänge um den Nennwert.

Da die Überschwingweite bei der Dämpfung $d = 0{,}8$ etwa 1,5% vom Nennwert beträgt, wäre für ein Instrument der Klasse 1,5 als Einstellzeit die Zeit vom Beginn des Einschwingvorgangs bis zum Erreichen des Überschwingmaximums anzugeben. Diese Zeit beträgt:

$$t_E \approx 0{,}61 \cdot T_0$$

T_0 Periodendauer des ungedämpften Systems

Diese Zeit ist zugleich die kürzeste erreichbare Beruhigungszeit eines Zeigerinstruments.

Als Beruhigungszeit eines Zeigerinstruments ist die Zeit festgelegt, die vom Auftreten einer sprunghaften Änderung einer Meßgröße vergeht, bis der Zeiger auf eine Schwingamplitude von 1,5% der Skalenlänge um den Nennwert eingeschwungen ist.

3.2.1 Dämpfungsmaßnahmen

Um ein möglichst günstiges Einschwingverhalten zu erreichen, wird das Drehfedersystem auf elektrischem Weg durch Induktion oder mechanisch gedämpft. Das auf diese Weise verursachte Bremsmoment ist jeweils der Drehgeschwindigkeit des Zeigersystems proportional und wird unwirksam, sobald der Zeiger in Ruhe ist. Damit hat das Bremsmoment keinen Einfluß auf den Anzeigewert selbst, beeinflußt also nicht die Genauigkeit der Anzeige. Bild 3.6 zeigt verschiedene Dämpfungsmaßnahmen.

Dämpfung durch Aluminiumrähmchen (Bild 3.6a): Die insbesondere bei Drehspulinstrumenten angewandte Rähmchendämpfung arbeitet nach dem Induktionsgesetz. Bewegt sich der Aluminiumrahmen im Feld des Dauermagneten, so entsteht eine Induktionsspannung, die im Rähmchen einen Stromfluß verursacht. Das Magnetfeld dieses induzierten Stroms bewirkt durch Überlagerung mit dem Feld des Dauermagneten die Hemmung der Drehbewegung (Lenzsche Regel). Da die Induktion nur bei der Bewegung des Rähmchens auftritt, wirkt das Bremsmoment nur während der Einstellzeit des Systems. Der Dämpfungsfaktor wird durch die magnetische Induktion (Flußdichte) des Dauermagneten und den Widerstand des Rähmchens bestimmt. Durch genauen Abgleich läßt sich die optimale Dämpfung einstellen. Bei Drehspulinstrumenten dient das Rähmchen zugleich als Träger für die Drehspule.

Wirbelstromdämpfung: Wie bei der in Bild 3.4 dargestellten und im Abschnitt 3.1.3 beschriebenen Wirbelstrombremse wird hierbei durch Induktion ein Wirbelstrom erzeugt, der durch sein Magnetfeld die Bremswirkung verursacht. Dazu bringt man an der Zeigerachse des Instruments eine Aluminiumfahne an, die sich dann bei der Drehung des Zeigers durch das Feld eines Dauermagneten bewegt.

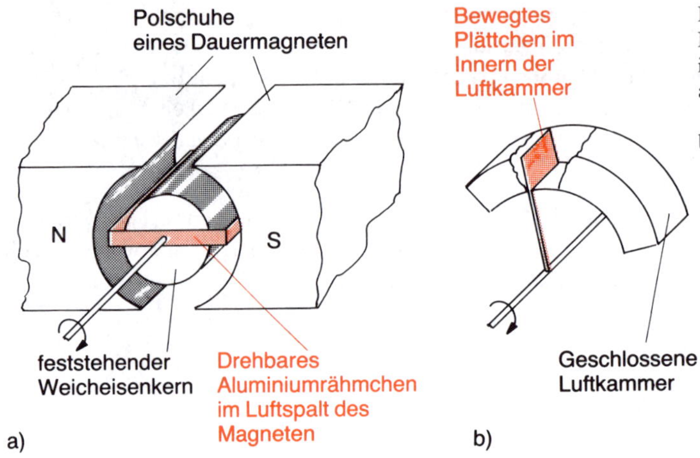

Bild 3.6
Dämpfung von Zeigerinstrumenten
a) Dämpfung durch Aluminiumrähmchen
b) Luftkammerdämpfung

Luftkammerdämpfung (Bild 3.6b): An der Zeigerachse befindet sich ein Plättchen, das bei der Drehung durch eine Luftkammer bewegt wird. Die entstehenden Luftwirbel hemmen die Bewegung. Das Bremsmoment ist um so größer, je schneller die Drehbewegung erfolgt und je enger die Luftkanäle sind, durch die der Luftstrom gepreßt wird. Die Dämpfungswirkung kann verstärkt werden, wenn statt einer Luftkammer eine mit Flüssigkeit (Öl) gefüllte Kammer verwendet wird.

3.3 Lagerung

Die Genauigkeit des Meßwerks wird wesentlich von der Art der Lagerung des beweglichen Organs mitbestimmt. Dabei geht es darum, die Reibungskräfte und damit das Reibungsmoment klein zu halten. Es geht aber auch um Vermeidung von Alterungserscheinungen durch Materialabnutzung, was ja wiederum zur Vergrößerung der Reibungskräfte führt. Schließlich hat die Art der Lagerung auch Einfluß auf die Transportfähigkeit oder die Empfindlichkeit gegen Vibration und Stöße.

3.3.1 Spitzen- und Zapfenlager

Man unterscheidet zwischen Spitzen- und Zapfenlagern sowie Spannband- und Tragbandlagern.
Spitzenlager: Bei der Spitzenlagerung laufen die zu einer Kegelspitze geformten Achsenden meist auf Lagersteinen aus Saphir. Die Kegelspitzen der Achse bestehen aus gehärtetem Stahl. Wegen der sehr kleinen Auflagefläche ist die Reibung gering, allerdings tritt ein hoher Lagerdruck auf, der zu Abrieb führt, insbesondere dann, wenn das Meßwerk Vibrationen ausgesetzt ist. Spitzenlager können durch harte Stöße beschädigt werden. Das Lager sollte möglichst nur in axialer Richtung belastet werden. Deshalb ist in der Regel die Gebrauchslage so, daß die Achse senkrecht auf dem Lager ruht, während die Skala horizontal angeordnet ist.

Spitzenlager haben geringe Reibung. Sie sind empfindlich gegen Stöße und Vibrationen.

Zapfenlager: Treten an der Achse größere radiale Kräfte auf, wie z. B. bei schreibenden Geräten, dann wird die Zapfenlagerung angewendet. Die Achse ist an ihren Enden jeweils durch einen Lochstein geführt und läuft dann in eine Spitze aus, die ebenfalls auf einem Stein aufliegt. Axiale Kräfte werde von der Spitze aufgenommen, während radiale Kräfte der im Lochstein laufende Zapfen überträgt. Die Bilder 3.7a und b zeigen das Prinzip der Spitzen- und Zapfenlagerung.

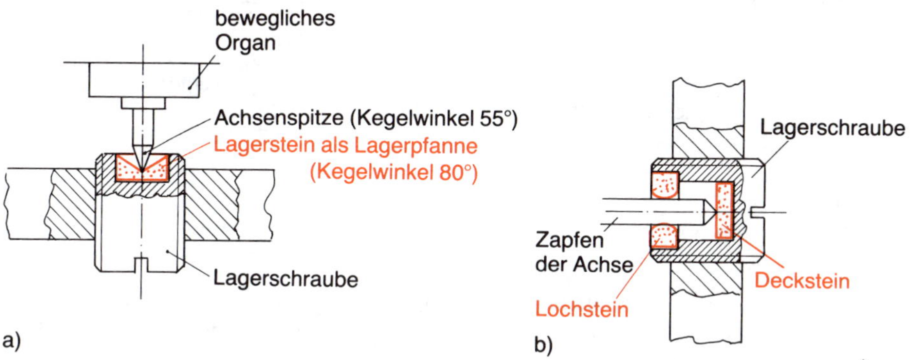

Bild 3.7 Prinzipien der Spitzen- und Zapfenlagerung

a) Spitzenlager mit festem Lagerstein
b) Aufbau des Zapfenlagers

Zapfenlager haben größere Reibung als Spitzenlager. Sie sind wenig erschütterungsempfindlich und daher gut geeignet für robuste Betriebsinstrumente und registrierende Meßgeräte.

3.3.2 Spannband- und Tragbandlager

Der Einfluß der Lagerreibung läßt sich durch Anwendung der Spannband- und Tragbandlagerung ausschalten.

Spannbandlagerung: Das bewegliche Organ wird zwischen zwei gespannten Haltebändern befestigt (Bild 3.8). Diese übernehmen drei Aufgaben:

Zuführung des Stroms (wenn erforderlich),

Halterung des beweglichen Organs,

Erzeugung eines Richtmoments bei Torsionsbeanspruchung.

Das so ausgestattete Meßwerk ist außerordentlich robust. Es ist wenig empfindlich gegen Vibrationen und Stöße.

Tragbandlagerung: Diese Lagerung findet bei hochempfindlichen Spiegelgalvanometern Anwendung (Bild 3.8). Das bewegliche Organ ist hier einseitig an einem Band aufgehängt.

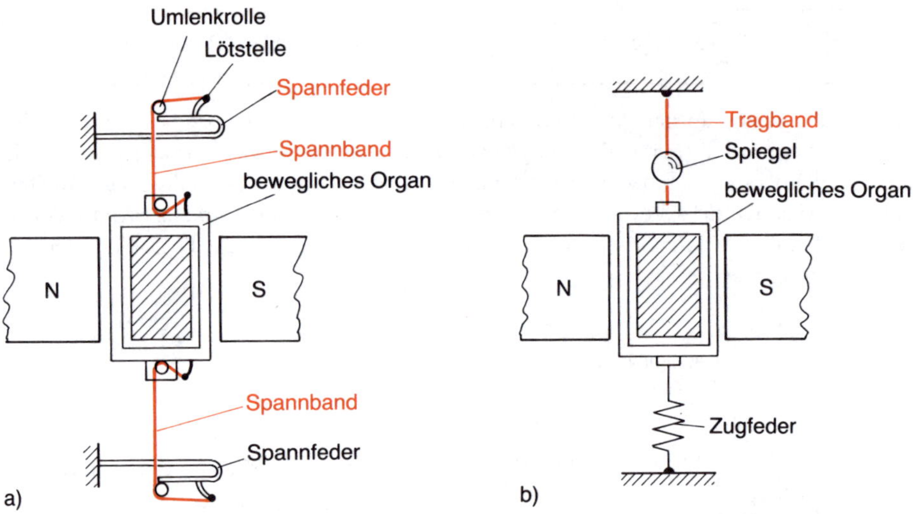

Bild 3.8 Spannband- und Tragbandlagerung
a) Spannbandlagerung (Prinzip)
b) Tragbandlagerung

Wegen des sehr geringen Richtmoments wird das Meßwerk außerordentlich empfindlich. Allerdings muß auf sorgfältige vertikale Ausrichtung des beweglichen Organs geachtet werden, damit es frei beweglich bleibt.

Spannband- und Tragbandlager haben keine Lagerreibung. Meßwerke mit Spannbandlager sind wenig empfindlich gegen Stoß und Vibration. Meßwerke mit Tragbandlager sind sehr empfindlich, sie erfordern eine genaue Justage. Das bewegliche Organ muß beim Transport arretiert werden.

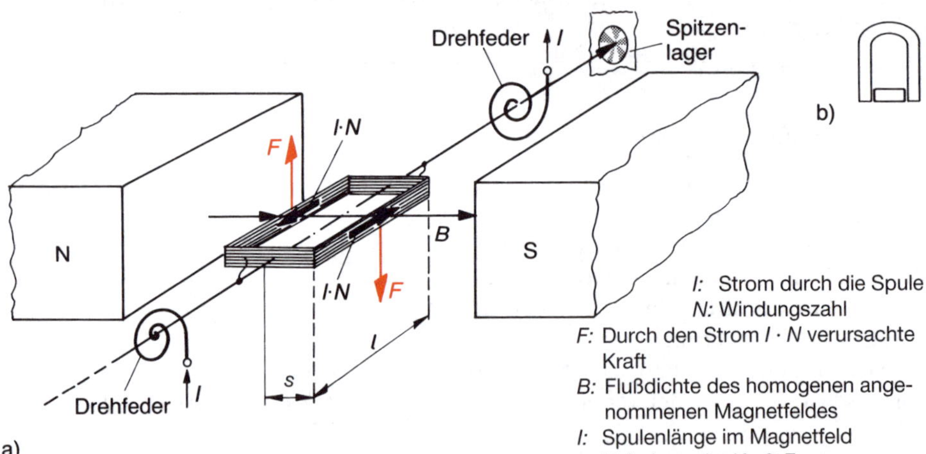

Bild 3.9 Drehspulprinzip a) Wirkungsprinzip b) Symbol

3.4 Drehspulmeßwerk

3.4.1 Drehspulprinzip

Das Drehspulmeßwerk ist sicher das am häufigsten eingesetzte Meßwerk. Es läßt sich mit hoher Empfindlichkeit und großer Genauigkeit herstellen und dient in Vielfachinstrumenten der Strom-, Spannungs- und Widerstandsmessung. Die Anwendungen dieses für die Meßtechnik so wichtigen Meßwerks werden im Kapitel 5 des Buchs bei den Meßverfahren beschrieben.

Das Prinzip ist in Bild 3.9 veranschaulicht.

Auf eine stromdurchflossene, drehbar gelagerte Spule wirkt im Magnetfeld eines Dauermagneten ein elektrisches Drehmoment, das der Stromstärke proportional ist.

Die Drehfedern werden gespannt, bis das mechanische und das elektrische Drehmoment im Gleichgewicht stehen. Der Zeigerausschlag ist dann ein Maß für die Stromstärke in der Spule des Meßwerks. Im Bild 3.9a sind zwei gegenläufig gewickelte Drehfedern erkennbar. Diese Anordnung gewährleistet, daß die Null-Lage des Zeigers weitgehend stabil bleibt. Die Drehfedern übernehmen zugleich die Aufgabe der Stromzuführung.

Das Drehspulmeßwerk ist dem Prinzip nach ein Strommesser.

Bild 3.9b zeigt das Meßwerksymbol, eine vereinfachte Darstellung des inneren Aufbaus.

Entstehung des elektrischen Drehmoments: Kraftwirkung auf einen stromdurchflossenen Leiter im Magnetfeld (Lorentzkraft) tritt nur dann auf, wenn die Stromrichtung und die Richtung des magnetischen Feldvektors B nicht gleich sind. Bild 3.10 zeigt, daß die Kraftwirkung bei einem Winkel von 90° zwischen Stromrichtung und Feldvektor ein Maximum erreicht. Ferner ist zu ersehen, daß der Kraftpfeil senkrecht auf der Fläche steht, die vom Stromrichtungspfeil und dem Feldvektor gebildet wird. Im dargestellten Fall ist der Strompfeil in die z-Richtung des Koordinatensystems gelegt worden, der Feldvektor B liegt auf der z-x-Fläche mit unterschiedlichen Winkeln zur z-Koordinate. Der Kraftpfeil steht hier immer senkrecht auf der z-x-Fläche, weist also in die y-Richtung des Systems. Ist der Winkel zwischen I und B verschieden von 90°, dann bewirkt nur die Komponente des B-Vektors eine Kraft, die auf I senkrecht steht (vgl. Bild 3.10b: $B_x = B \cdot \sin\alpha$).

Unter diesen Bedingungen greifen an der Drehspule (Bild 3.9a) Kräfte nur entlang der Länge l an. Entsprechend der Stromrichtung ergeben sich an den Längsseiten gegensätzliche Kraftrichtungen. Die Kräfte lassen sich berechnen:

$$F = I \cdot N \cdot B \cdot l \qquad \text{(Gl. 3.4)}$$

Hier ist angenommen, daß die Flußdichte B im gesamten Spulenraum konstant ist (homogenes Magnetfeld). Die beiden Kräfte verursachen ein elektrisches Drehmoment:

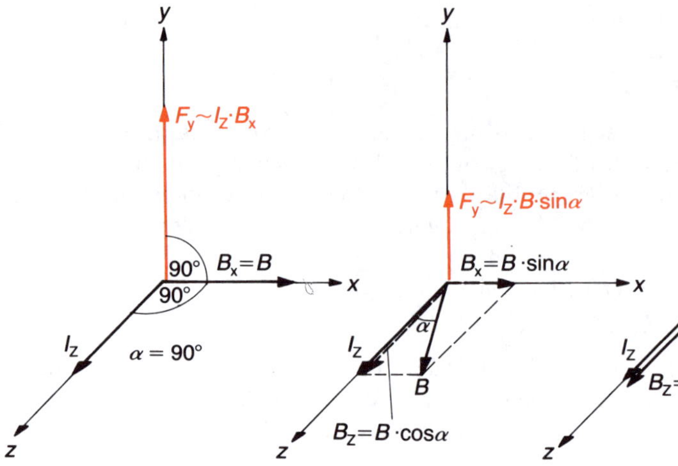

Bild 3.10 Kraftwirkung auf stromdurchflossenen Leiter bei unterschiedlichen Winkeln zwischen Stromrichtung und Feldvektor

a) Maximale Kraftwirkung bei $\alpha = 90\,°$

b) Zerlegung des Feldvektors B, nur die auf I_z senkrecht stehende Komponente B_x trägt zur Krafterzeugung bei

c) Keine Kraftwirkung für $\alpha = 0\,°$

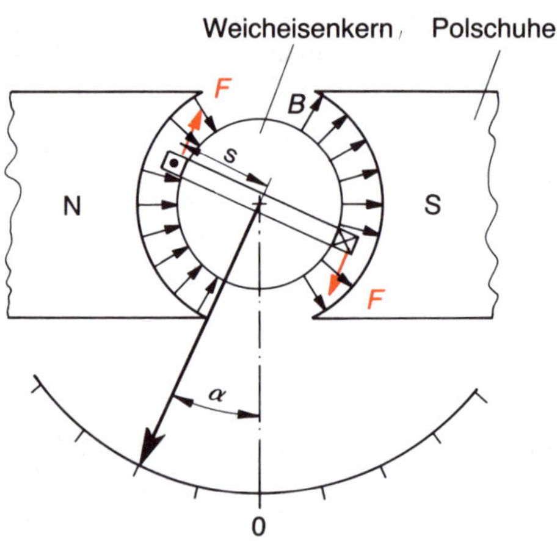

Bild 3.11 Erzeugung eines radial-homogenen Magnetfelds durch Formung der Polschuhe und Weicheisenkern

$$M_{el} = 2 \cdot F \cdot s = 2 \cdot I \cdot N \cdot B \cdot l \cdot s \qquad \text{(Gl. 3.5)}$$

Der Hebelarm s der Kräfte entspricht bei waagerechter Stellung der Spule der halben Breite des Spulenrahmens. Beginnt sich die Spule jedoch zu drehen, verkleinert sich der Hebelarm. Mit zunehmender Drehung nimmt das elektrische Drehmoment ab, obwohl die Kräfte gleich groß bleiben. Dies würde zu einer nichtlinearen Skala führen, die Empfindlichkeit ginge mit der Drehung zurück. Abhilfe kann durch die besondere Form der Pole und Einführung eines Weicheisenkerns nach Bild 3.11 geschaffen werden. Die Drehspule bewegt sich im Luftspalt zwischen den Magnetpolen und dem feststehenden Weicheisenkern. Da hier das Magnetfeld radial verläuft, greifen die Kräfte tangential an der Spule an. Damit bleiben der Hebelarm und das elektrische Drehmoment unabhängig vom Drehwinkel, solange sich die Spule im homogenen Bereich des Magnetfelds befindet. Damit gilt die Beziehung:

$M_{el} = 2 \cdot I \cdot N \cdot B \cdot l \cdot s = I \cdot N \cdot B \cdot A$ mit $A = 2 \cdot s \cdot l$, Fläche der Drehspule.

Nach Einstellung des Momentengleichgewichts ergibt sich unter Anwendung von Gl. 3.1:

$$M_{\text{mech}} = M_{\text{el}}$$
$$\alpha \cdot D = I \cdot N \cdot B \cdot A$$

$$\boxed{\alpha = I \cdot \frac{N \cdot B \cdot A}{D}} \qquad \text{(Gl. 3.6)}$$

Der Drehwinkel α des Drehspulmeßwerks ist dem Strom I durch die Drehspule proportional.
Die Skala hat einen linearen Abbildungsmaßstab.

Gl. 3.6 zeigt auch, daß bei Umpolung der Stromrichtung auch der Drehwinkel seine Richtung ändert. Speist man das Meßwerk Bild 3.11 mit Wechselstrom, so folgt der Zeiger bei niedrigen Frequenzen dem Momentanwert und pendelt ständig um den Nullpunkt. Bei höheren Frequenzen des Wechselstroms bleibt der Zeiger schließlich wegen der Trägheit des mechanischen Systems auf 0 stehen. Wird dem Wechselstrom ein Gleichstrom überlagert, so zeigt das Meßwerk diesen Gleichstrom an.

Das Drehspulmeßwerk zeigt den linearen Mittelwert (Gleichstromwert) des Stroms an. Wechselstrom genügend hoher Frequenz bewirkt keine Anzeige, bei sehr niedrigen Frequenzen folgt der Zeiger dem Momentanwert des Stroms.

Empfindlichkeit: Eine wichtige Kenngröße des Meßwerks ist die Stromempfindlichkeit E_I. Sie drückt aus, um welchen Betrag sich der Winkel ändert, wenn die Stromstärke geändert wird.

$$\boxed{E_I = \frac{\Delta\alpha}{\Delta I} = \frac{N \cdot B \cdot A}{D}} \qquad \text{(Gl. 3.7)}$$

Diese Gleichung geht aus Gl. 3.6 hervor. Sie zeigt, daß die Empfindlichkeit unmittelbar durch die Flußdichte B im Luftspalt des Dauermagneten beeinflußt wird. Sie kann daher durch Anbringen eines magnetischen Nebenschlusses abgeglichen werden. Sehr empfindliche Drehspulmeßwerke besitzen neben einem Dauermagneten mit hoher Flußdichte sehr «weiche» Rückstellfedern mit kleiner Federkonstante. So können noch Ströme im nA-Bereich gemessen werden.

3.4.2 Bauformen des Drehspulmeßwerks

3.4.2.1 Außenmagnetmeßwerk

Für Präzisionsmeßinstrumente werden meist Außenmagnetwerke (Bild 3.11) verwendet. Hier lassen sich Magnete mit sehr hoher gespeicherter magnetischer Energie und damit hohen Flußdichten im Luftspalt einsetzen. Das ist aus mehreren Gründen von Vorteil: Magnetische Störfelder sind nahezu wirkungslos, und so können Geräte mit besonders hoher Empfindlichkeit konstruiert werden. Verzichtet man auf einen materiellen Zeiger und versieht das bewegliche Organ mit einem Spiegel, auf den über eine Optik ein Lichtstrahl gelenkt wird, der dann am Spiegel reflektiert und über weitere Umlenkungen auf eine Skala fällt, entsteht ein Lichtzeigerinstrument mit höchster Empfindlichkeit (Spiegelgalvanometer).

Bild 3.12a zeigt den magnetischen Kreis eines Präzisionsdrehspulinstruments mit Außenmagnet. Der äußere geschlossene Weicheisenring schirmt das Meßwerk gegen magnetische Fremdfelder ab.

Um Meßwerke mit möglichst großem Anzeigebereich (α_{max} bis 270°) realisieren zu können, müssen die Polschuhe eine Form wie in Bild 3.12b dargestellt erhalten. Die Drehspule bewegt sich hier nur mit einer Längsseite im Feld des Dauermagneten. Es sind sehr unterschiedliche Anordnungen entwickelt worden, die je nach geforderter Empfindlichkeit, Skalenlänge und Genauigkeit Anwendung finden.

> Meßwerke mit Außenmagnet können mit großer Empfindlichkeit und Genauigkeit und sehr geringem Leistungsverbrauch hergestellt werden. Sie sind wenig empfindlich gegen magnetische Störfelder.

Außenmagnetmeßwerke haben relativ große Abmessungen. Wenn es auf besonders kleine Einbaumaße ankommt, hat das Kernmagnetmeßwerk Vorteile.

3.4.2.2 Kernmagnetmeßwerk

Diese Bauform hat immer mehr Verbreitung gefunden, seit es gelungen ist, Magnetwerkstoffe mit extrem hoher magnetischer Energiedichte zu entwickeln und damit ausreichende Empfindlichkeit zu gewährleisten. Bild 3.13 zeigt den prinzipiellen Aufbau. Der Dauermagnet ist hier walzenförmig ausgeführt und liegt im Innern der Drehspule. Der magnetische Kreis schließt sich außen über einen Weicheisenzylinder. Um im Luftspalt ein möglichst homogenes Feld zu erreichen, sind auf den Dauermagneten hochpermeable Weicheisenschalen aufgesintert oder geklebt. Der Übergang von der einen zur anderen Polschale ist durch einen Werkstoff mit $\mu_r < 1$ verbunden, damit sich der magnetische Kreis über den Luftspalt schließt.

> Kernmagnetmeßwerke ermöglichen sehr kleine äußere Abmessungen. Die erreichbare Empfindlichkeit von Kernmagnetmeßwerken ist geringer als die von Außenmagnetmeßwerken.

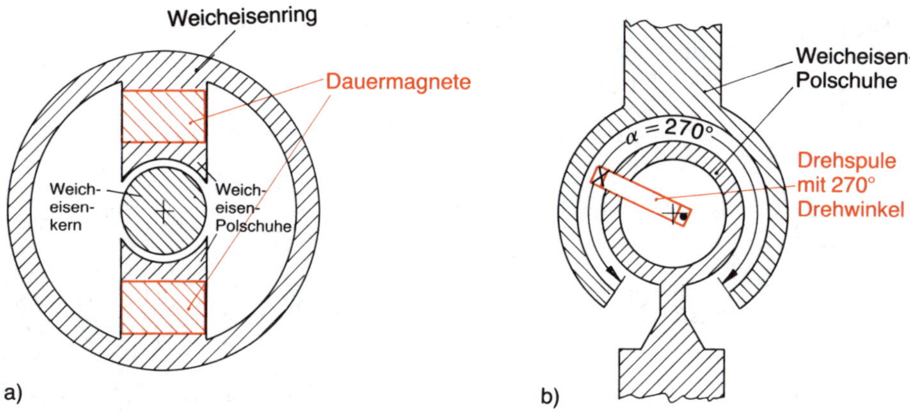

Bild 3.12 Bauformen von Außenmagnetmeßwerken

a) Magnetischer Kreis eines Außenmagnetmeßwerks

b) Polschuhe und Drehspule für Meßwerk mit 270°-Skala

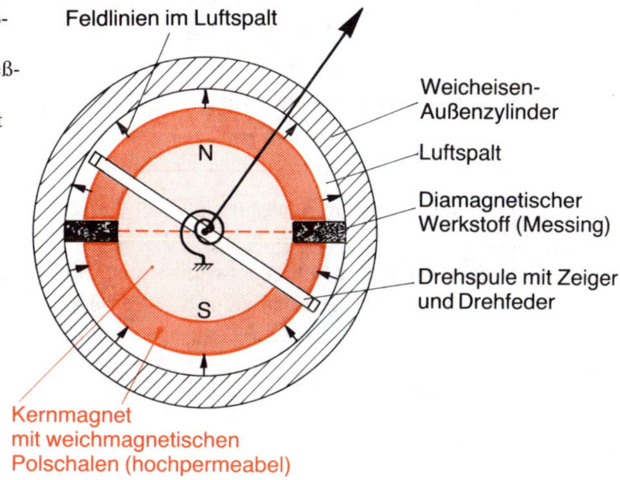

Bild 3.13 Prinzipieller Aufbau eines Kernmagnetmeßwerks

3.4.2.3 Temperaturkompensation

Will man den Einfluß von Temperaturschwankungen auf das Meßergebnis untersuchen, so ist die Skalengleichung Gl. 3.6 eine Hilfe.

$$\alpha = I \cdot \frac{N \cdot B \cdot A}{D}$$

Sowohl die Luftspaltflußdichte B als auch die Federkonstante D sind temperaturabhängig. Beide nehmen aber mit steigender Temperatur ab. Somit tritt eine weitgehende gegenseitige Kompensation der Temperaturgänge ein.

Wird das Drehspulmeßwerk als Strommesser verwendet, dann ist es im wesentlichen temperaturstabil. Anders liegen die Verhältnisse bei Verwendung des Meßwerks als Spannungsmesser. Die Spannung wird ja nur indirekt über den Meßwerkstrom gemessen:

$$\alpha \sim I = \frac{U}{R_M}$$

Solange der Meßwerkwiderstand R_M konstant ist, kann der Anzeigewinkel α als proportional zur Spannung U betrachtet werden. Die den Widerstand R_M bildende Kupferwicklung der Drehspule hat jedoch den Temperaturkoeffizienten:

$$\alpha_R = \frac{\Delta R_M}{R_M \cdot \Delta\vartheta} \cdot 100\% \approx 0{,}4\% \cdot \frac{1}{K}$$

Damit ergibt sich bei der Spannungsmessung ein negativer Temperaturgangfehler.

$$\alpha_U = \frac{\Delta U}{U \cdot \Delta\vartheta} \cdot 100\% \approx -0{,}4\% \cdot \frac{1}{K} \qquad \text{(Gl. 3.8)}$$

Der Strom durch die Spule ist umgekehrt proportional zum Widerstand.

Würde sich die Temperatur z. B. um 10 Kelvin erhöhen, so hätte das eine Widerstandserhöhung von 4% zur Folge und den rel. Spannungsfehler −4%.

Wird das Drehspulmeßwerk als Spannungsmesser benutzt, dann entsteht ein negativer Temperaturgangfehler von etwa −0,4% je Kelvin Temperaturänderung.

Dieser Temperaturgangfehler läßt sich durch verschiedene Schaltungsmaßnahmen herabsetzen (Bild 3.14). Die Schaltung Bild 3.14a ist besonders einfach. Hier liegt ein temperaturunabhängiger Widerstand (Manganin) zum Meßwerkwiderstand in Reihe. Dadurch vermindert sich der Temperaturkoeffizient bei der Spannungsmessung:

$$\alpha_U \approx \frac{-0{,}4\% \cdot \frac{1}{K}}{1 + \frac{R_1}{R_M}} \qquad \text{(Gl. 3.9)}$$

Je größer der Widerstand R_1 gewählt wird, desto geringer ist der Einfluß des temperaturabhängigen Meßwerkwiderstands. Allerdings geht auch die Empfindlichkeit der Meßanordnung zurück.

In der Schaltung Bild 3.14b gleicht ein Widerstand mit negativem Temperaturkoeffizienten den positiven der Meßwerkspule aus. R_2 dient der Anpassung beider Temperaturgänge.

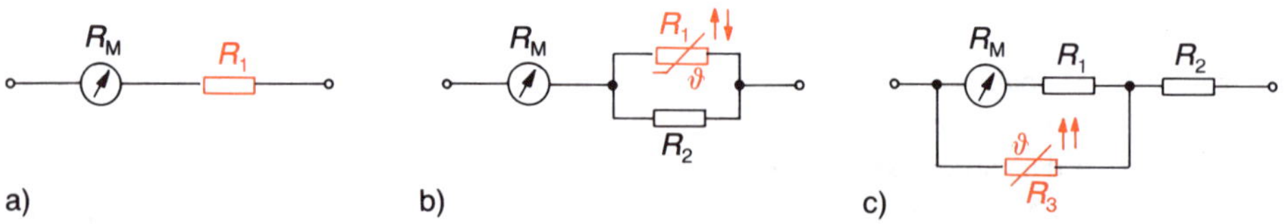

Bild 3.14 Schaltungsmaßnahmen zur Herabsetzung des Temperaturgangfehlers eines Drehspulmeßwerks bei Spannungsmessung

a) Meßwerk mit temperaturunabhängigem Vorwiderstand (Manganin)
b) Meßwerk mit NTC-Widerstand zur Kompensation
c) Swinburne-Schaltung

Die Swinburne-Schaltung (Bild 3.14c) verwendet zur Kompensation den Parallelwiderstand R_3, der aus dem gleichen Material besteht wie die Meßwerkspule (z. B. Kupferdraht). Er besitzt also auch einen positiven Temperaturkoeffizienten. R_1 und R_2 sind temperaturunabhängige Widerstände. Eine gute Kompensation erreicht man, wenn bei der Nenntemperatur die Widerstände R_1, R_2, R_3, R_M jeweils gleiche Werte haben.

Der Temperaturgang bei der Spannungsmessung mit einem Drehspulmeßwerk muß durch Zusatzwiderstände herabgesetzt werden.

3.4.2.4 Dämpfung

Im Abschnitt 3.2.1 wurden bereits Maßnahmen zur Dämpfung der mechanischen Meßwerkschwingungen beschrieben. Bei Drehspulmeßwerken wird üblicherweise die Rähmchendämpfung (Bild 3.6a) angewandt. Das Aluminiumrähmchen dient dabei als Träger für die Drehspule. Soll die Masse des beweglichen Organs möglichst klein gehalten werden, so kann man auf das Aluminiumrähmchen verzichten und die Drehspule selbst zur Dämpfung heranziehen. Dabei bestimmt allerdings der Widerstand des Meßstromkreises den Dämpfungsgrad mit. Das Einschwingverhalten hängt dann von der Art der Messung ab. Abhilfe kann hier ein fester Parallelwiderstand zur Meßwerkspule schaffen. Zusammen mit dem Spulenwiderstand bildet er den für die Bedämpfung maßgebenden Schließungswiderstand des Meßwerks.

3.5 Kreuzspulmeßwerk

Eine besondere Bauform des Drehspulmeßwerks stellt das Kreuzspulmeßwerk dar, dessen Prinzip in Bild 3.15a veranschaulicht ist. Zwei gekreuzte, miteinander fest verbundene Spulen sind im Feld eines Dauermagneten drehbar angeordnet. Beide Spulen werden von Strömen durchflossen, die nach dem Drehspulprinzip (vgl. Abschnitt 3.4.1) jeweils ein Drehmoment verursachen. Die Drehmomente wirken jedoch einander entgegen, weil die Richtung der beiden Ströme in den Spulen gegensätzlich ist.

Das Kreuzspulmeßwerk benötigt zur Herstellung des Momentengleichgewichts keine Drehfeder. Hier halten sich die in den Kreuzspulen elektrisch erzeugten Drehmomente bei einer bestimmten Winkelstellung das Gleichgewicht.
Die Stromzuführung zu den Spulen muß richtkraftfrei erfolgen.

Um die Skalengleichung abzuleiten, sei angenommen, daß sich die gekreuzten Spulen in einem homogenen Dauermagnetfeld der Flußdichte B bewegen. Die Ströme I_1 und I_2 erzeugen entsprechend Gl. 3.5 die Drehmomente $\overset{\frown}{M_1}$ (rechtsdrehend) und $\overset{\frown}{M_2}$ (linksdrehend):

$$\overset{\frown}{M_1} = 2 \cdot s_1 \cdot l \cdot N_1 \cdot B \cdot I_1 = 2 \cdot r \cdot \cos\alpha \cdot l \cdot N_1 \cdot B \cdot I_1$$
$$\overset{\frown}{M_2} = 2 \cdot s_2 \cdot l \cdot N_2 \cdot B \cdot I_2 = 2 \cdot r \cdot \cos\alpha' \cdot l \cdot N_2 \cdot B \cdot I_2$$

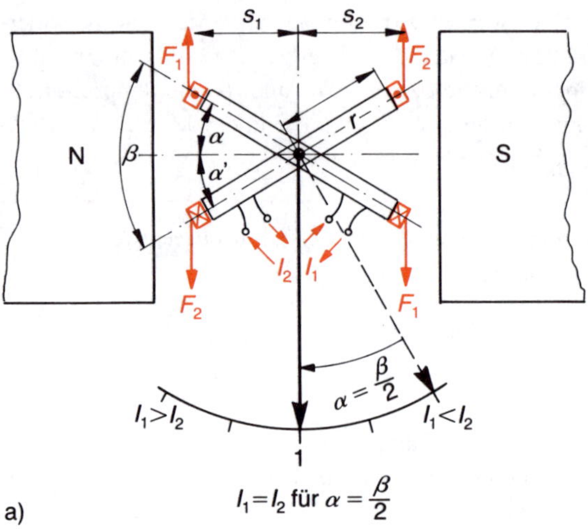

a)

b)

S_1 Hebelarm der Kraft F_1
S_2 Hebelarm der Kraft F_2

T Spulenradius

α Drehwinkel
β Spulenwinkel
$\alpha' = \beta - \alpha$

Bild 3.15 Kreuzspulprinzip
a) Wirkungsweise
b) Symbol

Hierbei sind N_1, N_2 die Windungszahlen der Spulen, l die Länge der Spulen im Magnetfeld, r der Spulenradius und s_1, s_2 die Hebelarme nach Bild 3.15, die sich mit Hilfe des Spulenradius und der Winkel α, α' ausdrücken lassen.

$$s_1 = r \cdot \cos\alpha$$
$$s_2 = r \cdot \cos\alpha' = r \cdot \cos(\beta - \alpha)$$

Im Gleichgewichtszustand $\widehat{M_1} = \widehat{M_2}$ gilt die Beziehung:

$$\not 2 \cdot \not r \cdot \cos\alpha \cdot \not l \cdot N_1 \cdot \not B \cdot I_1 = \not 2 \cdot \not r \cdot \cos\alpha' \cdot \not l \cdot N_2 \cdot \not B \cdot I_2$$

$$\frac{\cos\alpha'}{\cos\alpha} = \frac{\cos(\beta - \alpha)}{\cos\alpha} = \frac{I_1 \cdot N_1}{I_2 \cdot N_2}$$

Unter Verwendung des Zusammenhangs

$$\cos(\beta - \alpha) = \cos\beta \cdot \cos\alpha + \sin\beta \cdot \sin\alpha$$

gewinnt man die Skalengleichung:

$$\boxed{\alpha = \arctan\left(\frac{\frac{I_1 \cdot N_1}{I_2 \cdot N_2} - \cos\beta}{\sin\beta}\right)} \qquad \text{(Gl. 3.10)}$$

Gl. 3.10 zeigt, daß der Drehwinkel α des Spulensystems eine Funktion des Quotienten aus I_1 und I_2 ist.

Das Kreuzspulmeßwerk ist ein Quotientenmeßwerk, dessen Anzeige ein Maß für das Verhältnis $\frac{I_1}{I_2}$ ist.

Bild 3.16
Grafische Darstellung der Skalengleichung eines Kreuzspulmeßwerks

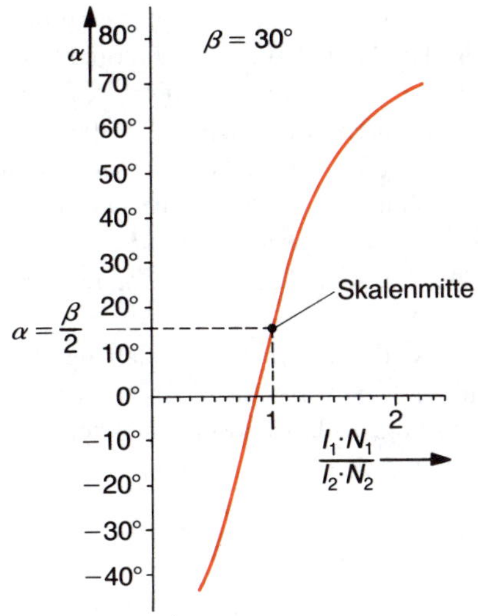

Bild 3.16 stellt diese Gleichung für einen Spulenkreuzwinkel $\beta = 30°$ grafisch dar. Es entsteht eine nichtlineare Skala, die jedoch im Mittelteil einen weitgehend linearen Bereich aufweist.

Häufig werden die Windungszahlen N_1 und N_2 gleich groß gewählt. Die Skala ist dann direkt in Stromverhältnissen $\frac{I_1}{I_2}$ geeicht, Skalenmitte ist $\frac{I_1}{I_2} = 1$.

Gl. 3.10 gibt auch den Einfluß des Spulenkreuzwinkels β auf die Anzeige wieder. Je kleiner der Winkel gewählt wird, desto stärker wird die Nichtlinearität der Skala. In der Skalenmitte steigt die Empfindlichkeit, zu den Enden hin nimmt sie stark ab. Eine Vergrößerung des Winkels bewirkt eine Linearisierung, zugleich nimmt aber die Empfindlichkeit deutlich ab. Einen guten Kompromiß bieten Winkel zwischen $\beta = 30°$ und $\beta = 60°$. Dies zeigt auch die vergleichende Darstellung Bild 3.17.

Die Flußdichte B des Dauermagneten geht nach Gl. 3.10 nicht in die Messung ein. Sie hat aber indirekt Einfluß, da durch diese Größe die Drehmomente bestimmt werden. Bei kleiner Flußdichte werden die Drehmomente, die den Gleichgewichtszustand herstellen, zu klein. Das Reibungsmoment und die nicht völlig richtkraftfreie Stromzuführung der Spulen können dann einen Winkelfehler verursachen.

Bild 3.17
Einfluß des Spulenkreuzwinkels β auf die Anzeige eines Kreuzspulmeßwerks

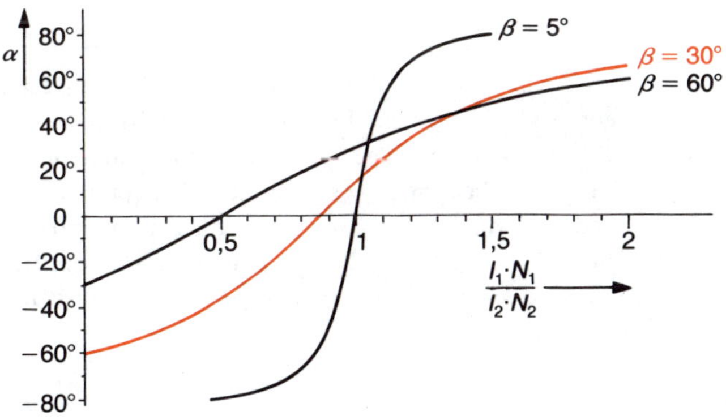

Anwendung: Die wichtigste Anwendung des Kreuzspulmeßwerks liegt in der Widerstandsmessung. Da das Meßwerk den Quotienten zweier Ströme anzeigt, kann ein Widerstand R grundsätzlich so gemessen werden, daß der Strom durch den Widerstand R zugleich die Spule 2 (I_2) durchfließt und Spule 1 über einen Vorwiderstand parallel zu R liegt und damit von einem Strom (I_1) durchflossen wird, der proportional zur Spannung am Widerstand R ist.

Um Meßfehler durch die Kreuzspulwiderstände klein zu halten, muß der Spannungspfad hochohmig gestaltet werden, also Spule 1 mit großer Windungszahl und großem Vorwiderstand. Der Strompfad muß niederohmig, also Spule 2 mit wenigen Windungen ausgestattet sein.

Ferner ist darauf zu achten, daß der Spannungspfad temperaturkompensiert ist (vgl. Abschnitt 3.4.1). Wesentlich häufiger als die eben beschriebene Methode der Widerstandsmessung ist die Widerstandsmessung durch Strom- bzw. Spannungsvergleich, die ausführlich im Abschnitt 5.7.5.1 dargestellt ist.

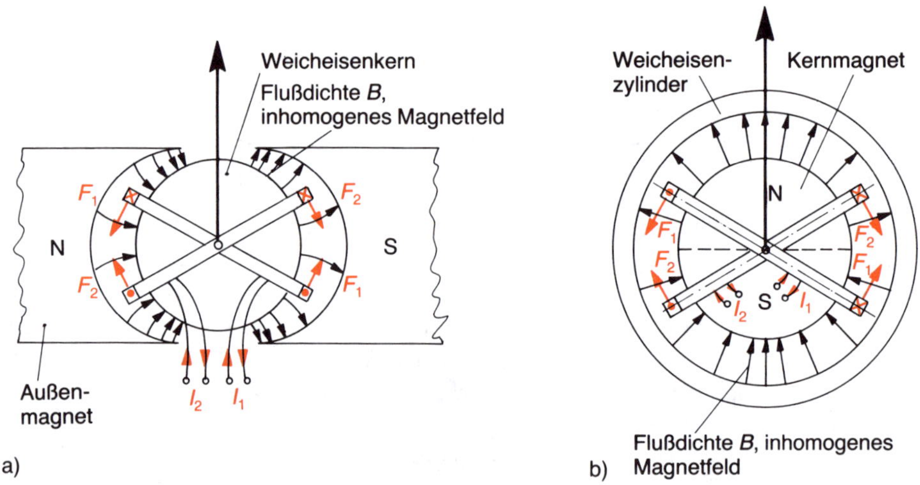

Bild 3.18 Bauformen von Kreuzspulmeßwerken
a) Außenmagnet-Kreuzspulmeßwerk
b) Kernmagnet-Kreuzspulmeßwerk

Bauformen: Kreuzspulmeßwerke werden auf unterschiedliche Weise realisiert. Wie beim Drehspulmeßwerk unterscheidet man Außenmagnet- und Kernmagnetmeßwerke. Bild 3.18 gibt dafür jeweils ein Beispiel. Da die Kräfte F_1 und F_2 in den beiden Darstellungen (Bild 3.18a und b) tangential an den Spulen angreifen, bleibt der für die Drehmomente maßgebende Hebelarm immer gleich dem Spulenradius. Um dennoch eine drehwinkelabhängige Änderung der Drehmomente zu erreichen, wird das Magnetfeld inhomogen ausgeführt. In Bild 3.18 erreicht man das durch die unterschiedliche Luftspaltbreite. In Bild 3.18b erzeugt der Kernmagnet selbst eine etwa sinusförmig verlaufende Flußdichte im Luftspalt.

3.6 Drehmagnetmeßwerk

Das Drehmagnetprinzip stellt die Umkehrung des Drehspulprinzips dar. Nicht die Spule ist drehbar angebracht, sondern ein Dauermagnet wird durch das Magnetfeld einer stromdurchflossenen Spule bewegt. Das bewegliche Organ, der Drehmagnet, braucht keine Stromzuführung. Das ist ein Vorteil dieses Meßwerks gegenüber dem Drehspulmeßwerk. Da sich der Drehmagnet auch von außen durch einen zweiten Dauermagneten in seiner Lage beeinflussen läßt, liegt es nahe, statt einer Drehfeder einen Hilfsmagneten zu verwenden. Dieser dient der Auswertung des elektrisch erzeugten Drehmoments und der Rückstellung des beweglichen Organs. Damit entsteht ein sehr robustes, einfaches Meßwerk (Bild 3.19).

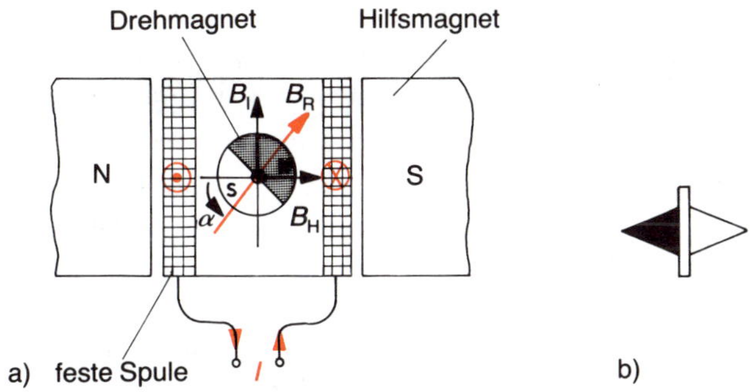

Bild 3.19
Drehmagnetprinzip
a) Wirkungsweise
b) Symbol

B_I Flußdichte durch Spulenstrom
B_H Flußdichte des Hilfsmagneten
B_R Resultierende Flußdichte
α Drehwinkel

Die Dämpfung des Meßwerks wird meist mit Hilfe einer Luftkammer (Bild 3.6b) realisiert.

> Das bewegliche Organ des Drehmagnetmeßwerks wird von einem drehbar gelagerten Dauermagneten gebildet, der vom Magnetfeld einer festen Spule abgelenkt wird.

Die Wirkungsweise des Drehmagnetmeßwerks läßt sich noch etwas genauer beschreiben, wenn die sich überlagernden magnetischen Flüsse im Bild 3.19a betrachtet werden. Die konstante Flußdichte B_H des Hilfsmagneten kann vektoriell zu der Flußdichte B_I der stromdurchflossenen Spule addiert und daraus die resultierende B_R gebildet werden. Der Drehmagnet stellt sich in die Richtung der resultierenden Flußdichte B_R. Bei fehlendem Spulenstrom stellt sich der Drehmagnet in die Richtung des Hilfsmagnetfeldes B_H. Da B_H und B_I etwa senkrecht aufeinander stehen, gilt für den Drehwinkel:

$$\tan\alpha \approx \frac{B_I}{B_H}$$

Mit $B_I \approx I \cdot \dfrac{N \cdot \mu_0}{l}$,

N Windungszahl der Spule,
l Spulenlänge,
$\mu_0 = 1{,}2566 \cdot 10^{-6}\ \dfrac{\text{Vs}}{\text{Am}}$ magnetische Feldkonstante

kann näherungsweise auf die Skalengleichung geschlossen werden:

$$\tan\alpha \approx I \cdot \frac{N \cdot \mu_0}{l \cdot B_H}$$

$$\boxed{\alpha \approx \arctan\left(I \cdot \frac{N \cdot \mu_0}{l \cdot B_H}\right)} \qquad \text{(Gl. 3.12)}$$

Daraus ist ersichtlich, daß die Skala des Drehmagnetmeßwerks nicht linear wird.

Der Drehwinkel ist durch den Spulenstrom bestimmt. Bei Änderung der Stromrichtung wird auch die Drehrichtung des Drehmagneten geändert.

> Das Drehmagnetmeßwerk ist ein Strommesser. Der Drehwinkel ist ein Maß für den linearen Mittelwert (Gleichstromwert) des Spulenstroms.

Nachteilig wirkt sich bei diesem Meßwerk der relativ hohe Eigenverbrauch aus, der zur Erzeugung einer ausreichenden Flußdichte B_I nötig ist. Die Empfindlichkeit ist geringer als die eines Drehspulmeßwerks.

> Das Drehmagnetmeßwerk ist ein sehr robustes, gegen Erschütterungen unempfindliches Meßwerk. Im Vergleich zum Drehspulmeßwerk hat es einen höheren Eigenverbrauch und geringere Stromempfindlichkeit.

3.7 Elektrodynamisches Meßwerk

Das elektrodynamische Meßwerk kann als besondere Bauform des Drehspulmeßwerks aufgefaßt werden. Auch hier bewegt sich eine drehbar gelagerte Spule in einem Magnetfeld, das allerdings ebenfalls von einer stromdurchflossenen Spule erzeugt wird. Den prinzipiellen Aufbau zeigt Bild 3.20.

Das Momentengleichgewicht wird wie beim Drehspulmeßwerk mit Hilfe von Drehfedern eingestellt. Die Dämpfung des Drehfedersystems erfolgt in der Regel als Luftkammerdämpfung (Bild 3.6b) oder nach dem Induktionsprinzip.

> Beim elektrodynamischen Meßwerk wird eine stromdurchflossene Drehspule im Magnetfeld einer stromdurchflossenen feststehenden Spule bewegt.

Zur Ermittlung der Skalengleichung kann man von der für das Drehspulmeßwerk abgeleiteten Gleichung Gl. 3.6 ausgehen, wobei der Index 1 auf die feste Spule hinweist und der Index 2 auf die Drehspule:

$$\alpha = \frac{I_2 \cdot N_2 \cdot A_2 \cdot B_1}{D} = \frac{K_2 \cdot I_2 \cdot B_1}{D}$$

Bild 3.20
Elektrodynamisches Meßwerk
a) Aufbau eines eisengeschlossenen elektrodynamischen Meßwerks
b) Symbol des Meßwerks

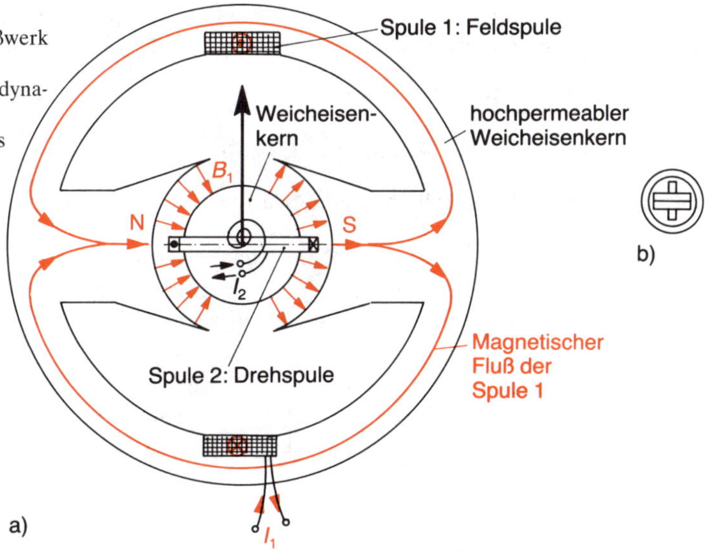

$$K_2 = N_2 \cdot A_2$$

N_2 Windungszahl der Drehspule
A_2 Fläche der Drehspule

Die Flußdichte B_1 im Luftspalt wird von der festen Spule erzeugt:

$$B_1 = K_1 \cdot I_1$$

K_1 ist eine Konstante, die alle Spuleneigenschaften der Spule 1 und den magnetischen Kreis erfaßt. Damit erhält man die Skalengleichung:

$$\alpha = \frac{K_1 \cdot K_2 \cdot I_1 \cdot I_2}{D}$$

$$\boxed{\alpha = K \cdot I_1 \cdot I_2} \qquad \text{(Gl. 3.13)}$$

$K = \frac{K_1 \cdot K_2}{D}$: Meßwerkkonstante

Das elektrodynamische Meßwerk ist ein Produktmeßwerk. Der Drehwinkel α ist dem Produkt der Ströme I_1 und I_2 der Drehspule und der feststehenden Spule proportional.

Wird die Stromrichtung in einer der Spulen umgekehrt, dann kehrt sich auch die Ausschlagrichtung des Meßwerks um. Werden beide Stromrichtungen gleichzeitig geändert, dann bleibt die Anzeige gleich. Dieses Verhalten ermöglicht es, das Meßwerk für Wechselstrom nutzbar zu machen.

Wechselstromspeisung: Die beiden Spulen sollen nun mit sinusförmigem Wechselstrom gespeist werden. Zwischen beiden Strömen bestehe die Phasenverschiebung φ.

$$i_1 = \hat{\imath}_1 \cdot \sin(\omega \cdot t)$$
$$i_2 = \hat{\imath}_2 \cdot \sin(\omega \cdot t + \varphi)$$
$$\alpha = \mathrm{K} \cdot \hat{\imath}_1 \cdot \hat{\imath}_2 \cdot \sin(\omega \cdot t) \cdot \sin(\omega \cdot t + \varphi)$$

Diese Gleichung läßt sich in mehreren Schritten umformen und man erhält dann:

$$\alpha = \underbrace{K \cdot \frac{1}{2} \cdot \hat{\imath}_1 \cdot \hat{\imath}_2 \cdot \cos\varphi}_{\text{zeitlich konstanter Term}} - \underbrace{K \cdot \frac{1}{2} \cdot \hat{\imath}_1 \cdot \hat{\imath}_2 \cdot (\cos\varphi \cdot \cos(2 \cdot \omega \cdot t) + \sin\varphi \cdot \sin(2 \cdot \omega \cdot t))}_{\text{zeitlich sinusförmig verlaufender Term mit der Kreisfrequenz } 2 \cdot \omega}$$

Die Gleichung zeigt, daß der Zeiger um einen konstanten Wert mit der Frequenz $2 \cdot f$ pendelt. Ist die Frequenz der Ströme genügend hoch, dann stellt sich der Zeiger, wegen der Trägheit des beweglichen Organs, auf den konstanten Mittelwert ein:

$$\alpha = K \cdot \frac{1}{2} \cdot \hat{\imath}_1 \cdot \hat{\imath}_2 \cdot \cos\varphi$$

Statt des Scheitelwerts kann auch der Effektivwert des Sinusstroms $I = \frac{\hat{\imath}}{\sqrt{2}}$ eingesetzt werden. So erhält die Skalengleichung schließlich die Form

$$\boxed{\alpha = K \cdot I_1 \cdot I_2 \cdot \cos\varphi} \qquad \text{(Gl. 3.14)}$$

Die Anzeige erreicht ein Maximum, wenn beide Ströme phasengleich verlaufen. Beim Phasenwinkel $\varphi = 90°$ zeigt das Meßwerk keinen Ausschlag.

> Wird das elektrodynamische Meßwerk mit sinusförmigen Strömen gespeist, dann ist die Anzeige vom Produkt der Effektivwerte und dem Phasenverschiebungswinkel der Ströme bestimmt:
> $\varphi = 0° \rightarrow \alpha = \alpha_{max}$
> $\varphi = 90° \rightarrow \alpha = 0°$

Die beiden Spulen des Meßwerks können auch in Reihe geschaltet werden. Beide Spulenströme sind dann gleich, das elektrodynamische Meßwerk wird auf diese Weise zu einem Effektivwertmesser für Ströme.

$$\alpha = K \cdot i^2$$

i beliebiger, zeitlich veränderlicher Strom

Aufgrund der mechanischen Trägheit bildet das Meßwerk bei genügend hoher Frequenz des Stroms den Mittelwert:

$$\boxed{\overline{\alpha} = K \cdot \overline{i^2} = K \cdot I^2} \qquad \text{(Gl. 3.15)}$$

Somit entsteht eine Anzeige, die dem quadratischen Mittelwert des Stroms und damit dem Quadrat des Effektivwerts proportional ist, wie im Abschnitt 2.1.2 dargelegt worden ist. Beschränkt man sich auf sinusförmigen Strom, dann geht das auch aus Gl. 3.14 hervor mit $I_1 = I_2$ und $\varphi = 0°$.

> Werden die Spulen des elektrodynamischen Meßwerks in Reihe geschaltet, dann ist die Anzeige dem Quadrat des Stromeffektivwerts proportional. Das Meßwerk arbeitet als Effektivwertmesser für Ströme mit quadratischem Abbildungsmaßstab.

Anwendung: Wie schon aus der Beschreibung der Wirkungsweise hervorgeht, kann das elektrodynamische Meßwerk grundsätzlich als Gleich- und Wechselstrommesser verwendet werden. Dabei spielt bei der Wechselstrommessung die Kurvenform keine Rolle, sofern die Frequenzen der Oberwellen im zulässigen Frequenzbereich (einige kHz) liegen.

Nachteilig wirkt sich bei dem Meßwerk der relativ hohe Eigenverbrauch aus. Bei Wechselstromanwendungen müssen die Eisenkerne geblecht ausgeführt sein, um der Entstehung von Wirbelströmen entgegenzuwirken.

Bei Gleichstromanwendung kann das Auftreten von Remanenz im Eisenkern zu Fehlern führen.

> Das Hauptanwendungsgebiet des elektrodynamischen Meßwerks ist die Leistungsmessung.

Hierbei wird die Feldspule (Spule 1) als Strompfad vom Verbraucherstrom und die Drehspule (Spule 2) als Spannungspfad von einem der Verbraucherspannung proportionalen Strom durchflossen. Näheres dazu wird im Abschnitt 5.5 ausgeführt.

Bauformen: Man unterscheidet bei elektrodynamischen Meßwerken zwischen eisengeschlossenen und eisenlosen Ausführungen, je nachdem, ob der magnetische Kreis der Feldspule einen Eisenkern aufweist oder nicht.

Der Eisenkern des eisengeschlossenen Systems ist im Hinblick auf Wechselstromanwendungen aus hochpermeablen, voneinander isolierten Blechen aufgebaut, um Wirbelströme klein zu halten. Ebenso müssen die Hystereseverluste und die Remanenz sehr kleine Werte aufweisen. Durch diesen Aufbau kann ein großes Drehmoment erzeugt werden, so daß die äußeren Abmessungen klein gehalten werden können. Durch die hohe Flußdichte im magnetischen Kreis bleiben magnetische Fremdfelder ohne Einfluß. Das Meßwerk wird in dieser Form als Betriebsinstrument bis zur Klasse 1 verwendet.

Für Präzisionsleistungsmesser benutzt man elektrodynamische Meßwerke ohne Eisenkern. Hier entfallen alle Fehlereinflüsse aufgrund von Wirbelströmen, Hysterese und Remanenz. Allerdings reagieren solche Meßwerke wegen der kleinen Flußdichte im magnetischen Kreis sehr empfindlich auf äußere Felder. Sogar das Erdmagnetfeld kann Störungen verursachen. Aus diesem Grunde müssen solche Meßwerke abgeschirmt werden. Man verwendet z. T. doppelte Schirmungskästen aus hochpermeablen Legierungen.

3.8 Dreheisenmeßwerk

Bewegt man zwei Dauermagnete aufeinander zu, so treten zwischen ihnen Abstoßungs- oder Anziehungskräfte auf. Gleichnamige Magnetpole stoßen sich ab, ungleichnamige ziehen sich an. Diese Erscheinung macht man sich beim Dreheisenmeßwerk zunutze. Allerdings kommen hier keine Dauermagnete zur Anwendung. Ein feststehendes und ein drehbar angebrachtes Weicheisenblech werden durch das Feld einer stromdurchflossenen Spule magnetisiert. So entstehen zwei gleichartig gepolte Magnete, die sich abstoßen. Diese prinzipielle Wirkungsweise ist im Bild 3.21a veranschaulicht. Um die auftretenden Kräfte abschätzen zu können, soll eine vereinfachte Energiebilanz aufgestellt werden. Beim Einschalten des Stroms entnimmt die Spule der Stromquelle die zum Aufbau des Magnetfelds nötige Energie:

$$W = \frac{1}{2} \cdot L \cdot i^2$$

Mit der Magnetisierung der Weicheisenbleche tritt die Abstoßungskraft F auf und dreht das bewegliche Blech um den sehr kleinen Betrag Δs gegen die Kraft der Drehfeder.

Damit wird die Arbeit verrichtet:

$$\Delta W = F \cdot \Delta s$$

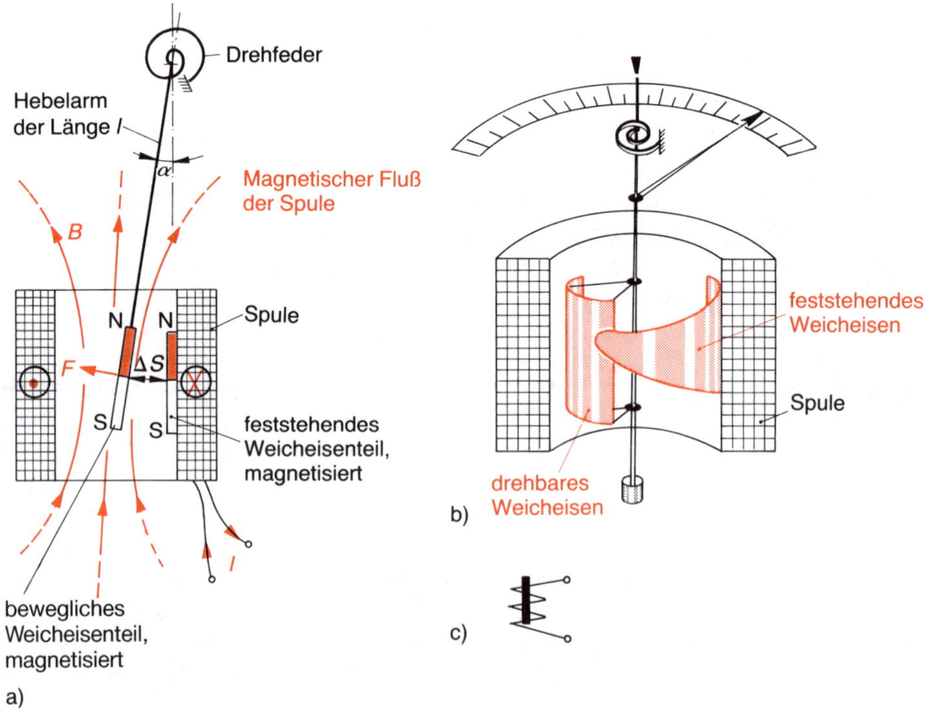

Bild 3.21 Dreheisenmeßwerk
a) Prinzip des Dreheisenmeßwerks
b) Prinzipieller Aufbau eines Rundspulmeßwerks
c) Symbol

Bei dieser Bewegung erhöht sich die Induktivität der Spule um den Betrag ΔL, und aus der Stromquelle wird die für die Verrichtung der Arbeit ΔW erforderliche Energie entnommen:

$$\Delta W = F \cdot \Delta s = \frac{1}{2} \cdot \Delta L \cdot i^2$$

Daraus ergibt sich die Kraft F:

$$F = \frac{1}{2} \cdot \frac{\Delta L}{\Delta s} \cdot i^2$$

Diese Kraft wirkt nun auf den Hebelarm l, und so entsteht das elektrische Drehmoment:

$$M_{\text{el}} = F \cdot l = \frac{1}{2} \cdot \frac{\Delta L}{\Delta s} \cdot l \cdot i^2$$

Der Quotient $\frac{\Delta L}{\Delta s}$ ist allerdings keine Konstante, sondern abhängig von der Stellung des gedrehten Weicheisenblechs. Man kann die Momentengleichung vereinfacht schreiben:

$$M_{\text{el}} = K(\alpha) \cdot i^2$$

$K(\alpha)$ ist eine winkelabhängige Größe des Dreheisenmeßwerks. Wird nun mit Hilfe der Drehfeder das Momentengleichgewicht hergestellt, so gilt mit Gl. 3.1 die Beziehung:

$$M_{\text{mech}} = M_{\text{el}}$$
$$\alpha \cdot D = K(\alpha) \cdot i^2$$

$$\boxed{\alpha = \frac{K(\alpha)}{D} \cdot i^2} \qquad \text{(Gl. 3.16)}$$

D Drehfederkonstante

Die so gefundene Skalengleichung zeigt, daß ein Dreheisenmeßwerk auf das Quadrat des Stroms reagiert. Ist dieser Strom zeitlich nicht konstant, so bildet das Meßwerk wegen der mechanischen Trägheit den Mittelwert der Stromquadrate (quadratischer Mittelwert), der ja dem Quadrat des Effektivwerts gleich ist (vgl. Abschnitt 2.1.2).

$$\boxed{\overline{\alpha} = \frac{K(\alpha)}{D} \cdot \overline{i^2} = \frac{K(\alpha)}{D} \cdot I^2} \qquad \text{(Gl. 3.17)}$$

Somit eignet sich das Dreheisenmeßwerk sowohl zur Gleich- als auch zur Wechselstrommessung.

> Das Dreheisenmeßwerk ist ein Stromeffektivwertmesser. Es kann zur Gleich- und Wechselstrommessung verwendet werden. Die Anzeige ist bis zu Scheitelfaktoren von etwa 10 kurvenformunabhängig.

Hinsichtlich der Stromabhängigkeit müßte die Skala einen quadratischen Abbildungsmaßstab aufweisen. Tatsächlich aber kann der Abbildungsmaßstab durch die Meßwerkkonstante $K(\alpha)$ wesentlich beeinflußt werden. $K(\alpha)$ ist, wie bereits erläutert wurde, vom Drehwinkel abhängig, darüber hinaus aber auch noch von der Form der Weicheisenbleche. Bild 3.21b zeigt eine typische Formgebung.

> Der Abbildungsmaßstab der Skala kann durch die Formgebung der Weicheisenbleche beeinflußt werden. Die Skala kann quadratisch aber auch nahezu linear gestaltet werden.

Anwendungen: Das Dreheisenmeßwerk wird als Strom- und Spannungsmesser für Gleich- und Wechselströme und -spannungen eingesetzt. Da der magnetische Fluß durch den Spulenstrom erzeugt werden muß, ist der Leistungsbedarf der Geräte wesentlich höher als beispielsweise bei einem Drehspulmeßwerk. Dies führt zur Erwärmung der Spule. Damit ist dem Temperatureinfluß auf das Meßergebnis besondere Aufmerksamkeit zu widmen. Das führt dazu, daß bei der Strommessung die Meßbereichserweiterung nicht mit Hilfe von Nebenwiderständen erfolgen kann, sondern durch Umschaltung von Spulenanzapfungen oder bei Wechselstrom durch umschaltbare Stromwandler.

Für die Messung sehr kleiner Ströme ist das Meßwerk ungeeignet ($I_{min} > 60\,mA$).

Bei der Spannungsmessung müssen zur Temperaturgangreduzierung relativ große Vorwiderstände verwendet werden. Damit ist das Meßwerk zur Messung kleiner Spannungen ebenfalls ungeeignet ($U_{min} > 6\,V$).

Bei Gleichstrom- und Gleichspannungsmessungen treten kleine Hysteresefehler auf, da die Weicheisenteile nicht ganz ohne Remanenz bleiben. Man erhält unterschiedliche Anzeigen, je nachdem, ob der eingestellte Wert von einem höheren oder einem niedrigeren Wert aus erreicht wurde.

Bei Wechselspannungsmessungen treten Frequenzgangfehler auf, da der induktive Widerstand der Spule mit der Frequenz ansteigt und Wirbelströme in den Weicheisenteilen auftreten. Mit Hilfe schaltungstechnischer Maßnahmen lassen sich diese Fehler innerhalb eines begrenzten Frequenzbereichs ($f_{max} \approx 1\,kHz$) kompensieren.

Dreheisenmeßwerke haben aus den genannten Gründen meist getrennte Skalen für Gleich- und Wechselspannungsmessungen.

Wegen des hohen Eigenverbrauchs wird das Dreheisenmeßwerk vorwiegend in der Starkstrommeßtechnik als robustes, preiswertes Betriebsinstrument eingesetzt. Um Anwärmfehler zu vermeiden, sollte die Ablesung des Meßwerks erst nach einer Anwärmzeit erfolgen.

> Das Dreheisenmeßwerk hat einen hohen Leistungseigenverbrauch. Es wird vorwiegend in der Starkstromtechnik als Strom- und Spannungsmesser eingesetzt.

Bauformen: Bild 3.21b zeigt die grundsätzliche Anordnung der Weicheisenteile in einem Rundspulmeßwerk, wie es heute vorwiegend als Betriebsinstrument eingesetzt wird. Eine Drehfeder erzeugt das Richtmoment, die Dämpfung kann als Luftkammerdämpfung oder nach dem Induktionsprinzip ausgeführt sein. Meßbereiche für Ströme bis zu 60 A und für Spannungen bis 600 V können ohne Meßbereichsumschaltung eingerichtet werden.

Das Meßwerk ist sehr robust aufgebaut. Es kann stark überlastet werden, da bei zu großen Flußdichten in den Weicheisenteilen Sättigung auftritt, die das Drehmoment begrenzt. Von Vorteil ist es, daß das bewegliche Organ keine Stromzuführung benötigt. Damit wird der Aufbau sehr einfach und betriebssicher.

Die Leistungsaufnahme beträgt ca. 1 W für den Vollausschlag bei Betriebsinstrumenten.

Das Dreheisenmeßwerk wird auch als Präzisionsmeßwerk mit einer Klassengenauigkeit von 0,1 hergestellt. Um den Eigenverbrauch herabsetzen zu können, wird ein solches Meßwerk mit Lichtzeiger und Spannbandlagerung ausgeführt. Die Leistungsaufnahme kann auf 0,1 W für den Vollausschlag reduziert werden.

Dreheisenmeßwerke sind empfindlich gegen äußere Magnetfelder und müssen daher mit hochpermeablen Blechen abgeschirmt werden.

3.9 Elektrostatisches Meßwerk

Das elektrostatische Meßwerk ist mit einem Plattenkondensator vergleichbar. Die beiden Platten sind allerdings nicht fest angeordnet, sondern bewegen sich aufeinander zu, sobald der Kondensator geladen wird. Diese Erscheinung beruht auf den Anziehungskräften, die positive und negative Ladungen aufeinander ausüben. Das elektrostatische Wirkungsprinzip ermöglicht die Messung von Spannungen, da die Anziehungskräfte mit der Ladung und diese mit der Spannung zunehmen.

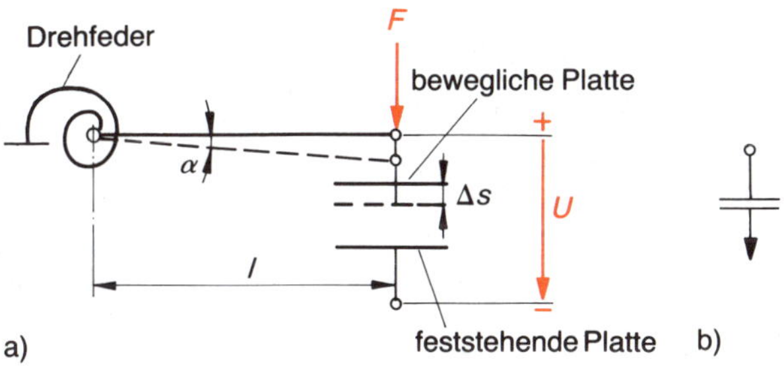

Bild 3.22
Prinzip des elektrostatischen Meßwerks
a) Wirkungsweise
b) Meßwerksymbol

> Das elektrostatische Meßwerk ist ein Spannungsmesser. Es wertet die Anziehungskräfte zwischen ungleichnamigen elektrischen Ladungen aus.

Mit Hilfe der Prinzipdarstellung Bild 3.22a kann der Zusammenhang zwischen Zeigerausschlag α und anliegender Spannung abgeschätzt werden: Der Kondensator entnimmt der Spannungsquelle zum Aufbau des elektrischen Feldes die elektrische Energie

$$W = \frac{1}{2} \cdot C \cdot u^2$$

Bewegt sich nun aufgrund der Anziehungskraft eine Platte um den Betrag Δs und spannt dabei die Drehfeder, so wird eine Arbeit verrichtet:

$$\Delta W = F \cdot \Delta s$$

Damit erhöht sich die Kapazität wegen des geringer werdenden Plattenabstandes um den Betrag ΔC, und der Kondensator entnimmt der Spannungsquelle die für die Verrichtung der Arbeit nötige Energiemenge

$$\Delta W = F \cdot \Delta s = \frac{1}{2} \cdot \Delta C \cdot u^2$$

Daraus läßt sich eine Bestimmungsgleichung für die Kraft F ableiten:

$$F = \frac{1}{2} \cdot \frac{\Delta C}{\Delta s} \cdot u^2$$

Diese Kraft greift am Hebelarm l an und erzeugt das elektrische Drehmoment:

$$M_{\text{el}} = \frac{1}{2} \cdot \frac{\Delta C}{\Delta s} \cdot l \cdot u^2 = K(\alpha) \cdot u^2; \quad K(\alpha) = \frac{1}{2} \cdot \frac{\Delta C}{\Delta s} \cdot l$$

$K(\alpha)$ ist eine drehwinkelabhängige Meßwerkgröße. Im Gleichgewichtszustand zwischen Drehfederrichtmoment und elektrischem Drehmoment gilt mit Gl. 3.1 der Zusammenhang:

$$M_{\text{mech}} = M_{\text{el}}$$
$$D \cdot \alpha = K(\alpha) \cdot u^2$$

$$\boxed{\alpha = \frac{K(\alpha)}{D} \cdot u^2} \qquad \text{(Gl. 3.18)}$$

D Drehfederkonstante

Gl. 3.18 zeigt die Abhängigkeit des Drehwinkels von der angelegten Spannung. Er ist dem Quadrat der Spannung proportional. Damit ist die Polarität der Spannung ohne Einfluß auf die Anzeige. Bei zeitlich veränderlicher Spannung, z. B. Sinusspannung, mit genügend hoher Frequenz bildet das Meßwerk wegen seiner mechanischen Trägheit den Mittelwert der Spannungsquadrate (quadratischer Mittelwert). Dieser entspricht nach Abschnit 2.1.2 dem Quadrat des Effektivwerts:

$$\boxed{\overline{\alpha} = \frac{K(\alpha)}{D} \cdot \overline{u^2} = \frac{K(\alpha)}{D} \cdot U^2} \qquad \text{(Gl. 3.19)}$$

Das elektrostatische Meßwerk ist ein Spannungseffektivwertmesser. Es dient der Messung von Gleich- und Wechselspannungen. Die Anzeige ist von der Kurvenform unabhängig.

Der Abbildungsmaßstab der Skala müßte nach Gl. 3.19 quadratisch sein. Wenn man nur die Spannungsabhängigkeit beachtet. Die Meßwerkgröße $K(\alpha)$ spielt jedoch ebenfalls eine wesentliche Rolle. Durch spezielle Aufbauform des Meßwerks kann $K(\alpha)$ so beeinflußt werden, daß sich auch ein etwa linearer Abbildungsmaßstab erreichen läßt.

Der Abbildungsmaßstab der Skala kann durch die Formgebung der bewegten Platten beeinflußt werden. Die Skala kann quadratisch oder nahezu linear sein.

Anwendungen: Der besondere Vorzug dieses Meßwerks liegt in seinem hohen Innenwiderstand, der bei Gleichspannungsmessungen in der Größenordnung von $10^{12}\,\Omega$ bis $10^{14}\,\Omega$ liegt und nur von der Isolation der Anschlüsse abhängt. Bei höheren Frequenzen macht sich die Kapazität 10 pF ... 100 pF des Meßwerks bemerkbar. Der dann fließende kapazitive Blindstrom belastet die Meßschaltung.

Das Meßwerk wird für Spannungsmessungen mit Meßbereichen von 100 V bis in den kV-Bereich verwendet. Spezielle Ausführungsformen mit Spannbandlagerung und Spiegel für eine Lichtzeigereinrichtung ermöglichen Spannungsmessungen im Millivoltbereich.

Die Bedeutung des elektrostatischen Meßwerks, insbesondere für die Messung kleiner Spannungen, ist heute sehr gering. Der hohe Innenwiderstand läßt sich auch mit Hilfe von Meßverstärkern realisieren.

Bild 3.23 Plattenanordnung eines elektrostatischen Hochspannungsmeßwerks

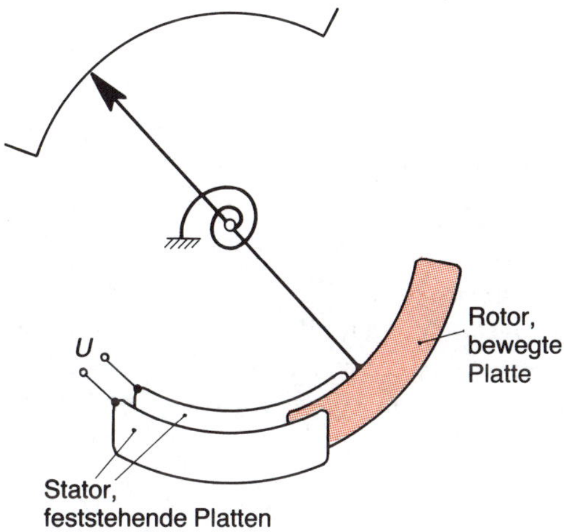

Bild 3.23 zeigt die Plattenanordnung bei einem Hochspannungsmeßwerk. Die bewegliche Platte (Rotor) wird nach Art eines Drehkondensators zwischen zwei feststehende Platten (Stator) gezogen. Die zu messende Spannung liegt hierbei an den feststehenden Platten. Durch Influenzwirkung tritt an der Oberfläche des Rotors eine Ladungsverschiebung auf, so daß die eine Seite positiv und die andere Seite negativ geladen wird und Anziehungskräfte den Rotor in das Feld des Stators drehen. Häufig ist der Rotor über die Drehfeder geerdet. Die Platten können sehr verschieden geformt sein. Die Dämpfung des Meßwerks erfolgt mit Hilfe der Luftkammerdämpfung.

3.10 Thermische Meßwerke

Fließt durch einen Leiter Strom, dann erwärmt er sich aufgrund der umgesetzten Leistung:

$$P = I^2 \cdot R$$

Die Temperatur steigt so lange an, bis sich ein thermisches Gleichgewicht zwischen der durch den Strom zugeführten Wärmemenge und der durch Ableitung und Abstrahlung abgegebenen Wärmemenge eingestellt hat. Mit guter Näherung ist die Temperaturerhöhung dem Quadrat des Stroms proportional:

$$\Delta\vartheta \sim I^2$$

Dieser Effekt ist für Gleich- und Wechselstrommessungen ausnutzbar. Bei Wechselstrom ist für die Erwärmung das Quadrat des Effektivwerts maßgebend.

> Thermische Meßwerke nützen die Wärmewirkung des elektrischen Stroms aus. Die Temperaturerhöhung ist dem Quadrat des Stromeffektivwerts proportional.

Die Temperaturerhöhung wird auf verschiedene Weise in Zeigerausschläge umgeformt. Somit ergeben sich Meßwerke, die als Stromeffektivwertmesser verwendet werden.

> Thermische Meßwerke dienen als Stromeffektivwertmesser. Sie werden für Gleich- und Wechselstrommessung verwendet. Die Kurvenform ist beliebig.

Hitzdrahtmeßwerk: Da sich ein Draht, der erwärmt wird, ausdehnt, kann man die Längenänderung als Maß für die Temperaturerhöhung und damit als Maß für den fließenden Strom auswerten. Hitzdrahtmeßwerke gehören zu den ältesten Effektivstrommessern. Sie werden heute allerdings sehr selten eingesetzt. Bild 3.24 zeigt das Prinzip und das Symbol des Meßwerks.

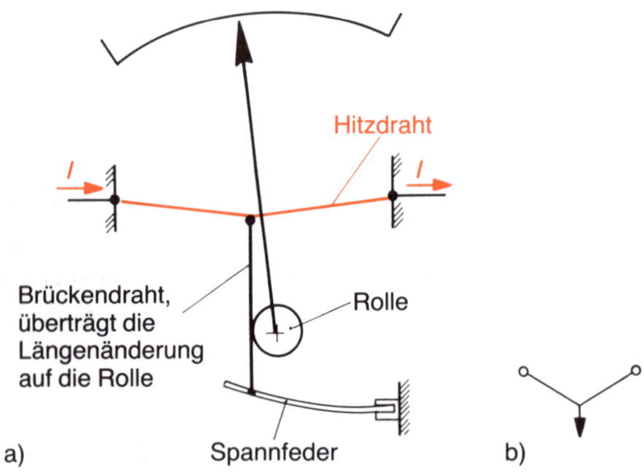

Bild 3.24 Hitzdrahtmeßwerk
a) Prinzip des Hitzdrahtmeßwerks
b) Symbol

Bild 3.25 Bimetallmeßwerk
a) Prinzipieller Aufbau
b) Symbol

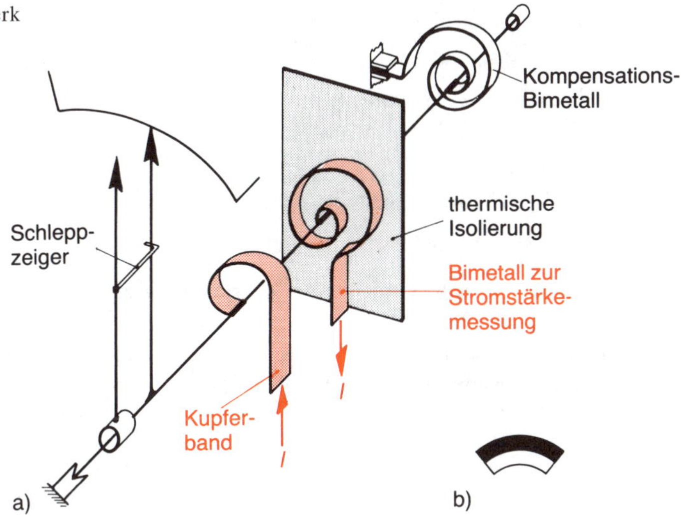

Bimetallmeßwerk: Hier wird ein spiralförmig gewickelter Bimetallstreifen von Strom durchflossen und bei Erwärmung entrollt. Die entstehende Drehbewegung kann unmittelbar in einen Zeigerausschlag umgesetzt werden. Der Bimetallstreifen besteht aus zwei aufeinander gewalzten Metallstreifen mit unterschiedlichem Temperaturkoeffizienten. Bei Erwärmung krümmt sich der Streifen in die Richtung des Metalls mit dem kleineren Temperaturkoeffizienten. Bild 3.25 zeigt den prinzipiellen Aufbau des Meßwerks. Der Stromfluß erfolgt über ein richtkraftfreies Kupferband, die Achse und dann über eine die Anzeige bewirkende Bimetallspirale. Thermisch isoliert von diesem Bimetall ist an der Achse eine zweite, gegensinnig gewickelte Bimetallspirale angebracht, welche die Außentemperatureinflüsse kompensiert.

Dieses Meßwerk wird vor allem zur Messung hoher Stromstärken eingesetzt. Es entwickelt ein sehr großes Drehmoment und kann deshalb zusätzlich mit einem Schleppzeiger zur Maximumanzeige oder mit Schaltkontakten für bestimmte Grenzwerte ausgerüstet werden.

Wegen der thermischen Trägheit benötigt es eine lange Einstellzeit von 8 bis 15 Minuten. Da der Zeigerausschlag der momentanen thermischen Strombelastung entspricht, kann das Meßwerk zur Überwachung von Leitungen hinsichtlich deren thermischer Beanspruchung durch den Stromfluß eingesetzt werden. Häufig ist ein Bimetallmeßwerk mit einem Dreheisenmeßwerk kombiniert, das auf einer zweiten Skala den augenblicklichen Effektivstrom anzeigt.

Thermoumformer: Die Temperaturerhöhung des stromdurchflossenen Leiters wird mit Hilfe eines Thermoelements in eine äquivalente Gleichspannung (ca. 5 mV ... 50 mV) umgeformt, die dann von einem Drehspulmeßwerk angezeigt wird. Bild 3.26 zeigt einen indirekt geheizten Thermoumformer. Zwischen Heizdraht und Thermoelement besteht keine elektrische Verbindung. Diese Bauform ist vor allem für Hochfrequenzmessungen geeignet. Das Drehspulmeßwerk bleibt frei von Hf-Strömen. Der Heizdraht hat nur eine sehr geringe Eigeninduktivität, ebenso können parasitäre Kapazitäten klein gehalten werden.

Der Thermoumformer wird für niederfrequente Stromstärkemessungen auch in direkt geheizter Form hergestellt. Das Thermoelement ist dann auf den Heizdraht geschweißt.

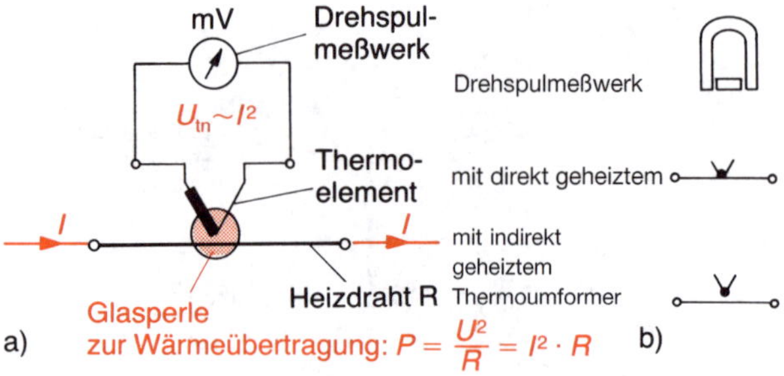

Bild 3.26
Drehspulmeßwerk mit Thermoumformer
a) Aufbau eines indirekt geheizten Thermoumformers
b) Symbole

Thermoumformer haben eine geringe thermische Trägheit (<1 s). Sie können mit großer Genauigkeit hergestellt werden.

Neben der Anwendung für Hf-Strom- und Leistungsmessungen dienen Thermoumformer auch als Vergleichsnormale zwischen Gleich- und Wechselstrom.

3.11 Induktionsmeßwerk

3.11.1 Wirkungsprinzip

Wie der Name schon sagt, beruhen Induktionsmeßwerke auf dem Induktionsprinzip. Magnetische Wechselfelder erzeugen in einem Leiter Induktionsspannungen, die wiederum Wechselströme, sogenannte Wirbelströme, zur Folge haben. Die Wirbelströme sind um so stärker, je größer die Flußänderungsgeschwindigkeit $\frac{\Delta\Phi}{\Delta t}$ des magnetischen Wechselfelds ist. Läßt man auf den von Wirbelströmen durchsetzten Leiter ein weiteres magnetisches Wechselfeld einwirken, so greifen an ihm Kräfte an, die für eine Anzeige genutzt werden können.

> Das Induktionsmeßwerk ist nur für Wechselstromanwendungen verwendbar, da es auf dem Induktionsprinzip beruht.

Drehfeld- oder Ferrarisinstrument: Als Leiter wird beim Ferrarisinstrument ein Aluminiumzylinder benutzt. Dieser ist, vergleichbar mit dem Läufer eines Asynchronmotors, drehbar gelagert. Zwei Spulenpaare umgeben den Zylinder und erzeugen als Feldspulen ein magnetisches Wechselfeld, das unter bestimmten Phasenbedingungen der Spulenströme ein Drehfeld wird. Dieses induziert Wirbelströme im Aluminiumzylinder, deren Magnetfeld dem Drehfeld zu folgen versucht. Es entsteht ein starkes Drehmoment, das mit Hilfe einer Drehfeder ausgewogen werden kann.

> Beim Drehfeldinstrument besteht das bewegliche Organ aus einem Aluminiumzylinder, der sich in einem Drehfeld befindet.
> Der Zeigerausschlag ist abhängig von den Strömen in den Feldspulen, von deren Phasenverschiebung und Frequenz.

Scheibeninduktionsmeßwerk: Häufiger als das Ferrarisinstrument ist das mit einer drehbaren Aluminiumscheibe aufgebaute Meßwerk Bild 3.27.

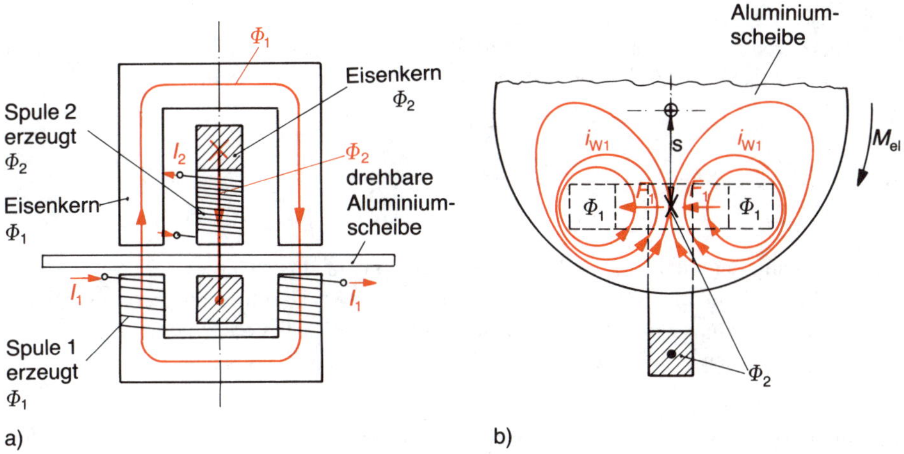

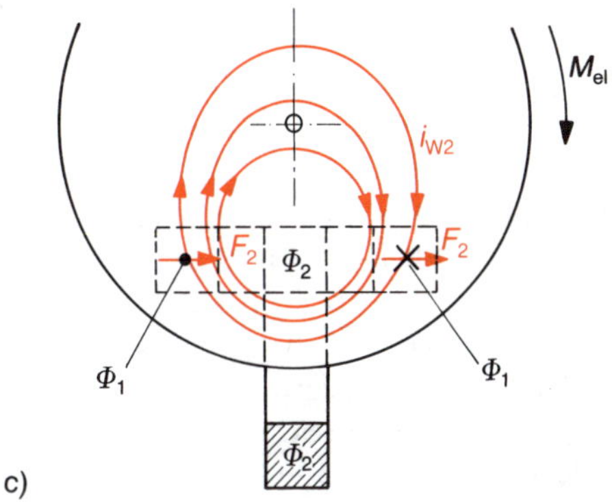

Bild 3.27 Spulenanordnung und Wirkungsweise des Scheibeninduktionsmeßwerks
a) Anordnung der Spulen mit Eisenkern
b) Wirbelströme durch Φ_1
c) Wirbelströme durch Φ_2

Spule 1 und Spule 2 erzeugen jeweils ein magnetisches Wechselfeld, das die Aluminiumscheibe durchsetzt.

> Beim Scheibeninduktionsmeßwerk dreht sich eine Aluminiumscheibe im magnetischen Wechselfeld zweier Spulen.

Die von den Strömen I_1 und I_2 erzeugten Flüsse Φ_1 und Φ_2 müssen gegeneinander phasenverschoben sein, wenn auf die Scheibe ein Drehmoment mit gleichbleibender Drehrichtung wirken soll. Dies wird mit der folgenden Überlegung gezeigt.

1. Annahme: Φ_1 und Φ_2 sind phasengleich

$$\Phi_1 = \hat{\Phi}_1 \cdot \sin(\omega \cdot t); \quad \Phi_2 = \hat{\Phi}_2 \cdot \sin(\omega \cdot t)$$

Der magnetische Fluß Φ_1 erzeugt in der Aluminiumscheibe die Wirbelströme i_{W1} im Bild 3.27b. Nach dem Induktionsgesetz gilt:

$$i_{W1} \sim -\frac{\Delta\Phi_1}{\Delta t} \sim -f \cdot \hat{\Phi}_1 \cdot \cos(\omega \cdot t)$$

Die Wirbelströme werden um so größer, je höher die Frequenz des Wechselfelds und damit des Stroms durch die Spule ist. Auf diese Wirbelströme wirkt der magnetische Fluß Φ_2. Damit greift an der Aluminiumscheibe eine Kraft F_1 an:

$$F_1 \sim i_{W1} \cdot \Phi_2(t) \sim -f \cdot \hat{\Phi}_1 \cdot \hat{\Phi}_2 \cdot \sin(\omega \cdot t) \cdot \cos(\omega \cdot t)$$

Mit dem Hebelarm s entsteht das elektrische Drehmoment:

$$M_{el} = F_1 \cdot s \sim i_{W1} \cdot \Phi_2(t) \cdot s \sim -f \cdot \hat{\Phi}_1 \cdot \hat{\Phi}_2 \cdot s \cdot \sin(\omega \cdot t) \cdot \cos(\omega \cdot t)$$

Diese Beziehung zeigt, daß ein zeitabhängiges Drehmoment entsteht. Bild 3.28a veranschaulicht den Zusammenhang. Wie zu erkennen ist, ändert das Drehmoment periodisch seine Richtung und läßt damit eine kontinuierliche Drehung der Scheibe nicht zu.

Anders verhält sich das Meßwerk, wenn die magnetischen Flüsse gegeneinander phasenverschoben sind.

2. Annahme: Φ_2 ist gegen Φ_1 um $\frac{\pi}{2}$ phasenverschoben.

$$\Phi_1 = \hat{\Phi}_1 \cdot \sin(\omega \cdot t); \quad \Phi_2 = \hat{\Phi}_2 \cdot \sin\left(\omega \cdot t - \frac{\pi}{2}\right)$$

Verschiebungswinkel Φ_1 gegen Φ_2: $\beta = 90° \triangleq \frac{\pi}{2}$

Unter dieser Bedingung ergibt sich der in Bild 3.28b gezeichnete Drehmomentenverlauf. Das Drehmoment ändert sich periodisch. Da der Mittelwert aber nicht 0 ist wie im Bild 3.28a, ergibt sich ein wirksames Drehmoment in einer Richtung. Die Scheibe bewegt sich.

Wird der Phasenverschiebungswinkel bis auf $\beta = 180°$ vergrößert, so nimmt das wirksame Drehmoment wieder bis auf 0 ab. Bei negativer Phasenverschiebung, Φ_1 nacheilend gegen Φ_2, ändert sich die Drehrichtung. Das wirksame Drehmoment erreicht bei $\beta = -90°$ ein Maximum und geht dann bei $\beta = -180°$ auch wieder auf 0 zurück.

Bisher wurden nur die Wirbelströme beachtet, die vom Wechselfeld Φ_1 verursacht werden. Ebenso aber erzeugt Φ_2 Wirbelströme, die durch Einwirkung des Flusses Φ_1 zu einer Kraft und einem weiteren Drehmoment auf die Scheibe führen (Bild 3.27c). Man kann zeigen, daß dieses Drehmoment den gleichen Verlauf hat wie in den Bildern 3.28a und b, jedoch zeitlich versetzt auftritt. Damit werden gerade die Drehmomenttäler in Bild 3.28b aufgefüllt, und es entsteht ein konstantes Drehmoment. Dieses läßt sich mit Hilfe einer Drehfeder in den Gleichgewichtszustand bringen.

Faßt man alle Einflußgrößen zusammen, dann ergibt sich schließlich das Drehmoment in der Form:

$$\boxed{M_{el} \sim f \cdot \hat{\Phi}_1 \cdot \hat{\Phi}_2 \cdot \sin\beta} \qquad \text{(Gl. 3.20)}$$

> Das maximale Drehmoment entsteht beim Induktionsmeßwerk, wenn die Phasenverschiebung zwischen den magnetischen Flüssen 90° beträgt. Das Drehmoment ist um so größer, je höher die Frequenz des Wechselfelds ist.

Bild 3.28
Zeitlicher Verlauf des Drehmoments durch i_{w1} und $\Phi_2(t)$ bei unterschiedlicher Phasenverschiebung zwischen $\Phi_1(t)$ und $\Phi_2(t)$
a) Elektrisches Drehmoment bei fehlender Phasenverschiebung $\beta = 0°$
b) Elektrisches Drehmoment bei einer Phasenverschiebung $\beta = +90°$

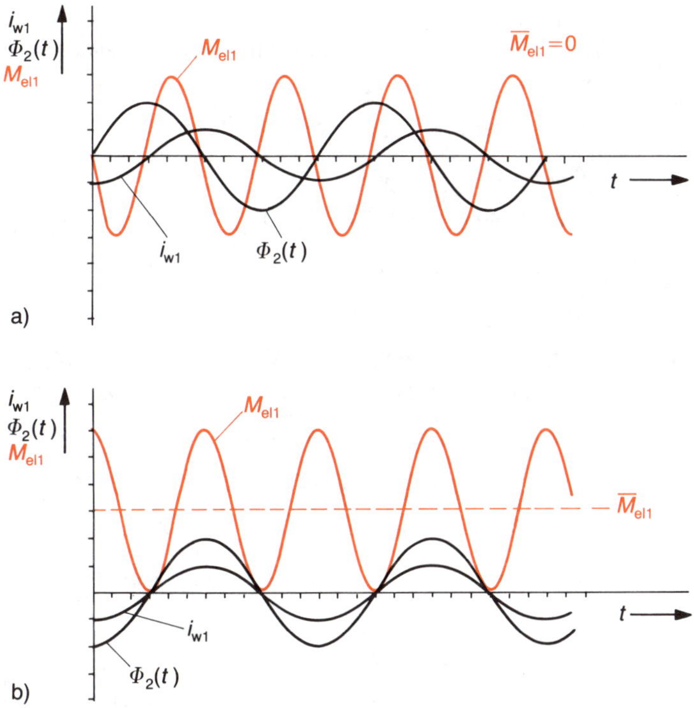

3.11.2 Anwendung des Scheibeninduktionsmeßwerks

Das Induktionsmeßwerk eignet sich wegen der Abhängigkeit seiner Anzeige von den Strömen der Feldspule, der Frequenz und Phasenbeziehung grundsätzlich auch zur Messung dieser Größen. Praktisch wird es jedoch vorwiegend zur Messung der elektrischen Arbeit als kWh-Zähler, gelegentlich auch zur Leistungsmessung benutzt.

Leistungsmessung mit dem Induktionsmeßwerk: Geht man von Gl. 3.20 aus, dann ist erkennbar, daß das Drehmoment vom Produkt der magnetischen Flüsse Φ_1 und Φ_2 abhängt. Diese werden durch die Ströme i_1 und i_2 bestimmt.

$$\Phi_1(t) \sim i_1(t);\ \Phi_2(t) \sim i_2(t)$$

Um Leistungsmessung zu ermöglichen, muß einer der Ströme der Spannung am Verbraucher proportional sein, während der zweite der Verbraucherstrom selbst sein muß. Ferner ist darauf zu achten, daß bei einem ohmschen Verbraucher beide Ströme um 90° verschoben sind, um maximale Anzeige zu erhalten. Zu diesem Zweck wird Spule 2 im Bild 3.27a mit großer Windungszahl ausgestattet, damit sich aufgrund des hohen induktiven Widerstands zwischen anliegender Spannung und Strom eine Phasenverschiebung von 90° ergibt. Diese Spule wird als Spannungspfad, ihr Eisenkern als Spannungseisen bezeichnet. Am Spannungspfad liegt die Verbraucherspannung.

Spule 1 wird mit wenigen Windungen aus dickem Draht hergestellt, so daß deren Scheinwiderstand im Vergleich zum Verbraucher sehr klein ist. Sie liegt in Reihe zum Verbraucher, die

Phasenlage des Stroms i_1 wird im wesentlichen nur durch den Verbraucher bestimmt. Spule 1 ist der Strompfad, ihr Eisenkern wird Stromeisen genannt. Damit gelten die folgenden Zusammenhänge:

$$i = \hat{\imath} \cdot \sin(\omega \cdot t + \varphi)\text{: Strom durch den Verbraucher}$$

$$\Phi_1(t) \sim i_1(t) = \hat{\imath} \cdot \sin(\omega \cdot t + \varphi)$$

φ Phasenverschiebung zwischen $\underline{U}$ und $\underline{I}$ am Verbraucher, bei ohmscher Last ist $\varphi = 0°$.

$$u = \hat{u} \cdot \sin(\omega \cdot t)\text{: Spannung am Verbraucher}$$

$$\Phi_2(t) \sim i_2(t) \sim \hat{u} \cdot \sin(\omega \cdot t - 90°)$$

An Spule 2 (Spannungspfad) liegt die Verbraucherspannung, die einen um $-90°$ phasenverschobenen Strom erzeugt. Der Phasenwinkel zwischen Φ_1 und Φ_2 beträgt damit:

$$\beta = \varphi + 90°.$$

Setzt man nun: $\hat{\Phi}_1 \sim \hat{\imath}$ und $\hat{\Phi}_2 \sim \hat{u}$, dann gewinnt man aus Gl. 3.20 die Beziehung:

$$M_{el} \sim f \cdot \hat{\imath} \cdot \hat{u} \cdot \sin(\varphi + 90°) = f \cdot \hat{\imath} \cdot \hat{u} \cdot \cos\varphi$$

Statt der Scheitelwerte von Strom und Spannung kann man auch deren Effektivwert einsetzen:

$$M_{el} \sim 2 \cdot f \cdot U \cdot I \cdot \cos\varphi$$

Mit Hilfe eines meßwerkabhängigen Proportionalitätsfaktors K kommt man schließlich zu der Momentengleichung:

$$\boxed{M_{el} = K \cdot f \cdot U \cdot I \cdot \cos\varphi} \qquad \text{(Gl. 3.21)}$$

Dieses Drehmoment wird nun mit Hilfe einer Drehfeder ins Gleichgewicht gebracht:

$$M_{mech} = M_{el}$$
$$\alpha \cdot D = K \cdot f \cdot U \cdot I \cdot \cos\varphi$$

D Drehfederkonstante

$$\boxed{\alpha = \frac{K}{D} \cdot f \cdot U \cdot I \cdot \cos\varphi = \frac{K}{D} \cdot f \cdot P} \qquad \text{(Gl. 3.22)}$$

Die Skalengleichung zeigt, daß die Anzeige der effektiven Wirkleistung im Verbraucher $P = U \cdot I \cdot \cos\varphi$ entspricht.

Da allerdings die Frequenz des Wechselstroms ebenfalls in die Skalengleichung eingeht, ist die Anzeige kurvenformabhängig und die Skala nur für sinusförmigen Strom einer bestimmten Frequenz geeicht.

Das Induktionsmeßwerk ist als Leistungsmesser für sinusförmigen Strom verwendbar.
Der Drehwinkel ist der im Verbraucher umgesetzten effektiven Wirkleistung proportional.
Die Anzeige ist frequenzabhängig.

Induktionszähler: Diese Anwendung ist die wichtigste Anwendung des Induktionsmeßwerks. Der Induktionszähler dient der Messung der el. Arbeit:

$$W = P \cdot t$$

Das durch Gl. 3.21 gegebene el. Drehmoment ist der Wirkleistung P proportional. Bringt man dieses Drehmoment mit Hilfe einer Wirbelstrombremse (vgl. Abschnitt 3.1.3), die aus

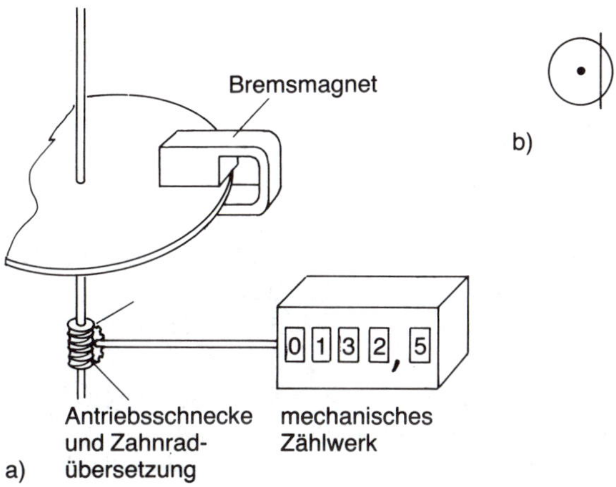

Bild 3.29
Induktionszähler
a) Anordnung von Bremsmagnet und Zählwerk
b) Symbol eines Induktionsmeßwerks

einem auf die Aluminiumscheibe wirkenden Dauermagneten (Bild 3.29) besteht, ins Gleichgewicht, so dreht sich die Scheibe mit einer konstanten Drehzahl, die dem el. Drehmoment und damit der el. Leistung proportional ist:

$$n \sim M_{el} = K \cdot f \cdot U \cdot I \cdot \cos \varphi = K \cdot f \cdot P$$

Registriert man mit einem mechanischen Zählwerk (Bild 3.29) die Zahl Z der Umdrehungen in einer bestimmten Zeit t, so erhält man ein Maß für die verrichtete elektrische Arbeit W:

$$Z = n \cdot t = K \cdot f \cdot P \cdot t = K \cdot f \cdot W$$

Z Zahl der Umdrehungen während der Zeit t

Die Größe $C_Z = K \cdot f$ wird Zählerkonstante genannt und ist ein typischer Kennwert des Induktionszählers, gültig für eine bestimmte Frequenz, z. B. $f = 50\,\text{Hz}$. Mit dieser Größe ergibt sich der Zusammenhang:

$$Z = C_Z \cdot W$$

C_Z Zählerkonstante, Angabe in Umdrehungen je Kilowattstunde

> Die Zahl Z der Umdrehungen eines Induktionszählers entspricht der el. Arbeit, die in der Zeit t verrichtet wurde, gemessen in kWh.
> Die Eichung ist immer nur für eine Frequenz gültig (z. B. 50 Hz).

Induktionszähler haben sich zur Messung des elektrischen Energieverbrauchs sehr bewährt. Sie zeigen eine hohe Langzeitkonstanz und Zuverlässigkeit.

3.12 Vibrationsmeßwerke

Diese Meßwerke besitzen ein bewegliches Organ, das durch elektromagnetische oder elektrostatische Anregung Resonanzschwingungen ausführt. Diese Schwingungen treten nur bei einer bestimmten Frequenz, der Eigenfrequenz des mechanischen Masse-Feder-Systems auf. Somit ist die Verwendung auf Messungen von Wechselströmen oder -spannungen ganz bestimmter Frequenzen beschränkt.

Drehmagnet-Vibrationsmeßwerk: Dieses Meßwerk ist ein Drehmagnetmeßwerk mit sehr schwacher Dämpfung. Bei der Eigenresonanz des Drehfedersystems treten starke Zeigerschwingungen auf. Der einstellbare Frequenzbereich liegt bei 15 Hz bis 65 Hz.

Es kann als sehr empfindliches Nullinstrument zum Abgleich von Wechselstrombrücken benutzt werden.

Zungenfrequenzmesser: Vor den Polschuhen eines Elektromagneten ist ein «Kamm» aus weichmagnetischen Stahlzungen angeordnet, die sich durch ihre Eigenresonanz unterscheiden. Sie werden durch den magnetischen Wechselfluß dann zu kräftigen Schwingungen angeregt, wenn ihre Eigenfrequenz mit der doppelten Feldfrequenz übereinstimmt.

Dieses Meßwerk dient z. B. der Frequenzüberwachung in einem schmalen Frequenzbereich 48 Hz ... 52 Hz, wobei sich die Zungen jeweils um 0,5 Hz unterscheiden.

Zungenfrequenzmesser können für Frequenzmessungen von etwa 10 Hz bis 2 kHz eingesetzt werden.

3.13 Registrierende Meßgeräte

Zur Dokumentation zeitlich veränderlicher Meßgrößen benötigt man spezielle – registrierende – Meßgeräte. Üblicherweise werden sie unter dem Sammelbegriff Schreiber zusammengefaßt. Die technischen Realisierungen solcher Schreiber sind jedoch vielfältig. Man kann sie nach verschiedenen Kriterien einteilen: Meßprinzipien, Darstellung der Meßgröße, Art der erfaßbaren Meßgröße.

Orientiert man sich an der zu messenden Größe, dann gibt die Tabelle 3.1 einen Überblick der verschiedenen Schreiberarten.

Meßgröße	Meßaufgabe	Meßgerät	Meßprinzip
$u = f(t)$ $i = f(t)$	Registrierung einer sich sehr langsam ändernden Größe	Punktschreiber (y-t-Schreiber)	Drehspulmeßwerk mit Fallbügel
			Kompensationsprinzip
	Registrierung einer sich schnell ändernden Größe $f \leq 20\,\text{Hz}$	Linienschreiber (y-t-Schreiber)	Drehspulmeßwerk mit Schreibgriffel
			Kompensationsprinzip
	Registrierung einer sich schnell ändernden Größe $f \leq 500\,\text{Hz}$	Tintenstrahlschreiber (y-t-Schreiber)	Drehmagnetmeßwerk mit Tintenspritzvorrichtung
	Registrierung einer sich sehr schnell ändernden Größe $f \leq 10\,\text{kHz}$	Lichtstrahlschreiber (y-t-Schreiber)	Schleifenschwinger mit Spiegel zur Lichtstrahlablenkung
$u_y = f(u_x)$	Registrierung zweier voneinander abhängiger Größen	Koordinatenschreiber (x-y-Schreiber)	Kompensationsprinzip

Tabelle 3.1 Übersicht über den Einsatz von Schreibern.

Dem Meßprinzip nach kann man Meßwerkschreiber und Kompensationsschreiber unterscheiden. Letztere wenden das Kompensationsverfahren an, auf das im Abschnitt 5.4 näher eingegangen wird.

Im folgenden sollen einige Hinweise zu Meßwerkschreibern gegeben werden, die in der Regel zu den y-t-Schreibern gehören. Der Momentanwert der Meßgröße wird als Funktion der Zeit registriert. Die zur Aufnahme von Kennlinien erforderlichen Koordinaten- oder x-y-Schreiber werden in der Regel als Kompensationsschreiber realisiert.

Meßwerkschreiber sind in der Regel y-t-Schreiber. Sie zeichnen Spannungen oder Ströme als Funktion der Zeit auf.

3.13.1 Meßwerkschreiber

Wie der Name schon ausdrückt, dienen bei diesen Schreibern bestimmte Meßwerke der Aufzeichnung von Spannungs- und Stromverläufen. Grundsätzlich handelt es sich dabei um Zeigermeßgeräte, bei denen der Zeiger die Funktion eines Schreibgriffels übernimmt, an dem sich zur Aufzeichnung ein Registrierpapier vorbeibewegt.

Der Papiertransport kann mit Hilfe von mechanischen Federwerken, Synchron- oder Schrittmotoren erfolgen. Der Papiervorschub je Zeiteinheit, also die Papiergeschwindigkeit, ist in kalibrierten Stufen einstellbar und muß exakt konstant gehalten werden, wenn sich eine auswertbare Zeitfunktion ergeben soll.

Wie Tabelle 3.1 zeigt, erfordern die einzelnen Meßaufgaben spezielle Meßprinzipien zum Registrieren der Meßwerte. Zu beachten ist dabei insbesondere die Änderungsgeschwindigkeit der Meßgröße. Für sehr langsame Vorgänge genügt ein Punktschreiber. Bei sehr schnellen Vorgängen muß die bewegte Masse des Systems besonders klein gehalten werden. Der mechanische Zeiger wird durch einen Lichtzeiger ersetzt, und man kommt zum Lichtstrahlschreiber.

Punktschreiber: Bei sehr langsamen Änderungen der Meßgröße genügt es, den Meßwert nur in gewissen Abständen zu registrieren. Der Papiervorschub ist dementsprechend klein, z. B. 20 mm/h. Als Meßwerk dient ein Drehspulmeßwerk, dessen Zeiger frei beweglich ist und beim Registrieren des Meßwerts mit einem Fallbügel auf ein Farbband gepreßt wird, unter dem das Registrierpapier vorbeiläuft. Auf diese Weise entsteht auf dem Papier ein Punktabdruck. Als Ergebnis entsteht eine Linie aus Punkten, die jedoch wegen des geringen Papiervorschubs sehr dicht beieinanderliegen.

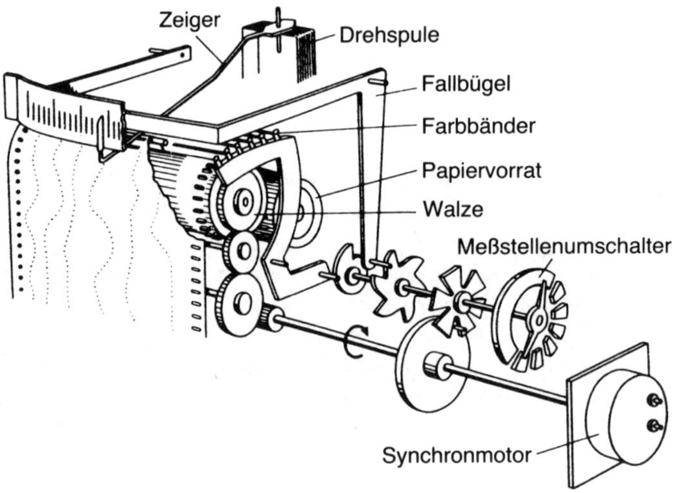

Bild 3.30
Prinzipieller Aufbau eines 6-Farben-Punktschreibers (Siemens)

Punktschreiber können problemlos zur parallelen Aufzeichnung mehrerer Vorgänge benutzt werden. Dabei wird das Meßwerk nacheinander auf die einzelnen Meßkanäle umgeschaltet. Gleichzeitig läßt sich das Farbband umstellen. Auf diese Weise können Punktschreiber bis zu 12 Punktfolgen aufnehmen, die durch unterschiedliche Farben gut zu unterscheiden sind. Bild 3.30 zeigt den prinzipiellen Aufbau eines 6-Farben-Punktschreibers.

Punktschreiber der dargestellten Bauart sind sehr genaue und empfindliche Registriergeräte. Da sich der Zeiger frei beweglich auf den Meßwert einstellen kann, wird die Messung durch den Schreibvorgang nicht beeinträchtigt.

Punktschreiber registrieren die Meßwerte in bestimmten Abständen (z. B. 1 s) und erzeugen auf dem Registrierpapier eine Punktfolge. Sie eignen sich zum Aufzeichnen langsamer Vorgänge.

Linienschreiber: Im Gegensatz zum Punktschreiber erzeugt der Linienschreiber eine kontinuierliche Linie auf dem Registrierpapier. Auch hier kommt das Drehspulmeßwerk zur Anwendung. Da es allerdings den rel. schweren Schreibarm bewegen muß und beim Schreiben Reibungskräfte zu überwinden sind, ist ein höheres Drehmoment erforderlich als bei Punktschreibern. Drehspul-Linienschreiber eignen sich zur Aufzeichnung von Wechselgrößen bis zu einer Frequenz von etwa 20 Hz. Darüber hinaus werden die Trägheitskräfte der bewegten Masse und damit das für die Auslenkung erforderliche Drehmoment zu groß.

Als Schreibgriffel werden meist Faserstifte eingesetzt. Um einen wartungsfreien Betrieb zu ermöglichen, findet auch Metall- oder Wachspapier Anwendung.

Metallpapier besitzt eine aufgedampfte Metallschicht. Der metallische Schreibgriffel erhält gegenüber der Metallpapieroberfläche eine Spannung von etwa 20 V. Berührt nun die Schreibspitze die metallisierte Papieroberfläche, so verdampft hier das Metall, und es entsteht eine schwarze Brennspur durch die hohe Stromdichte an der Berührungsstelle.

Wachspapier besteht aus gefärbtem Papier, das von einer Wachsschicht abgedeckt ist. Der Schreibgriffel wird erhitzt und ritzt beim Schreiben eine Spur in die Wachsschicht. Der farbige Untergrund wird sichtbar.

Linienschreiber erzeugen eine kontinuierliche Linie auf dem Registrierpapier. Drehspul-Linienschreiber sind für Wechselvorgänge bis zu einer Frequenz von etwa 20 Hz einsetzbar.

Tintenstrahlschreiber: Dieses Registriergerät gehört zu den Schnellschreibern. Wechselvorgänge bis etwa 500 Hz lassen sich noch aufzeichnen. Als Meßwerk kommt ein Drehmagnetsystem zum Einsatz. Um Reibungskräfte zu vermeiden, wird über eine Kapillare, die mit dem Drehmagneten verbunden ist, Tinte unter hohem Druck auf das Registrierpapier gespritzt.

Lichtstrahlschreiber: Mit diesem Gerät lassen sich noch Wechselspannungen oder -ströme bis etwa 10 kHz registrieren. Das Meßwerk, ein Spulenschwinger, entspricht einem Drehspulmeßwerk mit sehr geringer Masse des beweglichen Organs. Die Spule ist zwischen Spannbändern gehalten und trägt einen Spiegel, auf den durch ein Fenster ein Lichtstrahl fällt. Dieser wird bei der Drehung der Spule verschieden abgelenkt und belichtet Fotopapier als Registrierpapier. Bild 3.31 zeigt den Aufbau eines Spulenschwingers.

Die geringe Masse des beweglichen Teils ermöglicht die Aufzeichnung sehr schneller Bewegungsabläufe.

Tintenstrahl- und Lichtstrahlschreiber gehören zu den Schnellschreibern. Die Grenze der Aufzeichnungsmöglichkeit von Wechselvorgängen mit mechanischen Mitteln liegt bei Frequenzen von 10 kHz bis 20 kHz.

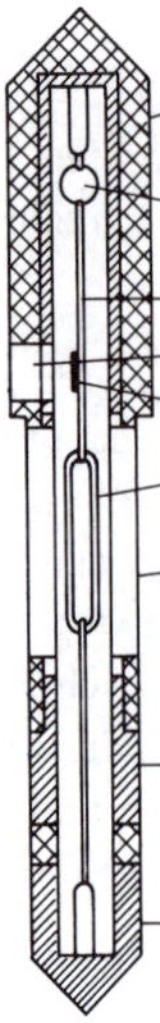

Bild 3.31 Aufbau eines Spulenschwingers für Lichtstrahlschreiber (Siemens)

3.13.2 Spezielle Registriergeräte

Neben den Schreibern gibt es noch eine ganze Reihe weiterer Geräte zur Erfassung und Dokumentation von Meßwerten. Es würde den Rahmen dieses Buchs sprengen, wollte man die Technik aller heute üblichen Registriergeräte darstellen.

Hier sollen nur einige wichtige Geräte genannt werden, zu denen es genügend Spezialliteratur gibt.

Digitalspeicheroszilloskop: Dieses Oszilloskop setzt das Eingangssignal nach Verstärkung und Bereichsanpassung mit Hilfe eines sehr schnellen Analog-Digital-Umsetzers in eine Folge von meist 8-Bit-Worten um (siehe Abschnitt 7.4.4).

> Die Umsetzungszeit des ADU bestimmt die höchste noch umsetzbare Frequenz einer Eingangswechselspannung.

Die erzeugten 8-Bit-Worte werden in einem Digitalspeicher abgelegt und können im Prinzip beliebig lange gespeichert bleiben. Die Meßwerte stehen nun für verschiedene Möglichkeiten der Weiterverarbeitung zur Verfügung.

1. Darstellung auf dem Bildschirm: Der Speicher wird zyklisch ausgelesen, wobei jeder digital gespeicherte Meßwert mit Hilfe eines Digital-Analog-Umsetzers wieder in einen Analogwert zurückverwandelt wird und auf dem Bildschirm zur Anzeige kommt. Die Folge der Meßwerte kann nun als stehendes Bild ausgewertet werden.
2. Ausgabe der gespeicherten und wieder in Analogwerte umgesetzten Meßwerte über den Analogausgang an einen Schreiber zur Anfertigung einer «Hardcopy».
3. Ausgabe des Speicherinhalts in digitaler Form über den Digitalausgang an einen Plotter zur Anfertigung einer «Hardcopy».
4. Ausgabe des Speicherinhalts an ein externes Speichermedium (Band, Diskette).
5. Einbindung des Speicheroszilloskops in ein automatisches Meßsystem und Ausgabe des Speicherinhalts an den Systemcontroller.

Das Digitalspeicheroszilloskop erlaubt die Speicherung, die Bildschirmdarstellung und die Ausgabe der gemessenen und gespeicherten Spannungsverläufe.

Registrierkamera: Oszilloskopbilder lassen sich mit Registrierkameras aufnehmen und auswerten. Diese Möglichkeit hat allerdings heute durch den Einsatz von Digitalspeicheroszilloskopen an Bedeutung verloren.

Plotter: Diese Zeichengeräte sind Hilfsmittel, die es erlauben, digital verschlüsselte Meßwertreihen oder Wechselgrößen in ein Koordinatensystem einzuzeichnen.

Im Gegensatz zu einem Schreiber ist der Plotter kein Meßgerät, sondern ein digital gesteuertes Zeichengerät.

Digitaldrucker: Drucker dienen der Dokumentation von Meßwerten in Form von Ziffern und Text. Sie lassen sich in gewissem Umfang, ähnlich dem Plotter, auch als Zeichengerät einsetzen. Drucker sind also nicht zu Meßzwecken zu verwenden, sondern dienen ausschließlich der Dokumentation. Die Ansteuerung erfolgt digital über einen Computer bzw. im Rahmen eines automatichen Meßsystems über den Controller.

3.14 Meßwerksymbole und Zeichen

Auf der Skala von Meßwerken werden nach DIN 0410/3.68 Kennzeichen angebracht, die Aufschluß geben über:

Meßprinzip, Frequenzbereich, Genauigkeitsklasse, Gebrauchslage, Prüfspannung, besondere Beachtung der Betriebsanleitung, Zubehör.

Einige wichtige Zeichen sind in Tabelle 3.2 zusammengestellt.

Ergänzend werden hier noch einige Anmerkungen gemacht.

Skala: Man unterscheidet lineare und nichtlineare Skalen, entsprechend den Skalengleichungen. Während bei linearen Skalen der Meßbereich und der Anzeigebereich übereinstimmen, trifft das für nichtlineare nicht zu. Der Meßbereich wird dann durch einen Anfangs- und einen Endpunkt auf der Skala gekennzeichnet.

Gebrauchslage: Feinmeßgeräte haben wegen der geringeren Reibung durchwegs senkrecht stehende Achsen und damit eine horizontal angeordnete Skala, waagrechte Gebrauchslage. Schalttafelinstrumente haben überwiegend senkrechte Gebrauchslage.

Prüfspannung: Diese Spannung gibt Aufschluß über die Spannungsfestigkeit der Isolation zwischen den elektrischen Anschlüssen und Gehäusen. Mindestprüfspannung 500 V/50 Hz.

Überlastbarkeit: Betriebsinstrumente müssen eine dauernde Überlastung von 120% des Skalenendwerts ohne Schäden überstehen.

Stromart	Zeichen	Prüfspannung	Zeichen
Gleichstrom	—	Prüfspannung 500 V	☆
Wechselstrom	~	Prüfspannung 2 kV	
Gleich- und Wechselstrom	≂	Meßgerät ohne Spannungsprüfung	
Drehstrom	≋	Schutzleiteranschluß	⏚
Genauigkeitsklasse	**Zeichen**	**Gebrauchslage**	**Zeichen**
Klasse 1,5 (Grundfehler 1,5%, vom Bereichsendwert)	1,5	senkrechte Gebrauchslage mit Angabe der zulässigen Abweichung	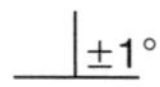
Klasse 1,5 (Grundfehler 1,5%, bezogen auf die Skalenlänge)		waagrechte Gebrauchslage	
Klasse 1,5 (Grundfehler 1,5%, bezogen auf den richtigen Wert)		schräge Gebrauchslage mit Winkelangabe	
Meßwerksymbole	**Zeichen**	**Meßwerksymbole**	**Zeichen**
Drehspulmeßwerk		Elektrodynamisches Meßwerk, eisenlos	
Drehspulquotientenmeßwerk		Elektrodynamisches Meßwerk, eisengeschlossen	
Drehmagnetmeßwerk		Induktionsmeßwerk	
Dreheisenmeßwerk		elektrostatisches Meßwerk	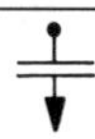
Hitzdrahtmeßwerk		Bimetallmeßwerk	
Drehspulmeßwerk mit Thermoumformer		Vibrationsmeßwerk	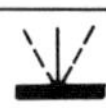

Zubehör	Zeichen	Allgemeine Kennzeichnungen	Zeichen
Gleichrichter (zusätzlich zum Meßwerksymbol)	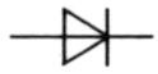	Elektrostatische Abschirmung	
Direkt geheizter und indirekt geheizter Thermoumformer		Magnetische Abschirmung	
Elektronische Bauelemente im Meßpfad (zusätzlich zum Meßwerksymbol)		Zeigernullstellung	
		Frequenzbereich	20 Hz ... 20 kHz
Getrennter Vorwiderstand	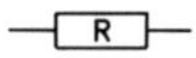	Achtung, Gebrauchsanleitung beachten	
Getrennter Nebenwiderstand			

Tabelle 3.2

4 Meßprinzip des Oszilloskops

Elektrische Zeigerinstrumente bilden in der Regel einen zeitlichen Mittelwert der Meßgröße und bringen diesen zur Anzeige. Der Momentanwert ist dabei nicht darstellbar. Messungen des Momentanwerts sind mit dem Oszilloskop möglich. Die Meßgröße wird hier in Abhängigkeit von der Zeit auf den Bildschirm gezeichnet. Dazu dient die Oszilloskopröhre, die im folgenden Abschnitt genauer erläutert wird.

> Das Oszilloskop ermöglicht die Darstellung der Momentanwerte einer zeitabhängigen Spannung.

4.1 Aufbau und Wirkungsweise der Oszilloskopröhre

Bild 4.1 zeigt den prinzipiellen Aufbau einer Oszilloskopröhre. Sie besteht aus einem evakuierten Glaskolben, mit den zur Erzeugung, Formung, Ablenkung und Beschleunigung des Elektronenstrahls erforderlichen Vorrichtungen und dem Bildschirm. Das Hochvakuum läßt die freie Bewegung von Elektronen im Raum zu, ohne daß deren Energie vorzeitig durch Zusammenstöße mit Gasmolekülen verbraucht wird.

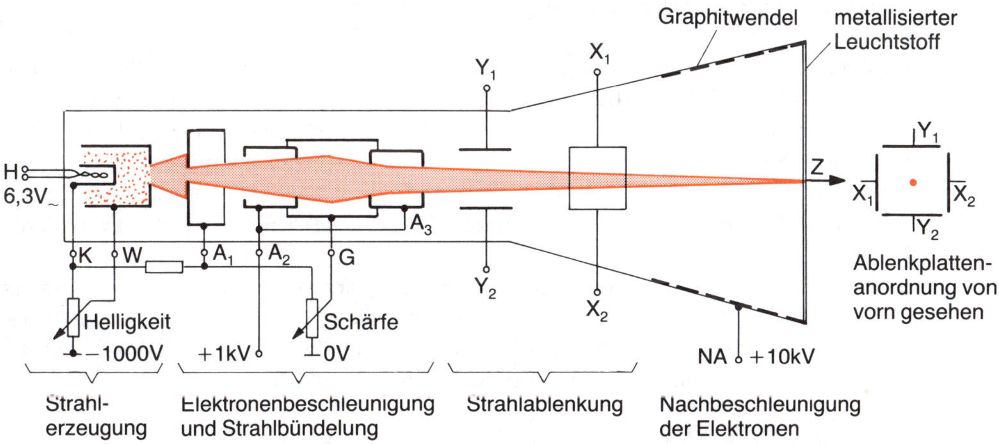

H	Heizwendel	G	Fokussierungselektrode
K	Glühkatode	NA	Nachbeschleunigungsanode
W	Wehneltzylinder	X_1, X_2	Horizontalablenkplatten
A_1, A_2, A_3	Anoden	Y_1, Y_2	Vertikalablenkplatten

Bild 4.1 Prinzipieller Aufbau einer Oszilloskopröhre

Elektronenstrahlerzeugung: Um Elektronen aus einem festen Körper in den freien Raum zu bringen, muß ihnen Energie zugeführt werden, die sogenannte Austrittsenergie. Dies ist nach dem glühelektrischen Effekt durch Erwärmung möglich.

Die Emission von Elektronen geschieht durch eine Glühkatode. Diese besteht aus einem Röhrchen, das im Inneren von einer Heizwendel erhitzt wird, Heizwendel und Katode sind meist voneinander isoliert, um 50-Hz-Einstreuungen der Wechselstromheizung zu vermeiden, da diese eine Helligkeitsmodulation zur Folge haben können.

Die Vielzahl der emittierten Elektronen muß nun zu einem feinen Strahl gebündelt werden. Dazu wird mit Hilfe des Wehneltzylinders ein Teil der Elektronen ausgeblendet. Das erreicht man durch eine negative Spannung zwischen Wehneltzylinder und Katode. Durch Verändern der Spannung läßt sich die Intensität des Strahls und damit die Helligkeit des Leuchtpunkts bis hin zur völligen Unterdrückung des Strahls erreichen. Sowohl die Katode als auch der Wehneltzylinder liegen auf einem relativ hohen negativen Potential.

Der Elektronenstrahl wird mit einer Glühkatode erzeugt. Die Spannung am Wehneltzylinder steuert die Intensität des Strahls und damit die Bildhelligkeit.

Elektronenbeschleunigung und Strahlbündelung: Die den Wehneltzylinder passierenden Elektronen werden zur Anode A_1 hin beschleunigt, da deren Potential weniger negativ ist als das des Wehneltzylinders. Hier wird nochmals ein Teil der Elektronen ausgeblendet. Anode A_2 wirkt stark beschleunigend. Sie bildet mit Anode A_3 und der Fokussierungselektrode G zusammen eine Elektronenlinse, die, ähnlich wirkend wie eine optische Konvexlinse, die Elektronen zu einem Strahl bündelt, der nun in einem Punkt auf den Bildschirm trifft.

Mit Hilfe der Fokussierungseinrichtung wird der Strahl gebündelt. Die Fokussierungsspannung dient der Schärfeeinstellung des Leuchtpunkts.

Nachbeschleunigung: Um eine möglichst große Helligkeit zu erzielen, werden die Elektronen durch eine in der Nähe des Bildschirms angebrachte Nachbeschleunigungsanode, die auf einer hohen Spannung liegt, sehr stark beschleunigt. Die Strahlbündelung darf dabei aber nicht gefährdet werden. Das elektrische Feld muß rotationssymmetrisch verlaufen. Aus diesem Grunde wird die Elektrode oft als Graphitwendel auf der Innenseite des Glaskolbens aufgebracht. Die Auftreffgeschwindigkeit der Elektronen auf dem Leuchtschirm wird durch den Potentialunterschied zwischen der Katode und der Nachbeschleunigungsanode bestimmt. Das Durchfliegen dieser Strecke ist vergleichbar mit dem freien Fall eines Körpers über einen bestimmten Höhenunterschied. Aus einer Gegenüberstellung der aufgenommenen kinetischen Energie und der dabei verlorenen potentiellen Energie läßt sich auf die Endgeschwindigkeit schließen. Für ein Elektron gilt dabei:

$$\frac{1}{2}\,\mathrm{m} \cdot v_{\mathrm{z}}^2 = \mathrm{e} \cdot U_{\mathrm{z}}$$

$$v_z = \sqrt{\frac{2 \cdot e\, U_z}{m}}$$

(Gl. 4.1)

Die Koordinate z entspricht der Strahlrichtung von der Katode zum Leuchtschirm.

e Elementarladung
$e = 1{,}6 \cdot 10^{-19}$ C

m Elektronenmasse
$m = 9{,}1 \cdot 10^{-31}$ kg

U_z «Durchfallene» Spannung des Elektrons

v_z Endgeschwindigkeit

Setzt man Elektronenladung und -masse in die Gleichung ein, dann kann man die Geschwindigkeit errechnen:

$$v_z = 5{,}94 \cdot 10^5 \cdot \sqrt{U_z}$$ (Gl. 4.2)

(v_z in m/s, U_z in V)

Allerdings ist zu bedenken, daß diese Beziehung nur Gültigkeit hat, so lange v_z nicht in die Nähe der Lichtgeschwindigkeit (300 000 km/s) kommt, die ja nicht überschritten werden kann. Nach der Relativitätstheorie nimmt die Masse dann stark zu, was in Gl. 4.1 nicht berücksichtigt ist. Daraus ist zu folgern, daß es keinen Sinn hat, die Beschleunigungsspannung über einen bestimmten Wert hinaus zu vergrößern, da dann die Geschwindigkeit nur noch wenig gesteigert werden kann.

Praktisch geht man über 25 kV nicht hinaus. Diese Spannung entspricht einer Endgeschwindigkeit von etwa 94 000 km/s. Gebräuchlich sind Nachbeschleunigungsspannungen von 5 kV bis 10 kV.

Die Nachbeschleunigungsspannung erhöht die Geschwindigkeit der Elektronen zur Erzielung einer ausreichenden Bildhelligkeit.

Leuchtschirm: Die Bildfläche der Oszilloskopröhre ist von einer metallisierten Leuchtschicht überzogen, die bei Elektronenbeschuß Lichtblitze aussendet. Diese können unmittelbar durch das auftreffende Elektron verursacht sein. Man spricht dann von Fluoreszenz. Der Leuchtstoff kann allerdings auch die durch den Aufprall zugeführte Energie speichern und allmählich in Form von Licht abgeben. Diese Erscheinung wird Phosphoreszenz genannt und ist die Ursache für das Nachleuchten des Schirms. Die Phosphoreszenz kann durch die chemische Zusammensetzung verstärkt oder abgeschwächt werden. Sehr lange nachleuchtende Schirme geben relativ langwelliges Licht ab (orange, rot). Schirme mit extrem kurzer Nachleuchtdauer sind fast nur fluoreszierend, ihr Licht liegt im kurzwelligeren Bereich (blau, purpurfarben).

Die den Leuchtschirm treffenden Elektronen müssen wieder abfließen können. Sie würden sonst den Leuchtstoff negativ aufladen und weitere Elektronen abstoßen. Aus diesem Grunde ist der Leuchtstoff metallisiert und mit der Nachbeschleunigungsanode leitend verbunden.

Der Leuchtschirm ist mit fluoreszierendem und phosphoreszierendem Leuchtstoff belegt:
Fluoreszenz: Leuchterscheinung im Moment des Auftreffens von Elektronen.
Phosphoreszenz: Nachleuchten, die Energie der auftreffenden Elektronen wird gespeichert und allmählich in Form von Licht abgegeben.

Strahlablenkung: Der für die Meßtechnik wichtigste Teil ist die Einrichtung zur Ablenkung des Elektronenstrahls. In der Regel benutzt man dafür bei Oszilloskopen elektrostatische Felder. Diese Art der Ablenkung hat im Vergleich zur Ablenkung mit magnetischen Feldern den Vorzug, daß sie praktisch leistungslos und auch bei hohen Frequenzen noch arbeitet. Übliche Oszilloskope verfügen über zwei Plattenpaare zur Strahlablenkung in horizontaler Richtung (x-Platten) und vertikaler Richtung (y-Platten). Damit wird ein kartesisches Koordinatensystem realisiert, das z. B. die Darstellung zeitabhängiger Spannungen ermöglicht.

Oszilloskopröhren arbeiten meist mit elektrostatischen Feldern zur Strahlablenkung. Die elektrostatische Ablenkung arbeitet nahezu leistungslos und auch bei hohen Frequenzen.

Der Ablenkvorgang soll nun am Beispiel der y-Ablenkung näher erläutert werden. Bild 4.2 zeigt den Strahlverlauf unter dem Einfluß des elektrischen Feldes. Die Ablenkung y ist um so größer, je länger sich das Elektron im Bereich des Feldes bewegt, d. h. je geringer seine Geschwindigkeit v_z ist und je größer die Ablenkspannung U_y ist. Die Laufzeit t_{Ly} im elektrischen Feld hängt auch von der Plattenlänge s_y ab:

$$t_{Ly} = \frac{s_y}{v_z} \qquad \text{(Gl. 4.3)}$$

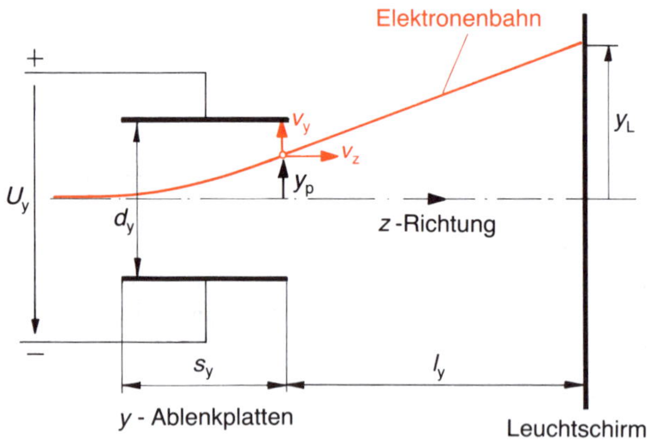

Bild 4.2
Ablenkung des Elektronenstrahls in y-Richtung

Die Laufzeit der Elektronen im Feld der Ablenkplatten ist um so größer, je länger die Platten sind und je kleiner die Elektronengeschwindigkeit ist.

Sobald das Elektron in den Feldbereich der Platten gelangt, wird es in y-Richtung beschleunigt. Die y-Geschwindigkeit nimmt ständig zu und läßt sich berechnen:

$$v_y = \frac{e}{m} \cdot \frac{U_y}{d_y} \cdot t$$

elektrische Feldstärke zwischen den Platten $E_y = \dfrac{U_y}{d_y}$

Ladung-Masse-Verhältnis $\dfrac{e}{m} = 1{,}758 \cdot 10^{11} \dfrac{C}{kg}$

Nach der Laufzeit t_{Ly} beträgt die Maximalgeschwindigkeit

$$v_{y\,max} = \frac{e}{m} \cdot \frac{U_y}{d_y} \cdot t_{Ly} = \frac{e}{m} \cdot \frac{U_y}{d_y} \cdot \frac{s_y}{v_z} \qquad \text{(Gl. 4.4)}$$

Beim Verlassen der Platten hat das Elektron die Ablenkung erfahren:

$$y_P = \frac{1}{2} \cdot \frac{e}{m} \cdot \frac{U_y}{d_y} \cdot t_{Ly}^2 = \frac{1}{2} \cdot \frac{e}{m} \cdot \frac{U_y}{d_y} \cdot \left(\frac{s_y}{v_z}\right)^2$$

Setzt man für v_z die Gl. 4.1 ein, so entsteht der Zusammenhang:

$$y_P = \frac{1}{4} \cdot \frac{U_y}{U_z} \cdot \frac{s_y^2}{d_y} \qquad \text{(Gl. 4.5)}$$

Würde das Elektron nach Verlassen der y-Platten mit konstanter Geschwindigkeit v_z und v_y weiterfliegen, dann entstünde auf dem Leuchtschirm die y-Ablenkung:

$$y_L = v_{ymax} \cdot t = v_{ymax} \cdot \frac{l_y}{v_z}$$

l_y Abstand der y-Platten vom Leuchtschirm

Mit Gl. 4.1 und Gl. 4.4 erhält man

$$y_L = \frac{U_y}{U_z} \cdot \frac{s_y \cdot l_y}{2\, d_y}$$

Daraus läßt sich der Ablenkkoeffizient der y-Platten ableiten:

$$K_y = \frac{U_y}{y_L} = \frac{2 \cdot d_y}{s_y \cdot l_y} \cdot U_z \qquad \text{(Gl. 4.6)}$$

Analog läßt sich der Ablenkkoeffizient der x-Platten ableiten und angeben:

$$K_x = \frac{U_x}{x_L} = \frac{2 \cdot d_x}{s_x \cdot l_x} \cdot U_z \qquad \text{(Gl. 4.7)}$$

Der Ablenkkoeffizient der Ablenkplatten gibt an, welche Plattenspannung nötig ist, um 1 cm (oder 1 Rasterteil) Auslenkung in y- oder x-Richtung auf dem Leuchtschirm zu erreichen.
Angabe in $\frac{\text{V}}{\text{cm}}$ oder $\frac{\text{V}}{\text{Teil}}$.

Die Gleichungen 4.6 und 4.7 machen deutlich, daß bei großer Beschleunigungsspannung U_z auch große Ablenkspannungen U_y oder U_x erforderlich sind, um eine bestimmte Ablenkung zu erreichen. Ferner ist zu sehen, daß lange Röhren (l_y, l_x groß) und lange Ablenkplatten (s_y, s_x groß) zu kleinen Ablenkspannungen U_y, U_x führen. Da ja die zu messende Spannung in der Regel an den y-Platten anzuschließen ist, sollte der Ablenkkoeffizient K_y möglichst klein sein, um mit kleinen y-Spannungen arbeiten zu können. Das ist der Grund dafür, daß die y-Platten möglichst katodennah angeordnet sind. Hier ist die U_z-Spannung noch relativ klein und die Länge l_y groß. Erst im Bereich der Nachbeschleunigungsanode hat U_z sehr hohe Werte, um durch die starke Beschleunigung der Elektronen die für eine ausreichende Helligkeit nötige Energie zu gewinnen.

Je größer die Beschleunigungsspannung der Elektronen ist, desto größer werden die erforderlichen Ablenkspannungen.

Laufzeitfehler: Bisher wurde angenommen, daß die Ablenkspannung an den y- bzw. x-Platten konstant sei. Bei Wechselspannungsmessungen trifft dies aber nicht zu. Während des Durchlaufens der Ablenkplatten erfahren die Elektronen unterschiedliche Ablenkungen. Liegt beispielsweise an den y-Platten eine Sinusspannung, deren Periodendauer gerade so groß ist wie die Laufzeit der Elektronen, dann tritt gar keine Ablenkung mehr ein, weil während der beiden Halbperioden gleich große, aber entgegengesetzte Ablenkung erfolgt.

Man kann die y-Ablenkung abhängig von der Periodendauer T und der Laufzeit t_{Ly} formelmäßig angeben:

$$y_T = y_0 \cdot \frac{\sin\left(\pi \cdot \frac{t_{Ly}}{T}\right)}{\pi \cdot \frac{t_{Ly}}{T}} \qquad \text{(Gl. 4.8)}$$

y_o Ablenkung bei Gleichspannung an den Platten
y_T Ablenkung bei Wechselspannung der Periodendauer T
t_{Ly} Laufzeit im Plattenfeld

Bild 4.3
y-Ablenkung abhängig von der Elektronenlaufzeit und Periodendauer der Ablenkspannung

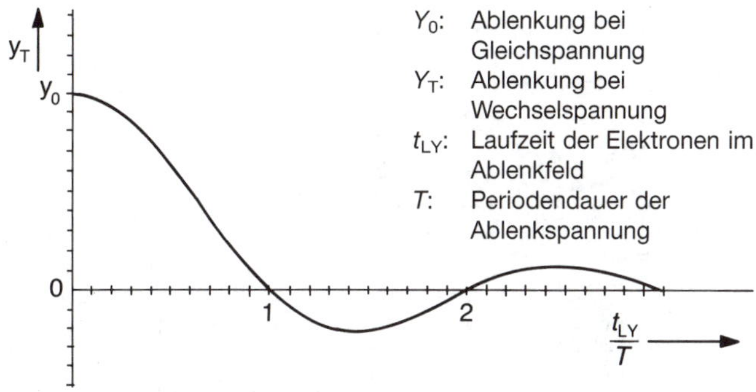

Bild 4.3 zeigt y_T in Abhängigkeit von $\frac{t_{Ly}}{T}$. Bei $t_{Ly} = T$, $t_{Ly} = 2 \cdot T$, $t_{Ly} = 3 \cdot T$ erfolgt keine Ablenkung.

Um hohe Frequenzen noch oszilloskopisch darstellen zu können, muß die Laufzeit t_{Ly} entsprechend klein sein. Nach Gl. 4.3 erreicht man das durch kurze Ablenkplatten und hohe Geschwindigkeiten v_z, d. h. hohe Spannungen U_z. Dies aber bedeutet höhere Ablenkspannung U_y, da ja der Ablenkkoeffizient K_y (Gl. 4.6) größer wird.

Es gibt spezielle Röhrenkonstruktionen für Hf-Anwendungen, die dennoch relativ kleine Ablenkspannungen ermöglichen. Um dies zu erreichen, wird z. B. das y-Plattenpaar in mehrere sehr kurze Plattenpaare zerlegt. Das Hf-Signal wird über Laufzeitglieder, die bereits in der Röhre eingebaut sein können, nacheinander an die Plattenpaare gebracht. So wird die Laufzeit der Elektronen von Plattenpaar zu Plattenpaar eliminiert. Durch die Mehrfachablenkung kommt eine sehr lange wirksame y-Plattenlänge zustande. Mit solchen Spezialoszilloskop-Röhren lassen sich noch Frequenzen bis ca. 900 MHz darstellen. Die Beschleunigungsspannung ist sehr groß, sie liegt bei 15 kV bis 25 kV. Es werden Ablenkkoeffizienten von 1 V/cm bis 5 V/cm erreicht.

Hochfrequenz-Oszilloskopröhren arbeiten mit sehr hohen Beschleunigungsspannungen und kurzen Ablenkplatten, um die Elektronenlaufzeit im Ablenkfeld klein zu halten.

4.2 Baugruppen und Kennwerte

Bild 4.4 zeigt das Blockschaltbild eines Standardoszilloskops mit den üblichen Bedienungselementen. Als Eingänge sind hier der y-Eingang zur Messung von zeitabhängigen Spannungen, der z-Eingang zur Helligkeitsmodulation des Elektronenstrahles, der Trigger-Eingang zum externen Start der Zeitbasis und der x-Eingang zur externen Strahlablenkung in x-Richtung vorgesehen. Die einzelnen dargestellten Baugruppen werden nun etwas genauer beschrieben.

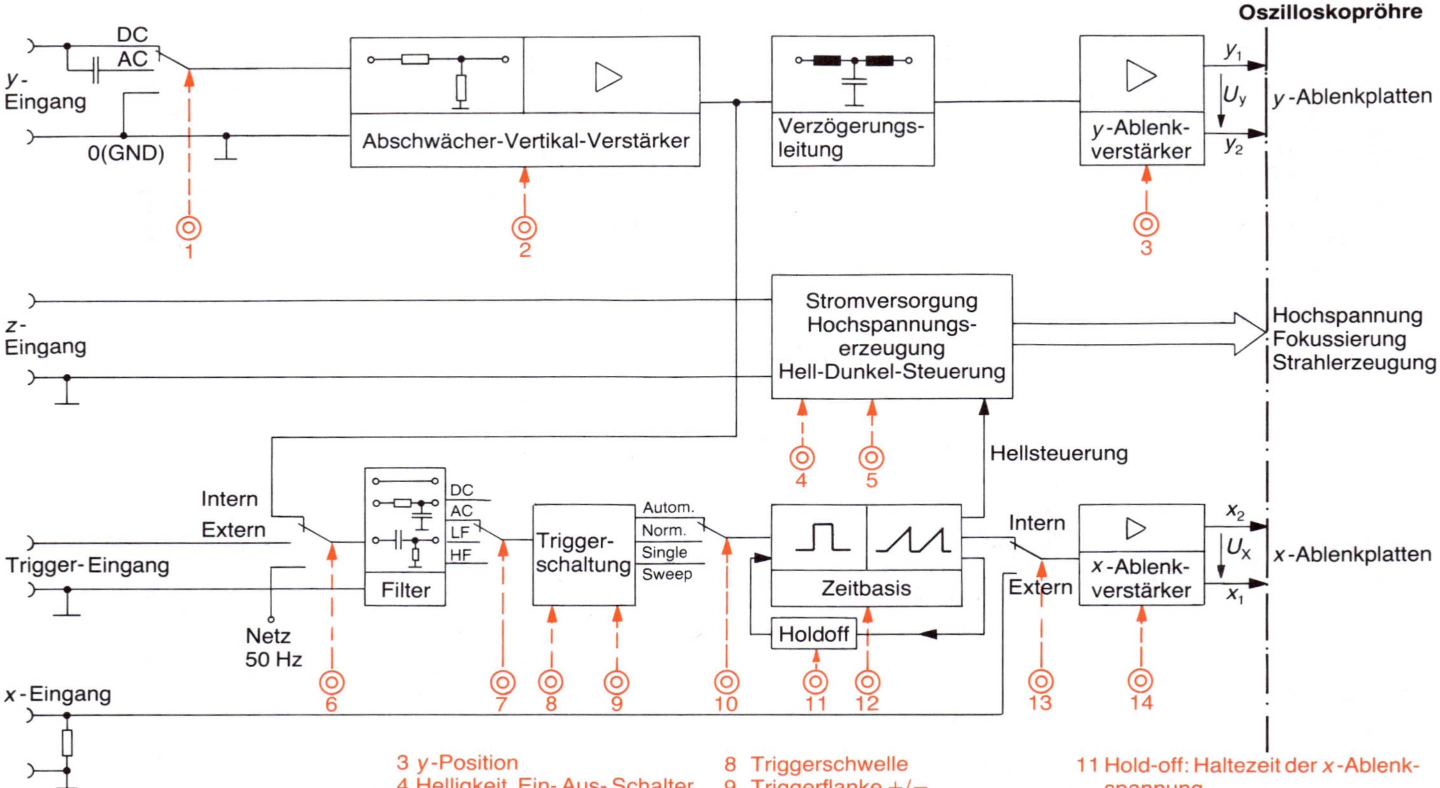

Bedienungselemente
1 *y*-Eingangswähler
DC: Direkte Kopplung
AC: Kondensatorkopplung
2 *y*-Abschwächer, Ablenkkoeffizient
3 *y*-Position
4 Helligkeit, Ein-Aus-Schalter
5 Schärfe (Focussierung)
6 Triggerquelle
7 Triggerfilter
Lf : Tiefpaß fgo ≈ 800 Hz
Hf : Hochpaß fgu ≈ 1 kHz
8 Triggerschwelle
9 Triggerflanke +/−
10 Triggermodus
Automatik-Trigger
Normaltrigger
Single Sweep-Trigger (Einzel-mit RESET-Taste Trigger)
11 Hold-off: Haltezeit der *x*-Ablenkspannung
12 Zeitablenkeinstellung *x*
13 Umschaltung
Intern: Zeitbasis
Extern: *x*-Plattenspannung extern
14 *x*-Position

Bild 4.4 Baugruppen und Bedienungselemente eines Oszilloskops

4.2.1 y-Kanal

Der y-Kanal umfaßt alle Baugruppen vom y-Eingang bis zu den y-Ablenkplatten. Die hier eingesetzten Schaltungen dienen der Aufgabe, den Momentanwert der Eingangsspannung in eine proportionale y-Auslenkung des Elektronenstrahls auf dem Leuchtschirm umzuformen. An diesen Vorgang müssen sehr hohe Ansprüche gestellt werden, wenn das Oszilloskop als genaues Meßgerät verwendbar sein soll. Tatsächlich erreicht man aber nur etwa die Genauigkeit eines Betriebsinstruments. Präzisionsmessungen sind mit üblichen Oszilloskopen nicht möglich.

y-Eingang und Abschwächer: Über den Wahlschalter 1 in Bild 4.4 wird das Eingangssignal eingekoppelt. Dies kann direkt geschehen (DC) oder über einen Kondensator (AC), der mit dem Eingangswiderstand R_e einen Hochpaß mit der Grenzfrequenz $f_{gu} \approx 5$ Hz bildet. Um die Null-Linie des Oszilloskops zu kalibrieren, wird der Wahlschalter 1 in Stellung 0 (GND = Ground) gebracht.

Die Anpassung der Signalamplitude an die Leuchtschirmgröße erfolgt über den Abschwächer, einen Spannungsteiler. Hier kann durch den Umschalter 2 der Ablenkkoeffizient des Oszilloskops in festen Schritten meist in der Folge 1:2:5, von z. B. $10\,\frac{\text{mV}}{\text{Rasterteil}}$ bis $20\,\frac{\text{V}}{\text{Rasterteil}}$ umgestellt werden. Der hierfür nötige Spannungsteiler muß im vorgesehenen

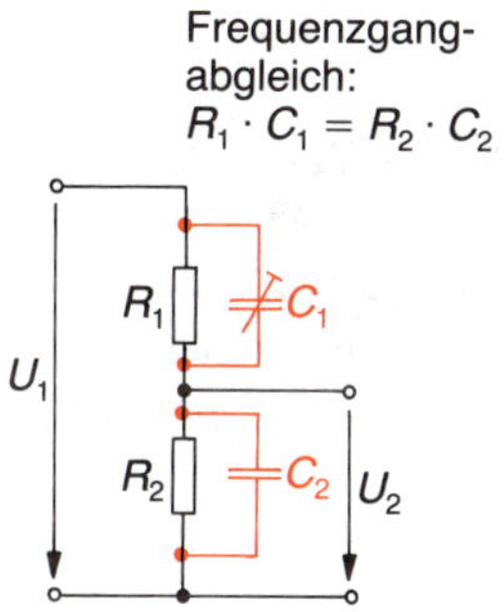

Bild 4.5
Frequenzabgleich eines Spannungsteilers

Frequenzbereich eine frequenzunabhängige Teilung aufweisen, um fehlerhafte Anzeigen zu vermeiden. Bild 4.5 zeigt die Frequenzgangkorrektur eines Teilers, die nötig wird, weil die Widerstände nicht frei von Eigenkapazitäten sind und parasitäre Schaltkapazitäten nicht auszuschließen sind. Soll die Teilung frequenzunabhängig sein, dann muß nach Bild 4.5 gelten:

$$R_1 \cdot C_1 = R_2 \cdot C_2 \qquad \text{(Gl. 4.9)}$$

Der Teilungsfaktor errechnet sich:

$$\frac{U_2}{U_1} = \frac{R_2}{R_1 + R_2}$$

Der Eingangswiderstand der Schaltung ist natürlich frequenzabhängig. Er wird meist durch Angabe des ohmschen Eingangswiderstands mit der wirksamen Parallelkapazität angegeben.

$$Z_e = R_e \parallel C_e \qquad Z_e = \frac{1}{\frac{1}{R_e} + j\omega C_e}$$

Ein häufig vorkommender Wert ist $Z_e = 1\,\text{M}\Omega \parallel 30\,\text{pF}$.

> Der y-Abschwächer ist ein einstellbarer frequenzkompensierter Spannungsteiler, mit dem der y-Ablenkkoeffizient des Oszilloskops gewählt wird, z. B. $10\,\frac{\text{mV}}{\text{Rasterteil}}$ ... $20\,\frac{\text{V}}{\text{Rasterteil}}$.

Vertikalverstärker: Der nachfolgende Vertikalverstärker bestimmt die Übertragungsbandbreite des y-Kanals wesentlich mit. Will man mit dem Oszilloskop Rechtecke verzerrungsfrei darstellen, so muß die obere Grenzfrequenz des Verstärkers um ein Vielfaches höher liegen als die Grundschwingung des Rechtecks.

> Der Vertikalverstärker ist ein Gleich- und Wechselspannungsverstärker mit sehr großer Bandbreite.

Zur Kennzeichnung des Übertragungsverhaltens dient meist die Anstiegszeit des Oszilloskops. Sie gibt die kürzeste erreichbare Zeit zwischen dem 10%-Wert und dem 90%-Wert eines Impulssprungs auf dem Leuchtschirm an, wenn der Impuls am Eingang des Oszilloskops eine theoretisch unendliche Steilheit besitzt (Bild 4.6).

Die obere Grenzfrequenz f_{go} des y-Kanals läßt sich dann abschätzen:

$$f_{go} \approx \frac{1}{3 \cdot t_{An}} \qquad \text{(Gl. 4.10)}$$

$B \cdot t_A = 0{,}35$
$\approx 0{,}32 - 0{,}37$

t_{An} Anstiegszeit des Oszilloskops

> Bei der oberen Grenzfrequenz des Oszilloskops ist die Anzeige um den Faktor $\frac{1}{\sqrt{2}}$ oder 3 dB kleiner als das Eingangssignal.

Bei einer Anstiegszeit von $t_{An} = 10$ ns würde das eine obere Grenzfrequenz von $f_{go} = 33$ MHz bedeuten. Da sich diese Frequenz auf den ganzen y-Kanal bezieht, muß die Grenzfrequenz des Vertikalverstärkers noch weit höher liegen, bei etwa 200 MHz bis 300 MHz. ≈3

> Zur Kennzeichnung der oberen Grenzfrequenz des y-Kanals dient die Anstiegszeit. Sie gibt die kürzeste Zeit zwischen dem 10%-Wert und dem 90%-Wert eines Spannungssprungs an, der auf dem Leuchtschirm noch dargestellt werden kann.

Bild 4.6
Anstiegszeit des Oszilloskops

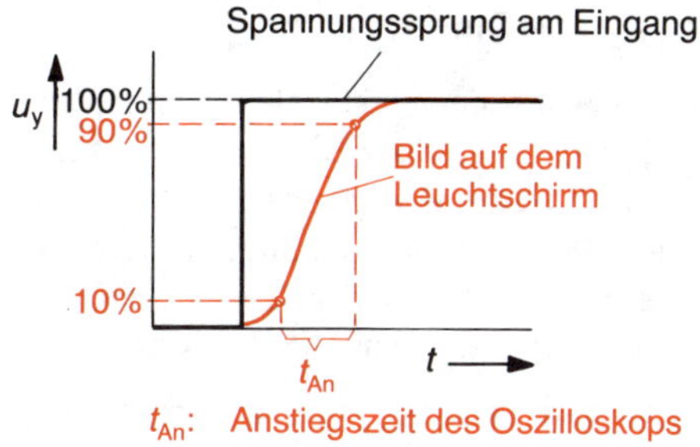

Verzögerungsleitung: Diese Schaltung ist vor allem dann wichtig, wenn der Spannungssprung eines Rechteckimpulses am Bildanfang dargestellt werden soll. Nach Erreichen der Triggerschwelle vergeht schaltungsbedingt eine kurze Zeit t_v, bis die x-Ablenkung des Elektronenstrahls erfolgt. Damit würde der Anfang des Signals, beim Rechteck z. B. die ansteigende Flanke, auf dem Leuchtschirm nicht dargestellt. Um dies zu vermeiden, wird das Signal im y-Kanal so lange verzögert (t_{vL}) bis die x-Ablenkung erfolgt (Bild 4.7).

y-Ablenkverstärker: Dieser Verstärker ist an die konkreten Eigenschaften der Oszilloskopröhre angepaßt. Er sorgt für die relativ hohe Ablenkspannung, die an einem niederohmigen Widerstand zur Verfügung stehen muß, um kapazitive Einflüsse auf den Signalverlauf zu vermeiden. Der Ablenkverstärker ist ein Leistungsverstärker mit sehr geringen nichtlinearen Verzerrungen. Um die Position des Elektronenstrahls in y-Richtung verschieben zu können, kann dem Signal über den y-Positionseinsteller 3 eine Gleichspannung als Offset hinzugefügt werden.

Bild 4.7
Wirkung der Verzögerungsleitung im y-Kanal

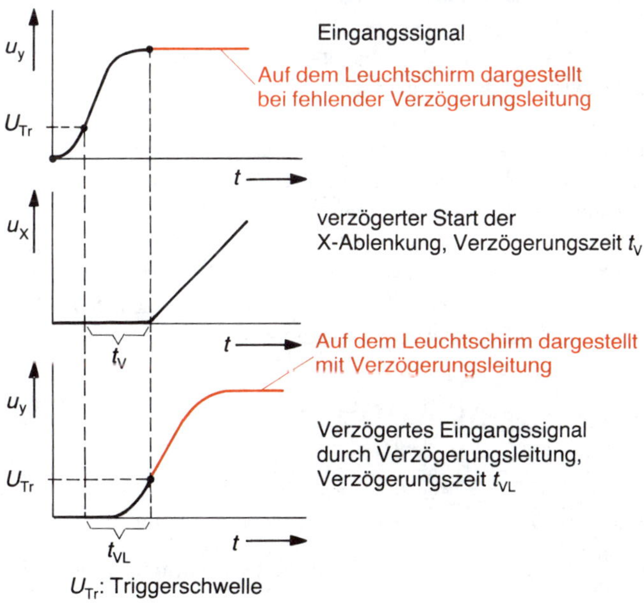

4.2.2 z-Eingang

Bei verschiedenen meßtechnischen Anwendungen des Oszilloskops ist es von Vorteil, wenn in den Linienzug des Bildes Zeitmarken oder andere Parameterkennzeichen eingeblendet werden können. Dies läßt sich auf einfache Weise mit Hilfe einer externen Helligkeitssteuerung, z-Modulation genannt, realisieren. Über den z-Eingang kann die Intensität z. B. durch eine geeichte Rechteckwechselspannung getastet werden, so daß an den Helligkeitsunterschieden das Zeitmaß ablesbar ist.

> Der z-Eingang des Oszilloskops dient der Helligkeitsmodulation des Elektronenstrahls.

4.2.3 Gesteuerte Zeitablenkung

Die häufigste meßtechnische Anwendung des Oszilloskops ist die Darstellung zeitabhängiger Spannungen. Dabei wird der Leuchtschirm meist als kartesisches Koordinatensystem betrachtet, auf dessen y-Achse der Momentanwert der Spannung und auf dessen x-Achse die Zeit aufgetragen sind. Die y-Auslenkung wird durch das Meßsignal über den y-Kanal und die y-Ablenkplatten bewirkt. Die Null-Linie liegt in der Mitte des Bilds, positive Spannungen lenken nach oben, negative nach unten ab. Für die x-Auslenkung des Elektronenstrahls sorgt die geeichte Zeitbasis oder – nach Umschaltung 13 in Bild 4.4 – ein externes x-Signal.

Damit die x-Achse zu einer Zeitachse werden kann, muß die x-Ablenkspannung eine lineare Funktion der Zeit sein.

> Zur Darstellung zeitabhängiger Spannungen bildet der Leuchtschirm ein meist kartesisches Koordinatensystem. Die y-Auslenkung erfolgt durch die Meßspannung, die x-Auslenkung durch die zeitproportionale Ablenkspannung der Zeitbasis. Diese Betriebsart wird y-t-Betrieb genannt.

Bei fehlender Ablenkspannung erscheint der Lichtpunkt in der Mitte des Bildschirms. Soll die Zeitachse vom linken bis zum rechten Rand verlaufen, dann muß die x-Spannung von einem negativen auf einen positiven Wert ansteigen (Bild 4.8). Nach Erreichen des rechten Bildschirmrands springt der Elektronenstrahl in der kurzen Zeit t_R zum linken Rand zurück (Bild 4.9). Die x-Ablenkspannung ist eine Sägezahnspannung, deren ansteigende Flanke das Zeitmaß t_x der x-Achse festlegt. Daraus ergibt sich der Ablenkkoeffizient in x-Richtung, wenn die Bildschirmbreite l_x gegeben ist:

$$\boxed{K_t = \frac{t_x}{l_x}} \qquad \text{(Gl. 4.11)}$$

Bei einer Breite $l_x = 10\,\text{cm}$ und der Zeit $t_x = 1\,\text{ms}$ ergäbe sich der Ablenkkoeffizient $K_t = 0{,}1\,\frac{\text{ms}}{\text{cm}}$ bzw. $0{,}1\,\frac{\text{ms}}{\text{Rasterteil}}$, wenn die Bildschirmbreite in 10 Rasterteile geteilt wäre.

Bild 4.8
x-Ablenkspannung der Zeitbasis

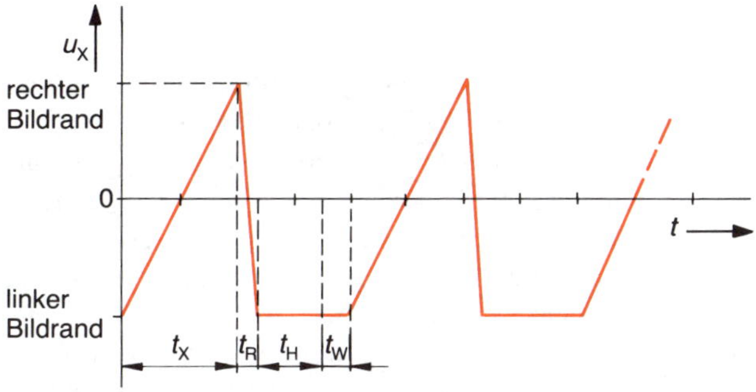

t_X: Zeit eines Strahldurchlaufs in *x*-Richtung von links nach rechts
t_R: Strahlrücklaufzeit
t_H: Haltezeit (Hold-off)
t_W: Wartezeit

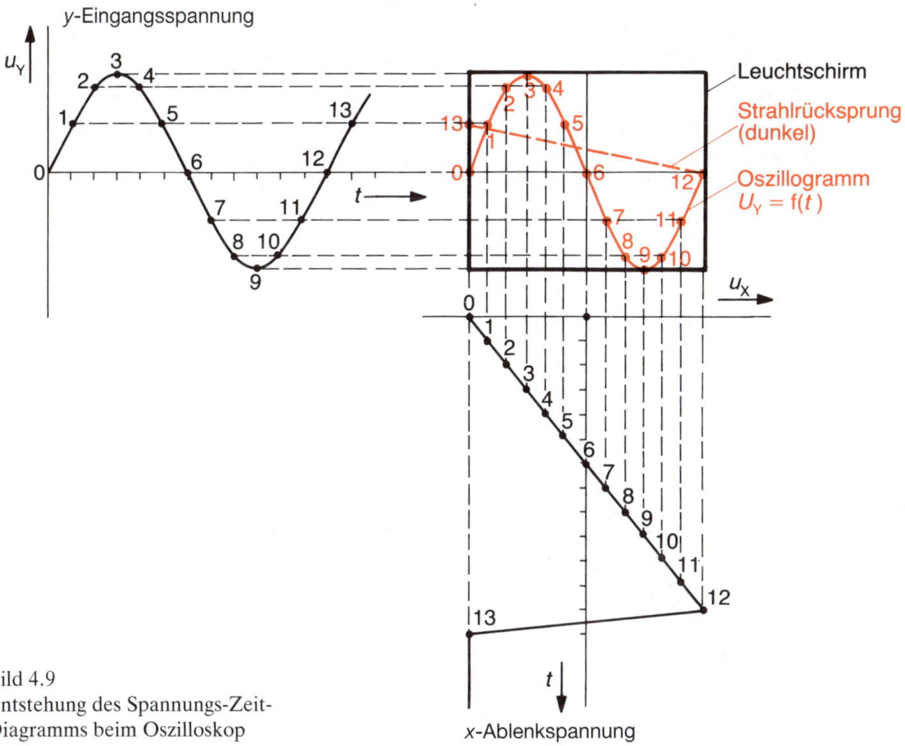

Bild 4.9
Entstehung des Spannungs-Zeit-Diagramms beim Oszilloskop

Der Ablenkkoeffizient, d. h. also die Steilheit des Sägezahns, ist mit der Zeitablenkeinstellung 12 in Bild 4.4 wählbar, z. B. von $0{,}2\ \frac{\mu s}{\text{Rasterteil}} \ldots 100\ \frac{ms}{\text{Rasterteil}}$. Die übliche Stufung ist 1:2:5, wobei Zwischenwerte durch einen stetigen Einsteller erreicht werden. Die Sägezahnspannung wird, wie in Bild 4.4 bei der Zeitbasisdarstellung angedeutet, durch Integration eines Rechteckimpulses mit einstellbarer Integrationszeitkonstante erzeugt.

> Die Zeitbasis erzeugt eine Sägezahnspannung, deren Anstiegszeit das Zeitmaß der *x*-Achse festlegt. Der Zeitablenkkoeffizient K_t gibt die Zeit je Rastereinheit oder je cm der *x*-Achse an, z. B. $K_t = 0{,}2\ \frac{\mu s}{\text{Rasterteil}}$ oder $0{,}2\ \frac{\mu s}{cm}$.

Triggerung: Ein scheinbar stehendes Bild erscheint auf dem Leuchtschirm nur, wenn der gleiche Signalausschnitt einer periodischen y-Spannung in schneller Folge immer wieder gezeigt wird, so daß das Auge die Einzelbilder nicht mehr unterscheiden kann. Nichtperiodische Signale oder sehr langsam verlaufende Signale erzeugen kein stehendes Bild. Zu ihrer Darstellung wird das Speicheroszilloskop benötigt.

Mit Hilfe der Triggerschaltung (Start- oder Steuerschaltung) in Bild 4.4 wird der Beginn des gewählten y-Signalausschnitts festgestellt und die Sägezahnspannung der Zeitbasis gestartet. Nach einem Durchlauf des Elektronenstrahls springt die Sägezahnspannung in der kurzen Zeit t_R auf den Anfangswert zurück. Der Strahlrücklauf wird über die Hellsteuerung dunkel getastet und ist nicht sichtbar. Die Zeitbasis erwartet nun einen erneuten Sägezahnstart. Dieser kann mit Hilfe des Hold-Off-Einstellers um eine gewisse Zeit hinausgezögert werden, was bei bestimmten y-Signalen hilfreich ist. Nach dieser Haltezeit t_H kann ein Sägezahnstart erfolgen, sobald die Triggerschaltung das Erscheinen des gewählten Signalausschnitts erkennt. Daraus ergibt sich nochmals eine Wartezeit t_w. Zwischen den einzelnen Sägezahnstarts liegt jeweils eine Pausenzeit $t_p = t_R + t_H + t_w$, während der kein Signal auf dem Leuchtschirm erscheint (Bild 4.8). Wird die Haltezeit versehentlich zu lang eingestellt, dann entsteht ein deutliches Flimmern des Bilds.

> Beim getriggerten Oszilloskop wird das stehende Bild durch Triggern (Steuern, Starten) der Zeitbasis erzeugt. Die Sägezahnspannung zur x-Ablenkung wird für jeden x-Durchlauf des Strahls neu gestartet.

Triggerschwelle: Wie bereits oben beschrieben, löst die Triggerschaltung den Sägezahn aus. Als Kriterium für diese Auslösung dienen der gewählte Momentanwert und die Phase des am Eingang der Triggerschaltung liegenden Signals. Aus Bild 4.4 ist ersichtlich, daß die Eingangsspannung der Triggerschaltung unterschiedlicher Herkunft sein kann:

Intern: Verstärktes y-Eingangssignal
Extern: Über den Triggereingang eingespeistes Signal
Netz: Von der 50-Hz-Spannung abgeleitetes Signal

Diese Signale können mit dem Umschalter 6 (Triggerquelle) gewählt werden. Darüber hinaus sind die Spannungen auch noch durch ein Filter beeinflußbar. Das ist dann vorteilhaft, wenn ein Spannungsgemisch aus hohen und niedrigen Frequenzen vorliegt, die Triggerung aber nur von bestimmten Frequenzen abgeleitet werden soll. Mit dem Umschalter 7 (Triggerfilter) kann dies ermöglicht werden:

DC: Direkte Kopplung, die Triggerspannung wird ungefiltert an die Triggerschaltung geführt (DC = Direct Current – Gleichstrom).

AC: Wechselstromkopplung, Gleichspannung und sehr tiefe Frequenzen ($f < 10$ Hz) werden abgetrennt (AC = Alternating Current – Wechselstrom).

Lf: Die Triggerspannung durchläuft einen Tiefpaß mit einer Grenzfrequenz, z. B. $f_{go} = 1$ kHz; höhere Frequenzen werden abgesiebt (Lf = Low Frequency – Niederfrequenz).

Hf: Die Triggerspannung durchläuft einen Hochpaß mit einer Grenzfrequenz z. B. $f_{gu} = 1$ kHz; tiefere Frequenzen werden abgesiebt (Hf = High Frequency – Hochfrequenz).

Bild 4.10
Triggerung mit positiver und negativer Triggerflanke

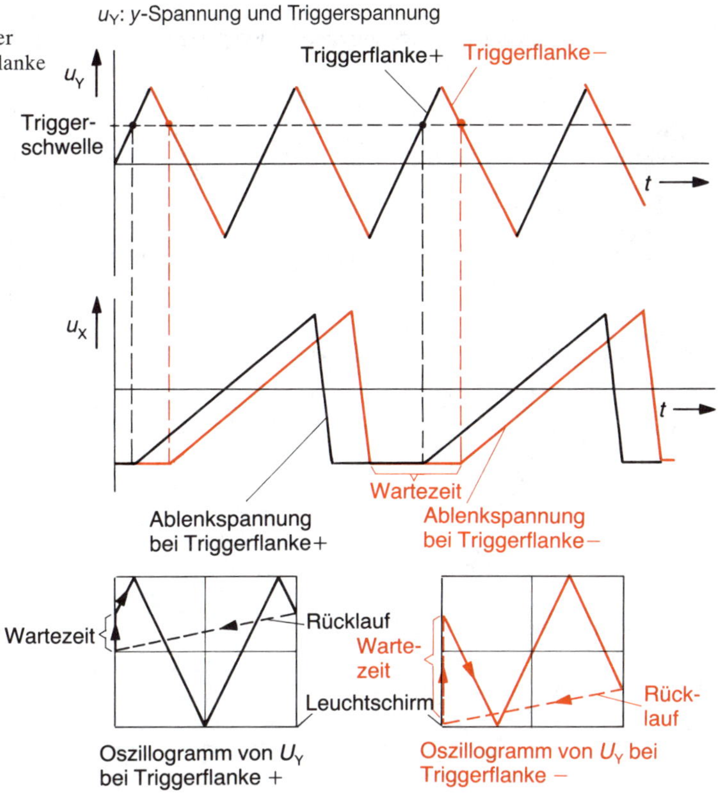

Mit dem Einsteller 8 für die Triggerschwelle (Triggerlevel) kann nun stufenlos der Spannungswert (positiv oder negativ) gewählt werden, bei dessen Erreichen die x-Ablenkung gestartet werden soll.

Triggerflanke, Hold-Off: Die Einstellung der Triggerschwelle allein führt in den meisten Fällen nicht zur eindeutigen Erkennung des richtigen Triggerzeitpunkts. Beispielsweise tritt bei einer sinusförmigen Triggereingangsspannung mit Ausnahme des Scheitelwerts jeder Momentanwert zweimal je Periode auf. Damit könnte der Triggerstart nacheinander in unterschiedlichen Phasen erfolgen. Ein Doppelbild auf dem Leuchtschirm wäre die Folge. Aus diesem Grunde ist der Polaritätsumschalter 9 im Bild 4.4 vorgesehen. Mit diesem kann festgelegt werden, ob der gewählte Momentanwert auf der ansteigenden (+) oder abfallenden (−) Flanke des Triggerwechsel-Spannungssignals liegt. Bild 4.10 gibt dafür ein Beispiel. Bei gleicher Triggerschwelle wird einmal die ansteigende und einmal die abfallende Flanke gewählt. Es entstehen zwei verschiedene Bilder, die bei fehlender Flankenwahl übereinandergeschrieben würden. Wird zur Triggerung ein Signal verwendet, bei dem bestimmte Momentanwerte in jeder Periode mehr als zweimal auftreten, dann lassen sich Doppelbilder auch mit Flankenwahl nicht ausschließen. Hier kann die Hold-Off-Schaltung eine Hilfe sein, wenn es gelingt, die Haltezeit mit dem Einsteller 11 in Bild 4.4 so zu wählen, daß der unerwünschte Triggerpunkt übersprungen wird. Bild 4.11 zeigt dies an einem Beispiel.

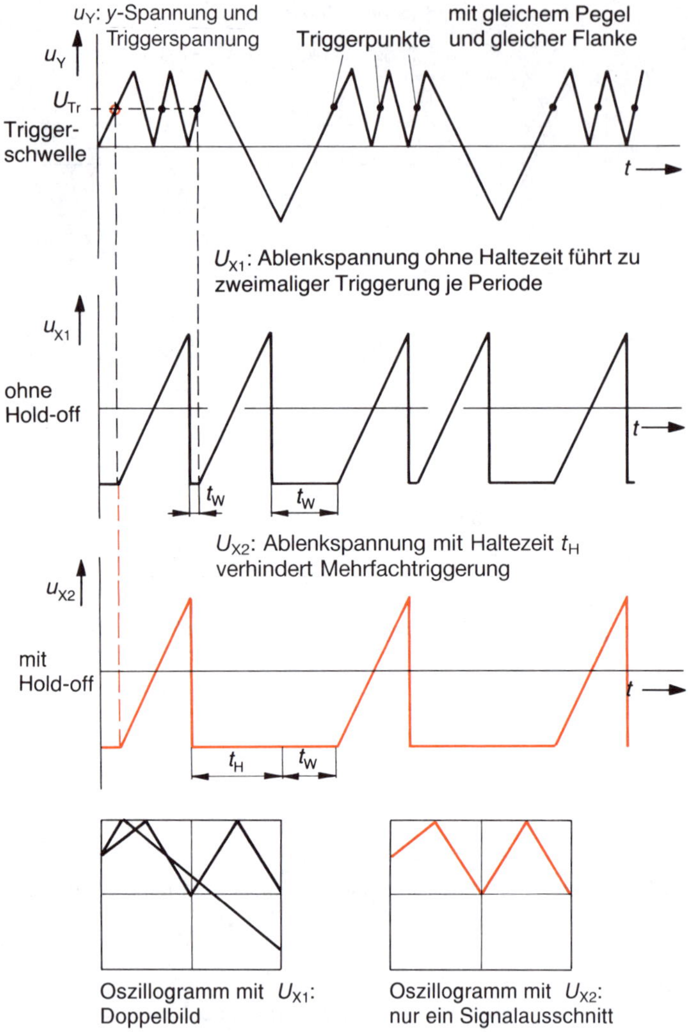

Bild 4.11 Vermeidung von Doppelbildern durch Haltezeit (Hold-Off)

Mehrfachtriggerung und damit Mehrfachbilder lassen sich mit einer verzögerten Zeitbasis immer vermeiden (vgl. Abschnitt 4.2.5) oder durch Triggerung mit einem externen Triggersignal, das allerdings vom darzustellenden y-Signal abgeleitet sein muß, da sonst kein stehendes Bild zustande kommt.

> Die Zeitbasis wird von der Triggerschaltung gesteuert. Der Sägezahnstart erfolgt immer beim gleichen (einstellbaren) Wert und der gleichen (wählbaren) Flanke der Triggerspannung.
> Die Triggerspannung kann das y-Signal, ein extern zugeführtes Signal oder eine intern von der Netzspannung abgeleitete Spannung sein.

Triggermodus: Mit dem Umschalter 10 in Bild 4.4 können drei verschiedene Weisen der Zeitablenksteuerung gewählt werden:

1. Automatik-Triggerung: Bei fehlender oder zu kleiner Triggerspannung oder bei falsch eingestellter Triggerschwelle, z. B. höher als die Triggerspannung, läuft die Zeitbasis frei, d. h., der Sägezahn wird nach jedem Durchlauf automatisch neu gestartet. Liegt die Triggerspannung an, bestimmt diese den Sägezahnstart.
Der Vorzug dieses Triggermodus besteht darin, daß auf jeden Fall ein Bild erzeugt wird. Dies ist wichtig, wenn man das Signal nicht kennt und daher die richtige Einstellung des Oszilloskops erst finden muß.

2. Normal-Triggerung: Der Sägezahnstart erfolgt abhängig von der Triggerspannung. Bei fehlender Triggerspannung wird keine Sägezahnspannung erzeugt, es gibt keine x-Ablenkung, der Leuchtschirm bleibt dunkel.

3. Single-Sweep: Abhängig von der Triggerspannung wird die Sägezahnspannung einmal gestartet. Danach muß eine Reset-Taste bedient werden, wenn ein erneuter Start erfolgen soll. Dieser Modus ist hilfreich, wenn man einmalige oder sehr langsam verlaufende Vorgänge mit einer Kamera fotografieren will.

x-Ablenkverstärker: Der x-Ablenkverstärker ist ein Gleich- und Wechselspannungsverstärker. Er erzeugt die für die x-Platten nötige, relativ hohe Ablenkspannung. Die Bandbreite des x-Verstärkers ist in der Regel wesentlich kleiner als die des y-Kanals, da er auf die Übertragung der Sägezahnspannung abgestimmt ist, deren Frequenz immer deutlich niedriger liegt als die höchste zu übertragende Frequenz des y-Kanals. An die Linearität des Verstärkers werden allerdings ebenso hohe Anforderungen gestellt wie an den y-Ablenkverstärker. Mit dem Positionseinsteller 14 in Bild 4.4 läßt sich dem x-Verstärker eine Gleichspannung zuführen, die den Strahl in x-Richtung verschiebt und der Kalibrierung der Lage dient.

4.2.4 x-Eingang

Die x-Ablenkung des Elektronenstrahls kann auch durch eine externe Spannung erfolgen, die dem Oszilloskop am x-Eingang zugeführt wird. Dies ist notwendig, wenn die Ablenkung mit einer anderen als der Sägezahnspannung erfolgen soll. Beispiele dafür sind die Kennliniendarstellung von Zweipolen oder die Erzeugung der Lissajous-Figuren (vgl. Abschnitt 4.4). Die über den x-Eingang zugeführte Spannung wird direkt in den x-Ablenkverstärker eingespeist. Manchmal ist noch ein Spannungsteiler mit stufenloser Einstellmöglichkeit vorgeschaltet oder ein Filter ähnlich dem für die Triggerschaltung. Der Ablenkkoeffizient in x-Richtung liegt in der Größenordnung $0{,}1\,\frac{\text{V}}{\text{cm}}$ bis $1\,\frac{\text{V}}{\text{cm}}$ (bzw. $\frac{\text{V}}{\text{Rasterteil}}$).

> Der x-Eingang des Oszilloskops ermöglicht die Strahlablenkung in x-Richtung mit anderen Spannungen als mit Sägezahnspannungen. Diese Betriebsart wird x-y-Betrieb bezeichnet.

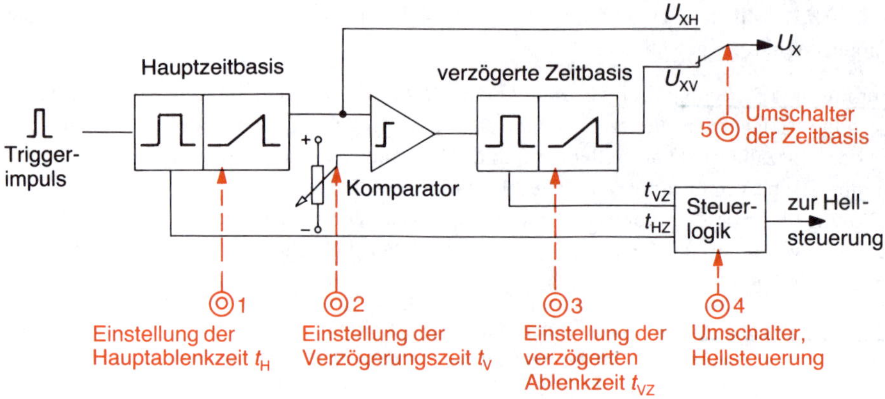

Bild 4.12 Prinzip der verzögerten Zeitbasis und Bedienungselemente

4.2.5 Verzögerte Zeitbasis

Um beliebige Details eines Signals auf dem Oszilloskop darstellen zu können, findet man bei komfortablen Geräten die verzögerte Zeitbasis. Diese ist zusätzlich zur Hauptzeitbasis einschaltbar. Bild 4.12 zeigt eine Prinzipschaltung zur Veranschaulichung der Wirkungsweise. Die Hauptzeitbasis wird wie üblich durch die Triggerspannung gestartet. Die Sägezahnspannung der Hauptzeitbasis dient nun aber der Triggerung einer zweiten, der verzögerten Zeitbasis. Ein Komperator vergleicht die Sägezahnspannung mit einer einstellbaren Gleichspannung und startet bei Übereinstimmung die zweite Zeitbasis, die nun den zur x-Ablenkung verwendeten Sägezahn liefert. Somit wird auf dem Leuchtschirm nur der Signalausschnitt gezeigt, der während der Ablenkzeit der verzögerten Zeitbasis am y-Eingang des Oszilloskops anliegt. Dieser Ausschnitt ist nur ein Teil des durch die Hauptzeitbasis gewählten Signalausschnitts. Somit wirkt die verzögerte Zeitbasis wie ein «Vergrößerungsglas»; mit dem das Signal an einer Stelle betrachtet wird.

Hellsteuerung: Die Hellsteuerung dient dem Sichtbarmachen und Unterdrücken des Elektronenstrahls. Um die Signalstelle zu finden, die mit der verzögerten Zeitbasis herausgegriffen werden soll, wird der Umschalter 5 in Bild 4.12 zunächst auf die Hauptzeitbasis gestellt.

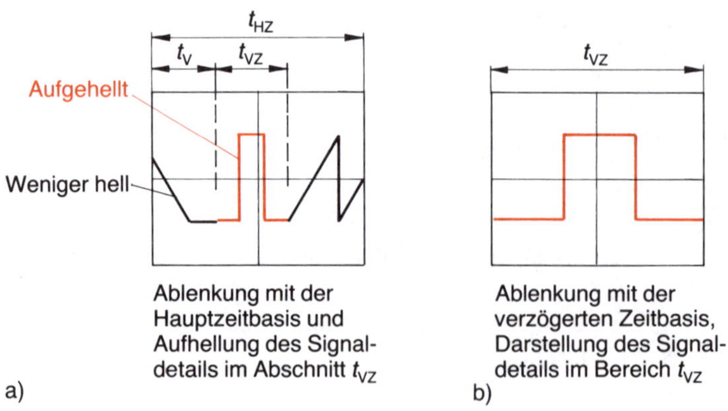

Bild 4.13 Oszillogramme bei Anwendung der verzögerten Zeitbasis (vgl. dazu Bild 4.14)
a) «Suchposition»
b) «Meßposition»

Damit erscheint das ganze Signal auf dem Leuchtschirm. Über den Umschalter 4 wird nun erreicht, daß während der Laufzeit t_{vz} der verzögerten Zeitablenkung die Strahlhelligkeit gesteigert wird. Damit leuchtet ein Detail des Bildes heller auf (Bild 4.13a). Mit dem Einsteller 2 in Bild 4.12 kann der helle Ausschnitt über den ganzen Signalzug verschoben werden (Verzögerungszeit t_v), während mit dem Einsteller 3 die verzögerte Ablenkzeit t_{vz} und damit die Länge des aufgehellten Ausschnitts verändert wird. Hat man die richtige Signalstelle herausgehoben, dann wird Umschalter 5 auf den Ausgang der verzögerten Zeitbasis gestellt und so erscheint auf der ganzen Bildschirmbreite das gewünschte Signaldetail (Bild 4.13b). Bild 4.14 zeigt dazu die Signalabläufe.

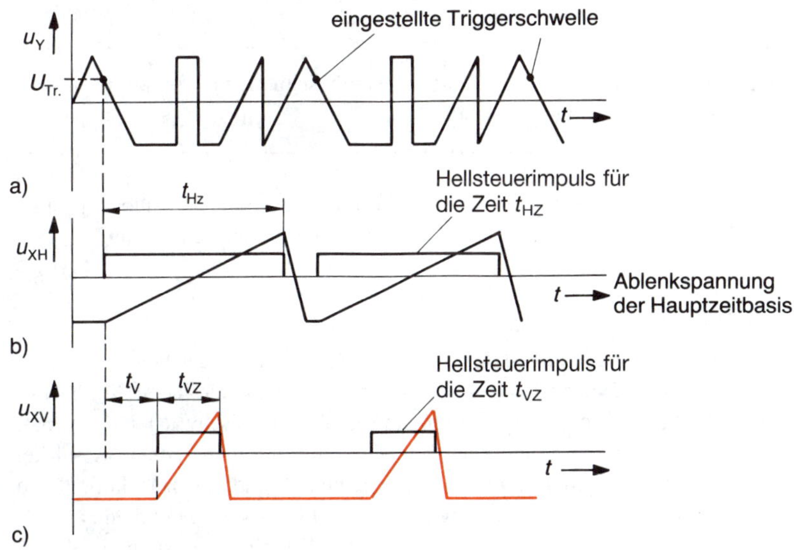

Bild 4.14 Signalabläufe bei verzögerter Zeitbasis
a) y-Eingangsspannung U_y mit Kennzeichnung der angenommenen Triggerschwelle U_{Tr}
b) x-Ablenkspannung der Hauptzeitbasis und Hellsteuerimpulse für die Strahlsteuerung; t_{HZ}: Zeitablenkung der Hauptzeitbasis
c) x-Ablenkspannung der verzögerten Zeitbasis nach Ablauf der Verzögerungszeit t_V; t_V: Verzögerungszeit, t_{VZ}: Zeitablenkung der verzögerten Zeitbasis: Hellsteuerimpulse für die Strahlsteuerung

> Die verzögerte Zeitbasis erlaubt die «gedehnte» Darstellung jedes Signaldetails innerhalb einer Periode des y-Eingangssignals.

4.3 2-Kanal-Oszilloskop

Sehr viele Messungen verlangen den Vergleich zweier zeitabhängiger Spannungen. Beispielsweise ist die Abschätzung der nichtlinearen Verzerrungen eines Verstärkers nur möglich, wenn Ein- und Ausgangsspannung gleichzeitig betrachtet werden können.

Prinzipiell ist eine gleichzeitige Darstellung nur mit zwei Elektronenstrahlsystemen in einer Oszilloskopröhre möglich, wie das die 2-Strahl-Oszilloskope auch realisieren. Eine für die meisten Zwecke ausreichende Lösung stellt das 2-Kanal-Oszilloskop dar. Hier wird zwar keine Gleichzeitigkeit erreicht, durch ein schnelles Umschalten von einem auf ein anderes Signal läßt sich aber erreichen, daß zwei Signale scheinbar gleichzeitig sichtbar werden.

> Das 2-Kanal-Oszilloskop ermöglicht mit Hilfe eines schnellen Umschalters die scheinbar gleichzeitige Darstellung von zwei Signalen.

Bild 4.15 zeigt ein sehr vereinfachtes Blockschaltbild des 2-Kanal-Oszilloskops mit den von einem Standardoszilloskop (Bild 4.4) abweichenden Bedienungselementen.

4.3.1 *y*-Kanäle

Wie dem Blockschaltbild (Bild 4.15) zu entnehmen ist, sind die beiden *y*-Kanäle völlig gleichartig aufgebaut. Zunächst erfolgt wie beim Standardoszilloskop (Bild 4.4) die Wahlmöglichkeit DC-AC-O, danach durchlaufen die Signale den Abschwächer zur Anpassung des Ablenkkoeffizienten an die Signalgröße und den sehr breitbandigen *y*-Verstärker. Diese Baugruppen haben die gleichen Eigenschaften wie beim Standardoszilloskop. Hinzu kommt die Möglichkeit der Invertierung der *y*-Signale, d. h. Multiplikation mit dem Faktor −1. Dies ist für einige Meßaufgaben (z. B. Signalsubtraktion, Kennliniendarstellung) sehr hilfreich. Bei vielen 2-Kanal-Oszilloskopen ist die Invertierungsmöglichkeit allerdings nur für einen Kanal vorgesehen. Eine Hilfsschaltung gestattet die Addition beider *y*-Signale oder Subtraktion, wenn die Invertierungsmöglichkeit verwendet wird.
Kanalwähler: Der Kanalwähler 2 in Bild 4.15 gestattet verschiedene Darstellungsweisen der Signale. Man kann jedes *y*-Signal allein auf dem Leuchtschirm abbilden, man kann die Summe beider Signale bzw. deren Differenz bilden und schließlich beide Signale im 2-Kanal-Betrieb scheinbar gleichzeitig darstellen.

4.3.2 2-Kanal-Betrieb

Die Darstellung beider *y*-Signale wird mit Hilfe eines Umschalters erreicht, der abwechselnd das y_1-Signal und das y_2-Signal an die *y*-Ablenkplatten des Oszilloskops bringt. Dies muß allerdings in so schneller Folge geschehen, daß das Auge die beiden Teilbilder zu einem integriert. Die Umschaltung kann auf zwei verschiedene Weisen vorgenommen und mit dem Umschalter 1 in Bild 4.15 gewählt werden.
Chopperbetrieb: Hier erfolgt die Umschaltung zwischen den beiden Signalen periodisch während eines *x*-Durchlaufs des Elektronenstrahls. Damit werden die Signale in viele kleine Teilstücke zerhackt (chopped). Während des Umschaltvorgangs ist der Strahl dunkel ge-

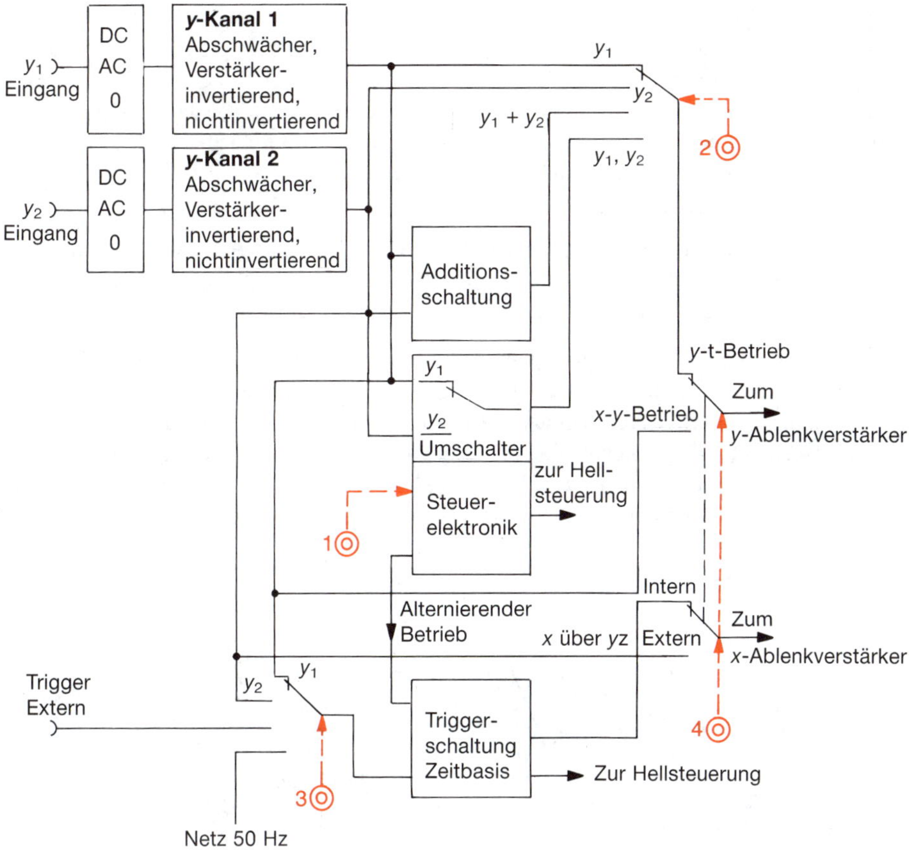

1 Umschalter
Alternierend (Alternated)
Chopperbetrieb (Chopped)

2 Kanalwähler
y_1: Kanal 1
y_2: Kanal 2
$y_1 + y_2$: Summensignal
y_1, y_2: 2-Kanal-Betrieb

3 Triggerquelle
y_1, y_2, Extern, Netz

4 Umschaltung
Intern (Zeitbasis, y-t-Betrieb)
Extern (x-Ablenkung über y_2, x-y-Betrieb)

Bild 4.15 Vereinfachtes Blockschaltbild eines 2-Kanal-Oszilloskops

tastet. Die Chopperfrequenz liegt im Bereich 200 kHz bis 2 MHz. Es ist verständlich, daß auf diese Weise nur Signale mit wesentlich tieferen Frequenzen dargestellt werden können, da sonst die Lücken sichtbar werden und zu große Signalanteile fehlen.

> Beim Chopperbetrieb wird während eines x-Durchlaufs mit hoher Umschaltfrequenz zwischen den y-Signalen ständig gewechselt.
> Der Chopperbetrieb ist nur bei tiefen Frequenzen ($f \ll$ Chopperfrequenz) anwendbar.

Alternierender Betrieb: Die Umschaltung zwischen den Kanälen erfolgt hierbei erst am Ende eines x-Durchlaufs. Somit wird jeweils wechselnd ein vollständiger Signalausschnitt dargestellt. Da hierbei für jedes Signal eine Darstellungspause von der Dauer eines x-Durchlaufs entsteht, werden sehr niederfrequente Signale vom Auge nicht mehr als gleichzeitig wahrgenommen. Es entsteht ein flimmerndes Bild. Erst wenn die x-Durchlaufzeit kleiner als etwa 20 ms wird, entsteht wieder der Eindruck der Gleichzeitigkeit.

> Beim alternierenden Betrieb erfolgt der y-Signalwechsel am Ende jedes x-Durchlaufs. Der alternierende Betrieb ist nur bei hohen Frequenzen sinnvoll anwendbar.

Triggerung der Zeitbasis: Als Triggerspannungen sind in Bild 4.15 mit dem Umschalter 3 die beiden y-Eingangsspannungen, ein externes Signal und eine von der Netzspannung abgeleitete Spannung wählbar. Wählt man das y_1-Signal als Triggersignal, so wird y_1 als stehendes Bild aufgezeichnet. Das y_2-Signal erzeugt nur dann ein stehendes, eindeutiges Bild, wenn es die gleiche oder eine um einen geradzahligen Faktor größere Frequenz als das y_1-Signal hat. Umgekehrt gilt das auch bei Triggerung auf das y_2-Signal.

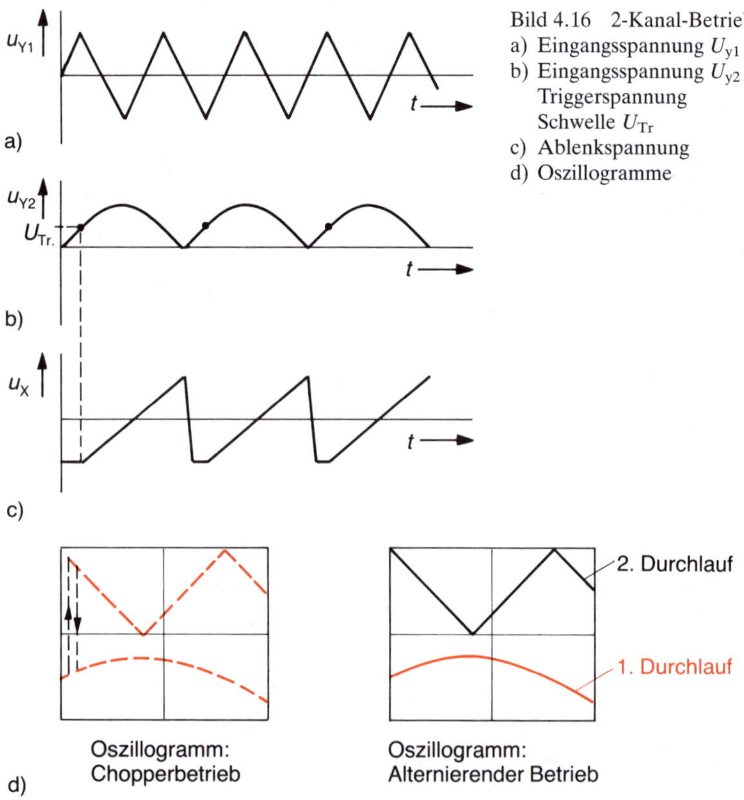

Bild 4.16 2-Kanal-Betrieb eines Oszilloskops
a) Eingangsspannung U_{y1}
b) Eingangsspannung U_{y2}
Triggerspannung
Schwelle U_{Tr}
c) Ablenkspannung
d) Oszillogramme

Die Triggerung mit einem der y-Signale führt leicht zu Triggerfehlern, die man an plötzlichen Sprüngen eines der dargestellen Signale erkennt. Es gibt verschiedene Ursachen dafür, eine liegt in dem nie ganz zu vermeidenden Übersprechen zwischen den Kanälen. Es ist deshalb sinnvoll, bei 2-Kanal-Betrieb mit einem externen Signal zu triggern.

> Um Triggerfehler möglichst zu vermeiden, sollte bei 2-Kanal-Betrieb die externe Triggerung angewandt werden.

Bild 4.16 zeigt die Darstellung zweier Signale im Chopper- und im alternierenden Betrieb. Als Triggerquelle wurde dabei y_2 gewählt.

4.3.3 x-y-Betrieb

Mit dem Umschalter 4 in Bild 4.15 erfolgt die Betriebsartenwahl y-t-Betrieb oder x-y-Betrieb. Wie auch beim Standardoszilloskop wird bei x-y-Betrieb statt der Zeitbasisspannung eine extern zugeführte x-Ablenkung verwendet.

2-Kanal-Oszilloskope haben die Möglichkeit, einen der beiden y-Kanäle als x-Eingang zu benutzen. Damit ergeben sich genauere Messungen, da der y-Abschwächer und -Verstärker eine bessere Empfindlichkeitseinstellung erlaubt. Die Invertierungsmöglichkeit ist besonders bei Kennliniendarstellungen von großem Vorteil (Abschnitt 4.5).

4.4 Tastköpfe

Tastköpfe gehören als Zubehör zu jedem Oszilloskop. Sie sind insbesondere für Hf-Messungen und bei sehr kleinen Meßspannungen unentbehrlich. Darüber hinaus benötigt man einen Tastkopf, wenn besonders große Spannungen gemessen werden sollen oder wenn der Eingangswiderstand des Oszilloskops Rückwirkungen auf den Meßkreis verursachen würde. Je nach Anwendungsfall unterscheidet man:
Tastleiter, Tastteiler und Tastrichter.

4.4.1 Tastleiter

Tastleiter sind abgeschirmte Koaxial-Meßleitungen (Bild 4.17). Auf der Seite des Oszilloskops haben sie meist eine BNC-Steckverbindung, auf der anderen Seite eine Greifklemme oder Meßspitze, mit der das Meßobjekt bequem abgetastet werden kann. Solche Meßleitungen sind zur Messung sehr kleiner Spannungen und bei Hf-Messungen unbedingt zu verwenden. Sie verhindern kapazitive und induktive Verkoppelung zwischen zwei Leitungen (z. B. bei 2-Kanal-Betrieb) und Fremdspannungseinstreuungen. Bei Verwendung mehrerer Tastleiter (Mehrkanaloszilloskop) sind die Masseanschlüsse an einen Punkt des Meßobjektes zu legen.

> Tastleiter verhindern kapazitive und induktive Verkoppelung und sind gegen fremde Störsignale abgeschirmt.

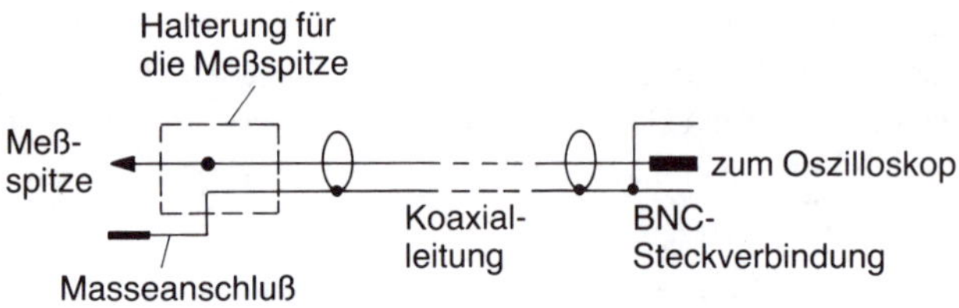

Bild 4.17 Tastleiter

4.4.2 Tastteiler

Diese Meßleitung enthält im Tastkopf einen Widerstand, der mit dem Eingangswiderstand des Oszilloskops einen Spannungsteiler bildet (Bild 4.18). Da die Spannungsteilung bis zur Grenzfrequenz des Oszilloskops frequenzunabhängig erfolgen muß, ist der Teiler frequenzkompensiert. Hierzu dient der Abgleichkondensator im Bild 4.18. Ebenso wie beim Abschwächer des Oszilloskops (vgl. Gl. 4.9), wird der Abgleich erreicht, wenn das Teilerverhältnis der ohmschen und der kapazitiven Widerstände gleich ist.

$$R_T \cdot C_T = R_e\,(C_e + C_L)$$

Häufig wird beim Teilertastkopf die 10:1-Teilung angewandt. Im Bild 4.18 wird der Eingangswiderstand des Oszilloskops $R_e = 1\,\mathrm{M\Omega}$ angenommen. Im Tastkopf befindet sich dann der Widerstand $R_T = 9\,\mathrm{M\Omega}$. Der Abgleich des Kondensators C_T erfolgt durch Drehen des Tastkopfs. Hierbei wird über den Widerstand ein Röhrchen geschoben, das ihn kapazitiv überbrückt. Dieser Abgleich erfolgt mit Hilfe einer Rechteckspannung, die das Oszilloskop in der Regel selbst an einem Ausgang zur Verfügung stellt. Wird die Rechteckspannung mit dem Tastteiler gemessen, so kann die Abbildung der Rechteckspannung durch Drehen des Tastkopfs optimiert werden. Dann ist eine weitgehende Frequenzunabhängigkeit des Teilungsfaktors gewährleistet. Rechteckspannungen sind sehr breitbandige Signale. Werden sie verzerrungsfrei dargestellt, so werden auch alle Frequenzanteile unverfälscht übertragen. Bild 4.19 veranschaulicht den Abgleichvorgang. Durch die Spannungsteilung wird die

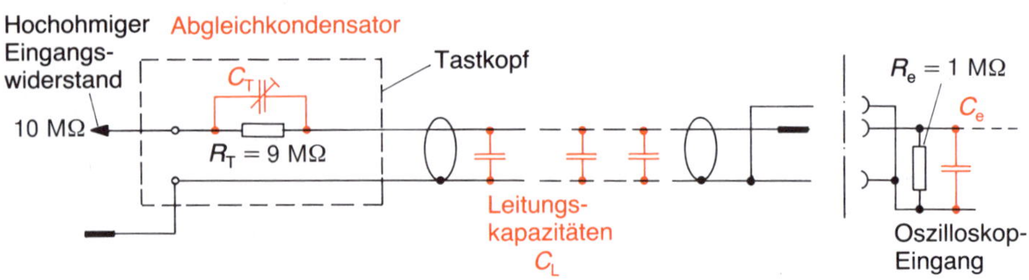

Bild 4.18 10:1-Tastteiler

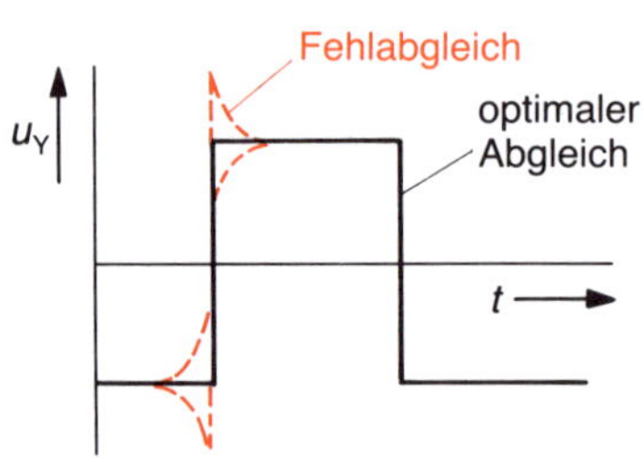

Bild 4.19 Abgleich eines Tastteilers mit Hilfe einer Rechteckspannung

Eingangsspannung im vorliegenden Beispiel um den Faktor 10 herabgesetzt. Damit lassen sich auch noch Spannungen messen, die ohne Tastteiler den Eingang überlasten würden. Spezielle Tastteiler sind für Hochspannungsmessungen entwickelt worden. Damit lassen sich Spannungen im kV-Bereich gefahrlos messen.

Der 10 : 1-Tastteiler gestattet die Messung zehnmal höherer Spannungen als der Meßbereich des Oszilloskops zuläßt.

Beim Arbeiten mit Tastteilern ist natürlich der Abschwächer des Oszilloskops entsprechend dem Teilungsfaktor zu korrigieren.

Unmittelbar an der Meßspitze des Tastteilers befindet sich der Längswiderstand R_T, der nun zusammen mit dem Eingangswiderstand des Oszilloskops den wirksamen Eingangswiderstand um den Teilungsfaktor erhöht, in Bild 4.18 von 1 MΩ auf 10 MΩ. Dies gilt allerdings nur für Frequenzen, bei denen die Kapazitäten vernachlässigbar sind. Bei hohen Frequenzen nimmt der Eingangsscheinwiderstand wesentlich kleinere Werte an, ist aber immer größer als der des Oszilloskops allein.

Mit Hilfe eines Tastteilers können sehr hohe Eingangswiderstände erzielt werden. Typischer Wert: 10 MΩ bei Gleichspannung

4.4.3 Tastrichter

Der Tastrichter oder Gleichrichter-Tastkopf ist für Messungen im Hf-Bereich vorgesehen. Im Tastkopf an der Meßspitze ist ein Spitzengleichrichter untergebracht, der das Hf-Signal gleichrichtet, so daß über die Meßleitung nur eine Gleichspannung oder bei moduliertem Hf-Signal die Modulationsspannung an den Eingang des Oszilloskops gelangt. Das Oszilloskop muß also nicht für den Frequenzbereich der Hf-Spannung geeignet sein, sondern lediglich die gleichgerichtete bzw. demodulierte Spannung anzeigen. Bild 4.20 zeigt einen Tastrichter mit Spannungsverdopplerschaltung. Hier wird der Spitze-Spitze-Wert der Hf-Spannung gebildet. Auf dem Oszilloskop erscheint die «Umhüllende» der Hf-Spannung.

Tastrichter ermöglichen die Messung sehr hoher Frequenzen. Das Oszilloskop bildet die gleichgerichtete Hf-Spannung ab.

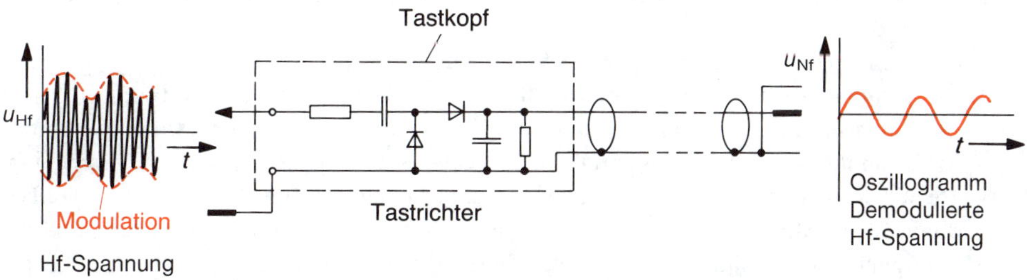

Bild 4.20 Messung einer modulierten Hf-Spannung mit Tastrichter

4.5 Messungen mit dem Oszilloskop

Im nun folgenden Abschnitt werden einige Meßaufgaben vorgestellt, die mit dem Oszilloskop leicht zu lösen sind. Darüber hinaus gibt es natürlich eine Fülle anderer meßtechnischer Probleme, bei denen das Oszilloskop als Hilfsmittel unverzichtbar ist. Insbesondere sei hier auf Spezialoszilloskope hingewiesen, die für besondere Anwendungen entwickelt wurden: Sampling-Oszilloskop, Speicheroszilloskope, Kennlinienschreiber.

Das Oszilloskop dient der Darstellung von Momentanwerten. Dabei ist eine sinnvolle Messung nur dann möglich, wenn ein stehendes Bild erzeugt werden kann, die zu messende Spannung also periodisch ist. Nichtperiodische Spannungen erfordern zur Auswertung ein Speicheroszilloskop. Für die im folgenden beschriebenen Messungen wird ein 2-Kanal-Standardoszilloskop mit etwa folgenden Daten vorausgesetzt:

Vertikalablenkung: Kanäle y_1, y_2; y_1 invertierbar.
Einzel-, Chopper- und alternierender Betrieb.
Eingangsselektor: DC, AC, GND (0)
Ablenkkoeffizient (Abschwächer) $K_y = 5\,\frac{\text{mV}}{\text{cm}} \ldots .\, 20\,\frac{\text{V}}{\text{cm}}$
Grenzfrequenz $f_{go} = 20$ MHz

Horizontalablenkung: Zeitbasis, Ablenkkoeffizient $K_x = 0{,}2\,\frac{\mu\text{s}}{\text{cm}} \ldots .\, 100\,\frac{\text{ms}}{\text{cm}}$
Triggerung: Intern y_1, y_2; positive oder negative Flanke
Extern
Normal/Automatik
DC, AC, LF, HF
Externe x-Ablenkung für x-y-Betrieb: über Kanal y_2

4.5.1 Messung von Gleich-, Wechsel- und Mischspannungen

Gleichspannungsmessung: Um eine Gleichspannung messen zu können, muß auf dem Oszilloskop eine Bezugslinie für 0 V festgelegt werden. Dies kann so geschehen, daß die beiden y-Eingänge durch den Eingangsselektor zunächst auf GND (0) gestellt werden. Die nun erscheinenden beiden Null-Linien y_1 und y_2 werden mit dem Positionseinsteller genau übereinandergeschoben, so daß nur noch eine Linie erkennbar ist. Während der eine y-Eingang auf GND bleibt und damit die Null-Linie geschrieben wird, speist man beim zweiten Eingang in Stellung DC die zu messende Gleichspannung ein. Natürlich läßt sich die Null-Linie auch definieren, wenn überhaupt nur ein y-Kanal zur Verfügung steht. Man muß sich dann auf dem Bildschirm die Nullposition selbst einprägen.

Bild 4.21 zeigt den Vorgang der Gleichspannungsmessung.

Wechselspannungsmessung: Auch hier muß zunächst die Null-Linie definiert werden, wenn positive und negative Signalanteile unterschieden werden sollen. Bei Messung des Spitze-Spitze-Spannungswerts kann das entfallen. Bei dieser Messung können beliebige Momentanwerte abgelesen werden. Im Bild 4.22 wird als Beispiel eine Rechteckspannung ($f = 1\,$kHz) gewählt, deren Maximalwerte ermittelt werden sollen. Die Oszilloskopeinstellung und der Meßvorgang sind in Bild 4.22 dargestellt. Der y_1-Eingang dient der Zuführung des Meßsignals. Wenn ausschließlich Wechselanteile gemessen werden sollen, muß der Eingangs-

Einstellung des Oszilloskops

Eingänge	Kanalwähler	Abschwächer	Zeitbasis	Triggerung
y_1: DC y_2: GND	Chopper- oder alternierender Betrieb	K_{Y1}: kalibriert je nach Spannung K_{Y2}: beliebig	z. B. $K_X = 1\,\frac{ms}{cm}$	Automatik

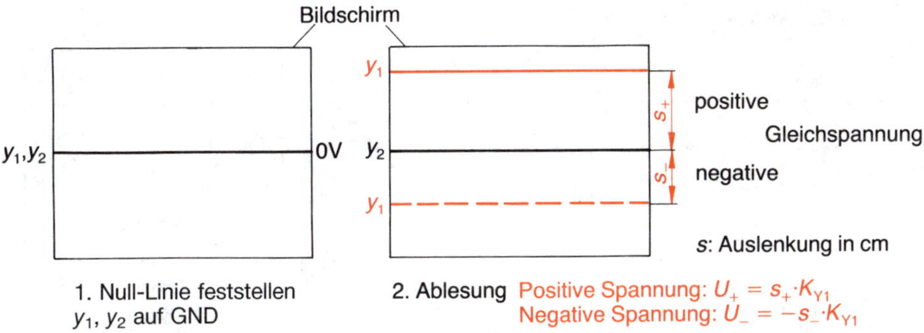

Bild 4.21 Gleichspannungsmessung
a) Null-Linie feststellen; y_1, y_2 auf GND
b) Ablesung
Positive Spannung: $U_+ = s_+ \cdot K_{y1}$
Negative Spannung: $U_- = -s_- \cdot K_{y1}$

Einstellung des Oszilloskops

Eingänge	Kanalwähler	Abschwächer	Zeitbasis	Triggerung
y_1: AC y_2: GND	Chopper- oder alternierender Betrieb	K_{Y1}: kalibriert je nach Spannung K_{Y2}: beliebig	$K_X = 0{,}1\,\frac{ms}{cm}$	y_1 Automatik positive Flanke

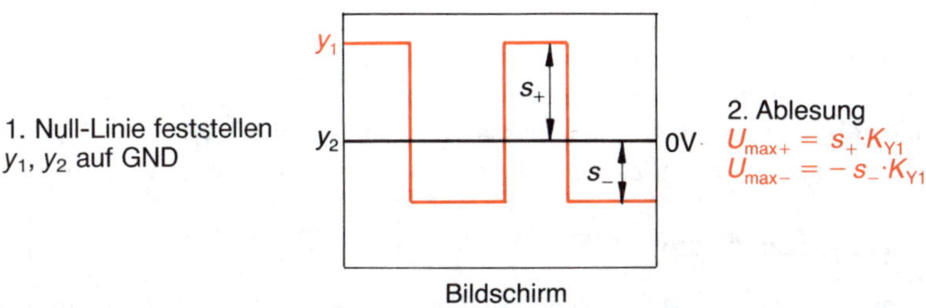

Bild 4.22 Wechselspannungsmessung $f = 1\,\text{kHz}$
a) Null-Linie feststellen; y_1, y_2 auf GND
b) Ablesung
$U_{max+} = s_+ \cdot K_{y1}$
$U_{max-} = -s_- \cdot K_{y1}$

Einstellung des Oszilloskops

Eingänge	Kanalwähler	Abschwächer	Zeitbasis	Triggerung
y_1: AC/DC y_2: GND	je nach Frequenz Chopper oder alter-nierender Betrieb	K_{Y1}: kalibriert je nach Spannung K_{Y2}: beliebig	je nach Frequenz wählen	y_1 DC Normal positive Flanke

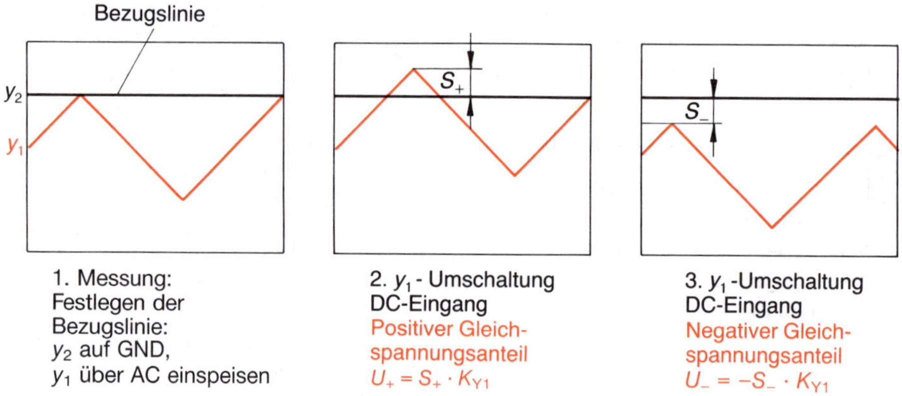

Bild 4.23 Messung des Gleichspannungsanteils einer Mischspannung
a) Messung: Festlegen der Bezugslinie y_2 auf GND; y_1 über AC einspeisen
b) y_1-Umschaltung DC-Eingang
Positiver Gleichspannungsanteil: $U_+ = s_+ \cdot K_{y1}$
Negativer Gleichspannungsanteil: $U_- = -s_- \cdot K_{y1}$

selektor auf AC stehen. Der y_2-Eingang liegt auf GND und dient lediglich der Null-Linieneinstellung. Diese erfolgt wie bei Gleichspannungsmessung.
Mischspannungsmessung: Will man aus einer Spannung, die einen Gleich- und einen Wechselspannungsanteil enthält, den Gleichspannungswert ermitteln, so kann die Messung nach Bild 4.23 erfolgen. Über den y_1-Kanal wird die Meßspannung mit AC-Eingang zugeführt. Der Gleichspannungsanteil ist jetzt abgetrennt. Der y_2-Eingang liegt auf GND. Die y_2-Bezugslinie wird nun mit Hilfe des Positionseinstellers so verschoben, daß sie den Maximalwert des y_1-Signales markiert. Danach wird der y_1-Eingang in die DC-Stellung gebracht und damit der Gleichspannungsanteil mitgemessen. Das y_1-Signal verändert damit seine vertikale Lage um den Betrag des Gleichgspannungsanteils, der nun abgelesen wird. Die Auswertung des Wechselspannungsanteils ist durch die bereits beschriebene Wechselspannung möglich.

4.5.2 Frequenzmessung

Frequenzmessung mit kalibrierter Zeitbasis: Die Zeitbasis des Oszilloskops ermöglicht es, Zeitmessung und damit auch Periodendauermessung von Wechselspannungssignalen durchzuführen. Über die Periodendauer läßt sich dann die Frequenz ermitteln. Als Beispiel ist in Bild 4.24 die Messung einer Frequenz von 500 Hz beschrieben. Das Signal wird über den y_1-Eingang, AC, eingespeist. Der y_2-Eingang liegt auf Gnd und dient wieder der Erzeugung

Einstellung des Oszilloskops

Eingänge	Kanalwähler	Abschwächer	Zeitbasis	Triggerung
y_1: AC y_2: GND	Chopper- oder alternieren-der Betrieb	K_{y1}: je nach Spannung K_{y2}: beliebig	$K_x = 0{,}5\,\frac{\text{ms}}{\text{cm}}$	y_1 AC Normal positive Flanke

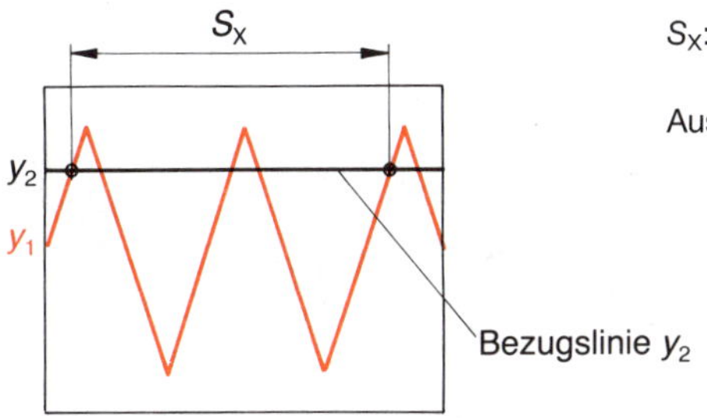

S_X: Abstand in cm, 2 Perioden des Signals

Auswertung: $2 \cdot T = S_X \cdot K_X$

$$T = \frac{S_X \cdot K_X}{2}$$

$$f = \frac{2}{S_X \cdot K_X}$$

Bild 4.24 Frequenzmessung mit kalibrierter Zeitbasis

einer Bezugslinie. Die Zeitbasis wird in kalibrierten Stufen so eingestellt, daß auf dem Bildschirm eine oder mehrere Perioden des Signals abgebildet werden. Die Bezugslinie (y_2) wird über das Signal geschoben und damit die Zeit zwischen zwei Schnittpunkten gleicher Phase abgelesen. Diese Zeit, dividiert durch die Anzahl der dazwischenliegenden Perioden, ergibt die Periodendauer, deren Kehrwert die Frequenz ist.

Mit $s_x = 8\,\text{cm}$, $K_x = 0{,}5\,\frac{\text{ms}}{\text{cm}}$ und zwei Perioden ergibt sich nach Bild 4.24:

$$\underline{\underline{f}} = \frac{2 \cdot \text{cm}}{8\,\text{cm} \cdot 0{,}5\,\text{ms}} = \underline{\underline{500\,\text{Hz}}}$$

Frequenzmessung durch Frequenzvergleich: Für diese Messung wird ein kalibrierter einstellbarer Sinusgeneratur benötigt. Das Oszilloskop arbeitet im x-y-Betrieb, d. h. die x-Ablenkung erfolgt extern, hier durch den Vergleichs-Sinusgeneratur (Bild 4.25a). Ist die Wechselspannung, deren Frequenz gemessen werden soll, auch sinusförmig, dann entsteht auf dem Leuchtschirm eine Lissajous-Figur, deren Form vom Frequenzverhältnis und der gegenseitigen Phasenverschiebung der beiden Sinusspannungen u_x und u_y abhängt. Bild 4.26 zeigt die Entstehung einer Lissajous-Figur für den Fall der Frequenzgleichheit und einer Phasenverschiebung von $\Delta\varphi = 60°$.

Sind die beiden Frequenzen f_x und f_y verschieden, so entsteht ein auswertbares, stehendes Bild nur dann, wenn die Frequenzen f_x und f_y in einem ganzzahligen Verhältnis zueinander stehen.

> Eine stehende Lissajous-Figur ergibt sich nur bei ganzzahligen Verhältnissen
>
> $\frac{f_x}{f_y}$ oder $\frac{f_y}{f_x}$.

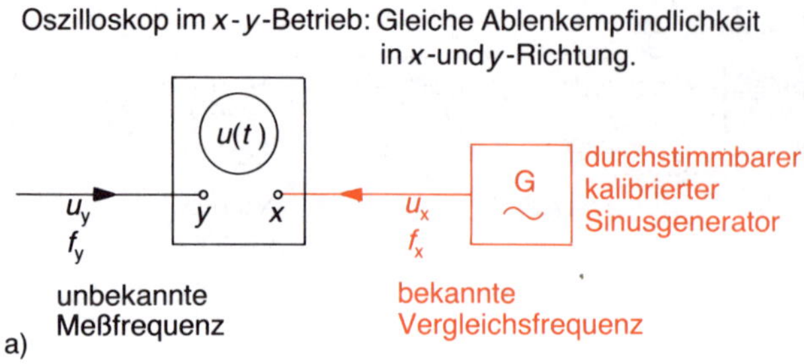

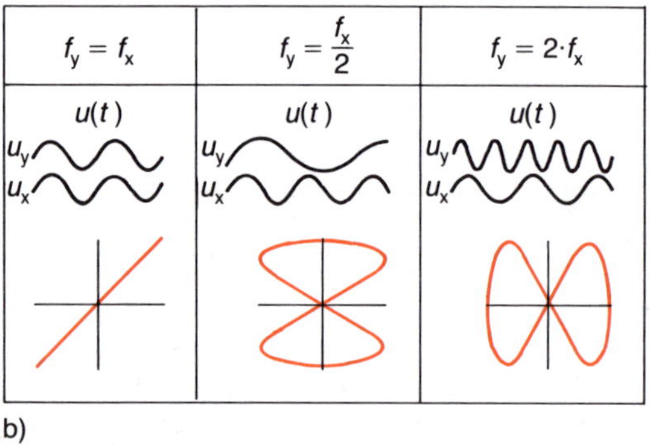

Bild 4.25
Frequenzmessung durch Frequenzvergleich
a) Meßaufbau
b) Lissajous-Figuren

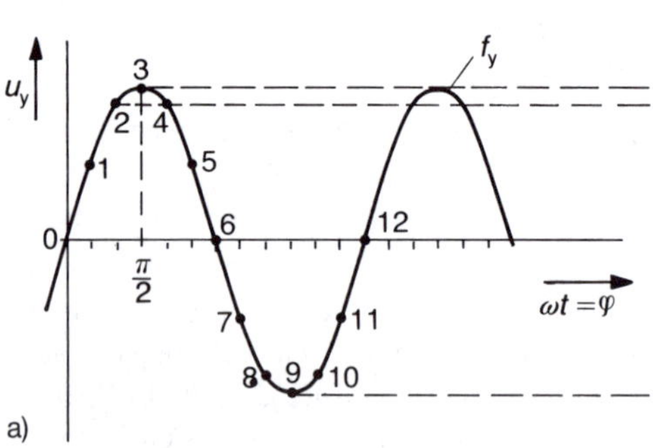

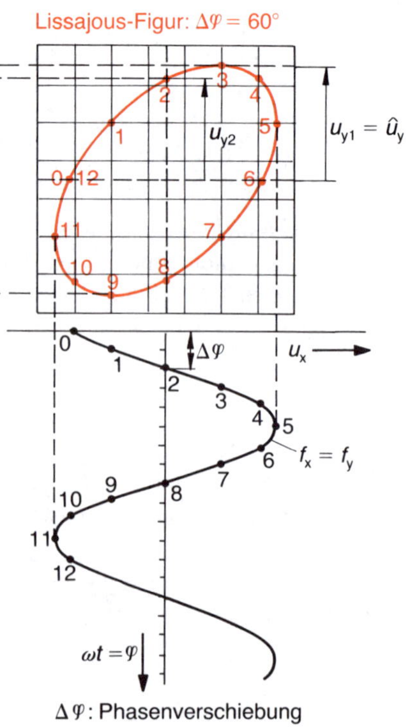

$u_y = \hat{u}_y \cdot \sin(\omega t)$; $u_x = \hat{u}_x \cdot \sin(\omega t - \Delta\varphi)$

$$\left.\begin{array}{l} \text{bei } \omega t = \frac{\pi}{2}\text{: } u_{y1} = \hat{u}_y \\ \text{bei } \omega t = \Delta\varphi\text{: } u_{yz} = \hat{u}_y \cdot \sin\Delta\varphi \end{array}\right\} \frac{u_{y2}}{u_{y1}} = \frac{u_y \cdot \sin\Delta\varphi}{\hat{u}_y}$$

$$\sin\Delta\varphi = \frac{u_{y2}}{u_{y1}}$$

$$\boxed{\Delta\varphi = \arcsin\frac{u_{y2}}{u_{y1}}}$$

b)

Bild 4.26 Entstehung und Auswertung einer Lissajous-Figur
a) Entstehung der Lissajous-Figur aus zwei Sinusspannungen gleicher Frequenz und Amplitude mit der Phasenverschiebung $\Delta\varphi$
b) Auswertung der Lissajous-Figur

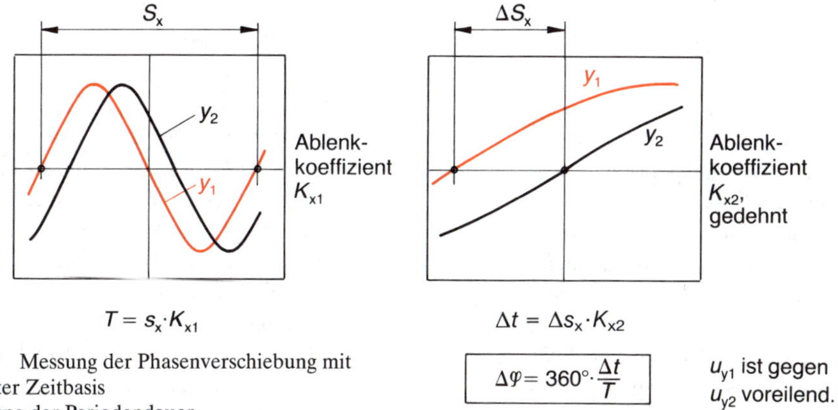

Bild 4.27 Messung der Phasenverschiebung mit kalibrierter Zeitbasis
a) Messung der Periodendauer
b) Ermittlung der Phasenverschiebung aus der Zeitverschiebung

Diese Bedingung wird nun durch entsprechende Einstellung des geeichten Sinusgenerators erfüllt. Der Leuchtschirm zeigt dann je nach Frequenzverhältnis und relativer Phasenlage sehr unterschiedliche Figuren. Einige davon zeigt Bild 4.25b. Die Genauigkeit der Messung wird allein durch den Vergleichsgenerator bestimmt. Das Oszilloskop dient lediglich als Indikator.

4.5.3 Messung der Phasenverschiebung

Messung mit kalibrierter Zeitbasis: Durchläuft ein sinusförmiges Signal Schaltungen, welche Kondensatoren oder Spulen enthalten, so wird allgemein zwischen der Ausgangs- und Eingangsspannung eine Phasenverschiebung auftreten, die man auf dem Oszillografenschirm sichtbar machen und ablesen kann. Da hierbei die Verstärker der beiden y-Kanäle mit in die Messung eingehen, ist ein hinreichend genaues Meßergebnis nur dann zu erreichen, wenn beide Kanäle die gleichen Übertragungseigenschaften aufweisen. Dies wird zwar in der Regel zutreffen, es sollte jedoch überprüft werden. Dazu werden beide Kanäle in Stellung AC mit dem gleichen Signal gespeist. Die entstehenden Abbildungen müssen sich zur Deckung bringen lassen. Bild 4.27 veranschaulicht nun den Meßvorgang. Die beiden Spannungen werden über den y_1- und den y_2-Eingang jeweils in Stellung AC zugeführt. Die Triggerung sollte extern von einem der Eingangssignale erfolgen, um Triggerfehler durch den Chopper- bzw. alternierenden Betrieb zu vermeiden. Nun geht man in zwei Schritten vor:

1. Messung: Ermittlung der Periodendauer T (Bild 4.27a)
2. Messung: Dehnung der Zeitachse so, daß der Phasenunterschied gut als Zeitdifferenz Δt ablesbar ist (Bild 4.27b).

Aus diesen beiden Messungen wird die Phasenverschiebung durch Rechnung ermittelt.

$$\frac{\Delta t}{T} = \frac{\Delta\varphi}{360°}$$

$$\Delta\varphi = 360° \cdot \frac{\Delta t}{T}$$ Phasenverschiebung in Grad (Gl. 4.12)

Messung durch Auswertung von Lissajous-Figuren: Wie bereits bei der Frequenzmessung (Abschnitt 4.5.2) ausgeführt wurde, entstehen charakteristische Kurvenverläufe – Lissajous-Figuren –, wenn sowohl die y-Ablenkung als auch die x-Ablenkung durch Sinusspannungen erfolgt. Wird für diese Ablenkungsspannungen jeweils die gleiche Frequenz verwendet, so läßt sich aus der entstehenden Figur die Phasenverschiebung zwischen Spannungen ableiten. Bild 4.26 zeigt, wie eine solche Lissajous-Figur entsteht. Um sie quantitativ auswerten zu können, muß bei der Einstellung des Oszilloskops sichergestellt sein, daß der Leuchtpunkt bei $u_x = 0\,\text{V}$ und $u_y = 0\,\text{V}$ genau in der Mitte des Bildschirms steht. So können die Skalierungslinien für die Auswertung benutzt werden. Sodann sollte die Ablenkungsempfindlichkeit in x- und y-Richtung so gewählt werden, daß die Figur möglichst den Bildschirm ausfüllt.

Die Auswertung der Figur hinsichtlich der Phasenverschiebung kann auf die folgende Weise vorgenommen werden. Im Bild 4.26 ist die Spannung u_x nacheilend gegenüber der Spannung u_y. Die Phasenverschiebung beträgt $\Delta\varphi$. Damit lassen sich die beiden Zeitfunktionen angeben:

$$u_y = \hat{u}_y \cdot \sin(\omega \cdot t);\; u_x = \hat{u}_x \cdot \sin(\omega \cdot t - \Delta\varphi)$$

Bei $\omega \cdot t = \frac{\pi}{2}$ erreicht u_y den Scheitelwert. Dieser entspricht in Bild 4.26 der Spannungsablenkung u_{y1} auf dem Bildschirm:

$$u_{y1} = \hat{u}_y$$

Die Spannung u_x wird 0 für $\omega \cdot t = \Delta\varphi$. Hier hat u_y den Spannungswert u_{y2} auf dem Bildschirm

$$u_{y2} = \hat{u}_y \cdot \sin(\Delta\varphi).$$

Liest man die beiden Spannungen u_{y1} und u_{y2} ab – es genügt dabei die Angabe in Längeneinheiten der y-Auslenkung –, dann erhält man aus dem Quotienten ein Maß für die Phasenverschiebung im Bogenmaß:

$$\frac{u_{y2}}{u_{y1}} = \frac{\hat{u}_y \cdot \sin(\Delta\varphi)}{\hat{u}_y} = \sin(\Delta\varphi)$$

$$\Delta\varphi = \arcsin\left(\frac{u_{y2}}{u_{y1}}\right)$$

In das Gradmaß umgerechnet ergibt sich:

$$\Delta\varphi = \frac{180°}{\pi} \cdot \arcsin\left(\frac{u_{y2}}{u_{y1}}\right)$$ (Gl. 4.13)

Im Beispiel 4.26 ergeben sich als Längenabschnitte

$u_{y1} = 3$ Rastereinheiten,
$u_{y2} = 2{,}6$ Rastereinheiten.

$$\underline{\underline{\Delta\varphi}} = \frac{180°}{\pi} \cdot \arcsin\left(\frac{2{,}6}{3}\right) = \underline{\underline{60°}}$$

Die Figur läßt keine Schlüsse zu, ob es sich um einen positiven oder negativen Verschiebungswinkel handelt, ob also u_x vor- oder nacheilend ist in bezug auf u_y. Lediglich bei niedrigen Frequenzen ist dies feststellbar, wenn die Strahldurchlaufrichtung erkennbar ist.

> Wird die Lissajous-Figur im Uhrzeigersinn durchlaufen, dann eilt u_y der Spannung u_x voraus. Bei entgegengesetzter Durchlaufrichtung ist u_y nacheilend.

Bild 4.28 zeigt für einige Fälle die entstehenden Figuren. Mit zunehmendem Verschiebungswinkel von 0° bis ±90° ergeben sich eine Gerade, dann verschiedene Ellipsen mit Schräglage nach rechts und schließlich ein Kreis (Bild 4.28a).

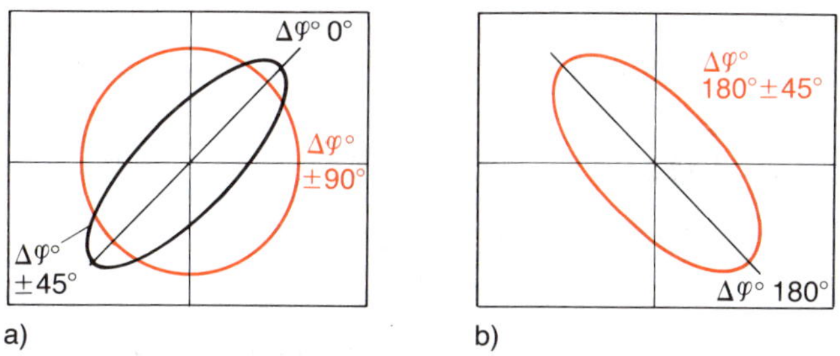

Bild 4.28
Lissajous-Figuren bei verschiedenen Phasenverschiebungen
a) Winkel 0°, ± 45° und ± 90°
b) Winkel 180° und 180° ± 45°

Über ±90° hinaus entstehen Ellipsen mit Schräglage nach links und schließlich eine Gerade mit negativer Steigung bei 180° (Bild 4.28b).

Berechnet man mit Gl. 4.13 den Verschiebungswinkel aus der Figur, so ist das Ergebnis je nach Lage der Ellipsen unterschiedlich zu deuten: Bei Schräglage nach rechts ergibt sich der Winkel im Gradmaß

$$\boxed{\Delta\varphi = \pm\,\frac{180°}{\pi} \cdot \arcsin\left(\frac{u_{y2}}{u_{y1}}\right)}$$

bei Schräglage nach links erhält man den Phasenverschiebungswinkel:

$$\boxed{\Delta\varphi = 180° + \frac{180°}{\pi} \cdot \arcsin\left(\frac{u_{y2}}{u_{y1}}\right)}$$

(Bei Benutzung des Taschenrechners kann der Umrechnungsfaktor $\frac{180°}{\pi}$ entfallen, wenn der Winkel bereits im Gradmaß ausgegeben wird.)

4.5.4 Kennlinienaufnahme einer Z-Diode

Bei dieser Meßaufgabe wird das Oszilloskop ohne die Zeitbasis im x-y-Betrieb benutzt. Entsprechend der üblichen Kennliniendarstellung $i = f(u)$ ordnet man der x-Koordinate die Spannung an der Diode zu und der y-Koordinate den Strom. Die x-Ablenkung erfolgt somit durch die Diodenspannung. Diese wird (nach den Kriterien des Oszilloskops zu Beginn des Abschnitts 4.5) über den Kanal y_2 als externe Ablenkspannung zugeführt. Der Diodenstrom wird als Spannungsabfall an einem Widerstand gemessen und am y_1-Kanal eingespeist.

Bild 4.29 zeigt die Meßschaltung. Als Spannungsquelle dient ein Sinusgenerator. Besser eignet sich allerdings ein Halbwellengenerator mit umschaltbarer Polarität. Die Spannungsamplitude kann dann dem Kennlinienbereich angepaßt werden.

Wichtig ist ferner, daß der Sinusgenerator potentialfreie Ausgänge in bezug auf die Masse des Oszilloskops besitzt, da dessen Masseanschluß am Verbindungspunkt zwischen Meßwiderstand und Diode anzuschließen ist. Um die im Bild 4.29b dargestellte Kennlinie zu erhalten, muß die Diodenspannung u_D invertiert werden. Dies geschieht im y_2-Kanal des Oszilloskops.

Die quantitative Auswertung des Oszillogramms ist mit Hilfe der Abschwächereinstellung der beiden y-Kanäle leicht möglich. Dabei ist zu beachten, daß die Stromstärke aus der Umrechnung $i_D = \frac{u_{y1}}{R}$ ermittelt wird. Wählt man für den Widerstand z. B. $R = 1\,\mathrm{k\Omega}$, dann läßt sich die Stromkoordinate in $\frac{\mathrm{mA}}{\mathrm{cm}}$ skalieren.

4.5.5 Darstellung der Hysteresekurve eines Eisenkerns

Die Hysteresekurve eines Eisenkerns gibt Aufschluß über die Eisenverluste, die Größe der Remanenz und Koerzitivfeldstärke, die Sättigung sowie die rel. Permeabilität des Eisenmaterials.

Um verschiedene Werkstoffe hinsichtlich dieser Eigenschaften zu vergleichen, kann die Schaltung nach Bild 4.30a verwendet werden.

Die Hysteresekurve gibt den Zusammenhang $B = f(H)$ wieder. Die in der Wicklung 1 erzeugte magnetische Feldstärke H ist dem Strom i proportional. Damit gilt für den Spannungsabfall u_H:

$$\boxed{u_H \sim i \sim H}$$

In der Wicklung 2 wird aufgrund der magnetischen Flußänderung $\frac{\Delta\Phi}{\Delta t}$ im Eisenkern die Spannung u_2 induziert:

$$u_2 \sim \frac{\Delta\Phi}{\Delta t}$$

Aus dem magnetischen Fluß Φ und Eisenquerschnitt A ergibt sich die Flußdichte B:

$$B = \frac{\Phi}{A}$$

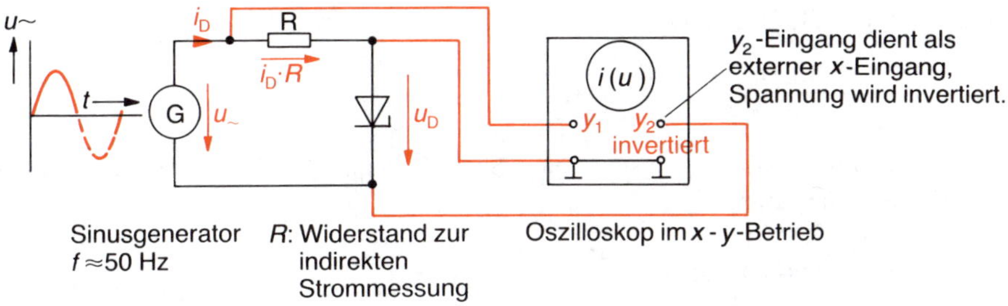

a)

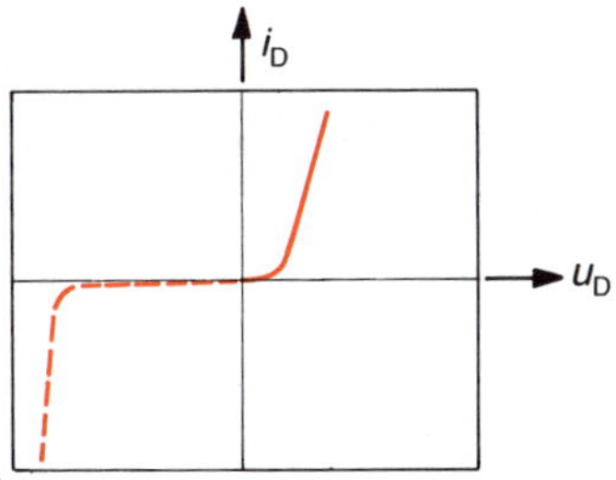

b)

Bild 4.29 Darstellung der Kennlinie einer Z-Diode
a) Meßschaltung
b) Oszillogramm: Z-Dioden-Kennlinie

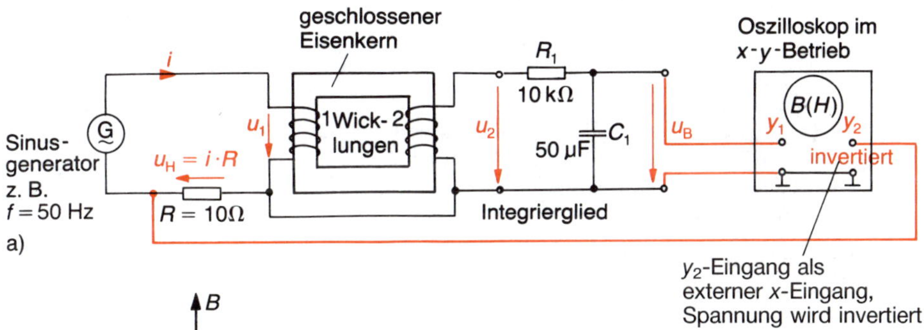

a)

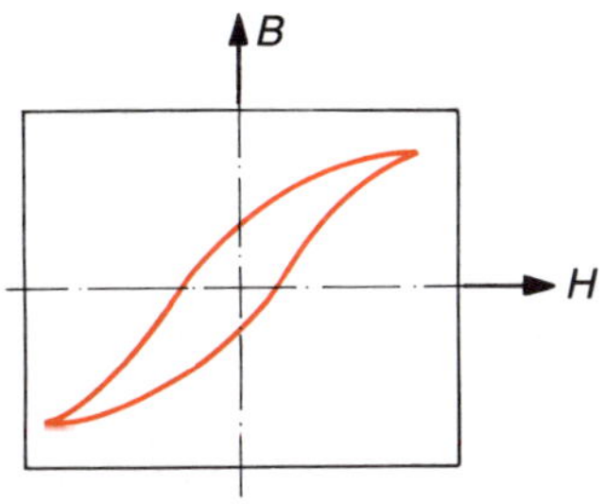

b)

Bild 4.30 Darstellung der Hysteresekurve eines Eisenkerns
a) Meßanordnung
b) Oszillogramm: Hysteresekurve

Somit gilt auch die Beziehung

$$u_2 \sim \frac{\Delta B}{\Delta t}$$

Durch Integration von u_2 entsteht eine Spannung u_B, die dem zeitlichen Verlauf der Flußdichte proportional ist.

$$u_B \sim \int u_2(t) \cdot dt \sim \int \frac{dB}{dt} \cdot dt$$

$$\boxed{u_B \sim B}$$

Das Oszilloskop arbeitet im x-y-Betrieb. u_H dient der Ablenkung in x-Richtung über den Kanal y_2, u_B bewirkt über Kanal y_1 die y-Ablenkung. Um die übliche Darstellung der Hysteresekurve (Bild 4.30b) zu erhalten, muß der y_2-Kanal invertiert werden. Als Spannungsquelle ist im Bild 4.30a ein 50-Hz-Sinusgenerator vorgesehen. Seine Ausgänge müssen potentialfrei in bezug auf die Masse des Oszilloskops sein.

Die Dimensionierung des Integrierglieds richtet sich nach der Frequenz der Wechselspannung. Die Integrationszeitkonstante sollte groß gegen die Periodendauer T sein, z. B. $\tau_i = R_1 \cdot C_1 = 10 \cdot T$. Daraus ergibt sich im Bild 4.30a:

$R_1 = 10\ \text{k}\Omega$, $C_1 = 50\ \mu\text{F}$ für $T = \frac{1}{f} = 20\ \text{ms}$.

5 Meßverfahren zur Messung elektrischer Größen

Das nachfolgende Kapitel beschreibt Verfahren zur Messung von Spannung, Stromstärke, Leistung und Arbeit, Frequenz, Widerstand, Induktivität und Kapazität. Mit einem modernen Vielfachmeßgerät können meist eine ganze Reihe dieser Größen durch entsprechende Umschaltung erfaßt werden. Die dabei angewandten Verfahren sind sehr vielfältig. Hier können nur einige wichtige dargestellt werden. Das Oszilloskop und einige seiner Anwendungen sind bereits im Kapitel 4 vorweggenommen. Auf diese wird an entsprechender Stelle verwiesen.

5.1 Meßgenauigkeit

Zur Beurteilung der Meßgenauigkeit von Verfahren und Geräten orientiert man sich an den verfügbaren Normalien (vgl. Abschnitt 1.1.3).

> Primärnormalien sind für die elektrischen Größen: Frequenz, Zeit, Spannung, Widerstand, Kapazität und Induktivität in Speziallabors entwickelt worden.

Für den Gebrauch in Eichlabors werden Referenz- und Arbeitsnormalien von den jeweiligen Primärnormalien abgeleitet. Sie dienen dann der Eichung bzw. Genauigkeitskontrolle von Meßgeräten und Verfahren. Damit stellt die Absolutgenauigkeit der Referenznormalie in der Praxis auch die anzustrebende Grenze der Genauigkeit des entsprechenden Geräts oder Verfahrens dar. Tabelle 5.1 zeigt eine Übersicht der Normalien und ihrer Genauigkeit.

> Die höchste Meßgenauigkeit wird bei Zeit- und Frequenzmessungen erreicht.

5.2 Spannungs- und Strommessung mit dem Drehspulmeßwerk

5.2.1 Gleichspannungsmessung

Obwohl das Drehspulmeßwerk vom Prinzip her ein Strommesser ist (vgl. Abschnitt 3.4.1), läßt es sich indirekt auch als Spannungsmesser einsetzen und ist sogar zu dem am meisten verbreiteten Spannungsmesser geworden.

Vorausgesetzt wird dabei allerdings eine gute Temperaturkompensation der Meßwerkspule nach Abschnitt 3.4.2.3. Bezeichnet man den Meßwerkwiderstand mit R_M, so gilt für den Meßwerkstrom I_M bei Vollausschlag:

Elektrische Größe	Primärnormalie	Genauigkeit	Referenznormalie	Genauigkeit
Frequenz	Cäsiumresonator $f = 9192631770\,\text{Hz}$	$\frac{\Delta f}{f} = \pm 5 \cdot 10^{-13}$	Quarzoszillator, temperaturstabilisiert $f = 100\,\text{kHz}$	$\frac{\Delta f}{f} = \pm 10^{-10}$
Zeit	Atomuhr – Cäsiumstrahler mit Frequenzteiler auf 1 s	$\Delta t = \pm 10^{-13}\,\text{s}$	Normfrequenzsender DCF 77 sendet auf 77,5 kHz BCD-Zeitsignale	Abhängig von der Wellenausbreitung, $\frac{\Delta t}{t} \approx \pm 10^{-13}$
Kapazität	Berechenbarer Kondensator aus 4 Stäben von genau gemessener Länge $C = 1\,\text{pF}$ $C = 10\,\text{pF}$	$\frac{\Delta C}{C} = \pm 10^{-7}$	Gas- oder Glimmerkondensatoren $C = 100\,\text{pF} \ldots 1\,\text{nF}$	$\frac{\Delta C}{C} = \pm 10^{-5} \ldots 10^{-4}$
Induktivität	Lange, dünne Luftspule, berechenbar L: mH-Bereich	$\frac{\Delta L}{L} = \pm 10^{-6}$	Zylinderspulen, Eisenkernspulen, bei $f = 1\,\text{kHz}$ oder $f = 100\,\text{Hz}$ $L = 0{,}1\,\text{mH} \ldots 10\,\text{H}$	$\frac{\Delta L}{L} = \pm 10^{-4} \ldots 10^{-3}$
Widerstand	Manganinwiderstand, hermetisch abgeschlossen $R = 1\,\Omega$	$\frac{\Delta R}{R} = \pm 10^{-7} \ldots 10^{-6}$	Manganin- oder Evanohmwiderstände $R = 10\,\text{k}\Omega$ oder Widerstandsdekaden	$\frac{\Delta R}{R} = \pm 10^{-5} \ldots 10^{-4}$
Spannung	Weston-Normalelement $U = 1{,}0186\,\text{V}$ unbelastet	$\frac{\Delta U}{U} = \pm 6 \cdot 10^{-6}$	Z-Diodenschaltungen	$\frac{\Delta U}{U} = \pm 10^{-5} \ldots 10^{-4}$

Tabelle 5.1 Übersicht der Normalien und ihrer Genauigkeit.

$$I_M = \frac{U_M}{R_M}$$

I_M Meßwerkstrom bei Vollausschlag
U_M Spannung am Meßwerk bei Vollausschlag
R_M Gesamtwiderstand des temperaturkompensierten Meßwerks

$$I_M \sim U_M \qquad \text{für } R_M = \text{konstant}$$

Das Drehspulmeßwerk kann als indirekter Spannungsmesser verwendet werden, weil der Meßwerkstrom und damit der Zeigerausschlag der Meßwerkspannung proportional ist.

5.2.1.1 Meßbereichserweiterung

Mit dem Meßwerk allein lassen sich nur kleine Spannungen messen. Geht man von einem Maximalstrom $I_M = 10\,\mu A$ und einem Meßwerkwiderstand $R_M = 10\,k\Omega$ aus, so wäre die Spannung für den Vollausschlag

$$U_M = I_M \cdot R_M = 100\,mV.$$

Bild 5.1 zeigt die übliche Schaltung zur Meßbereichserweiterung durch Vorwiderstände. Diese lassen sich bei bekannten Meßwerksdaten leicht ermitteln. Nach Bild 5.1 gilt für die Widerstände:

$$\boxed{R_1 = \frac{U_1 - U_M}{I_M} = \frac{U_1}{I_M} - R_M}$$

$$\boxed{R_2 = \frac{U_2 - U_1}{I_M}}$$

$$\boxed{R_3 = \frac{U_3 - U_2}{I_M}}$$

Wählt man als Meßbereiche: $U_1 = 1\,V$, $U_2 = 3\,V$, $U_3 = 10\,V$, so ergeben sich mit $I_M = 10\,\mu A$ und $U_M = 100\,mV$:

$$\underline{\underline{R_1}} = \frac{1\,V - 0{,}1\,V}{10\,\mu A} = \underline{\underline{90\,k\Omega}}$$

$$\underline{\underline{R_2}} = \frac{3\,V - 1\,V}{10\,\mu A} = \underline{\underline{200\,k\Omega}}$$

$$\underline{\underline{R_3}} - \frac{10\,V - 3\,V}{10\,\mu A} = \underline{\underline{700\,k\Omega}}$$

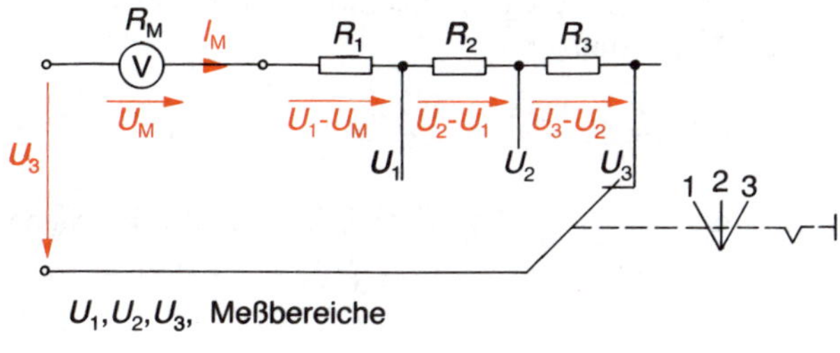

Bild 5.1
Meßbereichserweiterung beim Spannungsmesser mit Drehspulmeßwerk

Spannungsbezogener Innenwiderstand R_{iv}: Um den Einfluß des Spannungsmessers auf den Meßkreis beurteilen zu können, wird als Kenngröße des Spannungsmessers der spannungsbezogene Innenwiderstand R_{iv} angegeben. Aus Bild 5.1 geht hervor, daß der Widerstand des Spannungsmessers R_v vom Meßbereich abhängig ist.

Meßbereich U_1: $R_{v1} = R_M + R_1$

U_2: $R_{v2} = R_M + R_1 + R_2$

U_3: $R_{v3} = R_M + R_1 + R_2 + R_3$

Einen allgemeingültigen Kennwert erhält man, wenn der Innenwiderstand auf den Meßbereich bezogen wird:

$$\frac{R_{v1}}{U_1} = \frac{R_M + R_1}{U_1} = \frac{1}{I_M}$$

$$\frac{R_{v2}}{U_2} = \frac{R_M + R_1 + R_2}{U_2} = \frac{1}{I_M}$$

$$\boxed{R_{iv} = \frac{R_v}{U} = \frac{1}{I_M}} \qquad \text{(Gl. 5.1)}$$

Der spannungsbezogene Innenwiderstand eines Spannungsmessers ist gleich dem Kehrwert des Meßwerkstroms bei Vollausschlag.

Für das Meßgerät nach Bild 5.1 ergibt sich mit $I_M = 10\,\mu A$ der Wert

$$\underline{\underline{R_{iv}}} = \frac{1}{10\,\mu A} = \underline{\underline{\frac{1\,\Omega}{10\,\mu V}}} = 100\,\frac{k\Omega}{V}$$

Ist dieser Kennwert bekannt, dann läßt sich der Innenwiderstand in jedem Meßbereich errechnen:

$$\boxed{R_v = U \cdot R_{iv}} \qquad \text{(Gl. 5.2)}$$

Mit $R_{iv} = 100\,\frac{k\Omega}{V}$ und $U = 10\,V$ erhält man dann den Wert:

$$\underline{\underline{R_v}} = 10\,V \cdot 100\,\frac{k\Omega}{V} = \underline{\underline{1\,M\Omega}}$$

Der spannungsbezogene Innenwiderstand wird in der Einheit $\frac{k\Omega}{V}$ angegeben. Typische Werte sind:

$$R_{iv} = 3\,\frac{k\Omega}{V},\ 50\,\frac{k\Omega}{V},\ 100\,\frac{k\Omega}{V}.$$

Je größer R_{iv} ist, desto geringer ist der Einfluß des Spannungsmessers auf den Meßkreis.

Bild 5.2
Einfluß des Spannungsmessers auf das Meßergebnis
a) Spannungsmessung am Spannungsteiler, die gemessene Spannung U_2 ist zu klein
b) Ersatzschaltung des Spannungsteilers

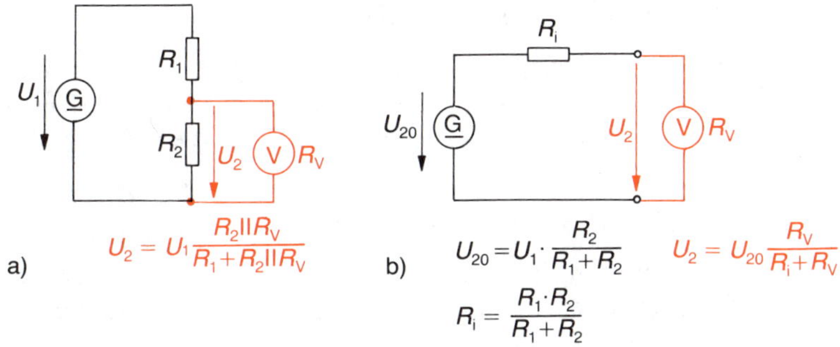

5.2.1.2 Spannungsmessung und systematischer Fehler

Wird in einer Schaltung die Spannung gemessen, so liegt der Spannungsmesser mit seinem Widerstand R_v parallel zum Meßobjekt und verfälscht damit den Meßkreis. Im Bild 5.2a wird die Ausgangsspannung eines Spannungsteilers gemessen.

Ohne den Einfluß des Meßgeräts ergäbe sich die Ausgangsspannung:

$$U_{20} = U_1 \cdot \frac{R_2}{R_1 + R_2}$$

Der angeschlossene Spannungsmesser würde aber einen kleineren Wert anzeigen:

$$U_2 = U_1 \cdot \frac{R_2 \| R_v}{R_1 + R_2 \| R_v}, \text{ mit } R_2 \| R_v = \frac{R_2 \cdot R_v}{R_2 + R_v}$$

Wie groß der entstehende Fehler wird, hängt vom Widerstand R_v und vom Innenwiderstand R_i der Meßschaltung ab.

Bild 5.2b zeigt die Ersatzschaltung des Spannungsteilers.
Daraus läßt sich ganz allgemein auf den systematischen Fehler schließen.

Der richtige Wert U_R beträgt $U_R = U_{20}$, der angezeigte Wert ist $U = U_2 = U_{20} \cdot \frac{R_v}{R_i + R_v}$.

Daraus ergibt sich der rel. Fehler:

$$f_U = \frac{U - U_R}{U_R} = \frac{U}{U_R} - 1 = \frac{R_v}{R_i + R_v} - 1 = \frac{-R_i}{R_i + R_v}$$

$$\boxed{f_U = -\frac{R_i}{R_v} \cdot \left(\frac{1}{\frac{R_i}{R_v} + 1} \right)} \qquad \text{(Gl. 5.3)}$$

Bei der Spannungsmessung entsteht ein negativer Fehler, der um so kleiner ist, je größer der Widerstand R_v des Spannungsmessers und je kleiner der Innenwiderstand des Meßkreises ist.

5.2.2 Gleichstrommessung

Das Meßwerk läßt sich unmittelbar als sehr genauer Strommesser verwenden, so lange keine Meßbereichsumschaltung erforderlich ist. Es werden Meßwerke für Ströme von etwa $I_M = 1\,\mu A$ bis 100 mA hergestellt. Nachteilig ist hierbei der relativ hohe Meßwerkwiderstand.

5.2.2.1 Meßbereichserweiterung

In der Regel wird ein Strommesser mit mehreren Meßbereichen benötigt. Grundsätzlich wäre dies durch Umschaltung der Windungszahl der Meßwerkspule zu realisieren, hätte allerdings große Probleme bei der Stromzuführung zur Folge.

Statt dessen bedient man sich der indirekten Strommessung. Der Strom fließt hierbei durch einen sehr genauen Meßwiderstand und verursacht einen Spannungsabfall. Dieser wird nun mit dem als Spannungsmesser arbeitenden Drehspulmeßwerk erfaßt und als stromproportionale Größe angezeigt.

Der Meßwiderstand und damit der Spannungsabfall wird so klein wie möglich gehalten, damit der Meßkreis weitgehend unbeeinflußt bleibt.

Daraus folgt, daß der Spannungsmesser immer in seinem empfindlichsten Bereich arbeitet und die Umschaltung der Strommeßbereiche durch Umschaltung des Meßwiderstands vorgenommen werden sollte. Bild 5.3 zeigt eine nach diesem Verfahren arbeitende Schaltung. Es versteht sich von selbst, daß wieder ein temperaturkompensiertes Meßwerk verwendet werden muß (vgl. Abschnitt 3.4.2.3).

> Ein umschaltbarer Strommesser mit Drehspulmeßwerk arbeitet nach der Methode der indirekten Strommessung: Ein temperaturkompensiertes Drehspulmeßwerk mißt den Spannungsabfall an einem stromdurchflossenen Meßwiderstand.

Die in Bild 5.3 gezeichneten Meßwiderstände R_{N1}, R_{N2}, R_{N3} liegen jeweils parallel zum Meßwerk und werden daher auch als Shunts bezeichnet.

Sie lassen sich leicht ermitteln, wenn die Meßwerkgrößen I_M, U_M, R_M bekannt sind:

$$R_{N1} = \frac{U_M}{I_1 - I_M}$$

$$R_{N2} = \frac{U_M}{I_2 - I_M}$$

$$R_{N3} = \frac{U_M}{I_3 - I_M}$$

Bild 5.3
Indirekte Stromstärkemessung mit Drehspulmeßwerk

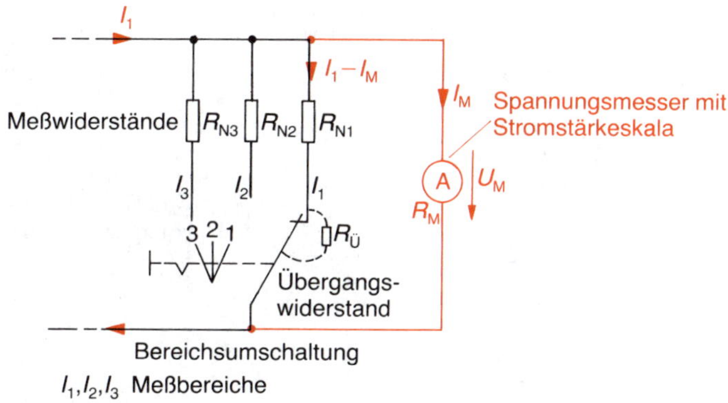

Geht man von einem Meßwerk mit den Daten

$I_M = 10\,\mu A$, $R_M = 10\,k\Omega$, $U_M = 100\,mV$

aus und will die Meßbereiche

$I_1 = 100\,mA$, $I_2 = 30\,mA$, $I_3 = 10\,mA$

realisieren, dann ergeben sich als Meßwiderstände:

$$\text{Bereich } I_1 = 100\,\text{mA}: \underline{\underline{R_{N1}}} = \frac{100\text{ mV}}{100\text{ mA} - 10\ \mu\text{A}} = \underline{\underline{1{,}0001\ \Omega}}$$

$$I_2 = 30\,\text{mA}: \underline{\underline{R_{N2}}} = \frac{100\text{ mV}}{30\text{ mA} - 10\ \mu\text{A}} = \underline{\underline{3{,}334\ \Omega}}$$

$$I_3 = 10\,\text{mA}: \underline{\underline{R_{N3}}} = \frac{100\text{ mV}}{10\text{ mA} - 10\ \mu\text{A}} = \underline{\underline{10{,}01\ \Omega}}$$

> Der Spannungsabfall am Strommesser bei Vollausschlag ist eine Kenngröße. Er ist bei Schaltungen nach Bild 5.3 so groß wie die Spannung U_M am Meßwerk.
> Typische Werte sind: $U_M = 100\,mV$, $300\,mV$.

Zu beachten ist bei der Schaltung Bild 5.3, daß der Umschalter unterbrechungsfrei schalten muß, damit das Meßwerk während des Umschaltvorgangs nicht überlastet wird.

Die Schaltung nach Bild 5.3 hat besonders dann einen Nachteil, wenn die Meßwiderstände sehr niedrige Werte annehmen. Der Übergangswiderstand $R_Ü$ des Schalters addiert sich zum Meßwiderstand und kann zu Meßfehlern führen. Dieser Mangel wird mit Schaltung Bild 5.4 behoben. Hier liegt der Widerstand $R_Ü$ in Reihe zur gesamten Strommesserschaltung und erhöht lediglich deren Eingangswiderstand unwesentlich. Der Spannungsabfall an $R_Ü$ geht dagegen nicht in die Strommessung ein.

In der Schaltung bilden die Widerstände R_M, R_{N1}, R_{N2}, R_{N3} den sogenannten Schließungswiderstand R_S des Meßwerks.

$$R_S = R_M + R_{N1} + R_{N2} + R_{N3}$$

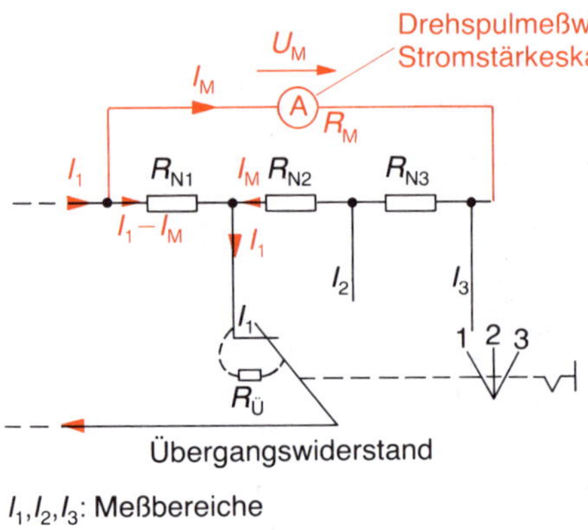

Bild 5.4
Schaltung eines Strommessers mit Drehspulmeßwerk

$R_S = R_M + R_{N1} + R_{N2} + R_{N3}$
Schließungswiderstand.

Dieser Widerstandswert beeinflußt das Dämpfungsverhalten des Meßwerks (vgl. Abschnitt 3.4.2.4). Da er in allen Meßbereichen den gleichen Betrag hat – der Meßkreis ist ja hochohmig gegen $R_{N1} \ldots R_{N3}$ –, ist die Dämpfung in allen Meßbereichen gleich. Dies ist ein weiterer Vorteil der Schaltung.

Die Berechnung der Meßwiderstände kann bei gegebenen Daten I_M, R_M, U_M auf folgende Weise geschehen:

1. Ermittlung des Schließungswiderstands im niedrigsten Strommeßbereich (hier I_3):
   $(I_3 - I_M) \cdot (R_{N1} + R_{N2} + R_{N3}) = I_M \cdot R_M = U_M$

$$R_{N1} + R_{N2} + R_{N3} = \frac{U_M}{I_3 - I_M} = \frac{R_M \cdot I_M}{I_3 - I_M}$$

$$\boxed{R_S = R_M + R_{N1} + R_{N2} + R_{N3} = R_M\left(1 + \frac{I_M}{I_3 - I_M}\right)}$$

2. Ermittlung von R_{N1} im Meßbereich I_1: $R_N = R_{N1}$
   $(I_1 - I_M) \cdot R_{N1} = I_M \cdot (R_S - R_{N1})$

$$\boxed{R_{N1} = R_S \cdot \frac{I_M}{I_1}}$$

3. Ermittlung von R_{N2} im Meßbereich I_2: $R_N = R_{N1} + R_{N2}$
   $(I_2 - I_M) \cdot (R_{N1} + R_{N2}) = I_M \cdot (R_S - R_{N1} - R_{N2})$

$$\boxed{R_{N2} = R_S \cdot \frac{I_M}{I_2} - R_{N1}}$$

4. Ermittlung von R_{N3} im Meßbereich I_3: $R_N = R_{N1} + R_{N2} + R_{N3}$
   $(I_3 - I_M) \cdot (R_{N1} + R_{N2} + R_{N3}) = I_M \cdot (R_S - R_{N1} - R_{N2} - R_{N3})$

$$R_{N3} = R_S \cdot \frac{I_M}{I_3} - R_{N1} - R_{N2}$$

Bei mehr als drei Bereichen ermittelt man entsprechend R_{N4}, R_{N5} usw.

Für den Fall von drei Meßbereichen

$$I_1 = 100\,\text{mA}, \quad I_2 = 30\,\text{mA}, \quad I_3 = 10\,\text{mA}$$

und den Meßwerkdaten

$$I_M = 10\,\mu\text{A}, \quad R_M = 10\,\text{k}\Omega, \quad U_M = 100\,\text{mV}$$

ergeben sich die folgenden Widerstandswerte:

$$R_S = R_M + \frac{U_M}{I_3 - I_M}; \quad \underline{\underline{R_S}} = 10\,\text{k}\Omega + \frac{100\,\text{mV}}{10\,\text{mA} - 10\,\mu\text{A}} = \underline{\underline{10010{,}01\,\Omega}}$$

$$R_{N1} = R_S \cdot \frac{I_M}{I_1}; \quad \underline{\underline{R_{N1}}} = 10010{,}01\,\Omega \cdot \frac{10\,\mu\text{A}}{100\,\text{mA}} = \underline{\underline{1{,}001\,\Omega}}$$

$$R_{N2} = R_S \cdot \frac{I_M}{I_2} - R_{N1}; \quad \underline{\underline{R_{N2}}} = 10010{,}01\,\Omega \cdot \frac{10\,\mu\text{A}}{30\,\text{mA}} - 1{,}001\,\Omega = \underline{\underline{2{,}336\,\Omega}}$$

$$R_{N3} = R_S \cdot \frac{I_M}{I_3} - R_{N1} - R_{N2};$$

$$\underline{\underline{R_{N3}}} = 10010{,}01\,\Omega \cdot \frac{10\,\mu\text{A}}{10\,\text{mA}} - 1{,}001\,\Omega - 2{,}336\,\Omega = \underline{\underline{6{,}673\,\Omega}}$$

Innenwiderstand des Strommessers: Der Widerstand wird im wesentlichen durch den wirksamen Meßwiderstand R_N gebildet.

$$R_A \approx R_N$$

Diesem liegt noch der Widerstand des Meßwerks parallel. Da dieser jedoch im Vergleich zu R_N hochohmig ist, kann er unbeachtet bleiben.

Je kleiner der Innenwiderstand R_A des Strommessers ist, desto geringer ist sein Einfluß auf den Meßkreis.

5.2.2.2 Strommessung und systematischer Fehler

Bei der Strommessung wird das Meßgerät vom zu messenden Strom durchflossen (Bild 5.5). Der Widerstand des Meßgeräts ist Teil des Stromkreises und muß daher im Vergleich zu den übrigen Widerständen sehr klein sein. Das Meßgerät darf ja den Stromfluß nicht beeinträchtigen.

In der Schaltung Bild 5.5 ist der richtige Stromwert nach der Gleichung $I_R = \frac{U}{R}$ berechenbar.

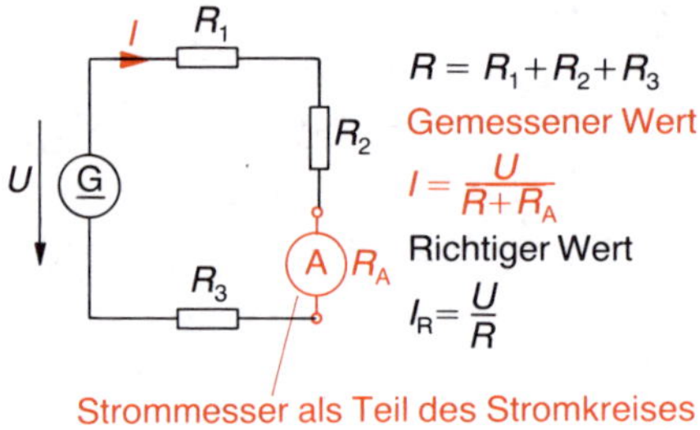

Bild 5.5 Einfluß des Strommessers auf den Meßkreis

Der Strommesser zeigt den kleineren Wert $I = \dfrac{U}{R + R_A}$ an, weil sein Widerstand R_A die Schaltung verändert.

Daraus ergibt sich der rel. Fehler:

$$f_I = \frac{I - I_R}{I_R} = \frac{\dfrac{U}{R + R_A} - \dfrac{U}{R}}{\dfrac{U}{R}} = \frac{R}{R + R_A} - 1 = -\frac{R_A}{R + R_A}$$

$$\boxed{f_I = -\frac{R_A}{R} \cdot \left(\frac{1}{\dfrac{R_A}{R} + 1}\right)} \qquad \text{(Gl. 5.4)}$$

Der Strommesser bewirkt durch seinen Widerstand R_A einen negativen Meßfehler, der um so kleiner ist, je kleiner R_A und je größer der Widerstand des Stromkreises ist.

5.2.3 Wechselspannungsmessung

In Verbindung mit einem Gleichrichter läßt sich das Drehspulmeßwerk auch zur Wechselspannungsmessung heranziehen. Hierbei richtet sich die Anzeige nach der Art des Gleichrichters.

Drehspulmeßwerke mit Mittelwertgleichrichter zeigen den Gleichrichtwert der Wechselspannung an. Drehspulmeßwerke mit Spitzenwertgleichrichter zeigen den Spitzenwert der Wechselspannung an.

5.2.3.1 Drehspulmeßwerk mit Mittelwertgleichrichter

Als Gleichrichter für Schaltungen dieser Art werden meist Zweipuls-Brückengleichrichter und Zweipuls-Mittelpunktgleichrichter nach Bild 5.6 verwendet. Besonders einfach ist die Schaltung nach Bild 5.6c. Hier ist ein Einpulsgleichrichter eingesetzt, der allerdings die Umwegdiode V_2 erfordert, damit in den Zuführungsleitungen Wechselstrom fließen kann. Da bei den Gleichrichtern die Schwellspannung der Dioden eine Gleichrichtung kleiner

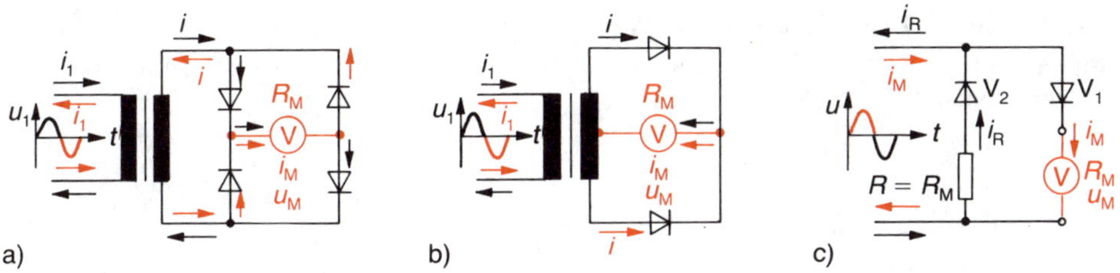

Bild 5.6 Gleichrichterschaltungen mit Drehspulmeßwerk zur Spannungsmessung
a) Zweipuls-Brückengleichrichter mit Spannungswandler
b) Zweipuls-Mittelpunktgleichrichter mit Spannungswandler
c) Einpuls-Gleichrichter mit Umwegdiode V2

Wechselspannungen verhindert, ist die Anzeige am Skalenanfang des Meßinstruments sehr ungenau. Der auswertbare Skalenbereich muß besonders gekennzeichnet werden. Um dennoch Spannungen unter 1 V genügend genau messen zu können, wird die Wechselspannung durch einen Spannungswandler transformatorisch vergrößert (Bilder 5.6a und b).

Durch den Einfluß der Gleichrichterdioden ist der Skalenanfang bei Wechselspannungsmessung nichtlinear.

Die Verwendung eines Spannungswandlers hat zur Folge, daß Gleichspannungsanteile des Signals nicht angezeigt werden. Die untere Grenzfrequenz liegt üblicherweise bei etwa 20 Hz. Ebenso ist der Frequenzbereich zu höheren Frequenzen hin deutlich begrenzt. Hier liegt die Grenzfrequenz bei etwa 20 kHz.

Auch bei Verzicht auf den Spannungswandler können Drehspulmeßwerke mit Mittelwertgleichrichter nur im Niederfrequenzbereich eingesetzt werden, da das ganze Gerät von Wechselstrom durchflossen wird und mit zunehmender Frequenz Berührungsempfindlichkeiten, Beeinflussung des Meßkreises durch komplexe Widerstände des Geräts und Fehler durch die Frequenzabhängigkeit der Anzeige auftreten.

Wechselspannungsmesser mit Mittelwertgleichrichter werden nur im Niederfrequenzbereich verwendet. Typischer Frequenzbereich: 20 Hz bis 20 kHz.

Meßbereichserweiterung: Die Meßbereichserweiterung erfolgt in gleicher Weise wie im Abschnitt 5.2.2.1 beschrieben. Das Meßwerk wird dabei durch eine der Schaltungsanordnungen Bild 5.6 ersetzt.

Anzeige und Formfaktor: Wie im Abschnitt 3.4 bereits ausführlich dargestellt wurde, ist der Zeigerausschlag des Drehspulmeßwerks dem arithmetischen Mittelwert des Meßwerkstroms proportional. Bei Verwendung eines Gleichrichters entspricht dieser dem Gleichrichtwert des Wechselstroms. Sieht man einmal vom Einfluß der Gleichrichterdioden ab, so zeigt also der Wechselspannungsmesser den Gleichrichtwert der Wechselspannung an.

$$U_{An} = |\overline{u}|$$

Es ist nicht üblich, die Skala in dieser Weise zu eichen. Statt dessen rechnet man die Skala in Sinuseffektivwerte unter Verwendung des Formfaktors $F = 1{,}11$ (vgl. Abschnitt 2.1.4) um.

Damit entsteht die Skalenfestlegung:

$$U_{\text{Skala}} = F \cdot |\overline{u}| \qquad \text{(Gl. 5.5)}$$

$$U_{\text{Skala}} = 1{,}11 \cdot |\overline{u}|$$

Für sinusförmige Wechselspannungen gilt also:

$$U_{\text{Skala}} = U_{\text{eff}}$$

> Der Wechselspannungsmesser mit Drehspulmeßwerk und Mittelwertgleichrichter zeigt auf der Skala den mit dem Formfaktor $F = 1{,}11$ multiplizierten Gleichrichtwert der Wechselspannung an.
> Bei Sinusspannung ist das der Effektivwert.

5.2.3.2 Drehspulmeßwerk mit stromgespeistem Mittelwertgleichrichter

Der störende Einfluß der Gleichrichterdioden in Bild 5.6 läßt sich eliminieren, wenn der Gleichrichter aus einer Stromquelle gespeist wird. Dazu ist es erforderlich, die zu messende Wechselspannung zunächst in einen proportionalen Wechselstrom umzuformen, der dann gleichgerichtet wird. Bild 5.7a zeigt das Prinzipschaltbild, Bild 5.7b eine Realisierung mit Operationsverstärker.

Der gegengekoppelte Operationsverstärker formt die Spannung u in den Strom $i = \frac{u}{R}$ um.

Über den Gleichrichter wird nun das Drehspulmeßwerk mit dem Strom

$$i = |i|$$

gespeist. Durch Mittelwertbildung aufgrund der mechanischen Trägheit des Meßwerks entsteht schließlich die Anzeige:

$$I_{\text{An}} = |\bar{i}| = \frac{|\overline{u}|}{R}$$

Das Meßwerk arbeitet in der Schaltung als Strommesser, braucht also nicht temperaturkompensiert zu sein. Die Skala wird in Spannungswerten geeicht, wobei wiederum der Formfaktor für Sinuskurvenform ($F = 1{,}11$) angewandt wird. Dabei entsteht wieder die Skalenbeschriftung nach Gl. 5.5.

Bild 5.7
Wechselspannungsmesser mit stromgespeistem Gleichrichter
a) Prinzip stromgespeister Gleichrichter
b) Schaltung eines stromgespeisten Gleichrichters mit Drehspulmeßwerk

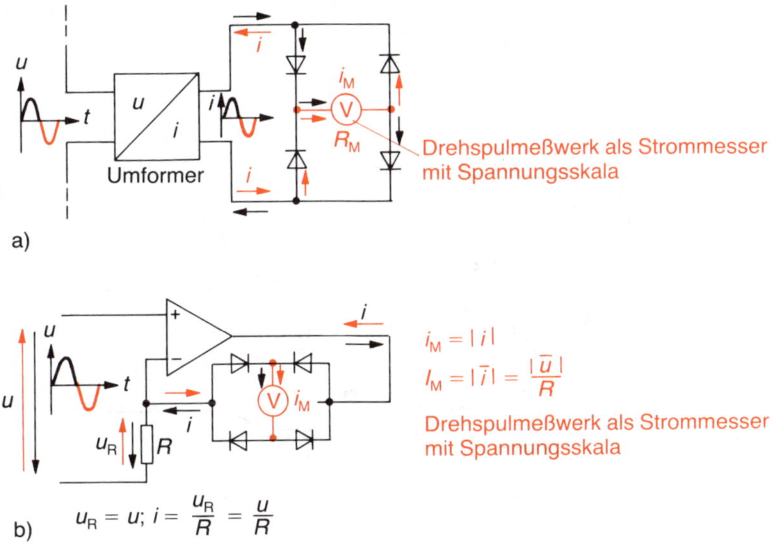

Durch die Stromspeisung des Gleichrichters wird die Schaltung unabhängig von der Schwellspannung der Dioden und dem Widerstand des Meßwerks. Auch kleinste Wechselspannungen können noch zur Anzeige gebracht werden, Meßbereiche bis zu 1 mV sind ohne weiteres möglich.

Heutige Wechselspannungsmesser mit Drehspulmeßwerk wenden fast immer dieses Verfahren an. Allerdings ist dann eine zusätzliche Spannungsversorgung für den Operationsverstärker (Batterie) erforderlich.

> Bei Wechselspannungsmessern mit stromgespeistem Gleichrichter geht die Schwellspannung der Dioden nicht in die Messung ein. Die Skala verläuft auch bei kleinen Spannungen linear.

Meßbereichserweiterung: Die Meßbereichserweiterung der Schaltung nach Bild 5.7b läßt sich mit Hilfe eines Spannungsteilers erreichen. Vorwiderstände wie sie in Bild 5.1 verwendet werden, sind hier ungeeignet, da der Operationsverstärker einen zu hohen Eingangswiderstand aufweist.

Eine komplette Schaltung ist in Bild 5.8 dargestellt.

Berechnung der Schaltung Bild 5.8:
Der spannungsbezogene Innenwiderstand wird mit

$$R_{iv} = 1\,\frac{\text{M}\Omega}{\text{V}}$$

festgelegt.
Meßwerkstrom: $I_M = 10\,\mu\text{A}$

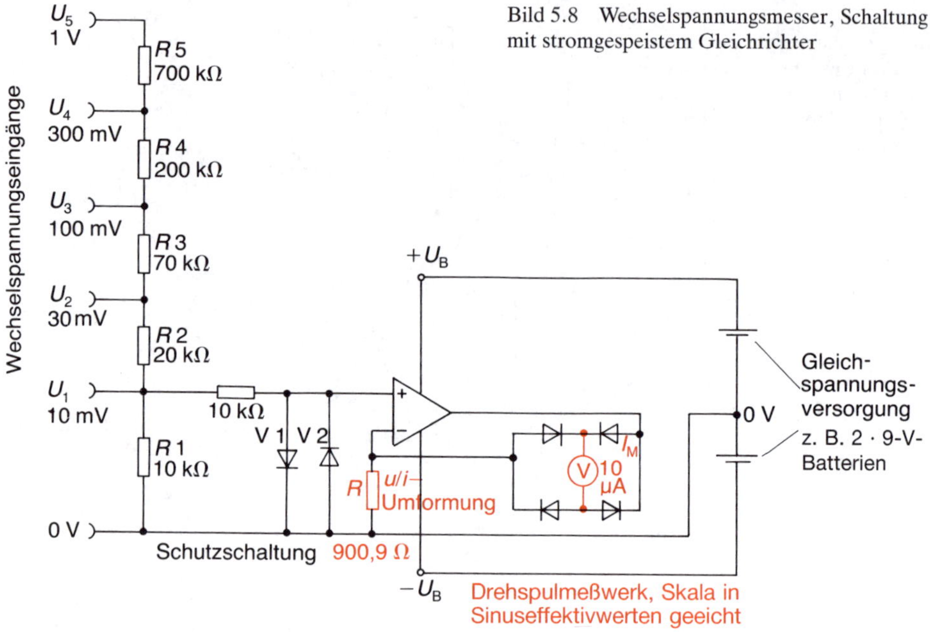

Bild 5.8 Wechselspannungsmesser, Schaltung mit stromgespeistem Gleichrichter

Meßbereiche: $U_1 = 10\,\text{mV}$
$U_2 = 30\,\text{mV}$
$U_3 = 100\,\text{mV}$
$U_4 = 300\,\text{mV}$
$U_5 = 1\,\text{V}$

Die Dioden V1, V2 parallel zum Verstärkereingang dienen dem Schutz vor Überspannungen.

Die dargestellte Schaltung arbeitet grundsätzlich bei Gleich- und Wechselspannungen. Wegen des bei Wechselspannungsmessungen angewandten Formfaktors $F = 1{,}11$ ergeben sich allerdings zwei unterschiedliche Skalen. Im vorliegenden Beispiel soll das Instrument im Meßbereich $U_1 = 10\,\text{mV}$ gerade Vollausschlag zeigen, wenn eine Sinusspannung mit dem Effektivwert $U_1 = 10\,\text{mV}$ anliegt. Daraus ergibt sich der Widerstand für die *U*/*I*-Umformung nach den Gleichungen 5.5 und 5.6:

$$R = \frac{|\overline{u}_1|}{I_M} = \frac{U_1}{F \cdot I_M}$$

$$I_M = 10\,\mu\text{A},\ F = 1{,}11$$

$$\underline{\underline{R}} = \frac{10\,\text{mV}}{1{,}11 \cdot 10\,\mu\text{A}} = \underline{\underline{900{,}9\,\Omega}}$$

Die Spannungsteilerwiderstände lassen sich mit Hilfe des geforderten Innenwiderstandes $R_{iv} = 1\,\frac{\text{M}\Omega}{\text{V}}$ errechnen:

$$R_1 = U_1 \cdot R_{iv};\ \underline{\underline{R_1}} = 10\,\text{mV} \cdot 1\,\frac{\text{M}\Omega}{\text{V}} = \underline{\underline{10\,\text{k}\Omega}}$$

$$R_2 = U_2 \cdot R_{iv} - R_1; \quad \underline{\underline{R_2}} = 30\,\text{mV} \cdot 1\,\frac{\text{M}\Omega}{\text{V}} - 10\,\text{k}\Omega = \underline{\underline{20\,\text{k}\Omega}}$$

$$R_3 = U_3 \cdot R_{iv} - R_1 - R_2; \quad \underline{\underline{R_3}} = 100\,\text{mV} \cdot \frac{1\,\text{M}\Omega}{\text{V}} - 30\,\text{k}\Omega = \underline{\underline{70\,\text{k}\Omega}}$$

$$R_4 = U_4 \cdot R_{iv} - R_1 - R_2 - R_3; \quad \underline{\underline{R_4}} = 300\,\text{mV} \cdot \frac{1\,\text{M}\Omega}{\text{V}} - 100\,\text{k}\Omega = \underline{\underline{200\,\text{k}\Omega}}$$

$$R_5 = U_5 \cdot R_{iv} - R_1 - R_2 - R_3 - R_4; \quad \underline{\underline{R_5}} = 1\,\text{V} \cdot \frac{1\,\text{M}\Omega}{\text{V}} - 300\,\text{k}\Omega = \underline{\underline{700\,\text{k}\Omega}}$$

5.2.3.3 Drehspulmeßwerk mit Spitzenwertgleichrichter

Solche Schaltungen werden vorwiegend für Messungen in der Hochfrequenztechnik angewendet. Der Gleichrichter ist dabei in einem Tastkopf untergebracht und erzeugt am Ladekondensator eine Gleichspannung, die dann über eine abgeschirmte Meßleitung dem Gleichspannungsmeßgerät mit Drehspulmeßwerk (Abschnitt 5.2.1) zugeführt wird. Der Tastkopf entspricht dem Tastrichter eines Oszilloskops (Bild 4.20).

Bei der Auswahl geeigneter Spitzenwertgleichrichter ist wieder darauf zu achten, daß in den Eingangsleitungen nur Wechselströme fließen.

Als Schaltungen werden meist die Delon- und die Villard-Schaltung (Bild 5.9) eingesetzt. Sie bilden jeweils den Spitze-Spitze-Wert der anliegenden Wechselspannung, wirken also bei Sinusspannungen als Spannungsverdoppler. Auch bei diesen Schaltungen gehen die Schwellspannungen der Dioden in die Messung ein, was zu Nichtlinearitäten am Skalenanfang führt.

> Wechselspannungsmesser mit Spitzenwertgleichrichter werden zur Messung von Hochfrequenzspannungen verwendet. Das Drehspulmeßwerk arbeitet als Gleichspannungsmesser und ist frei von Hochfrequenzströmen.

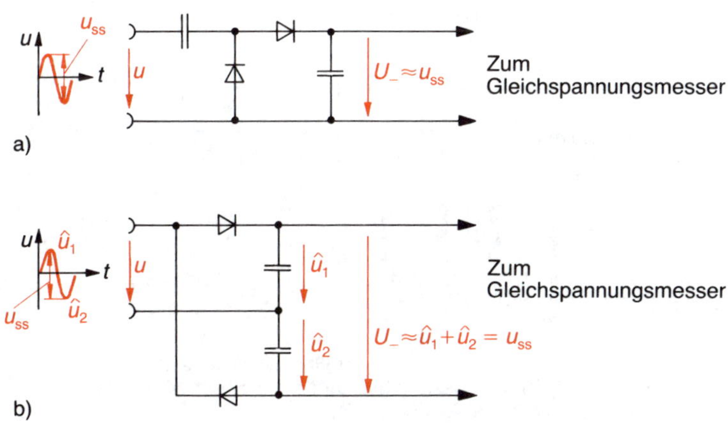

Bild 5.9
Spitzengleichrichter zur Wechselspannungsmessung
a) Villard-Schaltung
b) Delon-Schaltung

5.2.4 Wechselstrommessung

Übliche Wechselstrommesser verwenden – entsprechend den Überlegungen des Abschnitts 5.2.2 – das Drehspulmeßwerk als Spannungsmesser zur indirekten Strommessung. Natürlich muß nun der Wechselspannungsabfall an einem vom Strom durchflossenen niederohmigen Meßwiderstand angezeigt werden. Dazu können die im Zusammenhang mit der Wechselspannungsmessung bereits erläuterten Schaltungen mit einem Mittelwertgleichrichter (Bilder 5.6 und 5.7) dienen.

5.2.4.1 Meßbereichserweiterung

Grundsätzlich läßt sich die Meßbereichserweiterung auch bei der Wechselstrommessung durch Umschalten der Meßwiderstände erreichen. Die Schaltungen der Bilder 5.3 und 5.4 sind ohne weiteres anwendbar, natürlich unter Berücksichtigung der durch den Gleichrichter veränderten Daten der Meßwerkanzeige.

Im Wechselstromkreis bietet sich auch die Möglichkeit einer transformatorischen Bereichsumschaltung an. Bild 5.10 gibt dafür ein Beispiel. Der Meßwiderstand R_N bleibt hier konstant. Die Bereichswahl erfolgt über die verschiedenen Wicklungen des Stromwandlers. Der für den Vollausschlag erforderliche Wechselspannungsabfall U_N ergibt sich bei Vernachlässigung des Meßwerkstroms in jedem Meßbereich:

Bereich I_4: $U_N = I_4 \cdot R_N$

$$I_3\colon\ U_N = \frac{N_3}{N_4} \cdot I_3 \cdot R_N$$

$$I_2\colon\ U_N = \frac{N_2}{N_4} \cdot I_2 \cdot R_N$$

$$I_1\colon\ U_N = \frac{N_1}{N_4} \cdot I_1 \cdot R_N$$

Rechenbeispiel (Bild 5.10):
Läßt man im 3-mA-Bereich einen Spannungsabfall von $U_N = 0{,}6\,\text{V}$ zu, so ergibt sich als Meßwiderstand

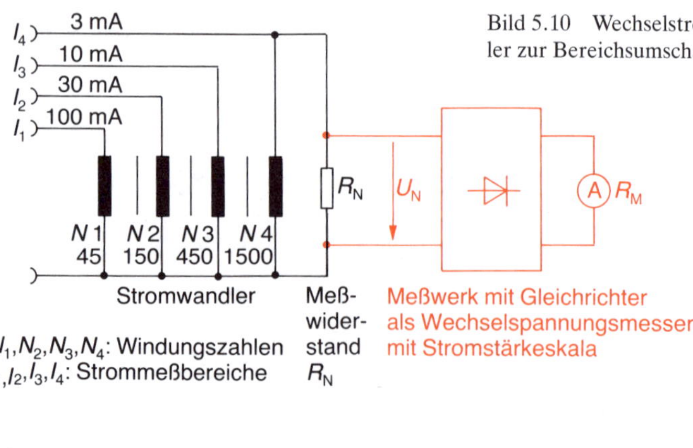

Bild 5.10 Wechselstrommesser mit Stromwandler zur Bereichsumschaltung

$$\underline{\underline{R_N}} = \frac{0{,}6\,\text{V}}{3\,\text{mA}} = \underline{\underline{200\,\Omega}}$$

Die angegebenen Windungszahlen entsprechen etwa den in der Praxis vorkommenden Werten. Sie müssen so gewählt sein, daß sich in jedem Meßbereich die gleiche Maximalspannung U_N einstellt:

$$I_4 \cdot R_N = \frac{N_3}{N_4} \cdot I_3 \cdot R_N = \frac{N_2}{N_4} \cdot I_2 \cdot R_N = \frac{N_1}{N_4} \cdot I_1 \cdot R_N$$

Mit $N_4 = 1500$ Windungen und den Meßbereichen $I_1 = 100\,\text{mA}$, $I_2 = 30\,\text{mA}$, $I_3 = 10\,\text{mA}$, $I_4 = 3\,\text{mA}$ erhält man:

$$N_3 = N_4 \cdot \frac{I_4}{I_3}; \quad \underline{\underline{N_3}} = 1500 \cdot \frac{3\,\text{mA}}{10\,\text{mA}} = \underline{\underline{450}}$$

$$N_2 = N_4 \cdot \frac{I_4}{I_2}; \quad \underline{\underline{N_2}} = 1500 \cdot \frac{3\,\text{mA}}{30\,\text{mA}} = \underline{\underline{150}}$$

$$N_1 = N_4 \cdot \frac{I_4}{I_1}; \quad \underline{\underline{N_1}} = 1500 \cdot \frac{3\,\text{mA}}{100\,\text{mA}} = \underline{\underline{45}}$$

Anzeige: Wie beim Wechselspannungsmesser wird auch die Skala des Wechselstrommessers in Effektivwerten eines Sinusstroms geeicht, obwohl das Meßwerk den Gleichrichtwert erfaßt. Unter Anwendung des Formfaktors $F = 1{,}11$ für sinusförmige Größen ergibt sich eine Stromstärkeskala:

$$\boxed{I_{\text{Skala}} = 1{,}11 \cdot |\bar{i}|} \qquad \text{(Gl. 5.6)}$$

$$\boxed{I_{\text{Skala}} = I_{\text{eff}}}$$ für sinusförmigen Stromverlauf

> Wechselstrommesser mit Drehspulmeßwerk arbeiten in der Regel nach dem Prinzip der indirekten Strommessung: Der vom Strom verursachte Wechselspannungsabfall an einem Meßwiderstand wird gemessen. Erfaßt wird der Gleichrichtwert, die Skala ist in Sinuseffektivwerten des Stroms geeicht.

5.2.5 Schaltung eines Vielfachmeßgeräts zur Spannungs- und Strommessung

Analoganzeigende Vielfachmeßgeräte arbeiten meist mit einem Drehspulmeßwerk und sind in der Regel zur Messung von Gleich- und Wechselspannungen, Gleich- und Wechselströmen und Widerständen geeignet. Bild 5.11 zeigt den Schaltungsteil für die Spannungs- und Strommessungen. Die Widerstandsmessung wird in einem eigenen Abschnitt des Buchs behandelt.

Das Meßwerk ist mit der üblichen Schutzbeschaltung (V_3, V_4) gegen Überspannungen versehen, ferner schützt eine flinke Feinsicherung F vor sehr starker, anhaltender Überbelastung. Die Gleichrichtung wird mit dem Zweipuls-Mittelpunktgleichrichter nach Bild 5.6a

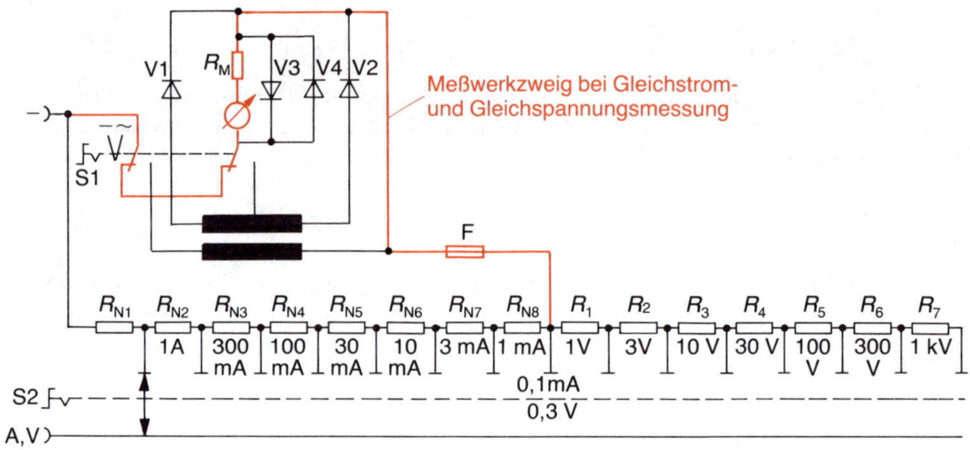

Bild 5.11 Schaltung eines Vielfachmeßgeräts für Spannungs- und Strommessungen

durchgeführt. Mit Hilfe des Spannungswandlers ist es möglich, den Meßbereich 0,3 V bei Wechselspannungsbetrieb zu realisieren. Die Bereichsumschaltung erfolgt mittels Drehschalter S_2, der während des Drehvorgangs zunächst die Strom- und anschließend die Spannungsumschaltung ermöglicht.

Zur Meßbereichserweiterung werden die Schaltungen Bild 5.1 und 5.4 angewandt.

Schalter S_1 dient der Umschaltung zwischen Gleich- und Wechselgrößen.

Meßgeräte dieser Bauart werden als Betriebsinstrumente (Klasse 1,5) eingesetzt. Wegen der Fehler bei der Gleichrichtung kleiner Spannungen sind Feinmeßgeräte auf diese Weise nicht zu realisieren.

5.3 Messung des Effektivwerts von Strom und Spannung

5.3.1 Messung mit dem Dreheisenmeßwerk

Das klassische Zeigerinstrument zur Effektivwertmessung von Strom und Spannung ist das Dreheiseninstrument. Es zeichnet sich durch seinen robusten Aufbau aus und ist dennoch ein sehr genaues Meßinstrument. Nachteilig sind der hohe Eigenverbrauch und die geringe Empfindlichkeit. Aus diesen Gründen wird das Meßgerät meist nur in der Energietechnik eingesetzt.

5.3.1.1 Strommessung

Vom Prinzip her ist das Dreheisenmeßwerk ein Strommesser (vgl. Abschnitt 3.8). Es wird häufig als Schalttafelinstrument ohne Meßbereichsumschaltung je nach Ausführung für Ströme von 30 mA bis zu 300 A eingesetzt. Als Betriebsinstrument hat es dabei die beträchtliche Verlustleistung von etwa $P_v = 1\,W$. Feininstrumente werden mit $P_v = 0{,}1\,W$ hergestellt.

Das Dreheiseninstrument ist ein echter Effektivwertmesser für den Strom. Wegen seiner geringen Empfindlichkeit und des hohen Eigenverbrauchs wird es vorwiegend in der Energietechnik eingesetzt.

Meßbereichserweiterung: Wegen der beträchtlichen Eigenerwärmung der Kupferspule und dem damit verbundenen Temperaturgang sowie der geringen Empfindlichkeit scheidet die bei Drehspulinstrumenten übliche indirekte Strommessung hier aus. Die Meßbereichsumschaltung kann deshalb nur durch Umschaltung von Spulenabgriffen erfolgen. Das ist beim Dreheisenmeßwerk leicht möglich, weil ja die Spule feststehend ist.

Im Wechselstromkreis findet auch der Stromwandler zur transformatorischen Bereichsanpassung Anwendung, insbesondere bei der Messung sehr großer Ströme.

Anzeige: Das Dreheisenmeßwerk ist ein echter Effektivwertmesser und liefert somit prinzipiell eine Anzeige, die unabhängig von der Kurvenform dem Effektivwert des Stroms entspricht.

Allerdings tritt infolge der Wirbelstrombildung im Dreheisen ein Frequenzgangfehler auf. Dies erfordert einerseits getrennte Skalen für Gleich- und Wechselstrommessung, andererseits ergibt sich eine relativ niedrige obere Grenzfrequenz von etwa 300 Hz. Letzteres ist bei der Messung von nichtsinusförmigen Strömen zu beachten, da der Anteil der Oberwellen vom Dreheisenmeßwerk nicht mehr fehlerfrei ausgewertet wird.

Die Strommessung erfolgt mit dem Dreheisenmeßwerk direkt. Meßbereichserweiterung ist durch Umschaltung von Spulenanzapfungen oder im Wechselstromkreis durch Stromwandler möglich.

5.3.1.2 Spannungsmessung

Für den Einsatz des Dreheisenmeßwerks als Spannungsmesser muß eine sorgfältige Temperaturkompensation der Meßwerkspule vorgenommen werden (vgl. Abschnitt 3.8). Die erforderlichen Zusatzwiderstände bewirken eine weitere Abnahme der Empfindlichkeit.

Das Dreheisenmeßgerät eignet sich wegen seiner geringen Empfindlichkeit nur zur Messung rel. großer Spannungen: z. B. $U > 3\,\text{V}$.

Die Meßbereichserweiterung erfolgt so wie bei einem Spannungsmesser mit Drehspulmeßwerk (Bild 5.1) durch umschaltbare Vorwiderstände. Wegen des rel. hohen Meßwerkstroms I_M, der bei 10 mA bis 100 mA liegt, haben solche Spannungsmesser nur einen kleinen spannungsbezogenen Innenwiderstand $R_{iv} = 10\,\Omega/\text{V}$ bis $100\,\Omega/\text{V}$.

Im 100-V-Bereich ergibt sich also ein Innenwiderstand von etwa $R_i = 1\,\text{k}\Omega$ bis $10\,\text{k}\Omega$ je nach Meßwerk.

Dreheisen-Spannungsmesser haben einen kleinen Innenwiderstand. Sie eignen sich nur zur Spannungsmessung an niederohmigen Schaltungen.

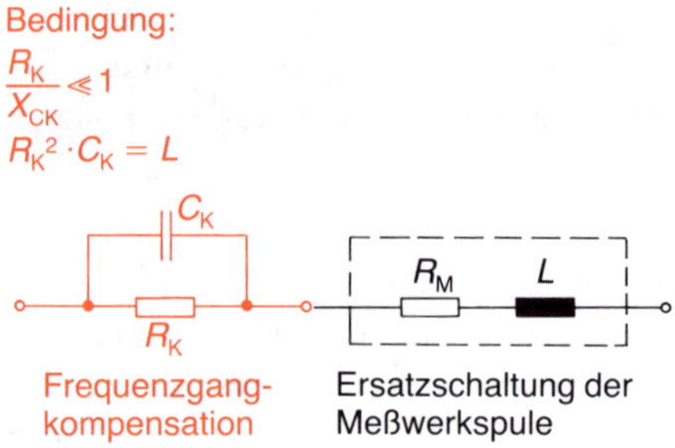

Bild 5.12 Frequenzgangkompensation des Dreheisenmeßwerks

Bei Wechselspannungsmessungen bewirkt der induktive Widerstand der Meßwerkspule einen negativen Frequenzgangfehler. Bild 5.12 zeigt das Ersatzschaltbild des Meßwerks. Mit steigender Frequenz nimmt der Scheinwiderstand Z zu, und damit verkleinert sich der die Anzeige verursachende Spulenstrom.

Dieser Effekt läßt sich in einem gewissen Frequenzbereich durch die Kompensationsschaltung R_K, C_K in Bild 5.12 ausgleichen.

> Dreheiseninstrumente sind für die Effektivwertmessung von Wechselspannungen bis zu einer Frequenz von etwa 1 kHz verwendbar.

Anzeige: Als echter Effektivwertmesser zeigt das Dreheisenmeßgerät unabhängig von der Kurvenform den Effektivwert der Spannung an. Zu beachten ist, daß bei nichtsinusförmigen Vorgängen (z. B. Spannungen bei Phasenschnittsteuerung) die enthaltenen Oberwellen noch im zulässigen Frequenzbereich liegen müssen. Für Gleich- und Wechselspannungen werden verschiedene Skalen vorgesehen, um Einflüsse durch Wirbelstrombildung und Frequenzgang berücksichtigen zu können.

5.3.2 Messung mit Thermoumformer und Drehspulmeßwerk

Dieses Meßgerät wertet die Wärmewirkung des Stroms in einem Widerstandsdraht aus. Es gehört zu den thermischen Meßgeräten (vgl. Abschnitt 3.10), Bild 3.26 veranschaulicht den Aufbau.

Der Effektivwert des zu messenden Stroms I bzw. der zu messenden Spannung U erzeugt im Widerstand R die Leistung:

$$P = \frac{U^2}{R}$$

$$P = I^2 \cdot R$$

Die Temperaturerhöhung $\Delta\vartheta$ des Widerstands ist dieser Leistung proportional. Ein Thermoelement bildet nun die Thermospannung:

$$\boxed{U_{th} = K \cdot \Delta\vartheta \sim P} \qquad \text{(Gl. 5.7)}$$

Sie ist der umgesetzten Leistung und damit dem Quadrat der Effektivwerte von Strom bzw. Spannung proportional und wird von einem empfindlichen Drehspulmeßwerk angezeigt. Auf diese Weise entsteht ein Effektivwertmesser mit quadratischer Skalenteilung.

$$U_{th} \sim U^2 \qquad \text{(Gl. 5.8)}$$

$$U_{th} \sim I^2 \qquad \text{(Gl. 5.9)}$$

Das Drehspulmeßwerk mit Thermoumformer reagiert auf das Quadrat der Effektivwerte von Spannung und Stromstärke.

Meßgeräte dieser Bauart eignen sich gut für Strom- und Spannungsmessungen in der Hochfrequenztechnik. Strommesser werden für Frequenzen bis 100 MHz hergestellt. Oberhalb 1 MHz können Frequenzgangfehler durch Induktivitäten, Kapazitäten und Skineffekt das Meßergebnis verfälschen. Diese Einflüsse müssen korrigiert werden.

Der Leistungsverbrauch kann je nach Ausführungsform einige Milliwatt, aber auch einige Watt betragen.

5.3.3 Spannungskomparator

Dieses Meßgerät erfaßt den Effektivwert eines Wechselstroms durch Vergleich mit einem Gleichstrom. Der Wechselstrom erwärmt einen Heizwiderstand. Daneben wird ein zweiter gleichartiger Heizwiderstand durch Gleichstrom erwärmt. Stimmen beide Temperaturen überein, so entspricht der Gleichstrom dem Effektivwert des Wechselstroms und kann als Meßergebnis angezeigt werden.

Entsprechendes gilt natürlich für die Spannungen an den Heizwiderständen. Bild 5.13 zeigt eine Schaltungsanordnung zur Realisierung des Vergleichs. Die zu messende Spannung wird über einen Impedanzwandler dem Heizer 1 zugeführt, der das Thermoelement 1 erwärmt. Die entstehende Thermospannung wird einem gegengekoppelten Verstärker als Eingangsspannung eingespeist. An dessen Ausgang befindet sich der Heizer 2 mit dem Thermoelement 2. Die zweite Thermospannung wird als Gegenkopplungsspannung an den Verstärkereingang zurückgeführt. Die Ausgangsspannung des Verstärkers stellt sich auf den Wert ein, bei dem die Differenzspannung U_{PN} des Verstärkers etwa 0 wird. Dies ist dann der Fall, wenn beide Thermospannungen und damit die Heizertemperaturen nahezu gleich sind. Die Gleichspannung am Verstärkerausgang kann somit als Effektivwert der Eingangswechselspannung gewertet und angezeigt werden.

Mit dem Spannungskomparator wird die Wärmewirkung eines Wechselstroms mit der eines Gleichstroms verglichen. Bei gleicher Wärmewirkung entspricht der Gleichstrom dem Effektivwert des Wechselstroms, die Gleichspannung dem Effektivwert der Wechselspannung.

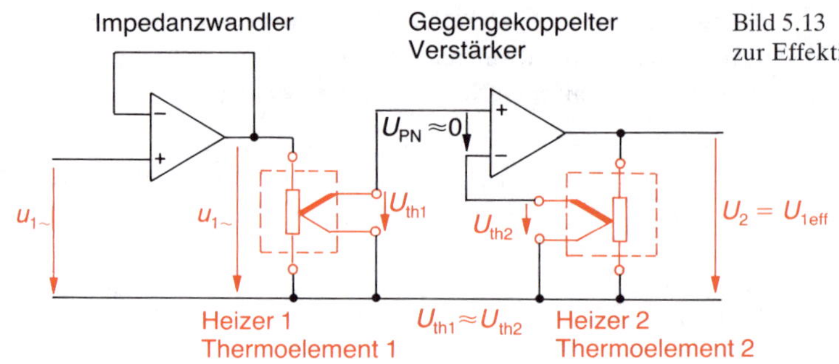

Bild 5.13 Spannungskomparator zur Effektivwertmessung

Nach diesem Prinzip können Präzisionsmeßgeräte für Wechselspannungs- und Wechselstrommessung noch bei Frequenzen von 100 MHz realisiert werden.

5.3.4 Effektivwertmessung mit Hilfe eines Analogrechners

Nach den Ausführungen des Abschnitts 2.1.2.2 ist der Effektivwert einer Spannung bzw. eines Stroms die Wurzel aus dem Mittelwert der Spannungs- bzw. Stromquadrate. Somit muß sich durch eine entprechende Analogrechenschaltung die Effektivwertbildung realisieren lassen. Prinzipiell ist dies schaltungstechnisch mit der Anordnung Bild 5.14 möglich.

Hier wird die Eingangsspannung $u_{1\sim}$ zunächst mit einem Multiplizierbaustein quadriert. Dazu sind die Eingänge E_1 und E_2 parallel geschaltet. Der nachfolgende Tiefpaß bildet den arithmetischen Mittelwert der Spannungsquadrate. Bei einer periodischen Eingangswechselspannung ist dies eine positive Gleichspannung, die hier allerdings wegen der Invertierung des Operationsverstärkers negativ wird. Das macht einen weiteren invertierenden Verstärker notwendig. Aus dem so gewonnenen quadratischen Mittelwert der Eingangswechselspannung wird jetzt mit Hilfe des nachfolgenden Radizierers die Wurzel gezogen. Damit steht an dessen Ausgang der Effektivwert U_2 der Eingangsspannung zur Verfügung. Er kann mit einem Gleichspannungsmesser angezeigt werden.

Multiplizierbausteine sind als integrierte Schaltkreise verfügbar. Ein vor allem für Leistungsmessungen eingesetzter Multiplizierer ist der Hall-Multiplizierer, der im Abschnitt über die Leistungsmessung näher beschrieben wird.

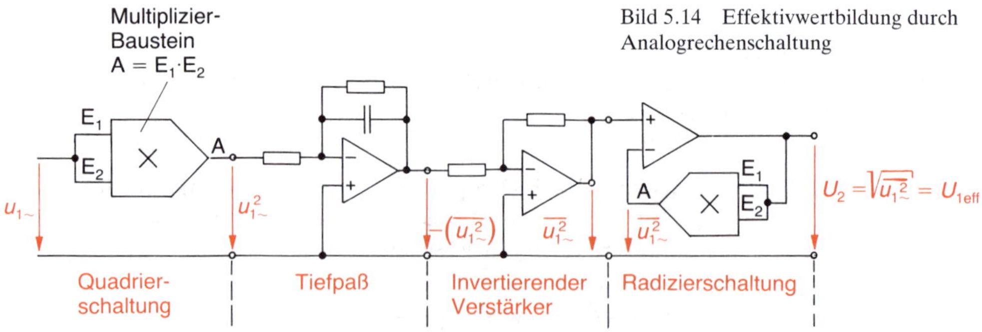

Bild 5.14 Effektivwertbildung durch Analogrechenschaltung

Effektivwertbildner mit Analogrechner erzeugen die Wurzel aus dem quadratischen Mittelwert des Stroms oder der Spannung.

Schaltungen nach Bild 5.14 werden häufig in Digitalmultimetern für Gleich- und Wechselspannungsmessung eingesetzt. Sie arbeiten im Wechselspannungsbereich bei Frequenzen von 10 Hz bis etwa 20 kHz. Die Strommessung wird indirekt unter Verwendung eines I/U-Umformers durchgeführt ($U = I \cdot R$).

5.4 Kompensationsverfahren zur Spannungs- und Strommessung

Strom- und Spannungsmesser entziehen dem Meßkreis während des Meßvorgangs ständig Energie. Dieser Eigenverbrauch ist in den meisten Fällen zwar vernachlässigbar, kann aber auch deutliche Meßfehler verursachen, wie bei den Meßverfahren mit Drehspulmeßwerk anhand der systematischen Fehler dargelegt wurde.

Kompensatoren erlauben eine nahezu belastungsfreie Messung. Hier wird die Meßgröße Spannung oder Stromstärke durch Vergleich mit einer entsprechenden Referenzgröße ermittelt. Letztere wird in kalibrierten Stufen so lange verändert, bis Gleichheit zwischen Meßgröße und Referenzgröße besteht. Die Referenzgröße wird nun als Meßergebnis abgelesen. Eine Belastung des Meßpunkts tritt nur während der Abgleichphase auf. Nach diesem Verfahren lassen sich besonders genaue Messungen durchführen: Einerseits, weil im abgeglichenen Zustand keinerlei Belastung am Meßort auftritt, andererseits weil die Messung auf den unmittelbaren Vergleich mit einem sehr genau herstellbaren Referenznormal zurückführbar ist.

Kompensatoren vergleichen die Meßgröße mit einer bekannten veränderbaren Referenzgröße und stellen Gleichheit her. Im abgeglichenen Zustand wird der Meßort nicht belastet.

5.4.1 Gleichspannungskompensatoren

Das Prinzip der Gleichspannungskompensation geht aus dem Bild 5.15 hervor. Die Referenzspannungsquelle wird verändert, bis das Nullinstrument auf 0 steht und damit Gleichheit der Spannungen signalisiert. In diesem Fall wird der Schaltung kein Strom mehr entnommen, die Messung erfolgt belastungsfrei. An der Referenzspannungsquelle kann als Meßergebnis die Spannung U_K abgelesen werden. Das Nullinstrument kann ein empfindliches Drehspulmeßwerk sein, das lediglich eine exakte Ablesung des Nulldurchgangs ermöglichen muß, sonst aber keine besonderen Anforderungen zu erfüllen hat.

Die Genauigkeit der Messung wird im wesentlichen von der einstellbaren Referenzspannungsquelle bestimmt. Es gibt verschiedene Schaltungsprinzipien, von denen hier zwei näher besprochen werden sollen.

1. Die Kompensationsspannung U_K wird durch den Spannungsabfall an einem konstanten Widerstand mit Hilfe einer veränderbaren Stromquelle erzeugt (Prinzip nach LINDECK-ROTHE).

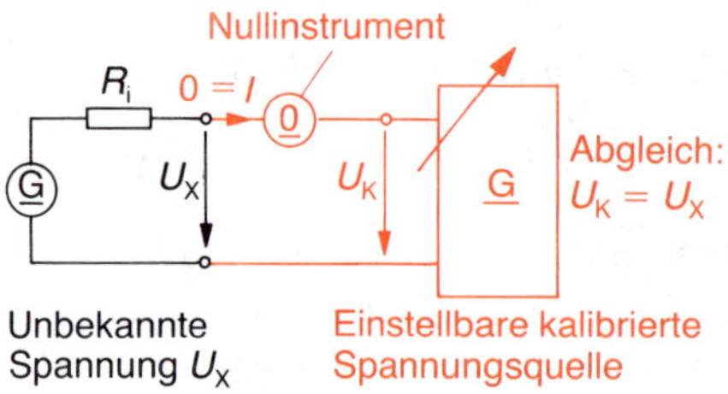

Bild 5.15 Prinzip der Spannungskompensation

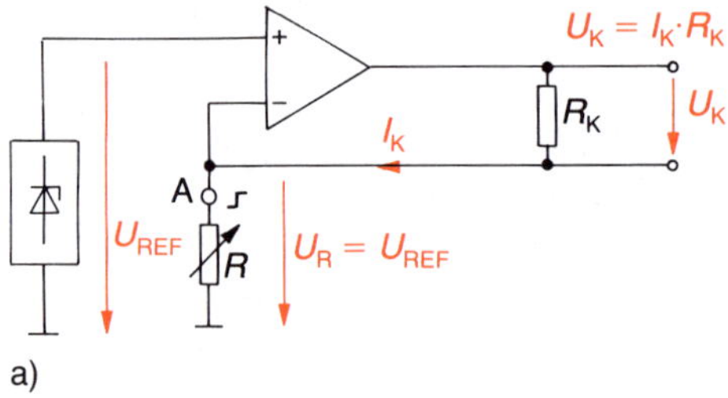

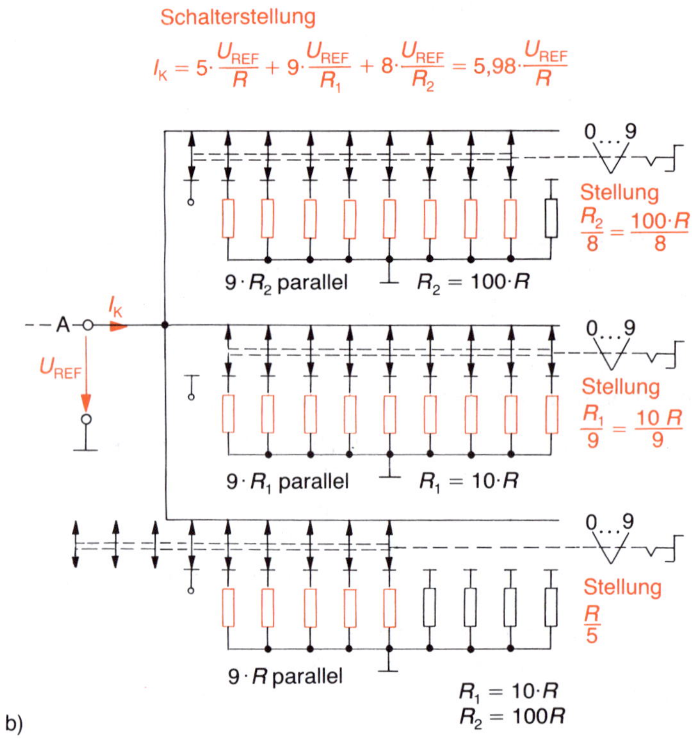

Bild 5.16 Erzeugung der Kompensationsspannung mit Hilfe einer einstellbaren Stromquelle
a) Stromquelle mit dekadisch einstellbarer Stromstärke
b) Widerstandsanordnung zur dekadischen Stromeinstellung

2. Die Kompensationsspannung U_K wird am Ausgang eines Spannungsteilers (Potentiometers) abgegriffen, dessen Eingangsspannung konstant gehalten wird (Prinzip nach POGGENDORF).

Schaltungsprinzip nach LINDECK-ROTHE: Bild 5.16a zeigt ein Schaltungsbeispiel für die erste Variante. Die Stromquelle wird durch einen Operationsverstärker mit der Referenzspannung U_{REF} realisiert. Als Referenznormal dient eine temperaturstabilisierte Z-Diodenschaltung, die hier nur symbolisch angedeutet wird. Der Operationsverstärker muß sehr hohe Leerlaufverstärkung und geringen Offset aufweisen. Durch die Gegenkopplung stellt sich der Konstantstrom

$$I_K = \frac{U_{REF}}{R}$$

ein. Am Widerstand R_K fällt dann die Kompensationsspannung

$$U_K = I_K \cdot R_K$$

$$\boxed{U_K = U_{REF} \cdot \frac{R_K}{R}} \qquad \text{(Gl. 5.10)}$$

ab. In der Schaltung wird nun der Widerstand R und damit auch der Strom I_K und die Spannung U_K stufenweise verändert. Besonderes Augenmerk ist auf die Gestaltung des Stellwiderstands R zu richten. Bild 5.16b zeigt eine mögliche Schaltung.

In jeder Dekade werden neun gleiche Widerstände schrittweise parallelgeschaltet. Der Widerstandswert der Einzelwiderstände steigt von Dekade zu Dekade um den Faktor 10. Da die Spannung an der gesamten Widerstandsanordnung U_{REF} konstant bleibt, läßt sich der Strom I_K entsprechend der gewählten Schalterstellung dekadisch einstellen. Werden in Bild 5.16b die Spannung $U_{REF} = 1\,\text{V}$ und $R = 1\,\text{k}\Omega$ gewählt, so läßt sich der Strom im Bereich

$$I_K = 0 \ldots 9{,}99\,\text{mA}$$

in Stufen von 0,01 mA einstellen. Die gezeichnete Schalterstellung würde zu der Stromstärke

$$I_K = 5{,}98 \cdot \frac{U_{REF}}{R}$$

$$\underline{\underline{I_K}} = 5{,}98 \cdot \frac{1\,\text{V}}{1\,\text{k}\Omega} = \underline{\underline{5{,}98\,\text{mA}}}$$

führen. Dieser Strom erzeugt an R_K die Spannung U_K. Mit $R_K = 1\,\text{k}\Omega$ ergäbe sich dann der Spannungsbereich: $U_K = 0 \ldots 9{,}99\,\text{V}$ in Stufen von 0,01 V.

> Beim Gleichspannungskompensator nach LINDECK-ROTHE entsteht die Kompensationsspannung als Spannungsabfall an einem konstanten Widerstand durch den Strom einer einstellbaren Stromquelle.

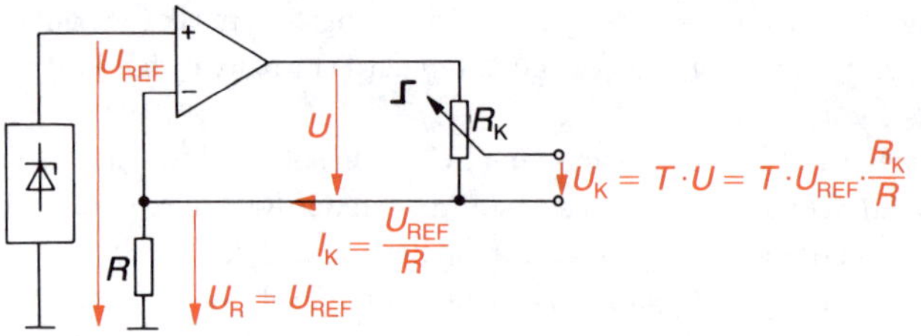

Bild 5.17
Erzeugung der Kompensationsspannung mit Spannungsteiler und Stromquelle

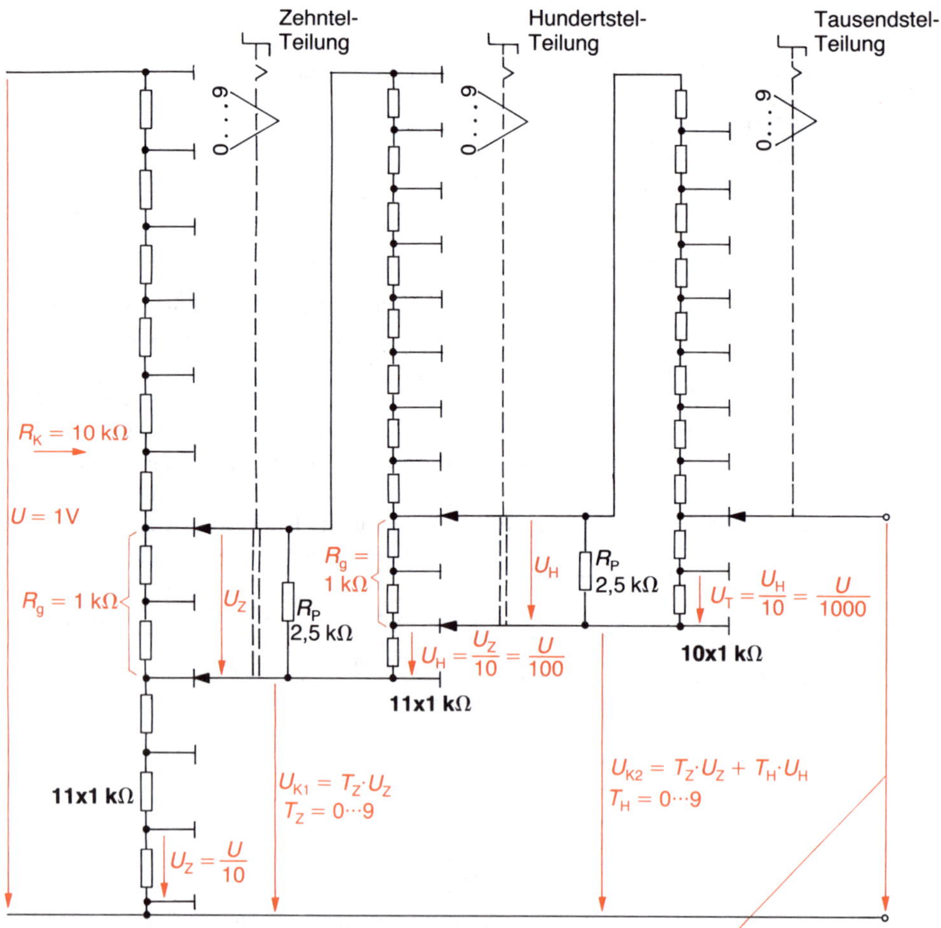

Bild 5.18 Kelvin-Varley-Teiler mit gleichen Teilerwiderständen

$U_K = T_Z \cdot U_Z + T_H \cdot U_H + T_T \cdot U_T$

$U_K = T_Z \cdot \frac{U}{10} + T_H \cdot \frac{U}{100} + T_T \cdot \frac{U}{1000}$

$T_T = 0 \cdots 9$

Potentiometerprinzip (nach Poggendorf*):* Diese Schaltungsvariante ist in Bild 5.17 veranschaulicht. Auch hier wird zunächst ein konstanter Strom I_K erzeugt, der einen Spannungsteiler mit konstantem Gesamtwiderstand R_K speist:

$$I_K = \frac{U_{REF}}{R}$$

$$U = I_K \cdot R_K$$

$$U_K = T \cdot U$$

$$\boxed{U_K = T \cdot U_{REF} \cdot \frac{R_K}{R}} \qquad \text{(Gl. 5.11)}$$

T Teilungsfaktor

Der Teilungsfaktor T läßt sich über mehrere Dekaden einstellen. Als Spannungsteiler wird häufig der im Bild 5.18 gezeigte Kelvin-Varley-Teiler eingesetzt. Der Gesamtwiderstand des Teilers ist bei unbelastetem Ausgang unabhängig von der Teilerstellung konstant.

Zur Erzeugung kleiner Kompensationsspannungen wird der Teiler häufig bei einem Gesamtwiderstand $R_K = 10\,\text{k}\Omega$ und einem Strom $I_K = 0{,}1\,\text{mA}$ mit der Eingangsspannung 1 V betrieben. Im vorliegenden Fall ergibt sich daraus der Kompensations-Spannungsbereich

$$U_K = 0 \ldots 0{,}999\,\text{V}$$

in Stufen von 1 mV.

Die dargestellte Schaltung zeigt einige Besonderheiten. Die Dekaden sind aus gleichen Widerständen aufgebaut. Dabei werden jeweils 11 Widerstände je Dekade benötigt, bei der letzten Dekade 10. Im vorliegenden Beispiel ist der Widerstand der Tausendstel-Dekade $R_T = 10 \cdot 1\,\text{k}\Omega$. Diesem wird ein Widerstand $R_P = 2{,}5\,\text{k}\Omega$ parallelgeschaltet, so daß sich insgesamt $2\,\text{k}\Omega$ ergeben. Dieser Widerstandswert legt nun über die Schleiferanschlüsse zwei Widerstände mit je $1\,\text{k}\Omega$ der Hundertstel-Dekade parallel. Daraus resultiert der Widerstand $R_g = 1\,\text{k}\Omega$. Somit entsteht auch in der Hundertstel-Dekade ein Teiler aus scheinbar 10 gleichen Widerständen mit dem Gesamtwert $R_H = 10 \cdot 1\,\text{k}\Omega$. Dies wiederholt sich in der Zehntel-Dekade entsprechend, so daß schließlich der Eingangswiderstand des Teilers $R_K = 10\,\text{k}\Omega$ wird.

Jede Dekade (T_Z, T_H, T_T) hat 10 Schaltstellungen 0 ... 9. Liest man die im Bild 5.18 entstehende Ausgangsspannung ab, so ergibt sich:

$$U_Z = \frac{U}{10}; \quad U_Z = 0{,}1\,\text{V}$$

$$U_{K1} = 3 \cdot U_Z; \quad U_{K1} = 0{,}3\,\text{V}$$

$$U_H = \frac{U_Z}{10}; \quad U_H = \frac{U}{100}; \quad U_H = 0{,}01\,\text{V}$$

$$U_{K2} = 3 \cdot U_Z + 1 \cdot U_H; \quad U_{K2} = 0{,}3\,\text{V} + 0{,}01\,\text{V} = 0{,}31\,\text{V}$$

$$U_T = \frac{U_H}{10}; \quad U_T = 0{,}001\,\text{V}$$

$$U_K = 3 \cdot U_Z + 1 \cdot U_H + 2 \cdot U_T; \quad \underline{\underline{U_K}} = 0{,}3\,V + 0{,}01\,V + 0{,}002\,V = 0{,}312\,V$$

Allgemein errechnet sich bei den Schalterstellungen T_Z, T_H, T_T der Teilungsfaktor

$$\boxed{T = \frac{T_Z}{10} + \frac{T_H}{100} + \frac{T_T}{1000}}$$

und die Kompensationsspannung

$$\boxed{U_K = \left(\frac{T_Z}{10} + \frac{T_H}{100} + \frac{T_T}{1000}\right) \cdot U} \qquad \text{(Gl. 5.12)}$$

Der Kelvin-Varley-Teiler wird mit bis zu sechs Dekaden realisiert und erlaubt Kompensationsspannungsmessungen höchster Genauigkeit.

5.4.2 Gleichstromkompensatoren

Will man eine Strommessung durchführen, ohne daß am Meßgerät ein Spannungsabfall entsteht, so kann der Stromkompensator eingesetzt werden. Dieser erzeugt elektronisch einen Strom, der dem zu messenden gleich ist. Über Widerstandsteiler kann der Referenzstrom eingestellt und abgelesen werden, wenn ein Nullinstrument die Gleichheit signalisiert.

In einem Gleichstromkompensator wird der zu messende Gleichstrom mit einem gleich großen Referenzstrom verglichen. Im abgeglichenen Zustand fällt am Kompensator keine Spannung ab.

Bild 5.19a veranschaulicht das Prinzip. Als Stromquelle könnte die in Bild 5.16 dargestellte, bereits beim Spannungskompensator angewendete Schaltung eingesetzt werden (Bild 5.19b). Es gibt eine ganze Reihe von Schaltungsmöglichkeiten, die sich vor allem in der Realisierung der Stromquelle unterscheiden.

5.4.3 Selbstabgleichende Kompensatoren

Die in den Abschnitten 5.4.1 und 5.4.2 beschriebenen Kompensatoren erfordern jeweils einen Abgleich durch die messende Person. Diese Aufgabe läßt sich durch den Einsatz von Regelungseinrichtungen automatisieren.

Kompensations-Spannungsmesser: Bild 5.20 zeigt das Grundprinzip. Ein Servomotor verstellt das Potentiometer, an dem die Kompensationsspannung abgegriffen wird, so lange, bis Gleichheit zwischen U_X und U_K besteht. Dann ist die Eingangsspannung des Verstärkers 0, der Motor bleibt stehen. Die Schleiferstellung wird auf eine Skala übertragen und erlaubt die Ablesung der gesuchten Spannung.

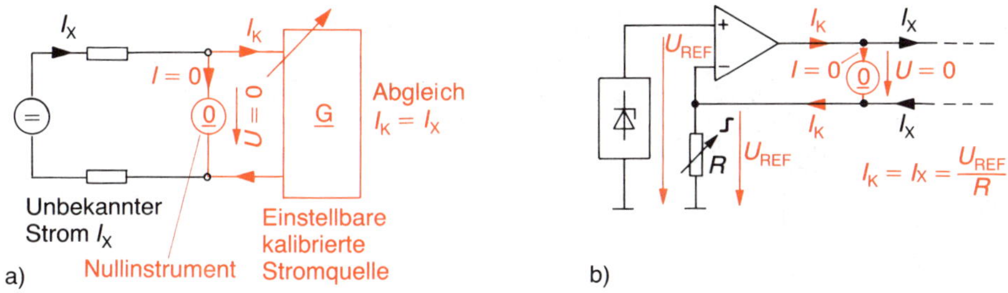

Bild 5.19 Gleichstromkompensator
a) Prinzip
b) Schaltungsbeispiel und Operationsverstärker als Stromquelle

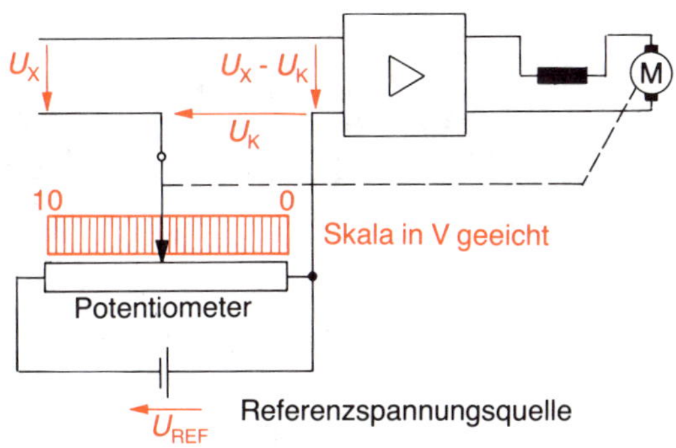

Bild 5.20 Grundprinzip eines Kompensations-Spannungsmessers

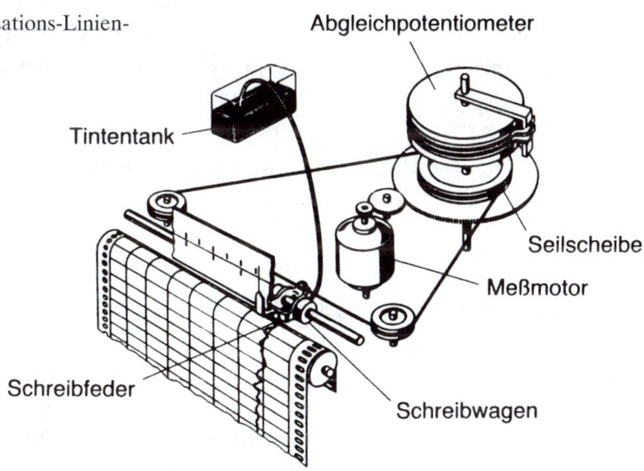

Bild 5.21 Aufbau des Kompensations-Linienschreibers (Siemens)

Kompensations-Schreiber: Überträgt man die Schleiferstellung des Potentiometers Bild 5.20 mit Hilfe eines Schreibgriffels auf einen sich gleichmäßig bewegenden Papierstreifen, so entsteht ein Linienschreiber nach dem Kompensationsprinzip (Bild 5.21).
Kompensations-Strommesser: Die Schaltung des gegengekoppelten Verstärkers Bild 5.22 kann als Strommesser nach dem Kompensationsprinzip aufgefaßt werden. Der Verstärker ändert seinen Ausgangsstrom so lange, bis die Differenzspannung U_{NP} etwa 0 ist. Je höher die Verstärkung ist, desto mehr nähert sich der Wert dem Ideal $U_{NP} = 0\,V$. Die Ausgangsspan-

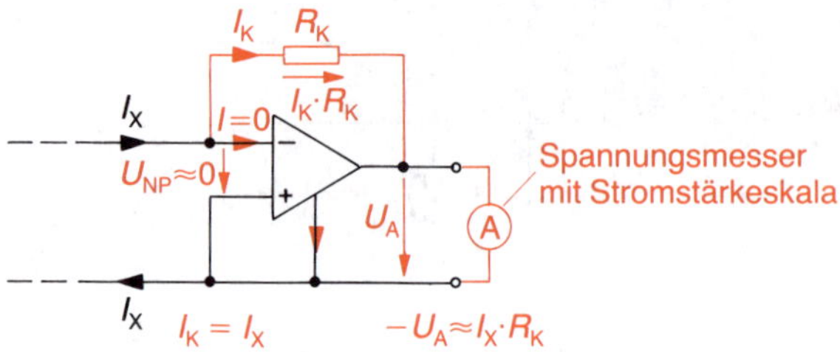

Bild 5.22
Kompensationsstrommesser
mit Operationsverstärker

nung U_A entspricht dann dem Spannungsabfall am Widerstand R_K und somit dem Strom I_K und I_X:

$$-U_A \approx I_K \cdot R_K = I_X \cdot R_K$$
$$-U_A \sim I_X$$

Diese Spannung wird nun von einem in Stromstärkeeinheiten geeichten Spannungsmesser angezeigt.

5.5 *U-f-* und *U-t-*Umformer

Wesentlich genauer als Spannungen lassen sich Frequenzen und Zeiten messen. Daher liegt der Gedanke nahe, die zu messende Spannung zunächst in eine analoge Frequenz bzw. ein analoges Zeitintervall umzuformen und diese Größen dann auszuwerten. Da der Meßfehler bei einer Frequenz- oder Zeitmessung außerordentlich gering gehalten werden kann, muß bei dieser Methode auf den Umformungsprozeß größte Sorgfalt gelegt werden, da dieser letztlich den Fehler der ganzen Messung bestimmt.

> Die *U-f-* und *U-t-*Umformung führt die Spannungsmessung in eine Frequenz- und Zeitmessung über. Die Frequenz- und Zeitmessung läßt eine sehr hohe Meßgenauigkeit zu.

Diese Umformung bringt noch weitere Vorteile mit sich. Liegen der Meßwert und die auswertende Meßwarte weit auseinander, dann muß der Spannungswert über lange Leitungen übertragen werden. Die Gefahr der Meßwertverfälschung durch Störspannungen ist dadurch sehr groß. Wird jedoch schon am Meßort z. B. eine *U-f-*Umformung vorgenommen, so läßt sich das umgeformte Signal ohne Schwierigkeiten über längere Strecken übertragen, da eine Frequenzveränderung kaum auftreten kann.

> Die *U-f-* oder *U-t-*Umformung erlaubt eine störungsfreie Fernübertragung von Meßwerten.

Ein weiterer Vorteil der Umformung liegt darin, daß sich Frequenzen und Zeitintervalle leicht digitalisieren lassen. Spannungen können somit digital angezeigt werden, was die Ablesung erleichtert. Sie können aber auch in digitalen Steuerungssystemen weiterverarbeitet oder gespeichert werden. Auf diese Weise lassen sich sehr komplexe automatische Meßsysteme realisieren.

In den folgenden Abschnitten soll das Prinzip einer *U-f-* und *U-t-*Umformung dargestellt werden. Es gibt eine ganze Reihe weiterer Verfahren, die der Spezialliteratur zu entnehmen sind. Insbesondere wird auf die Analog-Digital-Umsetzung in einem eigenen Abschnitt des Buchs eingegangen.

Die *U-f-* und *U-t-*Umformung ermöglichen die Digitalisierung von Spannungswerten und damit Digitalanzeige und -speicherung.

5.5.1 *U-f-*Umformer

Kernstück der Schaltung Bild 5.23 ist ein Integrator V_2, an dessen Eingang die – über V_1 als Impedanzwandler geführte – zu messende Spannung U steht. U sei für die folgenden Überlegungen eine Gleichspannung. Da am Plus-Eingang des Integrators die halbe Eingangsspannung liegt, gilt für den Eingangsstrom I je nach Stellung des Schalters S_1:

$$I = \pm \frac{U}{2 \cdot R_4}$$

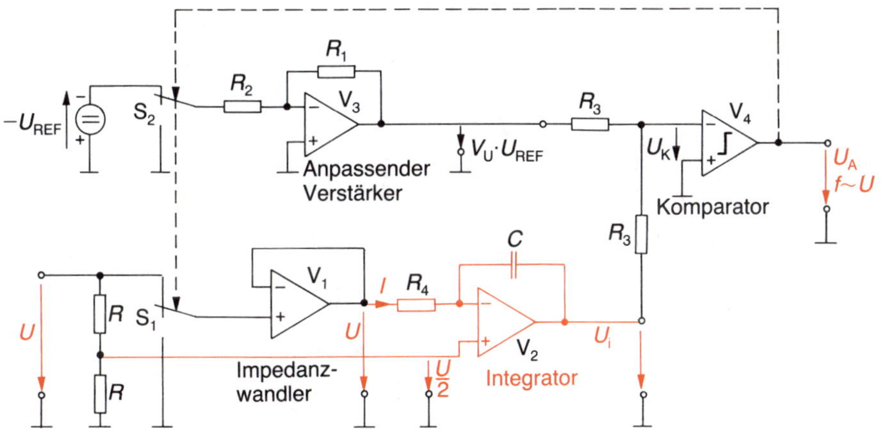

Bild 5.23 *U-f-*Umformer

Die Änderung der Ausgangsspannung des Integrators ergibt sich je nach Schalterstellung aus der Beziehung:

$$\Delta U_i = -\frac{I \cdot \Delta t}{C}$$

$$\Delta U_i = \mp \frac{U \cdot \Delta t}{2 \cdot R_4 \cdot C}$$

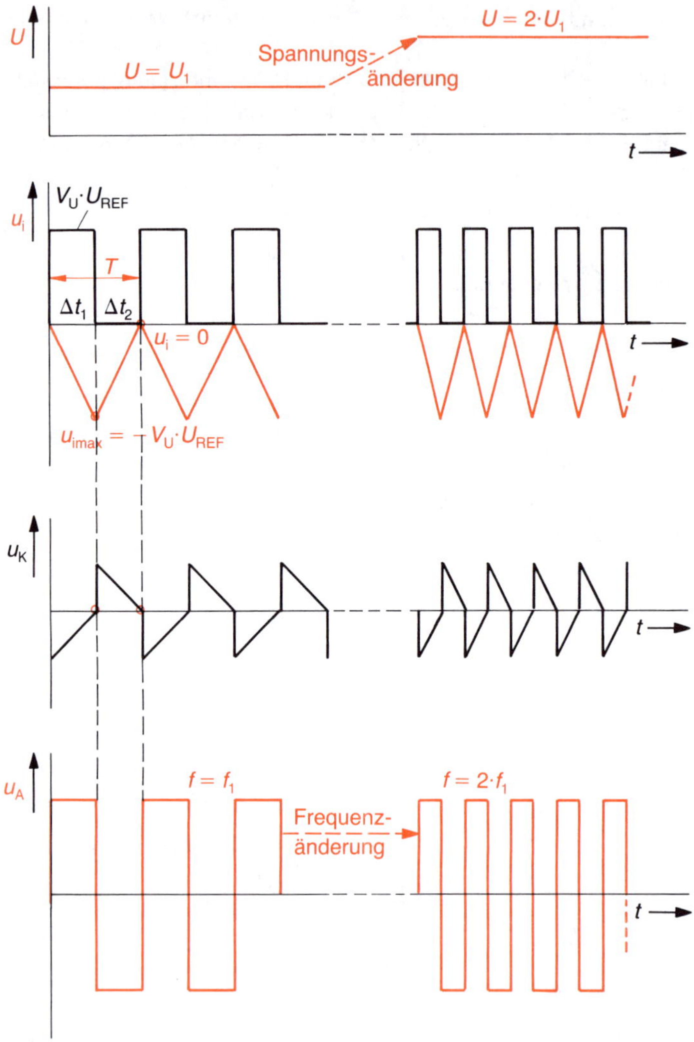

Bild 5.24 Spannungs-Zeit-Diagramme des *U*-*f*-Umformers

$$\Delta U_i = \mp \frac{U \cdot \Delta t}{2 \cdot \tau_i} \qquad \text{(Gl. 5.13)}$$

Hierbei ist $\tau_i = R_4 \cdot C$ die Integrationszeitkonstante.

Die Auf- und Abintegration wird vom Komparator V_4 gesteuert, der die elektronischen Schalter S_1, S_2 synchron umschaltet (Bild 5.23). In der gezeichneten Schalterstellung vergleicht der Komparator die angepaßte Referenzspannung $V_U \cdot U_{REF}$ mit der linear ansteigenden negativen Spannung U_i des Integrators. Sobald die Komparatorspannung U_K durch 0 läuft, schaltet der Komparator am Ausgang um und legt bei $|U_{i\,max}| = V_U \cdot U_{REF}$ die Schalter

S_1, S_2 in die zweite Position. Die am Komparator anliegende Referenzspannung ist jetzt 0, die Integratorspannung U_i verläuft nun vom negativen Maximalwert $U_{i\,max} = -V_U \cdot U_{REF}$ zurück, da der Kondensator C wegen der Richtungsumkehr von I entladen wird. Sobald die Integratorspannung den Wert $U_i = 0\,V$ erreicht, schaltet der Komparator wieder um, legt die Schalter in die Anfangsposition und der Vorgang wiederholt sich periodisch. Die Spannungsverläufe sind in Bild 5.24 dargestellt. Um den quantitativen Zusammenhang zwischen der Frequenz der Ausgangsspannung U_A und der Eingangsspannung U herzuleiten, wird nun der Spannungs-Zeit-Verlauf von u_i (Bild 5.24) ausgewertet.

Für den Abschnitt Δt_1 gilt mit Gl. 5.13 die Beziehung:

$$u_{i1} = \Delta u_{i1} = -\frac{U \cdot \Delta t}{2 \cdot \tau_i}$$

Bei $u_{i1} = -V_U \cdot U_{REF}$ wird $\Delta t = \Delta t_1$

$$-V_U \cdot U_{REF} = -\frac{U}{2} \cdot \frac{\Delta t_1}{\tau_i}$$

$$\Delta t_1 = \frac{2 \cdot \tau_i \cdot V_U \cdot U_{REF}}{U}$$

Für den Abschnitt Δt_2 kann entsprechend gelten:

$$u_{i2} = u_{i\,max} + \Delta u_{i2} = -V_U \cdot U_{REF} + \frac{U}{2} \cdot \frac{\Delta t}{\tau_i}$$

Bei $u_{i2} = 0\,V$ wird $\Delta t = \Delta t_2$, damit läßt sich Δt_2 bestimmen:

$$-V_U \cdot U_{REF} + \frac{U}{2} \cdot \frac{\Delta t_2}{\tau_i} = 0$$

$$\Delta t_2 = \frac{2 \cdot \tau_i \cdot V_U \cdot U_{REF}}{U}$$

Die Periodendauer der Integratorspannung und damit der Ausgangsspannung ergibt sich als Summe der beiden gleich langen Zeitintervalle Δt_1 und Δt_2

$$T = \Delta t_1 + \Delta t_2 = \frac{4 \cdot \tau_i \cdot V_U \cdot U_{REF}}{U}$$

Daraus läßt sich die Frequenz bestimmen:

$$\boxed{f = \frac{1}{T} = U \cdot \frac{1}{4 \cdot \tau_i \cdot V_U \cdot U_{REF}}} \qquad \text{(Gl. 5.14)}$$

Wählt man z. B. für $U_{REF} = -10\,V$, $V_U = -\frac{1}{4}$ und $\tau_i = 0{,}1\,ms$, dann entspricht die Frequenz $f = 1\,kHz$ gerade der Spannung $U = 1\,V$.

Eine Meßbereichsumschaltung läßt sich sehr einfach durch Änderung der angepaßten Referenzspannung $V_U \cdot U_{REF}$ erreichen.

Der U-f-Umformer nach Bild 5.23 liefert eine Ausgangsspannung, deren Frequenz direkt proportional der Eingangsgleichspannung ist.

Bisher wurde die Eingangsspannung als positive Gleichspannung betrachtet. Ändert sich die Polarität, dann arbeitet der Umformer ebenso, wenn zugleich die Polarität der Referenzspannung gewechselt wird. Die Frequenz des Ausgangssignals ist dann nur ein Maß für den Betrag der Eingangsgleichspannung. Zur Deutung des Vorzeichens muß ein weiterer Ausgang vorgesehen werden, der die Polarität der Referenzquelle signalisiert.

Wird als Eingangsspannung eine zeitlich veränderliche Spannung gewählt, so folgt die Ausgangsfrequenz bei langsamen Änderungen dem Momentanwert der Eingangsspannung. Bei schnellen Änderungen bildet der Integrator einen Mittelwert der Spannung, dem die Ausgangsfrequenz entspricht.

Der U-f-Umformer ist ein integrierender Umformer, die Ausgangsfrequenz ist ein Maß für den Mittelwert der Eingangsspannung. Störspannungsspitzen werden vom Integrator nahezu unterdrückt.

Die Schaltung 5.23 eignet sich gut für die Umformung kleiner Spannungen, da wegen des Auf- und Abintegrierens Offsetfehler der Verstärker V_1, V_2, V_3 und Schaltfehler des Komparators kompensiert werden. Die Genauigkeit wird durch die Stabilität der Referenzspannungsquelle, die Verstärkungsstabilität der gegengekoppelten Verstärker und die Stabilität des Integrierglieds R_4, C bestimmt. Diese Komponenten lassen sich hinreichend konstant halten, so daß eine präzise Umformung gewährleistet werden kann.

5.5.2 U-t-Impulsbreitenumformer

Auch dieser Umformer erzeugt eine Ausgangsrechteckspannung wie der U-f-Umformer. Allerdings bleibt die Frequenz der Rechteckspannung konstant, und geändert wird, abhängig von der Eingangsspannung, das Tastverhältnis. Bild 5.25 zeigt ein Prinzipschaltbild. Ein Rechteckgenerator mit konstanter Frequenz steuert den elektronischen Schalter S, der periodisch eine positive und eine negative Referenzspannung an den Eingang eines Integrators legt. Wichtig für den Meßvorgang ist dabei jedoch nur die Integration der positiven Spannung U_{REF1} mit der Integrationszeitkonstante $\tau_{\mathrm{i}} = R \cdot C$. Die negative Spannung bewirkt ein schnelles Umladen des Kondensators über die Diode, so daß am Ausgang die Spannung u_{i} sägezahnförmig wird. Somit entsteht die Integratorspannung u_{i} nach Bild 5.26. Der Komparator V_2 liefert an seinem Ausgang so lange eine positive Spannung, wie u_{i} positiv ist. Daraus ergeben sich die Rechteckimpulse u_{K1} im Bild 5.26. Der zweite Komparator vergleicht die Eingangsgleichspannung U mit der Integratorspannung und erzeugt jeweils eine positive Ausgangsspannung, wenn die Integratorspannung $u_{\mathrm{i}} > U$ ist. Daraus ergeben sich die Rechteckimpulse u_{K2} im Bild 5.26. u_{K1} und u_{K2} steuern ein EXOR-Schaltglied an, das nur dann einen positiven Ausgangsimpuls abgibt, wenn u_{K1} und u_{K2} nicht gleich sind. Dies trifft im Bereich $0 < u_{\mathrm{i}} < U$ zu, einmal bei der ansteigenden und einmal bei der abfallenden Flanke der Sägezahnspannung. An den Ausgang gelangt jedoch nur der Impuls der abfallenden Flanke, da die UND-Torschaltung nur während dieser Zeit durch die Spannung des Rechteckgenera-

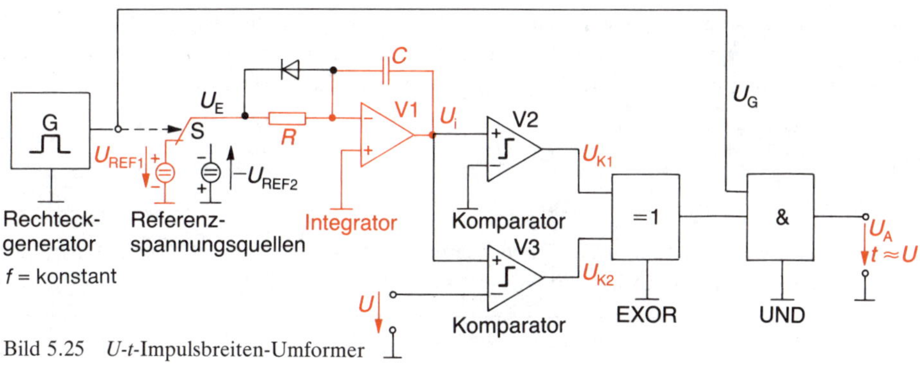

Bild 5.25 *U-t*-Impulsbreiten-Umformer

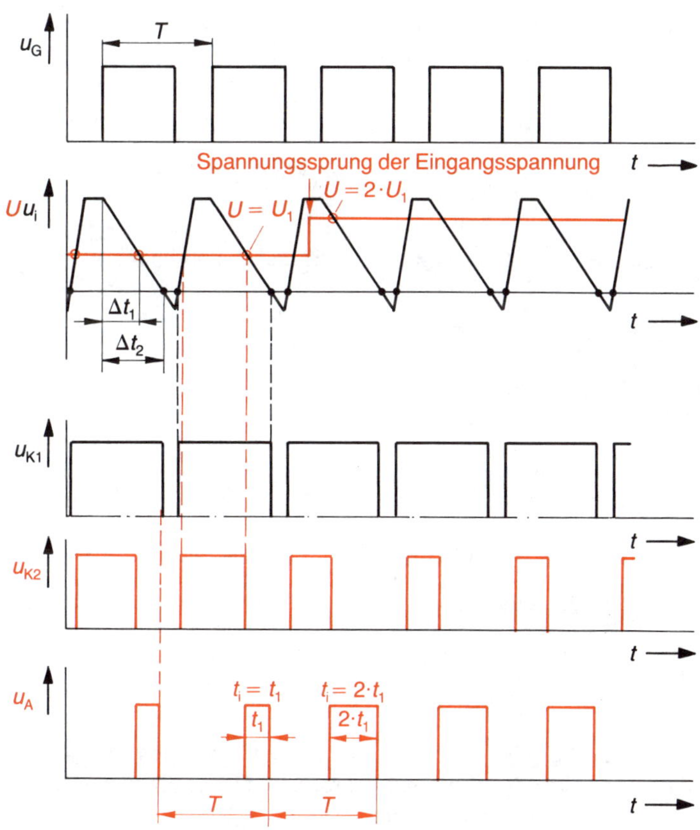

Bild 5.26 Spannungs-Zeit-Diagramm des Impulsbreiten-Umformers

tors u_G geöffnet ist. Somit entsteht schließlich die Rechteckspannung u_A nach Bild 5.26. Sie hat die gleiche Frequenz wie der Rechteckgenerator, die Impulsbreite wird jedoch durch die Eingangsspannung bestimmt, wie die zwei angedeuteten Fälle zeigen:

Für $U = U_1 \quad \rightarrow t_i = t_1$

$U = 2 \cdot U_1 \rightarrow t_i = 2 \cdot t_1$

> Der *U-t*-Impulsbreitenumformer erzeugt eine Rechteckspannung mit konstanter Frequenz. Die Breite der Rechteckimpulse ist proportional der Eingangsspannung.

Zur Ableitung des quantitativen Zusammenhangs zwischen Eingangsspannung und Impulsbreite geht man von der Integratorschaltung aus. Die Rückflanke der Sägezahnspannung kann durch den Zusammenhang beschrieben werden:

$$u_i = u_{i\,max} - U_{REF1} \cdot \frac{\Delta t}{\tau_i}$$

Mit $\tau_i = R \cdot C$ und Δt Zeitintervall im Bereich der Rückflanke.

Bis zum Erreichen des Werts U vergeht die Zeit Δt_1:

$$u_i = U = u_{i\,max} - U_{REF1} \cdot \frac{\Delta t_1}{\tau_i}$$

$$\Delta t_1 = \frac{u_{i\,max} - U}{U_{REF1}} \cdot \tau_i$$

Bis zum Erreichen des Werts $u_i = 0$ ist der Zeitabschnitt Δt_2 verstrichen:

$$u_i = 0 = u_{i\,max} - U_{REF1} \cdot \frac{\Delta t_2}{\tau_i}$$

$$\Delta t_2 = \frac{u_{i\,max}}{U_{REF1}} \cdot \tau_i$$

Die Impulsbreite t_i der Ausgangsimpulse ist gleich dem Zeitunterschied von Δt_2 und Δt_1:

$$t_i = \Delta t_2 - \Delta t_1 = \frac{u_{i\,max}}{U_{REF1}} \cdot \tau_i - \frac{u_{i\,max} - U}{U_{REF1}} \cdot \tau_i$$

$$\boxed{t_i = \frac{U}{U_{REF1}} \cdot \tau_i} \qquad \text{(Gl. 5.15)}$$

Diese Gleichung bestätigt die Proportionalität zwischen t_i und U. Es zeigt sich auch, daß für die Genauigkeit des Umformungsprozesses die Referenzspannung und die Integrationszeitkonstante ausschlaggebend sind.

Da nur die Rückflanke der Sägezahnspannung ausgewertet wird, sind für die Genauigkeit aber die Schaltzeiten der Komparatoren und der logischen Schaltglieder zu beachten.

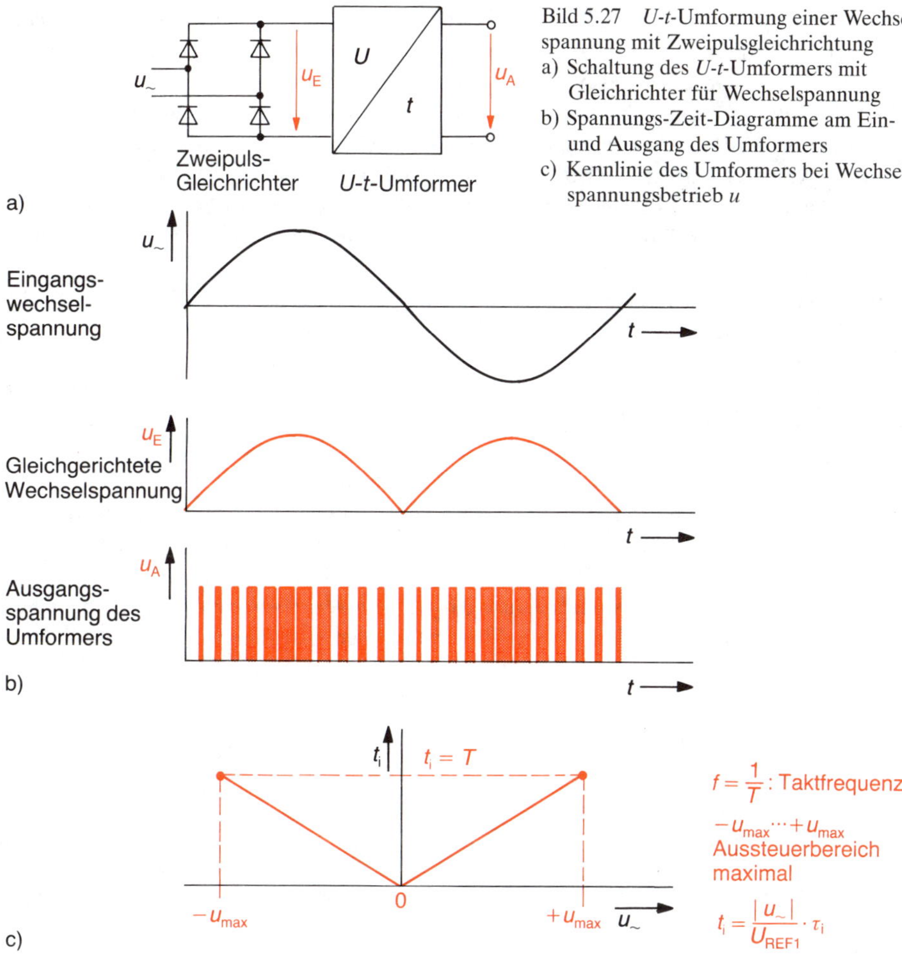

Bild 5.27 *U-t*-Umformung einer Wechselspannung mit Zweipulsgleichrichtung
a) Schaltung des *U-t*-Umformers mit Gleichrichter für Wechselspannung
b) Spannungs-Zeit-Diagramme am Ein- und Ausgang des Umformers
c) Kennlinie des Umformers bei Wechselspannungsbetrieb *u*

Die dargestellten Überlegungen beziehen sich auf Gleichspannung. Anders als bei *U-f*-Umformern werden Schwankungen der Eingangsgleichspannung unmittelbar als Zeitverschiebung von *t* wirksam. Sofern die Frequenz des Rechteckgenerators genügend hoch ist im Vergleich zu den Schwankungen der Eingangsgleichspannung, arbeitet der Umformer als Momentanwertumformer.

> Der *U-t*-Impulsbreitenumformer ist ein Momentanwertumformer für den Betrag der Eingangsspannung.

Bei Umpolung der Eingangsspannung in Bild 5.25 arbeitet die Schaltung nur dann, wenn auch die Integratorspannung u_i entsprechend umgepolt würde. Einfacher scheint es jedoch zu sein, die Eingangsspannung *U* über einen invertierenden Verstärker zu führen. Das Ausgangssignal liefert jeweils nur ein Maß für den Betrag der Eingangsspannung ohne Berücksichtigung des Vorzeichens.

Der Umformer eignet sich also nur für Spannungen gleichbleibender Polarität.

In bestimmten Anwendungsfällen, z. B. bei der Leistungsmessung mit dem Time-Division-Multiplizierer, wird der *U-t*-Umformer auch für Wechselspannungen eingesetzt. Die Taktfrequenz des Rechteckgenerators wird dann sehr viel höher gewählt als die der umzuformenden Wechselspannung. Die Wechselspannung selbst muß gleichgerichtet werden. Bild 5.27 zeigt eine Schaltung mit dem Zweipuls-Brückengleichrichter und die dazugehörenden Spannungs-Zeit-Diagramme.

Die Impulsdauer t_i der Ausgangsrechteckimpulse ist dann nach Gl. 5.15:

$$t_i = \frac{|u_\sim|}{U_{REF1}} \cdot \tau_i \qquad \text{(Gl. 5.16)}$$

Hierbei wurde der Einfluß der Gleichrichterdioden vernachlässigt.

Mit der Schaltung nach Bild 5.28 wird der Wechselspannung der durch die Gleichrichtung erzeugte Gleichspannungsanteil hinzuaddiert. Diese Schaltung ist auch unter dem Namen «Klemmschaltung» bekannt. Sie findet nur bei konstanter Wechselspannungsamplitude, z. B. im Zusammenhang mit der Leistungsmessung im 220-V- oder 380-V-Netz Anwendung. Unter Verwendung der Gl. 5.15 ergibt sich die Impulsdauer der Ausgangsimpulse:

$$t_i = \frac{T}{2} + \frac{u_\sim}{U_{REF1}} \cdot \tau_i \qquad \text{(Gl. 5.17)}$$

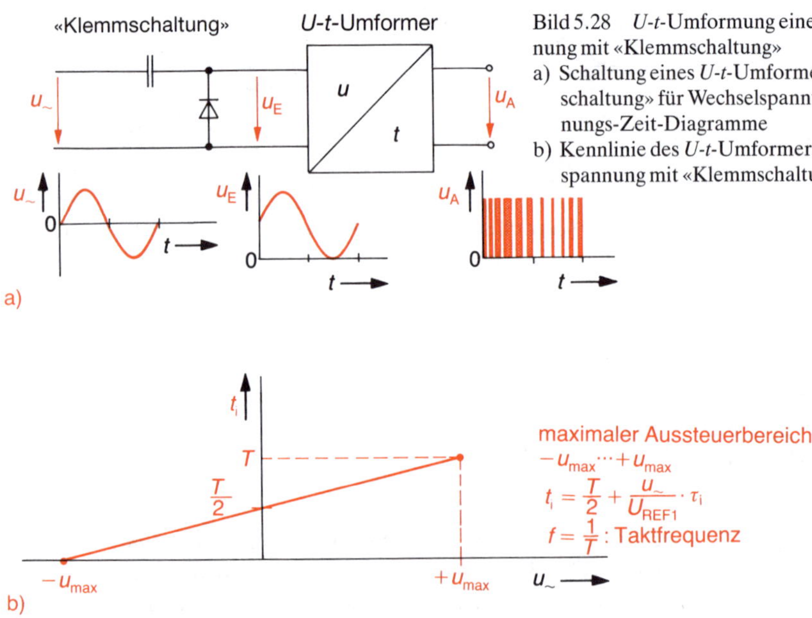

Bild 5.28 *U-t*-Umformung einer Wechselspannung mit «Klemmschaltung»
a) Schaltung eines *U-t*-Umformers mit «Klemmschaltung» für Wechselspannung; Spannungs-Zeit-Diagramme
b) Kennlinie des *U-t*-Umformers für Wechselspannung mit «Klemmschaltung»

5.6 Leistungsmessung

5.6.1 Das elektrodynamische Meßwerk als Leistungsmesser

5.6.1.1 Gleichstromkreis

Wird ein Widerstand R von Gleichstrom durchflossen, dann entsteht eine Leistung, die nach einer der folgenden Gleichungen berechnet werden kann:

$$P = I^2 \cdot R$$

$$P = \frac{U^2}{R}$$

$$P = U \cdot I$$

Grundsätzlich ist daraus zu ersehen, daß jeweils zwei Größen bekannt sein müssen, wenn eine Leistungsbestimmung möglich sein soll. Ohne spezielles Leistungsmeßgerät zu verwenden, wird daher im Gleichstromkreis häufig nur eine Strom-Spannungs-Messung durchgeführt, um die Leistung zu ermitteln. Eine Vereinfachung des Meßvorgangs ergibt sich durch den Einsatz direktanzeigender Leistungsmeßgeräte.

> Direktanzeigende Leistungsmesser sind Produktmeßgeräte, deren Anzeige dem Produkt $U \cdot I$ proportional ist.

Als Zeigerinstrument eignet sich dazu besonders das elektrodynamische Meßwerk mit entsprechender Anpassung an diese Meßaufgabe.

Das Wirkungsprinzip des Meßwerks ist im Abschnitt 3.7 dargestellt worden. Wie dort gezeigt wird, reagiert es unmittelbar auf das Produkt zweier Ströme. Zur Leistungsmessung liegt die feststehende Spule, der Strompfad, in Reihe mit dem Verbraucher, während die Drehspule, der Spannungspfad, parallel zum Verbraucher angeordnet ist. Der Spannungspfad wird von einem der Spannung proportionalen Strom durchflossen. Er muß durch Zusatzwiderstände temperaturkompensiert (vgl. Temperaturkompensation Abschn. 3.4.2.3) und als Quasi-Spannungsmesser hochohmig ausgelegt sein, während der Strompfad zur Strommessung einen sehr kleinen Widerstand aufzuweisen hat.

Bild 5.29 zeigt die beiden üblichen Schaltungen zur Leistungsmessung: Bild 5.29a Stromfehlerschaltung, Bild 5.29b Spannungsfehlerschaltung.

In beiden Anordnungen entsteht ein positiver systematischer Fehler. Es wird nicht allein die Leistung im Verbraucherwiderstand $P_R = U_R \cdot I_R$ angezeigt. Hinzu kommt ein Anteil P_M, der im Strom- bzw. Spannungspfad als Eigenverbrauch des Meßgeräts entsteht und den Fehler verursacht.

Spannungsfehlerschaltung des Leistungsmessers: Bei dieser Schaltung liegt am Spannungspfad die Summe aus Verbraucherspannung U_R und Spannungsabfall U_A des Strompfads. Registriert wird also die Spannung:

$$U = U_R + U_A$$

Der Strom wird richtig gemessen. So entsteht die Anzeige

$$P_{ANZ} = I_R \cdot (U_R + U_A) = I_R \cdot U_R + I_R \cdot U_A$$

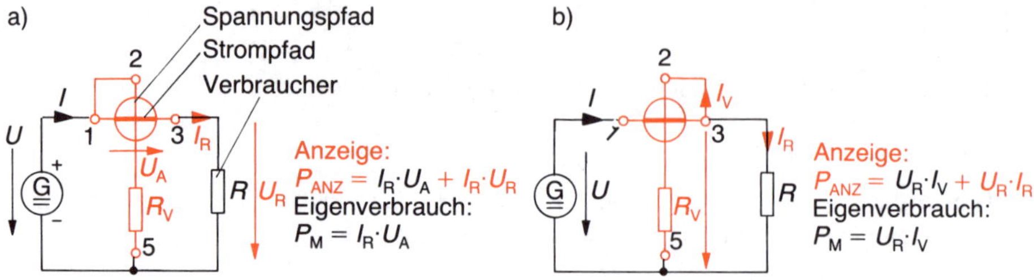

Bild 5.29 Messung der Verbraucherleistung im Gleichstromkreis mit dem elektrodynamischen Meßwerk, Klemmenbezeichnung nach DIN 43 807

a) Spannungsfehlerschaltung: Der Spannungsabfall U_A am Strompfad verfälscht das Meßergebnis

b) Stromfehlerschaltung: Der Strom durch den Spannungspfad I_V verfälscht das Meßergebnis

Mit dem Fehlerbetrag

$$P_M = I_R \cdot U_A = I_R^2 \cdot R_A$$

R_A Widerstand des Strompfads

> Die Leistungsmessung mit der Spannungsfehlerschaltung ist um so genauer, je kleiner der Widerstand R_A des Strompfades im Verhältnis zum Verbraucherwiderstand R ist.

Stromfehlerschaltung des Leistungsmessers: Hier führt nach Bild 5.29b der Strom des Spannungspfades zu einer fehlerhaften Anzeige. Der Strompfad wird vom Strom

$$I = I_R + I_V$$

durchflossen. Der Spannungspfad liegt an der Verbraucherspannung U_R. Daraus ergibt sich die angezeigte Leistung:

$$P_{ANZ} = U_R \cdot (I_R + I_V) = U_R \cdot I_R + U_R \cdot I_V$$

Mit dem Fehlerbetrag

$$P_M = U_R \cdot I_V = \frac{U_R^2}{R_V}$$

R_V Widerstand des Spannungspfads

> Die Leistungsmessung mit der Stromfehlerschaltung ist um so genauer, je größer der Widerstand R_V des Spannungspfads im Verhältnis zum Verbraucherwiderstand R ist.

Kompensierter Leistungsmesser: Um den Fehlereinfluß des Spannungspfadstroms zu unterdrücken, werden Leistungsmesser manchmal mit einer Kompensationswicklung versehen. Diese wird bifilar zur Strompfadwicklung ausgeführt und mit der Wicklung des Spannungspfades in Reihe geschaltet (Bild 5.30).

Da nun der Strom des Spannungspfads in gegensinniger Richtung sowohl den Strompfad als auch die Kompensationswicklung durchfließt, heben sich dessen Magnetfelder auf, und im

Bild 5.30 Elektrodynamischer Leistungsmesser mit Kompensationswicklung

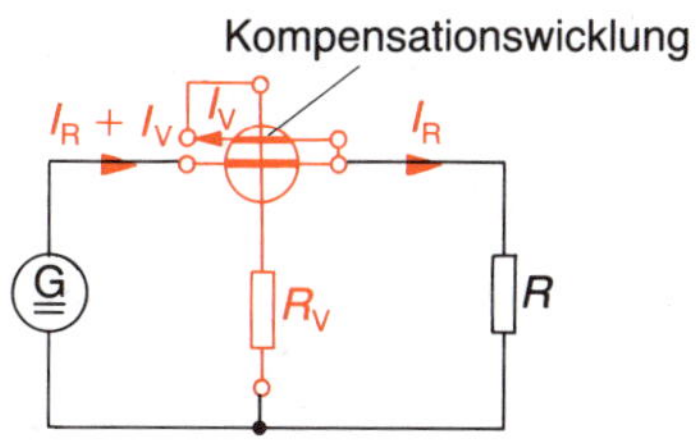

Strompfad ist nur noch der Verbraucherstrom I_R wirksam. Der systematische Fehler ist auf diese Weise kompensierbar.

Ein gewisses Problem bei der Messung der Gleichstromleistung mit dem elektrodynamischen Instrument stellt die Hysterese der Eisenteile des Meßwerks dar. Aus diesem Grund werden für die Messung der Gleichstromleistung häufig elektronische Meßverfahren angewandt, die auf der Basis von Multiplikationsschaltungen arbeiten. Das elektrodynamische Meßinstrument wird vorzugsweise für die Bestimmung der Wechselstromleistung im 50-Hz-Netz eingesetzt.

5.6.1.2 Wechselstromkreis

Bei den folgenden Überlegungen wird von sinusförmiger Spannung ausgegangen, die sich als Zeitfunktion

$$u = \hat{u} \cdot \sin(\omega \cdot t + \varphi_U)$$

darstellen läßt. Die Elemente des Stromkreises werden linear angenommen, so daß auch der Stromverlauf sinusförmig ist:

$$i = \hat{\imath} \cdot \sin(\omega \cdot t + \varphi_i)$$

φ_U, φ_i	Kennzeichnung der Phasenlage
$\omega = 2 \cdot \pi \cdot f$	Kreisfrequenz
u, i	Momentanwerte
$\hat{u}$, $\hat{\imath}$	Scheitelwerte

Zur Leistungsmessung werden die Effektivwerte herangezogen:

$$U = \frac{\hat{u}}{\sqrt{2}}$$

$$I = \frac{\hat{\imath}}{\sqrt{2}}$$

Scheinleistung: In einem Sinusstromkreis nimmt ein beliebiger komplexer Widerstand Z die Scheinleistung S auf. Sie läßt sich aus dem Betrag des Scheinwiderstands Z und den Effektivwerten der Spannung und des Stroms berechnen:

$$\boxed{S = U \cdot I} \qquad \text{(Gl. 5.18)}$$

$$S = \frac{U^2}{Z}$$

$$S = I^2 \cdot Z$$

Meßtechnisch läßt sich die Scheinleistung am einfachsten durch eine Strom- und Spannungsmessung der Effektivwerte ermitteln (Bild 5.31a).

Die Scheinleistung ist die in einem komplexen Widerstand entstehende Leistung. Sie entspricht dem Produkt aus den Effektivwerten von Strom und Spannung am Scheinwiderstand Z.
Einheit: 1 VA oder 1 W

1 VA ist die Abkürzung für ein Volt-Ampere, 1 W = 1 Watt.
Wirkleistung: Nur ein Teil der Scheinleistung wird im Scheinwiderstand Z irreversibel z. B. in Wärmeleistung umgesetzt. Diese Wirkleistung P läßt sich aus der Scheinleistung errechnen, wenn die Phasenverschiebung φ zwischen Strom und Spannung bekannt ist.

$$P = S \cdot \cos \varphi$$

$$P = U \cdot I \cdot \cos \varphi \qquad \text{(Gl. 5.19)}$$

Die Wirkleistung ist die durch den komplexen Widerstand irreversibel umgewandelte elektrische Leistung. Sie führt zur Erwärmung des Bauelements.
Einheit: 1 W

Die Messung der Wirkleistung kann direkt mit dem als Leistungsmesser arbeitenden elektrodynamischen Meßwerk erfolgen. Wie aus der Skalengleichung Gl. 3.14 hervorgeht, ist die Anzeige dem Produkt der beiden Spulenströme und dem Cosinus des Phasenverschiebungswinkels proportional:

$$\alpha = K \cdot I_1 \cdot I_2 \cdot \cos \varphi$$

Ebenso wie bei der Messung im Gleichstromkreis (vgl. Abschnitt 5.5.1.1) wird auch im Wechselstromkreis ein Strom- und ein Spannungspfad zur Messung von I und U am Meßobjekt ausgebildet und somit die Leistung nach Gl. 5.19 angezeigt (Bild 5.31b). Dabei ist natürlich wieder auf den systematischen Fehler hinzuweisen, der hier ebenso wie im Gleichstromkreis entsteht (vgl. Abschnitt 5.6.1.1).

Der elektrodynamische Leistungsmesser zeigt direkt die elektrische Wirkleistung an.

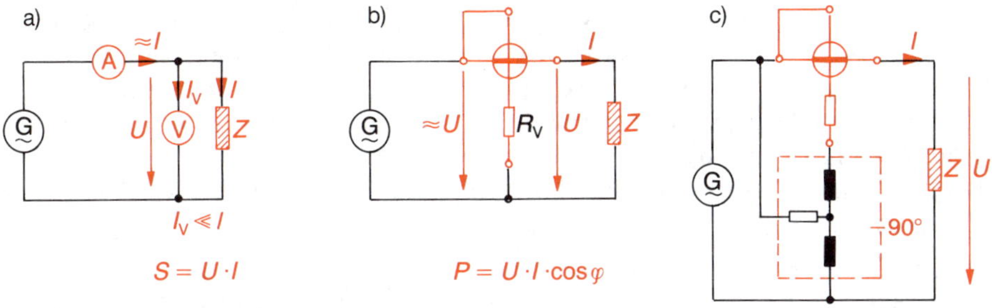

Bild 5.31 Leistungsmessung im Wechselstromkreis
a) Ermittlung der Scheinleistung aus einer Stromspannungsmessung
b) Messung der Wirkleistung mit elektrodynamischem Leistungsmesser
c) Messung der Blindleistung mit Hilfe eines Phasenschiebers und elektrodynamischem Leistungsmesser (Hummel-Schaltung)

Blindleistung: Dieser Anteil der Scheinleistung wird ständig zwischen dem komplexen Widerstand und der speisenden Quelle hin und her geschoben. Der komplexe Widerstand wirkt dabei als Speicher für elektrische Energie (Kondensator) oder magnetische Energie (Spule), der periodisch geladen und wieder entladen wird. Die Blindleistung läßt sich aus der Scheinleistung nach der Beziehung bestimmen:

$$Q = S \cdot \sin\varphi$$

$$\boxed{Q = U \cdot I \cdot \sin\varphi} \qquad \text{(Gl. 5.20)}$$

φ ist wieder der Phasenverschiebungswinkel zwischen Strom und Spannung am komplexen Widerstand.

> Die Blindleistung wird durch das Speicherverhalten eines komplexen Verbrauchers verursacht. Die Blindleistung pendelt periodisch zwischen dem komplexen Verbraucher und der Quelle hin und her.
> Einheit: 1 VAR oder 1 W

1 VAR ist die Abkürzung für 1 Volt-Ampere-Reaktiv.

Die Messung der Blindleistung kann nach Bild 5.31c ebenfalls mit einem elektrodynamischen Leistungsmesser geschehen. Allerdings muß dazu der Strom des Spannungspfads mit Hilfe eines Phasenverschiebers gegenüber der Spannung um −90° gedreht werden. Damit entsteht für den Leistungsmesser eine Phasenverschiebung zwischen den Strömen des Spannungs- und Strompfads von φ −90° und die Blindleistungsanzeige:

$$Q = U \cdot I \cdot \cos(\varphi - 90°)$$

$$Q = U \cdot I \cdot \sin\varphi$$

Als phasendrehendes Netzwerk ist in Bild 5.31c die Hummel-Schaltung dargestellt. Da die

Phasenverschiebung frequenzabhängig ist, kann der Blindleistungsmesser nur bei einer Frequenz verwendet werden. Üblicherweise werden diese Geräte für den technischen Wechselstrom mit $f = 50\,\text{Hz}$ oder $f = 60\,\text{Hz}$ konzipiert. Fehlerhafte Anzeigen ergeben sich auch, wenn die Wechselspannung oberwellenhaltig ist (z. B. phasenangeschnittene Sinusspannung), da hierbei nur die Grundwelle die richtige Phasenkorrektur erfährt.

Bei der Blindleistungsmessung sind Zeigerausschläge in positiver als auch in negativer Richtung möglich.

> Die Blindleistung wird positiv angezeigt bei induktiven Lasten und negativ bei kapazitiven Lasten.

5.6.1.3 Leistung im Drehstromnetz

Drehstromsysteme

Man unterscheidet zwischen 3- und 4-Leiter-Drehstromsystemen, je nachdem ob ein Neutralleiter zur Verfügung steht oder nicht. Danach richten sich auch die Meßschaltungen für die Leistung im Drehstromsystem.

Bild 5.32 veranschaulicht diese beiden Systeme und zeigt den Zusammenhang zwischen den Spannungen durch Zeigerdiagramme auf. Dabei sind die Verbraucher in Bild 5.32a in

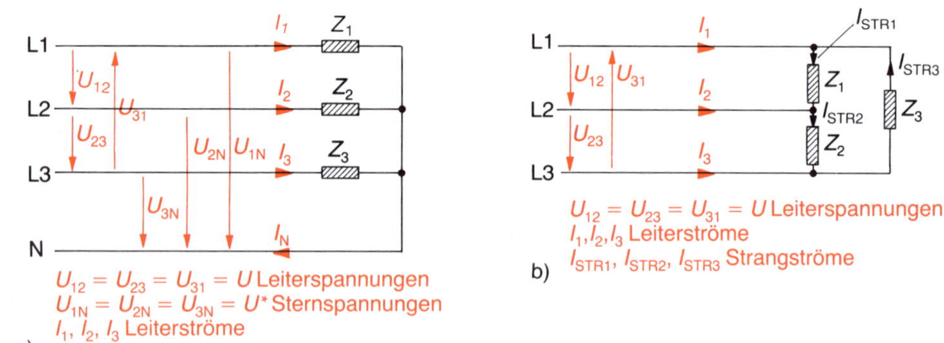

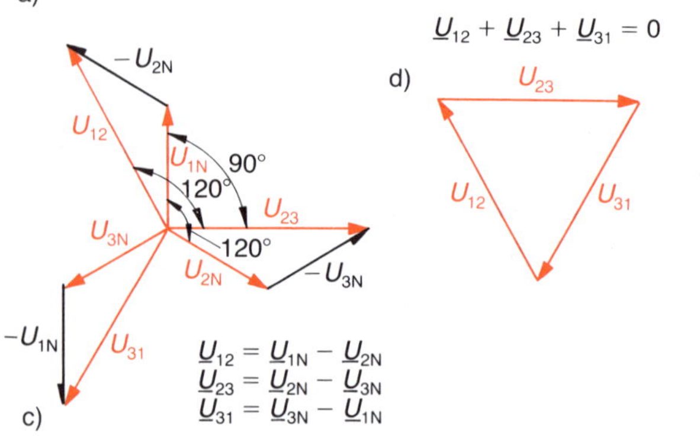

Bild 5.32 Spannungen und Ströme in Drehstrom-Systemen
a) Spannungen und Ströme im 4-Leiter-System (Sternschaltung der komplexen Verbraucher)
b) Spannungen und Ströme im 3-Leiter-System (Dreieckschaltung der komplexen Verbraucher)
c) Zeigerdiagramm der Spannungen im 4-Leiter-System
d) Zeigeraddition der Leiterspannungen im 3- und 4-Leiter-System

Sternschaltung angeordnet, d. h., sie liegen zwischen Außenleiter und Neutralleiter. Natürlich ist hier auch die Anordnung in Dreieckschaltung möglich, wie sie im Bild 5.32b dargestellt ist. Um andererseits eine Sternschaltung im 3-Leiter-System (Bild 5.32b) zu realisieren, muß ein künstlicher Sternpunkt geschaffen werden, indem die Verbraucher mit einem ihrer Anschlüsse miteinander verbunden werden, während der zweite jeweils an die Außenleiter geführt wird. Diese Methode ist allerdings nur sinnvoll anwendbar, wenn es sich um drei gleiche Verbraucher handelt, da sich sonst für jeden Verbraucher eine andere Spannung ergibt.

4-Leiter-System: Wie aus Bild 5.32a hervorgeht, ist hier zwischen der Leiterspannung und der Sternspannung zu unterscheiden. Das Zeigerbild (Bild 5.32c) zeigt die Phasenlage der einzelnen Spannungen. Die Leiterspannungen sind gegeneinander um 120° phasenverschoben, und das gleiche gilt für die Sternspannungen. Ferner besteht zwischen einer Sternspannung und der Spannung der beiden anderen Leiter jeweils eine Phasenverschiebung von 90°, die für die Messung der Blindleistung wichtig ist. Hinsichtlich der Beträge läßt sich folgende Gleichung ableiten:

$$\boxed{U = \sqrt{3} \cdot U^*} \qquad \text{(Gl. 5.21)}$$

Mit $U = U_{12} = U_{23} = U_{31}$ und $U^* = U_{1N} = U_{2N} = U_{3N}$.

Bezieht man die Phasenlage mit ein, so ergeben sich die Gleichungen der komplexen Spannungen (Verkettung):

$$\underline{U}_{12} = \underline{U}_{1N} - \underline{U}_{2N}$$

$$\underline{U}_{23} = \underline{U}_{2N} - \underline{U}_{3N}$$

$$\underline{U}_{31} = \underline{U}_{3N} - \underline{U}_{1N}$$

$$\boxed{\underline{U}_{12} + \underline{U}_{23} + \underline{U}_{31} = 0} \qquad \text{(Gl. 5.22)}$$

Im 4-Leiter-Drehstrom-System ist die Leiterspannung um den Faktor $\sqrt{3}$ größer als die Sternspannung.
Die geometrische Summe der Leiterspannungen ist immer 0.

Wird das Drehstromnetz mit beliebigen komplexen Verbrauchern $\underline{Z}$ belastet, so fließen in allen vier Leitern Ströme. Der Neutralleiter dient nach Bild 5.32a als Rückleiter, so daß die Gleichung gilt:

$$\boxed{\underline{I}_1 + \underline{I}_2 + \underline{I}_3 = \underline{I}_N}$$

Für den Sonderfall gleicher Lastwiderstände ($\underline{Z}_1 = \underline{Z}_2 = \underline{Z}_3$) ergibt die geometrische Summe der nun gleich großen Leiterströme den Wert $\underline{I}_N = 0\,\text{A}$.

Im 4-Leiter-Drehstrom-System ist die geometrische Summe der Leiterströme gleich dem Neutralleiterstrom. Bei symmetrischer Belastung wird der Strom des Neutralleiters 0.

Entsprechend den beiden verfügbaren Spannungen U und U^* können auch die Verbraucher an die Leiterspannungen angeschlossen werden, es entsteht dann die Dreieckschaltung (vgl. Bild 5.32b), oder an die Sternspannungen, dann entsteht die Sternschaltung (Bild 5.32a).

Im 4-Leiter-Drehstrom-System können die Verbraucher in Sternschaltung oder in Dreieckschaltung betrieben werden.

Wählt man die Sternschaltung Bild 5.32a, so entsprechen die Verbraucherspannungen, Strangspannungen U_{STRY} genannt, den Sternspannungen:

$$U_{\mathrm{STRY}} = U^* = \frac{U}{\sqrt{3}} \qquad \text{(Gl. 5.24)}$$

Die Ströme der Verbraucher, Strangströme I_{STRY} genannt, sind gleich den Leiterströmen:

$$I_{\mathrm{STRY}} = I \qquad \text{(Gl. 5.25)}$$

In der Sternschaltung liegen die Verbraucher an der Sternspannung und werden vom Leiterstrom durchflossen.

3-Leiter-System: Wird der Neutralleiter nicht verwendet, so ergeben sich nur drei Leiterströme, deren geometrische Summe 0 ergeben muß:

$$\underline{I}_1 + \underline{I}_2 + \underline{I}_3 = 0 \qquad \text{(Gl. 5.26)}$$

Das gleiche gilt für die Spannungen, die ebenso wie in Gl. 5.22 geometrisch addiert, in jedem Augenblick den Summenwert 0 haben.

Im 3-Leiter-Drehstrom-System ist die geometrische Summe der Leiterströme 0.

Da die Sternspannung nicht verfügbar ist, kommt für die Verbraucher nur die Dreieckschaltung Bild 5.32b in Frage. Es sei denn, man schafft sich einen künstlichen Sternpunkt, wie bereits früher beschrieben wurde.

An den Verbrauchern der Dreieckschaltung liegt als Strangspannung $U_{\mathrm{STR}\triangle}$ die Leiterspannung:

$$U_{STR\triangle} = U \qquad \text{(Gl. 5.27)}$$

Im Vergleich zur Sternschaltung des 4-Leiter-Systems ist diese also um den Faktor $\sqrt{3}$ größer als die Spannung U_{STRY}. Das gleiche gilt dann auch für die Strangströme, die bei gleichen Verbraucherwiderständen um den Faktor $\sqrt{3}$ größer werden als bei Sternschaltungen:

$$I_{STR\triangle} = \sqrt{3} \cdot I_{STRY}$$

Um auf die Größe der Leiterströme zu schließen, lassen sich nach Bild 5.32b die folgenden komplexen Gleichungen bilden (Verkettung):

$$\underline{I}_1 = \underline{I}_{STR1} - \underline{I}_{STR2}$$

$$\underline{I}_2 = \underline{I}_{STR2} - \underline{I}_{STR1}$$

$$\underline{I}_3 = \underline{I}_{STR3} - \underline{I}_{STR2}$$

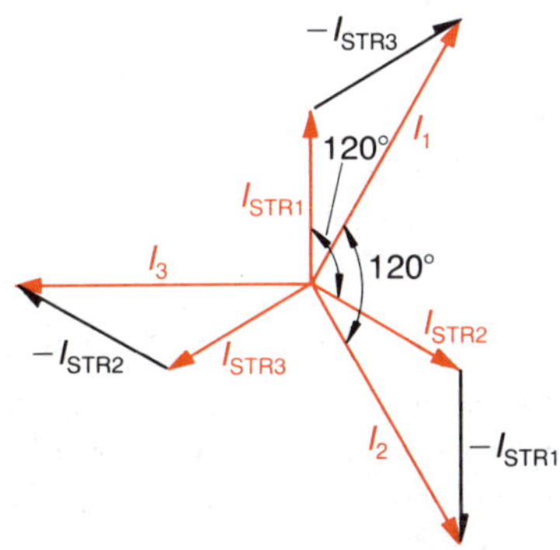

Bild 5.33 Zeigerdiagramm der Ströme in der Dreieckschaltung

Nimmt man einmal symmetrische Belastung ($\underline{Z}_1 = \underline{Z}_2 = \underline{Z}_3$) des Systems an, dann sind alle Strangströme dem Betrag nach gleich und gegeneinander um 120° phasenverschoben. Als Zeigerbild ergibt sich die Darstellung Bild 5.33. Dieser kann man entnehmen, daß die Leiterströme um den Faktor $\sqrt{3}$ größer als die Strangströme sind:

$$I = \sqrt{3} \cdot I_{STR\triangle} \qquad \text{(Gl. 5.28)}$$

für symmetrische Belastung.

Vergleicht man nochmals die Dreieck- mit der Sternschaltung, so zeigt sich, daß die Leiterströme der Dreieckschaltung um das Dreifache größer sind als die der Sternschaltung, gleiche Belastungswiderstände vorausgesetzt. Bei gleichen Leiterspannungen führt das im Falle ohmscher Belastung zur dreifachen Gesamtleistungsaufnahme.

In der Dreieckschaltung sind bei symmetrischer Belastung die Leiterströme um den Faktor $\sqrt{3}$ größer als die Strangströme.

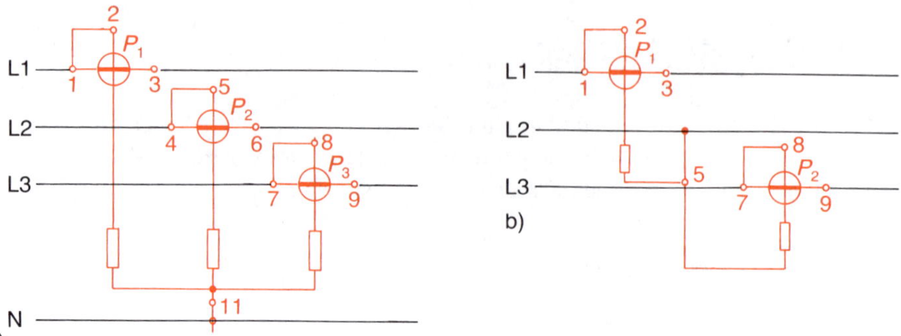

a)

Bild 5.34 Leistungsmessung im Drehstromnetz bei beliebiger Belastung mit kombinierten Leistungsmessern; Klemmenbezeichnung nach DIN 43 807

a) Wirkleistungsmessung im 4-Leiter-Drehstrom-System mit 3 kombinierten Leistungsmessern
b) Wirkleistungsmessung im 3-Leiter-System mit 2 kombinierten Leistungsmessern (Aron-Schaltung)

Messung der Wirkleistung

Verwendet man wieder das elektrodynamische Meßwerk als Leistungsmesser, so gilt die Regel, daß für n Leiter eines Netzes $n - 1$ Leistungsmesser erforderlich sind, wenn beliebige Belastungsfälle zugelassen werden. Dies ergibt sich aus der Vorstellung, daß jeweils ein Leiter als Rückleiter fungiert, während die übrigen Hinleiter sind, deren Ströme einzeln registriert werden. Im 4-Leiter-Drehstrom-System sind somit drei Leistungsmesser einzusetzen, im 3-Leiter-System nur zwei.

Bild 5.34 zeigt für beide Fälle die übliche Anordnung der Leistungsmesser. Diese können als drei bzw. zwei unabhängige Meßgeräte eingesetzt werden. Es gibt allerdings für Drehstrommessungen auch Meßgeräte mit drei Meßsystemen auf einer Drehachse, so daß die Anzeige unmittelbar ohne Zwischenrechnung das Meßergebnis liefert. Bei diesen Geräten sind die Anschlußklemmen nach DIN 43 807 numeriert. Die Gesamtleistung P nach Bild 5.34a ergibt sich aus der Summe der angezeigten Einzelleistungen:

$$\boxed{P = P_1 + P_2 + P_3}$$

$$\boxed{P = U_{1\mathrm{N}} \cdot I_1 \cdot \cos\varphi_1 + U_{2\mathrm{N}} \cdot I_2 \cdot \cos\varphi_2 + U_{3\mathrm{N}} \cdot I_3 \cdot \cos\varphi_3} \qquad \text{(Gl. 5.29)}$$

Wird das Drehstromsystem symmetrisch belastet, dann sind die angezeigten Einzelleistungen gleich groß, und es genügt ein Leistungsmesser, dessen Anzeige mit dem Faktor 3 zu multiplizieren ist.

> Im 4-Leiter-Drehstrom-System erfordert die Messung der Gesamtleistung drei Leistungsmesser. Die Gesamtwirkleistung ist die Summe der angezeigten Teilleistungen. Bei symmetrischer Belastung genügt ein Leistungsmesser, dessen Anzeige mit dem Faktor 3 zu multiplizieren ist.

Die Leistungsmesserschaltung Bild 5.34b verwendet die Leiter L_1 und L_3 als Hinleiter, deren Strom durch die Meßgeräte fließt. L_2 nimmt die Funktion des Rückleiters an. Die Gesamtwirkleistung ergibt sich als Summe der beiden Teilleistungen:

$$\boxed{P = P_1 + P_2}$$

$$\boxed{P = U_{12} \cdot I_1 \cdot \cos\varphi_1 + U_{32} \cdot I_3 \cdot \cos\varphi_3} \qquad \text{(Gl. 5.30)}$$

Daß dies dem tatsächlichen Wirkleistungsverbrauch entspricht, zeigt die folgende Rechnung: Es sei eine Dreieckschaltung aus drei gleichen Wirkwiderständen angenommen (Bild 5.32b).

Die Gesamtleistung ergibt sich dann aus den Strangströmen und -spannungen:

$$P = I_{STR1} \cdot U_{STR1} + I_{STR2} \cdot U_{STR2} + I_{STR3} \cdot U_{STR3}$$

Hierbei gilt: $U_{STR1} = U_{12}, U_{STR2} = U_{23}, U_{STR3} = U_{31}; U_{12} = U_{23} = U_{31} = U; I_{STR1} = I_{STR2} = I_{STR3} = I_{STR\triangle}$ und mit Gl. 5.28: $I = \sqrt{3} \cdot I_{STR\triangle}$.

Daraus ergibt sich die einfache Beziehung für symmetrische Wirklast:

$$P = 3 \cdot \frac{I}{\sqrt{3}} \cdot U = \sqrt{3} \cdot I \cdot U$$

Dies wird auch von den Leistungsmessern nach Gl. 5.30 ermittelt. Der Phasenwinkel ist aus dem Zeigerdiagramm Bild 5.33 zu entnehmen: I_{STR1} ist gleichphasig zu U_{12}, damit ist der Phasenwinkel φ_1 gleich dem Winkel zwischen $\underline{I}_{STR1}$ und $\underline{I}_1$, er beträgt $\varphi_1 = 30°$. Ebenso ist der Phasenwinkel φ_3 der Winkel zwischen $\underline{I}_{STR}$ und $\underline{I}_3$ in Bild 5.33 und beträgt ebenfalls $\varphi_3 = 30°$. Setzt man das in Gl. 5.30 ein, so ergibt sich:

$$P = U_{12} \cdot I_1 \cdot \cos 30° + U_{32} \cdot I_3 \cdot \cos 30°$$

Mit $U_{12} = U_{32} = U$ und $I_1 = I_3 = I$ vereinfacht sich die Gleichung:

$$P = 2 \cdot U \cdot I \cdot \cos 30° = 2 \cdot U \cdot I \cdot \frac{1}{2} \cdot \sqrt{3}$$

$$P = \sqrt{3} \cdot U \cdot I$$

Dieser Vergleich zeigt zumindest für den Fall der symmetrischen Wirklast Übereinstimmung. Durch Anwendung der komplexen Rechnung läßt sich das Ergebnis auch für jeden beliebigen Belastungsfall bestätigen.

Messung der Blindleistung

Im Abschnitt 5.6.1.2 wurde gezeigt, daß die Blindleistung ebenfalls mit dem elektrodynamischen Meßwerk erfaßt werden kann, wenn im Spannungspfad eine Phasenverschiebung von $-90°$ zwischen I und U erzeugt wird. Im Drehstromsystem kann zu diesem Zweck die Phasenverschiebung zwischen Sternspannung und Leiterspannung ausgenützt werden, die ja auch 90° beträgt (Bild 5.32c). Dies führt im 4-Leiter-System zu der Schaltungsanordnung Bild 5.35a und im 3-Leiter-System zur Schaltung Bild 5.35b. Die Anschlußweise der Leistungsmesser in Bild 5.35a wird verständlich, wenn man das Zeigerdiagramm Bild 5.32c zu

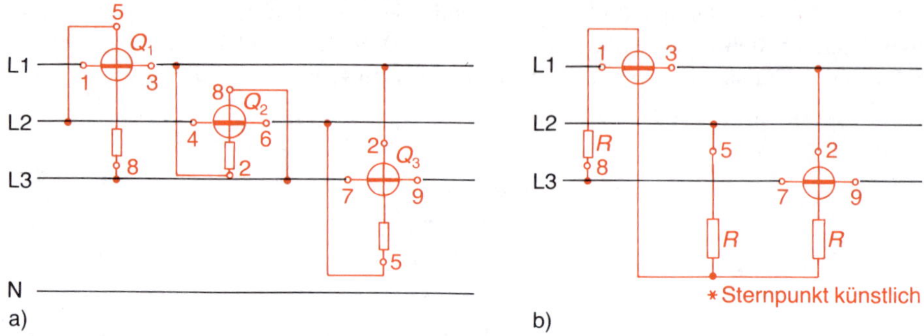

Bild 5.35 Blindleistungsmessung im Drehstrom-System bei beliebiger Belastung; Klemmenbezeichnung nach DIN 43 807

a) Blindleistungsmessung im 4-Leiter-System
b) Blindleistungsmessung im 3-Leiter-System

Hilfe nimmt und eine Sternschaltung voraussetzt. Wird die Blindleistung am komplexen Verbraucher $\underline{Z}_1$ (Bild 5.32a) gemessen, so liegt der Strompfad im Leiter L_1 und wird von $\underline{I}_1$ durchflossen. Der Spannungspfad müßte nun an die Spannung $\underline{U}_{1N}$ angeschlossen werden mit einem zusätzlichen Phasenschieber von $-90°$. Statt dessen wählt man die Spannung $\underline{U}_{23}$, die laut Zeigerdiagramm ja auch um $-90°$ phasenverschoben ist, und spart sich so den Phasenschieber. Da allerdings U_{23} um den Faktor $\sqrt{3}$ größer ist als U_{1N}, wird die Anzeige (Q_{ANZ1}) zu groß und muß noch durch $\sqrt{3}$ dividiert werden. Entsprechendes gilt für $\underline{Z}_2$ und $\underline{Z}_3$. Als tatsächlich aufgenommene Blindleistung ergibt sich daher:

$$Q = \frac{1}{\sqrt{3}} \cdot (Q_{ANZ1} + Q_{ANZ2} + Q_{ANZ3}) \qquad \text{(Gl. 5.31)}$$

im 4-Leiter-Drehstrom-System.

Ist das Drehstromsystem symmetrisch belastet, so genügt ein Leistungsmesser, dessen Anzeige mit dem Faktor $\sqrt{3}$ multipliziert werden muß.

Im 3-Leiter-System wird die erforderliche Phasenverschiebung auf die gleiche Weise realisiert. Die Schaltung Bild 5.35b stellt eine Abwandlung der Aron-Schaltung 5.34b dar. Um jedoch im Spannungspfad die 90°-Phasendrehung zu erhalten, bildet man einen künstlichen Sternpunkt (∗) aus den gleich großen Widerständen R der beiden Leistungsmesser und einem dritten hinzugeschalteten gleich großen Widerstand. Somit liegt am Spannungspfad des Leistungsmessers für Q_1 die Sternspannung U_{3*}. Diese eilt jedoch nach dem Zeigerdiagramm Bild 5.35c der bei Wirkleistungsmessung (Bild 5.34b) verwendeten Spannung U_{12} um 90° voraus und nicht wie verlangt um 90° nach. Deshalb ist nun in Schaltung Bild 5.35b der Spannungspfad umgepolt worden. Am Spannungspfad des Leistungsmessers Q_2 liegt nun die Spannung U_{1*} an, die der bei Wirkleistungsmessung angeschlossenen Spannung $\underline{U}_{32} = -\underline{U}_{23}$ um 90° nacheilt. Damit sind die Bedingungen für die Blindleistung erfüllt. Die Anzeige wird jedoch um den Faktor $\sqrt{3}$ zu klein, weil ja an den Spannungspfaden nicht mehr die Leiterspannungen, sondern die Sternspannungen liegen.

Die angezeigten Werte sind also noch mit $\sqrt{3}$ zu multiplizieren:

$$\boxed{Q = \sqrt{3} \cdot (Q_{\text{ANZ1}} + Q_{\text{ANZ2}})} \tag{Gl. 5.32}$$

Die Leistungsmesser der Schaltungen Bild 5.35 werden auch als kombinierte Systeme, die auf eine Drehachse wirken, hergestellt. Nach DIN werden dann die angegebenen Klemmenbezeichnungen verwendet.

5.6.2 Leistungsmessung mit Multiplizierschaltungen

Multiplizierschaltungen werden in der Elektronik zu ganz unterschiedlichen Zwecken benötigt. So geht es beim Analogrechner um die mathematische Rechenoperation des Multiplizierens zweier analog dargestellter Zahlen, bei der elektrischen Leistungsmessung um die Multiplikation von Strom- und Spannungswerten oder, im Bereich der Messung nichtelektrischer Größen, beispielsweise um die Bestimmung der mechanischen Leistung an einer Welle aus Drehmoment und Drehzahl. Multiplizierschaltungen bilden im allgemeinen das Produkt aus zwei Spannungen, im Fall des Hall-Multiplizierers das Produkt zweier Ströme.

Multiplizierbausteine sind für Gleich- und Wechselspannungen entwickelt worden. Im Wechselspannungsbereich liegt die obere Grenzfrequenz meist bei etwa 20 kHz bis 50 kHz. Man unterscheidet zwischen 1-, 2- und 4-Quadranten-Multiplizierern, je nachdem, welche Spannungen verarbeitet werden können.

Der *1-Quadrant-Multiplizierer* verarbeitet nur zwei positive Spannungen.

Beim *2-Quadranten-Multiplizierer* muß die eine Eingangsspannung positiv sein, die zweite kann positiv oder negativ gewählt werden.

Der *4-Quadranten-Multiplizierer* schließlich erlaubt beide Spannungen mit beliebiger Polarität, ist also auch für die Multiplikation zweier Wechselspannungen geeignet.

5.6.2.1 Leistungsmessung mit integrierten Bausteinen

Integrierte Multiplizierbausteine können nach verschiedenen Prinzipien aufgebaut sein. Stichworte dazu sind das «Logarithmierverfahren» oder der «Parabelmultiplizierer», auf die jedoch nicht weiter eingegangen werden soll.

Um den Baustein zur Leistungsmessung ausnutzen zu können, muß eine der Eingangsspannungen dem Verbraucherstrom proportional sein und die zweite der Verbraucherspannung entsprechen. Bild 5.36 zeigt eine solche Anordnung. Der Verbraucherstrom I wird über den Verstärker V_2 in eine proportionale Spannung U_2 umgeformt. R_3 dient dabei der Bereichsanpassung. Da der Eingangswiderstand von V_2 etwa 0 ist, wird der Verbraucherstromkreis nicht beeinträchtigt.

Der Verstärker V_1 dient der Bereichsanpassung der Verbraucherspannung an den Eingang des Multiplizierers.

Die Ausgangsspannung $U_A = K \cdot U \cdot I$ kann mit einem Gleichspannungsmesser mit Wattskala als Leistung des Verbrauchers R angezeigt werden. K ist die umschaltbare Meßbereichskonstante.

(Operationsverstärker: vgl. Beuth/Schmusch, Elektronik 3)

Wird die Schaltung Bild 5.36 zur Wechselspannungsmessung benutzt, so muß der Multipli-

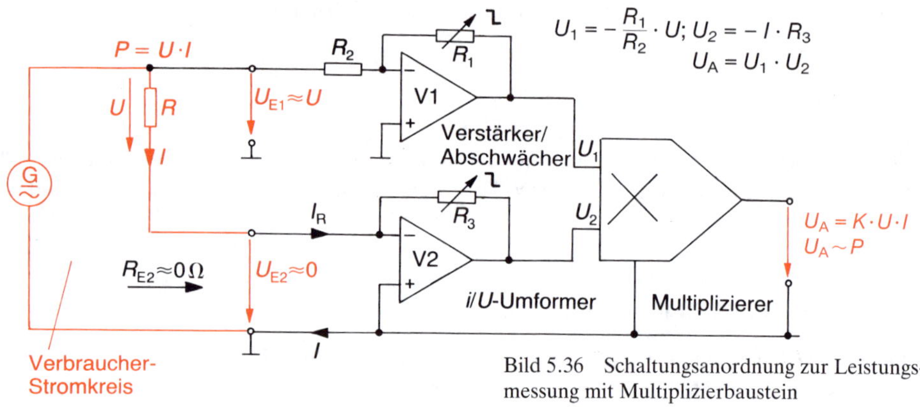

Bild 5.36 Schaltungsanordnung zur Leistungsmessung mit Multiplizierbaustein

zierbaustein natürlich ein 4-Quadrant-Multiplizierer sein. Bei beliebigen komplexen Verbrauchern $\underline{Z}$ entspricht die Ausgangsspannung dem Momentanwert der Scheinleistung:

$$u_A = K \cdot u \cdot i = K \cdot s$$

Setzt man Sinusspannung voraus, so ergibt sich mit $u = \hat{u} \cdot \sin(\omega \cdot t)$ und $i = \hat{\imath} \cdot \sin(\omega \cdot t + \varphi)$:

$$u_A = K \cdot \hat{u} \cdot \hat{\imath} \cdot \sin(\omega \cdot t) \cdot \sin(\omega \cdot t + \varphi)$$

und nach Umformung der trigonometrischen Funktionen:

$$u_A = K \cdot \hat{u} \cdot \hat{\imath}\,(\sin(\omega \cdot t) \cdot \cos\varphi + \sin(\omega \cdot t) \cdot \cos(\omega \cdot t) \cdot \sin\varphi)$$

(Gl. 5.33)

$$\boxed{u_A = \frac{K \cdot \hat{u} \cdot \hat{\imath}}{2} \cdot \cos\varphi + \frac{K \cdot \hat{u} \cdot \hat{\imath}}{2} \cdot \cos\varphi\,(\sin(2 \cdot \omega \cdot t) - \cos(\omega \cdot t))}$$

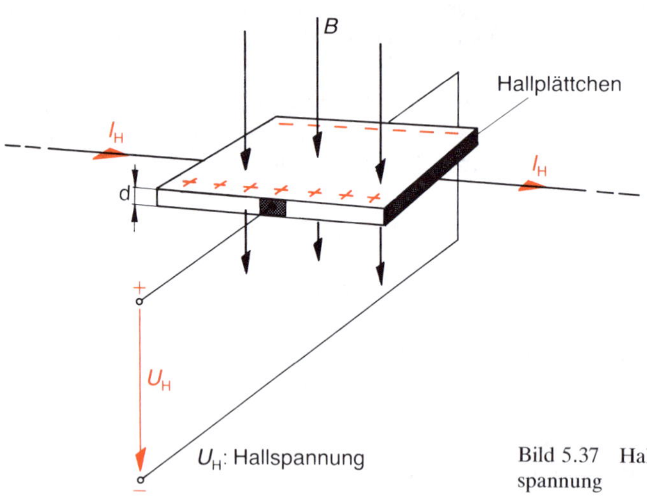

Bild 5.37 Halleffekt: Entstehung der Hallspannung

Gl. 5.33 enthält einen konstanten Anteil, der dem Mittelwert der Leistung entspricht und einen reinen Wechselanteil.

Der Mittelwert ist die im Verbraucher umgesetzte effektive Wirkleistung. Damit wird $\overline{u}_A$ ein Maß für die Wirkleistung des Verbrauchers:

$$\overline{u}_A = K \cdot P = K \cdot \frac{\hat{u} \cdot \hat{\imath}}{2} \cdot \cos\varphi$$

Mit den Effektivwerten von Spannung und Stromstärke

$$U = \frac{\hat{u}}{\sqrt{2}};\ I = \frac{\hat{\imath}}{\sqrt{2}}$$

läßt sich die Gleichung schreiben:

$$\overline{u}_A = K \cdot P = K \cdot U \cdot I \cdot \cos\varphi \qquad \text{(Gl. 5.34)}$$

Die Ausgangsspannung $\overline{u}_A$ läßt sich nun direkt mit einem in Watt geeichten Drehspulinstrument anzeigen. Der Wechselanteil liefert bei genügend hoher Frequenz keinen Ausschlag, da dessen arithmetischer Mittelwert 0 ist. Soll die Ausgangsspannung, z. B. zur Bildung einer digitalen Leistungsanzeige, noch weiter verarbeitet werden, so siebt man die Wechselanteile mit einem Tiefpaß heraus.

> Der Leistungsmesser mit Multiplizierbaustein bildet eine Spannung, deren arithmetischer Mittelwert der Wirkleistung im Verbraucher proportional ist, unabhängig von der Kurvenform der Verbraucherspannung.

5.6.2.2 Hall-Multiplizierer

Eine weitere Schaltung zur Leistungsmessung läßt sich mit Hilfe eines Hall-Generators realisieren. Bild 5.37 veranschaulicht den Halleffekt. Ein sehr dünnes Halbleiterplättchen (z. B. Indium-Antimonid) wird in Längsrichtung vom Strom I_H durchflossen. Auf die Oberfläche wirkt ein Magnetfeld mit der Flußdichte B. Infolge der Lorentz-Kraft wird dabei der Elektronenstrom abgelenkt, so daß sich an den Seiten des Plättchens unterschiedliche Elektronendichten ausbilden. Zwischen den Außenkanten entsteht auf diese Weise eine Spannung, die Hallspannung, deren Betrag von Materialeigenschaften des Plättchens, von der Stromstärke I_H und von der Flußdichte B bestimmt wird. Die Hallspannung läßt sich berechnen:

$$U_H = K_H \cdot \frac{I_H \cdot B}{d}$$

K_H Hallkonstante, Materialkonstante des Plättchens
$K_H = 10^2 \ldots 10^3 \frac{\text{cm}^3}{\text{A} \cdot \text{s}}$ für Indium-Antimonid

d Dicke des Plättchens

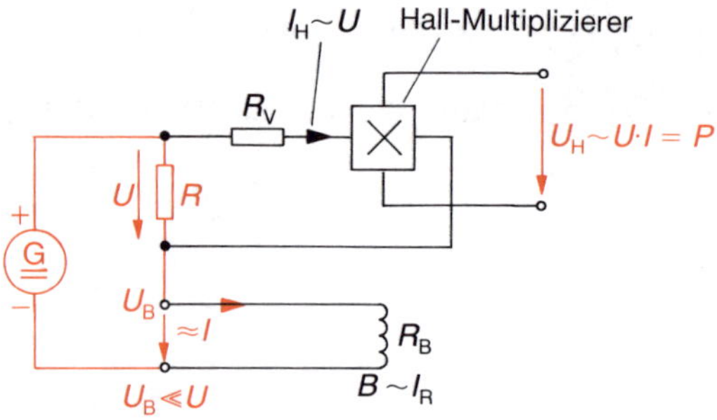

Bild 5.38
Anordnung zur Leistungsmessung mit Hall-Multiplizierer

Bei einer Stromstärke $I_H = 50\,\text{mA}$, der Flußdichte $B = 1\,\text{T}$ und einem InSb-Plättchen mit 1 mm Dicke ergibt sich eine Hallspannung von:

$$\underline{\underline{U_H}} = 10^2 \ldots 10^3 \cdot \frac{\text{cm}^3}{\text{A} \cdot \text{s}} \cdot \frac{50\,\text{mA} \cdot 1\,\text{V} \cdot \text{s}}{1\,\text{mm} \quad \text{m}^2} = \underline{\underline{5\,\text{mV} \ldots 50\,\text{mV}}}$$

Bild 5.38 zeigt die Anwendung des Hall-Generators zur Leistungsmessung im Gleichstromkreis. Das Magnetfeld wird vom Verbraucherstrom erzeugt:

$$B \sim I$$

Der Strom im Plättchen ist von der Verbraucherspannung U abgeleitet:

$$I_H \sim U$$

Damit entsteht eine Hallspannung:

$$\boxed{U_H \sim I_H \cdot I \sim U \cdot I = P} \qquad \text{(Gl. 5.36)}$$

die verstärkt wird und als Maß für die im Verbraucher umgesetzte Leistung auswertbar ist. Gl. 5.36 zeigt, daß der Hall-Multiplizierer eigentlich eine Multiplizierschaltung für Ströme ist und nur indirekt zur Strom-Spannungs-Multiplikation führt.

Um den Meßfehler klein zu halten, muß der Hall-Strom I_H klein gegen I gehalten werden. Der Vorwiderstand R_V begrenzt den Strom I_H und sorgt für Proportionalität zwischen I_H und U:

$$I_H \approx \frac{U}{R}$$

Zu beachten ist ferner, daß der Widerstand R_B der Spule sehr klein sein muß ($R_B \ll R$), weil sich sonst Rückwirkungen auf den Verbraucherstromkreis ergeben würden.

> Der Hall-Multiplizierer ist eine Multiplizierschaltung für zwei Ströme. Zur Anwendung als Leistungsmesser muß ein Strom der Verbraucherspannung proportional gemacht werden.

5.6.2.3 *Time-Division-Multiplizierer zur Leistungsmessung*

Funktionsweise des Multiplizierers: Unter Verwendung des '*U-t*-Impulsbreitenumformers (vgl. Abschnitt 5.5.2) läßt sich eine Schaltung realisieren, die unter dem Namen Impulsbreitenmultiplizierer oder Time-Division-Multiplizierer bekannt ist. Bild 5.39 zeigt ein Prinzipschaltbild. Die Spannung U_1 wird durch den *U-t*-Umformer in eine Rechteckspannung umgeformt (Bild 5.25). Diese betätigt den Schalter S und legt die zweite Spannung U_2 periodisch an den Eingang des Tiefpasses. Die Impulsdauer t_i der Rechteckspannung ist proportional der Eingangsspannung U_1. Somit sind die Spannungsausschnitte von U_2, die der Tiefpaß überträgt, abhängig von t_i und damit von U_1. Es entsteht ein Rechteckpuls. Der Tiefpaß bildet den arithmetischen Mittelwert der getasteten Spannung U_2'. *Anhand der Spannungs-Zeit-Diagramme Bild 5.39b und der Gl. 5.15 des U-t-*Umformers läßt sich die Ausgangsspannung ermitteln.

$$U_A = \overline{U_2'}$$

$$\overline{U_2'} = U_2 \cdot \frac{t_i}{T}$$

$$\boxed{U_A = \overline{U_2'} = U_2 \cdot U_1 \cdot \frac{\tau_i}{U_{REF1} \cdot T}} \qquad \text{(Gl. 5.37)}$$

τ_i Integrationszeitkonstante des *U-t*-Umformers
U_{REF1} Referenzspannung des *U-t*-Umformers
T Taktperiodendauer des *U-t*-Umformers

Gl. 5.37 zeigt die Produktbildung aus den Spannungen U_1 und U_2. Bei Änderungen der Spannungen nimmt der Ausgang seinen neuen Wert mit einer Verzögerung an, die durch die

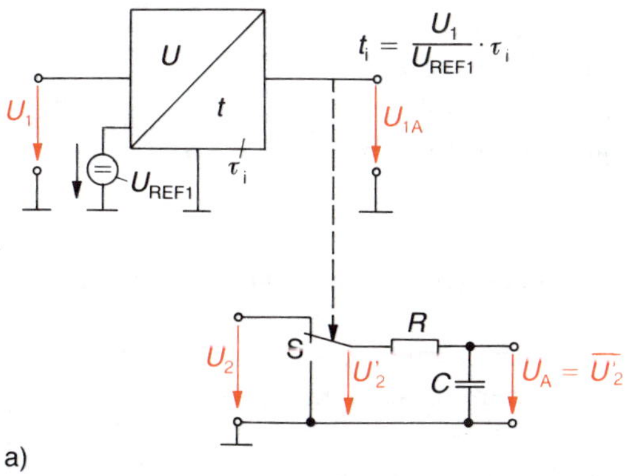

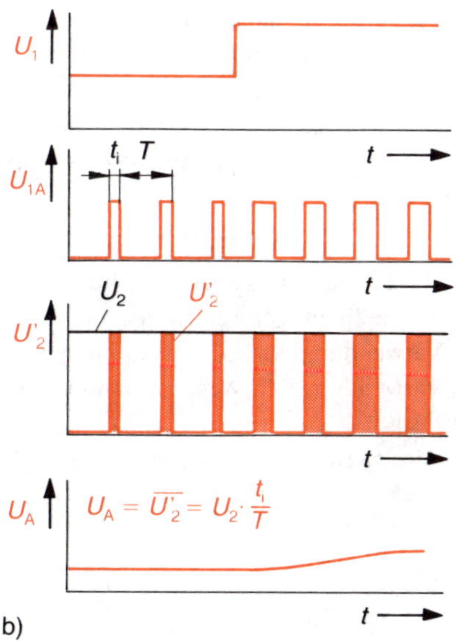

Bild 5.39 Time-Division-Multiplizierer
a) Schaltungsprinzip eines Time-Division-Multiplizierers
b) Spannungs-Zeit-Diagramme des Multiplizierers

Zeitkonstante des RC-Gliedes bestimmt wird und um so kleiner gemacht werden kann, je höher die Taktfrequenz des Umformers liegt. Bei sprunghaften Änderungen beträgt die Verzögerungszeit etwa $t_V \approx 5 \cdot R \cdot C$. Dies ist zu berücksichtigen, wenn die Schaltung zur Multiplikation von Wechselspannungen benutzt wird.

> Der Time-Division-Multiplizierer bildet das Produkt zweier Spannungen. Er wertet die Spannungs-Zeit-Fläche einer Rechteckspannung aus.

Leistungsmessung: Der Time-Division-Multiplizierer kann als Multiplizierer in die Schaltung Bild 5.36 eingesetzt werden und so für die Messung von Gleich- und Wechselleistung verwendet werden (vgl. Abschnitt 5.6.2.1). Voraussetzung dafür ist die Einsatzmöglichkeit des Multiplizierers als 4-Quadranten-Multiplizierer. Dies ist gegeben, wenn der *U-t*-Umformer nach Bild 5.28 verwendet wird.

Da es bei der Leistungsmessung um die Ermittlung des Effektivwerts geht, muß der RC-Tiefpaß in Bild 5.39 so ausgelegt sein, daß er die nach Gl. 5.33 entstehenden Wechselanteile aussiebt und nur den arithmetischen Mittelwert als Ausgangsgröße abgibt.

5.7 Messung von ohmschen Widerständen

Wie die Überschrift schon andeutet, beziehen sich die hier behandelten Meßverfahren auf solche Widerstände, die dem Ohmschen Gesetz gehorchen. Das heißt, der Quotient aus Spannung am Widerstand und Stromstärke im Widerstand wird als Konstante R betrachtet. Dabei ist es ohne Bedeutung, ob es sich um Gleichspannung und Gleichstrom handelt oder um die Momentan- oder Effektivwerte von Wechselspannung und Wechselstrom. Frequenz und Amplitude von Spannung und Strom sind ohne Einfluß, die Kurvenformen von Spannungs- und Stromverläufen sind gleich und ebenso deren Phasenlage.

Es ist selbstverständlich, daß es solche Widerstände in der Realität nicht gibt: Jeder Widerstand hat parasitäre Kapazitäten und Induktivitäten, die sich bei genügend hohen Frequenzen auswirken und ihn zu einem komplexen Bauteil machen. Die Eigen- oder Fremderwärmung verändert den Widerstandswert – unter Umständen bleibend –, so daß die Amplitude der Meßspannung an die Betriebsbedingungen des Widerstands angepaßt werden muß.

> Das ideale Verhalten eines ohmschen Widerstandes läßt sich immer nur unter bestimmten Bedingungen realisieren:
> Verwendung von Gleichspannungen in einem begrenzten Spannungsbereich,
> Verwendung von Wechselspannung in einem begrenzten Amplituden- und Frequenzbereich.
> Die Betriebsbedingungen sind den Datenblättern zu entnehmen.

Für ohmsche Widerstände gilt die Beziehung:

$$R = \frac{U_-}{I_-} = \frac{u}{i} = \frac{U_{\text{eff}}}{I_{\text{eff}}} = \text{konstant}$$

Die im folgenden dargestellten Meßverfahren gehen von dieser Beziehung unter Beachtung der Betriebsbedingungen der zu messenden Widerstände aus.

Das Erfassen von Abweichungen des Verhaltens realer Widerstände gegenüber ohmschen Widerständen wird hier nicht behandelt.

5.7.1 Strom-Spannungs-Messung

Die einfachste Weise, den Wert eines Widerstands zu messen, besteht in der Messung von Spannung und Stromstärke am Widerstand und der nachfolgenden Anwendung des Ohmschen Gesetzes:

$$R = \frac{U}{I}$$

Da hier das Meßergebnis auf zwei Messungen zurückgeht, wird es in seiner Genauigkeit auch durch zwei Fehlerquellen bestimmt.

Bei der Widerstandsbestimmung mit Hilfe der Strom-Spannungs-Messung ist das Meßergebnis immer mit dem Fehler der Strom- und dem Fehler der Spannungsmessung behaftet.

Diese Fehler sind auf die jeweilige Meßmethode (systematische Fehler) und auf die Anzeigefehler der Instrumente (Klassengenauigkeit, meist zufällige Fehler) zurückzuführen.

Für die folgenden Schaltungen wird gezeigt, wie hier methodische Fehler entstehen und wie sie zu korrigieren sind.

5.7.1.1 Spannungsfehlerschaltung

Bild 5.40 zeigt die Schaltung, bestehend aus einer beliebigen Gleichspannungsquelle, einem Strom- und einem Spannungsmesser sowie dem Meßobjekt R_X. Da bei dieser Schaltung der Innenwiderstand des Strommessers R_A in Reihe mit R_X liegt, zeigt der Spannungsmesser – schaltungsbedingt – eine größere Spannung U_V an als die Spannung U_X am Widerstand.

Bei der Spannungsfehlerschaltung ist die Spannungsmessung mit einem positiven systematischen Fehler behaftet. Der gemessene Widerstand ist um R_A größer als der Widerstand R_X.

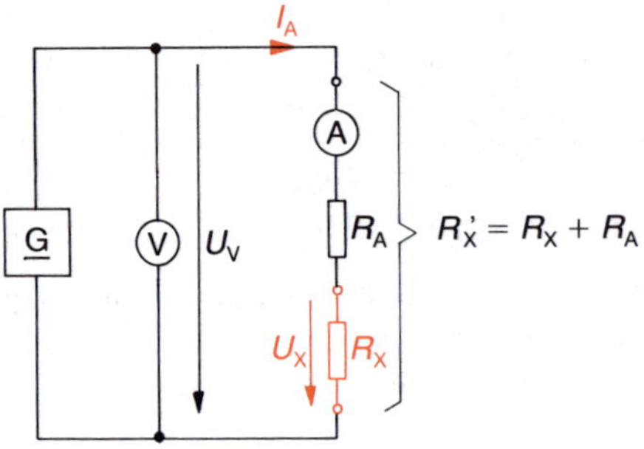

Bild 5.40
Spannungsfehlerschaltung

Das Meßergebnis enthält somit immer den Innenwiderstand R_A als Methodenfehler.

$$R'_X = \frac{U_V}{I_A} = R_X + R_A$$

$$\Delta R_{XM} = R_A$$ Absoluter Methodenfehler

Ist der Widerstand R_A bekannt, so wird das Ergebnis korrigierbar. Der unbekannte Widerstand R_X ergibt sich aus der Beziehung:

$$R_X = R'_X - R_A = \frac{U_V}{I_A} - R_A \qquad \text{(Gl. 5.38)}$$

Die Spannungsfehlerschaltung eignet sich vor allem zur Bestimmung hochohmiger Widerstände $R_X \gg R_A$.

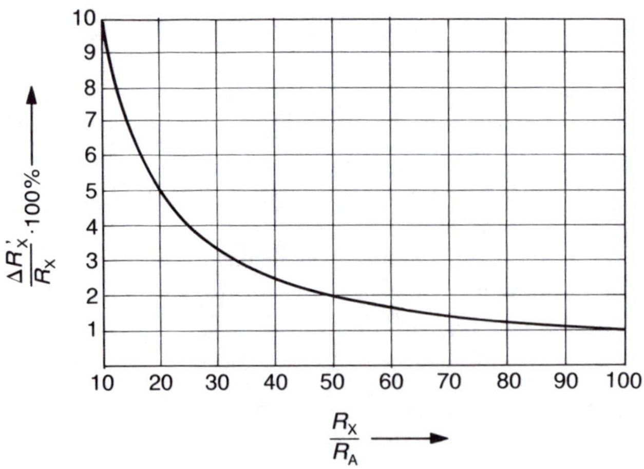

Bild 5.41
Relativer Methodenfehler in Prozent
bei Spannungsfehlerschaltung

Fehlerbetrachtung

1. Methodenfehler: Bei nicht bekanntem Innenwiderstand R_A ist die Fehlerabschätzung im Hinblick auf den Methodenfehler nicht möglich. Besonders bei kleinen Werten von R_X kann diese Meßmethode nicht empfohlen werden, da möglicherweise zu große Fehler entstehen.

Dies geht auch aus der Gleichung für den rel. Fehler hervor:

$$\boxed{f_M = \frac{\Delta R_{XM}}{R_X} = \frac{R_A}{R_X}} \qquad \text{(Gl. 5.39)}$$

Bild 5.41 zeigt den Verlauf dieses Fehlers in Prozent, abhängig vom Verhältnis $\frac{R_X}{R_A}$.

Bei $R_X = 100 \cdot R_A$ ergibt sich immer noch ein Fehler von $+1\%$.

> Die Spannungsfehlerschaltung führt zu genauen Meßergebnissen, wenn der rel. Methodenfehler sehr klein oder korrigierbar ist.

2. Fehler der Instrumente: Nicht korrigierbar sind die Fehler von Strom- und Spannungsmesser aufgrund deren Garantiefehlergrenzen G_V, G_A:

$$f_U = \frac{\Delta U_V}{U_V} = \frac{U_{VE}}{U_V} \cdot G_V; \quad f_I = \frac{\Delta I_A}{I_A} = \frac{I_{AE}}{I_A} \cdot G_A$$

f_U, f_I rel. Fehler von Spannungs- und Strommesser
U_{VE}, I_{AE} Bereichsendwerte der Instrumente
G_V, G_A Garantiefehlergrenzen der Instrumente (Klassengenauigkeit)

Da das Vorzeichen der Fehler von Strom- und Spannungsmesser meist nicht bekannt ist, läßt sich nach den Regeln der Fehlerfortpflanzung nur der max. Fehler des Meßergebnisses berechnen:

$$\boxed{f_{UI} = \frac{\Delta R_{XUI}}{R_X} \approx \pm (|f_U| + |f_I|)} \qquad \text{(Gl. 5.40)}$$

Behandelt man die Instrumentenfehler als zufällige Fehler und wendet die hier zulässige geometrische Fehleraddition an, so kommt man zum wahrscheinlichen Fehler durch die Instrumente:

$$f_{UI} = \frac{\Delta R_{XUI}}{R_X} \approx \pm \sqrt{f_U^2 + f_I^2}$$

Als größter möglicher Gesamtfehler ergibt sich näherungsweise:

$$\boxed{f_R = f_{UI} + f_M} \qquad \text{(Gl. 5.41)}$$

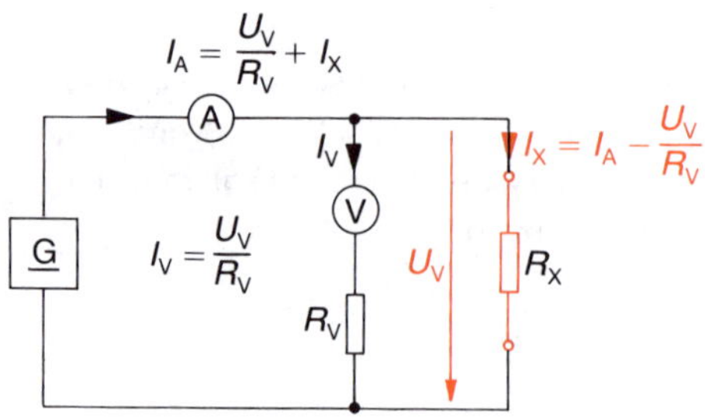

Bild 5.42 Stromfehlerschaltung

Nach Korrektur des Methodenfehlers verbleibt als wahrscheinlicher Fehler:

$$f_R = \pm \sqrt{f_U^2 + f_I^2} \qquad \text{(Gl. 5.42)}$$

> Die Genauigkeit der Widerstandsmessung mit Hilfe der Spannungsfehlermethode wird nach Korrektur des Methodenfehlers durch die Klassengenauigkeit der Instrumente bestimmt.

5.7.1.2 Stromfehlerschaltung

Auch die Stromfehlerschaltung (Bild 5.42) weist einen schaltungsbedingten, also systematischen Fehler auf. Der Strommesser zeigt nicht nur den Strom durch R_X an, sondern zusätzlich den Strom des Spannungsmessers durch dessen Innenwiderstand R_V.

> Bei der Stromfehlerschaltung ist die Strommessung mit einem systematischen Fehler behaftet. Der gemessene Widerstand ist immer kleiner als der Widerstand R_X.

Aus der Strom- und Spannungsmessung ergibt sich:

$$R'_X = \frac{U_V}{I_A} = \frac{1}{\frac{1}{R_X} + \frac{1}{R_V}}$$

Der so ermittelte Widerstandswert entspricht der Parallelschaltung aus R_X und R_V, ist also kleiner als R_X. Bei bekanntem Innenwiderstand des Spannungsmessers läßt sich der wahre Wert des unbekannten Widerstands errechnen:

$$R_X = \frac{U_V}{I_X} = \frac{U_V}{I_A - \frac{U_V}{R_V}} \qquad \text{(Gl. 5.43)}$$

Fehlerbetrachtung
1. Methodenfehler: Wie bereits ausgeführt, geht der Widerstand des Spannungsmessers in das Ergebnis ein. Das ist unproblematisch, so lange R_V genau bekannt und somit eine Korrektur des Ergebnisses möglich ist. Anderenfalls muß die Größe des Methodenfehlers beachtet werden:

$$f_M = \frac{\Delta R_{XM}}{R_X} = \frac{R'_X - R_X}{R_X} = -\frac{1}{1 + \frac{R_V}{R_X}}$$

$$f_M \approx -\frac{R_X}{R_V} \quad \text{Näherung für } R_V \gg R_X \qquad \text{(Gl. 5.44)}$$

Dieser hat um so weniger Einfluß, je größer der Innenwiderstand des Spannungsmessers ist.

Die Stromfehlerschaltung eignet sich vor allem zur Bestimmung niederohmiger Widerstände $R_X \ll R_V$. Sie führt zu genauen Ergebnissen, wenn der rel. Methodenfehler $-\frac{R_X}{R_V}$ sehr klein oder korrigierbar ist.

2. Fehler der Instrumente: Hier gilt das gleiche wie bei der Spannungsfehlerschaltung. Ebenso wird der Gesamtfehler der Schaltung ermittelt (Gl. 5.41, Gl. 5.42).

Bei der Wahl zwischen Stromfehler- und Spannungsfehlerschaltung ist der Schaltung mit dem kleineren Methodenfehler der Vorzug zu geben.

5.7.2 Spannungs- und Stromvergleich

Die im Abschnitt 5.7.1 beschriebenen Schaltungen haben jeweils zwei Nachteile, welche die Genauigkeit der Meßergebnisse beeinträchtigen: Es treten systematische Fehler auf, die korrigiert werden müssen, und zwei Meßgeräte tragen zu Meßfehlern bei.

Mit den im folgenden dargestellten Verfahren wird die Widerstandsmessung auf den Vergleich mit einem bekannten Widerstand zurückgeführt. Man kann auf diese Weise genauere Meßergebnisse erzielen. Der Vergleich kann mit Hilfe einer Spannungsmessung oder mit Hilfe einer Strommessung erfolgen.

5.7.2.1 Spannungsvergleich

Dieser Methode liegt die Regel der Reihenschaltung von Widerständen zugrunde, nach der sich die Teilspannungen zueinander verhalten wie die zugehörigen Widerstände. Sind die Teilspannungen und ein Widerstand bekannt, so lassen sich alle übrigen Widerstände ermitteln.

In der dargestellten Schaltung Bild 5.43 wird zur Speisung eine Spannungsquelle mit $R_i \approx 0$ benutzt. Diese Bedingung soll lediglich sicherstellen, daß die Klemmenspannung der Quelle beim Umschalten des Spannungsmessers konstant bleibt, da sich hierbei der Gesamtwiderstand geringfügig ändern kann. Die Speisespannung U_0 selbst muß nur bei der Messung von U_X und U_N den gleichen Wert aufweisen. Es ist keine Langzeitkonstanz erforderlich. Der Betrag der Spannung U_0 ist so zu wählen, daß die Anzeige des Spannungsmessers wegen des kleineren rel. Fehlers gegen Ende seiner Skala erfolgt.

Entscheidend für die Genauigkeit der Meßmethode ist der Widerstand R_N, der als Vergleichsnormal mit engen Fehlergrenzen zur Verfügung stehen muß. Ferner sollte R_N die gleiche Größenordnung wie R_X besitzen, damit die Spannungen U_N und U_X im gleichen Meßbereich des Spannungsmessers, möglichst auch im gleichen Skalenbereich, angezeigt werden können. Damit wird erreicht, daß der Anzeigefehler des Spannungsmessers bei beiden Messungen etwa der gleiche ist, ebenso der Innenwiderstand. Wird nun einmal U_X gemessen und einmal U_N, dann ergibt sich aus diesen beiden Messungen als Ergebnis der unbekannte Widerstand:

$$\boxed{R_X = R_N \cdot \frac{U_X}{U_N}} \qquad \text{(Gl. 5.45)}$$

Der Innenwiderstand R_V des Spannungsmessers geht nicht in das Meßergebnis ein, wenn er bei der Messung von U_X und U_N jeweils gleich groß ist. Dies zeigt folgende Rechnung:

Bei Messung von U_X $\quad U_X = U_0 \cdot \frac{R_X \| R_V}{R_N + R_X \| R_V}$

$$U_X = U_0 \cdot \frac{R_X \cdot R_V}{R_X \cdot R_N + R_V \cdot R_N + R_X \cdot R_V}$$

Bei Messung von U_N $\quad U_N = U_0 \cdot \frac{R_N \| R_V}{R_X + R_N \| R_V}$

$$U_N = U_0 \cdot \frac{R_N \cdot R_V}{R_X \cdot R_N + R_V \cdot R_N + R_X \cdot R_V}$$

Daraus ergibt sich $\quad \frac{U_X}{U_N} = \frac{R_X}{R_N}$

Der Spannungsvergleich erfordert genaue Vergleichswiderstände der gleichen Größenordnung wie der unbekannte Widerstand R_X.
Der Innenwiderstand des Spannungsmessers geht in das Meßergebnis nicht ein, wenn er bei der Messung konstant ist.

Bild 5.43
Widerstandsbestimmung durch Spannungsvergleich

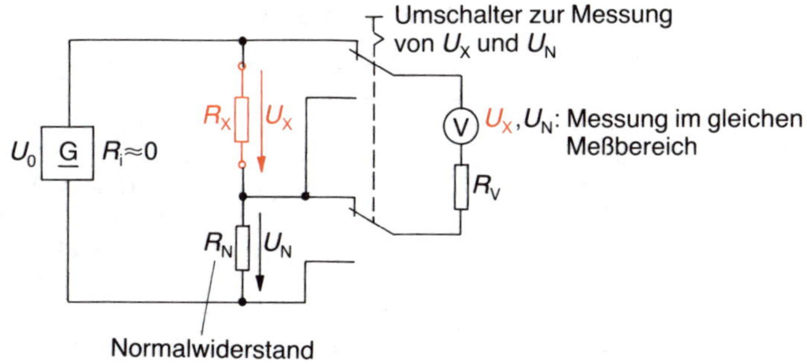

Fehlerbetrachtung

Wird der Vergleichswiderstand R_N so gewählt, daß U_X und U_N ähnliche Werte annehmen, so kann der Klassenfehler des Spannungsmessers u. U. ganz aus dem Meßergebnis herausfallen. Nach der hier anwendbaren Quotientenregel können die rel. Fehler der beiden Messungen von U_X und U_N subtrahiert werden, wenn sie das gleiche Vorzeichen haben. Diese Annahme ist zwar nicht sicher gegeben, weil die Klassenfehler auch zufällige Fehler sein können, ihre Anwendbarkeit wird aber bei mehrfacher Wiederholung der Messung durchaus bestätigt. Voll in das Meßergebnis geht der Fehler des Vergleichswiderstands ein, der dementsprechend eng toleriert sein sollte. Somit läßt sich ein rel. Gesamtfehler ermitteln:

$$f_R = \frac{\Delta R_X}{R_X} = \pm \left[|f_N| + (|f_{UX}| - |f_{UN}|) \right] \qquad \text{(Gl. 5.46)}$$

mit $f_N = \frac{\Delta R_N}{R_N}$; $f_{UX} = \frac{U_E}{U_X} \cdot \frac{G}{100\%}$; $f_{UN} = \frac{U_E}{U_N} \cdot \frac{G}{100\%}$

U_E Bereichsendwert des Spannungsmessers
G Garantiefehlergrenzen des Spannungsmessers

5.7.2.2 *Stromvergleich*

Dieser Methode der Widerstandsbestimmung liegt die Regel der Parallelschaltung zugrunde, nach der sich die Stromstärken in den Widerständen zueinander verhalten wie die zugehörigen Leitwerte. Bei bekannten Strömen und einem bekannten Widerstand sind die übrigen Widerstände berechenbar.

Bild 5.44 zeigt eine Spannungsquelle, die über einen Strommesser wahlweise an den unbekannten Widerstand R_X und an einen Vergleichswiderstand R_N angeschlossen wird. Der Vergleichswiderstand ist so zu wählen, daß die Ströme I_X und I_N etwa in der gleichen Größe liegen, damit der Meßbereich nicht gewechselt werden muß. Vernachlässigt man den Innenwiderstand R_A des Strommessers, so kann der unbekannte Widerstand näherungsweise nach der Gleichung berechnet werden:

$$R_X \approx R_N \frac{I_N}{I_X} \qquad \text{(Gl. 5.47)}$$

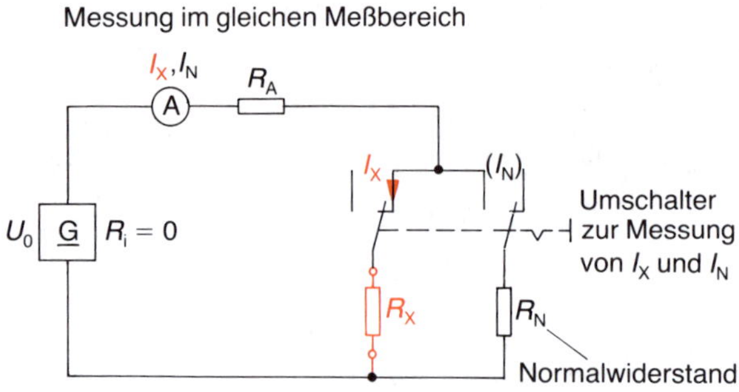

Bild 5.44
Widerstandsbestimmung durch Stromvergleich

Das Meßergebnis ist mit einem systematischen Fehler behaftet, der korrigiert werden kann, wenn R_A bekannt ist. Aus der Schaltung kann man die Gleichung ableiten:

$$\frac{I_X}{I_N} = \frac{R_A + R_N}{R_A + R_X}$$

Daraus erhält man den korrigierten Wert von R_X:

$$R_X = R_N \cdot \frac{I_N}{I_X} - R_A \frac{I_X - I_N}{I_X}$$

Es ist ersichtlich, daß der Methodenfehler um so weniger ins Gewicht fällt, je kleiner R_A ist und je geringer die Differenz $I_X - I_N$ ist. Für den Fall gleicher Ströme müssen auch die Widerstände gleich sein: $R_X = R_N$.

Bei der Widerstandsbestimmung mit Hilfe des Stromvergleichs geht der Innenwiderstand des Strommessers in das Meßergebnis ein, es muß korrigiert werden.
Der Stromvergleich eignet sich besonders zur Messung hochohmiger Widerstände (Isolationsmessungen). Hier kann R_A vernachlässigt werden.

5.7.3 Brückenschaltungen nach dem Abgleichverfahren

Die erstmals von Wheatston verwendete und nach ihm benannte Brückenschaltung ermöglicht die Widerstandsmessung durch einen Vergleich mit bekannten Widerständen. Sie eignet sich zur Messung von Festwiderständen in der Form der Abgleichbrücke und zur Messung von Widerstandsänderungen als Ausschlagbrücke (Abschnitt 5.7.4).

Die Schaltung Bild 5.45 zeigt eine Abgleichbrücke zur Messung des unbekannten Widerstands R_X. Mit Hilfe des Potentiometers R_3, R_4 wird der Abgleich $U_{AB} = 0$ vorgenommen. Dann gilt allgemein:

$$U_{AB} = 0; \quad U_1 = U_3; \quad U_2 = U_4$$

Bild 5.45
Prinzip einer Abgleichbrückenschaltung

R_x Unbekannter Widerstand
R Skaliertes Potentiometer
R_2 Vergleichswiderstand
$U_{AB} = U_2 - U_4 = 0$
$R_x = R_2 \cdot \frac{R_3}{R_4}$

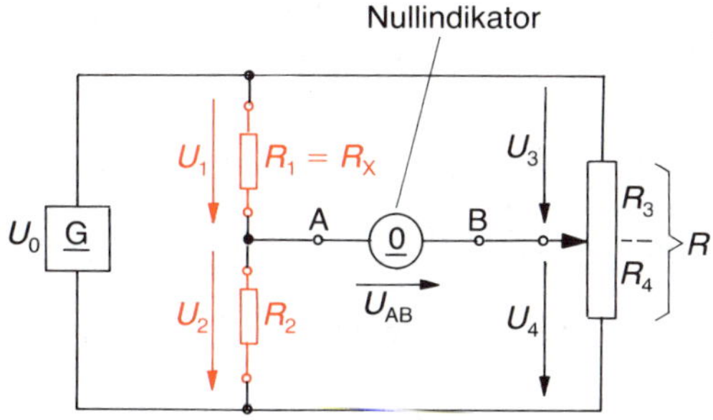

$$\frac{U_1}{U_2} = \frac{U_3}{U_4}$$

$$\frac{R_1}{R_2} = \frac{R_3}{R_4}$$

Wird R_1 als unbekannter Widerstand festgelegt, so ergibt sich nach dem Abgleich:

$$R_X = R_2 \cdot \frac{R_3}{R_4} \qquad \text{(Gl. 5.48)}$$

Diese Beziehung zeigt, daß es genügt, wenn nur ein Widerstand (R_2) genau bekannt ist und ansonsten das Widerstandsverhältnis $\frac{R_3}{R_4}$ an der Skala des Potentiometers ablesbar ist.

Bei der Abgleichbrücke wird der unbekannte Widerstand durch einen Vergleichswiderstand und ein Widerstandsverhältnis bestimmt.

Natürlich kann das Potentiometer auch durch umschaltbare Festwiderstände ersetzt werden, die dann allerdings dem Betrag nach bekannt sein müssen. Da sich definierte Widerstandsverhältnisse mit größerer Genauigkeit realisieren lassen als bestimmte Absolutwerte von Widerständen, werden Brückenschaltungen vorzugsweise mit einem sehr genauen, einstellbaren Vergleichswiderstand und einem Widerstandsteiler aufgebaut.

Dazu haben sich einige typische Schaltungen bewährt, die in den nächsten Abschnitten behandelt werden.

Nullindikator
In jeder Abgleichbrücke wird ein Nullindikator benötigt (Bild 5.46). Sehr häufig verwendet man ein Drehspulinstrument mit dem Nullpunkt in der Skalenmitte. Dabei ist es sinnvoll, eine Umschaltung der Empfindlichkeit vorzusehen, um zunächst einen Grobabgleich und danach einen Feinabgleich in der Nähe des Brückenabgleichpunkts zu ermöglichen. Die Dioden dienen dem Schutz des Meßwerks.

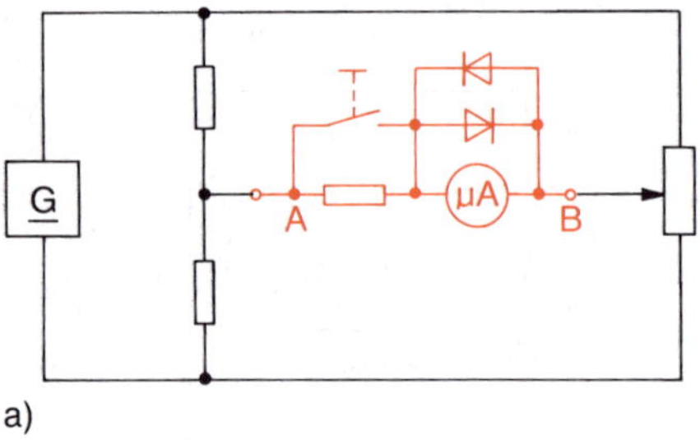

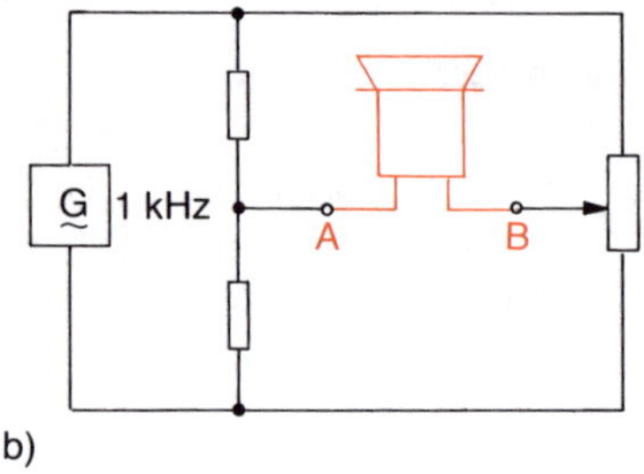

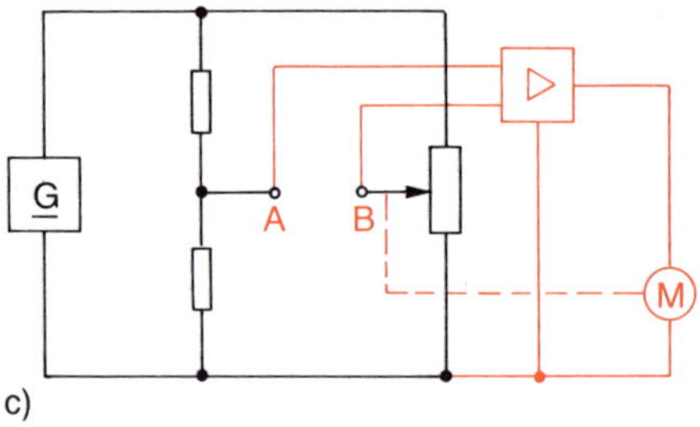

Bild 5.46 Nullindikatoren für den Brückenabgleich

a) Drehspulmeßwerk mit Schutzschaltung und Grob-Fein-Abgleich-Umschaltung
b) Lautsprecher als Nullindikator bei Wechselstromspeisung
c) Automatischer Brückenabgleich durch Differenzverstärker und Motorantrieb

Ein anderer einfacher und doch sehr genauer Nullabgleich läßt sich mit Hilfe eines hochohmigen Kopfhörers erreichen. Dabei muß natürlich als Speisespannung eine niederfrequente Wechselspannung verwendet werden. Wegen der guten Hörbarkeit wird meist eine 1-kHz-Wechselspannung gewählt. Das menschliche Ohr wirkt hier als außerordentlich empfindlicher Nullindikator.

Schließlich bietet die Elektronik mit dem Operationsverstärker die Möglichkeit eines automatischen Brückenabgleichs. Ein Servomotor verstellt den Potentiometerschleifer so lange, bis die Ausgangsspannung des Differenzverstärkers 0 wird und damit Brückenabgleich besteht.

5.7.3.1 Schleifdrahtbrücke

Die Schleifdrahtbrücke ermöglicht einen stufenlosen Abgleich, da hier als Potentiometer ein Widerstandsdraht mit Schleifer verwendet wird. Der Widerstandsdraht kann auch als Wendel ausgeführt werden. So entsteht ein mehrgängiges Potentiometer mit großer Drahtlänge, die eine feinere Skalierung und damit höhere Ablesegenauigkeit zuläßt (Bild 5.47). Der spezifische Widerstand ϱ des Drahts und sein Querschnitt A müssen über die gesamte Länge l konstant sein. Dann gilt die Beziehung:

$$R_3 = \frac{\varrho \cdot l_3}{A}; \quad R_4 = \frac{\varrho \cdot l_4}{A}$$

$$\boxed{\frac{R_3}{R_4} = \frac{l_3}{l_4}}$$

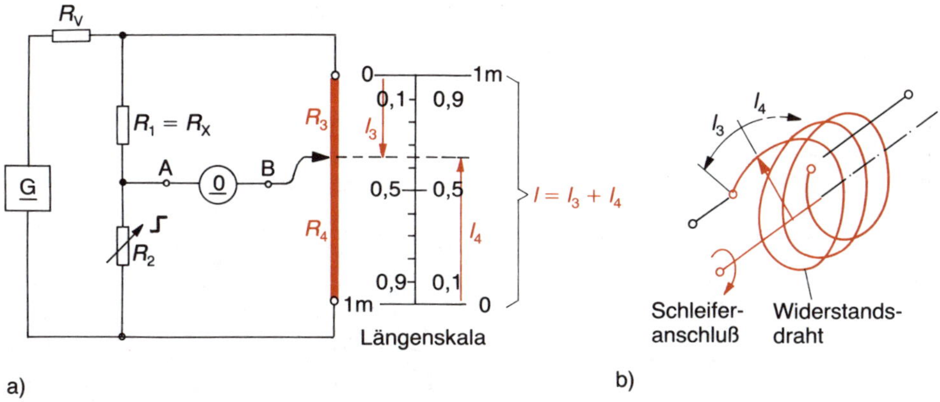

Bild 5.47 Schleifdrahtmeßbrücke
a) Schaltung
b) Ausführung des Widerstandsdrahts als Wendelpotentiometer

R_1 oder R_2 kann nun als Meßobjekt R_X verwendet werden. So läßt sich schließlich der unbekannte Widerstand nach dem Abgleich berechnen:

$$R_1 = R_X = R_2 \frac{l_3}{l_4} \qquad \text{(Gl. 5.49)}$$

> Bei einer Schleifdrahtbrücke wird der unbekannte Widerstand durch einen sehr genauen Vergleichswiderstand und das Längenverhältnis an einem Widerstandsdraht bestimmt.

Zur Bereichsanpassung der Brückenschaltung an das Meßobjekt wird R_2 in groben Stufen einstellbar gemacht. Der Abgleich sollte etwa in der Mitte des Widerstandsdrahts erfolgen. Die Brücke arbeitet dann mit größter Empfindlichkeit und Genauigkeit (Abschnitt 5.7.4.1, Empfindlichkeit). An den Drahtenden ist die Empfindlichkeit der Brücke sehr gering. Außerdem kann hier der Übergangswiderstand des Drahtanschlusses Fehler verursachen.

Da der Widerstand des Drahts relativ niederohmig ist, sollte die Schaltung eine Strombegrenzung zu seinem Schutz aufweisen. Dazu dient R_V in Bild 5.47.

Die Meßunsicherheit einer Schleifdrahtbrücke liegt bei etwa $\pm 1\%$. Gemessen werden Widerstände von $10\,\Omega$ bis in den MΩ-Bereich. Unter $10\,\Omega$ machen sich die Leitungswiderstände als Meßfehler bemerkbar.

5.7.3.2 Wheatstonsche Brücke für Präzisionsmessungen

Präzisionsmeßbrücken verwenden zur Einstellung des Widerstandsverhältnisses Dekadenteiler und als Vergleichswiderstände sehr genaue Widerstandsdekaden. Damit ist es möglich, Meßergebnisse mit einer Meßunsicherheit $<10^{-5}$ zu gewinnen.

Bild 5.48 zeigt das Prinzipschaltbild einer solchen Brücke. Mit R_1 als Meßobjekt errechnet sich nach dem Abgleich der unbekannte Widerstand so wie in Gl. 5.48:

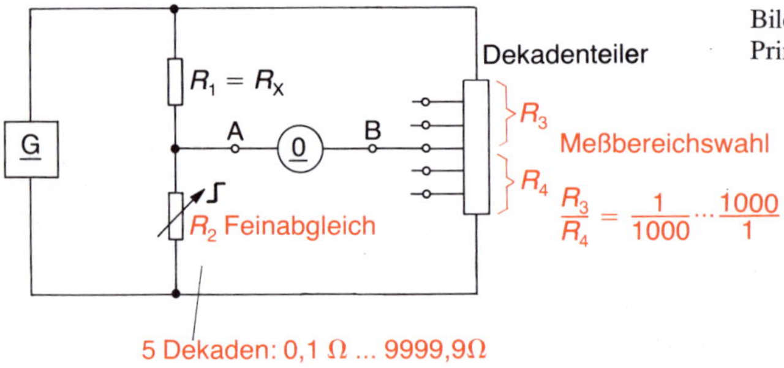

Bild 5.48
Prinzip einer Präzisionsmeßbrücke

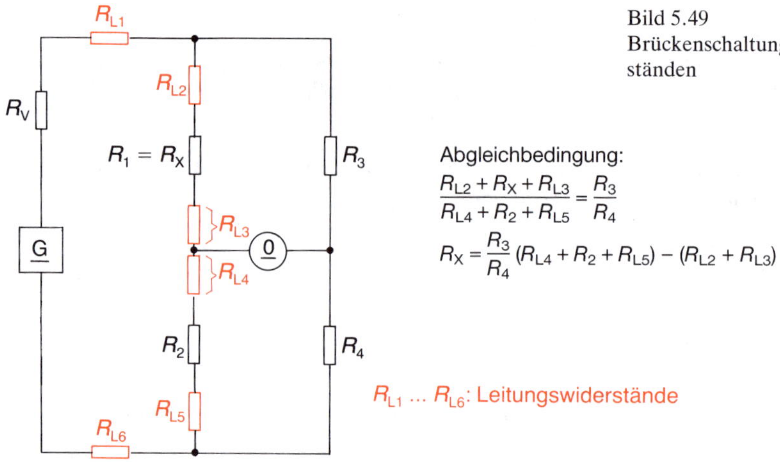

Bild 5.49
Brückenschaltung mit Leitungswiderständen

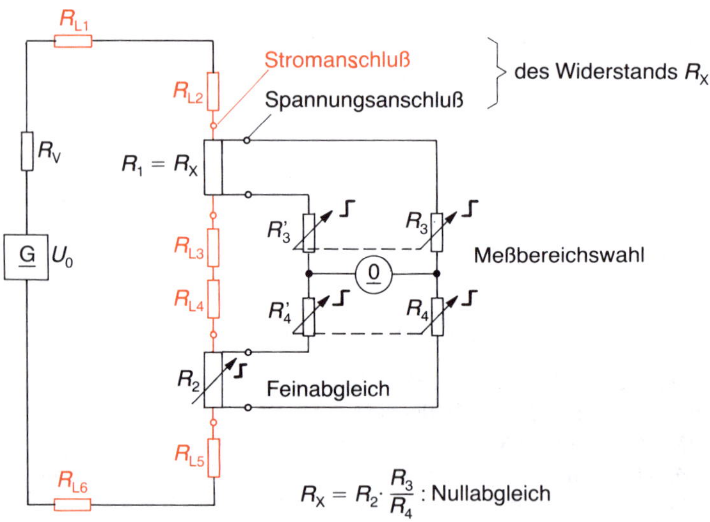

Bild 5.50
Thomson-Meßbrücke

$$R_1 = R_X = R_2 \cdot \frac{R_3}{R_4}$$

Der Widerstand R_2 ist aus 5 Dekaden zusammengesetzt, so daß er in Schritten von 0,1 Ω verändert werden kann. Mit dem Teilerverhältnis $\frac{R_3}{R_4}$, das z. B. von $\frac{1}{1000}$ bis $\frac{1000}{1}$ dekadisch wählbar ist, stellt man den Meßbereich ein. Die Brückenschaltung läßt Widerstandsmessungen über einen sehr weiten Bereich zu. Bei niederohmigen Werten sollte man allerdings 10 Ω nicht unterschreiten, da hier bereits Leitungswiderstände eine Rolle spielen. Hochohmige Widerstände können mit der angegebenen Schaltung bis 10 MΩ gemessen werden.

Präzisionsmeßbrücken werden für den Widerstandsbereich von ca. 10 Ω ... 1000 MΩ hergestellt. Für Widerstände $<10\,\Omega$ verwendet man Spezialmeßbrücken.

5.7.3.3 Thomson-Meßbrücke

Zur Messung sehr niedriger Widerstandswerte $R < 10\,\Omega$ muß der Einfluß von Leitungswiderständen berücksichtigt werden. Bild 5.49 zeigt die Wheatstonsche Brückenschaltung mit den Leitungswiderständen $R_{L1} \dots R_{L6}$. Betrachtet man R_1 als Meßobjekt und gleicht die Brücke mit den Widerständen $R_2 \dots R_4$ ab, dann ist das so gewonnene Meßergebnis durch $R_{L1} \dots R_{L6}$ verfälscht:

$$R_X = \frac{R_3}{R_4}\,(R_{L4} + R_2 + R_{L5}) - (R_{L2} + R_{L3})$$

$$R_X = R_2\,\frac{R_3}{R_4} + \frac{R_3}{R_4}\,(R_{L4} + R_{L5}) - (R_{L2} + R_{L3})$$

Die Leitungswiderstände R_{L2} und R_{L5} lassen sich eliminieren, wenn man R_X und R_2 in Vierleitertechnik ausführt. Über die Stromanschlüsse fließt der Speisestrom, direkt am Widerstand wird an den Spannungsanschlüssen die Spannung abgegriffen (Bild 5.50). Damit vereinfacht sich die Bestimmungsgleichung für R_X:

$$R_X = R_2\,\frac{R_3}{R_4} + \frac{R_3}{R_4} \cdot R_{L4} - R_{L3}$$

Ein fehlerfreier Abgleich wird dann erreicht, wenn es gelingt, auch die restlichen Anteile R_{L3} und R_{L4} zu eliminieren. Dies tritt für den Fall ein:

$$\frac{R_3}{R_4} \cdot R_{L4} - R_{L3} = 0$$

$$\frac{R_3}{R_4} = \frac{R_{L3}}{R_{L4}}$$

Mit der Thomson-Brücke Bild 5.50 ist das möglich. R_{L3} und R_{L4} werden hier durch einen weiteren Teiler R_3' und R_4' überbrückt, der so bemessen ist, daß die oben genannte Bedingung stets erfüllt ist.

$$\frac{R_3}{R_4} = \frac{R_3'}{R_4'} \qquad \text{(Gl. 5.50)}$$

Damit bleibt für die Bestimmung von R_X die ursprüngliche Gleichung 5.48 auch hier gültig:

$$R_X = R_2 \frac{R_3}{R_4}$$

Beim Abgleich der Brücke muß sich also immer das Teilerverhältnis $\frac{R_3'}{R_4'}$ ebenso ändern wie $\frac{R_3}{R_4}$. Das bedeutet, die beiden Teiler werden – mechanisch gekoppelt – gemeinsam umgeschaltet.

> Die Thomson-Brückenschaltung eliminiert die Leitungswiderstände. Sie eignet sich deshalb zur Messung sehr kleiner Widerstandswerte von $10^{-7}\,\Omega \ldots 100\,\Omega$.

Der Vorwiderstand R_V in Bild 5.50 dient der Strombegrenzung, da R_X und R_2 sehr niedrige Werte haben. Die Widerstände R_3', R_4', R_3, R_4 sind hochohmig. Daher sind die Übergangswiderstände an den Spannungsanschlüssen ohne Bedeutung.

5.7.3.4 Fehlerbetrachtung zur Abgleichbrücke

Zunächst ist ersichtlich, daß bei der Brückenschaltung weder die Gleichspannungsquelle noch das Nullinstrument in der Bestimmungsgleichung für R_X enthalten sind, das Meßergebnis also nicht direkt beeinflussen. Allerdings besteht ein indirekter Einfluß. Je größer die Spannung U_0 gewählt wird, desto größer ist auch die Brückenspannung in der Nähe des Abgleichpunkts. Diese reagiert somit empfindlicher auf Veränderungen der Abgleichwiderstände, und damit kann der Abgleichpunkt mit größerer Sicherheit getroffen werden.

Das Nullinstrument hat insofern Einfluß, als es den Nulldurchgang von U_{AB} mit großer Präzision anzeigen muß. Grundsätzlich ist diese Forderung leicht zu erfüllen, da ja der Nullpunkt durch Kurzschließen des Indikators schnell zu kontrollieren und gegebenenfalls zu korrigieren ist. Bei Zeigerinstrumenten kann der Reibungsfehler zu Problemen führen. Je nach dem, von welcher Seite (U_{AB} positiv oder negativ) der Abgleichpunkt erreicht wird, können sich aufgrund der Reibung Unterschiede im Ergebnis zeigen.

Unmittelbaren Einfluß auf das Meßergebnis haben die Fehler der Abgleichwiderstände. Sind diese voneinander unabhängig, so muß mit dem maximalen rel. Fehler gerechnet werden, der sich aus der Gleichung 5.48 in der Form ergibt:

$$f_R = \frac{\Delta R_X}{R_X} = \pm\left(\left|\frac{\Delta R_2}{R_2}\right| + \left|\frac{\Delta R_3}{R_3}\right| + \left|\frac{\Delta R_4}{R_4}\right|\right) \qquad \text{(Gl. 5.51)}$$

Bei Verwendung von 1%-Widerständen würde das zu einem maximalen Fehler von $f_R = \pm 3\%$ führen, also keine besonders genaue Messung sein. Die Brückenabgleichwiderstände müssen Präzisionswiderstände von höchster Genauigkeit sein. Normalwiderstände werden mit einer Fehlertoleranz von etwa $\pm 10^{-6}$ realisiert, Referenzwiderstände der Widerstandsdekaden mit etwa $\pm 10^{-5} \ldots \pm 10^{-4}$.

Verwendet man statt unabhängiger Widerstände einen Widerstandsteiler, so erreicht man eine noch größere Genauigkeit der Messung, weil hier nur der Fehler des Teilungsverhältnisses $\frac{\Delta T}{T}$ eine Rolle spielt.

$$f_R = \frac{\Delta R_X}{R_X} = \pm\left(\left|\frac{\Delta R_2}{R_2}\right| + \left|\frac{\Delta T}{T}\right|\right) \qquad \text{(Gl. 5.52)}$$

Teilungsverhältnis $T = \frac{R_3}{R_4}$

Präzisionsmeßbrücken verwenden grundsätzlich Teilerverhältnisse für den Abgleich und erreichen so Meßunsicherheiten von $\pm 10^{-6} \ldots \pm 10^{-5}$.

5.7.4 Ausschlagbrückenschaltung

Die abgeglichene Meßbrücke ermöglicht eine sehr genaue Messung des Absolutbetrags von Widerstandswerten. Will man jedoch Änderungen des Werts erfassen, dann ist es wesentlich einfacher, diese aus der Veränderung der Brückenspannung zu ermitteln als durch ständig neues Abgleichen mit nachfolgender Berechnung aus den Abgleichwerten.

Damit kommt man zur Ausschlagbrücke, die häufig zur Temperaturmessung mit dem Widerstandsthermometer oder zur Auswertung von Dehnungsmeßstreifen bei der Dehnungsmessung verwendet wird. Der Absolutbetrag des unbekannten Widerstands ist hier nicht wesentlich, sondern seine Änderung aufgrund von Temperatur-, Druck-, Dehnungs- oder anderen Einflüssen.

Bild 5.51 zeigt eine Brückenschaltung, bei der, ausgehend vom abgeglichenen Zustand, der Widerstand R_2 eine Änderung ΔR_2 erfährt. Die Widerstandswerte für den abgeglichenen Zustand der Brücke sind: R_{10}, R_{20}, R_{30}, R_{40}.

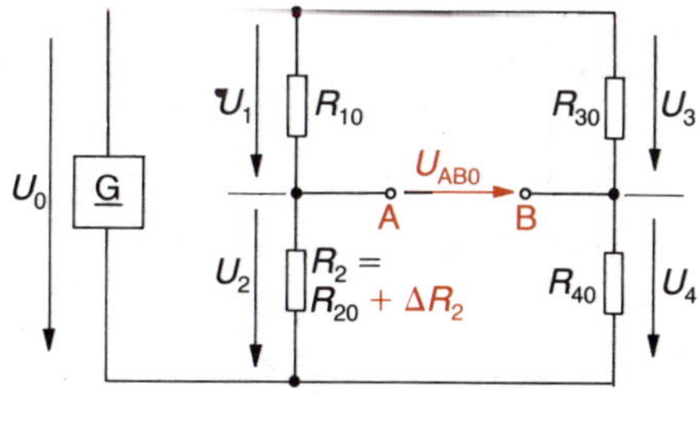

Bild 5.51 Ausschlagbrücke im unbelasteten Zustand

R_{10}, R_{20}, R_{30}, R_{40}
Widerstandswerte im abgeglichenen Zustand $U_{AB0} = 0$

$$\frac{R_{10}}{R_{20}} = \frac{R_{30}}{R_{40}}$$

$R_2 = R_{20} + \Delta R_2$: veränderter Widerstand

5.7.4.1 *Brückenspannung im unbelasteten Zustand*

Die im Bild 5.51 dargestellte Schaltung gibt bei Verstimmung von R_2 die Leerlaufspannung U_{AB0} ab.

$$U_2 = U_0 \frac{R_2}{R_2 + R_{10}}; \quad U_4 = U_0 \frac{R_{40}}{R_{40} + R_{30}}; \quad U_{AB0} = U_2 - U_4$$

$$U_{AB0} = U_0 \left(\frac{R_2}{R_2 + R_{10}} - \frac{R_{40}}{R_{40} + R_{30}} \right)$$

Übersichtlicher wird die Gleichung unter Verwendung der Terme:

$$V_T = \frac{R_{10}}{R_{20}} = \frac{R_{30}}{R_{40}} \quad \text{Abgleichbedingung} \qquad \text{(Gl. 5.53)}$$

$R_2 = R_{20} + \Delta R_2$ geänderter Widerstand R_2

$$U_{AB0} = U_0 \cdot \frac{\dfrac{\Delta R_2}{R_{20}}}{\left(1 + \dfrac{1}{V_T}\right)\left(1 + V_T + \dfrac{\Delta R_2}{R_{20}}\right)} \qquad \text{(Gl. 5.54)}$$

In gleicher Weise kann man natürlich auch die Widerstände R_1, R_3, R_4 als veränderliche Größen annehmen. Für U_{AB0} ergeben sich entsprechende Gleichungen:

$$R_1 = R_{10} + \Delta R_1; \quad R_3 = R_{30} + \Delta R_3; \quad R_4 = R_{40} + \Delta R_4$$

$$U_{AB0} = -U_0 \frac{\dfrac{\Delta R_1}{R_{10}}}{(1 + V_T)\left(1 + \dfrac{1}{V_T} + \dfrac{\Delta R_1}{R_{10}}\right)} \qquad \text{(Gl. 5.55)}$$

$$U_{AB0} = U_0 \frac{\dfrac{\Delta R_3}{R_{30}}}{(1 + V_T)\left(1 + \dfrac{1}{V_T} + \dfrac{\Delta R_3}{R_{30}}\right)} \qquad \text{(Gl. 5.56)}$$

$$U_{AB0} = -U_0 \frac{\dfrac{\Delta R_4}{R_{40}}}{\left(1 + \dfrac{1}{V_T}\right)\left(1 + V_T + \dfrac{\Delta R_4}{R_{40}}\right)} \qquad \text{(Gl. 5.57)}$$

Bild 5.52
Abhängigkeit der Brückenspannung von der Widerstandsänderung

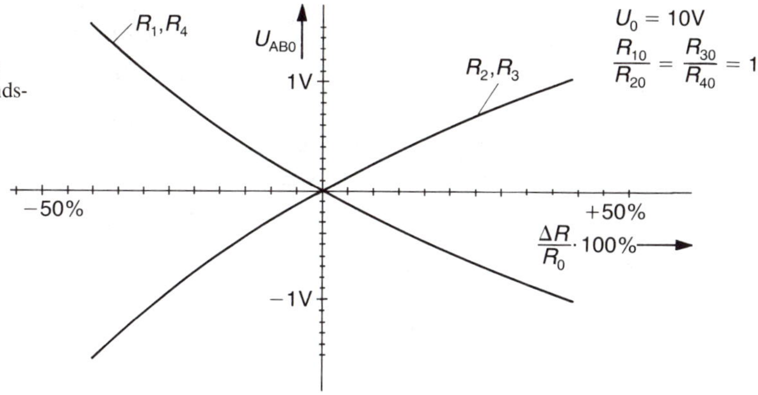

Wie man an den Vorzeichen der einzelnen Gleichungen erkennt, führen die verschiedenen Widerstandsänderungen zu unterschiedlicher Polarität der Brückenspannung. Bei der hier gewählten Pfeilrichtung für U_{AB0} erzeugen positive Änderungen ΔR_2 und ΔR_3 auch eine positive Brückenspannung, während positive Änderungen ΔR_1 und ΔR_4 zu einer negativen Brückenspannung führen. Daraus folgt auch, daß gleichzeitige und gleichsinnige Änderungen von R_2 und R_4 oder von R_1 und R_3 zu einer Kompensation der Brückenspannung führen können und diese dann 0 bleibt. Demgegenüber unterstützen sich Änderungen von R_1 und R_4 oder R_2 und R_3 in ihrer Wirkung und vergrößern die Brückenspannung.

Bild 5.52 zeigt den Spannungsverlauf U_{AB0} als Funktion der prozentualen Änderung der einzelnen Widerstände, bezogen auf die jeweiligen Abgleichwerte. Dabei wurde das Teilerverhältnis nach Gl. 5.53 $V_T = 1$ gewählt. Hier wird noch einmal deutlich, daß jeweils R_2 und R_3 bzw. R_1 und R_4 die Brückenspannung gleichartig beeinflussen.

Die einzelnen Kurven verlaufen nichtlinear. Nur bei sehr kleinen Änderungen $\left(\frac{\Delta R}{R_0} < 0{,}01 \triangleq 1\%\right)$ kann näherungsweise mit linearem Verhalten gerechnet werden, eine Änderung $+\Delta R$ erzeugt dann dem Betrag nach die gleiche Spannung U_{AB0} wie die Änderung $-\Delta R$.

> Die Ausschlagbrücke erzeugt, abhängig von den Widerstandsänderungen, positive oder negative Brückenspannungen.
> Gleiche Wirkungen haben dabei jeweils ΔR_2 und ΔR_3 sowie ΔR_1 und ΔR_4.
> Entgegengesetzte Wirkung haben jeweils ΔR_2 und ΔR_4 sowie ΔR_1 und ΔR_3.

Empfindlichkeit der Ausschlagbrücke

Die Größe der entstehenden Brückenspannung hängt nicht allein von der Größe der Widerstandsänderungen ab, sondern auch von der Wahl der Speisespannung U_0 und der Dimensionierung von $R_{10} \ldots R_{40}$. Daß die Brückenspannung U_{AB0} direkt proportional ist zur Speisespannung, geht aus den Gleichungen 5.54 bis 5.57 hervor. Etwas unübersichtlich ist zunächst der Einfluß der gewählten Abgleichbedingung. Für die Schaltung Bild 5.51 zeigt die grafische Darstellung Bild 5.53, wie sich verschiedene Teilerverhältnisse V_T auf U_{AB0} auswirken. Es sind drei Fälle herausgegriffen worden:

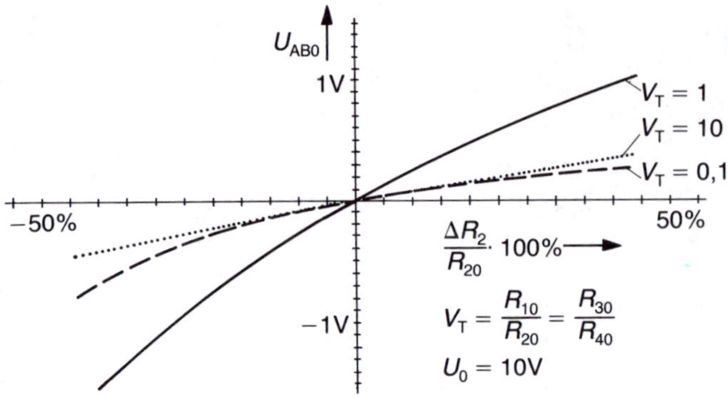

Bild 5.53
Brückenspannung bei verschiedenen Abgleichbedingungen

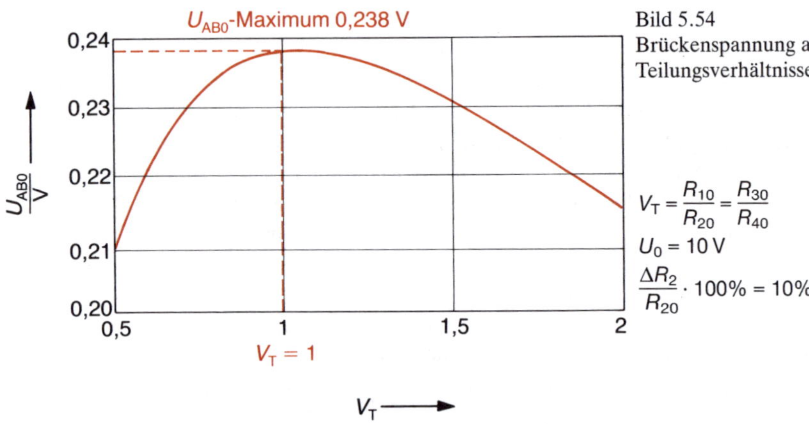

Bild 5.54
Brückenspannung als Funktion des Teilungsverhältnisses

$V_T = 1 \quad R_{10} = R_{20} = R_{30} = R_{40}$
$V_T = 10 \quad R_{10} = 10 \cdot R_{20}; \quad R_{30} = 10 \cdot R_{40}$
$V_T = 0{,}1 \quad R_{10} = 0{,}1 \cdot R_{20}; \quad R_{30} = 0{,}1 \cdot R_{40}$

Die Kurven verdeutlichen, daß die Dimensionierung mit $V_T = 1$ zur größten Brückenspannung führt. Noch genaueren Aufschluß gibt eine Darstellung, die U_{AB0} als Funktion des Teilungsverhältnisses V_T zeigt (Bild 5.54). Die rel. Änderung $\frac{\Delta R_2}{R_{20}}$ ist konstant +10% gehalten.

In der Praxis verwendet man meist gleiche Widerstände: $R_{10} = R_{20} = R_{30} = R_{40}$. Damit erreicht die Brückenschaltung ihre größte Empfindlichkeit.

> Die Ausschlagbrücke reagiert am empfindlichsten auf Widerstandsänderungen, wenn für den Abgleich das Widerstandsverhältnis $V_T = \frac{R_{10}}{R_{20}} = \frac{R_{30}}{R_{40}} = 1$ gewählt wird. In der Praxis verwendet man meist gleich große Widerstände.

Ausschlagbrücke bei kleinen Widerstandsänderungen

Wird die Ausschlagbrücke zur Messung sehr kleiner Widerstandsänderungen ($\left|\frac{\Delta R}{R_0}\right| < 0{,}01 \mathrel{\hat{=}} 1\%$) eingesetzt, wie es beispielsweise bei der Dehnungsmessung mit dem Dehnungsmeßstreifen der Fall ist, dann können Näherungsgleichungen zur Vereinfachung der Rechnung verwendet werden. Geht man ferner von der Dimensionierung für größte Empfindlichkeit der Brückenschaltung ($V_T = 1$) aus, so ergeben sich aus den bereits abgeleiteten Gleichungen 5.54 bis 5.57 die folgenden Vereinfachungen:

$$U_{AB0} \approx \frac{U_0}{4} \cdot \frac{\Delta R_2}{R_{20}} \qquad \text{(Gl. 5.58)}$$

$$U_{AB0} \approx \frac{U_0}{4} \cdot \frac{\Delta R_3}{R_{30}} \qquad \text{(Gl. 5.59)}$$

$$U_{AB0} \approx \frac{-U_0}{4} \cdot \frac{\Delta R_1}{R_{10}} \qquad \text{(Gl. 5.60)}$$

$$U_{AB0} \approx \frac{-U_0}{4} \cdot \frac{\Delta R_4}{R_{40}} \qquad \text{(Gl. 5.61)}$$

Ändern sich alle Widerstände gleichzeitig, dann gilt näherungsweise:

$$U_{AB0} \approx \frac{U_0}{4}\left(\frac{\Delta R_2}{R_{20}} + \frac{\Delta R_3}{R_{30}} - \frac{\Delta R_1}{R_{10}} - \frac{\Delta R_4}{R_{40}}\right) \qquad \text{(Gl. 5.62)}$$

Der rel. Fehler von U_{AB0}, der sich aufgrund dieser Näherung ergibt, steigt proportional mit der rel. Widerstandsänderung an. Bei Änderung nur eines Widerstands ist der Fehler berechenbar durch die Beziehung:

$$f_U = \frac{\Delta U_{AB0}}{U_{AD0}} = \frac{1}{2} \cdot \frac{\Delta R}{R_0} \qquad \text{(Gl. 5.63)}$$

R_0 Abgleichwert des geänderten Widerstands

In Bild 5.55 sind die Spannungsverläufe nach der Näherung und nach der genauen Gleichung für $\frac{\Delta R_2}{R_{20}}$ von 0 bis ±50% gegenübergestellt.

Rechnet man mit einer rel. Widerstandsänderung von ±2%, dann ergibt sich bei Anwendung der Näherung ein Spannungsfehler von ±1%.

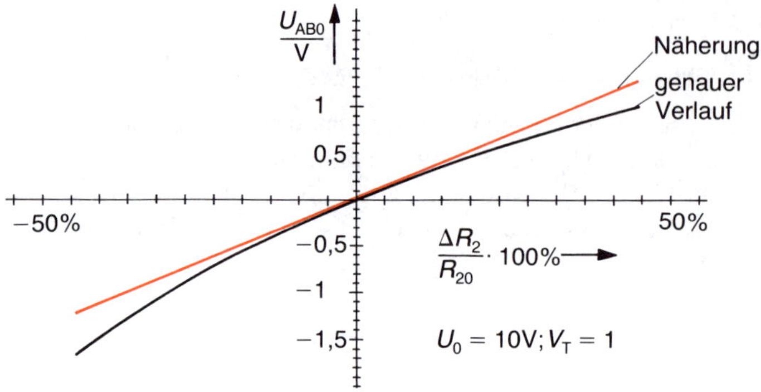

Bild 5.55
Brückenspannung abhängig von der Widerstandsänderung, Näherung und genauer Kurvenverlauf

> Bei kleinen Widerstandsänderungen ist die Brückenspannung U_{AB0} etwa proportional zur rel. Widerstandsänderung: $|U_{AB0}| \sim \left|\frac{\Delta R}{R_0}\right|$.

5.7.4.2 *Brückenspannung im belasteten Zustand*

Wird die Brückenspannung durch einen Widerstand belastet, dann nimmt sie aufgrund des Innenwiderstands der Brücke ab. Zur Berechnung der nun vorhandenen Klemmenspannung U_{AB} ist das Ersatzschaltbild der Brücke eine Hilfe.

Bild 5.56 zeigt eine Brückenschaltung mit ihrem Ersatzschaltbild. Hier wirkt die unbelastete Spannung U_{AB0} (Abschnitt 5.7.4.1) als Spannungsquelle mit dem Innenwiderstand:

$$R_{iB} = R_1 \| R_2 + R_3 \| R_4 = \frac{R_1 \cdot R_2}{R_1 + R_2} + \frac{R_3 \cdot R_4}{R_3 + R_4} \qquad \text{(Gl. 5.64)}$$

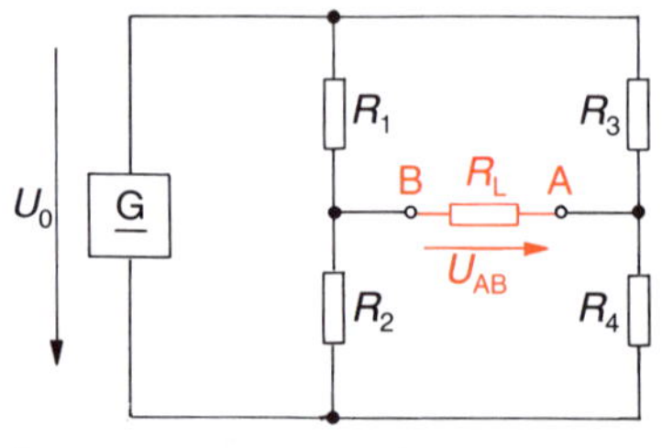

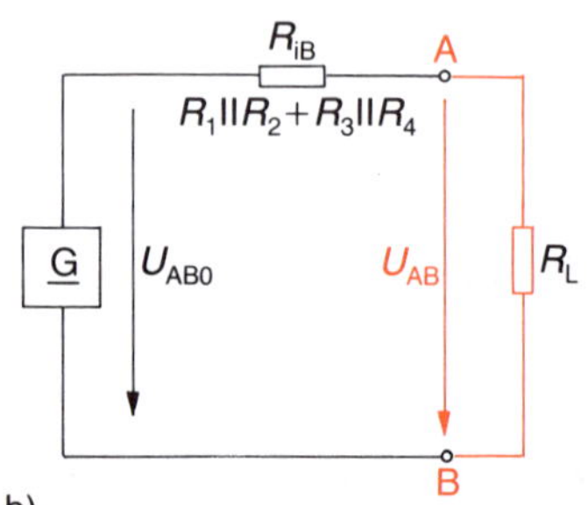

Bild 5.56 Belastete Ausschlagbrücke
a) Brückenschaltung
b) Ersatzschaltung

Nun läßt sich die Klemmenspannung leicht ermitteln:

$$U_{AB} = U_{AB0} \frac{R_L}{R_{iB} + R_L} \qquad \text{(Gl. 5.65)}$$

R_L ist der Lastwiderstand. Er wird z. B. vom Widerstand des Instruments zur Messung der Brückenspannung gebildet.

Verwendet man zur Anzeige ein sehr niederohmiges Instrument, dann arbeitet die Brücke nahezu im Kurzschlußbetrieb. Zur Anzeige gelangt in diesem Fall der Kurzschlußstrom I_{ABK}.

$$I_{ABK} = \frac{U_{AB0}}{R_{iB}} = \frac{U_{AB0}}{\frac{R_1 \cdot R_2}{R_1 + R_2} + \frac{R_3 \cdot R_4}{R_3 + R_4}} \qquad \text{(Gl. 5.66)}$$

Wählt man für den Nullabgleich die Widerstände $R_{10} = R_{20} = R_{30} = R_{40} = R_0$, so erhält man für den Kurzschlußstrom bei Änderung eines Widerstands mit Hilfe der Gleichungen 5.54 bis 5.57:

$$I_{ABK} = (\pm) \frac{U_0}{4 R_0} \cdot \frac{\frac{\Delta R}{R_0}}{1 + \frac{3}{4} \cdot \frac{\Delta R}{R_0}} \qquad \text{(Gl. 5.67)}$$

Die Stromrichtung entspricht der Polarität von U_{AB0}, ist also unterschiedlich je nach dem sich ändernden Widerstand.

Bei kleinen Widerstandsänderungen wird U_{AB0} in der Gleichung 5.66 durch den Näherungswert der Gleichungen 5.58 bis 5.61 ersetzt, der Innenwiderstand der Brücke ist mit $R_{iB} = R_0$ anzunehmen, und so erhält man für den Kurzschlußstrom:

$$I_{ABK} \approx (\pm) \frac{U_0}{4 R_0} \cdot \frac{\Delta R}{R_0} \qquad \text{Näherung} \qquad \text{(Gl. 5.68)}$$

Die Stromrichtung ist wiederum von der Polarität der Brückenspannung abhängig.

Ändert man alle Widerstände gleichzeitig, so gilt näherungsweise:

$$I_{ABK} \approx \frac{U_0}{4 R_0} \left(\frac{\Delta R_2}{R_{20}} + \frac{\Delta R_3}{R_{30}} - \frac{\Delta R_1}{R_{10}} - \frac{\Delta R_4}{R_{40}} \right) \qquad \text{(Gl. 5.69)}$$

Vergleicht man die Ausschlagbrücke im Kurzschlußbetrieb mit der ohne Belastung, dann zeigt sich, daß der Linearitätsfehler zwischen Brückenspannung und rel. Widerstandsänderung geringer ist als zwischen Brückenstrom und rel. Widerstandsänderung. Dies wird durch

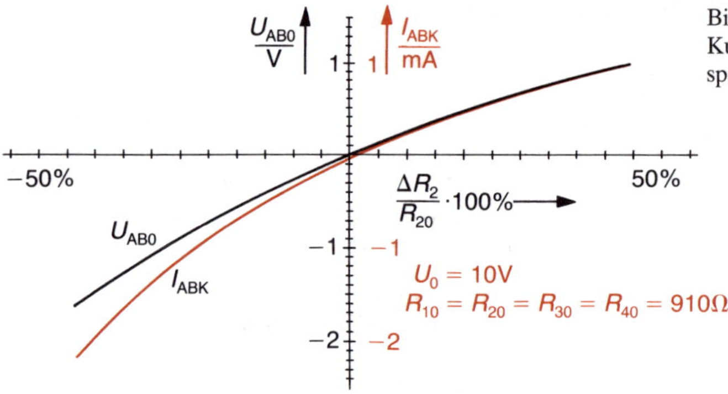

Bild 5.57
Kurzschlußstrom I_{ABK} und Leerlaufspannung U_{AB0} einer Ausschlagbrücke

Bild 5.57 verdeutlicht. Die beiden Kurven geben für gleiche Änderungen von R_2 den Kurzschlußstrom und die Leerlaufspannung wieder.

> Die belastete Ausschlagbrücke liefert wegen des Brückeninnenwiderstands eine kleinere Brückenspannung als die unbelastete.
> Bei kleinen Widerstandsänderungen um den Abgleichpunkt ist der Kurzschlußstrom etwa proportional der rel. Widerstandsänderung eines Widerstands.
> Der Linearitätsfehler der kurzgeschlossenen Brücke ist größer als der einer unbelasteten.

5.7.4.3 Linearisierung der Ausschlagbrücke

Wie bereits dargelegt wurde, ist die Brückenspannung nur bei kleinen Widerstandsänderungen um den Abgleichpunkt diesen Änderungen proportional.

Um einen linearen Zusammenhang zwischen Brückenspannung und Widerstandsänderung auch bei großen Änderungen zu erreichen, kann man auf elektronischem Wege die Speisespannung der Brücke abhängig von der Widerstandsänderung steuern oder den Strom durch den sich ändernden Widerstand elektronisch konstant halten (Operationsverstärker: vgl. Beuth/Schmusch, Elektronik 3).

Steuerung der Speisespannung

Betrachtet man auf Bild 5.52 z. B. den Zusammenhang zwischen der Änderung des Widerstands R_2 und der resultierenden Brückenspannung U_{AB0}, so fällt auf, daß bei positiven Änderungen ΔR_2 eine Abflachung der Kurve eintritt, während sie bei negativen Änderungen steiler wird; d. h., bei größeren positiven Änderungen ΔR_2 wird U_{AB0} zu klein, und bei größeren negativen Änderungen wird der Betrag von U_{AB0} zu groß. Um das auszugleichen, wird nun bei positiven Änderungen die Speisespannung vergrößert und bei negativen Änderungen verkleinert. Bild 5.58 zeigt eine Schaltung, die diese Linearisierung durch einen Regelkreis automatisch bewirkt.

Zunächst wird hier die Brückenspannung durch einen Differenzverstärker mit hochohmigen Eingängen um den Faktor V_D verstärkt. Danach wird diese Spannung zu der konstanten Speisespannung U_0 mit Hilfe des Summierverstärkers hinzuaddiert. Die Summenspannung

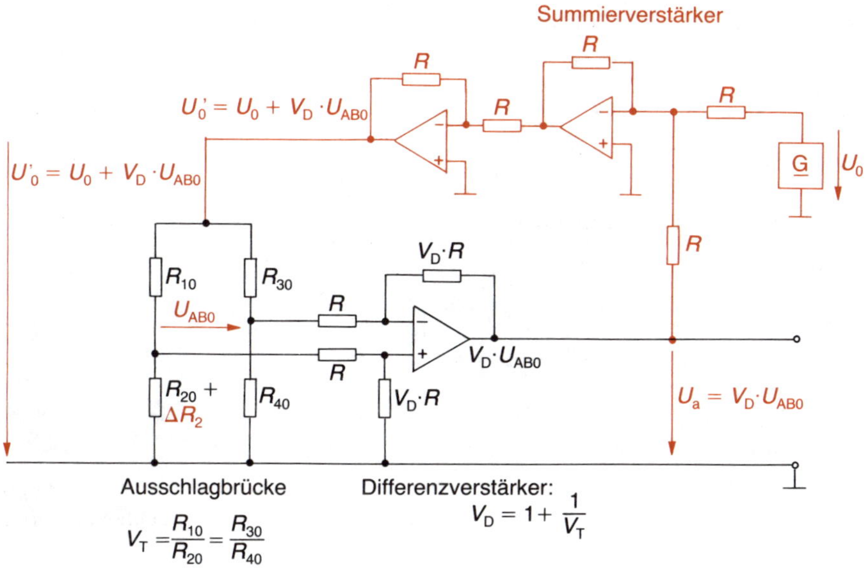

Bild 5.58 Linearisierung einer Ausschlagbrücke durch Regelung der Speisespannung

$U_0' = U_0 + V_D \cdot U_{AB0}$ dient nun als Speisespannung der Brücke. Solange die Brücke abgeglichen ist, liegt an der Brückenschaltung nur die Spannung $U_0' = U_0$, da ja $U_{AB0} = 0$ ist. Bei positiver Änderung ΔR_2 ergibt sich eine positive Spannung U_{AB0}, die nun die Brückenspannung U_0' auf den Wert $U_0' = U_0 + V_D \cdot U_{AB0}$ erhöht. Bei negativer Änderung ΔR_2 wird U_{AB0} negativ, und damit verringert sich die Speisespannung auf $U_0' = U_0 - V_D \cdot U_{AB0}$. Um eine exakte Linearisierung zu erreichen, muß die Verstärkung V_D einen bestimmten Wert annehmen, der sich aus der folgenden Rechnung ergibt. Nach Gleichung 5.54 gilt für die Brückenspannung:

$$U_{AB0} = U_0' \frac{\dfrac{\Delta R_2}{R_{20}}}{\left(1 + \dfrac{1}{V_T}\right)\left(1 + V_T + \dfrac{\Delta R_2}{R_{20}}\right)}$$

$$U_{AB0} = \frac{(U_0 + V_D \cdot U_{AB0}) \cdot \dfrac{\Delta R_2}{R_{20}}}{\left(1 + \dfrac{1}{V_T}\right)\left(1 + V_T + \dfrac{\Delta R_2}{R_{20}}\right)}$$

Löst man die Gleichung nach U_{AB0} auf, so erhält man:

$$U_{AB0} = U_0 \frac{\dfrac{\Delta R_2}{R_{20}}}{2 + V_T + \dfrac{1}{V_T} + \left(1 + \dfrac{1}{V_T}\right) \cdot \dfrac{\Delta R_2}{R_{20}} - V_D \cdot \dfrac{\Delta R_2}{R_{20}}}$$

Wird nun der Verstärkungsfaktor:

$$V_D = 1 + \frac{1}{V_T} \qquad \text{(Gl. 5.70)}$$

eingestellt, so fällt im Nenner der Term $\frac{\Delta R_2}{R_{20}}$ heraus, und damit entsteht der lineare Zusammenhang:

$$U_{AB0} = \frac{U_0}{2 + V_T + \frac{1}{V_T}} \cdot \frac{\Delta R_2}{R_{20}} \qquad \text{(Gl. 5.71)}$$

Wählt man nun noch gleiche Brückenwiderstände für den Abgleich ($V_T = 1$), dann wird die ursprüngliche Näherungsformel Gl. 5.58 jetzt allgemeingültig für beliebige Änderungen:

$$U_{AB0} = \frac{U_0}{4} \cdot \frac{\Delta R_2}{R_{20}} \qquad \text{Für } V_T = 1$$

Vorausgesetzt ist dabei, daß der Differenzverstärker die Verstärkung $V_D = 2$ aufweist.

Am Ausgang des Differenzverstärkers entsteht die verstärkte Brückenspannung:

$$U_a = \frac{U_0}{2} \cdot \frac{\Delta R_2}{R_{20}} \qquad \text{Für } V_T = 1$$

Die Ausschlagbrücke kann linearisiert werden, wenn abhängig von den Widerstandsänderungen die Speisespannung der Brücke mit verändert wird.

Konstanthaltung des Stroms

Eine weitere Möglichkeit der Linearisierung besteht darin, den Strom durch den sich ändernden Widerstand konstant zu halten. Damit ergibt sich eine Brückenspannung $U_{AB0} = I \cdot \Delta R$, die der Widerstandsänderung proportional ist. Zu realisieren ist das mit Hilfe des Brückenspannungsverstärkers Bild 5.59. Der gegengekoppelte Verstärker erzeugt eine Ausgangsspannung U_a, die dazu führt, daß die Differenzspannung $U_{NP} \approx 0$ wird, vorausgesetzt, seine Differenzverstärkung V_{U0} ist genügend groß.

Im abgeglichenen Zustand der Brücke wird daher $U_a = 0$, denn es gilt ja: $U_1 = U_3$, $U_2 = U_4$. Wird nun R_2 um ΔR_2 verändert, so bleibt dennoch der Strom I_1 gleich, weil wegen $U_{NP} \approx 0$ nach wie vor $U_1 = U_3$ ist und U_3 ja nicht verändert worden ist. Somit erhöht sich die Spannung an R_2 um den Betrag $I_1 \cdot \Delta R_2$, und U_a wird negativ:

$$U_a = -I_1 \cdot \Delta R_2$$

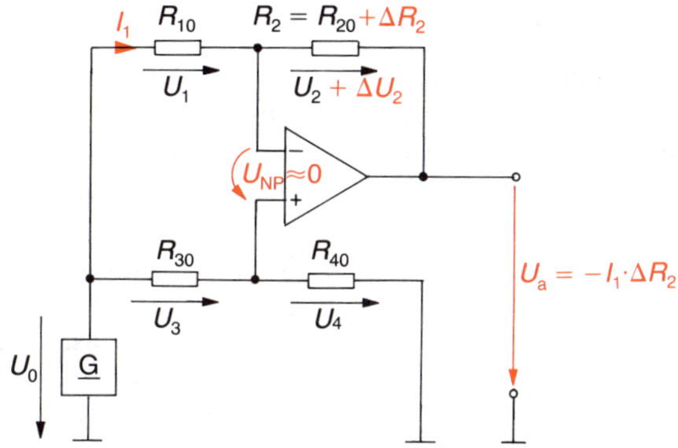

Bild 5.59
Linearisierung einer Ausschlagbrücke durch konstanten Strom

$$I_1 = \frac{U_1}{R_{10}} = \frac{U_0}{R_{10} + R_{20}} = \text{konst.}$$

$$U_a = U_4 - U_2 - \Delta U_2 = \Delta U_2$$

$$\Delta U_2 = I_1 \cdot \Delta R_2$$

$$V_T = \frac{R_{10}}{R_{20}} = \frac{R_{30}}{R_{40}}; U_1 = U_3, U_2 = U_4$$

Der Strom I_1 errechnet sich aus der Schaltung im abgeglichenen Zustand:

$$I_1 = \frac{U_0}{R_{10} + R_{20}}$$

und somit erhält man für die Ausgangsspannung:

$$U_a = -U_0 \frac{\Delta R_2}{R_{10} + R_{20}}$$

Bezieht man die Änderungen ΔR_2 auf den Abgleichwert, so kommt man zu der einfachen Gleichung:

$$U_a = -U_0 \frac{\frac{\Delta R_2}{R_{20}}}{\frac{R_{10}}{R_{20}} + 1} = -\frac{U_0}{V_T + 1} \cdot \frac{\Delta R_2}{R_{20}} \qquad \text{(Gl. 5.72)}$$

Bei Verwendung gleich großer Widerstände im Abgleichfall ($V_T = 1$) ergibt sich:

$$U_0 = -\frac{U_0}{2} \cdot \frac{\Delta R_2}{R_{20}}$$

Wird der veränderliche Widerstand einer Ausschlagbrücke mit Konstantstrom gespeist, dann ist die Brückenspannung direkt proportional zur rel. Widerstandsänderung.

5.7.5 Direktanzeigende Widerstandsmesser

Die bisher beschriebenen Verfahren der Widerstandsmessung erforderten jeweils eine Berechnung oder einen Abgleichvorgang, um zu einem Meßergebnis zu kommen. Diese etwas langwierigen Methoden sind sicher für genaue Messungen gut geeignet.

Für den normalen Laborbedarf allerdings bevorzugt man die schnelleren und bequemeren direktanzeigenden Widerstandsmesser. Sie sind meist mit Strom- und Spannungsmessern in der Form eines Vielfachinstruments kombiniert.

Die Widerstandsmessung kann je nach geforderter Genauigkeit mit Hilfe einer einfachen Meßschaltung mit Anzeige durch ein Drehspul- bzw. Kreuzspulinstrument erfolgen oder aber durch kompliziertere elektronische Schaltungen mit nachfolgender Analog- oder Digitalanzeige. Als Speisespannungsquellen werden häufig Batterien eingesetzt, die den Vorteil der Netzunabhängigkeit bringen.

Im folgenden werden einige Verfahren dargestellt, die sich in der Praxis bewährt haben.

5.7.5.1 Widerstandsmesser mit Kreuzspulinstrument

Diese Meßgeräte werden häufig als einfache Temperaturmesser im Zusammenhang mit Widerstandsthermometern eingesetzt. Hier wird zwar der Widerstand gemessen, die Anzeigenskala ist dann allerdings in Temperatureinheiten geeicht.

Bild 5.60 zeigt zwei Meßschaltungen.

Schaltung a) eignet sich für niedrige Widerstandswerte ($R_X < 10\,\Omega$), Schaltung b) für höhere.

Wirkungsweise

Schaltung Bild 5.60a: Der Ausschlagwinkel α des Kreuzspulinstruments wird durch das Stromverhältnis $\frac{I_1}{I_2}$ bestimmt. Allerdings ist der funktionale Zusammenhang nichtlinear, so daß auch eine nichtlineare Skala entsteht (Abschnitt 3.5).

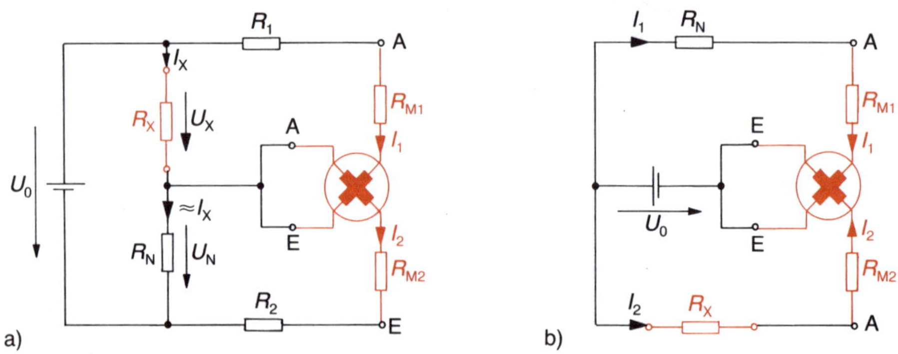

Bild 5.60 Widerstandsmessung mit Kreuzspulmeßwerk

a) Schaltung für niederohmige Widerstände ($< 10\ \Omega$); $R_x \ll R_1 + R_{M1}$

b) Schaltung für hochohmige Widerstände ($> 10\ \Omega$); $R_x \gg R_{M1}$

$$\frac{I_1}{I_2} = f(\alpha)$$

Zu beachten ist der richtige Anschluß der Kreuzspulen (Anschlüsse A, E in Bild 5.60), damit I_1 und I_2 gegensätzliche Drehmomente erzeugen.

In Bild 5.60a bilden der unbekannte Widerstand R_X und ein bekannter Widerstand R_N einen Spannungsteiler mit den Teilspannungen U_X und U_N. Diese beiden Spannungen werden mit Hilfe des Kreuzspulinstruments verglichen. Dabei sei angenommen, daß die zu R_X und R_N parallel liegenden Widerstände $R_{1,2} + R_{M1,2}$ so hochohmig sind, daß sie den Spannungsteiler nur unwesentlich belasten. Dann gelten die Beziehungen:

$$U_X = I_X \cdot R_X = I_1 \cdot (R_{M1} + R_1)$$

$$U_N = I_X \cdot R_N = I_2 \cdot (R_{M2} + R_2)$$

R_{M1}, R_{M2} sind die Spulenwiderstände des Meßwerks und R_1, R_2 Anpassungswiderstände, so daß beide Zweige gleich sind:

$$R_{M1} + R_1 = R_{M2} + R_2$$

Setzt man die Teilspannungen ins Verhältnis, dann zeigt sich, wie die Widerstandsmessung zustande kommt:

$$\frac{U_X}{U_N} = \frac{R_X}{R_N} = \frac{I_1}{I_2}$$

$$\boxed{R_X = R_N \cdot \frac{I_1}{I_2} = R_N \cdot f(\alpha)} \qquad \text{(Gl. 5.73)}$$

Der Widerstand R_N ist umschaltbar und legt den Meßbereich fest. Die Skala wird direkt in Ohm geeicht.

Schaltung Bild 5.60b: Hier liegen R_X und R_{M1} bzw. R_N und R_{M2} in Reihe und bestimmen jeweils den Strom I_1 bzw. I_2.

Man kann die folgenden Gleichungen aufstellen:

$$U_0 = I_1 \cdot (R_N + R_{M1}) \approx I_1 \cdot R_N \quad \text{für } R_X \gg R_{M1}$$

$$U_0 = I_2 \cdot (R_X + R_{M2}) \approx I_2 \cdot R_X \quad \text{für } R_N \gg R_{M2}$$

Bedingung für eine ausreichend genaue Messung ist hier, daß R_X und R_N groß gegen die Spulenwiderstände sind. Dann gelten die gleichen Beziehungen:

$$\frac{I_1 \cdot R_N}{I_2 \cdot R_X} = 1; \quad \frac{R_X}{R_N} = \frac{I_1}{I_2}$$

$$\boxed{R_X = R_N \cdot \frac{I_1}{I_2} = R_N \cdot f(\alpha)}$$

Die Fehler, die sich bei der Messung mit diesen beiden Schaltungen ergeben, liegen etwa zwischen 1% und 3%. Besondere Probleme treten bei der Messung großer Widerstandswerte auf, da die Ströme I_1 und I_2 und damit die Drehmomente zu klein werden. Reibungsfehler und Fremdfelder beeinträchtigen hier die Anzeige.

Das Kreuzspulmeßwerk ist als direktanzeigender Widerstandsmesser für Widerstände von einigen Ohm bis in den Mega-Ohm-Bereich verwendbar.
Die speisende Quelle geht nicht in das Meßergebnis ein.

5.7.5.2 Widerstandsmesser mit Drehspulinstrument

Eine einfache Schaltung, die oft in Vielfachinstrumenten eingesetzt wird, zeigt Bild 5.61. Je nach dem Wert von R_X fließen in der Schaltung unterschiedliche Ströme $I_g = I + I_B$. Der Strom I teilt sich nochmals in I_M und I_P auf. I_M ist der Meßwerkstrom, der bei geschlossenem Taster S mit dem Potentiometer P so eingestellt wird, daß das Meßwerk Vollausschlag zeigt. Hier liegt der Skalenwert 0 Ω. Dieser Abgleich muß vor jeder Messung durchgeführt werden, da ja der Strom in der Schaltung auch von der Batteriespannung U_0 abhängt, die mit zunehmender Entladung kleiner wird. Dabei ist wichtig, daß beim Abgleich der Teilwiderstand R konstant bleibt, weil sonst die Skalenteilung des Meßwerks fehlerhaft würde.

Erreicht wird das in einem gewissen Bereich durch geeignete Dimensionierung des Schließungswiderstands ($R_M + R_V$, P, R_2). Außerdem ist R_1 sehr hochohmig. Widerstandsänderungen am Meßwerkkreis haben dann geringen Einfluß.

Die Umschaltung zwischen Ω- und kΩ-Meßbereich erfolgt mittels Parallelwiderstand R_P.

Die Skalenteilung ist nichtlinear. Dies zeigen die folgenden Gleichungen. Bei Betätigung von Schalter S und Abgleich auf Vollausschlag (Winkel α_{max}) beträgt der Gesamtstrom:

$$I_{g\,max} = \frac{U_0}{R_g} \quad \text{mit } R_g = R \| R_P$$

Bei Anschluß eines Widerstandes R_X geht der Zeigerausschlag auf den Winkel α zurück, es fließt der Strom:

$$I_g = \frac{U_0}{R_g + R_X}$$

Die Meßwerkströme sind dem Gesamtstrom proportional:

$$\frac{I_M}{I_{M\,max}} = \frac{I_g}{I_{g\,max}}$$

Damit gilt für die Zeigerausschläge:

$$\frac{\alpha}{\alpha_{max}} = \frac{I_M}{I_{M\,max}} = \frac{R_g}{R_g + R_X} = \frac{1}{1 + \dfrac{R_X}{R_g}}$$

$$\boxed{\alpha = \alpha_{max} \cdot \frac{1}{1 + \dfrac{R_X}{R_g}}} \qquad \text{(Gl. 5.74)}$$

Bild 5.61
Direktanzeigender Widerstandsmesser mit Drehspulmeßwerk
a) Schaltung
b) Skaleneinteilung

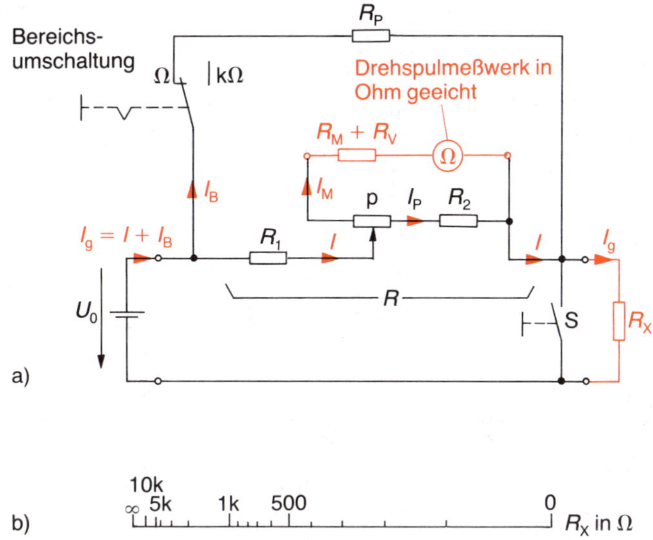

Bei $R_X = 0$ zeigt das Instrument Vollausschlag, bei $R_X = R_g$ steht der Zeiger in der Mitte, bei $R_X = \infty$ gibt es keinen Zeigerausschlag, der Strom ist 0. Wird der Bereichsumschalter auf kΩ-Bereich gestellt, dann wird R_g 1000mal größer ($R_g = R$).

Nach der Skalengleichung ergibt sich derselbe Skalenverlauf wie vorher bei 1000mal größeren Werten von R_X, d. h., die Skala wird zur kΩ-Skala.

Bild 5.61b zeigt für den Fall $R_g = 300\ \Omega$ die Skalenteilung in Ω. Die Meßgenauigkeit dieses Widerstandsmessers liegt bei ±2%, wenn man von Ablesefehlern einmal absieht.

Das Widerstandsmeßgerät mit Drehspulmeßwerk erfordert einen Nullabgleich, da die Speisespannung in das Meßergebnis eingeht. Die Skala hat eine nichtlineare Teilung, genaue Ablesung ist nur in einer Skalenhälfte möglich.

5.7.5.3 Widerstandsmesser mit Stromquelle

Besonders einfach und doch sehr genau lassen sich Widerstände messen, wenn eine geeichte, umschaltbare Stromquelle zur Verfügung steht. Läßt man den Strom durch den zu messenden Widerstand fließen, dann entsteht eine Spannung, die dem Widerstandswert proportional ist.

$$U_X = I \cdot R_X$$

Diese kann durch einen geeigneten Spannungsmesser angezeigt werden, dessen Skala in Ω geeicht wird. Bei Verwendung eines Drehspulinstruments entsteht eine lineare Skalenteilung, Meßbereichsumschaltung erfolgt durch Umschaltung des Konstantstroms I. Bild 5.62 zeigt das Prinzipschaltbild und eine Realisierungsmöglichkeit mit Hilfe des Operationsverstärkers. Der konstante Strom I wird durch die Referenzspannung und den umschaltbaren Widerstand R eingestellt.

$$I = \frac{U_{REF}}{R}$$

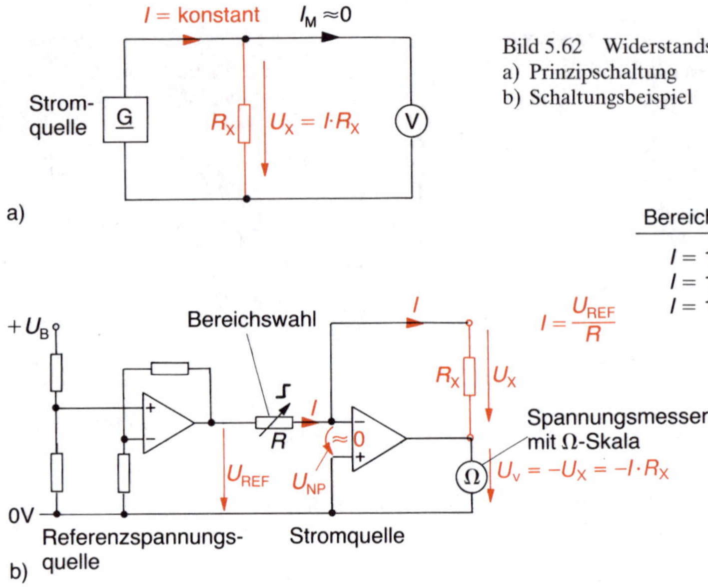

Bild 5.62 Widerstandsmesser mit Stromquelle
a) Prinzipschaltung
b) Schaltungsbeispiel

Bereichswahl	Anzeige
$I = 1\,\mu A$	1V ≙ 1MΩ
$I = 1\,mA$	1V ≙ 1kΩ
$I = 10\,mA$	1V ≙ 100 Ω

Dieser erzeugt am zu messenden Widerstand R_X die Spannung:

$$U_X = I \cdot R_X = \frac{U_{REF}}{R} \cdot R_X$$

Der Strom wird nun in den vorgesehenen Stufen, z. B. 1 µA, 1 mA, 10 mA, dem Wert des Widerstands angepaßt. Der Spannungsmesser zeigt direkt den Widerstandswert in MΩ, in kΩ oder in Vielfachen von 100 Ω an.

$$R_X = \frac{U_X}{I} = R \cdot \frac{U_X}{U_{REF}} \qquad \text{(Gl. 5.75)}$$

Die Meßgenauigkeit hängt im wesentlichen von der Konstanz der Stromquelle und der Genauigkeit des Anzeigers ab. Eine Meßgenauigkeit von ±1% ist sicher erreichbar.

> Die Widerstandsmessung mit geeichter Stromquelle führt zu sehr genauen Meßergebnissen.
> Die Skala des Anzeigegeräts ist linear.

5.7.6 *R*-*T*-Umformer

Die bisher behandelten Verfahren zur Widerstandsmessung arbeiten alle nach dem Prinzip der Widerstands-Spannungs-Umformung. Das heißt, man erzeugt in einer Schaltung eine Spannung, die dem Wert des unbekannten Widerstands entspricht. Diese Spannung wird dann ausgewertet. Die Widerstandsmessung geht also auf eine Spannungsmessung zurück.

Leichter und auch genauer lassen sich aber Zeiten und Frequenzen messen. Daher liegt es nahe zu versuchen, den Wert des zu messenden Widerstands durch eine entsprechende Zeit, z. B. die Periodendauer einer Rechteckspannung, darzustellen. Die Periodendauer kann dann durch einen Periodendauerzähler gemessen und als Zahl, die dem Widerstandswert entspricht, angezeigt werden. Auf diese Weise entsteht ein digital anzeigendes Widerstandsmeßgerät.

Ein weiterer Vorteil dieser Meßmethode besteht in der problemlosen Fernübertragung des Meßergebnisses. Die Information steckt hier in der Periodendauer einer Wechselspannung, die selbst über lange Leitungen störungsfrei übertragen werden kann.

Der *R-T*-Umformer ermöglicht die Widerstandsmessung durch eine Zeitmessung mit Hilfe des Periodendauerzählers.
Vorteile: Zeitmessungen sind mit großer Genauigkeit durchführbar.
Fernübertragung des Meßsignals ist störungsfrei möglich.
Der Meßwert kann sehr leicht digital angezeigt werden, das erleichtert die Ablesung.

Eine genaue Widerstandsmessung, die über eine Zeitmessung erfolgt, setzt vor allem einen sehr präzise arbeitenden *R-T*-Umformer voraus. Dieser entscheidet letztlich über die erreichbare Genauigkeit. Mit entsprechendem Aufwand lassen sich Meßunsicherheiten <1% erreichen.

5.7.6.1 R-T-Umformer mit Integrator

Bild 5.63 zeigt ein Schaltungsbeispiel, bei dem für die Umformung ein Integrator verwendet wird. Dieser wird wechselweise von einer positiven und einer negativen Referenzspannung (U_{REF+}, U_{REF-}) gespeist. Liegt eine positive Referenzspannung an, dann entsteht am Ausgang des Integrators eine linear abfallende Spannung u_i:

$$u_i = -\frac{U_{REF+}}{R_X \cdot C} \cdot t$$

Bild 5.63
R-T-Umformer mit Integrator

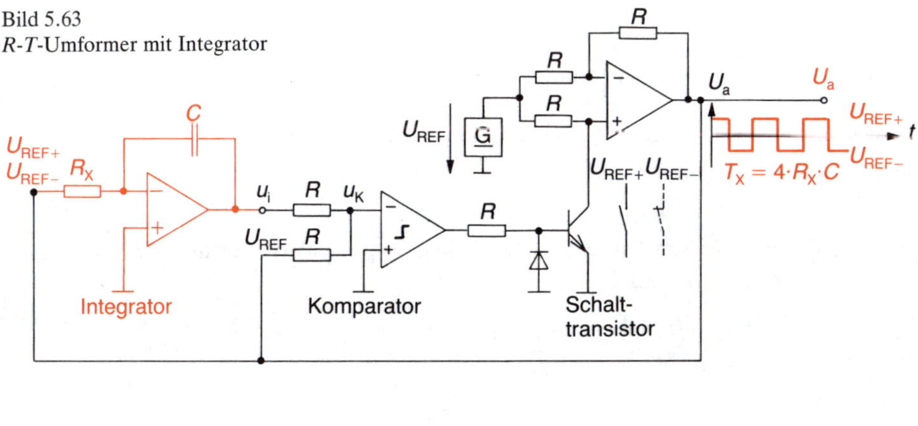

Diese führt zu negativen Spannungswerten. Der Komparator vergleicht die Eingangsspannung des Integrators mit dessen Ausgangsspannung (u_i). Wenn u_i den negativen Wert $u_i = -U_{REF+}$ erreicht, geht die Komparatoreingangsspannung u_K durch 0, damit springt der Ausgangspegel des Komparators von $-U_B$ auf $+U_B$, der Transistor schaltet durch, und am Ausgang der Referenzspannungsquelle geht die positive Referenzspannung (U_{REF+}) in eine betragsmäßig gleich große negative Referenzspannung (U_{REF-}) über. Die jetzt negative Eingangsspannung des Integrators bewirkt an seinem Ausgang eine Umkehr des Integrationsvorgangs.

$$u_i = \frac{|U_{REF-}|}{R_X \cdot C} \cdot t - U_{REF+}$$

u_i steigt somit ausgehend von der zuletzt erreichten Spannung $-U_{REF+}$ wieder an und gelangt zu positiven Werten. Erreicht die Integratorspannung den positiven Wert $u_i = |U_{REF-}|$, dann schaltet der Komparator diesmal von $+U_B$ auf $-U_B$ um. Der Transistor wird gesperrt, und die Referenzquelle liefert U_{REF+}. Die nächste Phase ist wieder eine Integration mit linear abfallender Spannung u_i:

$$u_i = -\frac{U_{REF+}}{R_X \cdot C} \cdot t + |U_{REF-}|$$

Bei $u_i = -U_{REF+}$ folgt erneut der Wechsel von U_{REF+} auf U_{REF-}.

Dieser Vorgang wiederholt sich periodisch. Bild 5.64a stellt den zeitlichen Ablauf grafisch dar.

Am Ausgang der Referenzspannungsquelle entsteht eine symmetrische Rechteckspannung, deren Periodendauer ein Maß für die Größe von R_X ist. Das zeigen die folgenden Überlegungen.

Für die Integrationszeit t_1 in Bild 5.64a gilt:

$$U_{i\,max} = |U_{REF-}| = \frac{|U_{REF-}|}{R_X \cdot C} \cdot t_1 - U_{REF+}$$

$$t_1 = (|U_{REF-}| + U_{REF+}) \cdot \frac{R_X \cdot C}{|U_{REF-}|}$$

Für die Integrationszeit t_2 in Bild 5.64a gilt:

$$-U_{i\,max} = -U_{REF+} = -\frac{U_{REF+}}{R_X \cdot C} \cdot t_2 + |U_{REF-}|$$

$$t_2 = (U_{REF+} + |U_{REF-}|) \cdot \frac{R_X \cdot C}{U_{REF+}}$$

Geht man von der Annahme betragsmäßig gleicher Referenzspannungen $U_{REF+} = |U_{REF-}|$ aus, dann gilt:

$$t_1 = t_2 = 2 \cdot R_X \cdot C$$

Die Periodendauer ist somit dem Wert des unbekannten Widerstands direkt proportional:

$$\boxed{T_X = t_1 + t_2 = 4 \cdot R_X \cdot C}$$

Bild 5.64
Spannungs-Zeit-Diagramme am *R-T*-Umformer mit Integrator
a) Integratorausgangsspannung u_i und Referenzspannungen U_{REF+}, U_{REF-}
b) Komparatoreingangsspannung u_k

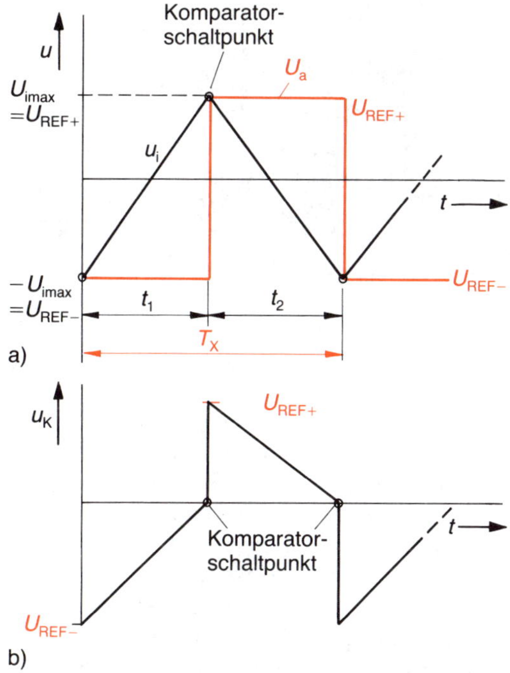

$$R_X = \frac{T_X}{4 \cdot C} \quad \text{(Gl. 5.76)}$$

Wählt man für den Kondensator eine Kapazität von 0,25 µF, dann entspricht $T_X = 1$ ms einem Widerstand $R_X = 1\,k\Omega$. Eine Bereichsumschaltung kann durch Umschalten der Kondensatorkapazität erfolgen. Die Widerstandsanzeige ist direkt mit einem Periodendauerzähler (Abschnitt 6.2.1) möglich.

Die Genauigkeit der Messung wird im wesentlichen durch den Umformungsprozeß bestimmt. Demgegenüber bewirkt die Zeitmessung nur einen geringfügigen Fehler. Bei der Umformung muß auf die Konstanz der Kondensatorkapazität, die Genauigkeit des Komparatorschaltpunkts und im hier dargestellten Schaltungsbeispiel auf die Gleichheit der Beträge von U_{REF+} und $|U_{REF-}|$ geachtet werden. Letztere ist weitgehend dadurch gewährleistet, daß beide von derselben Quelle abgeleitet sind. Ändert diese ihre Spannung, so bleibt doch die Bedingung $U_{REF+} = |U_{REF-}|$ erhalten.

Der *R-T*-Umformer mit Integrator erzeugt eine Rechteckspannung, deren Periodendauer proportional der Integrationszeitkonstante $R_X \cdot C$ ist und damit proportional dem zu messenden Widerstandswert.

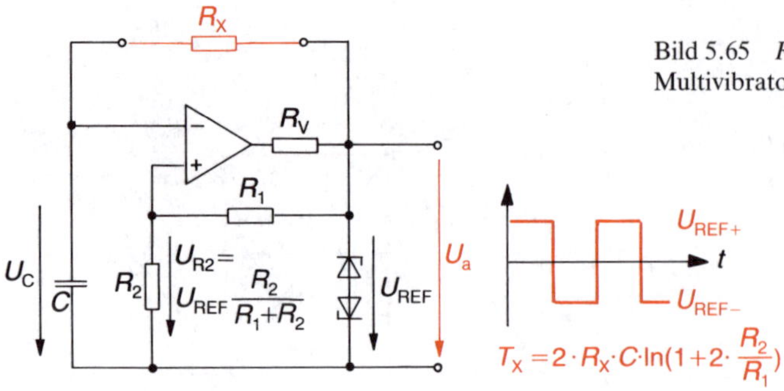

Bild 5.65 *R*-*T*-Umformung mit einem astabilen Multivibrator

5.7.6.2 R-T-Umformung mit astabilem Multivibrator

Eine andere Schaltungsmöglichkeit für den *R*-*T*-Umformer ist in Bild 5.65 dargestellt. Der Operationsverstärker arbeitet hier als mitgekoppelter Schwellwertschalter, ähnlich einem Schmitt-Trigger. Zusammen mit dem R_X-*C*-Glied ergibt sich ein astabiler Multivibrator. Über R_X wird der Kondensator *C* geladen. Als Ladespannung dient die Ausgangsspannung U_{REF} der Schaltung. Erreicht die Kondensatorspannung die Schaltschwelle (U_{R2}) des Verstärkers, dann schaltet dieser um.

Damit wechselt die Ausgangsspannung rechteckförmig ihre Polarität, und der Kondensator wird umgeladen, bis die neue Schaltschwelle erreicht ist. Als Referenzelemente werden hier zwei gleiche, gegeneinander geschaltete Z-Dioden verwendet. R_V dient als Vorwiderstand zur Strombegrenzung des Z-Diodenstroms. Die Widerstände R_1, R_2 stellen die Schaltschwelle ein, die durch U_{R2} gegeben ist:

$$U_{R2} = U_{REF} \cdot \frac{R_2}{R_1 + R_2}$$

Bei $U_C = U_{R2}$ schaltet der Verstärker um, und U_{R2} wechselt die Polarität. Aus der Ladekurve des Kondensators lassen sich die in Bild 5.66 dargestellten Lade- und Entladezeiten berechnen:

$$t_1 = t_2 = R_X \cdot C \cdot \ln\left(1 + 2 \cdot \frac{R_2}{R_1}\right)$$

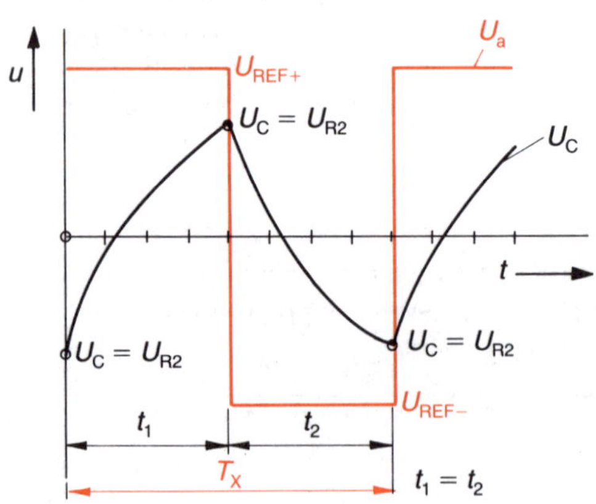

Bild 5.66 Spannungs-Zeit-Diagramm am *R*-*T*-Umformer mit astabilem Multivibrator

Daraus ergibt sich die Periodendauer der entstandenen Rechteckspannung:

$$T_X = 2 \cdot R_X \cdot C \cdot \ln\left(1 + 2 \cdot \frac{R_2}{R_1}\right)$$

$$R_X = \frac{T_X}{2 \cdot C \cdot \ln\left(1 + 2\,\frac{R_2}{R_1}\right)} \qquad \text{(Gl. 5.77)}$$

In dieser Schaltung gehen die Referenzspannungen nur dann nicht in das Meßergebnis ein, wenn sie beide den gleichen Betrag haben. Dies ist natürlich von der einfachen Z-Diodenschaltung nicht zu erwarten. Daher muß zumindest auf die Konstanz der Spannungen geachtet werden. Die Meßunsicherheit hängt auch von der Konstanz der Kondensatorkapazität und des Teilers R_1, R_2 ab. Schließlich geht auch das Schaltverhalten des Operationsverstärkers in die Messung ein. Auch hier sind die Fehler der Zeitmessung vergleichsweise gering.

> Die *R-T*-Umformung mit einem astabilen Multivibrator ist einfacher zu realisieren als mit Integrator. Die Genauigkeit der Messung wird vor allem durch die Konstanz der Ladekapazität und die Stabilität der Referenzspannungen bestimmt.

5.8 Messung von Spulen und Kondensatoren

5.8.1 Ersatzschaltungen von Spulen und Kondensatoren

Im Idealfall ist eine Spule allein durch ihre Induktivität L und der Kondensator durch seine Kapazität C ausreichend gekennzeichnet. Tatsächlich aber besitzen beide auch Verlustwiderstände und darüber hinaus die Spule eine Eigenkapazität und der Kondensator eine Eigeninduktivität. Letztere sind allerdings durch technologische Methoden so klein zu halten, daß man sich im jeweils für die Bauelemente vorgesehenen Frequenzbereich damit begnügen kann, die Spule als *L-R*-Schaltung und den Kondensator als *C-R*-Schaltung aufzufassen. Der Verlustwiderstand R läßt sich nicht ohne weiteres lokalisieren. Alles, was zu Wirkleistungsverlusten in der Spule oder im Kondensator beiträgt, kann ersatzweise durch einen Widerstand beschrieben werden, der in Reihe oder parallel zur Induktivität bzw. Kapazität angeordnet ist.

Die Spulenverluste gehen auf den Drahtwiderstand der Wicklung und bei Verwendung von Spulenkernen auf Ummagnetisierungs- und Wirbelstromverluste zurück. Beim Kondensator sind die dielektrischen Verluste und der Durchgangswiderstand des Dielektrikums maßgebend für den Ersatzwiderstand.

Tabelle 5.2 zeigt die Ersatzschaltbilder mit den zugehörigen Zeigerdiagrammen.

Ersatzschaltbilder	Zeigerbilder	Kenngrößen
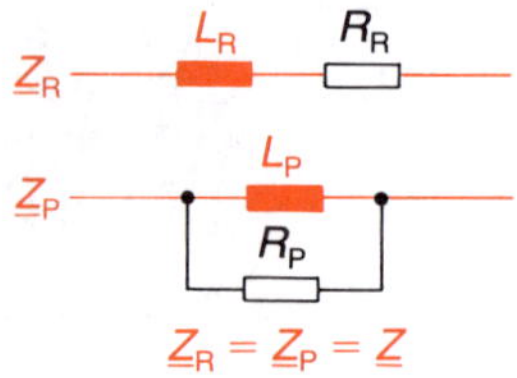	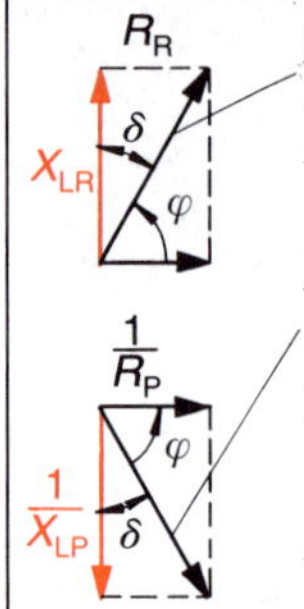 $\underline{Z}$ $R_R = Z \cdot \cos\varphi$ $X_{LR} = Z \cdot \sin\varphi$ $\underline{Y} = \frac{1}{\underline{Z}}$ $R_P = \frac{Z}{\cos\varphi}$ $X_{LP} = \frac{Z}{\sin\varphi}$	$Q = \frac{X_{LR}}{R_R} = \frac{R_P}{X_{LP}} = \tan\varphi$ $\tan\delta = \frac{R_R}{X_{LR}} = \frac{X_{LP}}{R_P}$ $X_{LR} \approx X_{LP} = X_L = \omega L$ $\varphi = 90° - \delta$ $\varphi > 0$: U eilt I voraus
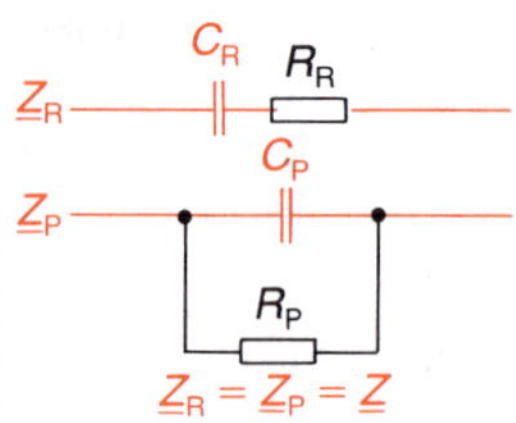	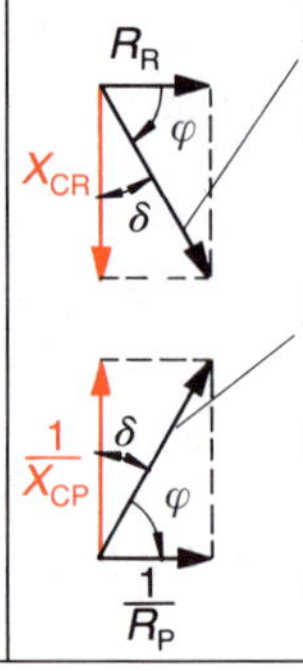 $\underline{Z}$ $R_R = Z \cdot \cos\varphi$ $X_{CR} = Z \cdot \sin\varphi$ $\underline{Y} = \frac{1}{\underline{Z}}$ $R_P = \frac{Z}{\cos\varphi}$ $X_{CP} = \frac{Z}{\sin\varphi}$	$Q = \frac{X_{CR}}{R_R} = \frac{R_P}{X_{CP}} = \tan\varphi$ $\tan\delta = \frac{R_R}{X_{CR}} = \frac{X_{CP}}{R_P}$ $X_{CR} \approx X_{CP} = X_C = \frac{1}{\omega C}$ $\varphi = -90° + \delta$ $\varphi < 0$: U eilt I nach

Tabelle 5.2 Ersatzgrößen von Spule und Kondensator

> Das Verhalten von Spule und Kondensator läßt sich in dem für diese Bauelemente vorgesehenen Nutzfrequenzbereich durch *L-R-* bzw. *C-R*-Ersatzschaltbilder beschreiben.

Um die Wirkung des Verlustwiderstands zu verdeutlichen, wird er in Relation zum Blindwiderstand X gesetzt. Daraus ergeben sich die Kenngrößen:

Verlustfaktor $\tan\delta$ und Güte Q.

Für die Reihenersatzschaltbilder gilt:

$$\tan\delta_R = \frac{R_R}{X_R} \qquad \text{(Gl. 5.78)}$$

$$Q_R = \frac{X_R}{R_R} \qquad \text{(Gl. 5.79)}$$

Für die Parallelersatzschaltbilder gilt:

$$\tan \delta_P = \frac{X_P}{R_P}$$

$$Q_P = \frac{R_P}{X_P}$$

X Blindwiderstand $X_L = \omega \cdot L$ oder $X_C = \frac{1}{\omega \cdot C}$

Geht man davon aus, daß beide Ersatzschaltbilder gleichberechtigt angewandt werden dürfen, so müssen die Werte für $\tan \delta$ und Q der Reihen- und Parallelschaltung jeweils gleich sein. Es muß also gelten:

$$\tan \delta_R = \tan \delta_P = \tan \delta$$

$$Q_R = Q_P = Q$$

$$Q = \frac{X_R}{R_R} = \frac{R_P}{X_P} = \tan \varphi \qquad \text{(Gl. 5.80)}$$

Güte und Verlustfaktor sind aus zwei Gründen frequenzabhängig: Einmal, weil sich ja X_L und X_C mit der Frequenz ändern, zum anderen, weil auch der Verlustwiderstand selbst frequenzabhängig ist. Deshalb ist die Angabe eines $\tan \delta$- oder Q-Werts nur aussagekräftig, wenn die zugrunde liegende Frequenz mit angegeben wird.

> Die Verluste der Spule und des Kondensators sind frequenzabhängig. Sie können bei einer Frequenz durch den Verlustfaktor $\tan \delta$ oder die Güte Q charakterisiert werden.
> Typische Meßfrequenzen: 1 kHz, 1 MHz, 10 MHz

Die beiden Ersatzschaltbilder machen nicht nur einen Unterschied in den Werten für R_R und R_P, sondern auch in den X-Werten: X_R, X_P. Die folgende Gegenüberstellung soll die Beziehung zwischen den Größen klären.

Für beide Ersatzschaltbilder muß gelten:

$$\underline{Z}_R = \underline{Z}_P$$

Mit der Annahme $X = X_L = \omega \cdot L$ ergibt sich in komplexer Schreibweise:

$$\underline{Z}_R = R_R + \mathrm{j} \cdot \omega \cdot L$$

$$\underline{Z}_P = \frac{1}{\underline{Y}_P} = \frac{1}{\frac{1}{R_P} - \mathrm{j}\,\frac{1}{\omega \cdot L_P}}$$

$$R_R + j \cdot \omega \cdot L_R = \frac{1}{\frac{1}{R_P} - j\frac{1}{\omega \cdot L_P}} = \frac{\frac{1}{R_P} + j\frac{1}{\omega \cdot L_P}}{\left(\frac{1}{R_P}\right)^2 + \left(\frac{1}{\omega \cdot L_P}\right)^2}$$

$$\mathrm{R_R} + j \cdot \omega \cdot \mathrm{L_R} = \frac{\mathrm{R_P}}{1 + \left(\frac{\mathrm{R_P}}{\omega \cdot \mathrm{L_P}}\right)^2} + j\frac{\omega \cdot L_P}{1 + \left(\frac{\omega \cdot L_P}{R_P}\right)^2}$$

Verwendet man Gl. 5.80, dann entsteht zwischen den Größen der Ersatzschaltung der Zusammenhang:

$$R_R + j \cdot \omega \cdot L_R = \frac{R_P}{1 + Q^2} + j\frac{\omega \cdot L_P}{1 + \frac{1}{Q^2}}$$

$$\boxed{R_R = \frac{R_P}{1 + Q^2}} \qquad \text{(Gl. 5.81)}$$

$$\boxed{X_{LR} = \frac{X_{LP}}{1 + \frac{1}{Q^2}}} \qquad \text{(Gl. 5.82)}$$

Diese beiden Gleichungen lassen sich in den meisten Fällen vereinfachen, wenn nämlich $Q^2 \gg 1$ ist:

$$\boxed{X_{LR} \approx X_{LP} = X_L} \qquad \text{(Gl. 5.83)}$$

$$\boxed{R_R \approx \frac{R_P}{Q^2} = \frac{X_L^2}{R_P}} \qquad \text{(Gl. 5.84)}$$

Der induktive Widerstand X_L kann also näherungsweise für beide Ersatzschaltbilder als gleich angenommen werden.

Entsprechend kann man auch für die Annahme

$$X = X_C = \frac{1}{\omega \cdot C}$$

die Gleichungen ableiten:

$$R_R = \frac{R_P}{1 + Q^2}$$

$$X_{CR} = \frac{X_{CP}}{1 + \frac{1}{Q^2}}$$ (Gl. 5.85)

Die Näherung für $Q^2 \gg 1$ ergibt dann den Zusammenhang:

$$X_{CR} \approx X_{CP} = X_C$$ (Gl. 5.86)

$$R_R \approx \frac{R_P}{Q^2} = \frac{X_C^2}{R_P}$$ (Gl. 5.87)

Alle diese Umrechnungen haben natürlich nur immer für eine Frequenz Gültigkeit, da ja die Güte Q frequenzabhängig ist.

Die Reihen- und Parallelersatzschaltungen von Spule und Kondensator können bei der Messung beliebig zugrunde gelegt werden. Das Meßergebnis bezieht sich dann jeweils auf das gewählte Ersatzschaltbild. Die Ersatzgrößen lassen sich ineinander umrechnen.

5.8.2 Blindwiderstandsbestimmung durch Strom-, Spannungs- und Leistungsmessungen

5.8.2.1 Strom- und Spannungs-Messung

Im Abschn. 5.7.1 wurde beschrieben, wie ein ohmscher Widerstand aus der Messung von Stromstärke und Spannung ermittelt werden kann. Dieses Verfahren ist grundsätzlich auch zur Erfassung von Blindwiderstandswerten anwendbar.
Kapazitive Blindwiderstände: Ein Kondensator wird an eine Sinusspannungsquelle gelegt, die Effektivwerte des Wechselstroms I und der Wechselspannung U werden gemessen. Vernachlässigt man die Kondensatorverluste und die Einflüsse des Strom- bzw. Spannungsmessers, so ergibt sich nach dem Ohmschen Gesetz

$$X_C = \frac{1}{\omega \cdot C} \approx \frac{U}{I}$$

Hieraus läßt sich bei bekannter Meßfrequenz die Kapazität C errechnen:

$$C \approx \frac{I}{U \cdot 2 \cdot \pi \cdot f}$$

Induktive Blindwiderstände: Bei Spulen, insbesondere bei Luftspulen lassen sich die Verluste näherungsweise durch eine Messung im Gleichstromkreis erfassen. Aus den gemessenen Werten für U_- und I_- ergibt sich:

$$R = \frac{U_-}{I_-}$$

Wird nun die Messung im Wechselstromkreis wiederholt, dann erhält man aus den Effektivwerten der Wechselspannung U und des Wechselstroms I den Scheinwiderstand Z.

$$Z = \frac{U}{I}$$

Mit $Z = \sqrt{R^2 + X_L^2}$ ergibt sich der induktive Blindwiderstand:

$$X_L = \omega \cdot L = \sqrt{Z^2 - R^2}$$

$$X_L = \omega \cdot L = \sqrt{\frac{U^2}{I^2} - R^2}$$

$$L = \frac{\sqrt{\frac{U^2}{I^2} - R^2}}{2 \cdot \pi \cdot f}$$

Hierbei wurde das Reihenersatzschaltbild der Spule gewählt.

Der Blindwiderstand von Spulen und Kondensatoren läßt sich durch eine Strom- und Spannungsmessung nur näherungsweise erfassen, weil die Verluste nicht genau bekannt sind.

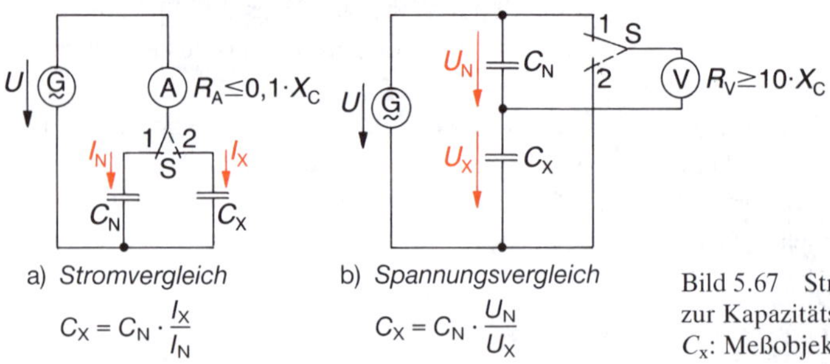

Bild 5.67 Strom- und Spannungsvergleich zur Kapazitätsmessung; C_x: Meßobjekt, C_N: Vergleichskapazität

5.8.2.2 Strom- und Spannungsvergleich bei Kondensatoren

Bild 5.67 zeigt zwei Schaltungen, bei denen eine unbekannte Kapazität C_X durch Vergleich mit einer bekannten Kapazität C_N bestimmt wird. Auch hierbei bleiben die Verluste der Kondensatoren unberücksichtigt. Die Messung wird im Niederfrequenzbereich durchgeführt. Um den Einfluß der Meßgeräte auf das Ergebnis klein zu halten, sollte der Strommesser einen sehr kleinen Innenwiderstand aufweisen. Mit $R_A \leq 0{,}1 \cdot X_C$ bleibt der rel. Methodenfehler des Stromvergleichs unter 0,5%. Der Spannungsmesser muß möglichst hochohmig gewählt sein. Mit $R_V \geq 10 \cdot X_C$ liegt der rel. Methodenfehler im Bereich 0,5%.

Stromvergleich: Die Spannung U ist während des Meßvorgangs konstant zu halten. In der Schalterstellung S_1 fließt der Strom I_N. Vernachlässigt man den Meßwerkwiderstand R_A, so ergibt sich:

$$I_N = \frac{U}{X_{CN}} = U \cdot \omega \cdot C_N$$

In Schalterstellung S_2 wird der Strom I_X angezeigt:

$$I_X = \frac{U}{X_{CX}} = U \cdot \omega \cdot C_X$$

Aus dem Verhältnis der beiden Anzeigen erhält man die unbekannte Kapazität:

$$\frac{I_X}{I_N} = \frac{U \cdot \omega \cdot C_X}{U \cdot \omega \cdot C_N}$$

$$\boxed{C_X = C_N \cdot \frac{I_X}{I_N}} \qquad \text{(Gl. 5.88)}$$

Wird als Vergleichskapazität C_N eine feinstufige Kapazitätsdekade verwendet, dann läßt sich durch entsprechende Einstellung Gleichheit der Ströme $I_N = I_X$ erreichen und somit $C_X = C_N$ an der Kapazitätsdekade ablesen. In diesem Fall hat der Strommesser keinen Einfluß auf das Meßergebnis.

Spannungsvergleich: Auch hier muß während des Meßvorgangs auf konstante Speisespannung U geachtet werden. Unter Vernachlässigung des Meßwerkwiderstands R_V werden in den Schalterstellungen S_1 und S_2 Spannungen angezeigt, die im gleichen Verhältnis zueinander stehen wie die Widerstände:

$$\frac{U_N}{U_X} = \frac{X_{CN}}{X_{CX}} = \frac{\omega \cdot C_X}{\omega \cdot C_N}$$

Aus dem Spannungsverhältnis und der Vergleichskapazität ergibt sich die unbekannte Kapazität C_X:

$$\boxed{C_X = C_N \cdot \frac{U_N}{U_X}} \qquad \text{(Gl. 5.89)}$$

Der Einfluß des Spannungsmessers läßt sich eliminieren, wenn C_N als Kapazitätsdekade ausgeführt ist, die so eingestellt wird, daß $U_N = U_X$ wird. Damit besteht auch Gleichheit zwischen C_X und C_N.

> Bei den Methoden des Strom- und Spannungsvergleichs wird die unbekannte Kapazität durch Vergleich mit einer bekannten Kapazität bestimmt. Der Verlustfaktor wird dabei vernachlässigt. Die Messung erfolgt mit Niederfrequenz-Spannungen (z. B. $f = 5\,\text{kHz}$).

5.8.2.3 3-Spannungsmesser-Methode

Wie die Bezeichnung schon andeutet, wird hier aus dem Ergebnis von drei Spannungsmessungen auf den Wert der Meßgröße geschlossen. Als Meßobjekte können Spulen oder Kondensatoren bzw. beliebige Scheinwiderstände Z_X erfaßt werden (Bild 5.68). Zur Erläuterung der Funktion soll als Meßobjekt eine verlustbehaftete Spule angenommen werden.

Bild 5.69b stellt das Zeigerdiagramm der Spannungen dar, wobei die Spule durch ihr Reihenersatzschaltbild einbezogen ist.

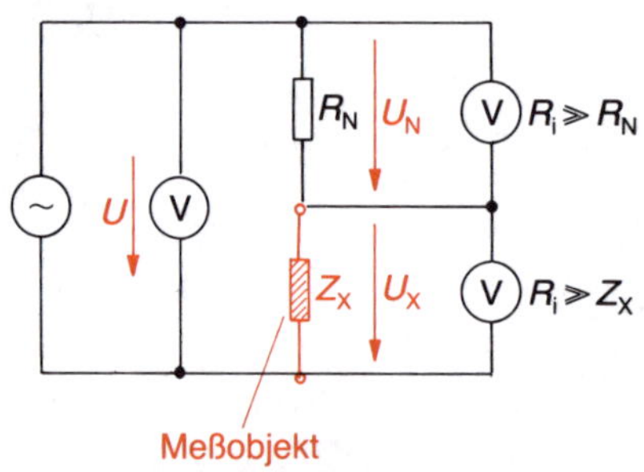

Bild 5.68 Meßanordnung zur Scheinwiderstandsmessung nach der 3-Spannungsmesser-Methode

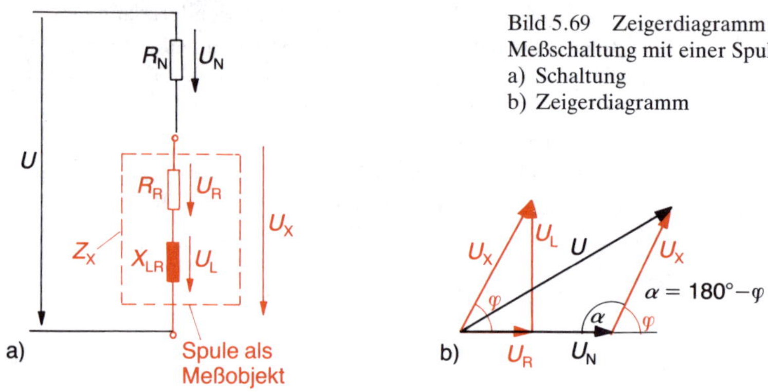

Bild 5.69 Zeigerdiagramm der Spannungen zur Meßschaltung mit einer Spule als Meßobjekt
a) Schaltung
b) Zeigerdiagramm

Für die Reihenschaltung Bild 5.69a gilt die Beziehung

$$\frac{U_N}{U_X} = \frac{R_N}{Z_X}$$

$$Z_X = R_N \cdot \frac{U_X}{U_N}$$

Das Spannungsdreieck $\underline{U}_R$, $\underline{U}_L$, $\underline{U}_X$ in Bild 5.69b läßt sich auf die Widerstände $\underline{R}_R$, $\underline{X}_{LR}$, $\underline{Z}_X$ des Reihenersatzschaltbilds der Spule übertragen. Wendet man die Winkelfunktionen auf das Dreieck an, so ergeben sich die Gleichungen:

$$U_R = U_X \cdot \cos\varphi, \; U_L = U_X \cdot \sin\varphi$$

$$R_R = Z_X \cdot \cos\varphi, \; X_{LR} = Z_X \cdot \sin\varphi$$

Unter Einbeziehung der Spannungen ergeben sich für den Blind- und den Verlustwiderstand:

$$X_{LR} = R_N \cdot \frac{U_X}{U_N} \cdot \sin\varphi$$

$$R_R \ = R_N \cdot \frac{U_X}{U_N} \cdot \cos\varphi$$

Der Phasenwinkel φ der Spule (vgl. Tabelle 5.2) ist ebenfalls aus dem Zeigerdiagramm berechenbar.

Durch Anwendung des Cosinussatzes auf das Dreieck $\underline{U}_N$, $\underline{U}_X$, $\underline{U}$ erhält man:

$$U^2 \ = U_N^2 + U_X^2 - 2 \cdot U_N \cdot U_X \cdot \cos\alpha$$

Mit $\cos\alpha = \cos(180° - \varphi) = -\cos\varphi$ und Umformung ergibt sich schließlich:

$$\boxed{\cos\varphi = \frac{U^2 - U_N^2 - U_X^2}{2 \cdot U_N \cdot U_X}} \qquad \text{(Gl. 5.90)}$$

φ Phasenwinkelbetrag des Meßobjekts

Die Gleichungen für den Blind- und den Verlustwiderstand sind ebenso gültig, wenn statt einer Spule ein Kondensator mit seinem Reihenersatzschaltbild verwendet wird. Der sich nach Gl. 5.90 ergebende Winkel φ ist lediglich bei der Spule positiv und beim Kondensator negativ zu werten. Allgemein gilt somit für die Reihenersatzschaltung beliebiger Scheinwiderstände:

$$\boxed{X_R = R_N \cdot \frac{U_X}{U_N} \cdot \sin\varphi} \qquad \text{(Gl. 5.91)}$$

$$\boxed{R_R = R_N \cdot \frac{U_X}{U_N} \cdot \cos\varphi} \qquad \text{(Gl. 5.92)}$$

X_R, R_R Blind- und Wirkwiderstand des Meßobjekts in Reihenersatzschaltung

Die Güte Q der Reihenschaltung kann aus X_R und R_R errechnet werden.

$$Q = \frac{X_{LR}}{R_R} = \frac{R_N \cdot \frac{U_X}{U_N} \cdot \sin\varphi}{R_N \cdot \frac{U_X}{U_N} \cdot \cos\varphi}$$

$$\boxed{Q = \tan\varphi} \qquad \text{(Gl. 5.93)}$$

Wird für den unbekannten Scheinwiderstand das Parallelersatzschaltbild zugrunde gelegt, dann nehmen Blindwiderstand und paralleler Verlustwiderstand andere Werte an. Der

Phasenwinkel ist natürlich nach wie vor durch Gl. 5.90 bestimmt. Allgemein gilt für die Parallelersatzschaltung beliebiger Scheinwiderstände

$$X_P = R_N \cdot \frac{U_X}{U_N} \cdot \frac{1}{\sin\varphi} \qquad \text{(Gl. 5.93)}$$

$$R_P = R_N \cdot \frac{U_X}{U_N} \cdot \frac{1}{\cos\varphi} \qquad \text{(Gl. 5.94)}$$

X_P, R_P Blind- und Wirkwiderstand des Meßobjekts in Parallelersatzschaltung

Die Güte Q muß für die Parallel- und die Reihenersatzschaltung den gleichen Wert ergeben.

$$Q = \frac{X_R}{R_R} = \frac{R_P}{X_P} = \tan\varphi \qquad \text{(Gl. 5.95)}$$

Mit der 3-Spannungsmesser-Methode lassen sich die Blind- und Wirkanteile beliebiger Scheinwiderstände ermitteln. Das Vorzeichen des Phasenwinkels kann aber nicht bestimmt werden.

Da bei dieser Methode die Spannungsmesser für U_N und U_X als Parallelwiderstände zu R_N und $\underline{Z}_X$ wirken (Bild 5.68), müssen diese einen sehr großen Innenwiderstand besitzen, wenn das Meßergebnis nicht verfälscht werden soll.

5.8.2.4 Leistungsmessung

Auch aus der Leistungsmessung an einem unbekannten Scheinwiderstand $\underline{Z}_X$ lassen sich Rückschlüsse auf den Blind- und den Wirkanteil ziehen. Bild 5.70 zeigt die Meßanordnung. Der Spannungs- und der Strommesser erlauben die Ermittlung der Scheinleistung.

$$S = U \cdot I$$

Mit dem Wirkleistungsmesser erfaßt man die Wirkleistung P. Die Blindleistung läßt sich aus S und P errechnen:

$$Q = \sqrt{S^2 - P^2}$$

Aus diesen drei Leistungswerten können nun der Wirk- und der Blindanteil des Scheinwiderstandes ermittelt werden. Dabei ist wieder zwischen dem Reihen- und dem Parallelersatzschaltbild zu unterscheiden. Der Blindwiderstand kann nur dem Betrag nach ermittelt werden. Ob eine kapazitive oder induktive Komponente vorliegt, muß auf andere Weise geklärt werden.

Reihenersatzschaltbild:

$$P = I^2 \cdot R_R$$

$$\boxed{R_R = \frac{P}{I^2}}$$

$$Q = I^2 \cdot X_R$$

$$\boxed{X_R = \frac{Q}{I^2}}$$

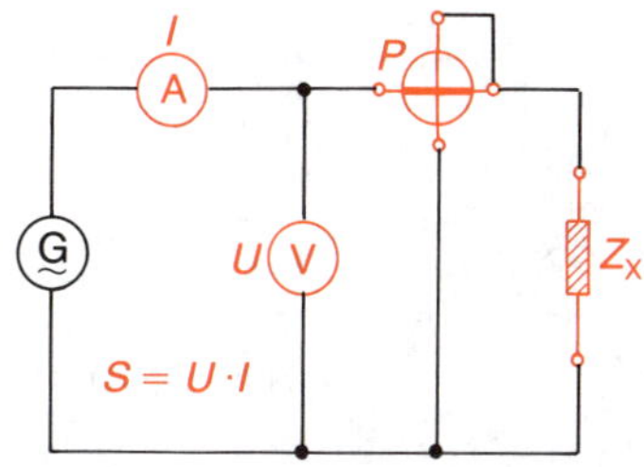

Bild 5.70 Bestimmung des Blind- und Wirkanteils eines Scheinwiderstands durch Leistungsmessung

X_R kapazitiver oder induktiver Blindwiderstand

Parallelersatzschaltbild:

$$P = \frac{U^2}{R_P}$$

$$\boxed{R_P = \frac{U^2}{P}}$$

$$Q = \frac{U^2}{X_P}$$

$$\boxed{X_P = \frac{U^2}{Q}}$$

X_P kapazitiver oder induktiver Blindwiderstand

> Aus einer Schein- und einer Wirkleistungsmessung lassen sich die Blind- und Wirkanteile eines Scheinwiderstands dem Betrag nach ermitteln. Ob er kapazitiv oder induktiv wirkt, muß durch ein anderes Verfahren bestimmt werden.

Um ein möglichst genaues Meßergebnis zu erzielen, müssen in Bild 5.70 ein sehr hochohmiger Spannungsmesser und ein Leistungsmesser mit geringem Eigenverbrauch verwendet werden.

5.8.3 Messen mit dem phasenselektiven Gleichrichter

Der phasenselektive Gleichrichter ist eine sehr vielseitig verwendbare Schaltungsanordnung, die auch zur Ermittlung des Wirk- und Blindanteils der Scheinwiderstände verlustbehafteter Spulen und Kondensatoren, aber auch beliebiger anderer komplexer Schaltungen eingesetzt werden kann. Die Wirkungsweise des phasenselektiven Gleichrichters ist im Abschnitt 5.10 beschrieben. Die Schaltung liefert eine Ausgangsgleichspannung, die nicht nur der Ampli-

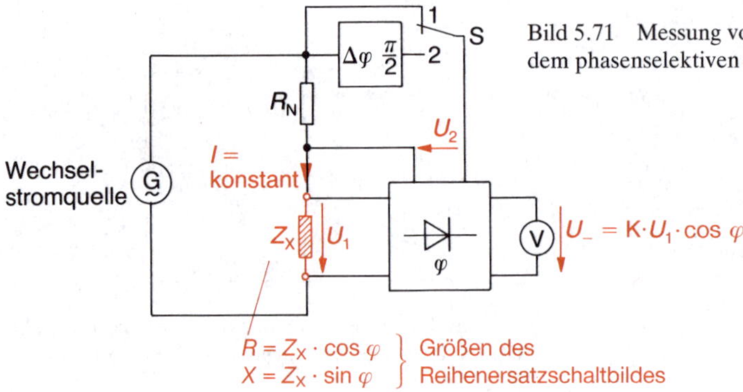

Bild 5.71 Messung von Scheinwiderständen mit dem phasenselektiven Gleichrichter

tude des Eingangssignals proportional ist, sondern auch von der Phasenlage bestimmt wird. In Gleichungsform läßt sich der Zusammenhang zwischen der Ausgangsgleichspannung und der Eingangswechselspannung so ausdrücken:

$$U_- = K \cdot U_1 \cdot \cos\varphi$$

K ist eine Konstante, U_1 der Effektivwert der Eingangswechselspannung und φ die Phasenverschiebung zwischen u_1 und einer Referenzwechselspannung u_2, die den Gleichrichter steuert. Hierbei wird vorausgesezt, daß u_1 und u_2 sinusförmige Spannungen gleicher Frequenz sind.

Bild 5.71 zeigt, wie man mit diesem Gleichrichter komplexe Widerstände ausmessen kann. Für diese Messung wird das Reihenersatzschaltbild der Spule und des Kondensators zugrunde gelegt. Eine Wechselstromquelle speist die Reihenschaltung aus dem ohmschen Widerstand R_N und dem unbekannten Scheinwiderstand $\underline{Z}_X$. Da die Wechselstromamplitude konstant gehalten wird, ist der Effektivwert U_1 dem Betrag Z_X des Scheinwiderstands proportional.

$$U_1 = I \cdot Z_X$$

In der Schalterstellung S_1 entspricht die Spannung $\underline{U}_2$ dem Spannungsabfall an R_N, der ja dem Strom $\underline{I}$ phasengleich ist. Damit ergibt sich zwischen $\underline{U}_2$ und $\underline{U}_1$ die gleiche Phasenverschiebung φ wie zwischen dem Strom und der Spannung am Meßobjekt $\underline{Z}_X$. Da nun für eine Reihenschaltung aus Wirk- und Blindanteil nach Tabelle 5.2 die Beziehungen gelten:

$$R = Z_X \cdot \cos\varphi,$$

$$X = Z_X \cdot \sin\varphi,$$

gewinnt man eine Ausgangsgleichspannung, die dem Wirkanteil von $\underline{Z}_X$ entspricht:

$$U_- = K \cdot U_1 \cdot \cos\varphi; \quad U_1 = I \cdot Z_X$$

$$U_- = \underbrace{K \cdot I}_{K_R} \cdot Z_X \cdot \cos\varphi$$

$$\boxed{U_- = K_R \cdot Z_X \cdot \cos\varphi = K_R \cdot R} \qquad \text{(Gl. 5.96)}$$

K_R Proportionalitätskonstante
R Wirkanteil des Scheinwiderstands $\underline{Z}_X$

Um nun auch den Blindanteil messen zu können, wird die Referenzspannung $\underline{U}_2$ durch einen Phasenschieber gegenüber dem Strom um $+\frac{\pi}{2}$ in der Phase gedreht (Schalterstellung S_2 in Bild 5.71). Für den Gleichrichter bedeutet das eine scheinbare Phasenverschiebung der Eingangsspannung $\underline{U}_1$ von $-\frac{\pi}{2}$. Daraus resultiert die Ausgangsgleichspannung

$$U_{-} = K \cdot U_1 \cdot \cos\left(\varphi - \frac{\pi}{2}\right) = K \cdot U_1 \cdot \sin\varphi$$

$$U_{-} = K \cdot I \cdot Z_X \cdot \sin\varphi$$

$$\boxed{U_{-} = K_R \cdot Z_X \cdot \sin\varphi = K_R \cdot X} \qquad \text{(Gl. 5.97)}$$

X induktiver oder kapazitiver Blindanteil von Z_X

Je nachdem, ob der Scheinwiderstand induktiv oder kapazitiv ist, wird der Winkel φ und damit die Spannung bei Spulen positiv und bei Kondensatoren negativ. Die Schaltung nach Bild 5.71 läßt sich universell zur Messung ohmscher, kapazitiver, induktiver oder beliebig komplexer Widerstände verwenden. Meßbereichsanpassung ist durch Umschaltung der Stromquelle und des Vergleichswiderstands R_N gut möglich.

> Der phasenselektive Gleichrichter ermöglicht die Messung von ohmschen, kapazitiven, induktiven sowie beliebig komplexen Widerständen.

5.8.4 Resonanzverfahren

Resonanzfrequenz und Bandbreite eines Schwingkreises werden durch dessen Induktivität, Kapazität und Verlustwiderstand bestimmt. Somit erlaubt die Auswertung der Resonanzkurve Rückschlüsse auf die Elemente des Schwingkreises. Dies wird bei den Resonanzverfahren ausgenützt, die mit erzwungenen Schwingungen arbeiten. Aber auch aus dem Verhalten eines freischwingenden Kreises ist durch Beobachtung des Schwingungsvorgangs die Ermittlung der Schwingkreisgrößen möglich. Beide Prinzipien werden in den folgenden Abschnitten beschrieben.

5.8.4.1 L- und C-Messung mit Parallelschwingkreis

Wird ein gegebener Parallelschwingkreis (Bild 5.72a) mit einer weiteren Spule oder einem weiteren Kondensator beschaltet, dann ändern sich die Resonanzfrequenz und die Bandbreite des Schwingkreises.

> Wird einem Parallelschwingkreis eine Spule parallel geschaltet, dann erhöht sich die Resonanzfrequenz. Wird dem Parallelschwingkreis ein Kondensator parallel geschaltet, dann erniedrigt sich die Resonanzfrequenz.

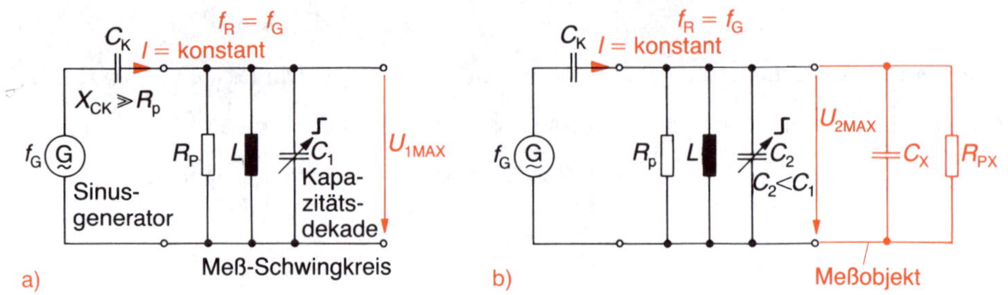

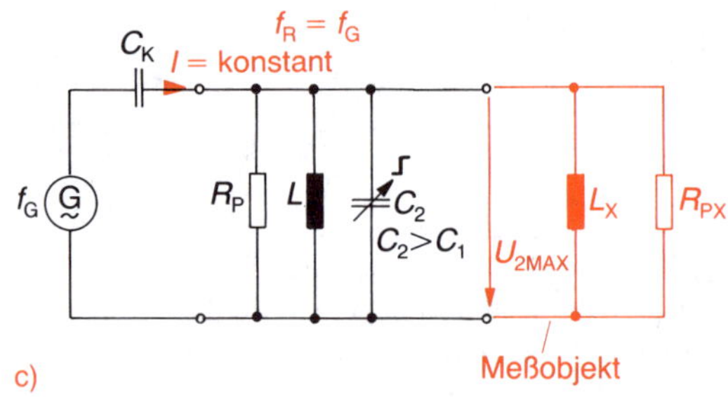

Bild 5.72 Messung von Kapazitäten, Induktivitäten und Verlustwiderständen mit dem Parallelschwingkreis
a) 1. Messung: C_1, Δf_1
b) 2. Messung bei Kondensatoren: $C_2 + C_x = C_1$, Δf_2
c) 2. Messung bei Spulen:
$\omega_R(C_2 - C_1) = \dfrac{1}{\omega_R \cdot L_X}$, Δf_2

Dies ist ein erstes Kriterium, falls ein unbekannter Scheinwiderstand $\underline{Z}_X$, z. B. die Eingangsimpedanz eines Verstärkers, ausgemessen werden soll.
Kapazitätsmessung: Im Bild 5.72a wird der Meßschwingkreis über einen kleinen Kondensator C_K an den Sinusgenerator angekoppelt. Der Kondensator C_K soll eine Stromspeisung des Schwingkreises ermöglichen, d. h. im Resonanzbereich muß gelten $X_{CK} \gg Z$, z. B. $X_{CK} \geq 10 \cdot R_P$. R_P ist der Verlustwiderstand des Meßschwingkreises. Man könnte die Ankopplung auch durch einen hochohmigen Widerstand vornehmen, würde dabei allerdings die Schwingkreisgüte verkleinern.

1. Messung ohne Meßobjekt (Bild 5.72a): Durch Abgleich der Kapazitätsdekade wird der Schwingkreis in Resonanz mit der Generatorfrequenz gebracht. Das kann am Spannungsmaximum $U_{1\,\max}$ z. B. mit Hilfe eines Oszilloskops erkannt werden. Der erforderliche Kapazitätswert C_1 wird registriert. Als nächstes stellt man die Bandbreite des Schwingkreises (ohne Meßobjekt) fest. Dies kann so geschehen, daß die Generatorfrequenz einmal zu höheren (f_{go}) und einmal zu tieferen Frequenzen (f_{gu}) hin verstimmt wird, bis jeweils die Spannung U_1 den Wert $\dfrac{U_{1\,\max}}{\sqrt{2}}$ annimmt. Die Differenz beider Frequenzen ist gleich der Bandbreite Δf.

$$\boxed{\Delta f = f_{go} - f_{gu}} \qquad \text{(Gl. 5.98)}$$

f_{go} obere Grenzfrequenz
f_{gu} untere Grenzfrequenz

Eine andere Möglichkeit besteht darin, die Kapazität einmal zu vergrößern (C_u) und einmal zu verkleinern (C_o), bis die Spannung jeweils auf den Wert $\dfrac{U_{1\,\max}}{\sqrt{2}}$ sinkt. Aus der Differenz der Kapazitätswerte läßt sich ebenfalls die Bandbreite bestimmen.

$$\Delta f = f_R \cdot \frac{C_u - C_o}{2 \cdot C}$$ (Gl. 5.99)

C Kapazität bei Resonanz
C_u Kapazität bei der unteren Grenzfrequenz
C_o Kapazität bei der oberen Grenzfrequenz

Die bei dieser ersten Messung ohne Meßobjekt gefundene Bandbreite Δf_1 wird ebenfalls registriert.

2. Messung mit Meßobjekt (Bild 5.72b): Das Meßobjekt, dargestellt als Kapazität mit parallelem Verlustwiderstand, wird nun dem Schwingkreis zugeschaltet. Damit verändern sich Resonanzfrequenz und Bandbreite. Die Kapazitätsdekade wird nun wiederum so eingestellt, daß sich die gleiche Resonanzfrequenz wie bei der 1. Messung ergibt. Man erhält den neuen Wert C_2, der um den Betrag C_X kleiner ist als C_1.

$$C_X = C_1 - C_2$$ (Gl. 5.100)

Als nächstes wird die neue Bandbreite Δf_2 bestimmt, wie dies schon bei der 1. Messung beschrieben wurde.

Die Bandbreitemessungen geben Aufschluß über den jeweiligen Verlustwiderstand. Aus dem Vergleich der zwei Messungen läßt sich der unbekannte Wert R_{PX} errechnen:

1. Messung ohne Meßobjekt:

$$\Delta f_1 = f_R \cdot \frac{X_{C1}}{R_{P1}} = f_R \cdot \frac{1}{2 \cdot \pi \cdot f_R \cdot C_1 \cdot R_{P1}} = \frac{1}{2 \cdot \pi \cdot C_1 \cdot R_{P1}}$$

2. Messung mit Meßobjekt:

$$\Delta f_2 = f_R \cdot \frac{X_{C2} \| X_{CX}}{R_{P1} \| R_{PX}} = \frac{f_R \cdot (R_{P1} + R_{PX})}{2 \cdot \pi \cdot (C_2 + C_X) \cdot f_R \cdot R_{P1} \cdot R_{PX}}$$

$$\Delta f_2 = \frac{R_{P1}}{2 \cdot \pi \cdot (C_2 + C_X) \cdot R_{P1} \cdot R_{PX}} + \frac{R_{PX}}{2 \cdot \pi \cdot (C_2 + C_X) \cdot R_{P1} \cdot R_{PX}}$$

Mit $C_2 + C_X = C_1$:

$$\Delta f_2 = \frac{1}{2 \cdot \pi \cdot C_1 \cdot R_{PX}} + \frac{1}{2 \cdot \pi \cdot C_1 \cdot R_{P1}}$$

Setzt man in dieser Gleichung für $\frac{1}{2 \cdot \pi \cdot C_1 \cdot R_{P1}} = \Delta f_1$ ein, dann ergibt sich eine Bestimmungsgleichung für den unbekannten Verlustwiderstand R_{PX}.

$$\Delta f_2 = \frac{1}{2 \cdot \pi \cdot C_1 \cdot R_{PX}} + \Delta f_1$$

$$R_{PX} = \frac{1}{2 \cdot \pi \cdot C_1 \cdot (\Delta f_2 - \Delta f_1)}$$ (Gl. 5.101)

Die Kapazität C_1 ist die Gesamtkapazität des Schwingkreises bei der gewählten Resonanzfrequenz. Sie stimmt mit der Kapazität der Dekade bei fehlendem Meßobjekt überein, wenn das zur Überprüfung der Resonanz erforderliche Meßgerät, z. B. das Oszilloskop, keine nennenswerte Eigenkapazität besitzt und weitere Schaltkapazitäten keine Rolle spielen.

Induktivitätsmessung: Auf die gleiche Weise wie bei der Kapazitätsmessung lassen sich auch Induktivitäten und dazu parallel angenommene Verlustwiderstände messen.

1. Messung (Bild 5.72a): Sie erfolgt wie bei der Kapazitätsmessung mit der Ermittlung von C_1 und Δf_1.

2. Messung mit Meßobjekt (Bild 5.72c): Hierbei ergibt sich ein C_2-Wert, der größer ist als C_1, wenn die gleiche Resonanz erreicht werden soll wie bei der 1. Messung. Die Spule vergrößert den induktiven Blindleitwert des Schwingkreises. Um die gleiche Resonanzfrequenz zu erreichen, muß der kapazitive Blindleitwert ebenfalls um den gleichen Betrag erhöht werden. Daraus ergibt sich die Gleichung

$$\omega_R \cdot (C_2 - C_1) = \frac{1}{\omega_R \cdot L_X}$$

$$\boxed{L_X = \frac{1}{(2 \cdot \pi \cdot f_R)^2 \cdot (C_2 - C_1)}} \qquad \text{(Gl. 5.102)}$$

Nun wird die Bandbreite Δf_2 bestimmt.

Da bei diesem Meßvorgang die Gesamtkapazität des Schwingkreises bei der 1. und 2. Messung jeweils verschieden ist, ergibt sich für den unbekannten Parallelwiderstand eine etwas andere Berechnungsformel als bei der Kapazitätsmessung.

$$\boxed{R_{PX} = \frac{1}{2 \cdot \pi \cdot (C_2 \cdot \Delta f_2 - C_1 \cdot \Delta f_1)}} \qquad \text{(Gl. 5.103)}$$

Durch Auswertung der Resonanzkurve eines Parallelschwingkreises lassen sich die Daten von Spulen, Kondensatoren und Impedanzen bestimmen. Die Schwingkreisgüte muß dabei so groß sein, daß sich eine ausgeprägte Resonanz feststellen läßt ($Q > 1$).

5.8.4.2 Methode der abklingenden Schwingung

Während im vorigen Abschnitt das Verhalten eines Schwingkreises bei erzwungenen Schwingungen durch einen Sinusgenerator betrachtet wurde, soll nun die freie Schwingung untersucht werden.

Bekanntlich entsteht in einem Schwingkreis eine gedämpfte Schwingung, wenn er durch Zufuhr einer gewissen Energiemenge zum Schwingen angeregt wird. Die Dämpfung ist im wesentlichen eine Folge der Spulenverluste. Die Verluste des Kondensators sind dagegen meist vernachlässigbar. Daher wird die betrachtete Methode insbesondere zur Erfassung der Spulengüte und Induktivität herangezogen. Durch Wahl eines sehr verlustarmen Schwingkreiskondensators kann davon ausgegangen werden, daß die Dämpfung nur von der Spule

Bild 5.73
Anregung einer freien Schwingung im Schwingkreis
a) Meßanordnung zur Anregung freier Schwingungen
b) Verlauf der Schwingkreisspannung nach Anregung durch einen Ladeimpuls

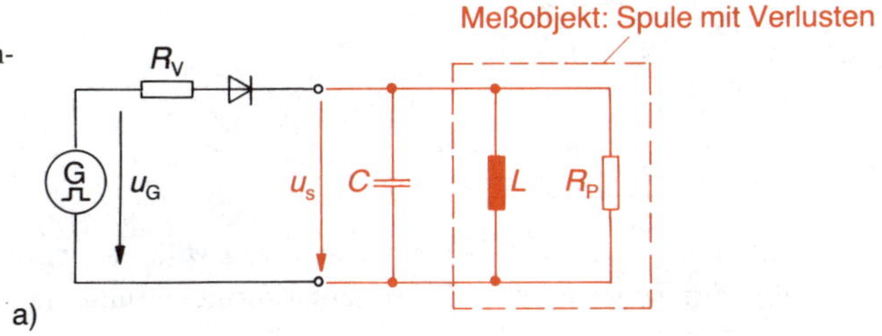

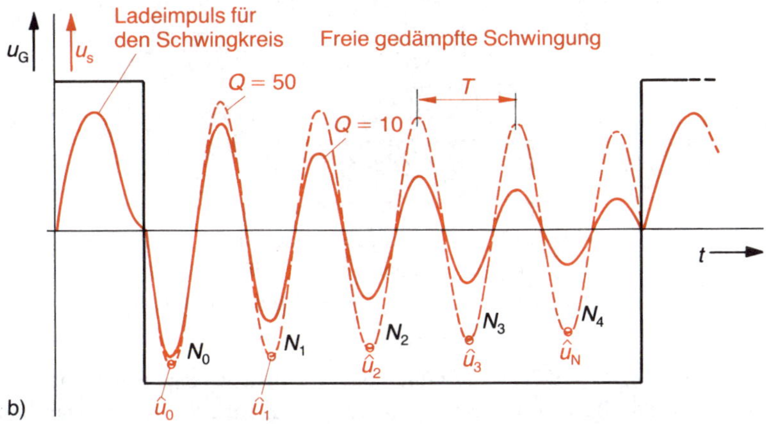

bestimmt ist. Bild 5.73a zeigt eine Schaltung zur Anregung freier Schwingungen. Die Schwingung selbst ist in Bild 5.73b dargestellt. Wie zu erkennen ist, klingt die angeregte Schwingung je nach Güte der Spule unterschiedlich schnell ab. Beobachtet man die Amplituden der positiven oder negativen Halbschwingungen, so läßt sich eine Gesetzmäßigkeit des Abklingens feststellen: Die Amplitude nimmt nach einer e-Funktion ab.

$$\boxed{\hat{u}_N = \hat{u}_0 \cdot e^{-\frac{N \cdot \pi}{Q}}} \qquad \text{(Gl. 5.104)}$$

N Ordnungszahl der Schwingung $N = 0, 1, 2, 3, \ldots$
$\hat{u}_0$ Anfangsamplitude
$\hat{u}_N$ Amplitude der N-ten Schwingung
Q Güte des Schwingkreises oder bei verlustlosem Kondensator Güte der Spule

Das Bild 5.73b kann mit einem Oszilloskop dargestellt und zur Gütebestimmung ausgewertet werden. Dazu liest man die Amplitude $\hat{u}_0$ ab und die Amplitude nach N weiteren Schwingungen. Die so gefundenen Werte $\hat{u}_0$, $\hat{u}_N$ und N werden in Gl. 5.104 eingesetzt. Nach Umstellung der Gleichung erhält man die Güte Q:

$$-\frac{N \cdot \pi}{Q} = \ln \frac{\hat{u}_N}{\hat{u}_0}$$

$$Q = \frac{N \cdot \pi}{\ln \frac{\hat{u}_0}{\hat{u}_N}} \quad \text{(Gl. 5.105)}$$

Die Induktivität L läßt sich bei bekannter Kapazität C aus der Periodendauer T unter Anwendung der Thomsonschen Schwingungsformel ermitteln.

$$f = \frac{1}{T} = \frac{1}{2 \cdot \pi \cdot \sqrt{L \cdot C}}$$

$$L = \frac{T^2}{(2 \cdot \pi)^2 \cdot C} \quad \text{(Gl. 5.106)}$$

Gültig für $Q \gg 1$ (z. B. $Q > 5$)

Die Methode der abklingenden Schwingung ist geeignet zur Messung der Güte und Induktivität von Spulen. Der Amplitudenverlauf kennzeichnet die Spulengüte, die Periodendauer T kennzeichnet die Induktivität.

Digitale Anzeige der Güte: Die Meßmethode eignet sich auch zur Realisierung eines digital anzeigenden Gütemeßgerätes. Hierbei wird die Anfangsamplitude mit den nachfolgenden verglichen. Die Perioden werden von einem Zähler so lange gezählt, bis das Verhältnis

$$\frac{\hat{u}_N}{\hat{u}_0} \leq e^{-\pi}$$

erreicht wird.

Dann gilt:

$$\frac{\hat{u}_N}{\hat{u}_0} = e^{-\frac{N \cdot \pi}{Q}} = e^{-\pi} = 0{,}0432$$

$$N = Q$$

Der Zählerstand gibt unmittelbar die Güte an. Die Unsicherheit der Quantisierung beträgt ±1 Digit. Damit steigt die Meßgenauigkeit mit der Zahl N der gewerteten Perioden. Je höher also die Güte Q ist, desto genauer kann gemessen werden.

Beim Amplitudenverhältnis $\frac{\hat{u}_N}{\hat{u}_0} = e^{-\pi}$ ist die Anzahl der Schwingungen N gleich der Spulengüte Q. Dies kann zur digitalen Anzeige der Spulengüte genutzt werden.

5.8.5 *L-C*-Meßbrücken

Im Abschnitt 5.7.3 wurden Abgleichmeßbrücken zur Bestimmung von ohmschen Widerständen behandelt. In gleicher Weise lassen sich Brückenschaltungen aus komplexen Widerständen realisieren und abgleichen. Die Speisespannung ist in diesem Fall sinusförmige Wechselspannung, deren Frequenz sich nach dem Anwendungsbereich der Meßobjekte richtet.
Nullindikator: Als Nullindikatoren sind ganz unterschiedliche Meßgeräte einsetzbar. Im Tonfrequenzbereich ($f = 1\,\text{kHz}$) läßt sich statt eines Zeigerinstrumentes vorteilhaft ein Kopfhörer verwenden. Das menschliche Ohr wirkt dann als außerordentlich empfindlicher Indikator.

Häufig formt man die Brückenwechselspannung mit einem Meßverstärker zunächst in einen proportionalen Wechselstrom um, der gleichgerichtet und von einem Drehspulinstrument angezeigt wird. Hierbei läßt sich der genaue Nullpunkt erfassen, da bei einem stromgespeisten Gleichrichter die Schwellspannung der Dioden nicht in die Messung eingeht (vgl. Abschnitt 5.2.3.2).

Besonders genau ist der Nulldurchgang mit Hilfe eines phasenselektiven Gleichrichters zu erfassen (vgl. Abschnitt 5.10). Wird beim Abgleich der Brücke der Abgleichpunkt durchlaufen, dann tritt bei der Brückenspannung ein Phasensprung von 180° auf. Verstärkt man die Brückenspannung und richtet sie mit einem phasenselektiven Gleichrichter gleich, so ändert die gleichgerichtete Spannung beim Durchlaufen des Abgleichpunktes ihre Polarität. Dies ermöglicht ein sehr genaues Erfassen des Nullpunkts.

In den folgenden Abschnitten werden nun zunächst die allgemeinen Abgleichbedingungen für Wechselstrombrücken erläutert und dann einige typische Brückenschaltungen zur Messung von Spulen und Kondensatoren dargestellt.

5.8.5.1 Allgemeine Abgleichbedingungen

Die Brückenschaltung Bild 5.74 enthält vier beliebige komplexe Widerstände $\underline{Z}_1$, $\underline{Z}_2$, $\underline{Z}_3$, $\underline{Z}_4$, die in allgemeiner Form geschrieben werden können:

$$\underline{Z}_1 = Z_1 \cdot e^{j\varphi_1}$$
$$\underline{Z}_2 = Z_2 \cdot e^{j\varphi_2}$$
$$\underline{Z}_3 = Z_3 \cdot e^{j\varphi_3}$$
$$\underline{Z}_4 = Z_4 \cdot e^{j\varphi_4}$$

Bild 5.74
Abgleichbedingung der Brückenschaltung aus komplexen Widerständen

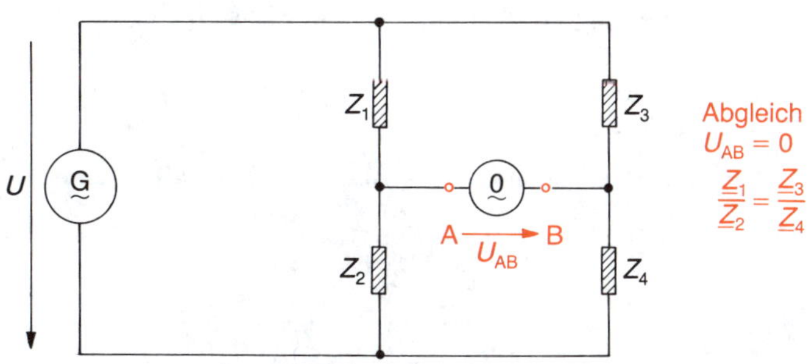

Hierbei sind Z_1, Z_2, Z_3, Z_4 die Beträge der Scheinwiderstände und φ_1, φ_2, φ_3, φ_4 die Phasenverschiebungen, die sie bei einer bestimmten Frequenz zwischen Strom und Spannung verursachen (Zeigerdiagramme der Tabelle 5.2). Brückenabgleich stellt sich ein, wenn $\underline{Z}_1$ und $\underline{Z}_2$ im gleichen Verhältnis stehen wie $\underline{Z}_3$ und $\underline{Z}_4$. Dann ist die Brückenspannung $\underline{U}_{AB} = 0\,\mathrm{V}$.

$$\frac{\underline{Z}_1}{\underline{Z}_2} = \frac{\underline{Z}_3}{\underline{Z}_4} \qquad \text{(Gl. 5.107)}$$

$$\frac{Z_1 \cdot e^{j\varphi_1}}{Z_2 \cdot e^{j\varphi_2}} = \frac{Z_3 \cdot e^{j\varphi_3}}{Z_2 \cdot e^{j\varphi_2}}$$

Abgleich der Beträge:

$$\frac{Z_1}{Z_2} = \frac{Z_3}{Z_4} \qquad \text{(Gl. 5.108)}$$

Abgleich der Phasenwinkel:

$$\varphi_1 - \varphi_2 = \varphi_3 - \varphi_4 \qquad \text{(Gl. 5.109)}$$

Eine Brückenschaltung aus komplexen Widerständen erfordert einen doppelten Abgleich:
Betragsabgleich und Phasenabgleich.

Bild 5.75 zeigt zwei Brückenschaltungen: Eine davon ist nicht abgleichbar, weil die Gleichung 5.109 nicht erfüllt werden kann. Dies zeigt die folgende Rechnung.

$$\underline{Z}_1 = X_L \cdot e^{j\frac{\pi}{2}}; \quad \varphi_1 = \frac{\pi}{2}$$

$$\underline{Z}_2 = R_2; \quad \varphi_2 = 0$$

$$\underline{Z}_3 = X_C \cdot e^{-j\frac{\pi}{2}}; \quad \varphi_3 = -\frac{\pi}{2}$$

$$\underline{Z}_4 = R_4; \quad \varphi_4 = 0$$

Für den Betragsabgleich muß gelten (Gl. 5.108):

$$\frac{X_L}{R_2} = \frac{X_C}{R_4}$$

Dies läßt sich grundsätzlich erfüllen. Nicht erfüllbar ist der Phasenabgleich Gl. 5.109.

$$\frac{\pi}{2} - 0 \neq -\frac{\pi}{2} - 0$$

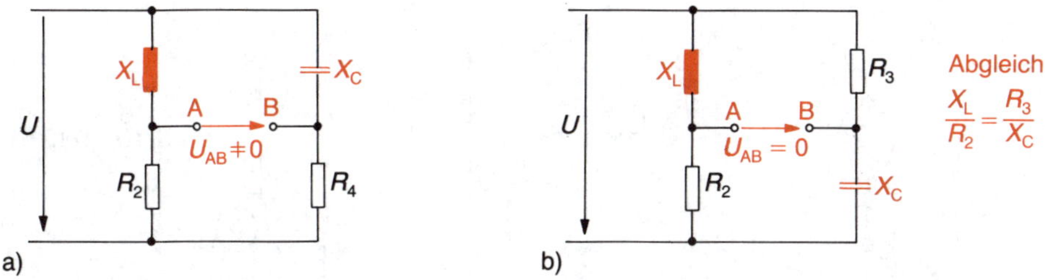

Bild 5.75 Brückenschaltungen aus komplexen Widerständen, abgleichbar und nicht abgleichbar
a) Nicht abgleichbare Brückenschaltung
b) Abgleichbare Brückenschaltung

Anders verhält es sich bei der Schaltung Bild 5.75b:

$$\underline{Z}_1 = X_L \cdot e^{j\frac{\pi}{2}}; \quad \varphi_1 = \frac{\pi}{2}$$

$$\underline{Z}_2 = R_2; \quad \varphi_2 = 0$$

$$\underline{Z}_3 = R_3; \quad \varphi_3 = 0$$

$$\underline{Z}_4 = X_C \cdot e^{-j\frac{\pi}{2}}; \quad \varphi_4 = -\frac{\pi}{2}$$

Betragsabgleich ist möglich:

$$\frac{X_L}{R_2} = \frac{R_3}{X_c}$$

Phasenabgleich ist gegeben:

$$\frac{\pi}{2} - 0 = 0 - \left(-\frac{\pi}{2}\right) = \frac{\pi}{2}$$

Brückenschaltungen aus komplexen Widerständen sind nicht immer abgleichbar.

Kurzbezeichnung von Wechselstrombrücken: Entsprechend ihrem Aufbau werden die abgleichbaren Brücken häufig durch Kurzbezeichnung gekennzeichnet; z. B. weist die Bezeichnung *CCRR* darauf hin, daß $\underline{Z}_1$ und $\underline{Z}_2$ jeweils kapazitive Komponenten aufweisen, während $\underline{Z}_3$ und $\underline{Z}_4$ durch ohmsche Widerstände realisiert werden. Weist eines der Brückenelemente eine induktive Komponente auf, dann wird dies entsprechend durch *L* gekennzeichnet.

5.8.5.2 *Kapazitätsmeßbrücke nach* Wien (*CCRR*-Brücke)

Diese Brückenschaltung ermöglicht die Messung der Kapazität und des Verlustwiderstands von Kondensatoren. Die Schaltung kann in zwei Varianten, die den beiden Ersatzschaltbildern des Kondensators (vgl. Tabelle 5.3) zugeordnet sind, angewandt werden. Bild 5.76a zeigt die Schaltung für das Reihenersatzschaltbild und Bild 5.76b für das Parallelersatzschaltbild.

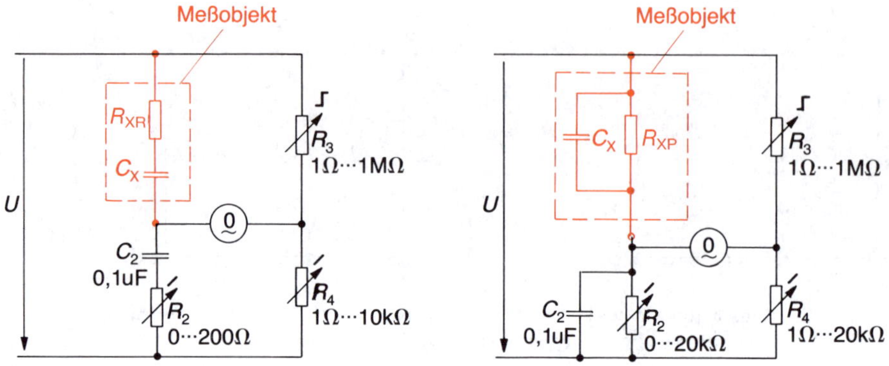

a)

$C_X = C_2 \cdot \frac{R_4}{R_3}$; $R_{XR} = R_2 \cdot \frac{R_3}{R_4}$; $\tan \delta_{XR} = \omega \cdot C_2 \cdot R_2$

b)

$C_X = C_2 \cdot \frac{R_4}{R_3}$; $R_{XP} = R_2 \cdot \frac{R_3}{R_4}$; $\tan \delta_{XP} = \frac{1}{\omega \cdot C_2 \cdot R_2}$

Bild 5.76 Wien-Brückenschaltung zur Kapazitätsmessung

a) Ausmessung der Reihenersatzschaltbild-Größen

b) Ausmessen der Parallelersatzschaltbild-Größen

> Bei der Verwendung der Wien-Brückenschaltung muß unterschieden werden zwischen:
> Schaltung für das Reihenersatzschaltbild und
> Schaltung für das Parallelersatzschaltbild des Kondensators.

Die Abgleichbedingungen für die Schaltungen Bild 5.76 lassen sich durch Anwendung von Gl. 5.107 ableiten.

Schaltung nach Bild 5.76a:

$$\underline{Z}_1 = R_{XR} - j \cdot \frac{1}{\omega \cdot C_X}; \quad \underline{Z}_2 = R_2 - j \cdot \frac{1}{\omega \cdot C_2}; \quad \underline{Z}_3 = R_3; \quad \underline{Z}_4 = R4$$

$$\frac{R_{XR} - j \cdot \frac{1}{\omega \cdot C_X}}{R_2 - j \cdot \frac{1}{\omega \cdot C_2}} = \frac{R_3}{R_4}$$

$$\left(R_{XR} - j \cdot \frac{1}{\omega \cdot C_X}\right) \cdot R_4 = \left(R_2 - j \cdot \frac{1}{\omega \cdot C_2}\right) \cdot R_3$$

$$R_{XR} \cdot R_4 - j \cdot \frac{R_4}{\omega \cdot C_X} = R_2 \cdot R_3 - j \cdot \frac{R_3}{\omega \cdot C_2}$$

Realteilabgleich:

$$R_{XR} \cdot R_4 = R_2 \cdot R_3$$

$$\boxed{R_{XR} = R_2 \cdot \frac{R_3}{R_4}} \qquad \text{(Gl. 5.110)}$$

Imaginärteilabgleich:

$$\frac{R_4}{\omega \cdot C_X} = \frac{R_3}{\omega \cdot C_2}$$

$$\boxed{C_X = C_2 \cdot \frac{R_4}{R_3}} \qquad \text{(Gl. 5.111)}$$

Der Verlustfaktor $\tan \delta_{XR}$ ergibt sich aus R_{XR} und C_X:

$$\tan \delta_{XR} = \frac{R_{XR}}{X_{CX}} = R_{XR} \cdot \omega \cdot C_X = R_2 \cdot \frac{\cancel{R_3}}{\cancel{R_4}} \cdot \omega \cdot C_2 \cdot \frac{\cancel{R_4}}{\cancel{R_3}}$$

$$\boxed{\tan \delta_{XR} = \omega \cdot R_2 \cdot C_2} \qquad \text{(Gl. 5.112)}$$

Schaltung nach Bild 5.76b:

$$\underline{Z}_1 = \frac{1}{\underline{y}_1} = \frac{1}{\dfrac{1}{R_{XP}} + \mathrm{j} \cdot \omega \cdot C_x}$$

$$\underline{Z}_2 = \frac{1}{\underline{y}_2} = \frac{1}{\dfrac{1}{R_2} + \mathrm{j} \cdot \omega \cdot C_2}$$

$$\underline{Z}_3 = R_3; \quad \underline{Z}_4 = R_4$$

Setzt man diese Scheinwiderstände in Gl. 5.107 ein, so erhält man für R_{XP} und C_X die gleichen Bestimmungsformeln Gl. 5.110 und 5.111. Natürlich haben die Abgleichwiderstände nun andere Werte. Für den Verlustfaktor $\tan \delta_{XP}$ ergibt sich für die Parallelschaltung nach Tabelle 5.2:

$$\tan \delta_{XP} = \frac{X_{CX}}{R_{XP}} = \frac{1}{\omega \cdot C_x \cdot R_{XP}} = \frac{\cancel{R_3} \cdot \cancel{R_4}}{\omega \cdot C_2 \cdot \cancel{R_4} \cdot R_2 \cdot \cancel{R_3}}$$

$$\boxed{\tan \delta_{XP} = \frac{1}{\omega \cdot C_2 \cdot R_2}} \qquad \text{(Gl. 5.113)}$$

Die Wien-Brücke Bild 5.76 wird in zwei Schritten abgeglichen.

1. Imaginärteilabgleich zur Bestimmung von C_1:
   Grobabgleich in Stufen mit R_3;
   Minimumabgleich stetig mit R_4.
2. Realteilabgleich zur Bestimmung von R_X:
   Nullabgleich stetig mit R_2.
   (R_3 und R_4 werden nicht mehr verändert)

In den Gleichungen Gl. 5.110 und 5.111 tritt die Frequenz der Speisespannung nicht auf; d. h., der Abgleich ist frequenzunabhängig, sofern die Komponenten R_X und C_X frequenzunabhängig sind. Dies gilt für einen verlustbehafteten Kondensator nur innerhalb eines gewissen Frequenzbereichs. Das Ergebnis hat also nur bei der Meßfrequenz Gültigkeit. Um einen eindeutigen Abgleich zu ermöglichen, sollte die speisende Wechselspannung möglichst oberwellenfrei sein.

Der Abgleich einer Wien-Brücke ist frequenzunabhängig, wenn C_X und R_X frequenzunabhängig sind.

Wählt man für die Abgleichelemente der Brücke die Werte nach Bild 5.76, so reicht der Meßbereich von pF bis mF.

5.8.5.3 Schering-Meßbrücke (CRCC)

Diese Brückenschaltung ist vor allem zur Messung des Verlustfaktors von Hochspannungskondensatoren oder -kabeln entwickelt worden. Als Speisespannung dient eine 50-Hz-Wechselspannung im kV-Bereich. Die Schaltung (Bild 5.77) ist extrem ungleicharmig aufgebaut, d. h. $Z_X \gg R_2$, $X_{C3} \gg Z_4$. Dies ist bewußt so gewählt, damit die auszuwertende Brückenspannung wegen der hohen Speisespannung nicht zu groß werden kann. C_3 muß ein hochspannungsfester, weitgehend verlustfreier Kondensator sein.

Die Schering-Brücke dient der Messung des Verlustfaktors von Hochspannungskondensatoren.

Um den Verlustfaktor zu bestimmen, wendet man nach dem Abgleichvorgang durch C_4 und R_2 Gl. 5.109 an:

$$\varphi_X - \varphi_2 = \varphi_3 - \varphi_4$$

Mit $\varphi_X = -90° + \delta_X$, $\varphi_4 = -90° + \delta_4$ nach Tabelle 5.2 sowie $\varphi_2 = 0°$ und $\varphi_3 = -90°$ kann man schreiben:

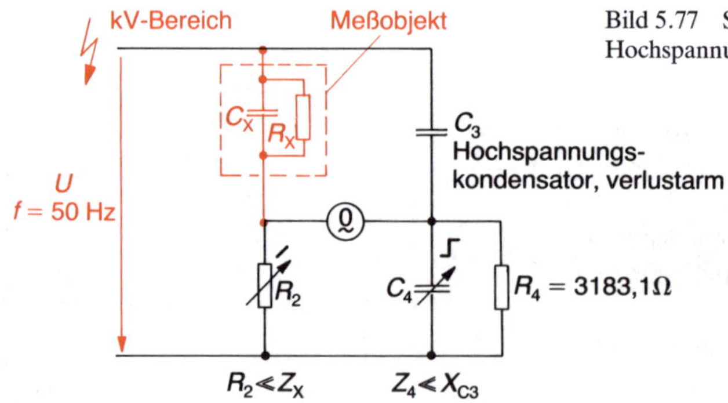

Bild 5.77 Schering-Brücke zur Messung von Hochspannungskondensatoren

$$\tan \delta_X = \omega \cdot C_4 \cdot R_4$$

$$\tan \delta_X = \frac{C_4}{1\,\mu F}$$

$$C_X = \frac{C_3 \cdot R_4}{R_2\,[1 + (\omega \cdot C_4 \cdot R_4)^2]}$$

$$-90^\circ + \delta_X = -90^\circ - (-90^\circ + \delta_4)$$

$$\delta_X = 90^\circ - \delta_4, \quad \tan \delta_X = \tan (90^\circ - \delta_4) = \frac{1}{\tan \delta_4}$$

Der Verlustfaktor $\tan \delta_4$ kann aus den Abgleichwerten von C_4 und R_4 nach Tabelle 5.2 für die Parallelschaltung ermittelt werden.

$$\boxed{\tan \delta_4 = \frac{X_{C4}}{R_4} = \frac{1}{\omega \cdot C_4 \cdot R_4}} \qquad \text{(Gl. 5.114)}$$

Somit erhält man für den gesuchten Verlustfaktor $\tan \delta_X$:

$$\boxed{\tan \delta_X = \omega \cdot C_4 \cdot R_4} \qquad \text{(Gl. 5.115)}$$

Wählt man für die Brückenschaltung $R_4 = 3183{,}1\,\Omega$, $f = 50\,\text{Hz}$, dann läßt sich an der Stellung der C_4-Abgleichdekade unmittelbar der Verlustfaktor ablesen, wenn C_4 in µF ausgedrückt wird:

$$\tan \delta_X = C_4 \cdot 2 \cdot \pi \cdot 50\,\text{Hz} \cdot 3183{,}1\,\Omega = C_4 \cdot 10^6 \frac{1}{\text{F}} = C_4 \cdot \frac{1}{\mu\text{F}}$$

$$\boxed{\tan \delta_X = \frac{C_4}{\mu\text{F}}} \qquad \text{(Gl. 5.116)}$$

Ergibt sich nach dem Abgleich z. B. $C_4 = 10{,}12\,\text{nF}$, dann beträgt der Verlustfaktor:

$$\underline{\underline{\tan \delta_X}} = \frac{0{,}01012\,\mu\text{F}}{\mu\text{F}} = \underline{\underline{0{,}01012}}$$

Aus den Abgleichwerten der Brücke kann mit Gl. 5.107, wie im Fall der Wien-Brücke, durch Real- und Imaginärteilvergleich auch die Kapazität C_X bestimmt werden. Die etwas umständliche Rechnung führt zu dem Ergebnis:

$$\boxed{C_X = C_3 \cdot \frac{R_4}{R_2 \cdot (1 + \omega^2 \cdot C_4^2 \cdot R_4^2)}} \qquad \text{(Gl. 5.117)}$$

Es ist zu ersehen, daß der Abgleich auch von der Frequenz der Speisespannung mitbestimmt wird, wodurch eine weitere Fehlerkomponente in das Meßergebnis einfließt. Die C-Messung sollte daher besser mit einer Wien-Brücke erfolgen.

> Der Abgleich einer Schering-Brücke ist frequenzabhängig.

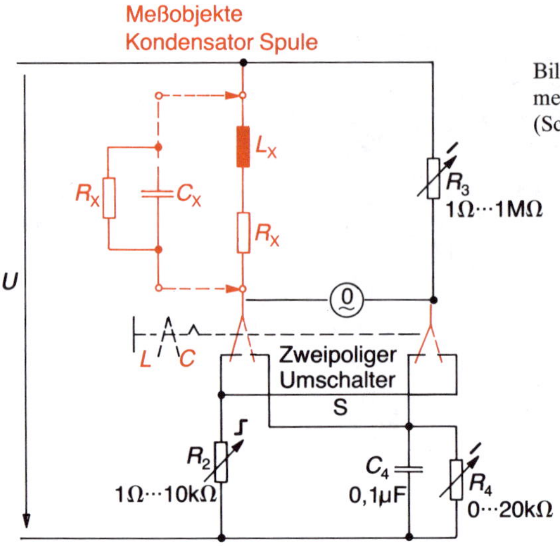

Bild 5.78 Maxwell-Wien-Brücke als Universalmeßbrücke für Spulen und Kondensatoren (Schalterstellung: Spulenmessung)

Abgleich bei Spulenmessung:

$L_X = C_4 \cdot R_3 \cdot R_2$; $\quad Q = \omega \cdot C_4 \cdot R_4$

$R_X = R_2 \cdot \frac{R_3}{R_4}$

5.8.5.4 Maxwell-Wien-Brückenschaltung (LRRC)

Diese Meßbrücke (Bild 5.78) eignet sich zur Bestimmung des Verlustwiderstands und der Induktivität von Spulen. Durch einfache Umschaltung (Schalter S in Bild 5.78) kann sie auch in eine Kapazitätsmeßbrücke nach Wien (Bild 5.76b) übergeführt werden.

> Die Maxwell-Wien-Brücke kann durch Umschaltung als universelle Meßbrücke für Spulen und Kondensatoren verwendet werden.

Auch bei dieser Brückenschaltung ist der Abgleich frequenzunabhängig, wenn die Komponenten R_X und L_X frequenzunabhängig sind. Dies zeigt die folgende Ableitung. Als Ersatzschaltbild wird für Spulen meist die Reihenersatzschaltung gewählt. Damit ergeben sich die Scheinwiderstände:

$$\underline{Z}_1 = R_X + j \cdot \omega \cdot L_X$$
$$\underline{Z}_2 = R_2$$
$$\underline{Z}_3 = R_3$$
$$\underline{Z}_4 = \frac{1}{\underline{y}_4} = \frac{1}{\frac{1}{R_4} + j \cdot \omega \cdot C_4}$$

Eingesetzt in Gl. 5.107 ergeben sich die Bestimmungsgleichungen für R_X und L_X.

$$\frac{R_X + j \cdot \omega \cdot L_X}{R_2} = \frac{R_3}{\frac{1}{\frac{1}{R_4} + j \cdot \omega \cdot C}} = R_3 \cdot \left(\frac{1}{R_4} + j \cdot \omega \cdot C_4\right)$$

$$\frac{R_X}{R_2} + j \cdot \frac{\omega \cdot L_X}{R_2} = \frac{R_3}{R_4} + j \cdot \omega \cdot C_4 \cdot R_3$$

Realteilabgleich:

$$\frac{R_X}{R_2} = \frac{R_3}{R_4}$$

$$\boxed{R_X = R_2 \cdot \frac{R_3}{R_4}} \qquad \text{(Gl. 5.118)}$$

Imaginärteilabgleich:

$$\frac{\omega \cdot L_X}{R_2} = \omega \cdot C_4 \cdot R_3$$

$$\boxed{L_X = C_4 \cdot R_3 \cdot R_2} \qquad \text{(Gl. 5.119)}$$

> Der Abgleich der Maxwell-Wien-Brückenschaltung ist frequenzunabhängig, wenn der Verlustwiderstand R_X und die Induktivität L_X frequenzunabhängig sind.

Die Spulengüte Q kann nun aus diesen Ergebnissen berechnet werden:

$$Q = \frac{\omega \cdot L_X}{R_X} = \frac{\omega \cdot C_4 \cdot \cancel{R_3} \cdot \cancel{R_2} \cdot R_4}{\cancel{R_2} \cdot \cancel{R_3}}$$

$$\boxed{Q = \omega \cdot C_4 \cdot R_4} \qquad \text{(Gl. 5.120)}$$

Die Induktivitätsmessung läßt sich auch mit anderen Brückenschaltungen realisieren, beispielsweise mit der Struktur *LLRR* (Maxwell-Brücke). Hierbei wird eine Vergleichsspule benötigt, deren Verlustwiderstand bei der Meßfrequenz genau bekannt sein muß. Ferner dürfen die beiden Spulen nicht magnetisch verkoppelt sein. Dies sind Gründe dafür, daß man vermeidet, Meßschaltungen mit Vergleichsspulen zu verwenden.

> Die Maxwell-Wien-Brücke ist für die Induktivitätsmessung besonders gut geeignet, da sie zum Abgleich keine Vergleichsspule, sondern einen Vergleichskondensator verwendet.

5.8.5.5 Halbautomatische Wechselstrombrücke

Wie in den vorigen Abschnitten ausführlich dargelegt wurde, müssen Wechselstrombrücken zweifach abgeglichen werden: Betragsabgleich und Phasenabgleich. Dies erschwert die Bedienung solcher Brücken. Zur Vereinfachung sind Schaltungen entwickelt worden, die nur einen Handabgleich erfordern. Der zweite Abgleich erfolgt automatisch durch das Gerät.

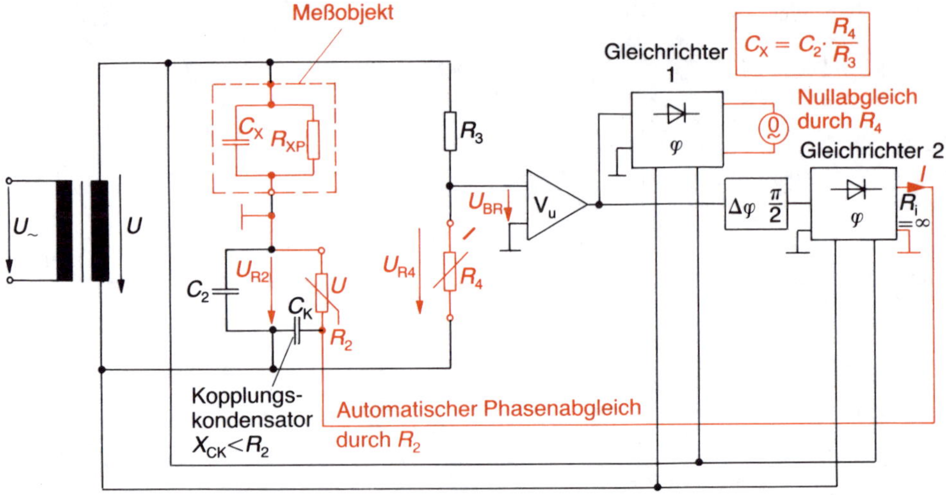

Bild 5.79 Prinzip einer halbautomatischen Wechselstrombrücke zur Kapazitätsmessung

Meßbrücken dieser Art werden halbautomatische Wechselstrombrücken genannt. Sie dienen der Messung von Kapazitäten und Induktivitäten, deren Wert nach dem Handabgleich abgelesen werden kann. Der Abgleich der Verluste erfolgt automatisch. Die Verluste werden dann in der Regel nicht angezeigt.

Bild 5.79 zeigt den prinzipiellen Aufbau einer solchen Meßbrücke. Als Beispiel wurde die Wien-Brücke (Bild 5.76) zur *C*-Messung gewählt, die ja nach Umschaltung (Bild 5.78) auch zur *L*-Messung verwendet werden kann.

Die Brückenspannung $\underline{U}_{BR}$ kann nach Bild 5.79 als komplexe Spannung in der folgenden Form geschrieben werden:

$$\underline{U}_{BR} = \underline{U}_{R4} - \underline{U}_{R2}$$

und mit

$$\underline{U}_{R2} = \text{Re}\,(\underline{U}_{R2}) + \text{Im}\,(\underline{U}_{R2})$$
$$\underline{U}_{BR} = \underline{U}_{R4} - \text{Re}\,(\underline{U}_{R2}) - \text{Im}\,(\underline{U}_{R2})$$

Realteil und Imaginärteil der Brückenschaltung ergeben sich somit zu:

$$\text{Re}\,(\underline{U}_{BR}) = \underline{U}_{R4} - \text{Re}\,(\underline{U}_{R2}); \quad (\underline{U}_{R4} \text{ ist rein reell})$$
$$\text{Im}\,(\underline{U}_{BR}) = -\,\text{Im}\,(\underline{U}_{R2})$$

Die Gleichungen zeigen, daß der Nullabgleich des Anteils Im $(\underline{U}_{BR})$ unabhängig von R_3 und R_4 erfolgt und der Realteilabgleich Re $(\underline{U}_{BR})$ allein durch entsprechende Einstellung von R_3 und R_4 möglich ist. Daher ist in Bild 5.79 für den automatischen Imaginärteilabgleich der spannungsabhängige Widerstand R_2 vorgesehen und für die Handabstimmung des Realteils der kalibrierte Widerstand R_4.

Die beiden Spannungsanteile Im $(\underline{U}_{BR})$ und Re $(\underline{U}_{BR})$ werden verstärkt und zum einen dem phasenselektiven Gleichrichter 1 zugeführt. Dessen Ausgangsspannung ist dem Anteil Re

($\underline{U}_{BR}$) proportional, denn es besteht Phasengleichheit zwischen Re ($\underline{U}_{BR}$) und der Steuerspannung $\underline{U}$ (Funktion des Gleichrichters Abschnitt 5.10). Gleichzeitig wird die Brückenspannung über einen 90°-Phasenschieber in den Gleichrichter 2 eingespeist. Dessen Ausgang ist als Stromausgang gestaltet. Aufgrund der zusätzlichen Phasendrehung entsteht hier ein Ausgangsgleichstrom, der dem Imaginärteil der Brückenspannung proportional ist.

Dieser Gleichstrom legt den Arbeitspunkt des spannungsabhängigen Widerstands fest. Sein differentieller Widerstand r_2 ist der wirksame Parallelwiderstand zu C_2. Durch den Regelkreis wird der Gleichstrom I so eingestellt, daß Im ($\underline{U}_{BR}$) ≈ 0 wird. Dies ist um so exakter erreichbar, je größer die Verstärkung V_u gewählt wird. Durch Handeinstellung von R_4 läßt sich nun der vollständige Nullabgleich durchführen. Ein Nullinstrument dient als Indikator. Für diesen Fall gilt die Beziehung

$$C_X = C_2 \cdot \frac{R_4}{R_3}$$

Durch geeignete Wahl von C_2 und R_3 läßt sich der Stellwiderstand R_4 direkt mit einer Kapazitätsskala versehen.

Grundsätzlich läßt sich eine vollautomatische Wechselstrombrücke realisieren, wenn über einen zweiten Regelkreis die Ausgangsspannung des Gleichrichters 1 auf den Widerstand R_4 zurückwirkt. Tatsächlich wird wegen des relativ großen Aufwands kaum davon Gebrauch gemacht.

Die halbautomatische Wechselstrombrücke ermöglicht die Messung von Kapazitäten und Induktivitäten mit nur einem Handabgleich. Der zweite Abgleich erfolgt automatisch.

5.8.6 Messungen mit dem Differentialübertrager

Die Abbildung Bild 5.80 zeigt einen Übertrager, der zwei Primärwicklungen und eine Sekundärwicklung aufweist. Die Wechselspannungsquelle speist beide Primärwicklungen. Die Ströme und damit die magnetischen Flüsse sind allerdings einander entgegengerichtet, so daß im Idealfall der resultierende magnetische Fluß 0 wird und damit keine Sekundärspannung induziert werden kann.

Dieses Verhalten nützt man in einer Vergleichsschaltung zur Messung von Kapazitäten, Induktivitäten und Verlustwiderständen aus. Ebenso können beliebige unbekannte Scheinwiderstände nach ihren Komponenten untersucht werden.

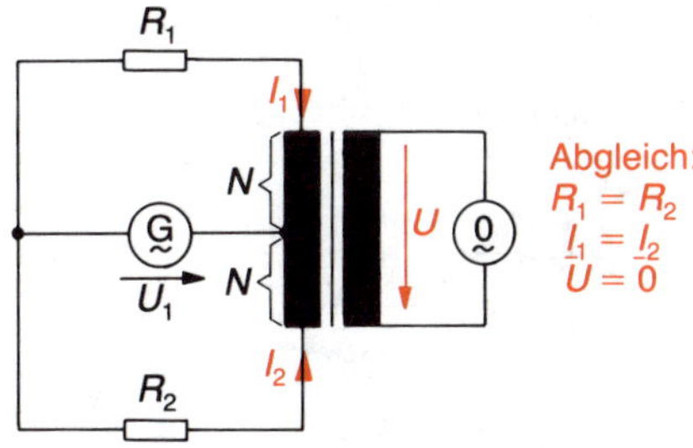

Bild 5.80 Differentialtransformator im abgeglichenen Zustand

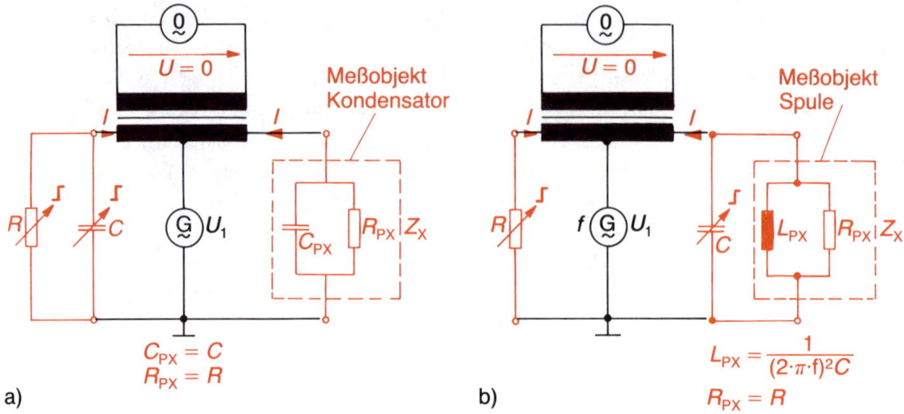

Bild 5.81 Kapazitäts- und Induktivitätsmessung mit dem Differentialübertrager
a) Kapazitätsmessung
b) Induktivitätsmessung

Kapazitätsmessung: Bild 5.81a zeigt die Meßordnung zur Messung der Kapazität und des Verlustwiderstands von Kondensatoren. Hierbei liegt das Parallelersatzschaltbild zugrunde ($C_{PX} \| R_{PX}$). Mit Hilfe der Kapazitäts- und Widerstandsdekade wird der unbekannte Kondensator nachgebildet. Wenn die Sekundärspannung 0 ist, entsprechen die eingestellte Kapazität C und der eingestellte Widerstand R den Ersatzgrößen des Meßobjekts.

$$\boxed{C_{PX} = C}$$

$$\boxed{R_{PX} = R}$$

Vorausgesetzt ist dabei, daß die Kapazitätsdekade selbst vernachlässigbare Verluste besitzt.
Induktivitätsmessung: Bild 5.81b gibt eine Schaltung zur Messung der Induktivität und des Verlustwiderstands von Spulen wieder. Auch hier wird vom Parallelersatzschaltbild der Spule ausgegangen ($L_{PX} \| R_{PX}$). Die Kapazitätsdekade kompensiert in dieser Schaltung den Blindleitwert der Spule. Danach bleibt nur noch der Wirkleitwert, der von der Widerstandsdekade abgeglichen wird, bis schließlich die Sekundärspannung 0 wird. Daraus ermittelt man die Spulendaten:

$$\frac{1}{\omega \cdot L_{PX}} = \omega \cdot C$$

$$\boxed{L_{PX} = \frac{1}{(2 \cdot \pi \cdot f)^2 \cdot C}}$$

$$\boxed{R_{PX} = R}$$

Da bei der Induktivitätsmessung auch die Frequenz der Spannungsquelle in das Ergebnis eingeht, ist diese Messung weniger genau realisierbar als die Kapazitätsmessung.

> Der Differentialtransformator ermöglicht den Vergleich zwischen dem unbekannten Meßobjekt und einer Parallelersatzschaltung aus bekannten *R*- und *C*-Werten. Das Meßverfahren eignet sich vor allem zur Messung von Kondensatoren und kapazitiven Impedanzen.

5.8.6.1 Wayne-Kerr-Meßbrücke

Diese Präzisionsmeßbrücke ist zur Messung beliebiger Scheinleitwerte auf der Basis des Differentialübertragers entwickelt worden. Bild 5.82 zeigt den Aufbau für kapazitive Leitwerte $\underline{Y}_X$. Im Prinzip gleicht die Schaltung der in Bild 5.81a. Um jedoch die Zahl der umschaltbaren Vergleichskapazitäten und -widerstände klein zu halten, wird ein Transformator T1 mit 10 Abgriffen auf der Sekundärseite verwendet. Jeder der Kondensatoren und der Widerstände kann an jeden der Abgriffe gelegt werden. Da die Sekundärspannungen mit der Windungszahl zunehmen, steigt auch der Teilstrom durch den angeschlossenen Widerstand

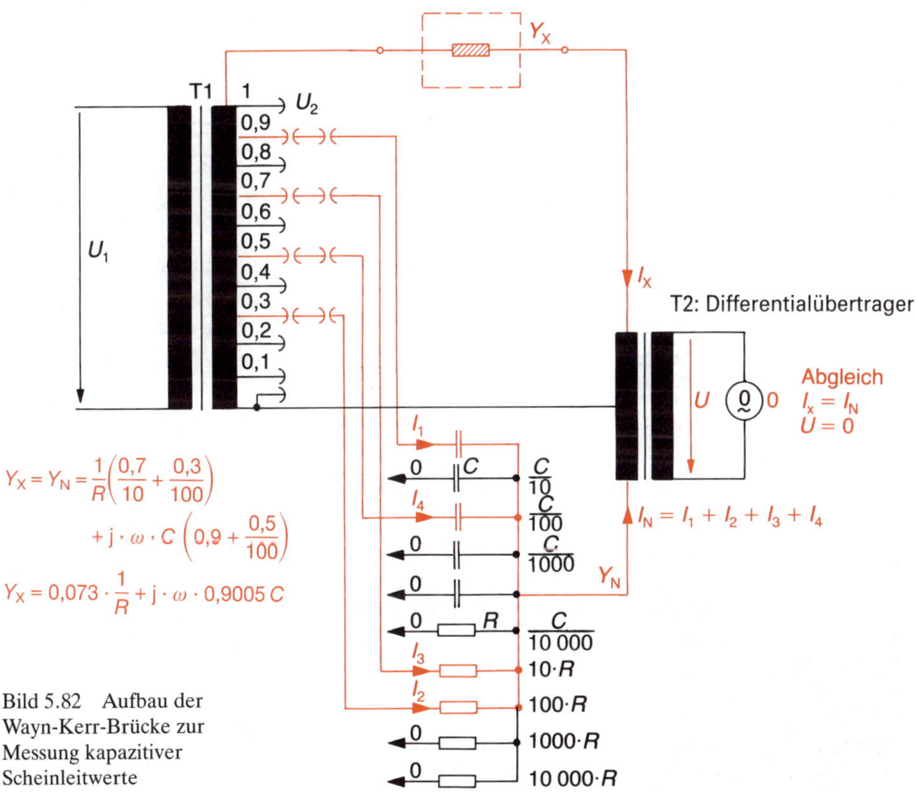

Bild 5.82 Aufbau der Wayn-Kerr-Brücke zur Messung kapazitiver Scheinleitwerte

bzw. Kondensator mit der Windungszahl und damit der jeweilige Teilleitwert. Wenn nun, wie in Bild 5.82 dargestellt, mit fünf dekadisch gestuften Kondensatoren und Widerständen gearbeitet wird, so läßt sich durch Wahl der Abgriffe am Trafo jeder Widerstand transformatorisch nochmals in Zehntelwerte unterteilen. Damit wird der Vergleichsleitwert $\underline{Y}_N$ einstellbar von

$$\underline{Y}_N = \frac{0{,}1}{10\,000} \cdot \frac{1}{R} + j \cdot \omega \cdot \frac{0{,}1}{10\,000} \cdot C$$

bis

$$\underline{Y}_N = 1{,}1111 \cdot \frac{1}{R} + j \cdot \omega \cdot 1{,}1111 \cdot C$$

mit der Schrittweite $0{,}0001 \cdot \frac{1}{R}$ und $0{,}0001 \cdot C$. Der Abgleich ist wieder erreicht, wenn die Vergleichsleitwert-Komponenten $\underline{Y}_N$, $\underline{Y}_X$ gleich sind. Dann sind auch die Ströme $\underline{I}_N$, $\underline{I}_X$ gleich, und die Sekundärspannung $\underline{U}$ wird 0.

Bild 5.82 zeigt die Auswertung für einen angenommenen Fall. Die Teilleitwerte von $\underline{Y}_N$ werden jeweils mit dem gewählten sekundären Teilungsfaktor von T1 bewertet und addiert.

Zur Messung von induktiven Scheinleitwerten müssen die Vergleichskapazitäten parallel zum Meßobjekt geschaltet werden, wie es in Bild 5.81b dargestellt ist. Die Abgriffe am Transformator T1 werden ebenso benutzt wie bei kapazitiven Scheinleitwerten.

Die Wayne-Kerr-Brücke ist eine Präzisionsmeßbrücke zur Messung beliebiger Scheinleitwerte.

5.8.7 *C*-*T*-Umformer

Digital anzeigende Kapazitätsmeßgeräte verwenden häufig ein Meßverfahren, bei dem die zu messende Kapazität zunächst zur Erzeugung einer Pulsspannung herangezogen wird, deren Periodendauer durch den Kapazitätswert bestimmt ist. Die Periodendauer wird dann mit einem Digitalzähler gemessen und als Kapazitätswert zur Anzeige gebracht. Als Umformerschaltungen können die gleichen Schaltungen verwendet werden, die bereits im Abschnitt 5.7.6 als *R*-*T*-Umformer beschrieben wurden: Integrator und astabiler Multivibrator. Beide verwenden Ladevorgänge, deren Zeitverlauf durch ein *RC*-Glied bestimmt ist. Die Schaltung Bild 5.63 zeigt einen Umformer mit Integrator. Es entsteht eine Rechteckspannung, deren Periodendauer sich nach Gl. 5.76 errechnen läßt:

$$T = 4 \cdot R \cdot C$$

Wird der Kondensator als das unbekannte Meßobjekt betrachtet, so erhält man bei bekanntem Widerstandswert *R*:

$$\boxed{C_X = \frac{T_X}{4 \cdot R}}$$

Ebenso kann der Umformer Bild 5.65 statt zur Widerstandsmessung auch zur Kapazitätsmessung verwendet werden. Die Periodendauer der entstehenden Rechteckspannung errechnet sich hier nach der Gl. 5.77:

$$T = 2 \cdot R \cdot C \cdot \ln\left(1 + 2 \cdot \frac{R_2}{R_1}\right)$$

Bei bekannten Widerstandswerten ergibt sich die unbekannte Kapazität:

$$\boxed{C_X = \frac{T_x}{2 \cdot R \cdot \ln\left(1 + 2 \cdot \frac{R_2}{R_1}\right)}}$$

C-T-Umformer erzeugen eine Rechteckspannung, deren Periodendauer *T* proportional der zu messenden Kapazität ist. Die Periodendauer kann durch einen Digitalzähler als Kapazitätswert angezeigt werden.

5.9 Frequenz- und Zeitmessung

Die Frequenz ist eine Größe, die sich besonders genau messen läßt. Die Frequenznormale können leicht kontrolliert und überwacht werden. So strahlt der Normalfrequenz- und Zeitzeichensender DCF 77 in Mainflingen (Bundesrepublik Deutschland) eine frequenzstabile Trägerschwingung von 77,5 kHz ab, die der Eichung von Frequenzmeßgeräten dienen kann. Diese Trägerschwingung ist mit Zeitzeichen amplitudenmoduliert, so daß davon auch der Sekundentakt mit höchster Präzision abgeleitet werden kann.

Diese genaue Meßbarkeit von Frequenzen und Zeitabständen hat dazu geführt, daß in der modernen Meßtechnik viele Größen, z. B. Spannung, Stromstärke, Widerstand, Kapazität, nicht direkt gemessen, sondern durch entsprechende Umformer in eine Wechselspannung übergeführt werden. Deren Frequenz ist der ursprünglichen Größe proportional. Die Frequenz wird dann gemessen und zur Anzeige gebracht. Neben der genauen Meßbarkeit haben Frequenzsignale weitere günstige Eigenschaften.

Günstige Eigenschaften von Frequenzsignalen:

1. Gute Übertragungsmöglichkeit auf langen Leitungen, da kaum Störbeeinflussung auftritt.
2. Problemlose Verstärkung, da keine galvanische Kopplung erforderlich ist, Offset-Einflüsse keine Rolle spielen und die Linearität des Verstärkers von untergeordneter Bedeutung ist.
3. Leicht zu digitalisieren und mit den Methoden der Digitaltechnik zu verarbeiten und anzuzeigen.

Bei den Meßverfahren muß zwischen Absolutmessungen und Vergleichsmessungen unterschieden werden. Damit ist gemeint, daß die Frequenz im ersten Fall aus den Daten der Bauelemente der Schaltung ermittelt wird und im zweiten Fall ein Vergleich mit einer bekannten, sehr stabilen Frequenz stattfindet. Die hohe Genauigkeit ist nur durch den Frequenzvergleich erreichbar.

Als Absolutmessung wird im folgenden Abschnitt die Frequenzmessung mit der Wien-Robinson-Meßbrücke dargestellt. Die Vergleichsmessung kann mit dem Oszilloskop durch Auswertung von Lissajous-Figuren (vgl. Abschnitt 4.5.2) oder, wie hier noch näher erläutert wird, durch den Frequenzzähler erfolgen.

5.9.1 Frequenzmessung mit der Wien-Robinson-Meßbrücke

Diese Wechselstrombrücke (Bild 5.83) ähnelt sehr dem Aufbau der Wien-Brücke zur Kapazitätsmessung. Allerdings ist der Abgleich einer Frequenzmeßbrücke frequenzabhängig, während dies bei der genannten Kapazitätsmeßbrücke nicht zutrifft.

> Zur Frequenzmessung eignen sich Meßbrücken, deren Abgleich frequenzabhängig ist.

Daraus geht auch hervor, daß die Messung mit einer Frequenzmeßbrücke nur zu genauen Ergebnissen führt, wenn das Frequenzsignal rein sinusförmig ist. Bei nicht sinusförmigen Signalen ist wegen der Oberwellen kein eindeutiger Nullabgleich möglich.

Abgleichbedingungen der Wien-Robinson-Brücke: Unter Anwendung der allgemeinen Abgleichbedingung Gl. 5.107 erhält man die Bestimmungsgleichung für die unbekannte Frequenz f_X.

$$\frac{\underline{Z}_1}{\underline{Z}_2} = \frac{R_3}{R_4};$$

$$\frac{R_1 - j \cdot \dfrac{1}{2 \cdot \pi \cdot f_X \cdot C_1}}{\dfrac{1}{\dfrac{1}{R_2} + j \cdot 2 \cdot \pi \cdot f_X \cdot C_2}} = \frac{R_3}{R_4}$$

$$\left(R_1 - j \cdot \frac{1}{2 \cdot \pi \cdot f_X \cdot C_1}\right) \cdot \left(\frac{1}{R_2} + j \cdot 2 \cdot \pi \cdot f_X \cdot C_2\right) = \frac{R_3}{R_4}$$

$$\frac{R_1}{R_2} + \frac{C_2}{C_1} + j \cdot \left(2 \cdot \pi \cdot f_X \cdot C_2 \cdot R_1 - \frac{1}{2 \cdot \pi \cdot f_X \cdot C_1 \cdot R_2}\right) = \frac{R_3}{R_4}$$

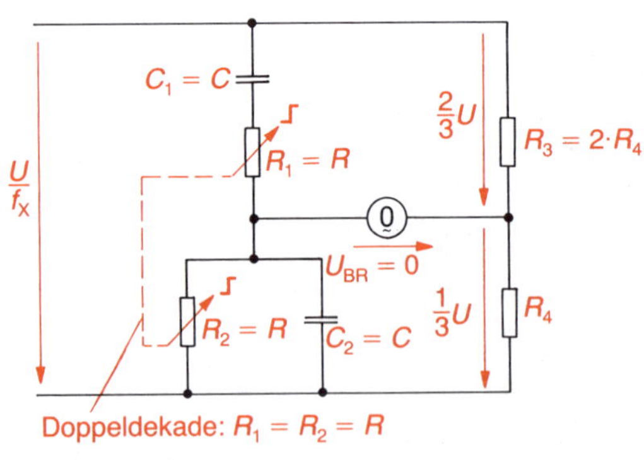

Bild 5.83 Wien-Robinson-Meßbrücke zur Frequenzmessung

Abgleich: $\underline{U}_{BR} = 0$

$\frac{R_3}{R_4} = 2$; $C_1 = C_2 = C$; $R_1 = R_2 = R$

$$f_X = \frac{1}{2 \cdot \pi \cdot C \cdot R}$$

Realteilabgleich:

$$\frac{R_1}{R_2} + \frac{C_2}{C_1} = \frac{R_3}{R_4}$$

Imaginärteilabgleich:

$$2 \cdot \pi \cdot f_X \cdot C_2 \cdot R_1 = \frac{1}{2 \cdot \pi \cdot f_X \cdot C_1 \cdot R_2}$$

$$f_X = \frac{1}{2 \cdot \pi \cdot \sqrt{C_1 \cdot C_2 \cdot R_1 \cdot R_2}}$$

Um den Abgleichvorgang so zu vereinfachen, daß lediglich ein Handabgleich genügt, wählt man die Elemente der Brücke:

$$\boxed{R_1 = R_2 = R}$$

$$\boxed{C_1 = C_2 = C}$$

Damit ergibt sich für das Widerstandsverhältnis $\frac{R_3}{R_4}$ ein konstanter Wert:

$$\frac{R_3}{R_4} = \frac{R_1}{R_2} + \frac{C_2}{C_1} = 2$$

$$\boxed{R_3 = 2 \cdot R_4} \qquad \text{(Gl. 5.121)}$$

Die gesuchte Frequenz ist aus den Werten von R und C bei Nullabgleich zu berechnen:

$$\boxed{f_X = \frac{1}{2 \cdot \pi \cdot C \cdot R}} \qquad \text{(Gl. 5.122)}$$

Werden die beiden Widerstände R_1 und R_2 in Bild 5.83 als zwei gleiche Doppeldrehwiderstände ausgeführt, so kann mit nur einem Abgleichvorgang der Brückennullpunkt eingestellt werden. Besonders einfach gestaltet sich die Ablesung des Meßergebnisses, wenn nicht die Frequenz f_X, sondern die Periodendauer T_X gemessen wird.

$$\boxed{T_X = \frac{1}{f_X} = 2 \cdot \pi \cdot R \cdot C}$$

Dimensioniert man den Faktor $2 \cdot \pi \cdot C = 1\,\mu\text{F}$ und verwendet beispielsweise zwei gekoppelte R-Dekaden in Kilo-Ohm-Einheiten, so läßt sich die Periodendauer an der Stellung der Dekaden direkt in Millisekunden ablesen.

Bei der Messung der Frequenz bzw. Periodendauer nach diesem Verfahren gehen natürlich die Ungenauigkeiten der Widerstände und Kondensatoren in das Ergebnis ein. Aus diesem Grunde erreicht man hier nicht die hohe Genauigkeit, die bei Frequenzmessungen grundsätzlich erreichbar ist.

Die Frequenzmessung mit der Wien-Robinson-Meßbrücke ist sehr einfach. Sie eignet sich zur Auswertung sinusförmiger Frequenzsignale. Die Meßgenauigkeit ist durch die Genauigkeit der Widerstände und Kondensatoren bestimmt.

5.9.2 Frequenz- und Zeitintervallzähler

Zählschaltungen zur Frequenz- und Zeitmessung benötigen einen sehr genauen Referenzoszillator, dessen Frequenz zum Vergleich herangezogen wird. Diese Schaltungseinheit wird als Zeitbasis bezeichnet. Sie bestimmt im wesentlichen die Genauigkeit der Messung und muß entsprechend präzise aufgebaut sein. Die Zeitbasis legt eine genau definierte Zeitspanne T_0 fest, während der ein Digitalzähler die Perioden der unbekannten Frequenz f_X zählt. Nach der Beziehung:

$$f_X = \frac{N_X}{T_0} \qquad \text{(Gl. 5.123)}$$

läßt sich bei bekannter Zeit T_0 aus dem Zählerstand N_X die Frequenz f_X ermitteln. Wird die Zeit T_0 1 s oder 1 ms oder 1 µs gewählt, dann gibt N_X die Frequenz in Hz, kHz oder MHz an.

Der Frequenzzähler zählt die Anzahl N_X der Perioden der unbekannten Frequenz während einer durch die Zeitbasis festgelegten Zeitspanne T_0.

Ein Zeitintervall Δt_X läßt sich messen, wenn der Zähler die Zahl N_X der Perioden auszählt, die während der Zeit Δt_X von der Zeitbasis abgegeben werden.

$$\Delta t_X = N_X \cdot T_0 = \frac{N_X}{f_0} \qquad \text{(Gl. 5.124)}$$

Wählt man für die Zeit T_0 Werte wie 1 s, 1 ms oder 1 µs, dann gibt N_X das Zeitintervall Δt_X entsprechend in s, ms oder µs an.

Der Zeitintervallzähler zählt die Anzahl N_X der Perioden der Zeitbasisfrequenz während der unbekannten Zeitspanne Δt_X.

Aus dieser Überlegung geht hervor, daß ein Frequenzzähler durch einfache Umschaltung auch als Zeitzähler zu verwenden ist.

Universalzähler lassen in der Regel die folgenden Messungen zu:

1. Frequenzmessung
2. Frequenzverhältnismessung
3. Periodendauermessung
4. Zeitintervall- und Impulsbreitenmessung

5.9.2.1 Frequenzzähler

Bild 5.84 zeigt das Blockschaltbild eines Frequenzzählers. Über einen Verstärker gelangt das Frequenzsignal an einen Impulsformer, der aus dem Eingangssignal eine Rechteckspannung bildet. Die Schaltschwelle des Impulsformers ist meist einstellbar. Dies ermöglicht die Unterdrückung von Störspannungen. Über eine Torschaltung gelangen die Impulse in den BCD-Ergebniszähler. Die Öffnungszeit der Torschaltung wird durch die Zeitbasis festgelegt. Vor dem Öffnen des Tors wird der Zähler jeweils zurückgesetzt. Beim Schließen wird der Zählerstand in den Speicher übernommen und zur Anzeige gebracht. Damit wechselt die Anzeige immer nur, wenn sich nach dem Zählzyklus ein veränderter Zählerstand ergibt. Die Frequenzzählung wiederholt sich periodisch.
Meßbereichswahl: Nach Gl. 5.123 läßt sich die Meßbereichsanpassung durch entsprechende Wahl der Zeitbasisfrequenz $\left(f_0 = \frac{1}{T_0}\right)$ vornehmen. Dies ist in Bild 5.84 mit dem Einstellelement «Bereichswahl» der Zeitbasis möglich. Hier sind drei Frequenzen vorgesehen, die sich durch Frequenzteilung der quarzstabilisierten Generatorfrequenz ableiten lassen. In der Anzeigeeinheit wird dann je nach Schalterstellung die Einheit MHz, kHz und Hz eingeblendet. Darüber hinaus läßt sich mit Hilfe des Dekadenzählers der Zeitbasis die Torzeit in Zehnerschritten verlängern. Dies wird in der Anzeige durch Umschaltung des Dezimalpunkts automatisch berücksichtigt. Daraus ergibt sich die Bestimmungsgleichung für die Messung:

$$\boxed{f_X = \frac{N_X}{T_0 \cdot N_V} = f_0 \cdot \frac{N_X}{N_V}} \qquad \text{(Gl. 5.125)}$$

Der Signalablauf ist für den Fall der Vorwahleinstellung $N_V = 10$ im Bild 5.85 festgehalten. Nach 10 Perioden der Zeitbasisfrequenz wird die Torschaltung geschlossen. Der angezeigte Wert $N_X = 20$ entspricht somit der Frequenz $f_X = 2 \cdot f_0$.
Meßfehler: Der rel. Fehler der Frequenzmessung ergibt sich nach Gl. 5.125 aus zwei Fehlerquellen: Ungenauigkeiten der Vergleichsfrequenz f_0 und Ziffernfehler von N_X. Die Zahl N_V fällt aus der Überlegung heraus, da sie vom Dekadenzähler fixiert ist. Nach den Regeln der Fehlerfortpflanzung (vgl. Abschnitt 1.2.2.2) bei der Multiplikation errechnet sich der rel. Fehler aus Gl. 5.125:

$$\frac{\Delta f_X}{f_X} = \pm \left(\left|\frac{\Delta f_0}{f_0}\right| + \left|\frac{\Delta N_X}{N_X}\right| \right)$$

Der absolute Quantisierungsfehler ΔN_X kann maximal ± 1 Digit betragen: Wenn das Tor unmittelbar nach dem Erscheinen des letzten gezählten Eingangsimpulses geschlossen wird, dann ist N_X um 1 zu groß. Wenn das Tor unmittelbar vor einem Eingangsimpuls geschlossen

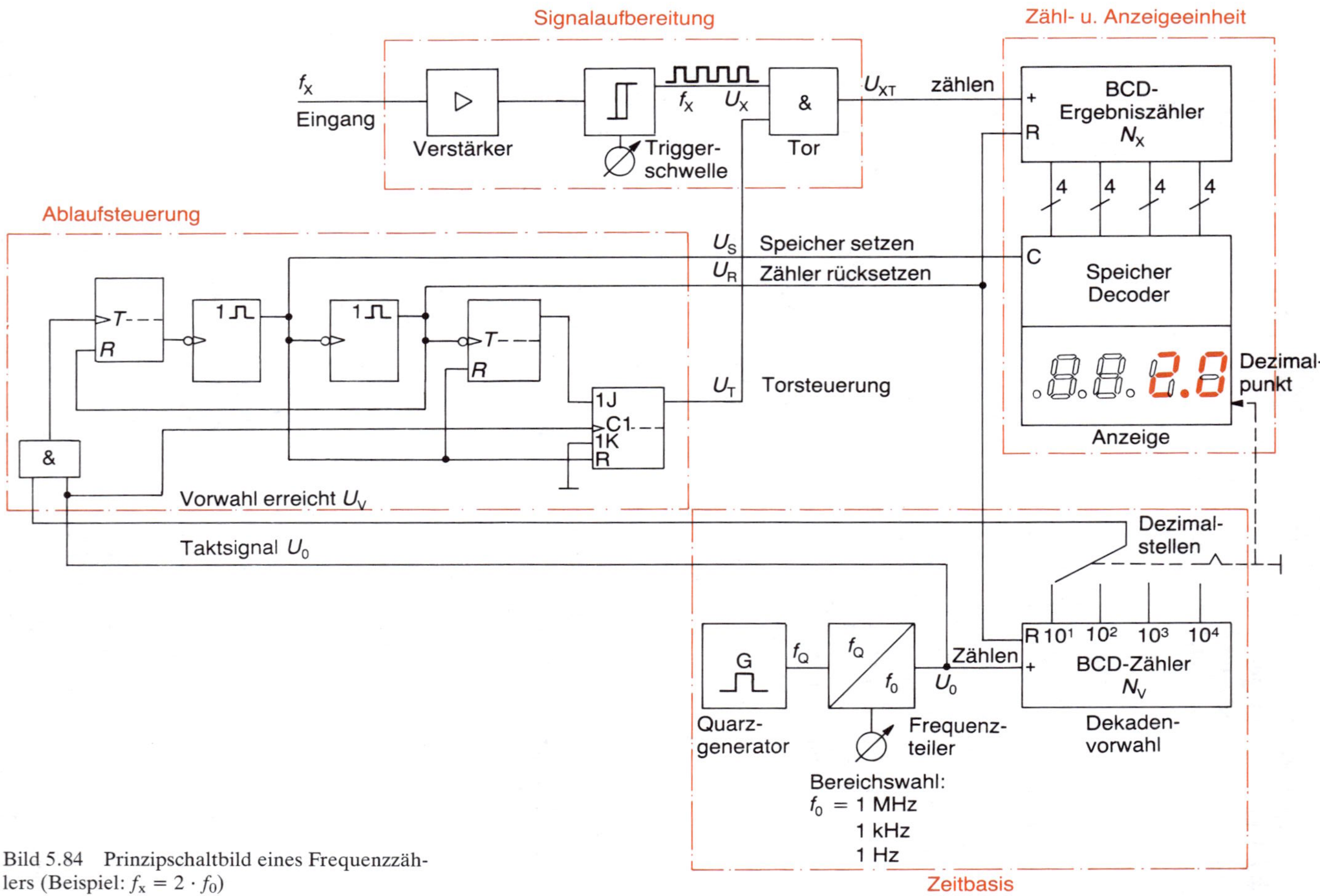

Bild 5.84 Prinzipschaltbild eines Frequenzzählers (Beispiel: $f_x = 2 \cdot f_0$)

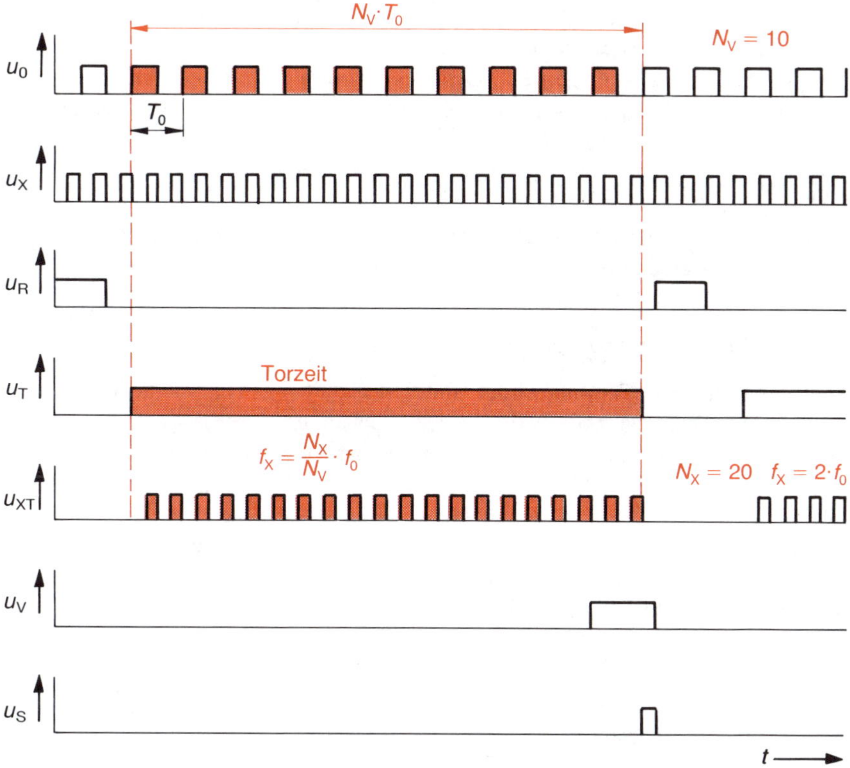

Bild 5.85 Signalablauf bei der Frequenzzählung nach Bild 5.84

wird, dann ist N_X um 1 zu klein. Daraus resultiert die Fehlerformel für den relativen Fehler der Frequenzzählung:

$$\frac{\Delta f_X}{f_X} = \pm\left(\left|\frac{\Delta f_0}{f_0}\right| + \frac{1}{N_X}\right) \qquad \text{(Gl. 5.126)}$$

Der rel. Fehler der Vergleichsfrequenz f_0 kann sehr klein gehalten werden, wenn quarzstabile Generatoren verwendet werden. Fehlergrößen von $\left|\frac{\Delta f_0}{f_0}\right| < 10^{-6}$ sind ohne größere Probleme erreichbar. Der relative Quantisierungsfehler $\frac{1}{N_X}$ geht um so weniger in das Meßergebnis ein, je größer die angezeigte Zahl N_X ist. Darauf ist bei der Wahl des Meßbereichs zu achten.

Der relative Fehler der Frequenzzählung ergibt sich aus dem relativen Fehler der Zeitbasisfrequenz und dem Quantisierungsfehler $\frac{1}{N_X}$ der Anzeige. Die Messung hoher Frequenzen (N_X ist groß) führt zu kleinen Quantisierungsfehlern.

Frequenzverhältnismessung: Diese Messung läßt sich nach wenigen Umschaltmaßnahmen mit dem Frequenzzähler Bild 5.84 realisieren. Statt der Zeitbasisfrequenz f_0 wird hierbei eine externe Vergleichsfrequenz f_V eingespeist. Die Messung erfolgt ansonsten wie die bereits beschriebene Frequenzzählung. Entsprechend Gl. 5.125 ergibt sich das Frequenzverhältnis:

$$\frac{f_X}{f_V} = \frac{N_X}{N_V}$$

Da die Stellung des Dekadenvorwählers durch den Dezimalpunkt in der Anzeigeeinheit markiert ist, kann das Frequenzverhältnis direkt als Dezimalzahl abgelesen werden.

5.9.2.2 Periodendauer- und Impulsbreitenmessung

Periodendauermessung: Der Frequenzzähler Bild 5.84 erzeugt mit Hilfe der Zeitbasis eine definierte Torzeit, während der die Perioden der unbekannten Wechselspannung das Tor passieren und den Ergebniszähler ansteuern. Gemessen wird also die Anzahl der Perioden je Zeiteinheit, somit die Frequenz. Um die Periodendauer einer Spannung oder ein beliebiges anderes Zeitintervall zu erfassen, müssen in der Schaltung Bild 5.84 lediglich die Rollen der Zeitbasisspannung und der zu untersuchenden Eingangsspannung vertauscht werden; d. h., die Torzeit wird von der unbekannten Spannung U_X mit der Periodendauer T_X bestimmt, während der Ergebniszähler die Perioden der Zeitbasisspannung registriert.

Um eine zuverlässige Messung der Periodendauer zu ermöglichen, wird nicht nur eine Periode ausgewertet, sondern unter Verwendung des Dekadenvorwahlzählers (N_V) 10, 100, 1000 Perioden.

Daraus ergibt sich die Torzeit:

$$t = N_V \cdot T_X$$

In dieser Zeit werden vom Ergebniszähler N_X Impulse der Zeitbasisspannung gezählt. Somit entsteht die Beziehung:

$$N_V \cdot T_X = N_X \cdot T_0$$

$$\boxed{T_X = \frac{N_X}{N_V} \cdot T_0} \qquad \text{(Gl. 5.127)}$$

> Bei der Periodendauerzählung wird die Torzeit von der Periodendauer des zu messenden Eingangssignals bestimmt.

Die Periodendauer T_0 der Zeitbasisspannung ist umschaltbar wie beim Frequenzzähler und wird in die Anzeige eingeblendet, z. B. µs-, ms-, s-Meßbereich. Die Stellung des Dekadenvorwählers ist wieder mit dem Dezimalpunkt der Anzeige gekoppelt. Somit kann T_X direkt abgelesen werden.

Bild 5.86 zeigt ein vereinfachtes Blockschaltbild, wobei die Funktionsblöcke denen der Schaltung Bild 5.84 entsprechen.

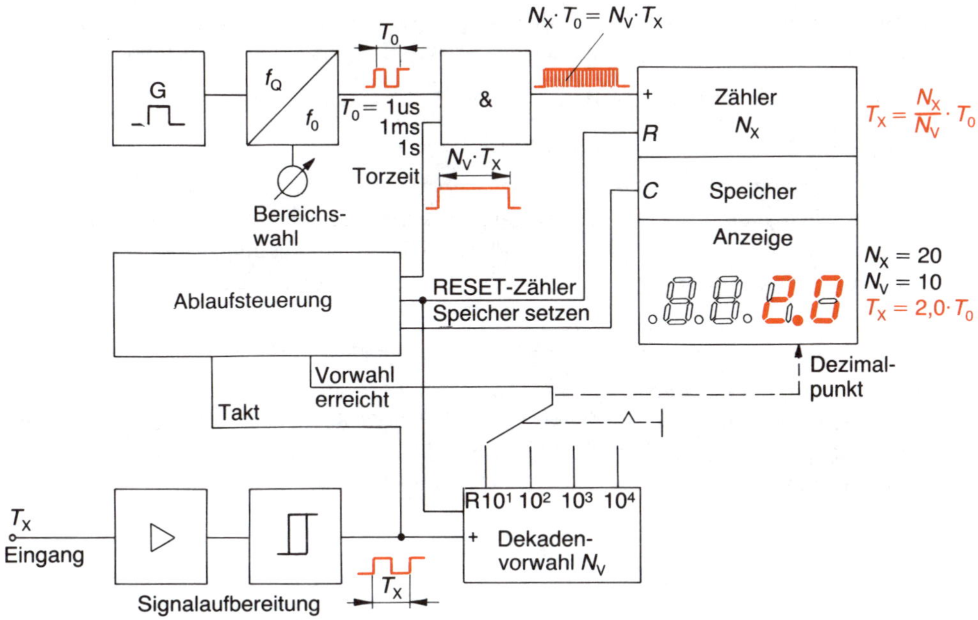

Bild 5.86 Blockschaltbild zur Periodendauerzählung

Meßfehler: Prinzipiell errechnet sich der Meßfehler nach Gl. 5.127 aus dem relativen Fehler der Zeitbasis $\frac{\Delta T_0}{T_0}$ und dem Quantisierungsfehler $\frac{1}{N_X}$ (vgl. Gl. 5. 126). Es kommt allerdings noch ein Zeitfehler Δt_S hinzu, der sich aus der Ungenauigkeit der Schaltpunkte des Schmitt-Triggers bei der Signalaufbereitung (Bild 5.86) ergibt. Würde man nur eine Periode des Eingangssignals auswerten, so ergäbe sich ein Schaltfehler $\frac{\Delta t_S}{T_X}$, der in der Größenordnung von etwa ±0,3% liegt. Wird die bewertete Periodenzahl mit Hilfe des Dekadenzählers um den Faktor N_V erhöht, so verringert sich der Fehler auf $\frac{\Delta t_S}{N_V \cdot T_X}$, somit auf den Wert von etwa $\pm\frac{0{,}3\%}{N_V}$.

> Die Meßgenauigkeit ist bei der Periodendauermessung um so größer, je mehr Perioden des Eingangssignals ausgewertet werden.

Insgesamt ergibt sich ein rel. Fehler:

$$\frac{\Delta T_X}{T_X} = \pm\left(\left|\frac{\Delta T_0}{T_0}\right| + \frac{1}{N_X} + \frac{\Delta t_s}{T_x \cdot N_V}\right) \qquad \text{(Gl. 5.128)}$$

Diese Überlegungen zeigen, daß die Messung der Periodendauer weniger genau ist als die Frequenzmessung, da der Schaltfehler des Schmitt-Triggers in die Messung eingeht. Der Zeitbasisfehler ist sehr klein (z. B. $\left|\frac{\Delta T_0}{T_0}\right| < 10^{-6}$), der Quantisierungsfehler wirkt sich um so weniger aus, je größer N_X der Anzeige ist.

Der rel. Fehler der Periodendauermessung ergibt sich aus dem rel. Fehler der Zeitbasisfrequenz, dem Quantisierungsfehler und dem Schaltfehler des Impulsformers.
Die Messung tiefer Frequenzen (lange Periodendauer) führt zu kleinen Quantisierungsfehlern.

Impulsbreitenmessung (Bild 5.87): Die Torzeit, während der die Impulse der Zeitbasisspannung gezählt werden und so ein Zeitmaß darstellen, wird durch die Vorder- und Rückflanke des Eingangssignales markiert. Bei definierter Periodendauer T_0 der Zeitbasisspannung, ergibt sich aus dem Zählerstand N_X des Ergebniszählers die Impulsbreite:

$$\Delta t_X = N_X \cdot T_0$$

In gleicher Weise lassen sich beliebige Zeitintervalle messen. Hierbei öffnet ein Start-Impuls das Tor, ein Stopimpuls schließt es wieder. Die dazwischenliegende Zeit wird als Impulszahl N_X angezeigt.

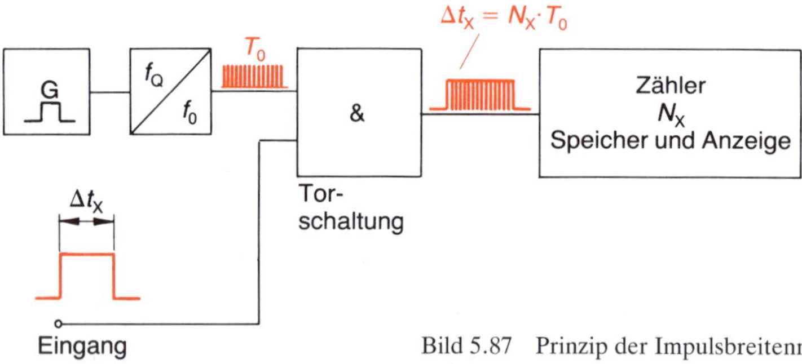

Bild 5.87 Prinzip der Impulsbreitenmessung

5.10 Phasenwinkelmessung

Der Phasenwinkel charakterisiert den Schwingungszustand einer periodischen Schwingung. Er wird von einem zu definierenden Bezugspunkt der Schwingung aus gemessen. Bei nichtsinusförmigen Vorgängen beziehen sich die Angaben des Phasenwinkels auf die Grundschwingung des Signals.

In den folgenden Abschnitten werden sinusförmige Spannungen bzw. Ströme zugrunde gelegt. Da der Phasenwinkel eine fortlaufende Größe ist, geht es bei Phasenwinkelmessungen in der Regel nur um Messungen der Phasenverschiebung, die eine Schaltung verursacht oder um Phasenwinkeldifferenzen zwischen zwei oder mehreren Spannungen. Dabei haben die zu vergleichenden Sinusgrößen jeweils die gleiche Frequenz. Unter diesen Annahmen sind die folgenden Meßverfahren anwendbar:

1. Messung mit dem elektrodynamischen Quotientenmeßwerk
2. Messung mit dem Oszilloskop
3. Messung mit dem φ-t-Umformer
4. Messung mit dem phasenselektiven Gleichrichter

Elektrodynamisches Quotientenmeßwerk: Das erstgenannte Verfahren verwendet ein Quotientenmeßwerk, das sehr dem Kreuzspulmeßwerk (vgl. Abschnitt 3.5) ähnelt. Allerdings wird bei der hier angewandten elektrodynamischen Ausführung das äußere Magnetfeld durch eine Spule erzeugt, die vom Strom I_1 durchflossen wird. Die beiden gekreuzten Spulen stehen im Winkel von 90° zueinander und werden vom Strom I_2 durchflossen. Dabei wird durch einen Phasenschieber erreicht, daß der Strom I_2 in den gekreuzten Spulen zwar betragsmäßig gleich groß ist, aber eine Phasenverschiebung zwischen beiden von 90° besteht. Das elektrodynamische Quotientenmeßwerk liefert einen Zeigerausschlag, der dem Phasenverschiebungswinkel zwischen I_1 und I_2 proportional ist. Es wird als Leistungsfaktormesser vor allem in der Energietechnik angewendet. Hierbei entspricht der Strom I_1 dem Verbraucherstrom und I_2 ist der Verbraucherspannung proportional.

Oszilloskop: Die Phasenwinkelmessungen mit dem Oszilloskop sind im Abschnitt 4.5.3 näher beschrieben. Man unterscheidet dabei die Messung der Phasenverschiebung durch Auswertung der zeitlichen Verschiebung von Punkten gleicher Phase mittels der Zeitbasis und die Messung durch Auswertung der Lissajous-Figuren.

Die beiden weiteren genannten Meßverfahren, φ-t-Umformer und phasenselektiver Gleichrichter, verwenden elektronische Schaltungen zur Messung von Phasenwinkeldifferenzen. Sie werden nun etwas ausführlicher beschrieben.

5.10.1 φ-t-Umformer

Bei dieser Methode wird die Phasenverschiebung zwischen zwei Sinusspannungen gleicher Frequenz dazu benützt, eine Rechteckspannung zu erzeugen, deren Impulsdauer t_i ein Maß für die Phasenverschiebung ist. Die Rechteckspannung selbst hat die gleiche Frequenz wie die beiden Sinusspannungen. Bild 5.88 zeigt ein Blockschaltbild zur Realisierung des Umformvorgangs. Die Eingangssignale u_1, u_2 werden verstärkt. Der Impulsformer (Schmitt-Trigger) erzeugt Rechtecksignale, deren Vorderflanke jeweils beim Nulldurchgang der Eingangsspannung beginnt. Die Rückflanke liegt dort, wo der Sinus wieder durch 0 geht. Die nachfolgenden Differenzierglieder werten die Vorderflanke aus und bilden hier einen Nadelimpuls, der das Flipflop wechselweise setzt und zurücksetzt. Die Zeitdifferenz zwischen dem Setzen und Rücksetzen entspricht der Phasenverschiebung φ.

> Der φ-t-Umformer bildet eine Rechteckspannung, deren Impulsdauer proportional zur Phasenverschiebung der beiden Eingangssinusspannungen ist.

Zwischen der Phasenverschiebung φ und der zeitlichen Verschiebung Δt zweier Sinusspannungen besteht der Zusammenhang:

$$\frac{\varphi}{360°} = \frac{\Delta t}{T}$$

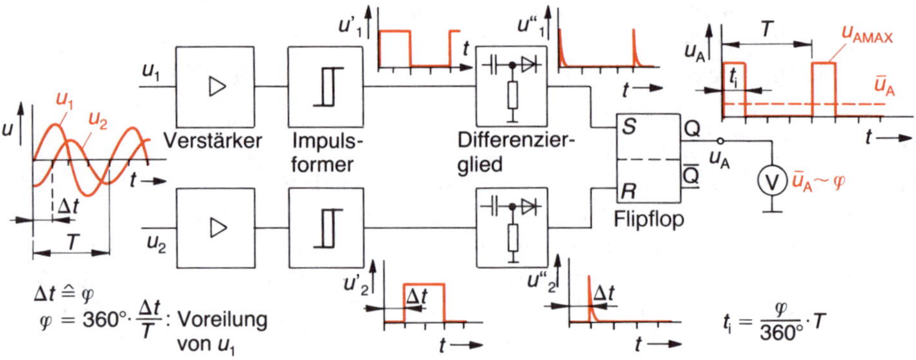

Bild 5.88 Prinzip der φ-t-Umformung

Daraus resultiert nach Bild 5.88 die Impulsbreite der Ausgangsrechteckspannung.

$$t_i = \frac{\varphi}{360°} \cdot T \qquad \text{(Gl. 5.129)}$$

T Periodendauer der Rechteckspannung und der Eingangssinusspannungen

Auswertung der Impulsdauer t_i: Um eine Anzeige für die gemessene Phasenverschiebung zu realisieren, kann man den linearen Mittelwert $\overline{u}_A$ der Ausgangsspannung bilden. Im einfachsten Fall geschieht das mit Hilfe eines Drehspulmeßwerks. Eine andere Möglichkeit bietet ein nachgeschalteter Tiefpaß, der alle Wechselanteile von $\overline{u}_A$ unterdrückt und nur den mittleren Gleichspannungswert herausfiltert. Dieser kann dann angezeigt werden. Formelmäßig ergibt sich der Zusammenhang:

$$\overline{u}_A = \frac{t_i}{T} \cdot u_{A\,max}$$

Unter Verwendung von Gl. 5.129 erhält man die Bestimmungsgleichung:

$$\overline{u}_A = \frac{\varphi}{360°} \cdot u_{A\,max} \qquad \text{(Gl. 5.130)}$$

Damit entsteht eine Gleichspannung $\overline{u}_A$, die im Bereich $0° \leq \varphi \leq 360°$ direkt proportional zur Phasenverschiebung φ der beiden Eingangssignale ist. Da die Ausgangsspannung immer positiv ist, kann nicht zwischen Vor- und Nacheilung unterschieden werden. Die Anzeige gibt im vorliegenden Fall immer den positiven Winkel φ an, um den u_1 gegenüber u_2 verschoben ist. Der angezeigte Wert $\varphi = 270°$ kann als Voreilung von u_1 um 270° oder als Nacheilung von u_1 um $-90°$ gegenüber u_2 gedeutet werden.

> Der φ-t-Umformer erzeugt eine mittlere Gleichspannung, deren Wert der Phasenverschiebung zwischen 0° und 360° entspricht.

Benutzt man beim Flipflop im Bild 5.88 den Ausgang $\overline{Q}$, dann wird die Voreilung von u_2 gegenüber u_1 angezeigt. Dies ermöglicht eine einfache Umschaltung von positiven auf negative Winkel, sobald der Meßwert $\varphi = 180°$ überschritten wird. Die Umschaltung kann in der Anzeige durch ein «+»- oder «−»-Zeichen signalisiert werden. Auf diese Weise lassen sich kapazitive und induktive Einflüsse auf die zu messenden Eingangsspannungen leichter unterscheiden.

5.10.2 Phasenselektiver Gleichrichter

Übliche Gleichrichterschaltungen mit Dioden erzeugen aus einer Sinusspannung je nach Polung der Dioden eine positive oder negative Gleichspannung. Die Größe der Gleichspannung wird von der Amplitude des Eingangssignals bestimmt. Dabei spielt die Phasenlage keine Rolle. Anders verhält es sich bei einem phasenselektiven Gleichrichter wie er im Bild 5.89 als Prinzipschaltbild dargestellt ist. Der rot markierte Schaltungsteil zeigt einen 2-Puls-Mittelpunktgleichrichter, bei dem statt der üblichen Dioden Feldeffekt-Transistoren (hier N-Kanal-Sperrschicht-FET) eingesetzt sind, die als Schalter arbeiten. u_2 ist die Schaltspannung.

Bild 5.89
Prinzipschaltbild eines phasenselektiven Gleichrichters

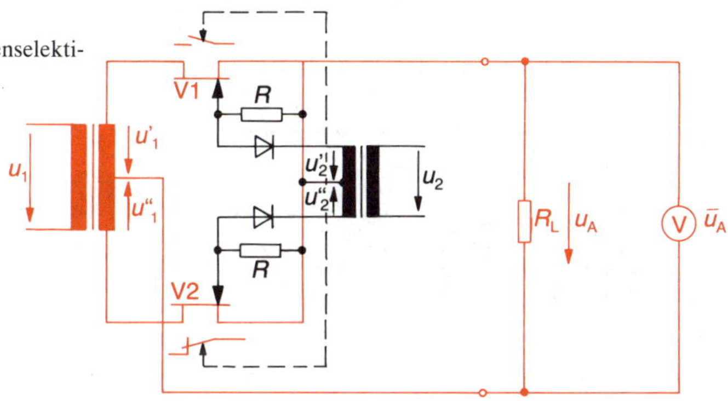

Auf der Sekundärseite des Ansteuerungstransformators werden daraus die beiden gegenphasigen Steuerspannungen u_2' und u_2'' gebildet, die wechselweise V1 und V2 schalten. Die negative Halbwelle sperrt jeweils die Transistoren, während der positiven Halbwellen wird die Gate-Source-Spannung wegen der Dioden 0, die Transistoren leiten somit. Ein exaktes Schalten wird erreicht, wenn die Steuerspannung u_2 rechteckförmig ist.

> Der phasenselektive Gleichrichter ist ein gesteuerter Gleichrichter.

Will man den Gleichrichter zur Messung der Phasenverschiebung zwischen zwei Spannungen u_1, u_2 der gleichen Frequenz verwenden, dann muß die eine Spannung (u_1) mit genau definierter Amplitude als Eingangsspannung benützt werden und die zweite (u_2) nach Verstärkung und Begrenzung als Schaltspannung. Die Ausgangsspannung u_A ist von der Amplitude der Eingangsspannung $\hat{u}_1$ und der Phasenverschiebung zwischen u_1 und der

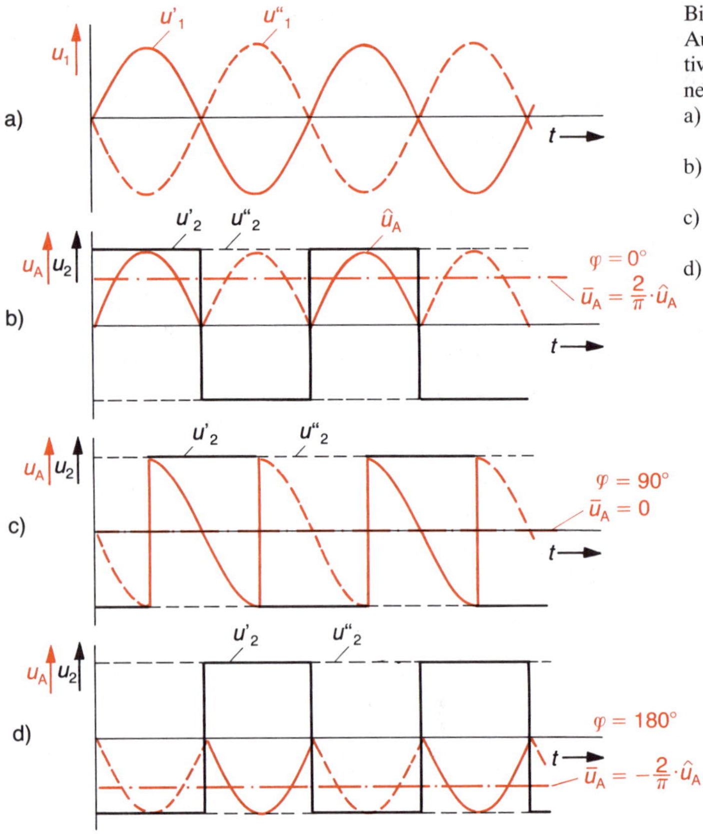

Bild 5.90
Ausgangsspannung des phasenselektiven Gleichrichters bei verschiedenen Phasenverschiebungen
a) Eingangsspannungen des Gleichrichters
b) Eingangsspannung und Schaltspannung sind gleichphasig
c) Eingangsspannung und Schaltspannung um 90 ° verschoben
d) Eingangsspannung und Schaltspannung gegenphasig

Steuerspannung u_2 abhängig. Bild 5.90 veranschaulicht diesen Sachverhalt. Bild 5.90a zeigt die beiden mit Hilfe des Eingangstransformators erzeugten gegenphasigen Eingangsspannungen u_1' und u_1'', die abwechselnd über V1 und V2 an den Verbraucher R_L gelegt werden. Je nach Phasenlage der Schaltspannung entstehen Ausgangsspannungen u_A nach Bild 5.90b bis d. Während des positiven Spannungsteils von u_2' liegt u_1' am Verbraucher, während des positiven Teils von u_2'' liegt u_1'' am Verbraucher. Bildet man den arithmetischen Mittelwert der Ausgangsspannung $\overline{u}_A$, dann zeigt sich deutlich die Phasenabhängigkeit.

Der arithmetische Mittelwert der Ausgangsspannung eines phasenselektiven Gleichrichters ist abhängig von der Amplitude der Eingangsspannung und von der Phasenverschiebung zwischen Eingangs- und Steuerspannung.

Bei Phasengleichheit von u_1 und u_2 ergibt sich der positive Maximalwert.

$$\overline{u}_A = \frac{2}{\pi} \cdot \hat{u}_A \qquad \text{für } \varphi = 0°$$

Den gleichen Betrag, allerdings mit negativem Vorzeichen, erhält man bei Gegenphasigkeit.

$$\overline{u}_A = -\frac{2}{\pi} \cdot \hat{u}_A \qquad \text{für } \varphi = 180°$$

Ein Sonderfall ergibt sich, wenn die Phasenverschiebung 90° beträgt:

$$\overline{u}_A = 0\,\text{V} \qquad \text{für } \varphi = 90°$$

Die Ausgangsgleichspannung $\overline{u}_A$ des phasenselektiven Gleichrichters ist:
$\overline{u}_A = 0\,\text{V}$ für $\varphi = \pm 90°$
$\overline{u}_A > 0\,\text{V}$ für $|\varphi| = 0°$ bis $<90°$
$\overline{u}_A < 0\,\text{V}$ für $90° < \varphi < 270°$

In allgemeiner Form läßt sich die Ausgangsspannung $\overline{u}_A$ nach der folgenden Beziehung errechnen:

$$\overline{u}_A = \frac{2 \cdot \hat{u}_A}{\pi} \cdot \cos \varphi \qquad \text{(Gl. 5.131)}$$

Geht man davon aus, daß der Restdurchlaßwiderstand der Schalttransistoren im Bild 5.89 klein gegen den Lastwiderstand R_L ist, dann ist in Gl. 5.131 der Scheitelwert $\hat{u}_A$ mit den Scheitelwerten $\hat{u}_1'$ bzw. $\hat{u}_1''$ gleichzusetzen und diese wiederum entsprechen bei einem Übersetzungsverhältnis $ü = 1$ des Eingangstransformators der Spannungsamplitude $\hat{u}_1$.
Auswertung der Ausgangsspannung: Wie bereits beschrieben wurde, gibt der lineare Mittelwert $\overline{u}_A$ Aufschluß über die Phasenbeziehung zwischen den beiden zu vergleichenden Spannungen u_1, u_2. Die Mittelwertbildung kann ebenso erfolgen wie beim φ-t-Umformer (vgl. Abschnitt 5.10.1), also durch ein mittelwertbildendes Zeigerinstrument (Drehspulinstrument) oder durch Aussieben des Gleichspannungsanteils mit Hilfe eines Tiefpasses. Die so gewonnene Gleichspannung kann dann angezeigt werden.

Die Messung des Phasenwinkels mit einem phasenselektiven Gleichrichter ist mit dem Nachteil verbunden, daß der Zusammenhang zwischen φ und $\overline{u}_A$ nichtlinear ist. Nach Gl. 5.131 gilt ja:

$$\varphi = \arccos\left(\frac{\pi \cdot \overline{u}_A}{2 \cdot \hat{u}_A}\right)$$

Sehr gut einsetzbar ist der phasenselektive Gleichrichter zur Messung von Blindwiderständen (vgl. Abschnitt 5.8.3). Hier macht man sich die Filterwirkung zunutze, die sich für einen Phasenverschiebungswinkel von ±90° ergibt.

6 Elektrische Messung nichtelektrischer Größen

Betrachtet man die Entwicklung der Technik in den letzten Jahrzehnten, dann wird deutlich, daß vor allem die Automatisierungstechnik entscheidend an Bedeutung gewonnen und tiefgreifende Veränderungen der Arbeitswelt bewirkt hat. Der Einsatz von Computern und automatisch gesteuerten Handhabungseinrichtungen veränderte und verändert noch laufend Produktionsabläufe. Der Mensch hat in modernen Fertigungsstraßen nur noch überwachende Funktion, die Handarbeit führen Roboter aus.

Parallel zu dieser Entwicklung sind im Bereich der Meßtechnik die Verfahren zur Messung nichtelektrischer Größen immer mehr verfeinert worden. Die Automatisierung von Herstellungsverfahren erfordert spezielle Sensoren zur Messung von Längenänderungen, Drehmomenten, Drehzahlen, Temperaturen und vieler anderer Größen. Diese nichtelektrischen Größen müssen in elektrische Signale umgeformt werden, wenn sie im Rahmen eines elektronischen Steuer- oder Regelungssystem beeinflußt werden sollen.

Ebenso wichtig ist die Erfassung nichtelektrischer Größen im Bereich des Umweltschutzes geworden. Hier geht es meist um bestimmte chemische Substanzen, die es zu analysieren gilt und deren Anteil z. B. in Abwässern ständig im Rahmen festgelegter Grenzwerte zu halten ist. Auch die Messung der Strahlungsintensität radioaktiver Stoffe gehört in den Bereich der Messung von nichtelektrischen Größen.

Dies alles zeigt, daß es sich hier um einen speziellen Zweig der Meßtechnik handelt, der in diesem Buch nur angedeutet werden kann. Weiterführende Literatur steht in großem Umfang zur Verfügung.

Die Messung nichtelektrischer Größen erfolgt meist in einer Meßkette mit mehreren Umformungsvorgängen. Bild 6.1 veranschaulicht die Umformungsschritte in einem Blockschema.

> Eine Meßkette besteht aus dem Meßwertaufnehmer mit dem Sensor, einem oder mehreren Meßumformern und der Anzeige- oder Auswerteeinheit.

Am Ausgang des Meßumformers steht ein normiertes elektrisches Signal als Meßwert zur Verfügung. Die Umformung innerhalb der Meßkette kann in verschiedenen Schritten erfolgen und hängt von der Art des Sensors ab. Dieser kann als Energieumformer wirken, indem er eine nichtelektrische Energie (z. B. Wärme) in elektrische Energie in Form von Spannung umformt. Er kann aber auch durch den Einfluß der nichtelektronischen Größe (z. B. Licht) seine elektrischen Eigenschaften, z. B. seinen Widerstandswert, verändern.

> Aktive Sensoren formen nichtelektrische Energie in elektrische Energie (Spannung) ohne Hilfsspannung um.
> Passive Sensoren verändern unter dem Einfluß der nichtelektrischen Größe ihre elektrischen Eigenschaften. Zur Auswertung ist eine Hilfsspannung erforderlich.

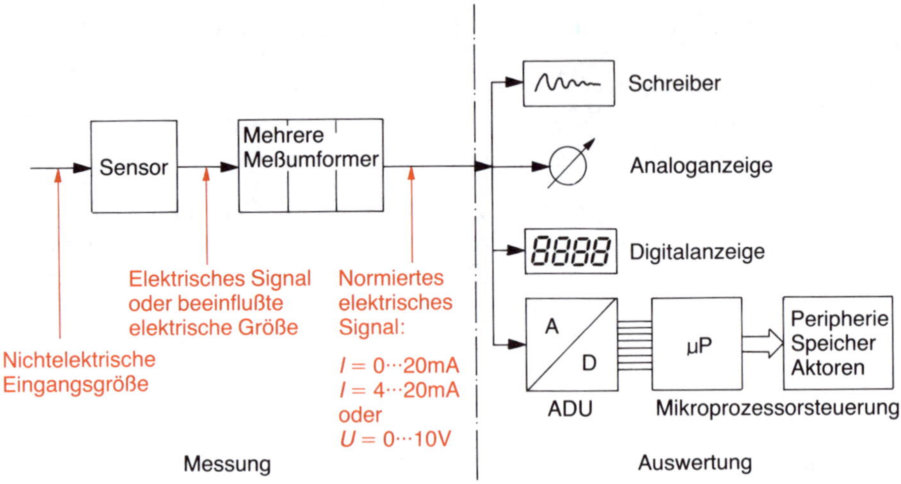

Bild 6.1 Elektrische Messung nichtelektrischer Größen in einer Meßkette

Die Tabellen 6.1 und 6.2 zeigen eine Übersicht aktiver und passiver Sensoren.

Aktive Sensoren	nichtelektrische Größe
Thermoelement	Temperatur, Strahlung
Fotoelement	Lichtgrößen, Temperatur
Elektrochemisches Element	pH-Wert, Redoxpotential
Piezo-Kristall, Schwingquarz	Kraft, Druck, Beschleunigung, Temperatur
Induktionsfühler	Strömung, Drehzahl, Beschleunigung

Tabelle 6.1 Aktive Sensoren und die beeinflussenden nichtelektrischen Größen

Je nach Auswahl des Sensors unterscheiden sich also die Meßumformer. Aktive Sensoren erfordern meist nur geeignete Verstärker, während für passive Sensoren eine Meßschaltung benötigt wird, die aus der beeinflußten elektrischen Größe des Sensors zuerst eine Spannung erzeugt, die dann verstärkt werden kann.

Der Meßverstärker wird so aufgebaut, daß er am Ausgang ein normiertes Signal abgibt. Dies ist von Vorteil für die weitere Verarbeitung des Meßwerts. Dadurch wird es möglich, die Auswerteeinheit unabhängig vom verwendeten Sensor zu gestalten. Für die Übertragung auf längeren Leitungen eignet sich ein «Stromausgang», d. h., der Meßumformer wirkt an seinem Ausgang wie eine vom Eingangssignal gesteuerte Stromquelle. Die Leitungslänge bis zur Anzeige- und Auswerteeinheit hat dann keinen Einfluß auf die Stromstärke. Der genormte Strombereich umfaßt Werte von 0 mA bis 20 mA. Um Leitungsbruch erkennen zu können, wird häufig der Anfangswert auf 4 mA festgelegt.

Passive Sensoren	beeinflußte elektrische Größe	nichtelektrische Größe
Potentiometer	ohmscher Widerstand	Länge, Winkel
Dehnungsmeßstreifen	ohmscher Widerstand	Dehnung, Kraft, Druck, Länge, Winkel, Torsion
Widerstandsthermometer	ohmscher Widerstand	Temperatur, Strömung
Fotowiderstand, -Diode, -Transistor	ohmscher Widerstand	Lichtgrößen
Feldplatte	ohmscher Widerstand	Länge, Winkel
Hallsonde	Spannung	Länge, Winkel
Induktiver Fühler	Induktivität	Länge, Winkel
Kapazitiver Fühler	Kapazität	Länge, Winkel
Magnetischer Fühler	Magnetfeld	Länge, Winkel
Transformator	magnetische Kopplung	Länge, Winkel
Radioaktive Fühler	Ionisation	Länge, Winkel

Tabelle 6.2 Passive Sensoren

Bei kurzen Leitungen zwischen Meßumformer und Auswerteeinheit ist ein «Spannungsausgang» zulässig. Der Meßumformer liefert das Ausgangssignal mit dem Innenwiderstand etwa $0\,\Omega$. Der genormte Spannungsbereich umfaßt die Werte $0\,V$ bis $10\,V$.

Der Einheitsmeßumformer liefert an seinem Ausgang ein genormtes Signal.
Stromausgang für lange Leitungen:
$I = 0\,mA$ bis $20\,mA$
oder zur Erkennung von Leitungsbruch
$I = 4\,mA$ bis $20\,mA$
Spannungsausgang für kurze Leitungen:
$U = 0\,V$ bis $10\,V$

Bild 6.2 zeigt den Aufbau eines Meßumformers für passive Sensoren. Als Meßschaltung dient hier eine Brückenschaltung. Der Meßverstärker ist ein Differenzverstärker, der an seinem Augang bereits das normierte Signal abgibt. Nachgeschaltet ist ein Trennverstärker. Seine Aufgabe besteht darin, galvanische Trennung zwischen dem Sensorstromkreis und der nachfolgenden Anzeige- bzw. Auswertungseinheit zu ermöglichen. Der Ausgang stellt den Meßwert als genormtes Strom- und Spannungssignal zur Verfügung.

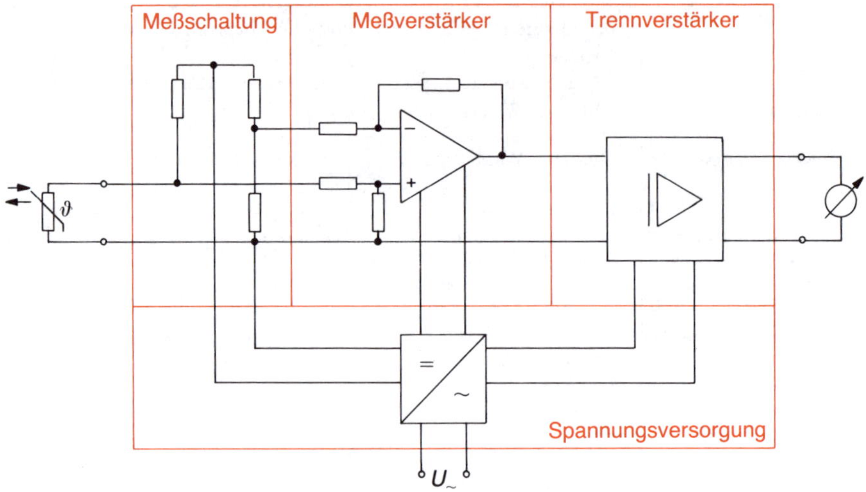

Bild 6.2 Aufbau eines Einheitsmeßumformers

Der Einheitsmeßumformer enthält die Meßschaltung, den Meßverstärker und einen Trennverstärker zur galvanischen Trennung von Ein- und Ausgang.

Die Spannungsversorgung kann mit Gleichspannung über einen Gleichspannungswandler oder durch Wechselspannung mit Gleichrichtung ausgeführt sein. Dazu muß die Spannungsversorgung des Trennverstärkers natürlich ebenfalls galvanisch getrennt von den übrigen Schaltungsteilen erfolgen. Die nächsten Abschnitte des Buchs beschäftigen sich mit einigen konkreten Meßaufgaben der elektrischen Messung nichtelektrischer Größen. Dies kann nur eine kleine Auswahl sein. Schwerpunktmäßig werden hierbei vor allem passive Sensoren mit den zugehörigen Meßschaltungen für die Größen: Länge und Winkel, Dehnung, Kraft und Temperatur betrachtet.

6.1 Längenmessung

Für die elektrische Messung der Länge stehen eine ganze Reihe verschiedener Verfahren zur Verfügung. Dabei ist zunächst zu unterscheiden, ob es sich um große Längen im Zentimeter- bis Meterbereich handelt oder um kleine Längen im Mikro- oder Millimeterbereich. Ferner sind analoge und digitale Meßverfahren für große und kleine Längen anwendbar. In den folgenden Abschnitten wird zunächst auf die analoge Längenmessung Bezug genommen und danach werden digitale Verfahren untersucht.

6.1.1 Analoge Längenmessung

6.1.1.1 Messung großer Längen

Schleifdrahtpotentiometer:

Zur Messung großer Längen eignen sich besonders Schleifdrahtpotentiometer. Sie werden für unterschiedliche Meßbereiche, z. B. 0 bis 10 mm, 0 bis 100 mm, 0 bis 2 m hergestellt.

Der Aufbau ist einfach: Auf einen etwa 2 mm starken isolierten Trägerdraht wird eine Wicklung aus sehr dünn gezogenem Widerstandsdraht (Durchmesser 10 µm bis 100 µm) aufgebracht. Die einzelnen Windungen müssen natürlich voneinander isoliert sein. Zur Längenmessung greift ein Schleifer einen Teil des Gesamtwiderstands ab, dessen Wert der abgegriffenen Länge proportional ist. Bild 6.3 zeigt den Aufbau und die Meßschaltung des Längenaufnehmers. Die Auflösung bei der Längenmessung wird durch die Zahl der Windungen je Längeneinheit bestimmt. Der Schleifer springt ja von Windung zu Windung, so daß sich der Widerstand sprunghaft ändert. Je dünner also der Widerstandsdraht ist, desto kleiner sind die Widerstandssprünge, desto höher ist die Auflösung.

Die Spannung U muß eine stabilisierte Spannung sein. Sie kann in der Größenordnung von z. B. 10 V liegen, ein Meßverstärker erübrigt sich dann.

> Bei der Längenmessung mit dem Schleifdrahtpotentiometer ist die erzeugte Spannung der Länge direkt proportional.

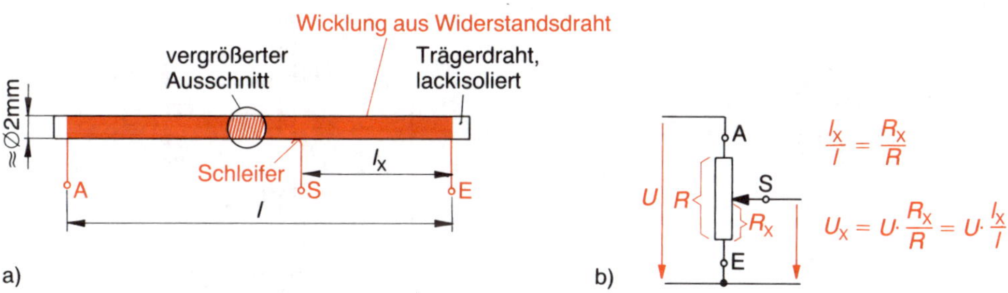

Bild 6.3 Längenmessung mit dem Schleifdrahtpotentiometer
a) Aufbau des Schleifdrahtpotentiometers
b) Meßschaltung zum Schleifdrahtpotentiometer

$$U_x = l_x \cdot \frac{U}{l} \qquad \text{(Gl. 6.1)}$$

An den Widerstandswerkstoff sind hohe Anforderungen zu stellen: Korrosionsbeständigkeit, leichte Ziehbarkeit, hohe Festigkeit, sehr kleiner Temperaturkoeffizient. Dazu sind spezielle Legierungen entwickelt worden, wie z. B. Silber-Palladium, Silber-Gold und als relativ billiges Material Konstantan.

Drehpotentiometer: Eine Variante des Schleifdrahtpotentiometers ist das Drehpotentiometer. Die Längenbewegung wird hierbei über einen Seilzug in eine Drehbewegung umgeformt. Als Potentiometer dient ein Mehrgangpotentiometer, dessen Achse ein Antriebsrad trägt, das durch den Seilzug gedreht wird.

> Die Längenmessung mit dem Schleifdrahtpotentiometer ist vor allem für große Längen geeignet. Da die Ausgangsspannung relativ groß ist, kann auf einen Meßverstärker verzichtet werden.

Tauchkernsystem: Zur Erfassung großer Längen werden auch induktive Aufnehmer verwendet. Beispiel dafür ist das Tauchkernsystem Bild 6.7b. Es wird ebenso zur Messung kleiner Längen eingesetzt (vgl. Abschnitt 6.1.1.2).

Kapazitive Aufnehmer: Diese Sensoren werden sehr häufig für Füllstandsmessungen von leitenden oder nichtleitenden Flüssigkeiten eingesetzt. Bild 6.4 zeigt die zwei verschiedenen Anordnungen. Dem Prinzip nach bildet der Senor jeweils einen Kondensator, dessen Dielektrikum in der Anordnung Bild 6.4a durch die nichtleitende Flüssigkeit gebildet wird. Die Kapazität C_x wird von der Dielektrizitätskonstante der Flüssigkeit und vom Füllstand l_x bestimmt. Nimmt l_x zu, so erhöht sich auch die Kapazität.

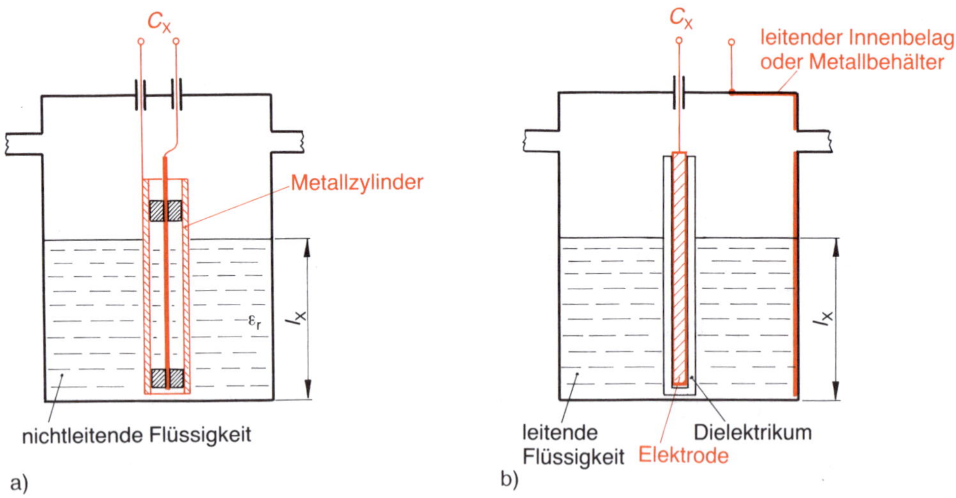

Bild 6.4 Kapazitiver Längenaufnehmer
a) Kapazitive Meßsonde für nichtleitende Flüssigkeiten
b) Kapazitive Meßsonde für leitende Flüssigkeiten

Für elektrisch leitende Flüssigkeiten kann die Anordnung Bild 6.4b verwendet werden. Ein isolierter Metallstab bildet hier die eine Kondensatorelektrode, die zweite ist die Flüssigkeit selbst. Sie erhält ihren elektrischen Anschluß über den leitenden Behälter bzw. über einen zweiten Elektrodenstab, der in die Flüssigkeit eintaucht. Beim Steigen des Flüssigkeitsspiegels wird die wirksame Kondensatorfläche vergrößert, die Kapazität C_x steigt an.

Die Kapazität C_x wird in einer Brückenschaltung ausgewertet, die z. B. mit Wechselspannung der Frequenz 5 kHz betrieben wird. So entsteht eine Brückenspannung U_x, die von der

Bild 6.5
Brückenschaltung als Meßschaltung für den kapazitiven Sensor

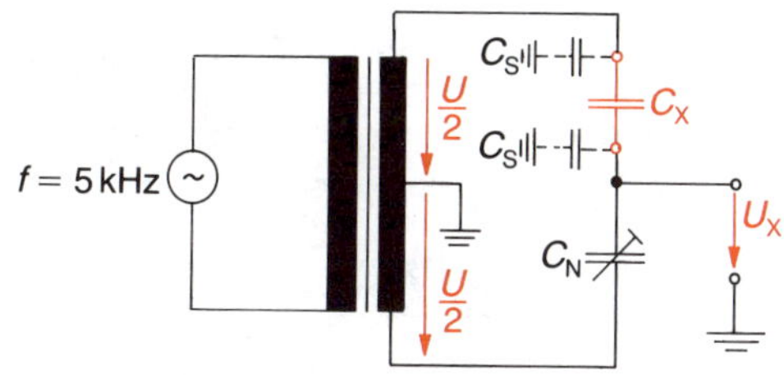

Füllhöhe bestimmt ist (Bild 6.5). Da in der Meßanordnung zahlreiche parasitäre Kapazitäten gegen Erde auftreten, ist es wichtig, in der Schaltung Bild 6.5 den Mittelpunkt des Transformators zu erden und die Spannung U_x gegen Erde abzugreifen. Die Schaltkapazitäten C_s können dann die Brücke nicht verstimmen.

> Kapazitive Längenaufnehmer eignen sich zur Messung kleiner und großer Längen. Die Kapazität des Sensors ist näherungsweise der Länge proportional.

6.1.1.2 Messung kleiner Längen

Differential-Drossel: Für Messungen im Millimeter- und Mikrometerbereich von etwa 10 µm bis 10 mm eignet sich der induktive Aufnehmer nach Bild 6.6a. Er enthält zwei Spulen, deren Induktivität bei Mittellage des beweglichen Kernstückes gleich groß ist. Wird der Kern bei der Längenmessung verschoben, so erhöht sich die Induktivität der einen Spule, und die der anderen wird kleiner. Die Differenz der Induktivitäten wird ausgewertet. Daher ist der Name Differentialdrossel für diesen Sensor geprägt worden. Die beiden Induktivitäten L_1 und L_2 sind magnetisch nicht miteinander gekoppelt wie die rot gestrichelt angedeuteten Feldlinien zeigen. Die Induktivität ist umgekehrt proportional der Luftspaltbereite, wenn die Ferritkerne eine genügend hohe Permeabilität besitzen und der Luftspalt nicht 0 wird.

$$L_1 = \frac{K}{l_1},\ L_2 = \frac{K}{l_2}$$

Die Konstante K beschreibt den Einfluß des Kernmaterials und der Windungszahl der Spulen. Die Längenabtastung erfolgt im Bild 6.4a über den Stößel. In der Ruhelage sind beide Luftspalte gleich breit: $l_1 = l_2 = \sigma$, also sind auch beide Induktivitäten gleich groß. Wird der bewegliche Kern über den Stößel bewegt, so ändern sich die Luftspalte und damit die Induktivitäten: Beim Hineinschieben vergrößert sich L_2 und L_1 wird kleiner. Beim Herausziehen wird L_1 größer, während sich L_2 verkleinert. Diese Änderungen können nun mittels einer Brückenschaltung ausgewertet werden. Die Schaltungsanordnung ist in Bild 6.6b dargestellt.

Die Meßschaltung erzeugt eine Spannung U_x, die der Längenänderung l_x proportional ist. Dies zeigen die folgenden Überlegungen. Nach Bild 6.6b ergibt sich für die Ausgangsspannung $\underline{U}_x$:

$$\underline{U}_x = \underline{U}_1 - \frac{U}{2} \text{ mit } \underline{U}_1 = \underline{U} \cdot \frac{X_{L1}}{X_{L1} + X_{L2}} = \underline{U} \cdot \frac{L_1}{L_1 + L_2}$$

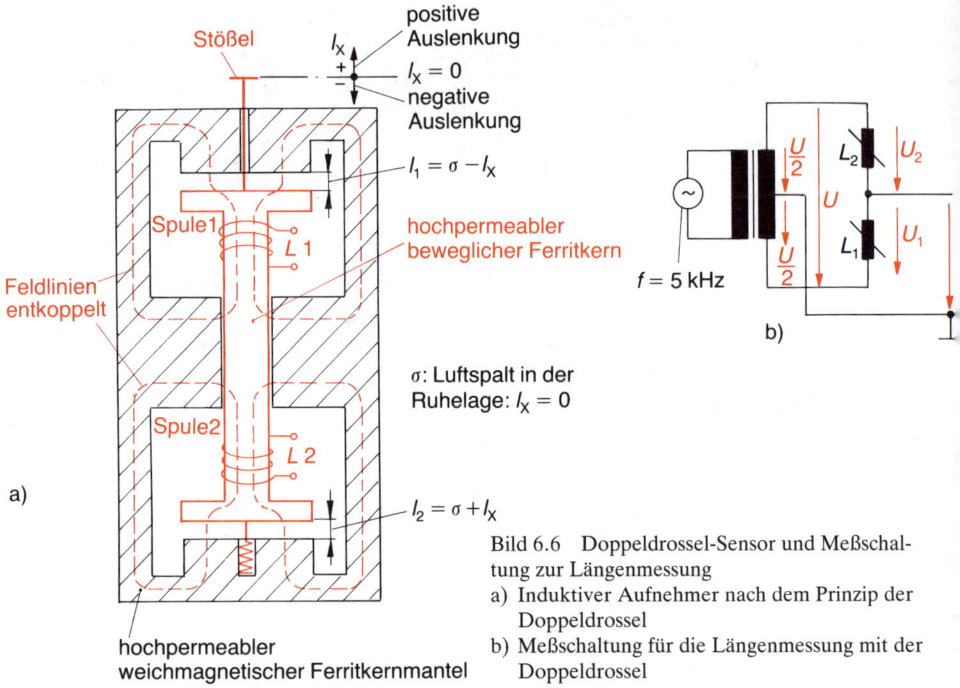

Bild 6.6 Doppeldrossel-Sensor und Meßschaltung zur Längenmessung
a) Induktiver Aufnehmer nach dem Prinzip der Doppeldrossel
b) Meßschaltung für die Längenmessung mit der Doppeldrossel

Setzt man für $L_1 = \dfrac{K}{l_1}$ und $L_2 = \dfrac{K}{l_2}$, dann gilt die Beziehung:

$$\underline{U}_x = \underline{U} \cdot \frac{L_1}{L_1 + L_2} - \frac{\underline{U}}{2} = \underline{U} \cdot \left(\frac{K}{l_1 \left(\frac{K}{l_1} + \frac{K}{l_2} \right)} - \frac{1}{2} \right) = \underline{U} \cdot \left(\frac{l_2}{l_2 + l_1} - \frac{1}{2} \right)$$

Nach Bild 6.6a läßt sich die Luftspaltbreite als Funktion der Längenänderung l_x ausdrücken:

$$l_1 = \sigma - l_x, \; l_2 = \sigma + l_x$$

σ Luftspalt bei $l_x = 0$

Mit diesen Gleichungen erhält man für die Spannung $\underline{U}_x$:

$$\underline{U}_x = \underline{U} \cdot \left(\frac{l_2}{l_2 + l_1} - \frac{1}{2} \right) = \underline{U} \cdot \left(\frac{\sigma + l_x}{\sigma + l_x + \sigma - l_x} - \frac{1}{2} \right)$$

$$\underline{U}_x = \underline{U} \cdot \left(\frac{\sigma + l_x}{2\,\sigma} - \frac{1}{2} \right) = \underline{U} \cdot \left(\frac{\sigma + l_x - \sigma}{2\,\sigma} \right)$$

$$\boxed{\underline{U}_x = l_x \cdot \frac{\underline{U}}{\sigma}} \qquad \text{(Gl. 6.2)}$$

Bei der Längenmessung mit Doppeldrossel ergibt sich eine Spannung, die bei kleinen Auslenkungen der Länge proportional ist. Der Aufnehmer eignet sich für Messungen von etwa ±10 µm bis ±10 mm.

Die Spannung $\underline{U}_x$ wird verstärkt und gleichgerichtet. Um unterscheiden zu können, ob es sich bei l_x um eine positive oder negative Auslenkung handelt (Bild 6.6a), muß die Gleichrichtung der verstärkten Ausgangsspannung mit einem phasenselektiven Gleichrichter erfolgen. Dieser würde bei positiver Auslenkung eine positive, bei negativer Auslenkung eine negative Gleichspannung erzeugen.

Queranker-Doppeldrossel: Neben der dargestellten Meßanordnung wird der Differential-Drossel-Sensor auch als Queranker-Sensor realisiert. Hier liegen sich zwei Kernschalen mit Wicklungen gegenüber. Dazwischen ist ein Eisenkern angebracht, der den magnetischen Kreis der beiden Spulen mehr oder weniger schließt. Die prinzipielle Anordnung zeigt Bild 6.7a. Die Auswertung erfolgt so wie bei der beschriebenen Doppeldrossel.

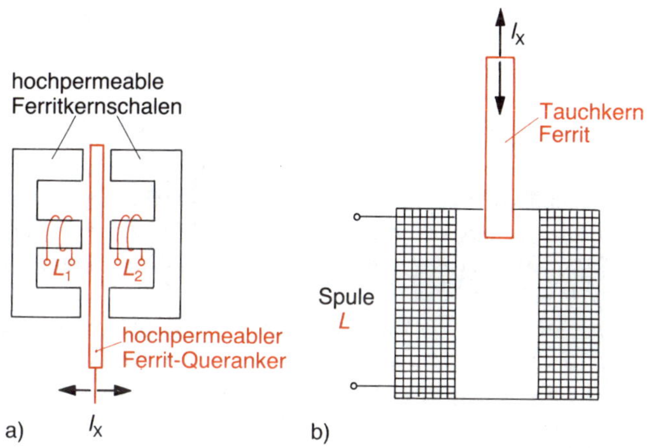

Bild 6.7
Induktive Aufnehmer
a) Prinzip der Doppeldrossel mit Queranker
b) Prinzip des Tauchkernsystems

Tauchkernsystem: Ein weiterer induktiver Sensor ist im Bild 6.7b dargestellt. Hier ist nur eine Induktivität vorhanden, die sich durch die Kernbewegung verändert. Diese Anordnung wird Tauchkernsystem genannt und ist für die Messung kleiner aber auch sehr großer Längen (bis 2 m) verwendbar. Die Meßschaltung für diesen Sensor ist eine Induktivitätsmeßbrücke mit einer Vergleichsinduktivität. Der Temperaturgang des Kupferwiderstands der Meßspule muß durch einen zweiten Kupferwiderstand im entsprechenden Brückenzweig kompensiert werden.

Tauchkernsysteme dienen der Messung kleiner und großer Längen. Die Induktivität der Tauchkernspule wird in Abhängigkeit von der Länge verändert.

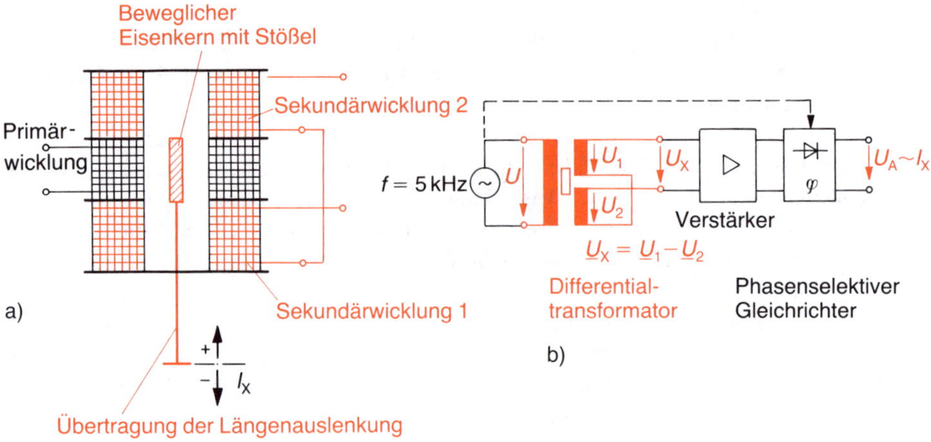

Bild 6.8 Differentialtransformator als Sensor zur Längenmessung

a) Differentialtransformator
b) Meßschaltung für den Differentialtransformator zur Längenmessung

Differentialtransformator: Auch dieser Aufnehmer eignet sich besonders gut für Längenmessung im Mikro- und Millimeterbereich. Hier wird die Kopplung zwischen der Primär- und der Sekundärwicklung eines Transformators durch Lageänderung eines Eisenkerns beeinflußt. Der Eisenkern ist wieder mit einem Stößel verbunden, der die Längenauslenkung überträgt. Das Bild 6.8 zeigt den Aufnehmer und die Meßschaltung. In den beiden Sekundärwicklungen wird bei Mittelstellung des Kerns jeweils die gleiche Spannung induziert, die Differenzspannung $\underline{U}_x$ ist also 0. Bei Verschiebung des Kerns werden die Spannungen unterschiedlich. Es entstehen Differenzspannungen $\underline{U}_x$, die sich je nach Bewegungsrichtung $+l_x$ oder $-l_x$ um 180° in der Phase unterscheiden und deren Betrag der Auslenkung l_x proportional ist. Um diesen Phasenunterschied auswerten zu können, wird $\underline{U}_x$ nach der Verstärkung phasenselektiv gleichgerichtet.

Der Differentialtransformator läßt je nach Ausführungsform Längenmessungen von ±3 μm bis ±20 mm zu. Bei kleinen Auslenkungen ist die Ausgangsspannung der Länge proportional.

6.1.2 Digitale Längenmessung

Häufig werden Aufnehmer nur deshalb als digitale Aufnehmer bezeichnet, weil der nachgeschaltete Meßumformer einen Analog-Digital-Umsetzer enthält und den analogen elektrischen Meßwert in eine Dual- und BCD-Zahl umwandelt. Dabei wird meist der Dual-Slope-Umsetzer wegen seiner hohen Genauigkeit verwendet. Im folgenden geht es jedoch um Sensoren, die den Meßwert der nichtelektrischen Eingangsgröße unmittelbar binär verschlüsseln.

6.1.2.1 *Codier-Lineal*

Dieser einfache Aufnehmer verwendet einen Längenmeßstab, auf dem ähnlich einem Lineal die Länge z. B. in mm-Abständen markiert und beschriftet ist. Die Markierung erfolgt durch Angabe der Länge in einem Binär-Code. Ein solches Lineal kann genauso benutzt werden wie der übliche Meterstab. Es dient also der absoluten Längenmessung.

> Das Codier-Lineal ist ein Meßstab, auf dem die Längenabschnitte in binär codierter Form markiert sind. Das Codier-Lineal dient der absoluten Längenmessung.

Bild 6.9
Vergleich zwischen Meterstab und Codier-Lineal im Dualcode mit Millimeterteilung

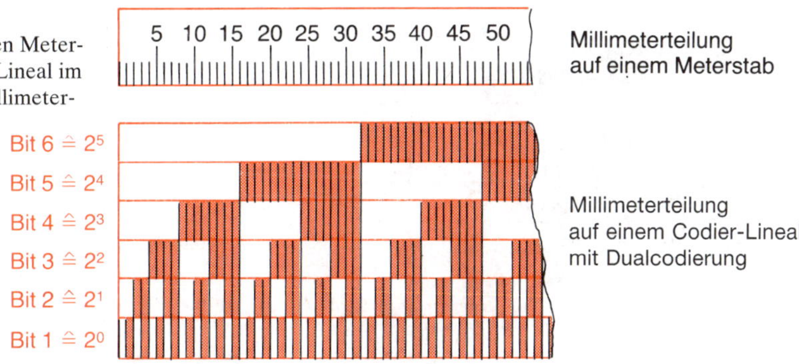

Bild 6.9 zeigt eine Gegenüberstellung von Meterstab und Codier-Lineal mit Längenmarkierung im Dual-Code.

Abtastung: Um nun die Länge mittels Codier-Lineal in ein elektrisches Signal umzuformen, muß der Strichcode abgetastet werden. Für jede Wertigkeitsstufe ist ein Abtastsystem vorzusehen. Will man ein Codier-Lineal mit einer Länge von 2 m mit mm-Teilung realisieren, so bedeutet dies entsprechend der Dual-Zahl 1 1 1 1 1 0 1 0 0 0 0 ≙ 2000 (10) ein Lineal mit 11 Wertigkeitsstufen, also auch 11 Abtastsystemen. Dabei ergäbe sich die Auflösung von 1 mm. Bei noch genauerer Messung, z. B. einer Auflösung von 0,5 mm, käme man bei gleicher Maximallänge auf 12 Wertigkeitsstufen.

> Zur elektrischen Abtastung eines Codier-Lineals ist für jede Wertigkeitsstufe des verwendeten Codes ein Abtastsystem erforderlich.

Die große Zahl von Abtastungen erfordert höchste Präzision bei der Justierung des Meßsystems. Die Abtastung kann optisch durch Reflexionslichtschranken oder mit Lichtstrahlen, die das Lineal durchleuchten, erfolgen (Bild 6.10a und b). Im ersten Fall trifft der Lichtstrahl schräg auf das Lineal, wird jeweils an den markierten Stellen reflektiert und auf einen Fototransistor gelenkt, der ein Signal ($U_s \triangleq 1$) erzeugt. An den nicht markierten Stellen erfolgt keine Reflexion ($U_s \triangleq 0$). Im Fall des durchtretenden Lichts muß das Lineal an den markierten Stellen lichtdurchlässig sein, so daß hier der Lichtstrahl auf einen Fototransistor fällt.

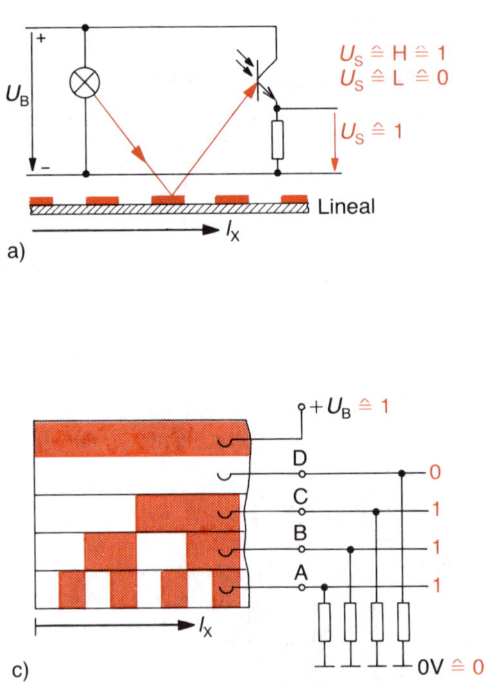

Bild 6.10 Abtastsysteme
a) Abtastung durch reflektierendes Licht
b) Abtastung mit durchtretendem Licht
c) Abtastung mit Schleifkontakten

Das Lineal bewegt sich bei einer Messung an der Lichtschrankeneinrichtung vorbei. Die Signale, die dabei in jeder Wertigkeitsspur erzeugt werden, geben die Länge in binär verschlüsselter Form an. Die optische Abtastung hat den Vorteil, daß eine berührungslose Abtastung erfolgen kann. Problematisch sind hier allerdings Verschmutzung der Optik oder des Codier-Lineals. In dieser Hinsicht bieten Abtastsysteme mit Schleifkontakten einen Vorteil. Das Lineal besteht dabei aus leitendem Material. An den markierten Stellen besteht eine leitende Verbindung zur angelegten Spannung, am Schleifkontakt liegt Spannung an. Die Zwischenräume sind mit einer Isolierschicht bedeckt, hier wird kein Signal erzeugt. So wird beispielsweise im Bild 6.10c an den Schleifern die Dualzahl 0111 erzeugt, bei mm-Teilung entspräche das der Länge $l_x = 7\,\text{mm}$.

Codierung: Das Codier-Lineal nach Bild 6.9 verwendet den Dualcode. Diese Codierung ist insofern sehr vorteilhaft, als die Länge unmittelbar als Dualzahl ausgegeben wird. Schwierigkeiten bereiten hier allerdings die Abtastungen. Betrachtet man z. B. den Übergang von 31 mm auf 32 mm im Dualcode (Bild 6.9):

$$31_{(10)} \triangleq 011111_{(2)}$$
$$\text{Bit} \rightarrow \quad 654321$$
$$32_{(10)} \triangleq 100000_{(2)}$$

so erkennt man, daß hier alle sechs Stellen ihren Wert ändern. Wenn die Abtastsysteme nicht außerordentlich exakt justiert sind, wird das abgegebene Binärsignal hier alle Werte annehmen können von 000000, wenn Bit 6 etwas zu spät schaltet bis 111111, wenn Bit 6 etwas zu früh schaltet. Dazwischen liegen alle anderen Kombinationen bei Fehlschaltungen der 5 übrigen

Bits. Es können sich also extreme Fehlmessungen ergeben. Aus diesem Grunde kann der Dualcode nur mit Vorbehalt für die Codierung eingesetzt werden. Es sind nun spezielle Abtastanordnungen (V-Abtastung) entwickelt worden, die mit erheblichem Aufwand bei der Abtastelektronik den genannten Mangel beheben.

Einfacher jedoch kann das Problem durch Wahl eines einschrittigen Codes, z. B. Gray-Code, gelöst werden. Hier wird bei jedem Ziffernschritt nur 1 Bit verändert, so daß die Abtastung immer zu eindeutigen Ergebnissen führt. Bild 6.11 zeigt ein Codier-Lineal von 0 bis 31 im Gray-Code. Für insgesamt 32 Schritte sind für die binäre Codierung 5 Bit ($2^5 = 32$) erforderlich. Die Abtastung kann wieder nach einer der im Bild 6.10 dargestellten Methoden erfolgen.

Wie aus der Darstellung 6.11 leicht zu ersehen ist, ergibt die Abtastung bei den erforderlichen 5 Abtastsystemen nur immer bei einem der 5 Bit einen 0/1- bzw. 1/0-Wechsel, so daß als Fehler lediglich der durch die Auflösung gegebene maximale Fehler von 1 Bit ≙ 1 Teilungsmaß auftreten kann.

Die Codierung eines Codier-Lineals erfolgt meist mit einem einschrittigen Code, z. B. Gray-Code, um Abtastfehler zu vermeiden.

Um die im Gray-Code verschlüsselte gemessene Länge als Dual- oder BCD-Zahl darstellen zu können, benötigt man als Zusatzschaltung einen Code-Umsetzer. Solche Schaltungen stehen als integrierte Schaltkreise zur Verfügung.

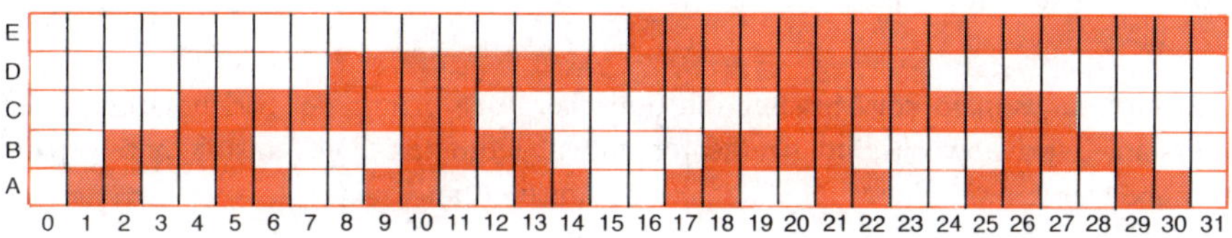

Bild 6.11 Codier-Lineal im Gray-Code

Die Messung sehr kleiner Längen findet ihre Grenze in der Möglichkeit, den Strichcode so aufbringen zu können, daß er bei den geringen Abständen noch auswertbar bleibt. Dies ist relativ schwierig, wenn man in Schrittweiten unter 1 mm kommt. Hier bevorzugt man die inkrementale Längenmessung.

Die Längenmessung mit dem Codier-Lineal eignet sich für Messungen mittlerer Länge, z. B. 1 Meter mit der Auflösung 1 mm.

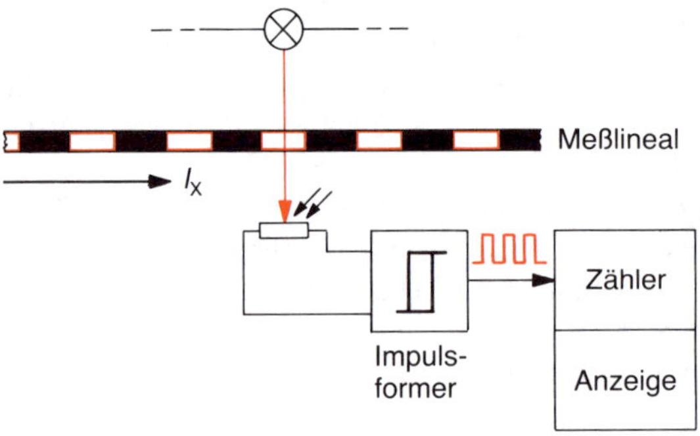

Bild 6.12
Prinzip der inkrementalen Längenmessung

6.1.2.2 Inkrementale Längenmessung

Im Unterschied zur Messung mit einem Codier-Lineal wird bei inkrementaler Längenmessung ein Meßlineal ohne Codierung verwendet. Es wird lediglich eine Strichmarkierung aufgebracht, wobei der Abstand der Markierungsstriche der gewünschten Längenauflösung entspricht. Die Längenmessung besteht nun darin, die Zahl der Striche vom Nullpunkt des Lineals bis zur Meßstelle zu ermitteln und binär verschlüsselt auszugeben.

> Bei der inkrementalen Längenmessung werden Strichmarkierungen vom Nullpunkt des Meßlineals bis zur Meßstelle gezählt.

Bild 6.12 zeigt das Prinzip der Messung mit optischer Auswertung der Strichmarken. Der Fotowiderstand wird abwechselnd beleuchtet und abgedunkelt. Die entstehenden Spannungssprünge werden mit einem Digitalzähler gezählt und angezeigt.

> Die inkrementale Längenmessung ist eine Relativmessung. Die Messung muß auf den Nullpunkt des Lineals bezogen werden.

Die Meßordnung Bild 6.12 hat einen entscheidenden Mangel: Wird das Meßobjekt mit dem Meßlineal vor der Lichtschranke hin- und herbewegt, dann entstehen in beiden Richtungen Zählimpulse, und es kommt zu einer Fehlmessung. Dies läßt sich mit der Meßanordnung Bild 6.13a vermeiden. Hier wird der Zähler je nach Bewegungsrichtung einmal als Vorwärts- und einmal als Rückwärtszähler betrieben. Zur Erkennung der Bewegungsrichtung dient eine Blende mit zwei Öffnungen, die gegenüber dem Meßlineal einen Versatz von einer halben Teilung aufweisen. Nun werden zwei Lichtstrahlen ausgewertet. Bei der Bewegung des Lineals in der einen und anderen Richtung zeigen die Impulsspannungen U_1 und U_2 eine Phasenverschiebung mit unterschiedlichen Vorzeichen. Dies wird mit Hilfe des D-Flipflop ausgewertet. Es steuert den Vorwärts-Rückwärts-Zählvorgang.

Die Impulsfolge ist für beide Bewegungsrichtungen im Bild 6.13b festgehalten. Hierbei ist angenommen, daß die Impulsformerstufen jeweils schalten, wenn die Blendenöffnung und die darüberliegende Öffnung des Lineals sich zur Hälfte decken, den Fotowiderstand also die halbe Lichtintensität trifft. Als Bezugssignal wurde die Impulsspannung U_1 gewählt.

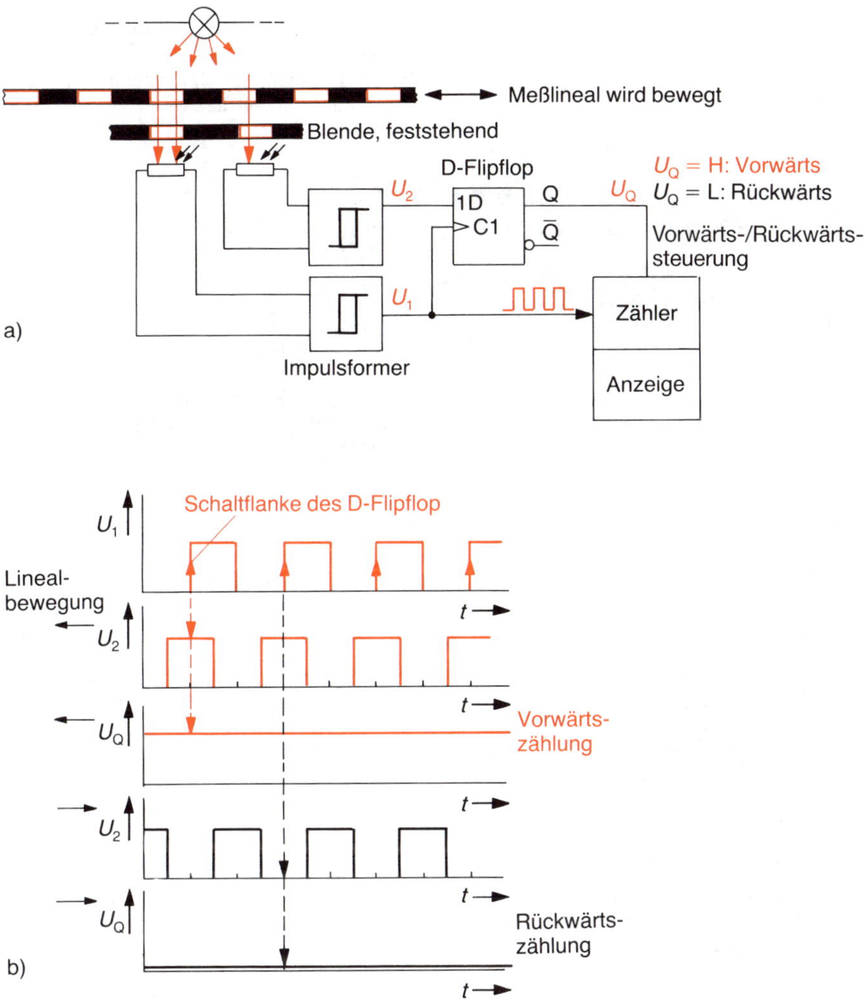

Bild 6.13 Inkrementale Längenmessung mit Richtungserkennung
a) Meßanordnung
b) Signalverlauf

Die inkrementale Längenmessung eignet sich zur Messung kleiner, aber auch beliebig großer Längen. Bei der Messung großer Längen wird häufig eine mit Strichen markierte drehbare Scheibe verwendet, die über einen Seilzug betätigt wird. Die Längsbewegung geht hier in eine Drehbewegung über.

> Die inkrementale Längenmessung eignet sich zur Messung im Meterbereich, aber auch zur Messung sehr kleiner Längen im Mikrometerbereich.

Bild 6.14 Inkrementale Messung kleiner Längen
a) Meßanordnung zur inkrementalen Längenmessung im µm-Bereich
b) Entstehung des Streifen-Moirés

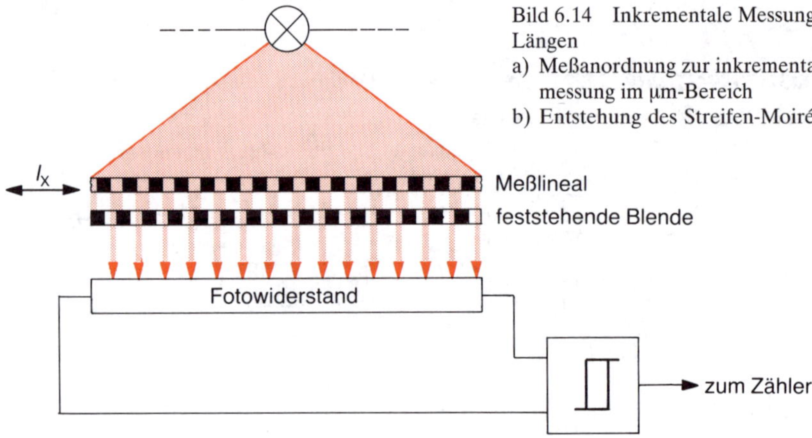

a)

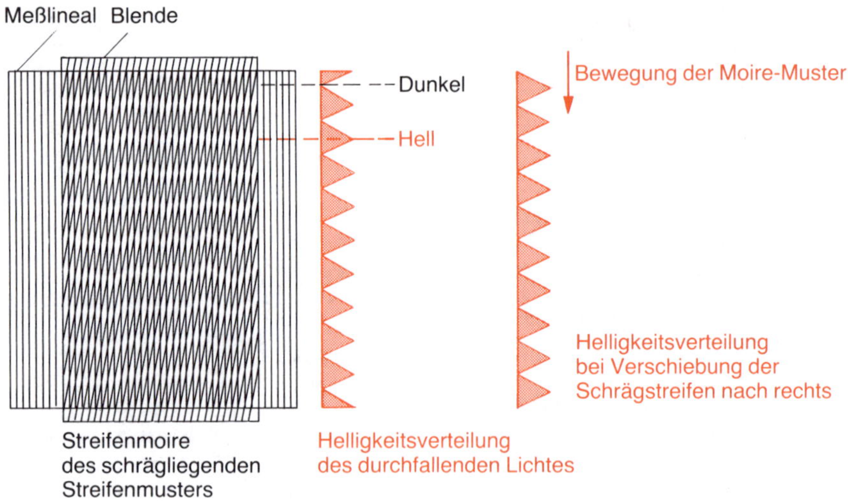

b)

Inkrementale Messung sehr kleiner Längen: Hierbei ist es nicht mehr möglich, die optische Abtastung nach Bild 6.13 zu realisieren, da einerseits die geringen Abmessungen den mechanischen Aufbau sehr komplizieren würden, andererseits die auszuwertende Lichtintensität zu gering wäre. Diese Schwierigkeit kann mit einer Anordnung nach Bild 6.14a überwunden werden. Das Meßlineal trägt ein Strichmuster mit Abständen bis in den µm-Bereich hinein. Unter dem Lineal befindet sich eine feststehende Blende mit dem gleichen Strichmuster.

Beide werden großflächig vom Licht durchleuchtet. Das durchfallende Licht wird z. B. von einem Fotowiderstand registriert. Bewegt sich das Meßlineal, so ergibt sich je nach relativer Lage der beiden Strichraster zueinander ein ständiger Wechsel von maximaler und minimaler Lichtintensität am Fotowiderstand. Dieser Wechsel folgt im Abstand der Striche. Es entstehen Impulse, die gezählt werden. Um auch hier die Bewegungsrichtung feststellen und eine Vorwärts-Rückwärts-Zählung vornehmen zu können, werden die Strichmuster von Meßlineal und Blende schräg zueinander angeordnet. Dadurch entstehen Moiré-Streifen, die sich auf der durchleuchteten Fläche je nach Bewegung des Meßlineals als Hell-Dunkel-Muster von oben nach unten oder von unten nach oben bewegen (Bild 6.14b). Dies wird ebenfalls ausgewertet und damit der Zähler gesteuert.

6.2 Winkelmessung

6.2.1 Analoge Winkelmessung

Potentiometer und Ringrohr: Für die Winkelmessung stehen analoge und digitale Verfahren zur Verfügung, die z. T. denen der Längenmessung sehr ähnlich sind. So kann z. B. das Schleifdrahtpotentiometer nach Bild 6.3 auch die Form eines Drehpotentiometers haben, wobei die Drehachse mit dem Meßobjekt verbunden wird und so die Winkelstellung aus der Potentiometerstellung abzuleiten ist (Bild 6.15a).

Als Meßschaltung dient die gleiche Schaltung wie Bild 6.3b, die für das Schleifdrahtpotentiometer zur Längenmessung eingesetzt wird. Mit den Winkelbezeichnungen nach Bild 6.15a der Gesamtspannung des Potentiometers U und der dem Winkel entsprechenden Spannung U_x gilt der Zusammenhang:

$$U_x = U \cdot \frac{R_x}{R} = \alpha_x \cdot \frac{\mathrm{U}}{\alpha_{max}} \qquad \text{(Gl. 6.3)}$$

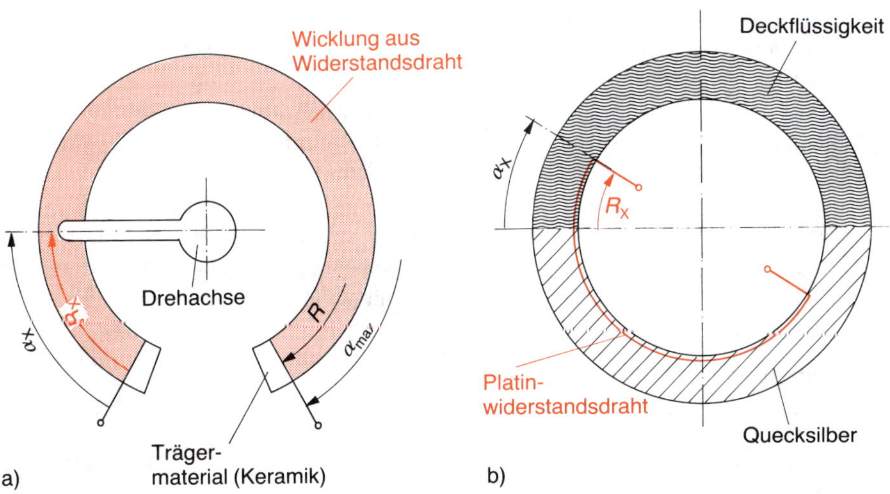

Bild 6.15 Potentiometer und Ringrohr zur Winkelmessung

a) Drehpotentiometer
b) Ringrohr

Auch hier ist ein Meßverstärker entbehrlich, da mit genügend großer Spannung U gearbeitet werden kann. Das Potentiometer kann als Mehrgangspotentiometer gestaltet werden. So ist es möglich, auch Winkel über 360° hinaus zu messen.

> Das Drehpotentiometer erlaubt Winkelmessungen über 360°. Ein Meßverstärker ist in der Regel nicht erforderlich.

Für Winkelmessungen bis etwa 180° läßt sich das Ringrohr einsetzen (Bild 6.15b). Der geschlossene Ring enthält zwischen den elektrischen Anschlüssen einen sehr dünnen Widerstandsdraht aus Platin. Der Widerstand ist bei der Winkelstellung 0° durch Quecksilber überbrückt, zwischen den Anschlüssen ist der Widerstand $R_x \approx 0\,\Omega$ meßbar. Der Ring wird auf die Welle gesteckt, deren Winkelstellung zu messen ist. Bei der Drehung ist der nun nicht mehr überbrückte Teil des Widerstands ein Maß für den Winkel: $R_x \sim \alpha_x$ und kann durch eine geeignete Spannungsteilerschaltung in einen entsprechenden Spannungswert U_x umgeformt werden.

Die im Ringrohr verwendete Deckflüssigkeit über dem Quecksilberspiegel`hat die Aufgabe, den Meniskusfehler zu beseitigen, der durch die Oberflächenkrümmung des Quecksilberspiegels entsteht. Durch Ausgleich der Oberflächenspannung ergibt sich ein ebener Flüssigkeitsspiegel.

Die besonderen Vorteile dieser Anordnung bestehen darin, daß die Widerstandsänderung stetig erfolgt, daß es keine Kontaktierungs- und Reibungsprobleme gibt und schließlich auch kein Abrieb durch den Schleifkontakt auftritt.

> Das Ringrohr eignet sich für Winkelmessungen bis etwa 180°. Die Messung ist stetig. Es treten keine Reibungs- und Kontaktprobleme auf.

Magnetischer Aufnehmer: Ein interessantes Verfahren zur Winkelmessung von 0° bis 360° ist in Bild 6.16 veranschaulicht. Es ist auch unter dem Namen Teleperm (Siemens) bekannt.

Hier befindet sich als Winkelaufnehmer ein drehbarer Dauermagnet im magnetischen Kreis eines Weicheisenkerns. Er erzeugt im Eisen den magnetischen Fluß Φ_D, dessen Betrag und Richtung von der Stellung des Dauermagneten abhängig ist. In horizontaler Stellung hat der Fluß sein Maximum, in vertikaler sein Minimum. Die Richtung des Flusses wird von der Lage des Süd- und Nordpols des Dauermagneten festgelegt. Der Fluß Φ_D wirkt auf eine Hall-Sonde (vgl. Abschnitt 5.6.2.2), die Hallspannung wird einem Verstärker zugeführt. Dieser erzeugt einen Ausgangsgleichstrom, der in Form einer Gegenkopplung die Spule durchfließt und den Gegenfluß Φ_G bewirkt. Bei genügend hoher Verstärkung werden die Beträge Φ_D und Φ_G etwa gleich groß, der resultierende Fluß und damit die Hallspannung werden nahezu 0. Daraus läßt sich ableiten:

$$\Phi_D = K_1 \cdot \alpha_x; \quad \Phi_G = K_2 \cdot I; \quad \Phi_G \approx \Phi_D$$

$$\boxed{I \approx \frac{K_1}{K_2} \cdot \alpha_x} \qquad \text{(Gl. 6.4)}$$

mit $\alpha = 0°$ bis $\pm 180°$.

Bild 6.16
Magnetischer Winkelaufnehmer und Meßschaltung

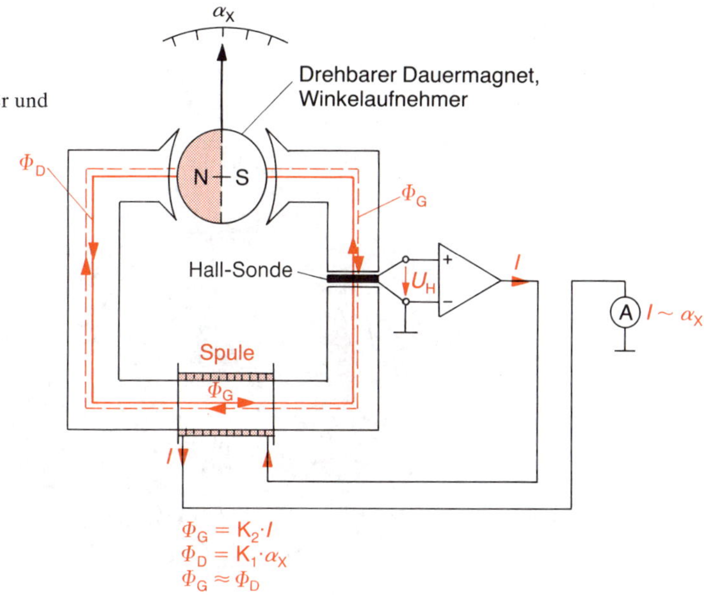

Die beiden Faktoren K_1, K_2 sind winkelabhängig, so daß der Ausgangsstrom eine nichtlineare Funktion des Winkels α_x wird. Eine gewisse Linearisierung läßt sich durch besondere Ausformung der Polschuhe erreichen.

> Der magnetische Winkelaufnehmer (Teleperm) ermöglicht die stetige Umformung eines Winkels in einen Gleichstrom. Der Meßbereich umfaßt Winkel von 0° bis 360° (0° bis ±180°).

6.2.2 Digitale Winkelmessung

In der modernen Technik wird sehr häufig die digitale Messung bevorzugt, weil sie ein Binärsignal liefert, das in digitalen Steuerungs- und Regelungssystemen unmittelbar weiterverarbeitet werden kann. Die digitale Winkelmessung unterscheidet sich im Prinzip nicht von der digitalen Längenmessung (Abschnitt 6.1.2). Man verwendet Codier-Scheiben entsprechend dem Codier-Lineal zur absoluten Winkelmessung im Bereich 0° bis 360° oder eine Scheibe mit Strichmarkierungen, die der inkrementalen Messung für beliebig große Winkel dienen kann.

Die Codier-Scheibe wird meist im Gray-Code (vgl. Abschnitt 6.1.2) codiert und optisch oder mit Federkontakten abgetastet. Je nach der gefordertern Auflösung ergeben sich entsprechend viele Abtastsysteme. Für eine Scheibe, die bei 360° eine Auflösung von 1° erzielen soll, werden 9 Spuren, also auch 9 Abtastsysteme benötigt. Dies bedeutet natürlich einen beträchtlichen Aufwand. Bild 6.17 zeigt eine Codier-Scheibe im Gray-Code mit der Auflösung von 5°. Hierzu sind sieben Binärstellen erforderlich, um den Vollkreis von 360° codieren zu können.

Zur Winkelmessung wird die Scheibe auf die Drehachse des Meßobjekts montiert. Der Winkel kann dann mit einem der im Bild 6.10 dargestellten Abtastsysteme in ein binär verschlüsseltes Signal umgesetzt werden.

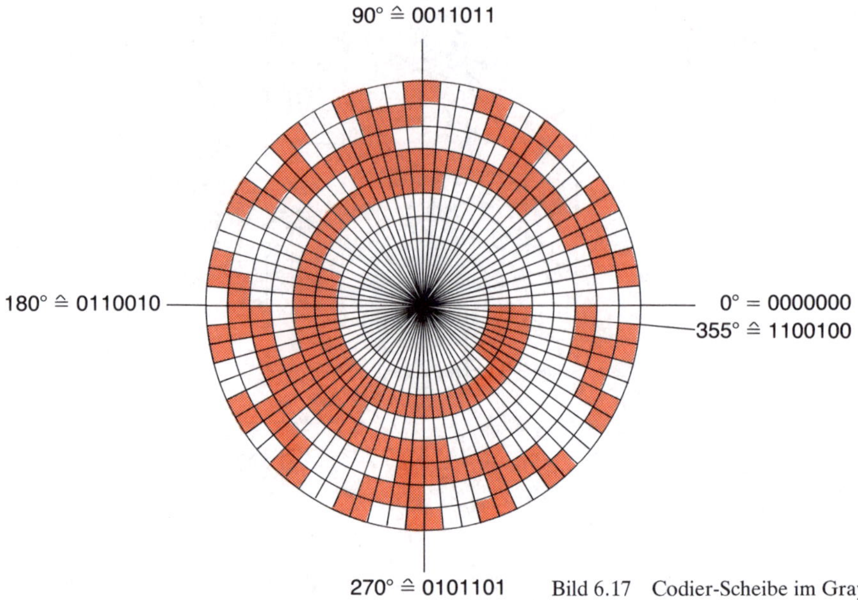

Bild 6.17 Codier-Scheibe im Gray-Code

> Mit der Codier-Scheibe lassen sich Winkelmessungen im Bereich 0° bis 360° durchführen.

Will man Winkelmessungen mit sehr hoher Auflösung durchführen, dann sind inkrementale Meßscheiben mit Strichmarkierung besser geeignet. Die Umsetzung des Winkels erfolgt mit den gleichen Methoden wie bei der Längenmessung (Bilder 6.12, 6.13, 6.14).

> Die inkrementale Winkelmessung erlaubt Messungen mit sehr hoher Auflösung. Es können Winkel über 360° hinaus gemessen werden.

6.3 Messung der Dehnung

Zug- und Druckkräfte, die auf einen Körper einwirken, verändern dessen Form, in gewissem Maße auch seine Dichte. Bild 6.18 veranschaulicht das am Beispiel eines Drahts, der gezogen wird: Der Draht wird um Δl länger, sein Durchmesser nimmt um Δd ab (Δd hat einen negativen Wert).

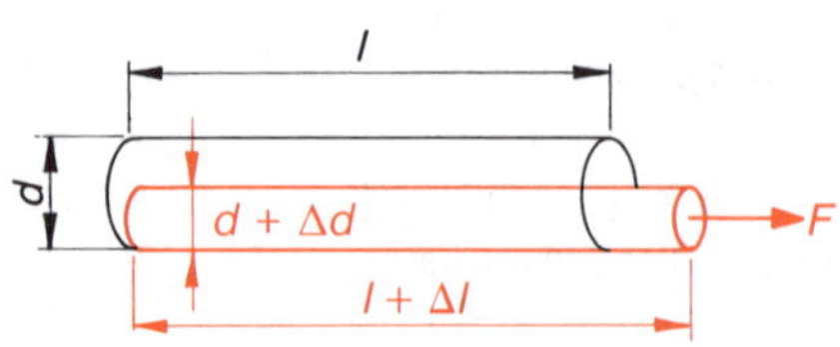

Bild 6.18 Dehnung eines Drahts

Als Dehnung ε bezeichnet man die relative Längenänderung bei Krafteinwirkung.

Die Dehnung hat eine eigene Größenbezeichnung: ε. ε ist eine dimensionslose Zahl.

$$\varepsilon = \frac{\Delta l}{l} \qquad \text{(Gl. 6.5)}$$

Die Längenänderung und die Durchmesseränderung des Drahts in Bild 6.18 ist gegenläufig. Zur Kennzeichnung der Dickenänderung in bezug zur Längenänderung dient die Querkontraktionszahl oder Poissonzahl μ.

Die Poissonzahl μ gibt das Verhältnis von relativer Durchmesseränderung zur Dehnung an.

$$\mu = -\frac{\frac{\Delta d}{d}}{\varepsilon} \qquad \text{(Gl. 6.6)}$$

Auch μ ist eine dimensionslose Zahl. Das Minuszeichen in Gl. 6.6 deutet die Gegenläufigkeit von Durchmesseränderung und Dehnung an. Damit ergibt sich für die Poissonzahl immer ein positiver Zahlenwert, da ja $\frac{\Delta d}{d}$ bei Dehnung negativ ist.

Das Volumen des gedehnten Drahts kann sich je nach Werkstoff ebenfalls ändern. Für sehr kleine Dehnungen läßt sich die relative Volumenänderung berechnen, wenn die Poissonzahl bekannt ist:

$$V = l \cdot \frac{\pi \cdot d^2}{4} \text{ für kreisförmigen Querschnitt}$$

$$\frac{\Delta V}{V} = \frac{\Delta l}{l} + 2 \cdot \frac{\Delta d}{d} = \frac{\Delta l}{l} \cdot \left(1 + 2 \cdot \frac{\frac{\Delta d}{d}}{\frac{\Delta l}{l}}\right)$$

$$\frac{\Delta V}{V} = \frac{\Delta l}{l} \cdot (1 - 2 \cdot \mu) \qquad \text{(Gl. 6.7)}$$

Bleibt das Volumen konstant, ist also $\frac{\Delta V}{V} = 0$, so ergibt sich aus Gl. 6.7 für die Poissonzahl $\mu = 0{,}5$.

Die Poissonzahl μ hat bei konstant bleibendem Volumen den Wert $\mu = 0{,}5$.
Typische Werte bei Volumenänderungen:
$\mu = 0{,}2 - 0{,}5$.

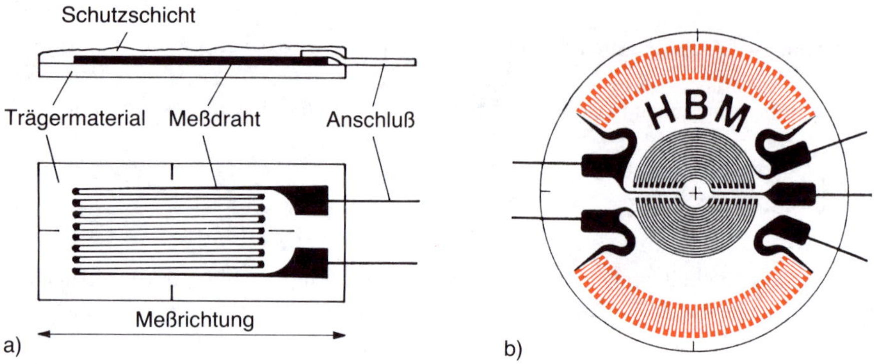

Bild 6.19 Dehnungsmeßstreifen (DMS)
a) Aufbau eines DMS
b) Dehnungsmeßstreifen zur Messung an einer Druckmeßmembrane (Hottinger Baldwin Meßtechnik)

6.3.1 Dehnungsmeßstreifen

Aufbau und Wirkungsweise: Zur elektrischen Messung der Dehnung ist der Dehnungsmeßstreifen entwickelt worden. Auf einem isolierenden Trägermaterial aus Kunststoff oder Papier ist ein Widerstandsdraht mäanderförmig aufgebracht, oder es wird als Widerstand eine Metallbahn aus einer aufgewalzten Metallfolie herausgeätzt. Der Widerstand verändert seinen Wert bei einer Dehnung oder Stauchung, da sich dabei die Länge und der Querschnitt des Drahts bzw. der Metallbahn ändern. Bild 6.19a zeigt den Aufbau eines Dehnungsmeßstreifens (DMS). Die Beanspruchung erfolgt in der Längsrichtung.

Nimmt man einmal an, daß der aufgebrachte Widerstandsdraht den kreisförmigen Querschnitt A mit dem Durchmesser d, der Gesamtlänge l und dem spezifischen Widerstand ϱ hat, dann errechnet sich der Widerstandswert:

$$R = \varrho \cdot \frac{l}{A} = \varrho \cdot \frac{l \cdot 4}{\pi \cdot d^2}$$

Wird der Draht gedehnt, so ergibt sich die relative Widerstandsänderung:

$$\frac{\Delta R}{R} = \frac{\Delta \varrho}{\varrho} + \frac{\Delta l}{l} - 2 \cdot \frac{\Delta d}{d}$$

$$\frac{\Delta R}{R} = \frac{\Delta l}{l} \cdot \left(1 - 2 \cdot \frac{\frac{\Delta d}{d}}{\frac{\Delta l}{l}} + \frac{\frac{\Delta \varrho}{\varrho}}{\frac{\Delta l}{l}} \right)$$

Unter Verwendung der Gl. 6.5 und 6.6 erhält man schließlich:

$$\boxed{\frac{\Delta R}{R} = \varepsilon \cdot \left(1 + 2 \cdot \mu + \frac{\frac{\Delta \varrho}{\varrho}}{\varepsilon} \right)} \qquad \text{(Gl. 6.8)}$$

Der Ausdruck $k = 1 + 2 \cdot \mu + \frac{\frac{\Delta\varrho}{\varrho}}{\varepsilon}$

wird als k-Faktor, Empfindlichkeit oder Gage-Faktor des DMS bezeichnet. Bleiben bei der Dehnung das Volumen und der spezifische Widerstand konstant, dann ergibt sich mit $\mu = 0{,}5$ die Empfindlichkeit $k = 2$. Dies gilt z. B. annähernd für die Legierungen Konstantan (60% Cu, 40% Ni) und Karma (74% Ni, 20% Cr, 3% Fe, 3% Al). k-Faktoren von etwa 6 erreicht man mit Platin- und Platin-Iridium-Meßstreifen. Diese Materialien werden insbesondere bei hohen Temperaturen (bis ca. 1000 °C) eingesetzt. Noch höhere Empfindlichkeit weisen DMS aus Halbleitermaterial auf. Hier sind Werte von $k = 120$ (dotiertes Silizium) erreichbar. Nachteilig wirkt sich allerdings bei Halbleitern der starke Temperaturgang des Widerstands aus.

Der k-Faktor (Empfindlichkeit) des DMS gibt an, um wieviel größer die relative Widerstandsänderung im Vergleich zur Dehnung ist.
Konstantan: $k \approx 2$
Dotiertes Silizium: $k \approx 120$

$$\frac{\Delta R}{R} = k \cdot \varepsilon \qquad \text{(Gl. 6.9)}$$

Die Dehnung des Widerstandsdrahts darf keine bleibende Verformung nach sich ziehen, da sich ja sonst nach der Entspannung ein anderer Grundwert des Widerstands einstellt. Die Dehnung muß also im Elastizitätsbereich des Materials erfolgen.

Die maximal zulässige Dehnung von DMS liegt im Bereich $\varepsilon = 3 \cdot 10^{-3}$ bis $5 \cdot 10^{-3}$
Eine Überdehnung hat bleibende Verformung oder Zerstörung zur Folge.

Dehnungsmeßstreifen, insbesondere Folienmeßstreifen mit aufgedampften oder geätzten Widerstandsbahnen, können in beliebigen Formen hergestellt werden. So ist es auch möglich, sehr komplexe Dehnungsvorgänge an Werkstücken zu erfassen. Beispiele dafür sind: Oberflächendehnung bei Torsion einer Welle, Dehnungsverteilung bei Druckbeanspruchung einer Membran, Veränderung des Durchhangs von Brücken. Bild 6.19b zeigt eine DMS-Rosette, wie sie zur Dehnungsmessung an Druckmembranen verwendet wird. Die rot markierten DMS reagieren auf die Dehnung in radialer Richtung, die beiden anderen auf Tangentialdehnung. Zur Dehnungsmessung werden die DMS mit einem elastischen Kleber am Werkstück befestigt. Das muß mit größter Sorgfalt geschehen und erfordert einige Erfahrung. Die Klebstelle muß zuvor gereinigt und entfettet werden, damit die Haftung so gut wird, daß jede Bewegung der Unterlage auf den DMS übertragen wird und kein Nachlassen der Haftung eintritt.

Temperaturgang des DMS: Der Widerstand des DMS wird neben der Dehnung auch von der Temperatur beeinflußt. Besonders stark wirken sich Temperaturschwankungen bei Halbleitern aus. Sie müssen in Brückenschaltungen kompensiert werden. Einen sehr geringen, meist vernachlässigbaren Temperaturgang des Widerstandswerts haben DMS aus Konstantan

$\left(\alpha = -3 \cdot 10^{-5} \cdot \frac{1}{K}\right)$. Dieses sehr häufig eingesetzte Material ist für Temperaturen bis zu 300 °C geeignet. Ein weiterer Gesichtspunkt, der beim Einsatz des DMS zu beachten ist, bezieht sich auf die Eigenausdehnung des Streifens bei Temperaturerhöhung. Der thermische Ausdehnungskoeffizient α_{DMS} tritt nicht in Erscheinung, wenn das Meßobjekt den gleichen Ausdehnungskoeffizienten besitzt wie der DMS. Treten hier aber Unterschiede auf, so bewirken sie einen Meßfehler, weil der DMS durch das Meßobjekt temperaturabhängig gedehnt oder gestaucht wird. Für DMS aus Konstantan eignen sich als Unterlage besonders: Stahl und Beton. Diese Materialien haben einen ähnlichen thermischen Ausdehnungskoeffizienten wie Konstantan $\left(\alpha_{DMS} = 12 \cdot \frac{\mu m}{m \cdot K}\right)$. Ist eine solche Gleichheit nicht zu erreichen, dann müssen Kompensationsmaßnahmen ergriffen werden (Abschnitt 6.3.2).

Kenndaten eines DMS: Der Nennwiderstand von DMS liegt in der Regel zwischen 100 Ω und 600 Ω. Typische Werte sind 120 Ω, 300 Ω, 600 Ω. Als Beispiel sollen hier die üblichen Kenndaten eines DMS genannt werden:

$R = 598\,\Omega \pm 0{,}25\%$

$k = 2{,}12 \pm 1\%$

$\alpha_{DMS} = +(16 \pm 2) \cdot \frac{\mu m}{m \cdot K}$

Meßstrom 10 mA

6.3.2 Meßschaltungen für Dehnungsmeßstreifen

Zur Auswertung der Widerstandsänderung werden Ausschlag-Brückenschaltungen verwendet, die mit Gleichspannung, aber auch mit niederfrequenter Wechselspannung (z. B. 5 kHz) betrieben werden. Im einfachsten Fall kann ein Widerstand der Brücke als DMS ausgebildet sein, zur Erhöhung der Empfindlichkeit werden aber häufig zwei oder sogar alle vier Brückenwiderstände durch DMS gebildet. Man spricht dann von Halb- oder Vollbrücken. Der Einsatz von zwei oder vier DMS in einer Brücke erlaubt außerdem eine Reduzierung des Temperaturganges, wenn der Temperaturkoeffizient des Widerstands unzulässig groß ist oder große Unterschiede im thermischen Ausdehnungskoeffizienten zwischen dem DMS und der Unterlage bestehen.

> Als Meßschaltung für DMS werden Ausschlagbrückenschaltungen verwendet:
> Weil sie die Auswertung von Widerstandsänderungen erlauben,
> weil die Temperaturkompensation des DMS weitgehend erreichbar ist,
> weil die Empfindlichkeit durch Einsatz mehrerer DMS erhöht werden kann.

Bild 6.20 zeigt einige Beispiele für die Anordnung von Dehnungsmeßstreifen in Brückenschaltungen. Die Brücke wird im unbelasteten Zustand auf 0 abgeglichen. Bei Dehnung bzw. Stauchung des DMS treten Widerstandsänderungen mit unterschiedlichem Vorzeichen auf. Dies kann bei Gleichstrombrücken an der Polarität der Brückenspannung erkannt werden, bei Wechselstrombrücken an der Phasenlage der Brückenspannung in bezug auf die Speisespannung. Die unbelastete Brückenspannung U_{ABO} läßt sich bei kleinen Widerstandsände-

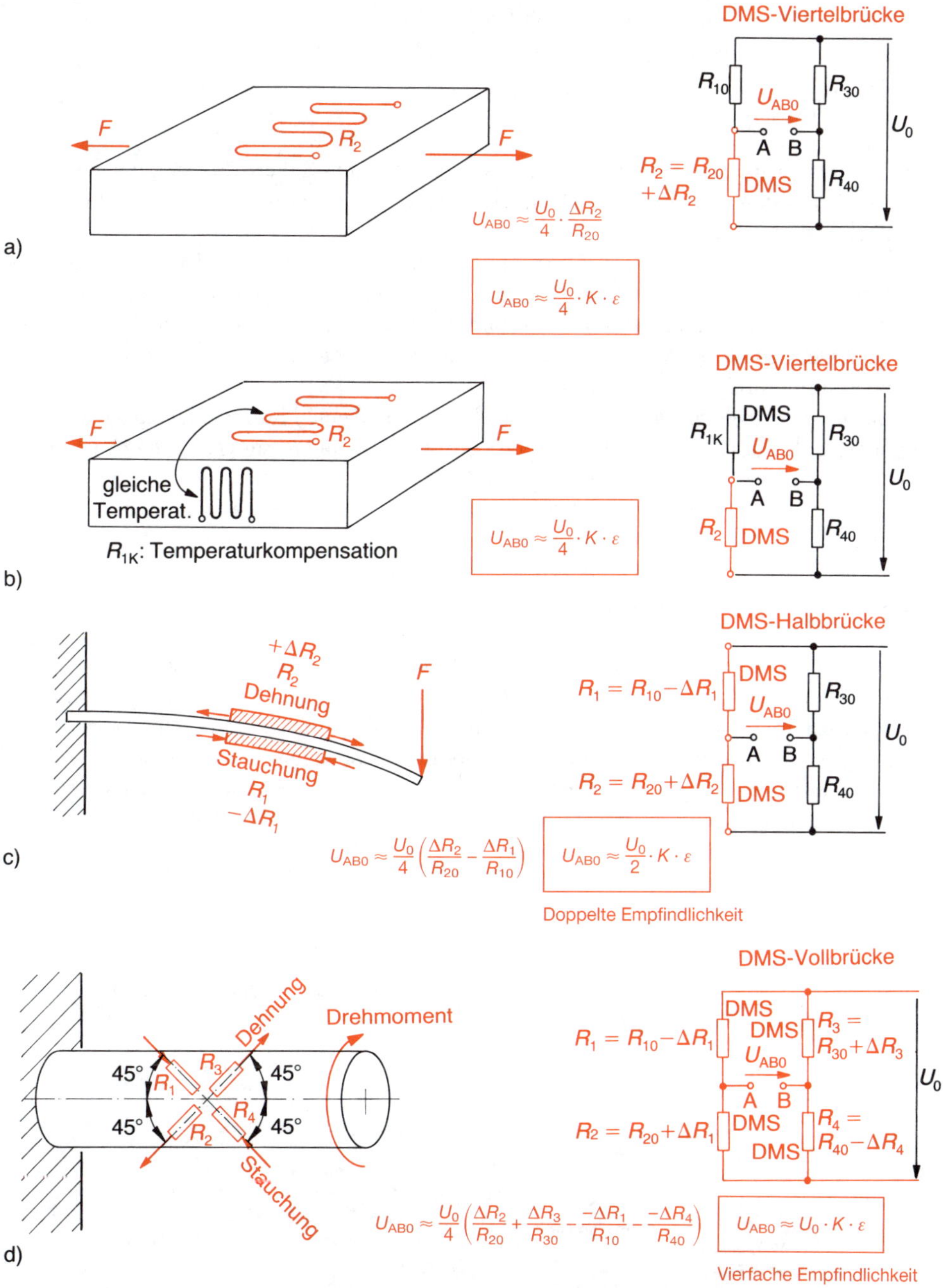

Bild 6.20 Meßschaltungen mit Dehnungsmeßstreifen

a) Dehnungsmessung mit einem DMS
b) Dehnungsmessung mit einem aktiven DMS und einem Kompensations-DMS
c) Erhöhung der Empfindlichkeit und Temperaturkompensation durch 2 aktive DMS
d) Torsionsmessung mit 4 aktiven DMS, Erhöhung der Empfindlichkeit und Temperaturkompensation

rungen nach Gl. 5.62 unter der Annahme gleich großer Brückenwiderstände ($R_{10} = R_{20} = R_{30} = R_{40}$) im Abgleichzustand berechnen:

$$U_{AB0} \approx \frac{U_0}{4} \cdot \left(\frac{\Delta R_2}{R_2} + \frac{\Delta R_3}{R_3} - \frac{\Delta R_1}{R_1} - \frac{\Delta R_4}{R_4} \right)$$

Daraus ist ersichtlich, daß durch den Einsatz mehrerer DMS die Brückenspannung erhöht werden kann, daß sich aber auch Kompensationen ergeben können. Letzteres wird für die Temperaturkompensation genützt.

Im Bild 6.20a kommt nur ein DMS zum Einsatz. Infolge der Zugkraft erhöht sich sein Widerstand um ΔR_2, es entsteht eine positive Spannung U_{AB0}. Würde eine Druckkraft wirken, dann käme es zu einer Stauchung und Abnahme des Widerstands. Die Brückenspannung würde negativ. Die Verwendung nur eines DMS ist möglich, wenn keine nennenswerten Temperatureinflüsse zu erwarten sind.

Bild 6.20b zeigt einen DMS, der aktiv gedehnt wird und einen zweiten, der lediglich von der Temperatur beeinflußt ist. Die Temperaturgänge von R_{1K} und R_2 sind gleich und kompensieren sich in der Brückenschaltung weitgehend.

Bild 6.20c zeigt zwei aktive DMS, wobei allerdings der eine gedehnt und der andere gestaucht wird. Das führt zu Widerstandsänderungen mit unterschiedlichen Vorzeichen. In der Brücke bewirkt das aber eine Verdopplung der Brückenspannung. Gleichzeitig werden aber die Temperaturgänge reduziert, da diese ja zu gleichsinnigen Widerstandsänderungen führen.

Bild 6.20d zeigt die Anordnung von vier DMS zur Dehnungsmessung aufgrund der Torsion einer Welle. Alle vier DMS sind aktiv, wobei zwei gedehnt und zwei gestaucht werden. In der Brückenschaltung bewirken diese Änderungen eine Vervierfachung der Brückenspannung und zugleich Temperaturkompensation. Die spezielle Anordnung der DMS auf der Welle ist damit zu begründen, daß in den dargestellten Richtungen ein Maximum der Dehnung bzw. der Stauchung auftritt.

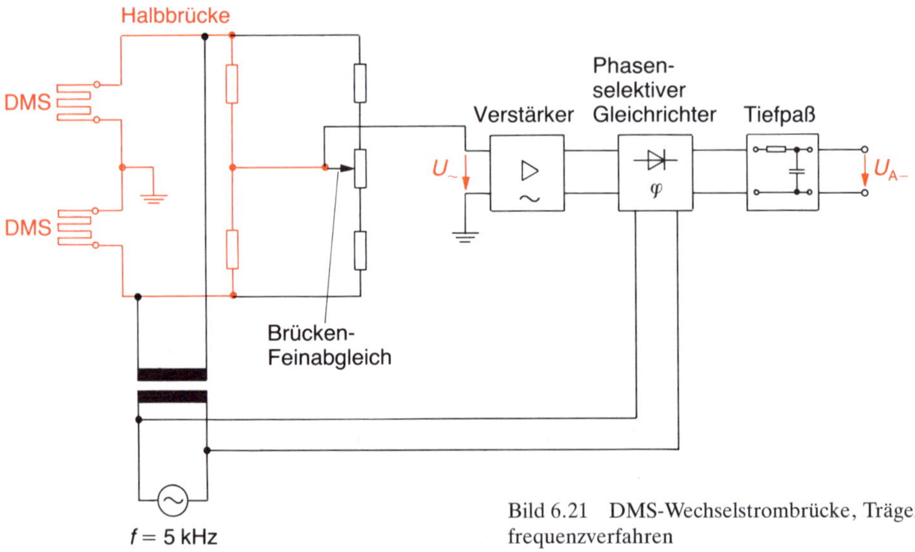

Bild 6.21 DMS-Wechselstrombrücke, Trägerfrequenzverfahren

Auswertung der Brückenspannung: Wegen der sehr geringen Widerstandsänderungen entstehen in der Meßschaltung nur sehr kleine Spannungen, die verstärkt werden müssen. Dies kann bei Gleichspannung zu Offset-Problemen führen. Abhilfe schafft man durch Speisung der Brücke mit Wechselspannung. Man bevorzugt dabei Frequenzen in dem relativ störungsfreien Frequenzband von etwa 500 Hz bis 50 kHz. Nach der Verstärkung des Wechselspannungssignals folgt die Gleichrichtung mit einem phasenselektiven Gleichrichter, um die Phasenlage und damit die Art der Brückenverstimmung erfassen zu können (vgl. Abschnitt 5.10). Nach dem Absieben der Wechselspannungsreste mit einem Tiefpaß steht dann der Meßwert als Gleichspannung zur Verfügung. Bild 6.21 zeigt die Meßanordnung eines solchen Trägerfrequenzsystems.

6.4 Kraftmessung

Kräfte sind Naturerscheinungen, die man nur an bestimmten Wirkungen erkennen kann: Sie sind die Ursachen für Formveränderungen und Veränderungen des Bewegungszustands von Körpern. Demzufolge lassen sich Kräfte auch aufgrund dieser Wirkungen messen.

> Kraftmessungen werden zurückgeführt auf die Messung von Formänderungen oder Änderungen des Bewegungszustands von Körpern.

Die Auswertung der Änderung des Bewegungszustands zielt auf eine Beschleunigungsmessung ab. Nach dem Newtonschen Aktionsprinzip gilt der Zusammenhang:

$$\boxed{F = a \cdot m}$$

F Kraft, Einheit 1 N (1 Newton)

a Beschleunigung, Einheit $1\frac{\text{m}}{\text{s}^2}$

m Masse, Einheit 1 kg

$$\boxed{a = \frac{F}{m}} \qquad \text{(Gl. 6.10)}$$

> Die Beschleunigung eines Körpers ist der angreifenden Kraft proportional.

Einfacher als über eine Beschleunigungsmessung lassen sich Kräfte über die Verformung von Körpern messen. Für die elektrische Messung ist natürlich wichtig, daß die Verformung auch eine Beeinflussung elektrischer Eigenschaften nach sich zieht. Zwei Sensoren, die sich hier einsetzen lassen, sind das Piezo-Kristall und der Dehnungsmeßstreifen. Ersteres erzeugt aufgrund der Verformung eine Spannung bzw. Ladungsverschiebung, der Dehnungsmeßstreifen verändert seinen elektrischen Widerstand bei Dehnung oder Stauchung.

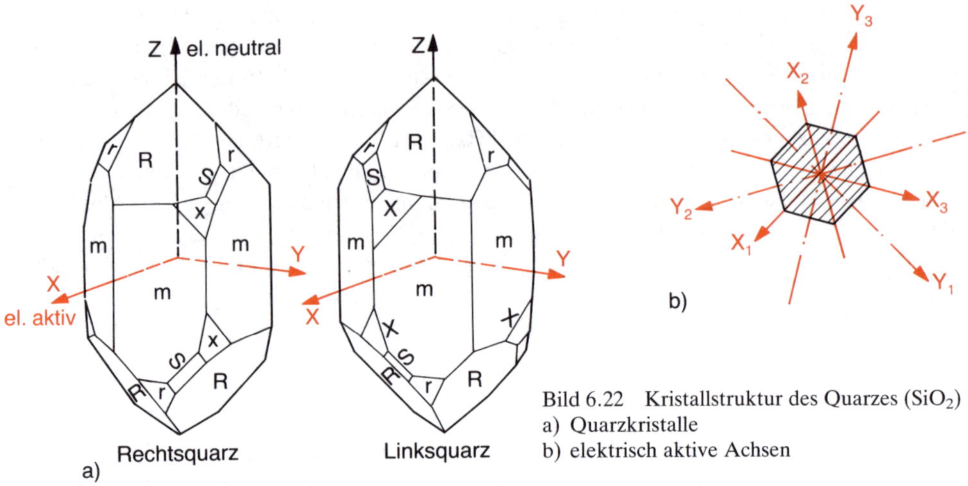

Bild 6.22 Kristallstruktur des Quarzes (SiO_2)
a) Quarzkristalle
b) elektrisch aktive Achsen

6.4.1 Kraftmessung mit dem Piezo-Kristall

Piezoelektrischer Effekt: Bei bestimmten Kristallen (Quarz, Turmalin) oder Keramiken (Bariumtitanat) entstehen bei Krafteinwirkung Gitterverschiebungen, in deren Folge an gegenüberliegenden Flächen Ladungen unterschiedlicher Polarität auftreten. Bild 6.22a zeigt die beiden Formen von Quarzkristallen (SiO_2). Es sind jeweils sechseckige Prismen mit der optischen Achse z. In der Richtung dieser Achse verhält sich der Quarz elektrisch neutral. Senkrecht auf der z-Achse stehen die drei x-Achsen, die Verbindungslinien von jeweils zwei Kanten des Quarzes. Die dazugehörenden drei y-Achsen stehen wiederum senkrecht auf den x-Achsen. Im Bild 6.22a sind die z-Achse, eine x-Achse und die dazugehörende y-Achse eingezeichnet. Bild 6.22b zeigt in der Draufsicht alle x- und y-Achsen. Schneidet man aus dem Kristall ein Plättchen heraus, wie in Bild 6.23a dargestellt und staucht (Kompression) oder dehnt es (Dilatation), so wird die vordere y-z-Fläche positiv und die gegenüberliegende y-z-Fläche negativ geladen, wenn in x-Richtung eine Kompressionskraft F_x wirkt (longitudinaler

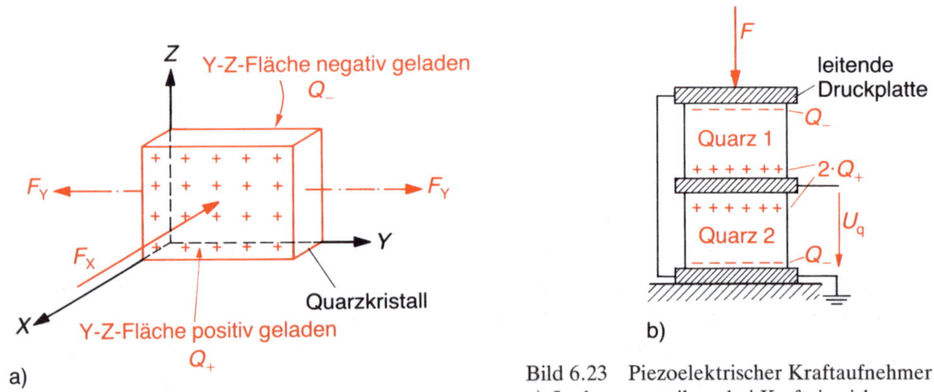

Bild 6.23 Piezoelektrischer Kraftaufnehmer
a) Ladungsverteilung bei Krafteinwirkung
b) Kraftaufnehmer mit zwei Meßquarzen

Piezoeffekt) oder wenn in y-Richtung eine Dilatationskraft F_y wirkt (transversaler Piezoeffekt). Kehrt man die Kraftrichtungen um, dann entsteht auch entgegengesetzte Aufladung der y-z-Flächen. Der Zusammenhang zwischen Ladungsmenge auf den Flächen und Krafteinwirkung läßt sich formelmäßig ausdrücken:

$$\boxed{Q = K_p \cdot F} \qquad \text{(Gl. 6.11)}$$

K_p Piezomodul

Quarz (SiO_2): $K_p = 2{,}3 \cdot 10^{-12} \cdot \frac{\text{As}}{\text{N}}$

Bariumtitanat: $K_p = 250 \cdot 10^{-12} \cdot \frac{\text{As}}{\text{N}}$

Bariumtitanat zeigt eine wesentlich größere Empfindlichkeit als Quarz. Von Nachteil bei diesem keramischen Piezoelement ist allerdings der beträchtliche Temperaturgang. Aufgrund des pyroelektrischen Effekts treten auch Ladungen bei Temperaturerhöhung auf. Dies ist bei Quarzen nicht zu beoachten.

Meßquarze besitzen einen sehr geringen Temperaturgang.

Piezo-Kraftaufnehmer: Die Ladungen an den Flächen des Meßquarzes gleichen sich über den Isolationswiderstand sehr schnell wieder aus, so daß an die Gestaltung des Aufnehmers und die Meßschaltung besondere Anforderungen zu stellen sind. Bild 6.23b zeigt den üblichen Aufbau eines Kraftsensors mit zwei Meßquarzen. Sie sind so geschnitten, daß der longitudinale Piezoeffekt ausgenützt werden kann. Außerdem liegen die beiden Kristalle mit gleichgepolten Flächen aufeinander, so daß die Außenflächen elektrisch miteinander verbunden und auf Erdpotential gelegt werden können. Die Kraftübertragung erfolgt mittels einer Druckplatte, die für gleichmäßigen Druck auf der Oberfläche sorgt. Mit dieser Anordnung kann die doppelte Ladungsmenge $2 \cdot Q$ erzeugt werden.

Diese Ladung hat eine Spannung zur Folge, die von der Kapazität C_q der beiden Quarze und der Anschlußkapazität der Meßleitung C_L abhängt. Daraus läßt sich die Spannung berechnen:

$$\boxed{U_q = \frac{2 \cdot Q}{C_g}} \qquad \text{(Gl. 6.12)}$$

Gesamtkapazität $C_g = 2 \cdot C_q + C_L$

Übliche Meßanordnungen haben eine Gesamtkapazität von etwa $C_g = 200\,\text{pF}$. Unter dieser Annahme ergibt sich bei einer Kraft von $F = 10\,\text{N}$ eine Spannung

$$U_q = \frac{2 \cdot K_p \cdot F}{C_g}; \quad \underline{\underline{U_q}} = \frac{2 \cdot 2{,}3 \cdot 10^{-12} \frac{\text{As}}{\text{N}} \cdot 10\,\text{N}}{200 \cdot 10^{-12} \cdot \frac{\text{As}}{\text{V}}} = \underline{\underline{0{,}23\,\text{V}}}$$

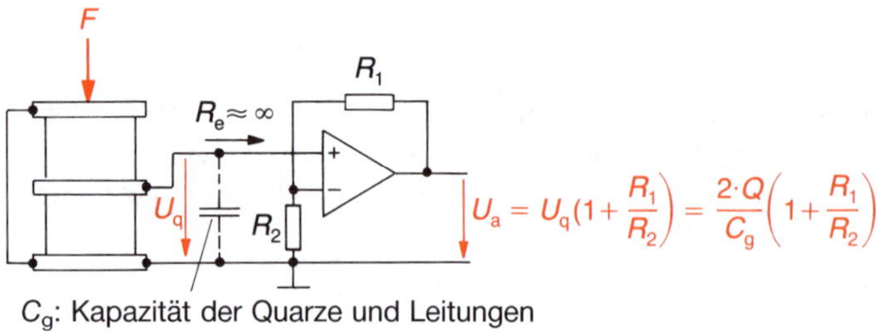

a)

Bild 6.24
Meßschaltungen für Piezo-Kraftaufnehmer
a) Spannungsverstärkung mit Elektrometerverstärker
b) Ladungsverstärker

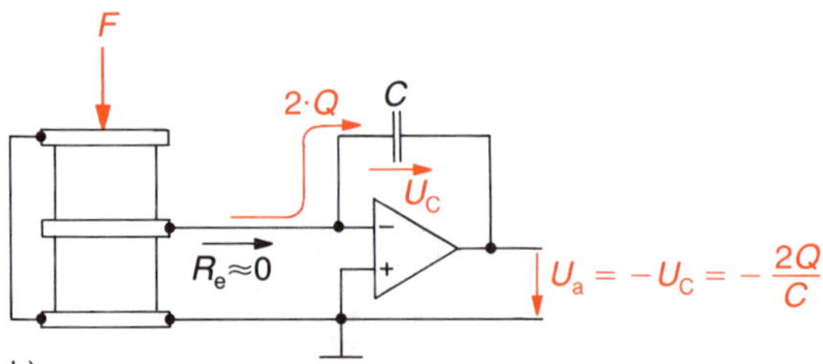

b)

Diese Spannung ist allerdings nur im ersten Augenblick der Krafteinwirkung vorhanden, da sich die Ladungen wieder ausgleichen.

Meßschaltungen: Die vom Quarzaufnehmer abgegebene Spannung kann mit einem Elektrometerverstärker gemessen werden. Dazu eignen sich gegengekoppelte Operationsverstärker mit Feldeffekttransistor-Eingängen (Bild 6.24a). Wegen des relativ raschen Ladungsausgleichs sind statische Kraftmessungen auf diese Weise aber kaum zu realisieren.

Gut möglich ist allerdings die Messung von mechanischen Schwingungen, bei denen es um eine dynamische Kraftmessung geht.

Statische Kräfte können besser mit Hilfe des Ladungsverstärkers Bild 6.24b erfaßt werden. Der hier dargestellte gegengekoppelte Verstärker hat einen Eingangswiderstand von etwa 0 Ω. Damit fließen die Ladungen des Piezoelements sofort ab und werden vom Kondensator des Ladungsverstärkers gespeichert. Die entstehende Ausgangsspannung hängt von der Kapazität des Kondensators C und der Ladungsmenge ab.

$$U_a = -\,U_c = -\,\frac{2 \cdot Q}{C}$$

$$\boxed{U_a = -\,\frac{2 \cdot K_p \cdot F}{C}} \qquad \text{(Gl. 6.13)}$$

Diese Schaltung arbeitet nur zufriedenstellend, wenn der Operationsverstärker keine oder zumindest nur eine sehr geringe Offsetspannung hat, da der Kondensator sonst während des Meßvorgangs seine Ladung verändert. Vor jeder Messung muß der Kondensator entladen werden.

Obwohl mit der Schaltungsanordnung Bild 6.24b grundsätzlich statische Kraftmessungen möglich sind, wenn die Meßzeiten kurz gehalten werden, sind piezoelektrische Aufnehmer doch sinnvoll nur für dynamische Kraftmessungen einsetzbar. Da Meßquarze eine außerordentlich hohe Festigkeit besitzen und linear arbeiten, lassen sich sehr große Kraftmeßbereiche realisieren. Ein besonderer Vorteil ist dabei, daß die Kraftmessung ohne nennenswerte Längenänderung, also praktisch weglos erfolgt.

Meßquarze eignen sich besonders für dynamische Kraftmessung. Es lassen sich große Kraftmeßbereiche realisieren. Die Messung erfolgt praktisch weglos.

6.4.2 Kraftmessung mit Dehnungsmeßstreifen

Statische Kräfte lassen sich gut mit dem Dehnungsmeßstreifen (DMS) messen. Die Kraft bewirkt je nach Meßanordnung eine Dehnung oder Stauchung des Meßstreifens und damit Widerstandszu- oder -abnahme. Wie bereits bei der Dehnungsmessung (Abschn. 6.3.1) ausführlich beschrieben wurde, muß der Temperaturgang beachtet und entsprechend kompensiert werden. Für die Kraftmessung wird in der Regel die Vollbrückenschaltung (vgl. Bild 6.20d) eingesetzt, wobei zwei Dehnungsmeßstreifen (R_2, R_3) in einer Kraftmeßdose Bild 6.25 gestaucht werden und die beiden anderen (R_1, R_4) der Temperaturgang-Kompensation dienen. Der Hohlzylinder wirkt wie eine Druckfeder. Die Kraftübertragung erfolgt über das Druckstück und den elastischen Deckel. Kraftmeßdosen dieser Art werden für Kräfte von etwa 10 N bis 500 MN eingesetzt. In entsprechend angepaßter Form werden sie für Waagen der unterschiedlichsten Bereiche eingesetzt: Waagen für Haushaltszwecke, aber auch zur Gewichtsbestimmung von Fahrzeugen.

Dehnungsmeßstreifen erlauben die Messung statischer Kräfte. Sie werden für Waagen aller Anwendungsbereiche eingesetzt.

Bild 6.25
Kraftmeßdose mit Dehnungsmeßstreifen (Siemens)

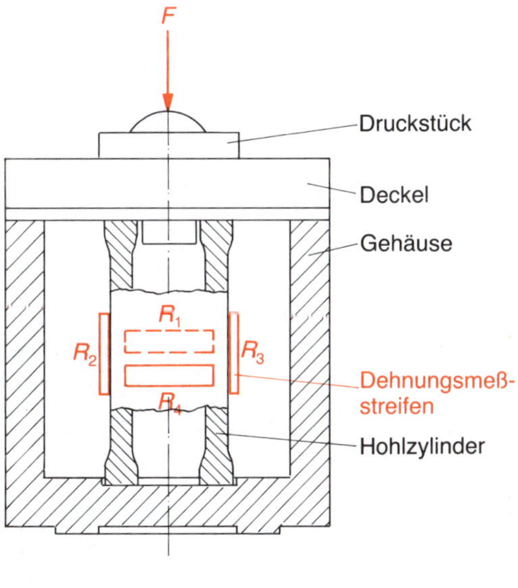

6.5 Temperaturmessung

Es gibt sehr verschiedene Verfahren, die Temperatur elektrisch zu messen. Besonders häufig findet man Widerstandsthermometer, bei denen die Temperaturabhängigkeit von Widerstandswerkstoffen ausgenützt wird und Thermoelemente als aktive Sensoren. Darüber hinaus lassen sich Temperaturen auch durch Auswertung des Sperrstroms von Dioden und Transistoren messen. Interessant ist auch die Temperaturmessung mit Schwingquarzen des *y*-Schnittes, die in einem Oszillator eine temperaturabhängige Schwingfrequenz erzeugen. Für hohe Temperaturen kommt schließlich das Strahlungspyrometer in Frage, das eine berührungslose Temperaturmessung ermöglicht.

Hier soll nun auf die Messung mit Widerstandsthermometern und Thermoelementen eingegangen werden.

6.5.1 Widerstandsthermometer

Temperaturabhängigkeit des elektrischen Widerstands: Bild 6.26 zeigt den Verlauf des elektrischen Widerstands abhängig von der Temperatur für drei Werkstoffe, die zur Temperaturmessung eingesetzt werden. Der Widerstand bei 0 °C beträgt jeweils 100 Ω. Die beiden Metalle zeigen einen positiven, der Halbleiter einen sehr stark negativen Temperaturkoeffizienten. Auffallend ist auch, daß sich der Widerstand der Metalle näherungsweise linear ändert, während der Halbleiterwiderstand eine nichtlineare Funktion der Temperatur ist. Mathematisch lassen sich die Abhängigkeiten durch die folgende Gleichung darstellen.

1. Metalle:

$$R_\vartheta = R_{\vartheta 0} \cdot [1 + A \cdot (\vartheta - \vartheta_0) + B \cdot (\vartheta - \vartheta_0)^2]$$

$R_{\vartheta 0}$ Widerstand bei der Bezugstemperatur ϑ_0
R_ϑ Widerstand bei Temperatur ϑ
A linearer Temperaturkoeffizient
B quadratischer Temperaturkoeffizient

Für die Metalle Nickel und Platin gelten die Werte:

$$A_{\mathrm{Ni}} = 5{,}43 \cdot 10^{-3} \cdot \frac{1}{\mathrm{K}}; \quad B_{\mathrm{Ni}} = 7{,}85 \cdot 10^{-6} \frac{1}{\mathrm{K}^2}$$

$$A_{\mathrm{Pt}} = 3{,}911 \cdot 10^{-3} \cdot \frac{1}{\mathrm{K}}; \quad B_{\mathrm{Pt}} = -\,0{,}588 \cdot 10^{-6} \frac{1}{\mathrm{K}^2}$$

Als Bezugstemperatur wird für Widerstandsthermometer $\vartheta_0 = 0\,°\mathrm{C}$ gewählt.

Häufig bildet man für den Temperaturbereich von 0 °C bis 100 °C einen mittleren Temperaturkoeffizienten α. Damit läßt sich Gl. 6.14 als gute Näherung schreiben:

$$R_\vartheta = R_{\vartheta 0} \cdot [1 + \alpha \cdot (\vartheta - \vartheta_0)]$$

Bild 6.26
Temperaturabhängigkeit des elektrischen Widerstands im Vergleich

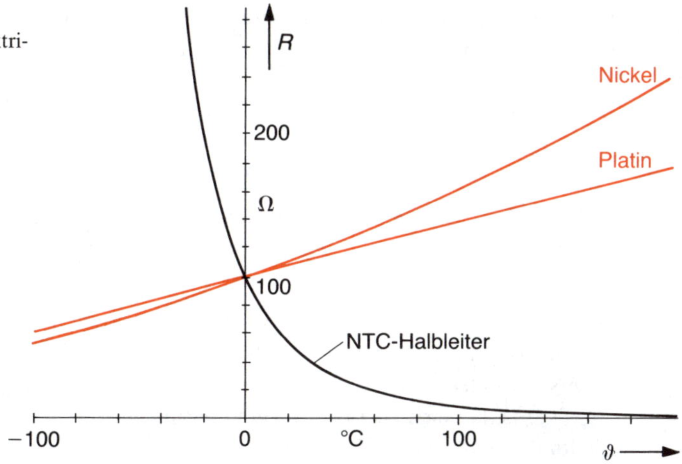

Mittlerer Temperaturkoeffizient $\alpha = \dfrac{\Delta R}{R_{\vartheta 0} \cdot \Delta\vartheta}$

$$\alpha_{\text{Ni}} = 6{,}17 \cdot 10^{-3} \cdot \frac{1}{\text{K}}$$

$$\alpha_{\text{Pt}} = 3{,}85 \cdot 10^{-3} \cdot \frac{1}{\text{K}}$$

Als Bezugstemperatur wird hierbei meist $\vartheta_0 = 20\,°\text{C}$ gewählt.

> Metallische Widerstandswerkstoffe (Nickel, Platin) verändern ihren Widerstand annähernd linear mit der Temperatur.
> Der Temperaturkoeffizient ist sehr klein.

2. NTC-Halbleiter:
Hier handelt es sich um Heißleiter mit extrem nichtlinearem Temperaturgang.

$$R_\vartheta = R_{\vartheta 0} \cdot \mathrm{e}^{-\,\mathrm{B} \cdot \left(\frac{1}{T_0} - \frac{1}{T}\right)} \qquad \text{(Gl. 6.16)}$$

Absolute Bezugstemperatur $T_0 = 273\,°\text{C} + \vartheta_0$
Absolute Temperatur $T = 273\,°\text{C} + \vartheta$

Die Werte für den Koeffizienten B liegen im Bereich B = 2500 K bis 5200 K. Bild 6.26 zeigt einen Heißleiter mit den Werten $B = 2500$ K und $R_{\vartheta 0} = 100\ \Omega$.

Um den Temperaturkoeffizienten des Halbleiters mit dem der metallischen Widerstände vergleichen zu können, bildet man einen Mittelwert, der jedoch nur eine grobe Beschreibung des Temperaturgangs zuläßt. Im Bereich 0 °C bis 100 °C würde sich als Mittelwert bei B = 2500 K ergeben:

$$\alpha = -2{,}6 \cdot 10^{-2} \cdot \frac{1}{\text{K}}$$

> Der Widerstand von NTC-Halbleitern ändert sich nichtlinear mit der Temperatur. Der Temperaturkoeffizient ist negativ und wesentlich größer als bei Metallen.

Kennwerte von Widerstandsthermometern: Für Präzisionsmessungen bevorzugt man die Metalle Nickel und Platin als Meßfühler. Begründet ist dies in der Langzeitkonstanz des Widerstands, der Korrosionsfestigkeit und der annähernd linearen Widerstands-Temperatur-Charakteristik. Nachteilig ist der verhältnismäßig kleine Temperaturbeiwert, den die Meßschaltung auswerten muß.

Kenndaten nach DIN 43 760:

Pt 100	Platinmeßfühler mit dem Widerstand $R_{\vartheta 0} = 100\,\Omega \pm 1‰$ bei 0 °C. Temperaturbereich −220 °C bis 750 °C.
Ni 100	Nickelmeßfühler mit dem Widerstand $R_{\vartheta 0} = 100\,\Omega \pm 1‰$ bei 0 °C. Temperaturbereich −60 °C bis 200 °C.

Der Meßwiderstand besteht aus einer Wicklung aus Platin- bzw. Nickeldraht, die auf ein Keramik- oder Glasröhrchen aufgebracht wird. Der ganze Widerstandskörper wird mit spezieller Keramikmasse in einem Hüllrohr vergossen. Die Anschlußdrähte werden entweder lose herausgeführt oder am Ende des Hüllrohrs an einer Anschlußarmatur fixiert. Die Ausführungsformen sind je nach Anwendungsfall sehr verschieden: Nadelfühler, Oberflächenfühler, Einschraubfühler sind nur einige Beispiele.

NTC-Halbleiter bestehen meist aus einer Mischung verschiedener Schwermetalloxide (Chrom-, Kobalt-, Nickel-, Mangan-, Eisenoxide). Sie werden in vielfältigen Formen hergestellt: Pillen, Plättchen, Röhrchen mit Anschlußdrähten oder einfach metallisierten Oberflächen zum direkten Einlöten in Schaltungen.

Der besondere Vorzug dieser Sensoren besteht in ihrer außerordentlich hohen Empfindlichkeit. Damit sind sie geeignet, noch kleinste Temperaturänderungen zu registrieren, die beispielsweise bei Vakuum- oder Strömungsmessungen durch unterschiedliche Wärmeabgabe an das umgebende Medium auftreten.

Nachteilig sind die relativ geringe Langzeitkonstanz des Widerstands und die große Streuung des Temperaturkoeffizienten.

Zulässiger Temperaturbereich:	−50 °C bis 200 °C.
Widerstandsnennwerte:	Einige Ohm bis Kiloohm bei 0 °C oder 20 °C.

> NTC-Halbleiter-Meßfühler werden wegen ihrer großen Empfindlichkeit zur Messung sehr kleiner Temperaturänderungen verwendet.

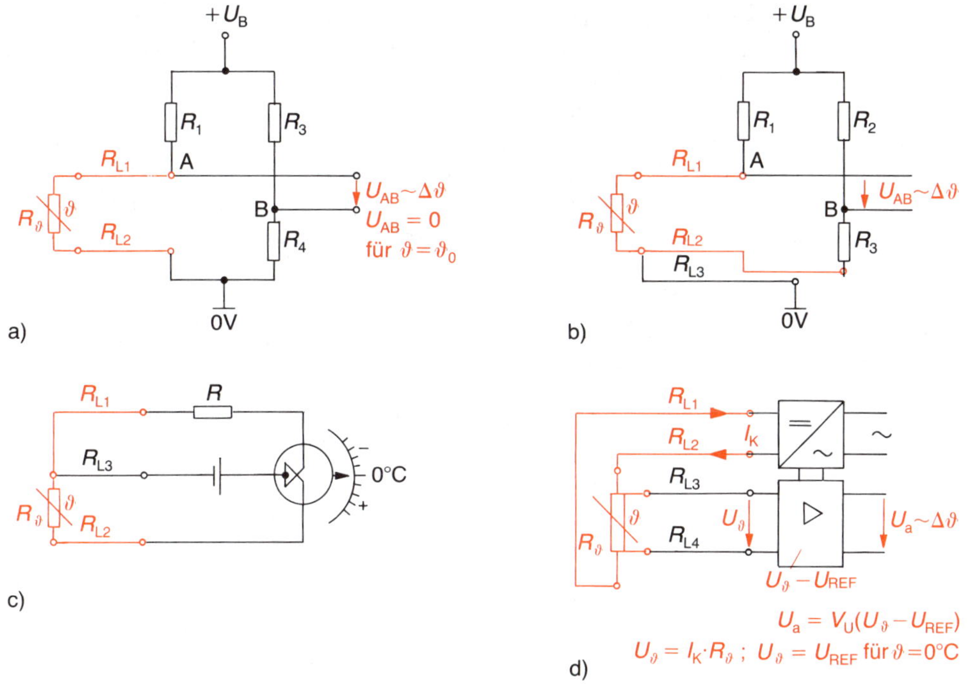

Bild 6.27 Meßschaltungen für Widerstandsthermometer
a) Zweileiterschaltung
b) Dreileiterschaltung
c) Dreileiterschaltung mit Kreuzspulmeßwerk
d) Vierleiterschaltung

Meßschaltungen für Widerstandsthermometer: Die Temperaturmessung mit dem Widerstandsthermometer ist keine Absolutwertmessung. Der Widerstand des Meßfühlers ist bei der Temperatur $\vartheta_0 = 0\,°\mathrm{C}$ definiert, gemessen werden nun die Widerstandsänderungen, die sich bei Temperaturänderungen ergeben. Als Meßschaltung kommt daher die Brückenschaltung aus ohmschen Widerständen in Frage. Ein Problem bei der Messung stellt der Temperaturgang der Zuleitungen (Kupfer) zum Widerstandsthermometer dar. Sind diese sehr lang, so können die Raumtemperaturschwankungen Fehler bewirken, da sich ja der Kupferwiderstand der Leitungen mit dem Temperaturbeiwert $\alpha \approx 0{,}4\frac{\%}{\mathrm{K}}$ ändert. Dies kann bei der geringen Empfindlichkeit von Pt-100- oder Ni-100-Meßfühlern durchaus einen nennenswerten Einfluß auf das Meßergebnis haben. Die Meßschaltung Bild 6.27a, Zweileiterschaltung genannt, ist daher nur für kurze Verbindungsleitungen geeignet.

Die Dreileiterschaltung Bild 6.27b zeigt, wie der Raumtemperatureinfluß auf die Zuleitungen kompensiert werden kann. In jedem Brückenzweig befindet sich eine Zuleitung, so daß die Widerstandsänderung der Leitungen keine Brückenspannung erzeugt. Eine besondere Variante der Dreileiterschaltung ergibt sich bei Verwendung des Kreuzspulmeßwerks als Anzeigeinstrument (Bild 6.27c).
Die Vierleiterschaltung stellt sicher die optimale Lösung dar und wird für Präzisionsmessungen meist bevorzugt. Das Widerstandsthermometer wird über zwei Leitungen L_1 und L_2 mit

Konstantstrom gespeist. Über zwei weitere Leitungen L_3 und L_4 greift man den Spannungsabfall unmittelbar am Meßwiderstand ab. Diese Spannung wird einem hochohmigen Verstärker zugeführt, so daß hier praktisch kein Strom fließt, die Leitungswiderstände also nicht in die Messung eingehen. Die abgegriffene Spannung U_ϑ vergleicht man mit einer Referenzspannung U_{REF} und bildet daraus die Ausgangsspannung als Meßwert. Der Spannungsvergleich kann auch wieder mit Hilfe einer Brückenschaltung realisiert werden.

Der Meßstrom durch den Widerstand des Thermometers liegt bei 1 mA bis 10 mA. Verwendet man einen Pt-100-Meßwiderstand, so erhält man bei $I_K = 10\,\text{mA}$ den Grundwert:

$$U_{\vartheta 0} = I_K \cdot R_{\vartheta 0}; \quad U_{\vartheta 0} = 10\,\text{mA} \cdot 100\,\Omega = 100\,\text{mV}$$

Rechnet man mit dem mittleren Temperaturkoeffizienten $\alpha_{Pt} = 3{,}85 \cdot 10^{-3} \cdot \frac{1}{K}$, so ergibt sich eine Widerstandsänderung je Kelvin:

$$\Delta R_\vartheta = R_{\vartheta 0} \cdot \alpha_{Pt}; \quad \Delta R_\vartheta = 100\,\Omega \cdot 3{,}85 \cdot 10^{-3} \cdot \frac{1}{K}$$

Die resultierende Spannungsänderung beträgt:

$$\Delta U_\vartheta = I_K \cdot \Delta R_\vartheta; \quad \underline{\underline{\Delta U_\vartheta}} = 10\,\text{mA} \cdot \underline{\underline{0{,}385\frac{\Omega}{K}}} = 3{,}85 \cdot \frac{\text{mV}}{K}$$

Im Bereich 0 °C bis 100 °C kommt man also auf eine Spannung von etwa 385 mV.

> Widerstandsthermometer werden in Brückenschaltung betrieben. Man unterscheidet: Zweileiter-, Dreileiter- und Vierleiterschaltungen.

6.5.2 Temperaturmessung mit Thermoelementen

Berühren sich zwei verschiedene Metalle, dann wechseln aufgrund von Unterschieden in den atomaren Energieniveaus Elektronen von einem Metall zum anderen über. Es entsteht eine Spannung, die um so größer ist, je höher die Temperatur der Berührungsstelle ist. Diese Thermospannung kann zur Temperaturmessung ausgenutzt werden. Die Berührungsstelle bildet das Thermoelement.

> Berühren sich zwei verschiedene Metalle, dann entsteht ein Thermoelement, dessen Spannung temperaturabhängig ist.

Thermoelektrische Spannungsreihe: Um die Spannungen, die sich bei der Berührung verschiedener Metalle ausbilden, vergleichen zu können, hat man eine Spannungsreihe aufgestellt. Hier werden die Spannungen aufgeführt, die sich bei der Berührung mit Platin ergeben. Die Messung dieser Spannung ist nicht ohne weiteres möglich, da sich ja beim Anschluß des Spannungsmessers wiederum zwei Kontaktstellen, also zwei Thermoelemente, bilden und das Meßergebnis verfälschen. Gemessen wird daher nicht die Thermospannung selbst, sondern die Differenz der Thermospannungen zwischen zwei Thermoelementen, die sich aber durch die Temperatur unterscheiden.

Bild 6.28 Meßschaltung zur Aufnahme der thermoelektrischen Spannungsreihe

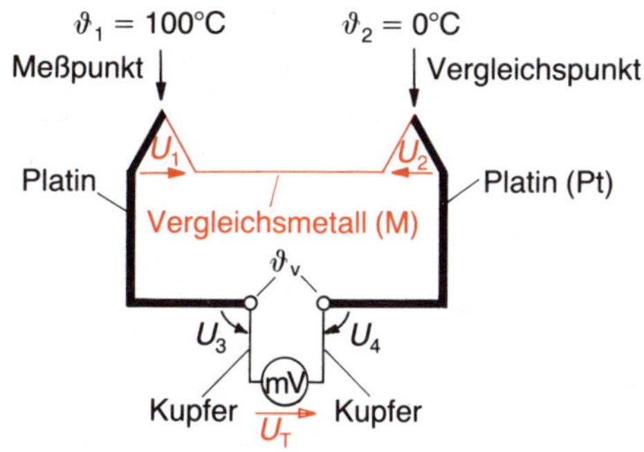

Bild 6.28 zeigt die Meßordnung. Man erkennt, daß an vier Stellen Spannungen auftreten: U_1, U_2, U_3, U_4. Sorgt man dafür, daß die Anschlußpunkte für den Spannungsmesser die gleiche Temperatur ϑ_v haben, dann heben sich die Spannungen U_3 und U_4 gegenseitig auf. Es wird angezeigt:

$$U_T = U_1 - U_2 + U_4 - U_3$$
$$U_T = U_1 - U_2$$

Die Kontaktspannungen sind eine Funktion der absoluten Temperatur. Es gilt:

$$U_1 = K_{PtM} \cdot T_1; \quad U_2 = K_{PtM} \cdot T_2$$

Daraus erhält man:

$$U_T = K_{PtM} \cdot (T_1 - T_2)$$
und mit $T_1 - T_2 = \vartheta_1 - \vartheta_2$

$$\boxed{U_T = K_{PtM} \cdot (\vartheta_1 - \vartheta_2)} \qquad \text{(Gl. 6.17)}$$

K_{PtM} Thermokonstante zwischen Platin und dem Vergleichsmetall

Aus der Messung nach Bild 6.28 kann man nun auf die Thermokonstante K_{PtM} schließen.

$$\vartheta_1 - \vartheta_2 = \Delta\vartheta$$
$$\Delta\vartheta = 100\,\text{K}$$

$$\boxed{K_{PtM} = \frac{U_T}{\Delta\vartheta}}$$

$$\boxed{K_{PtM} = \frac{U_T}{100\,\text{K}}} \qquad \text{(Gl. 6.18)}$$

Mißt man nun für verschiedene Metalle die Spannung U_T, so lassen sich die Thermokonstanten nach Gl. 6.18 errechnen und tabellarisch darstellen. Damit ergibt sich die thermoelektrische Spannungsreihe (Tabelle 6.3).

Vergleichsmetall gegen Platin	Thermokonstante in $\frac{\mu V}{K}$
Konstantan Nickel Palladium	−34,7 bis −30,4 −19,4 bis −12 −2,8
Platin	0
Wolfram Platinrhodium mit 10% Rh Kupfer Maganin Eisen Nickelchrom Silizium	6,5 bis 9 6,5 7,2 bis 7,7 5,7 bis 8,2 18,7 bis 18,9 22 448

Tabelle 6.3 Auszug aus der thermoelektrischen Spannungsreihe

> Die thermoelektrische Spannungsreihe gibt die Thermokonstanten der verschiedenen Leiterwerkstoffe gegen Platin an.

Temperaturmessung: In der Praxis wird man schon aus Kostengründen nur in bestimmten Fällen Thermoelemente unter Verwendung von Platin einsetzen. Wie aber errechnet sich die Thermospannung bei beliebigen Metallkombinationen?

Dies wird anhand Bild 6.29a veranschaulicht. Zwei verschiedene auf Platin bezogene Metalle M_1 und M_2 werden in einer Thermokette zusammengeschaltet. Daraus ergibt sich die Gesamtspannung:

$$U_T = U_{T1} - U_{T2}$$

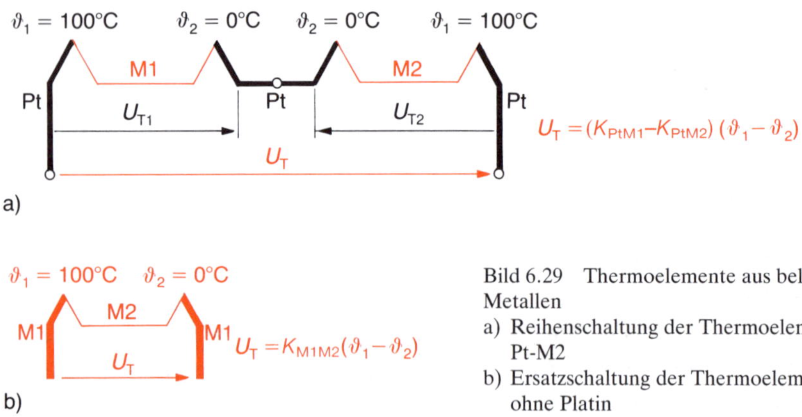

Bild 6.29 Thermoelemente aus beliebigen Metallen
a) Reihenschaltung der Thermoelemente Pt-M1, Pt-M2
b) Ersatzschaltung der Thermoelementkette ohne Platin

Verwendet man nun Gl. 6.17, so läßt sich die Spannung U_T berechnen:

$$U_T = K_{PtM1}\,(\vartheta_1 - \vartheta_2) - K_{PtM2}\,(\vartheta_1 - \vartheta_2)$$
$$U_T = (K_{PtM1} - K_{PtM2}) \cdot (\vartheta_1 - \vartheta_2)$$

Es ist ersichtlich, daß sich die wirksame Thermokonstante zwischen den Metallen M_1 und M_2 aus der Differenz der Thermokonstanten gegen Platin ergibt

$$\boxed{K_{M1M2} = K_{PtM1} - K_{PtM2}}$$

$$\boxed{U_T = K_{M1M2} \cdot (\vartheta_1 - \vartheta_2)} \qquad \text{(Gl. 6.19)}$$

> Die Thermokonstante zwischen beliebigen Metallen ist die Differenz der Thermokonstanten der thermoelektrischen Spannungsreihe dieser Metalle.

Daraus resultiert, daß die Thermokette Bild 6.29a auch ohne Beteiligung von Platin realisiert werden kann, wie Bild 6.29b zeigt.

Will man nun eine Temperaturmeßeinrichtung aufbauen, so ist zunächst erst einmal wichtig zu erkennen, daß es um die Messung einer Temperaturdifferenz geht. Die eine Temperatur ist die des Meßortes, die zweite ist eine Vergleichstemperatur, die konstant gehalten werden muß. Bild 6.30 verdeutlicht noch einmal den Meßvorgang. Das Thermoelement mit den

Bild 6.30
Temperaturmessung mit einem Thermoelement

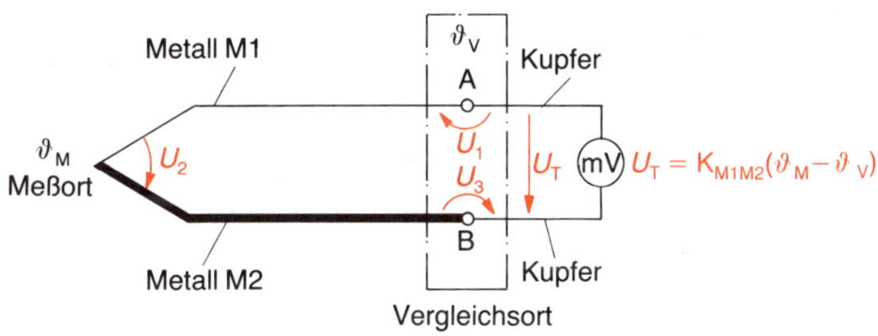

Metallen M_1, M_2 soll die Temperatur ϑ_M messen. Das Meßgerät ist am Vergleichsort angeschlossen, hier herrscht die Temperatur ϑ_v. Somit müssen drei Kontaktstellen beachtet werden: Die angezeigte Thermospannung U_T errechnet sich unter Verwendung der thermoelektrischen Spannungsreihe

$$U_T = U_1 + U_2 + U_3$$
$$U_T = (K_{PtCu} - K_{PtM1}) \cdot (\vartheta_v - 0\,°C) + (K_{PtM1} - K_{PtM2}) \cdot (\vartheta_M - 0\,°C) + (K_{PtM2} - K_{PtCu}) \cdot (\vartheta_v - 0\,°C)$$
$$U_T = \cancel{K_{PtCu}} \cdot \vartheta_v - K_{PtM1} \cdot \vartheta_v + K_{PtM1} \cdot \vartheta_M - K_{PtM2} \cdot \vartheta_M + K_{PtM2} \cdot \vartheta_v - \cancel{K_{PtCu}} \cdot \vartheta_v$$
$$U_T = (K_{PtM1} - K_{PtM2}) \cdot (\vartheta_M - \vartheta_v)$$

$$\boxed{U_T = K_{M1M2} \cdot (\vartheta_M - \vartheta_v)} \qquad \text{(Gl. 6.20)}$$

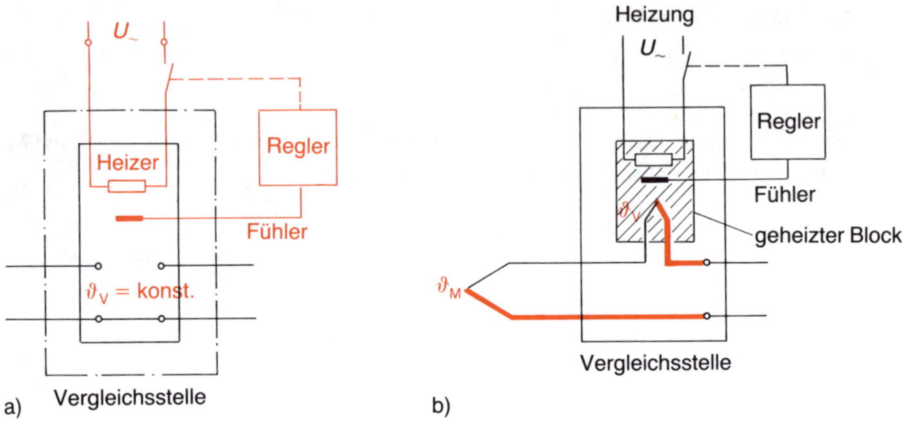

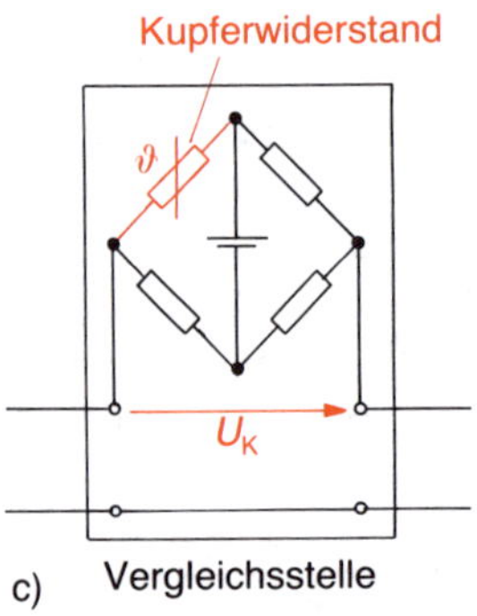

Bild 6.31 Stabilisierung der Vergleichsstellentemperatur
a) Temperaturregelung der Vergleichsstelle
b) Thermoelement an der Vergleichsstelle, temperaturgeregelt
c) Kompensationsbrückenschaltung zur Kompensation des Einflusses von Raumtemperaturschwankungen

Die Gleichung zeigt, daß die Anschlußpunkte des Meßgeräts (A, B) nicht in die Messung eingehen, sofern beide Leitungen aus gleichem Material sind und kein Temperaturunterschied zwischen A und B besteht.

> Die Thermoelementmeßeinrichtung liefert eine Spannung, die der Differenz zwischen den Temperaturen am Meßort und am Vergleichsort proportional ist.

Aus diesen Überlegungen ergibt sich, daß die Genauigkeit der Messungen ganz entscheidend vom Vergleichsort mitbestimmt wird.

Konstanthaltung der Vergleichsstellentemperatur: Eine naheliegende Lösung zur Konstanthaltung der Temperatur besteht in einer Temperaturregelung der Vergleichsstelle. Dies kann so geschehen, daß das ganze Klemmbrett durch einen geregelten Heizer auf konstanter Temperatur gehalten wird oder daß an der Vergleichsstelle ein zweites gleichartiges Thermoelement wie am Meßort angebracht wird, das auf konstante Temperatur geregelt wird.

Schließlich kann man auch eine Temperaturkompensation vornehmen. Dazu wird an der Vergleichsstelle eine temperaturgesteuerte Brückenschaltung vorgesehen. Diese liefert bei Temperaturschwankungen eine Spannung, die den Fehler ausgleicht. Die Bilder 6.31a bis c zeigen die beschriebenen Anordnungen.

Wenn mit dem Thermoelement hohe Temperaturen gemessen werden sollen, ist es notwendig, die Vergleichsstelle in einiger Entfernung vom Meßort anzubringen, um Temperaturbeeinflussung durch Wärmeleitung zu vermeiden. Da das Material der Thermoelemente meist recht teuer ist, werden die Verbindungsleitungen zwischen Meß- und Vergleichsort nicht aus dem Material des jeweiligen Thermoelementschenkels hergestellt, sondern aus einer billigeren Legierung (nicht für hohe Temperaturen geeignet), die aber die gleiche Thermokonstante wie das angeschlossene Thermoelementmetall hat. Diese Leitungen werden Ausgleichsleitungen genannt (Bild 6.32).

Bild 6.32
Aufbau einer Thermoelement-Temperaturmeßanordnung

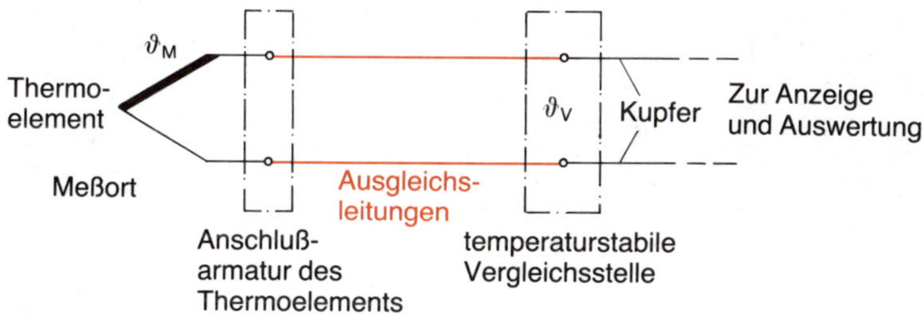

Die Meßanordnung zur Temperaturmessung mit dem Thermoelement umfaßt: Thermoelement, Ausgleichsleitungen, temperaturstabilisierte Vergleichsstelle.

Kenndaten von Thermoelementen: Die industriell eingesetzten Thermoelemente sind in DIN 43 710 aufgeführt und nach Spannungswerten geordnet. Nach der amerikanischen ANSI-Norm haben die einzelnen Thermopaare Kennbuchstaben. Tabelle 6.4 zeigt eine Zusammenstellung der Daten.

Werkstoff	Temperaturbereich in °C	Mittelwert der Thermokonstante in $\frac{\mu V}{K}$	Kennbuchstabe nach ANSI
W 5 Re – W 26 Re	0 bis 2300	16	C
NiCr-Konstantan	0 bis 982	76	E
Fe-Konstantan	−184 bis 760	56	J
NiCr – Ni	−184 bis 1260	41	K
Pt 13 Rh-Pt	0 bis 1593	12	R
Pt 10 Rh-Pt	0 bis 1538	10	S
Cu-Konstantan	−184 bis 400	51	T

W: Wolfram, Re: Rhenium, Ni: Nickel, Cr: Chrom, Fe: Eisen, Pt: Platin, Rh: Rhodium, Cu: Kupfer

Tabelle 6.4 Zusammenstellung wichtiger Thermoelemente.

Die Thermospannungen liegen im Mikrovolt-Bereich und erfordern einen hochverstärkenden Gleichspannungsverstärker zur Auswertung. Die Meßspannung ist im Vergleich zum Widerstandsthermometer etwa um den Faktor 100 kleiner.

Die nach DIN 43710 genormten Thermopaare müssen enge Toleranzgrenzen in der Herstellung einhalten. Beim Einsatz in Hochtemperaturbereichen (>1000 °C) führt der Dauerbetrieb zu bleibenden Veränderungen der Thermokonstante. Eine regelmäßige Kontrolle ist daher unumgänglich.

7 Elektronische Meßgeräte

7.1 Meßverstärker

7.1.1 Aufgaben und Eigenschaften

Jedes elektronische Meßgerät verfügt über einen oder mehrere Meßverstärker, die der Vergrößerung sehr kleiner Meßsignale, aber auch der Signalumformung oder Verknüpfung mit weiteren Meßwerten dienen können. Daraus ergibt sich eine Fülle unterschiedlicher Verstärkerarten. Eine entscheidende Bedeutung hat bei allen Meßverstärkern die Gegenkopplungstechnik. Mit deren Hilfe kann ein universales Verstärkerelement (wie z. B. der Operationsverstärker) durch entsprechende Beschaltung zu einem Meßverstärker mit speziellen Eigenschaften entwickelt werden.

Auf die Gegenkopplungstheorie soll in diesem Buch nicht näher eingegangen werden. Der Leser wird auf die ausführliche Darlegung zur Gegenkopplung beim Operationsverstärker in Beuth/Schmusch, «Elektronik 3, Grundschaltungen» der Vogel-Fachbuchreihe «Elektronik» verwiesen.

Als Teil eines Meßgerätes werden von einem Meßverstärker hohe Anforderungen an die Signalübertragung gestellt, d. h., er muß Meßeigenschaften besitzen.

> Meßverstärker besitzen Meßeigenschaften. Sie dienen der Signalverstärkung, Signalumformung oder Überlagerung verschiedener Signale.

Übertragungsfaktor und Linearität
Zwischen Eingangssignal X_E und Ausgangssignal X_A besteht ein fester Zusammenhang, der durch den Übertragungsfaktor $Ü$ gegeben ist:

$$Ü = \frac{X_A}{X_E};\; X_A = Ü \cdot X_E$$

> Der Übertragungsfaktor eines linearen Verstärkers ist eine Konstante.

Das heißt, sein Wert ist unabhängig vom Momentanwert der Signalgröße. Dabei gibt es natürlich eine Grenze, die Aussteuerungsgrenze. Hier wird der Verstärker nicht linear.

Aber auch Temperaturschwankungen oder Schwankungen der Betriebsspannung haben Einfluß auf das Übertragungsverhalten und müssen bei der Konzeption eines Meßverstärkers berücksichtigt werden. Bild 7.1 zeigt typische Fehler eines linearen Verstärkers. Während Steigungsfehler (Bild a) relativ leicht korrigierbar sind, gelingt dies bei Linearitätsfehlern (Bild b) nur bis zu einem gewissen Grade. Linearitätsfehler werden vor allem durch die nichtlinearen Kennlinien der Verstärkerelemente verursacht.

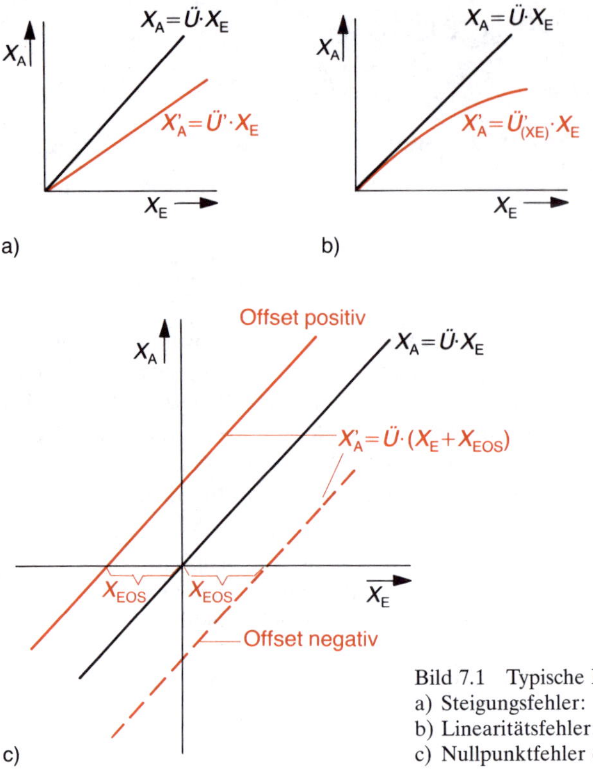

Bild 7.1 Typische Fehler eines linearen Meßverstärkers
a) Steigungsfehler: $\ddot{U}' < \ddot{U}$
b) Linearitätsfehler: $\ddot{U}' = f(x_E)$
c) Nullpunktfehler durch Eingangsoffset x_{EOS}

> Zur Verringerung von Linearitätsfehlern muß der Meßverstärker gegengekoppelt und weit unterhalb der Aussteuerungsgrenze betrieben werden.

Nullpunktstabilität

Wenn die Eingangsgröße X_E den Wert 0 annimmt, dann muß in der Regel auch die Ausgangsgröße $X_A = 0$ werden oder zumindest einen genau definierten Wert annehmen. Dies ist insbesondere bei Gleichspannungsverstärkern ein Problem, da ja die Arbeitspunktspannungen ebenfalls Gleichspannungen und vom eigentlichen Signal nicht zu unterscheiden sind. Die Verstärkerelemente müssen also einen sehr gut stabilisierten Arbeitspunkt haben. Dies wird ebenfalls nur durch Gegenkopplung erreicht. Die üblicherweise eingesetzten Operationsverstärker kennzeichnet man durch ihre Offsetspannung. Diese Gleichspannung, die je nach Typ im Millivolt- oder Mikrovoltbereich liegt, ist vor allem die Folge von Asymmetrien der Eingangstransistoren. Sie überlagert das Eingangssignal und verfälscht auf diese Weise das Ausgangssignal. Bild c verdeutlicht die Entstehung des Nullpunktfehlers durch den Offset. Je nach Polarität der Offsetspannung entsteht bei fehlendem Eingangssignal eine positive oder negative Ausgangsspannung.

Die Offsetspannung des Operationsverstärkers bewirkt einen Nullpunktfehler, der sich um so stärker auswirkt, je größer der Verstärkungsfaktor ist.

Die Offsetspannung ist abgleichbar. Da sie allerdings temperaturabhängig ist, hat der Abgleich letztlich nur für einen bestimmten Betriebszustand Gültigkeit. Mit Hilfe des Kennwerts Offsetspannungsdrift kann der Temperatureinfluß abgeschätzt werden.

Die Offsetspannungsdrift gibt an, um wieviel µV je Kelvin Temperaturänderung sich die Offsetspannung ändert.

Solange die Signalspannungen im Vergleich zur Offsetspannung groß sind, kann der Nullpunktfehler vernachlässigt werden. Anderenfalls muß entweder ein permanenter Offsetabgleich durchgeführt werden (automatischer Abgleich) oder man verwendet spezielle Chopperverstärker.

7.1.2 Grundformen

Meßverstärker lassen sich nach sehr unterschiedlichen Kriterien unterscheiden und einteilen. So kann man sich beispielsweise an der Frage orientieren, ob Ein- und Ausgangssignale jeweils Spannungen oder Ströme sind. Danach lassen sich vier Grundformen unterscheiden:
Spannungs-Spannungs-Umformer (Spannungsverstärker),
Spannungs-Strom-Umformer,
Strom-Spannungs-Umformer,
Strom-Strom-Umformer (Stromverstärker).

Der Begriff Umformer drückt dabei aus, daß sowohl die Eingangs- als auch die Ausgangsgröße Analoggrößen sind, die über einen Übertragungsfaktor miteinander verknüpft sind.

Spannungs-Spannungs-Umformer

Hierbei handelt es sich um einen Spannungsverstärker, Ein- und Ausgangssignal ist die Spannung. Bild 7.2a zeigt symbolhaft den Verstärker mit den gewünschten Eigenschaften bezüglich Ein- und Ausgang. Bild 7.2b stellt eine Schaltungsrealisierung mit Operationsverstärker dar.

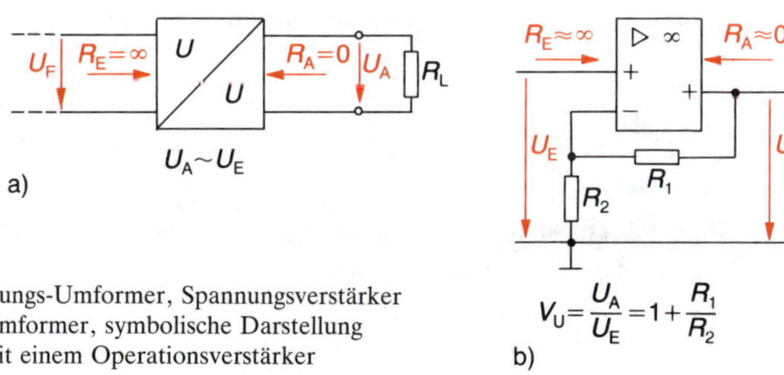

Bild 7.2 Spannungs-Spannungs-Umformer, Spannungsverstärker
a) Spannungs-Spannungs-Umformer, symbolische Darstellung
b) Schaltungsrealisierung mit einem Operationsverstärker

Der Spannungsverstärker (*U-U*-Umformer) bildet aus einer kleinen Eingangsspannung eine verstärkte Ausgangsspannung. Er besitzt einen großen Eingangswiderstand ($R_E \rightarrow \infty$) und einen sehr kleinen Ausgangswiderstand ($R_A \rightarrow 0$).

Der Eingang belastet die speisende Quelle wegen seiner Hochohmigkeit kaum. Am Ausgang wirkt der Verstärker wie eine Spannungsquelle, d. h., die Ausgangsspannung ist innerhalb gewisser Grenzen vom Lastwiderstand unabhängig und nur durch die Eingangsspannung bestimmt. Für die in Bild 7.2b dargestellte Schaltung gilt:

$$V_U = \frac{U_A}{U_E} = 1 + \frac{R_1}{R_2}$$ Spannungsverstärkung

$$U_A = (1 + \frac{R_1}{R_2}) \cdot U_E$$

Spannungs-Strom-Umformer

Das Eingangssignal ist hier wie beim Spannungsverstärker eine elektrische Spannung. Am Ausgang liefert der Verstärker aber einen Konstantstrom, der proportional zur Eingangsspannung ist. Die Bilder 7.3a und b zeigen die symbolische Darstellung und eine Realisierung mittels Operationsverstärker.

Der *U-I*-Umformer erzeugt einen Ausgangsstrom, dessen Betrag proportional zur Eingangssignalspannung ist. Ein- und Ausgangswiderstand des Verstärkers sind sehr hochohmig.

Ein besonderer Vorteil dieses Verstärkertyps besteht darin, daß der Ausgangsstrom lastunabhängig ist. Damit besteht die Möglichkeit am Ausgang längere Leitungen anzuschließen und die Auswertung des Stromes an einer vom Meßort entfernten Stelle vorzunehmen (Fernmessung). Um Leitungsunterbrechungen am Ausgang feststellen zu können, wird am Eingang häufig ein künstlicher Offset erzeugt, so daß auch bei Signalspannung $U_E = 0$ am Ausgang ein Grundstrom fließt (z. B. $I_A = 4\,mA$).

Der Umformungsvorgang in Bild 7.3b läßt sich durch die Beziehung

$$I_A = \frac{1}{R} \cdot U_E$$

darstellen. Die Gleichung zeigt, daß der Ausgangsstrom von U_E und dem Widerstand R, nicht aber vom Lastwiderstand R_L bestimmt ist.

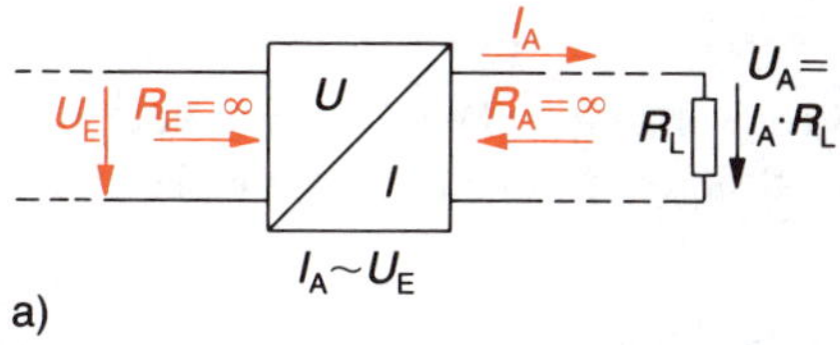

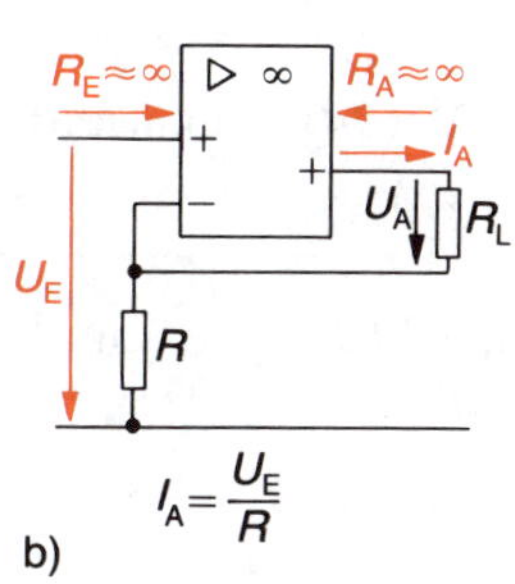

Bild 7.3 Spannungs-Strom-Umformer
a) Spannungs-Strom-Umformer, symbolische Darstellung
b) Schaltungsrealisierung mit einem Operationsverstärker

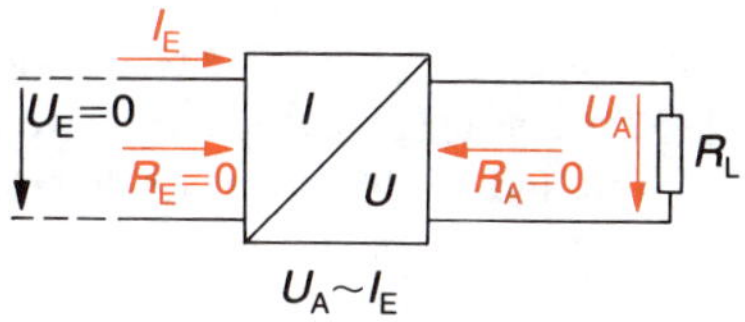

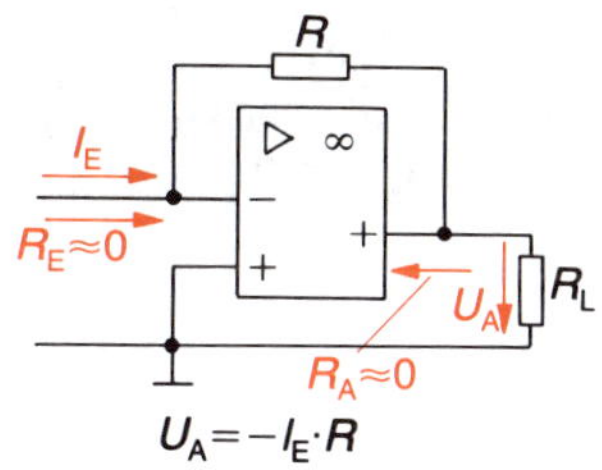

Bild 7.4 Strom-Spannungs-Umformer
a) Strom-Spannungs-Umformer, symbolische Darstellung
b) Schaltungsrealisierung mit einem Operationsverstärker

Strom-Spannungs-Umformer
Dieser Verstärker wirkt am Eingang wie ein Kurzschluß. Daher können nur Eingangsströme als Signale verarbeitet werden. Am Ausgang steht eine Spannung zur Verfügung, die dem Signalstrom proportional ist. Bild 7.4 zeigt die symbolische Darstellung und eine Schaltungsvariante.

Der *I-U*-Umformer bildet aus dem Signalstrom eine proportionale Spannung. Er hat einen sehr kleinen Ein- und Ausgangswiderstand ($R_E \to 0$, $R_A \to 0$).

Solche Umformer sind bei Stromstärkemessungen hilfreich, weil sie wegen des niedrigen Eingangswiderstands den Meßkreiswiderstand nicht verändern. Der Verstärker nach Bild 7.4b liefert die Ausgangsspannung

$$\boxed{U_A = -I_E \cdot R}$$

Das Minuszeichen ergibt sich aus der invertierenden Betriebsweise des Operationsverstärkers.

Strom-Strom-Umformer
Diesen Verstärkertyp kann man auch als Stromverstärker bezeichnen, da er aus einem Eingangsstrom einen verstärkten Ausgangsstrom bildet.

Der *I-I*-Umformer ist ein Stromverstärker. Der Eingangswiderstand ist sehr klein ($R_E \to 0$), am Ausgang wirkt die Schaltung wie eine Stromquelle ($R_A \to \infty$).

Bild 7.5 zeigt die symbolische Darstellung und eine Realisierungsmöglichkeit mit Operationsverstärker. Die Stromverstärkung läßt sich durch das Widerstandsverhältnis R_1, R_2 einstellen:

$$V_i = \frac{I_A}{I_E} = 1 + \frac{R_1}{R_2}$$

$$I_A = (1 + \frac{R_1}{R_2}) \cdot I_E$$

Mit Hilfe dieses Verstärkers lassen sich noch Ströme im Nano- oder Pikoamperebereich messen. Voraussetzung ist dabei die Verwendung eines Operationsverstärkers mit hochisolierenden MOS-FET-Eingangstransistoren und sehr geringer Offsetspannung.

7.1.3 Direktgekoppelte Instrumentierungsverstärker

In Abschnitt 7.1.2 wurden vier Grundformen von Meßverstärkern beschrieben und Realisierungsbeispiele mit dem Operationsverstärker gezeigt. Solange Wechselgrößen verstärkt und übertragen werden, sind diese Schaltungen gut einsetzbar. Problematisch ist die Verstärkung kleiner Gleichspannungen. Die Offsetspannung wirkt dabei besonders störend, wenn sie in der gleichen Größenordnung wie das Signal liegt. Eine für viele Zwecke ausreichende Verstärkerschaltung stellt die unter dem Namen Instrumentierungsverstärker bekannte Schaltung Bild 7.6 dar, die auch als integrierter Baustein zu erhalten ist. Die Ausgangsspannung wird mit den angegebenen Widerstandsbezeichnungen errechnet:

$$U_A = \frac{R_4}{R_3} \cdot (1 + 2 \cdot \frac{R_1}{R_2}) \cdot (U_{E1} - U_{E2})$$

Werden nun für die beiden Verstärker V_1 und V_2 zwei möglichst gleichartige Operationsverstärker verwendet, dann fallen deren Offsetspannungen wegen der Differenzbildung aus dem Ergebnis. Der Offseteinfluß von V_3 kann vernachlässigt werden, wenn sein Verstärkungsfaktor durch die Gegenkopplung klein gehalten wird, z. B. wählt man $R_4 = R_3$.

Die Gleichheit der Operationsverstärker V_1, V_2 und damit die Kompensation des Offset läßt sich durch Anwendung der integrierten Schaltungstechnik weitgehend erreichen. Das Übertragungsverhalten des Instrumentierungsverstärkers ist das eines universellen Spannungsverstärkers mit sehr hohen Eingangswiderständen für U_{E1} und U_{E2} und sehr niedrigem Ausgangswiderstand. Verwendet man nur den Eingang für U_{E1} und setzt $U_{E2} = 0\,\text{V}$, dann arbeitet die Schaltung als nichtinvertierender Verstärker. Mit U_{EZ} allein und $U_{E1} = 0\,\text{V}$ ergibt sich ein invertierender Verstärker. Werden beide Eingänge verwendet, erhält man einen Differenzverstärker. Letztere Anwendung ist dann wichtig, wenn die Spannung zwischen zwei potentialmäßig hochliegenden Punkten erfaßt werden soll. Bild 7.7 zeigt die Innenschaltung und Daten des integrierten Verstärkers INA 120 der Firma Burr-Brown.

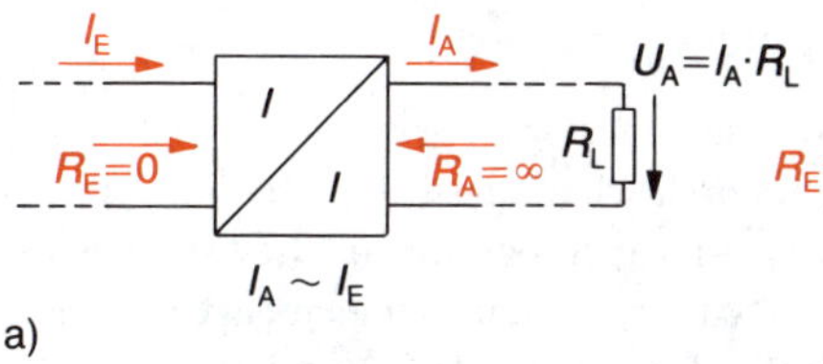

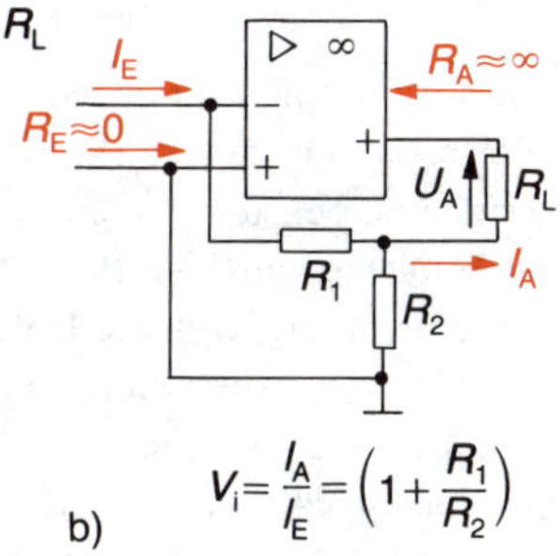

Bild 7.5 Strom-Strom-Umformer, Stromverstärker
a) Strom-Strom-Umformer, symbolische Darstellung
b) Schaltungsrealisierung mit einem Operationsverstärker

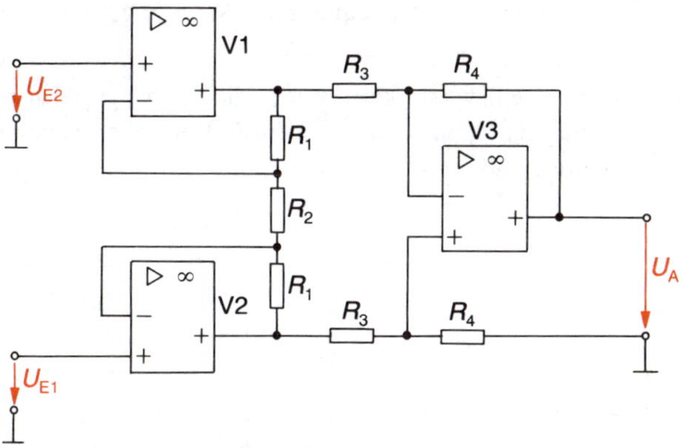

Bild 7.6
Instrumentierungsverstärker

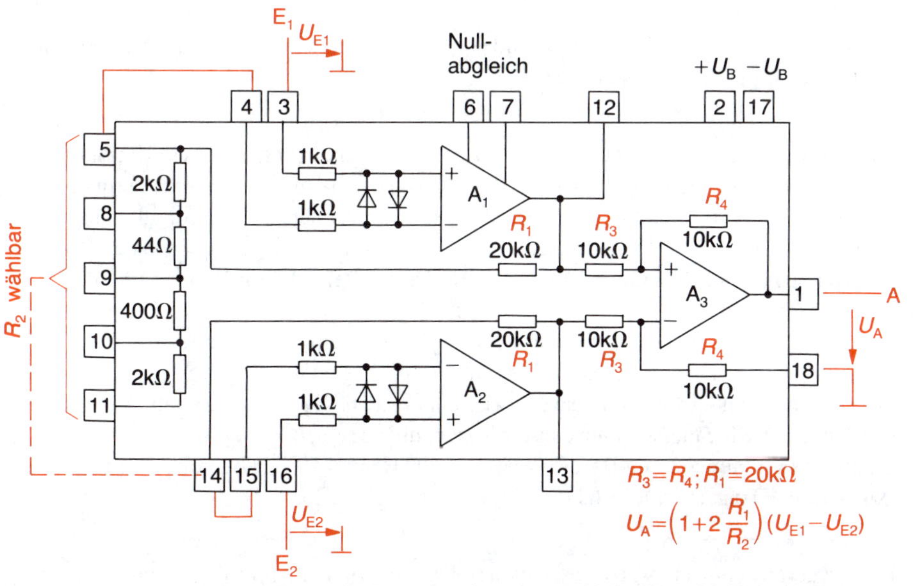

Bild 7.7 Innenschaltung und Daten des Instrumentierungsverstärkers INA 120 (Fa. Burr-Brown)
Absolut getrimmte Verstärkungs-Widerstände (0,2%). Durch «Gain-Sense»-Anschlüsse Aufbau von programmierbaren Verstärkerschaltungen möglich.

Verstärkung	G = 1/10/100/1000
Gaindrift	10 ppm/°C
Offsetspannung	25 μV
Offsetdrift	0,25 μV/°C
Linearität	0,005%
Gehäuse	DIP 18

7.1.4 Trägerfrequenzverstärker

Wie im vorangehenden Abschnitt gezeigt wurde, lassen sich störende Offseteinflüsse bei Gleichspannungsverstärkern durch schaltungstechnische Maßnahmen bis zu einem gewissen Grade kompensieren, allerdings nie ganz beseitigen. Dies ist um so problematischer je kleiner das Eingangssignal ist. Bei Wechselspannungssignalen dagegen spielt der Offset des Verstärkers eine untergeordnete Rolle. Hier geht es lediglich darum, daß Arbeitspunktverschiebungen nicht den Aussteuerbereich einschränken.

Es ist daher naheliegend, das Gleichspannungssignal in eine Wechselspannung umzuformen bevor es den Verstärker passiert. Am Ausgang steht dann nach Gleichrichtung der verstärkten Wechselspannung das Gleichspannungssignal wieder zur Verfügung. Dieses Prinzip wird beim Trägerfrequenzverstärker angewendet.

> Trägerfrequenzverstärker formen die Eingangsgleichspannung in eine Wechselspannung um, die dann verstärkt wird. Offsetgrößen haben bei diesen Verstärkern nahezu keinen Einfluß auf die Signalübertragung.

Man kann zwischen zwei unterschiedlichen Verstärkertypen unterscheiden: Chopperverstärker und Modulationsverstärker.

> Chopperverstärker:
> Die Eingangsgleichspannung wird «zerhackt» und bildet einen Rechteckpuls. Die Pulsfrequenz ist die zu verstärkende Trägerfrequenz.
> Modulationsverstärker:
> Das Eingangssignal steuert die Amplitude einer Trägerfrequenzspannung (Amplitudenmodulation), die dann verstärkt wird.

Trägerfrequenzverstärker werden nicht nur zur Verstärkung von kleinen Gleichspannungen eingesetzt, sie dienen auch der Übertragung von Wechselspannungen, deren Frequenzen in einem besonders störungsanfälligen Bereich liegen. Störfrequenzen sind vor allem unterhalb 500 Hz und oberhalb 50 kHz anzutreffen. Dazu gehören bei tiefen Frequenzen die Netzfrequenz von 50 Hz und ihre Oberwellen, die 16⅔ Hz im Bereich von Bahnen und das sogenannte Funkelrauschen der Halbleiter, das nach einer $1/f$-Funktion zu tiefen Frequenzen hin ansteigt. Bei hohen Frequenzen wirken sich z. B. Sendereinstreuungen oder Störspannungen von medizinischen Geräten besonders negativ auf die Signalübertragung aus.

Man wählt deshalb Trägerfrequenzen zwischen etwa 500 Hz und 50 kHz aus und transformiert damit die Eingangsspannung in die sogenannte «ruhige Zone». Die Bandbreite des Verstärkers kann nun auf den Bereich zwischen 500 Hz und 50 kHz begrenzt werden. In der Praxis wird die Trägerfrequenz häufig auf 5 kHz gelegt.

> Die Trägerfrequenz eines Trägerfrequenz-Meßverstärkers liegt in der «ruhigen Zone» zwischen 500 Hz und 50 kHz um eine möglichst störungsfreie Übertragung zu gewährleisten.

7.1.4.1 *Chopperverstärker*

Bild 7.8 zeigt den prinzipiellen Aufbau eines «Zerhackerverstärkers» mit den Signalverläufen, wenn als Eingangsspannung eine Gleichspannung gewählt wird. Der Schalter S_1 arbeitet als Gegentaktzerhacker, d. h., er wird im Rhythmus der Chopperfrequenz umgeschaltet und legt die Eingangsspannung wechselweise an die Enden der Primärwicklung des Transformators. In bezug auf die Mittelanzapfung wechselt somit die Stromrichtung in der Primärwicklung ständig (i_E, i'_E). Als Folge wird auf der Sekundärseite eine Spannung mit wechselnder Polarität induziert. Die Spannung U_1 ist mehr oder weniger rechteckförmig, je nach der Übertragungsbandbreite des Transformators. Nach der Verstärkung steht am Ausgang die Spannung U_2 an, deren Kurvenform von der Bandbreite des Verstärkers bestimmt, aber sinusähnlich ist. Nach Auskopplung über den Transformator T_2, Gleichrichtung und Aussiebung aller Wechselspannungsreste der Chopperfrequenz mit Hilfe des Tiefpasses ergibt sich die verstärkte Gleichspannung U_A.

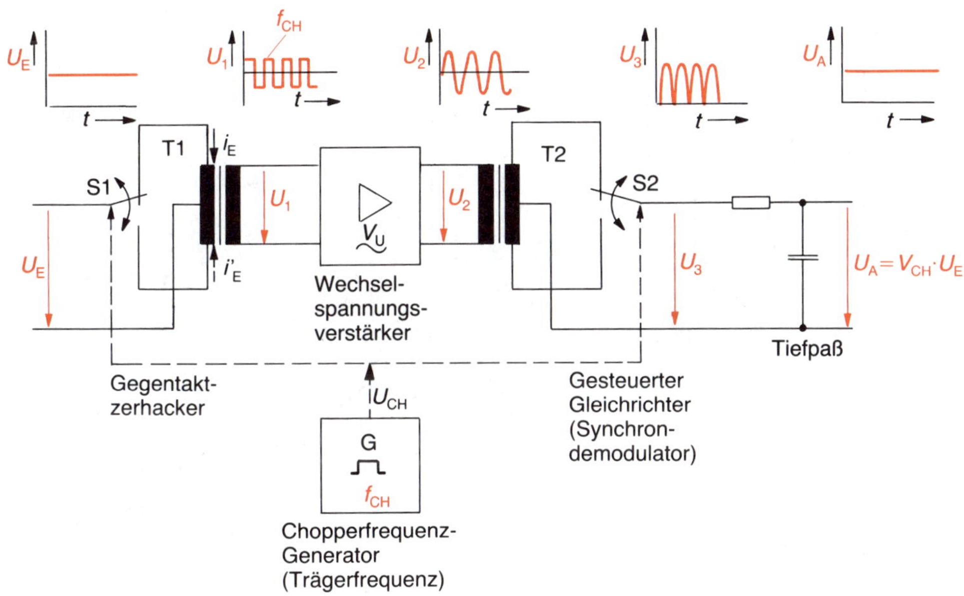

Bild 7.8 Prinzip eines Chopperverstärkers

Als Gleichrichter könnte grundsätzlich ein ungesteuerter Gleichrichter (1-Puls-Mittelpunktgleichrichter, 2-Puls-Brückengleichrichter) eingesetzt werden, wenn die Polarität des Eingangssignals nicht wechselt. Um einen universell einsetzbaren Verstärker für Wechselspannungen und Gleichspannungen beliebiger Polarität zu erhalten, muß der Gleichrichter gesteuert sein (Synchrondemodulator). Schalter S_2 in Bild 7.8 wird deshalb im gleichen Rhythmus umgeschaltet wie Schalter S_1. Damit bleibt die Polarität des Eingangssignals am Ausgang erhalten (vgl. Phasenselektiver Gleichrichter 5.10.2). Bild 7.9 veranschaulicht die Wirkungsweise am Beispiel einer Eingangswechselspannung u_E.

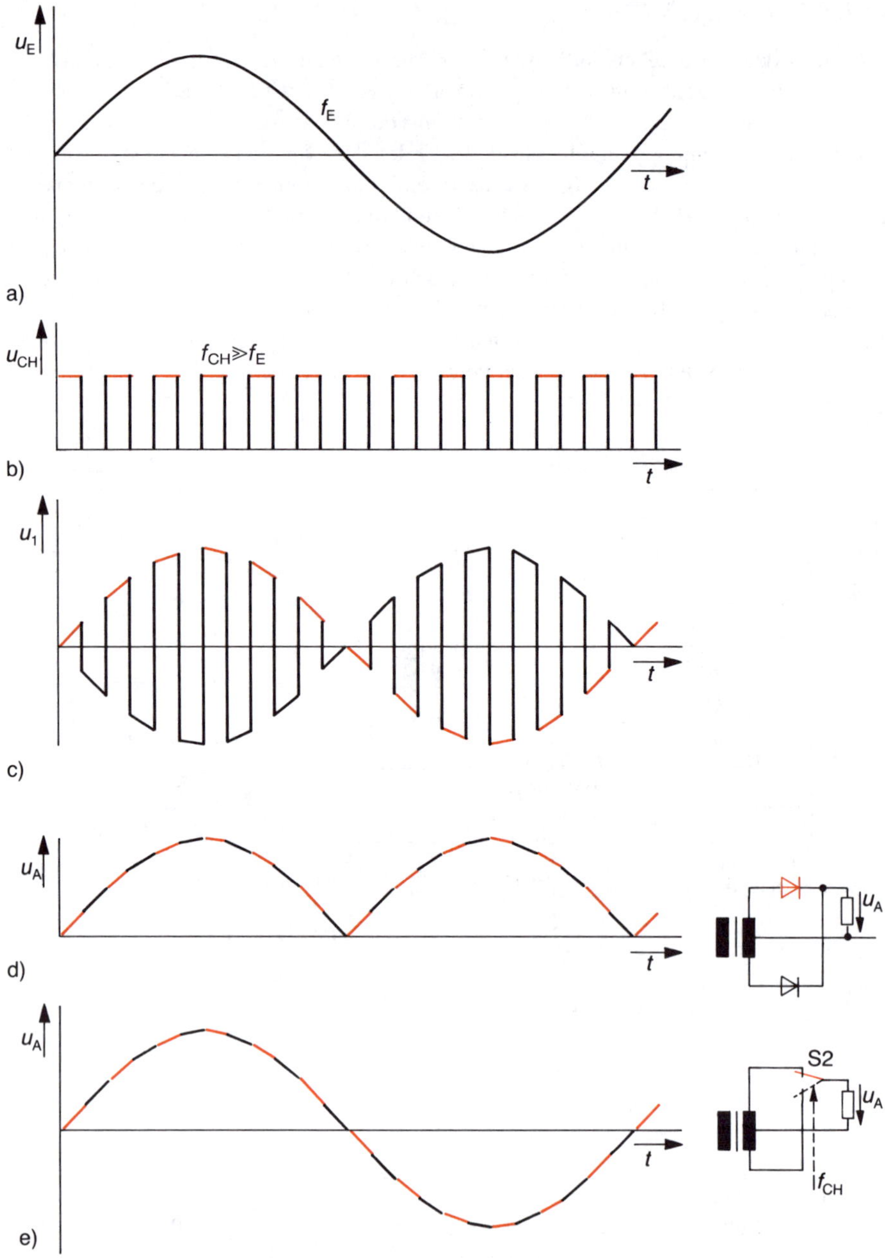

Bild 7.9 Ausgangsspannung eines Chopperverstärkers mit und ohne gesteuertem Gleichrichter
a) Eingangsspannung, Frequenz f_E
b) Chopperfrequenz f_{CH} (Trägerfrequenz), steuert den Schalter S1
c) zerhackte Eingangsspannung; (modulierte Trägerfrequenz)
d) Gleichrichtung mit ungesteuertem 2-Puls-Gleichrichter
e) Gleichrichtung mit gesteuertem 2-Puls-Gleichrichter

Der Chopperverstärker besteht aus:
- □ Chopperfrequenzgenerator,
- □ Zerhacker, von der Chopperfrequenz gesteuert,
- □ Wechselspannungsverstärker,
- □ Gleichrichter, von der Chopperfrequenz gesteuert,
- □ Ausgangstiefpaß.

Der Tiefpaß am Ausgang der Schaltung (Bild 7.8) muß so bemessen sein, daß alle von der Chopperfrequenz herrührenden Signalanteile ausgesiebt werden. Das ist problemlos möglich, wenn das Eingangssignal des Verstärkers nur eine Gleichspannung ist. In der Regel werden aber mit dem gleichen Verstärker auch Wechselspannungen zu übertragen sein. Um hierbei ein sicheres Aussieben der Chopperfrequenzreste zu ermöglichen – man denke an den allmählichen Übergang vom Durchlaß in das Sperrgebiet eines Tiefpasses –, darf die höchste Eingangsfrequenz nur etwa ⅕ bis ⅙ der Chopperfrequenz betragen.

Der Chopperverstärker verstärkt Gleich- und Wechselspannungen. Die obere Grenzfrequenz liegt immer unterhalb der Chopperfrequenz.

Chopperverstärker können als invertierende oder nicht invertierende Verstärker arbeiten, je nach Wahl des Wechselspannungsverstärkers, der ja selbst ein üblicher gegengekoppelter Operationsverstärker sein darf. Ebenso läßt sich der Chopperverstärker insgesamt gegenkoppeln, um die Verstärkung zu stabilisieren und den Frequenzgang zu linearisieren.

Der Chopperverstärker läßt sich als invertierender und nichtinvertierender Verstärker mit und ohne Gegenkopplung einsetzen.

Mit Chopperverstärkern erreicht man Offsetspannungswerte unter 1 μV und Driftspannungswerte um 10 nV je Kelvin. Der Eingangswiderstand ist hochohmig.

Chopperverstärker können grundsätzlich nach Bild 7.8 mit mechanischen Kontakten (Reedkontakten) realisiert werden, allerdings nur bei sehr niedrigen Chopperfrequenzen. Geeignet sind als Schalter auch Fotowiderstände, die von Wechsellicht beleuchtet, periodisch niederohmig und hochohmig geschaltet werden. Auch bei diesen Fotochoppern ist die Chopperfrequenz wegen der Trägheit der Fotowiderstände relativ niedrig zu wählen. Heute werden vor allem Feldeffekttransistoren als Schalter eingesetzt. Sie erlauben eine genügend hohe Chopperfrequenz und haben gegenüber bipolaren Transistoren den Vorteil, daß wegen des isolierten Gateanschlusses keine Restspannungen zwischen Drain und Source auftreten, wenn das Eingangssignal 0 wird.

Bild 7.10a zeigt einen Gegenaktzerhacker mit *n*-Kanal-Anreicherungs-MOS-FET. Der Choppergenerator muß hier zwei gegenphasige Rechteckspannungen liefern, damit V_1, V_2 wechselweise schalten. Als Generator könnte eine instabile Kippstufe dienen. Der 1-Takt-Zerhacker Bild 7.10b benötigt nur einen Schalttransistor und macht den Transformator

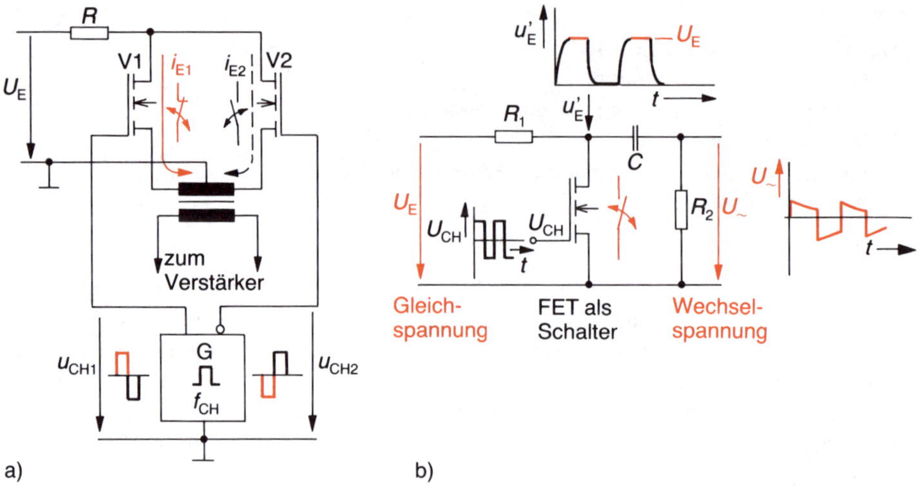

Bild 7.10 Zerhackerschaltungen
a) Gegentaktzerhacker mit n-Kanal-MOS-FET
b) 1-Takt-Zerhacker

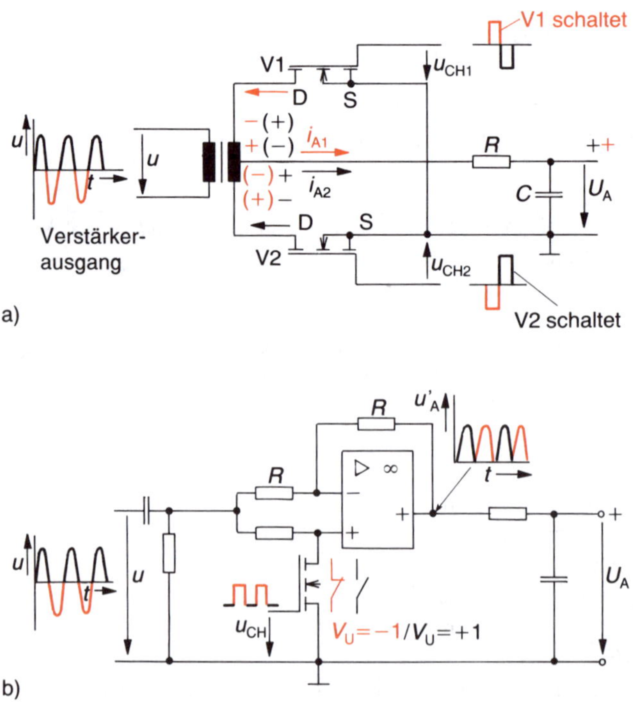

Bild 7.11 Gesteuerte Gleichrichter (Synchrondemodulatoren)
a) gesteuerter Gleichrichter mit n-Kanal-MOS-FET als Schalter
b) gesteuerter Gleichrichter mit Operationsverstärker

entbehrlich. Der Kondensator C trennt den Gleichspannungsteil der zunächst einseitigen Rechteckspannung (u'_E) ab, so daß wiederum eine Wechselspannung entsteht.

Als gesteuerter Gleichrichter bietet sich ebenfalls eine Schaltung aus MOS-Feldeffekttransistoren im Gegentakt (Bild 7.11a) an. Auch hier sind zwei gegenphasige Chopperspannungen (u_{CH1}, u_{CH2}) erforderlich.

Sowohl beim Zerhacker als auch beim Gleichrichter können die Feldeffekttransistoren je nach Polarität der zu verstärkenden Eingangsspannung auch invers betrieben sein. Bild 7.11a zeigt diesen Fall: Die Drainelektrode ist negativ gegenüber der Sourceelektrode. Im durchgeschalteten Zustand verhalten sich die Transistoren auch im inversen Betrieb wie niederohmige Widerstände.

Der in Bild 7.11a erforderliche Transformator kann entfallen, wenn die sehr einfache Schaltung nach Bild 7.11b eingesetzt wird. Sobald der dort dargestellte FET den P-Eingang des Operationsverstärkers auf Masse durchschaltet, arbeitet der Operationsverstärker als gegengekoppelter Verstärker mit der Spannungsverstärkung $V_u = -1$ und invertiert das Eingangssignal. Ist der FET sehr hochohmig, dann nimmt der Verstärkungsfaktor den Wert $V_u = +1$ an und das Eingangssignal erscheint unverändert am Ausgang des Verstärkers. Da ja der FET synchron zum Eingangssignal geschaltet wird, entsteht die Gleichrichtung.

Chopperstabilisierter Operationsverstärker

Wie bereits an anderer Stelle verdeutlicht wurde, bleibt der Einsatz des Chopperverstärkers wegen seiner relativ geringen Bandbreite – in der Praxis ist $f_{go} < 5$ kHz – auf die Verstärkung von Gleichspannungen und Wechselspannungen tiefer Frequenz begrenzt. Zur Erhöhung der Bandbreite kann der Chopperverstärker durch einen weiteren Operationsverstärker ergänzt werden. Dies zeigt Bild 7.12. Der Chopperverstärker N_1 verstärkt invertierend ($-V_{CH1}$) den seiner Bandbreite entsprechenden Teil des Eingangssignals. Der Tiefpaß *R, C* läßt nur dieses Frequenzband durch. Am P-Eingang von N_2 entsteht die Spannung:

$$U'_A = -V_{CH1} \cdot U_E \qquad \text{(Gl. 7.1)}$$

U'_A enthält die Gleichspannungsanteile und tiefen Frequenzen, wie dies der Frequenzgang für V_{CH1} (Bild 7.12b) verdeutlicht. Der Spannungsoffset spielt für N_1 keine Rolle mehr.

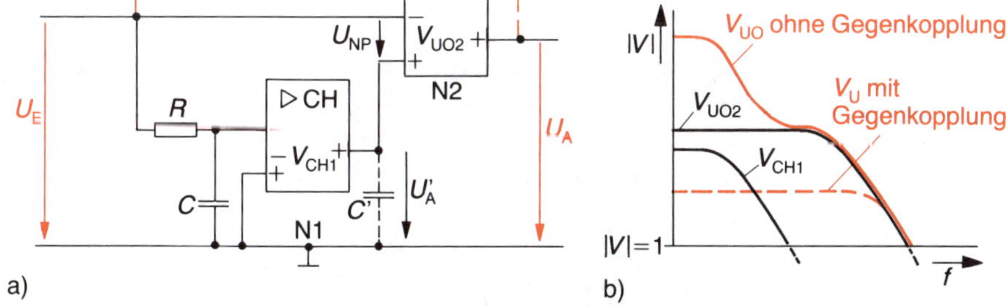

Bild 7.12 Chopperstabilisierte Operationsverstärker und Frequenzgang
a) Schaltung
b) Frequenzgang

Verstärker N_2 wird am N-Eingang mit U_E und am P-Eingang mit U'_A angesteuert und verstärkt die Differenz U_{NP}. Zusätzlich überlagert sich die Offsetspannung U_{OS2} von N_2. Als invertierender Verstärker $(-V_{UO2})$ liefert N_2 die Ausgangsspannung:

$$U_A = -(U_{NP} + U_{OS2}) \cdot V_{UO2}$$

Mit $U_{NP} = U_E - U'_A$

erhält man $U_A = -(U_E \; U'_A + U_{OS2}) = V_{UO2}$

Setzt man schließlich Gleichung 7.1 ein und formt um, erhält man die Ausgangsspannung:

$$U_A = -(U_E + V_{CH1} \cdot U_E + U_{OS2} \qquad \text{(Gl. 7.2)}$$

$$U_A = -(U_E + \frac{U_E}{V_{CH1}} + \frac{U_{OS2}}{V_{CH1}}) \cdot V_{UO2} \cdot V_{CH1}$$

Die Gleichung zeigt, daß sich die Offsetspannung des Verstärkers N_2 um den Verstärkungsfaktor V_{CH1} verkleinert auswirkt und somit ebenfalls vernachlässigbar wird. Näherungsweise gilt somit für Gleichspannungssignale und tiefe Frequenzen:

$$\boxed{U_A \approx -V_{UO2} \cdot V_{CH1} \cdot U_E} \qquad \text{(Gl. 7.3)}$$

Außerhalb des Übertragungsbereiches von N_1 wird $V_{CH1} = 0$. Der P-Eingang von N_2 liegt über den Ausgangstiefpaßkondensator C' des Chopperverstärkers auf Masse. Man errechnet in Gleichung 7.2 die Ausgangsspannung:

$$\boxed{U_A = -V_{UO2} \cdot U_E} \qquad \text{(Gl. 7.4)}$$

Das Bild 7.12b zeigt die Frequenzgänge (V_{UO2}, V_{CH1}) der beiden Verstärker N_1 und N_2 sowie den resultierenden Frequenzgang (V_{UO}) der gesamten Schaltung. Um den Verstärker sinnvoll einsetzen zu können, muß gegengekoppelt werden. Die Widerstände R_K, R_1 zeigen eine Möglichkeit. Damit stellt sich die ausgeglichene Verstärkung V_U im Bild 7.12b ein. Wie beim normalen Operationsverstärker läßt sie sich berechnen:

$$V_U = \frac{U_A}{U_E} = -\frac{R_K}{R_1}$$

> Der chopperstabilisierte Operationsverstärker beseitigt den Nachteil der niedrigen oberen Grenzfrequenz des Chopperverstärkers mit Hilfe eines zweiten Operationsverstärkers. Die Offsetspannung und Offsetspannungsdrift bleiben vernachlässigbar klein.

Bild 7.13
Prinzipschaltbild eines Diodenmodulators

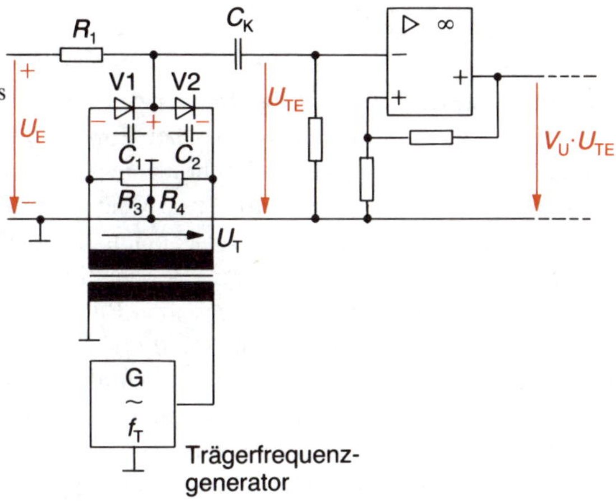

7.1.4.2 Modulationsverstärker

Im Unterschied zum Chopper- oder Zerhackerverstärker wird hier ein Modulator verwendet, bei dem eine sinusförmige Trägerspannung vom zu verstärkenden Eingangssignal amplitudenmoduliert wird. In speziellen Ausführungen, wie z. B. dem Trenn- oder Isolationsverstärker, wird auch Frequenzmodulation oder Impulsbreitenmodulation angewandt.

Nach der Modulation wird die Trägerspannung verstärkt und schließlich demoduliert. Am Ausgang steht das verstärkte Eingangssignal zur Verfügung. Bild 7.13 zeigt eine Modulationsschaltung mit Kapazitätsdioden. Man verwendet eine Brückenschaltung aus den Kapazitätsdioden V_1, V_2 und den Teilwiderständen des Abgleichpotentiometers R_3, R_4. Gespeist wird die Brücke von der Trägerfrequenzspannung U_T, deren Amplitude nur wenig Millivolt beträgt. Damit ist sichergestellt, daß die Dioden auch in Durchlaßrichtung sicher gesperrt bleiben und als Kapazitäten wirken. Die Kapazität der Dioden (C_1, C_2) ist spannungsabhängig. Mit ansteigender Sperrspannung nimmt sie ab. In Durchlaßrichtung gepolt, steigt die Kapazität mit der Spannung an, allerdings nimmt dabei die Güte rasch ab bis schließlich die Diffusionsspannung erreicht und die Diode leitend wird. Die Kapazität ist bei Durchlaßspannungen nahe 0 V ausnutzbar. Beide Dioden müssen in ihren Kennlinien übereinstimmen. Wenn $C_1 = C_2$ und $R_3 = R_4$ ist, wird die Brückenspannung $U_{TE} = 0$ V. Ein Feinabgleich ist mit dem Potentiometer möglich. Dieser Brückenabgleich ist jedoch nur gegeben, wenn die Eingangsspannung $U_E = 0$ V ist. Liegt nun am Eingang der Schaltung die Gleichspannung U_E mit der in Bild 7.13 angegebenen Polarität, dann wird V_1 in Sperrichtung vorgespannt, C_1 nimmt ab und V_2 wird in Durchlaßrichtung vorgespannt, C_2 nimmt zu. Die Brücke ist nun nicht mehr abgeglichen, es entsteht die Brückenspannung U_{TE}, deren Amplitude bei kleinen Verstimmungen proportional zur Eingangsspannung U_E ist.

Nach der Verstärkung erfolgt die Demodulation. Auch hier muß ein Synchrondemodulator verwendet werden, um die Polarität des Eingangssignals unterscheiden zu können (Bild 7.11). Der Verstärker ist für Eingangsspannungen im µV-Bereich geeignet. Sein besonderer Vorzug liegt in dem sehr hohen Eingangswiderstand, der im wesentlichen durch die Sperrströme der Dioden bestimmt ist.

> Der Diodenmodulationsverstärker wird als µV-Verstärker verwendet. Er besitzt einen besonders hohen Eingangswiderstand.

Trenn- oder Isolationsverstärker

Verstärker dieser Art sind Trägerfrequenzverstärker, die in erster Linie entwickelt wurden, um eine galvanische Trennung zwischen Ein- und Ausgang zu gewährleisten. Natürlich können diese Verstärker auch mit sehr kleinen Offsetspannungs- und -driftwerten hergestellt werden. Allerdings sind sie meist für Großsignalübertragungen mit Verstärkungsfaktoren 1 bis 100 konzipiert, wobei die Offsetspannung keine entscheidende Rolle mehr spielt.

Trennverstärker werden als integrierte Schaltkreise in der Hybridtechnik hergestellt und in SIP- oder DIP-Gehäuseformen angeboten. Bild 7.14 zeigt als Blockschaltbild den Innenaufbau des Verstärkers AD 202 von Analog Devices mit den PIN-Bezeichnungen eines SIP-Gehäuses. Der Innenaufbau macht deutlich, daß die galvanische Trennung durch Transformatoren erreicht wird. Sie erlauben eine Potentialdifferenz zwischen Ein- und Ausgang je nach Typ bis ca. 2000 V. Neben der magnetischen Kopplung findet bei anderen Verstärkern auch der Optokoppler oder kapazitive Kopplung Anwendung. Die Versorgungsspannung des AD 202 wird ausgangsseitig (+15 V) zugeführt.

Sie wird in eine Rechteckspannung umgeformt (25 kHz). Diese dient einerseits der gesteuerten Gleichrichtung des Demodulators, andererseits – nach Transformation in den Eingangskreis – der Steuerung des Modulators. Der Gleichrichter im Eingangskreis erzeugt die Gleichspannung (± 7,5 V) für die Bauteile der Eingangsseite ebenfalls aus der Rechteckspannung. Diese Gleichspannung steht außerdem zur Versorgung weiterer (leistungsarmer!) Schaltungen am Eingang zur Verfügung.

Die Signalspannung U_E am Eingang wird zunächst durch einen Operationsverstärker mit einstellbarer Gegenkopplung verstärkt (hier $V_U = 1$). Danach folgen Modulation der Trägerfrequenz (25 kHz), Transformation und Rückgewinnung der verstärkten Eingangsspannung durch Demodulation. Verstärker dieser Art werden zur Potentialtrennung zwischen Steuerstromkreisen und Leistungsstromkreisen (220-V-380-V-Netz) der Energietechnik oder bei Geräten in der Medizintechnik verwendet. Besonders ist heute der Einsatz in der

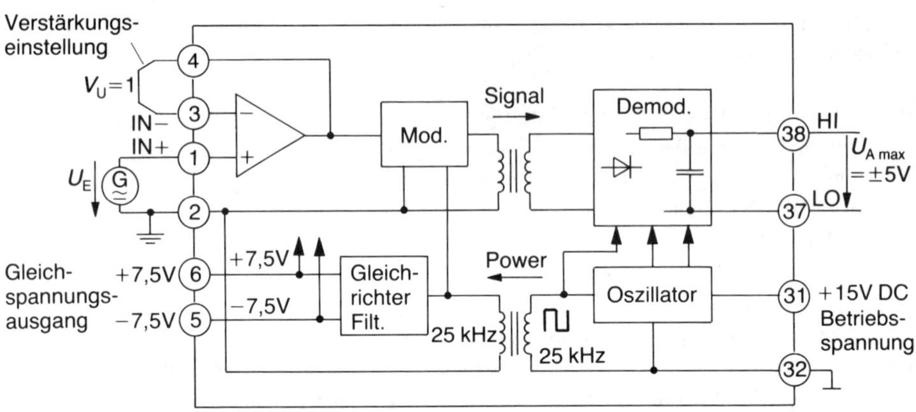

Bild 7.14 Funktionsschaltbild des Trenn- oder Isolationsverstärkers AD202 (Analog-Devices)
Daten:
Verstärkung $V_U = U_A/U_E = 1$ bis 100, je nach Einstellung
Bandbreite $f \approx 5$ kHz
Offsetspannung $U_{os} \approx 20$ mV
Offsetspannungsdrift $U_{os}/\delta \approx 15$ µV/K
Isolationsspannung zwischen Ein- und Ausgang $U_{eff} = 750$ V

Meßdatenverarbeitung zur Vermeidung von Masseausgleichströmen bei langen Leitungen zwischen Meßort und Auswertungs- bzw. Verarbeitungsort zu nennen.

Trenn- oder Isolationsverstärker ermöglichen die galvanische Trennung zwischen Ein- und Ausgangsseite durch magnetische, optische oder kapazitive Kopplung. Die Potentialdifferenz zwischen der Masse des Eingangs und des Ausgangs kann je nach Verstärkertyp bis zu ca. 2000 V betragen.

7.1.5 Rechnende Verstärker

Meßverstärker werden nicht nur zur Vergrößerung von Signalspannungen oder -strömen verwendet, sondern in vielfältiger Weise zur Umformung. Im einfachsten Fall wird beispielsweise eine Spannung in einen Strom oder umgekehrt ein Strom in eine Spannung umgeformt. Diese Verstärker wurden bereits in Abschnitt 7.1.2 beschrieben. Darüber hinaus werden rechnende Verstärker eingesetzt, um Leistungen, Effektivwerte oder arithmetische Mittelwerte zu bestimmen. In der Regelungstechnik benutzt man Analogrechner zur Simulation von Regelstrecken oder Reglercharakteristiken.

Im folgenden sollen einige Schaltungen zusammenfassend behandelt werden, die in der Meßtechnik Anwendung finden. Die Schaltungen werden in der Regel als integrierte Schaltkreise angeboten und basieren auf der Anwendung speziell gegengekoppelter Operationsverstärker.

7.1.5.1 Addier- und Subtrahierverstärker

Bild 7.15 zeigt diese beiden Schaltungen. Der Addierer Bild 7.15a kann mit beliebig vielen Eingängen ausgestattet werden. Der Eingangswiderstand jedes Eingangs hat den Wert

$$R_E = R$$

Die eigentliche Addition erfolgt durch N_1, allerdings mit negativem Vorzeichen. N_2 arbeitet als Inverter. Am Ausgang entsteht die Summenspannung

$$U_A = \frac{R_K}{R} \cdot (U_{E1} + U_{E2} + \ldots U_{En}) \qquad \text{(Gl. 7.5)}$$

Der Addierverstärker ermittelt die verstärkte Summe beliebig vieler Eingangsspannungen.

Um den Einfluß der Eingangsgleichströme (I_N, I_P) der Operationsverstärker auszugleichen, liegen in den P-Leitungen die Ausgleichswiderstände R_1 und R_2. Die Offsetspannung muß entsprechend den Datenblattangaben der Operationsverstärker kompensiert werden.

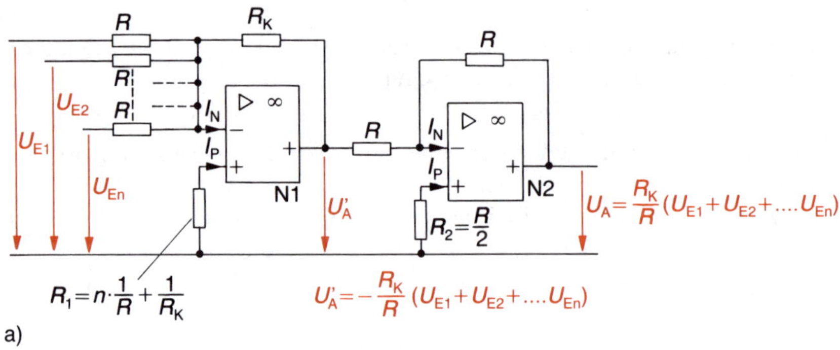

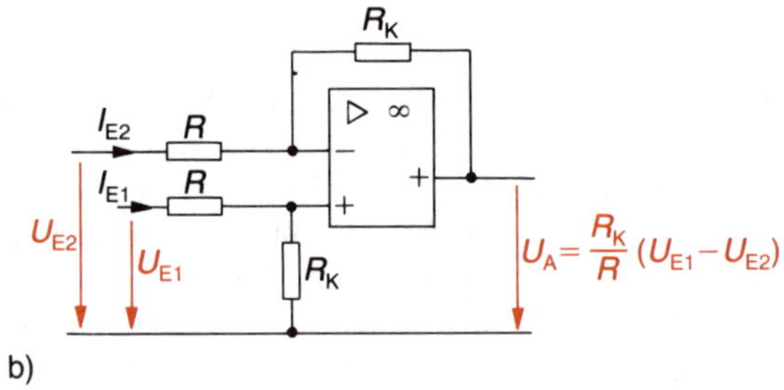

Bild 7.15
Addier- und Subtrahierverstärker
a) Addition
b) Subtraktion

Die Schaltung Bild 7.15b zeigt einen Subtrahierverstärker. Am Ausgang steht die verstärkte Spannungsdifferenz

$$U_A = \frac{R_K}{R} \cdot (U_{E1} - U_{E2}) \qquad \text{(Gl. 7.6)}$$

Der Substrahierverstärker bildet die verstärkte Differenz zweier Eingangsspannungen.

Die Eingangsströme I_{E1}, I_{E2} sind unterschiedlich zu ermitteln:

$$I_{E1} = \frac{U_{E1}}{R + R_K}$$

$$I_{E2} = \frac{1}{R} \cdot \left(U_{E2} - U_{E1}\right) \cdot \frac{R_K}{R + R_K}$$

Daraus ist ersichtlich, daß I_{E2} nicht nur von U_{E2}, sondern auch von U_{E1} abhängig ist. I_{E2} kann 0, positiv oder negativ werden. Um Fehlereinflüsse zu vermeiden, sollte die speisende Quelle einen niedrigen Innenwiderstand haben.

7.1.5.2 Betragbildung

Ein Betragbildner hat die Funktion des ungesteuerten 2-Puls-Gleichrichters. Bei den üblichen Schaltungen (Bild 5.6a, b) besteht allerdings zwischen Eingangs- und Ausgangssignal eine Potentialtrennung, die in vielen Fällen störend wirkt. Bei der Schaltung Bild 7.16 haben Eingangs- und Ausgangssignal den gleichen Massebezug. In der Schaltung arbeitet N_1 mit V_1

und R als 1-Puls-Gleichrichter für den positiven Teil der Eingangsspannung u_{E+}. Am Ausgang (A') ist wegen der Invertierung die Spannung $u'_A = -u_{E+}$ meßbar. Während der negativen Phase des Eingangssignals u_{E-} fließt nur Strom über V_2, damit ist hier $u'_A = 0\,V$.

Der Verstärker N_2 arbeitet als invertierender Addierverstärker, wobei allerdings die Eingangsspannungen unterschiedlich verstärkt werden:

Eingang 1; Verstärkung: $-\dfrac{2R}{2R} = -1$

Eingang 2; Verstärkung: $-\dfrac{2R}{R} = -2$

Damit entsteht die Ausgangsspannung

$$u_A = -(1 \cdot u_E + 2\,u'_A)$$

Gliedert man u_E in $u_E = u_{E+} + u_{E-}$ auf und setzt $u'_A = -u_{E+}$ ein, dann ergibt sich

$$u_E = -(u_{E+} + u_{E-} - 2\,u_{E+})$$

$$\boxed{u_A = u_{E+} - u_{E-} = |u_E|}$$

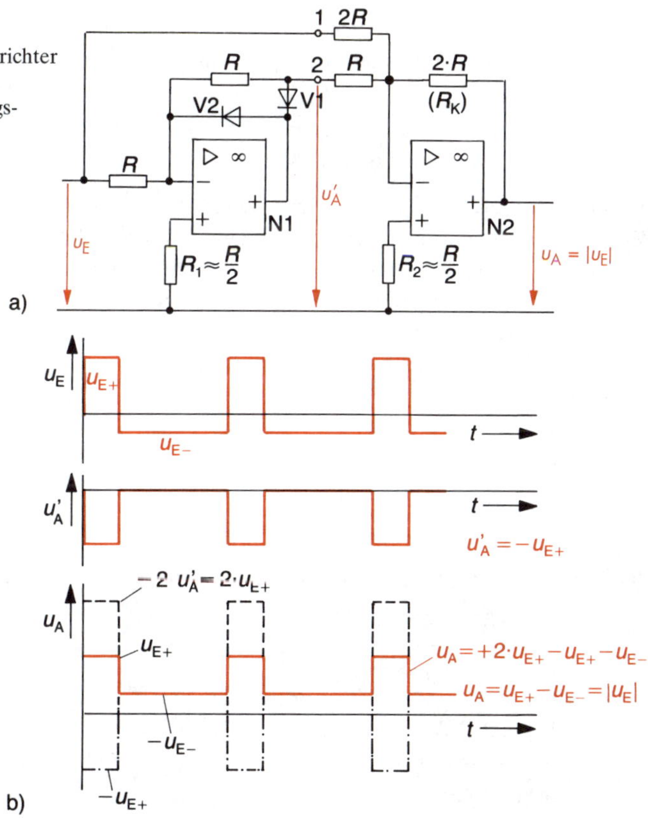

Bild 7.16
Betragsverstärker, 2-Puls-Gleichrichter
a) Schaltung zur Betragsbildung
b) Spannungsverläufe zur Betragsbildung

Wählt man für den Gegenkopplungswiderstand von N_2 ($2\,R$) einen anderen Widerstandswert R_K, dann läßt sich der Betrag noch verstärken, wenn $R_K > 2\,R$ ist.

$$u_A = \frac{R_K}{2R} \cdot |u_E|$$

Der Betragsverstärker verstärkt den Momentanwert des Absolutbetrags der Eingangsspannung.

Werden die Dioden V_1 und V_2 umgepolt, dann entsteht als Ausgangsspannung der negative Betrag der Eingangsspannung.

Der Eingangswiderstand des Verstärkers Bild 7.16 ergibt sich aus der Parallelschaltung von R und $2\,R$:

$$R_E = \frac{1}{\frac{1}{R} + \frac{1}{2R}} = \frac{2}{3} \cdot R$$

Die Widerstände R_1 und R_2 dienen wieder der Kompensation der durch die Operationsverstärkerströme (I_N, I_P) verursachten Spannungsabfälle.

7.1.5.3 Mittelwertbildung

Will man beispielsweise den arithmetischen Mittelwert der Ausgangsspannung von Schaltung Bild 7.16a gewinnen, dann genügt es, einen Tiefpaß nachzuschalten, der die Wechselspannungsreste aussiebt und nur den mittleren Gleichspannungswert überträgt. Zugleich läßt sich dies mit Verstärkung verbinden, wenn ein aktiver Tiefpaß verwendet wird. Schaltung 7.17a zeigt einen solchen Tiefpaß. Es handelt sich um einen Tiefpaß 1. Ordnung, wenn nur ein RC-Glied den Frequenzgang bestimmt. Für Gleichspannungen besitzt die Schaltung den Verstärkungsfaktor V_{UDC}:

$$V_{UDC} = -\frac{R_1}{R_2} \qquad \text{für } f_E = 0\,\text{Hz} \qquad \text{(Gl. 7.8)}$$

Bei hohen Frequenzen geht die Verstärkung nach der Gleichung

$$|V_U| = \frac{|V_{UDC}|}{\sqrt{1 + \left(\frac{f_E}{f_{go}}\right)^2}} \qquad \text{(Gl. 7.9)}$$

gegen 0 (Bild 7.17b).

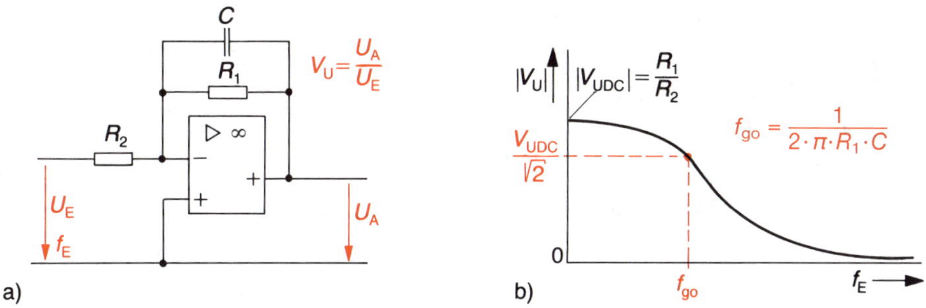

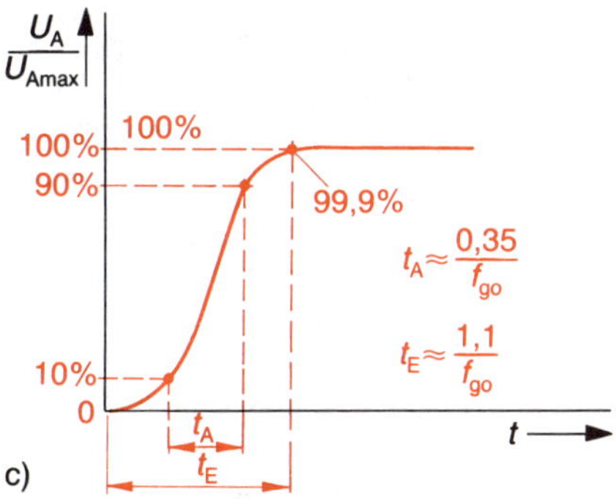

Bild 7.17 Mittelwertbildung durch aktiven Tiefpaß
a) aktiver Tiefpaß 1. Ordnung
b) Frequenzgang
c) Sprungantwort am Ausgang bei sprunghafter Änderung der Eingangsgleichspannung

Dabei liegt die Annahme zugrunde, daß der Frequenzgang allein durch das RC-Glied R_1, C bestimmt ist und der Operationsverstärker selbst noch keine zusätzliche Bandbegrenzung bewirkt. Die obere Grenzfrequenz läßt sich mit Hilfe des Widerstandes R_1 und der Kapazität C festlegen.

$$f_{go} = \frac{1}{2 \cdot \pi \cdot R_1 \cdot C} \qquad \text{(Gl. 7.10)}$$

Der Tiefpaß bildet den arithmetischen Mittelwert eines Signals, wenn seine Grenzfrequenz klein gegenüber der tiefsten Signalfrequenz ist.

Da es um das Aussieben der Wechselspannungsanteile geht, könnte die Grenzfrequenz beliebig tief angesetzt werden. Zu beachten ist dabei allerdings das Verhalten bei Änderungen des Gleichspannungsanteils im Signal. Bei einer sprunghaften Änderung folgt der Ausgang dem Eingangssignal mit Verzögerung. Bild 7.17c zeigt den Gleichspannungsverlauf bei einem solchen Spannungssprung am Eingang.

Die Anstiegszeit t_A eines Tiefpasses gibt die Zeit an, nach der sich die Ausgangsspannung von 10% auf 90% ihres Endwertes bei einem Gleichspannungssprung am Eingang geändert hat.

Für Tiefpässe 1. Ordnung gilt:

$$\boxed{t_A = \frac{0{,}35}{f_{go}}} \qquad \text{(Gl. 7.11)}$$

Damit errechnet man für die Schaltung Bild 1.17a mit Gleichung 7.10

$$\boxed{t_A = 0{,}7 \cdot \pi \cdot R_1 \cdot C}$$

Die gesamte Einstellzeit t_E des Tiefpasses nach einem Spannungssprung am Eingang läßt sich für Tiefpässe 1. Ordnung nach der Beziehung errechnen:

$$\boxed{t_E = \frac{1{,}1}{f_{go}}} \qquad \text{(Gl. 7.12)}$$

Es gilt nun einen Kompromiß zu finden zwischen möglichst schneller Übertragung von Gleichspannungsänderungen und guter Aussiebung von Wechselspannungsanteilen. Dies soll an einem Beispiel erläutert werden.

Das Eingangssignal sei eine Gleichspannung $U_E = 5\,\text{V}$, der eine 100 Hz Sinusspannung mit $\hat{u}_E = 5\,\text{V}$ überlagert sei. Die Summenspannung schwankt somit periodisch zwischen 0 V und 10 V.

Wird nun ein Tiefpaß mit der Grenzfrequenz $f_{go} = 10\,\text{Hz}$ eingesetzt und dem Verstärkungsfaktor $|V_{UDC}| = 1$, dann errechnet sich die Wechselspannungsamplitude $\hat{u}_A$ am Ausgang mit Hilfe der Gleichung 7.9 $\hat{u}_A = \hat{u}_E \cdot |V_U|$.

$$\hat{u}_A = \hat{u}_E \cdot \frac{|V_{UDC}|}{\sqrt{1 + \left(\frac{f_E}{f_{go}}\right)^2}}$$

Das ergibt mit den Zahlenwerten:

$$\underline{\underline{\hat{u}_A}} = 5\,\text{V} \cdot \frac{1}{10{,}05} \approx \underline{\underline{0{,}5\,\text{V}}}$$

Die Wechselspannung ist also deutlich reduziert. Die Einstellzeit beträgt bei diesen Annahmen nach Gleichung 7.12

$$\underline{\underline{t_E}} = \frac{1{,}1}{10\,\text{Hz}} = \underline{\underline{0{,}11\,\text{s}}}$$

Eine weitere Verringerung der Ausgangswechselspannung würde im gleichen Maße die Einstellzeit erhöhen. Will man einen steileren Übergang vom Durchlaß- zum Sperrbereich erreichen, dann müssen Filter höherer Ordnung eingesetzt werden (Butterworth-, Tschebyscheff-Filter). Grundsätzlich gilt aber die Regel, je steiler der Übergang ist, desto größer wird die Einstellzeit.

7.1.5.4 Multiplizier- und Dividierverstärker

Multiplizierende Verstärkerschaltungen wurden bereits im Zusammenhang mit der Effektivwert- und Leistungsmessung (Abschnitte 5.3.4, 5.6.2) erläutert. Hier soll es um bestimmte integrierte Schaltkreise gehen, die als Grundbausteine auch für Dividier- oder Radizierverstärker universelle Anwendung finden.

Schaltungsprinzip

In vielen integrierten Bausteinen, z. B. AD 532 (Analog Devices), wird die Multiplikation auf die Addition der Logarithmen und anschließender Potenzierung zurückgeführt. Mathematisch ausgedrückt stellt sich das so dar:

1. Eingangsgrößen X, Y
2. Logarithmierung $\lg X, \lg Y$
3. *Addition* $\lg Z = \lg X + \lg Y$
4. Potenzierung $Z = 10^{\lg Z}$
5. Ausgangsgröße $Z = X \cdot Y$

Die Logarithmierung und Potenzierung läßt sich elektrisch durch den Zusammenhang zwischen Strom und Spannung an einem pn-Übergang nachbilden. Dazu werden Dioden oder Transistoren verwendet. Bild 7.18 zeigt das Prinzip eines Logarithmier- und eines Potenzierverstärkers. Zwischen Stromstärke und Spannung an einer Diode besteht der Zusammenhang

$$I_F = I_S \cdot \left(e^{\frac{U_F}{U_T}} - 1\right) \qquad \text{(Gl. 7.13)}$$

mit

U_F, I_F Spannung und Stromstärke in Durchlaßrichtung

I_S Sättigungsstrom, Sperrstrom der Diode im Wendepunkt der Sperrkennlinien $I_R = f(U_R)$

U_T Temperaturspannung

$$U_T = \frac{k \cdot T}{e_o}; \; k = 1{,}38 \cdot 10^{-23}\,\frac{Ws}{K} \qquad \text{(Boltzmannkonstante)}$$

$$e_o = 1{,}6 \cdot 10^{-19}\,As \qquad \text{(Elementarladung)}$$

mit T Kristalltemperatur in Kelvin

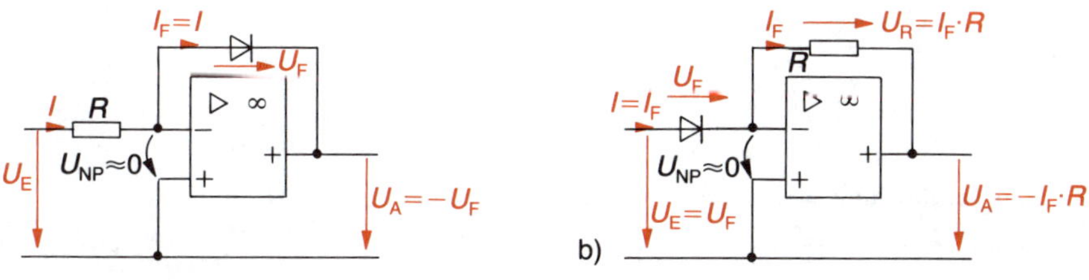

Bild 7.18 Prinzipschaltungen des Logarithmier- und Potenzierverstärkers
a) Logarithmierverstärker
b) Potenzierverstärker

Sowohl I_S als auch U_T sind temperaturabhängige Größen. U_T hat bei 25 ° C den Wert $U_T \approx$ 26 mV, der Sperrstrom I_S ist unterschiedlich je nach Diodenart (Si, Ge) und liegt im nA– oder µA-Bereich. Formt man Gleichung 7.13 um, so ergibt sich die Spannung U_F.

$$I_F = I_S \cdot (e^{\frac{U_F}{U_T}} - 1)$$

$$I_F \approx I_S \cdot e^{\frac{U_F}{U_T}}$$ für übliche Durchlaßströme im mA-Bereich

$$\boxed{U_F \approx U_T \cdot \ln \frac{I_F}{I_S}} \qquad \text{(Gl. 7.14)}$$

Der natürliche Logarithmus läßt sich in den dekadischen Logarithmus umrechnen:

$$U_F \approx U_T \cdot \frac{\lg \frac{I_F}{I_S}}{\lg e}; \; e = 2{,}718; \; \lg e = 0{,}434$$

$$\boxed{U_F \approx \frac{U_T}{0{,}434} \cdot \lg \frac{I_F}{I_S}} \qquad \text{(Gl. 7.15)}$$

Ausgehend von dieser Gleichung läßt sich der Strom I_F auch in der Form der Zehnerpotenzschreibweise darstellen.

$$\boxed{I_F \approx I_S \cdot 10^{\frac{U_F}{U_T} \cdot 0{,}434}} \qquad \text{(Gl. 7.16)}$$

Logarithmierverstärker

In der Schaltung von Bild 7.18a wird die Eingangsspannung U_E zunächst in den Konstantstrom $I = \frac{U_E}{R}$ umgeformt. Dieser bildet den Diodenstrom $I_F = I$. Damit errechnet man nach Gleichung 7.15 die Diodenspannung

$$U_F \approx \frac{U_T}{0{,}434} \cdot \lg \frac{I_F}{I_S}$$

$$U_F \approx \frac{U_T}{0{,}434} \cdot \lg \frac{U_E}{R \cdot I_S}$$

Am Ausgang erhält man wegen der Invertierung die Spannung

$$\boxed{U_A = -\frac{U_T}{0{,}434} \cdot \lg \frac{U_E}{R \cdot I_S}} \qquad \text{(Gl. 7.17)}$$

Der Logarithmierverstärker bildet eine Ausgangsspannung, die dem Logarithmus der Eingangsspannung proportional ist.

Potenzierverstärker

Die Schaltung in Bild 7.18b stellt die Umkehrung des Logarithmierverstärkers dar. Die Eingangsspannung ist hier zugleich die Diodenspannung U_F. Daraus ergibt sich der Strom I_F aus Gleichung 7.16 und die Ausgangsspannung wegen der Invertierung

$$U_A = - I_F \cdot R$$

$$U_A = - I_S \cdot R \cdot 10^{\frac{U_F}{U_T} \cdot 0{,}434} \qquad \text{(Gl. 7.18)}$$

Der Potenzierverstärker bildet die Umkehrung des Logarithmierverstärkers.

Multiplizierverstärker

Kombiniert man nun zwei Logarithmierverstärker, einen Addierverstärker und einen Potenzierverstärker zu einer Schaltung, so ergibt sich der Multiplizierer von Bild 7.19 mit der Ausgangsspannung

$$U_A = K \cdot U_{E1} \cdot U_{E2} \qquad \text{(Gl. 7.19)}$$

mit K Proportionalitätskonstante.

Die Schaltung nach Bild 7.19 wäre für die Praxis so noch nicht geeignet, da die Temperaturgänge der Dioden zu erheblichen Fehlern führen würden. Ferner arbeitet die Schaltung nur bei positiven Eingangsspannungen. Die Multiplikation von Wechselspannungen ist ausgeschlossen.

Nach dem dargestellten Prinzip läßt sich aber die Schaltung so erweitern, daß die Temperaturgänge kompensiert und auch Spannungen beliebiger Polarität multipliziert werden können. Dies wird mit integrierten Schaltkreisen erreicht. So stehen heute integrierte Multiplizierer für alle erforderlichen Anwendungsfälle zur Verfügung.

Integrierte Multiplizierverstärker werden meist durch Kombination von Logarithmier-, Addier- und Potenzierverstärker realisiert.
Man unterscheidet:

- ☐ 1-Quadrant-Multiplizierer für positive Eingangsspannungen,
- ☐ 2-Quadranten-Multiplizierer für eine positive und eine beliebig gepolte Eingangsspannung und
- ☐ 4-Quadranten-Multiplizierer für beliebig gepolte Eingangsspannung.

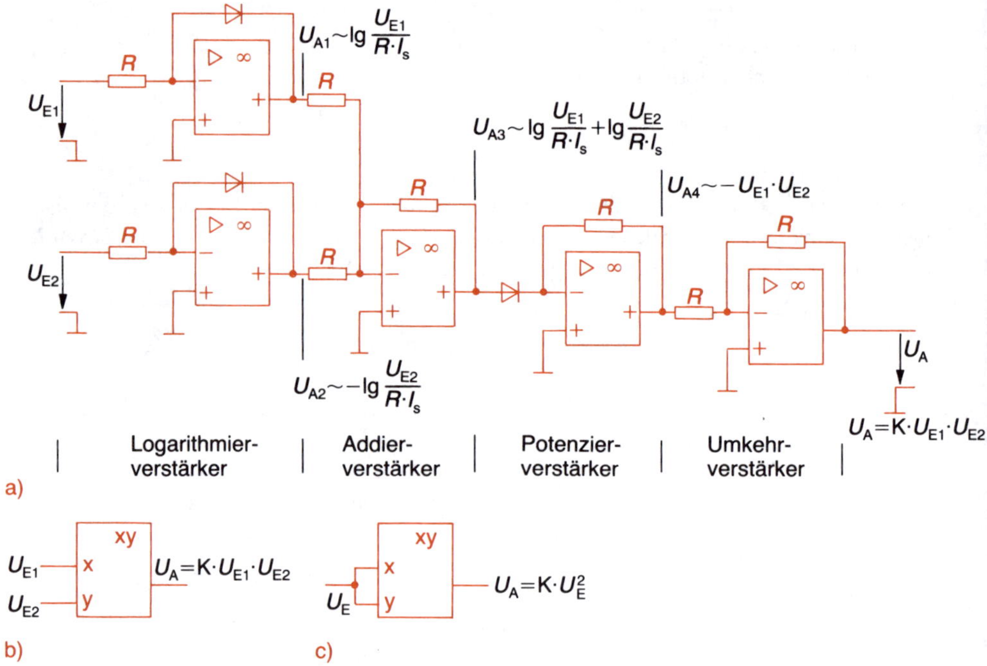

Bild 7.19 Integrierter Multiplizierverstärker, Prinzip
a) Prinzipschaltbild eines Multiplizierverstärkers
b) Funktionsschaltbild nach DIN 40900 T.13/1.81
c) Quadrierverstärker

Quadrierverstärker

Verbindet man die Eingänge eines Multiplizierverstärkers miteinander, dann entsteht ein Quadrierverstärker (Bild 7.19c).

$$U_A = K \cdot U_E^2 \qquad \text{(Gl. 7.20)}$$

mit K Bauteilkonstante des Multiplizierers

Dividierverstärker

Ebenso wie der Potenzierer die Umkehrung des Logarithmierers ist, so ist der Dividierer die Umkehrung des Multiplizierers und kann mit dessen Hilfe leicht realisiert werden. Bild 7.20 zeigt die Schaltung. Hier wird ein Multiplizierverstärker als Gegenkopplungsnetzwerk eines Operationsverstärkers verwendet. Nach der Gegenkopplungstheorie stellt der gegengekoppelte Verstärker seine Ausgangsspannung so ein, daß die Eingangsdifferenzspannung nahezu 0 wird (idealer Operationsverstärker). Damit kommt man zu folgenden Gleichungen:

Multiplizierer: $U'_A = K \cdot U_A \cdot U_{E2}$

Operationsverstärker: $U_{PN} \approx 0 : U_{E1} \approx U'_A = K \cdot U_A \cdot U_{E2}$

$$U_A = \frac{U_{E1}}{K \cdot U_{E2}}$$ (Gl. 7.21)

Die Konstante K ist eine Bauteilkonstante des Multiplizierers.

Der Dividierverstärker entsteht durch einen Multiplizierverstärker in der Gegenkopplungsschleife eines Operationsverstärkers.

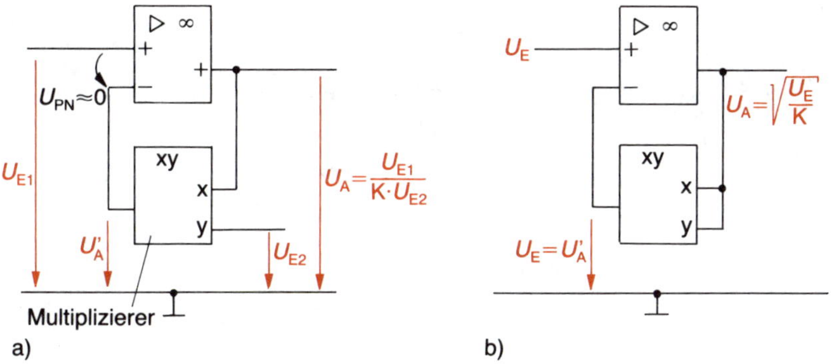

Bild 7.20 Dividierverstärker
a) Dividierschaltung
b) Radizierschaltung

Radizierverstärker
Verwendet man in der Gegenkopplung des Dividierers von Bild 7.20 einen Quadrierer, d. h., verbindet man die Eingänge *X, Y* mit dem Ausgang des Operationsverstärkers, dann entsteht eine Schaltung bei der die Ausgangsspannung proportional zur Wurzel der Eingangsspannung ist (Bild 7.20b):

$$U'_A = K \cdot U^2{}_A$$

$$U_E \approx U'_A = K \cdot U_A;\ U_{PN} \approx 0$$

$$U_A = \sqrt{\frac{U_E}{K}}$$ (Gl. 7.22)

mit K Bauteilkonstante des Multiplizierers

Integrierter Multiplizier-/Dividierbaustein
Als Beispiel soll hier der monolithisch integrierte Baustein AD 532 (Analog-Devices) näher betrachtet werden. Es handelt sich um einen Multiplizierer auf der Basis der geschilderten Logarithmier-Potenzier-Technik (Gilbert-Technik).

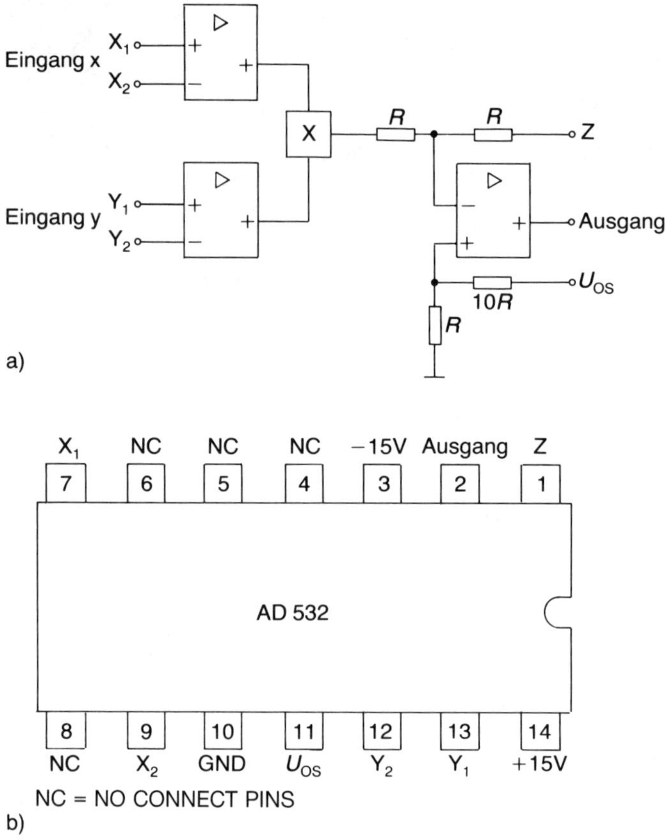

Bild 7.21
Integrierter Multiplizier-, Dividierbaustein
a) Funktionsschaltbild des AD 532 (Analog-Devices)
b) PIN-Belegung

Bild 7.21 zeigt ein Funktionsschaltbild sowie die PIN-Belegung des Dual-Inline-Bausteins. Die beiden Eingänge sind als Differenzeingänge nutzbar oder als Einzeleingänge invertierend bzw. nichtinvertierend. Dabei ist der jeweils nicht benutzte Eingang auf Masse zu legen. Der Z-Anschluß kann wahlweise als Eingang für den Operationsverstärker genutzt werden oder zum Schließen bzw. Erweitern der Gegenkopplungsschleife. Die Bilder 7.22 zeigen die äußere Beschaltung des Verstärkers für die Anwendung als Multiplizierer und Dividierer. Die allgemeine Gleichung für die Ausgangsspannung des Multiplizierers lautet:

$$U_A = \frac{(U_{X1} - U_{X2}) \cdot (U_{Y1} - U_{Y2})}{10\,V}$$

mit $U_{X2} = U_{Y2} = 0\,V$ ergibt sich für Bild 7.22a

$$\boxed{U_A = \frac{U_X \cdot U_Y}{10\,V}} \qquad \text{(Gl. 7.23)}$$

Bei der Dividierschaltung Bild 7.22b wird der Operationsverstärker am Ausgang – siehe Funktionsschaltbild 7.21a – als Summierverstärker benutzt mit einem Multiplizierer als

Bild 7.22
Äußere Beschaltung des Bausteins AD 532 (Analog-Devices)
a) Multiplizierer
b) Dividierer

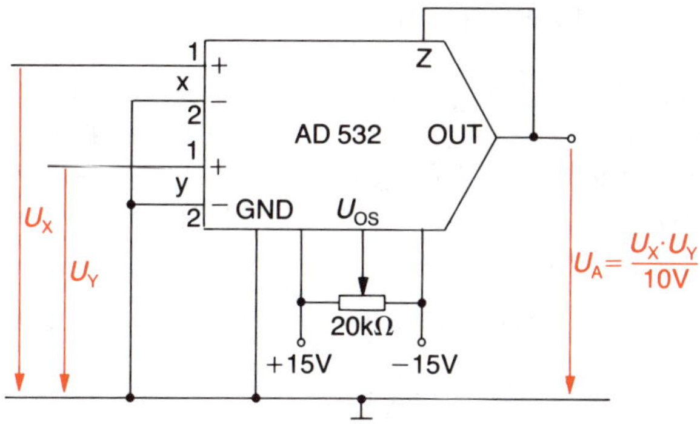

a)

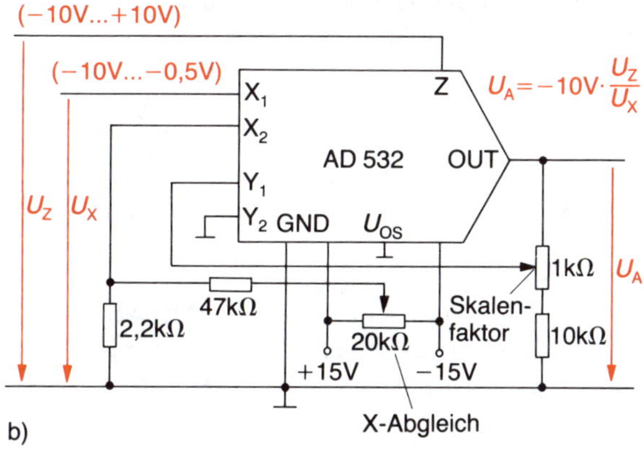

b)

zusätzliches Gegenkopplungsnetzwerk. Die Ausgangsspannung wird in der Schaltung nach der Gleichung berechnet

$$U_A = -10\,V \cdot \frac{U_Z}{U_X} \qquad \text{(Gl. 7.24)}$$

Mit Hilfe des X-Abgleichs wird eine Offsetspannung eingestellt, mit der die Selbsterregung im Fall $U_X = 0\,V$ verhindert wird. Der Abgleich für die maximale Ausgangsspannung, $|U_A \max| = 10\,V$ bei $|U_Z| = 10\,V$ und $U_X = -10\,V$, wird mit dem Ausgangsspannungsteiler vorgenommen. Der Baustein arbeitet als 2-Quadranten-Dividierer, d. h. hier, U_X ist nur negativ und U_Z mit beliebiger Polarität zu verwenden.

7.2 D/A- und A/D-Umsetzer

Die Messung elektrischer oder auch nichtelektrischer Größen führt in der Regel zu einer Spannung, die der Meßgröße proportional ist und die dann als Meßergebnis angezeigt werden muß. Hierzu stehen analoge Zeigerinstrumente oder Digitalanzeiger zur Verfügung. Beide Anzeigesysteme haben Vor- und Nachteile.

Analoge Zeigerinstrumente:

1. Die Zeigerbewegung läßt ein schnelles Erkennen der Tendenz von Meßgrößenänderungen zu.
2. Sprünge der Meßgröße können gut beurteilt werden.
3. Störgrößenüberlagerungen lassen sich durch eine Mittelwertbildung der Zeigerschwankungen mit dem Auge eliminieren.
4. Das Einstellen von Meßwerten ist gut möglich, da die Zeigerbewegung ein langsames Annähern an den gewünschten Wert erleichtert.

Nachteilig ist sicher, daß die mechanischen Teile stoßempfindlich sind und sich abnützen. Die Ablesung des Meßwertes auf der Skala erfordert große Sorgfalt und Konzentration, Ablesefehler sind leicht möglich. Die Genauigkeit ist begrenzt, vor allem durch mechanische Gegebenheiten. Die Klassengenauigkeit mit ±0,1% vom Endwert erfordert bereits höchste Präzision und kennzeichnet etwa die Grenzen der Meßgenauigkeit von Zeigerinstrumenten.

Digitale Anzeiger:

1. Sie ermöglichen ein leichtes Ablesen des Meßwerts.
2. Die Genauigkeit kann die von Zeigerinstrumenten übertreffen.
3. Die mechanische Unempfindlichkeit dieser Anzeiger ist besonders vorteilhaft für transportable Geräte.

Nachteilig ist hier die schlechte Beurteilungsmöglichkeit von Änderungen der Meßgröße, da sie zu ständigem Zahlenwechsel führen. Überlagerte Störungen können unter Umständen das Ablesen unmöglich machen. Das Einstellen von Meßwerten ist unbequemer als bei Zeigerinstrumenten.

Trotz dieser Nachteile beim Ablesen von Digitalanzeigern haben sich Digitalmeßgeräte für die meisten Anwendungsfälle durchgesetzt, weil sie eine größere Genauigkeit zulassen und darüber hinaus vielfältig als Systemmeßgeräte einsetzbar sind. Das heißt, die gewonnenen Meßergebnisse werden nicht einfach nur abgelesen, sondern in übergreifende Datenerfassungssysteme eingespeist, mit weiteren Ergebnissen ausgewertet und zur Steuerung oder Regelung industrieller Prozesse verwendet. Meßdatenerfassung und -verarbeitung erfolgt mit Computersystemen, die digitalisierte Signale verlangen.

Ein wesentlicher Bestandteil digitaler Meßeinrichtungen sind Analog-Digital-Umsetzer (ADU) und Digital-Analog-Umsetzer (DAU). Sie bilden die Schnittstellen zwischen analogen Meßwertaufnehmern (Sensoren) bzw. analogen Aktoren und den digitalen Anzeige- oder Verarbeitungseinrichtungen. In den folgenden Abschnitten werden verschiedene ADU und DAU näher beschrieben.

Im Gegensatz zu einem Umformer, der eine analoge Größe in eine andere analoge Größe überführt, ändert der Umsetzer die Signalstruktur. Dies macht die symbolische Darstellung Bild 7.23 deutlich. Bild 7.24 zeigt den Zusammenhang zwischen Ein- und Ausgangsgröße eines Umformers, eines Analog-Digital-Umsetzers und eines Digital-Analog-Umsetzers.

Bild 7.23
Symbolische Darstellung von Umformer und Umsetzer

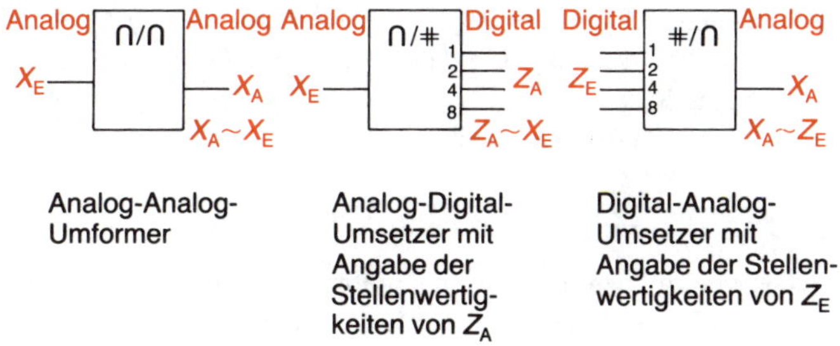

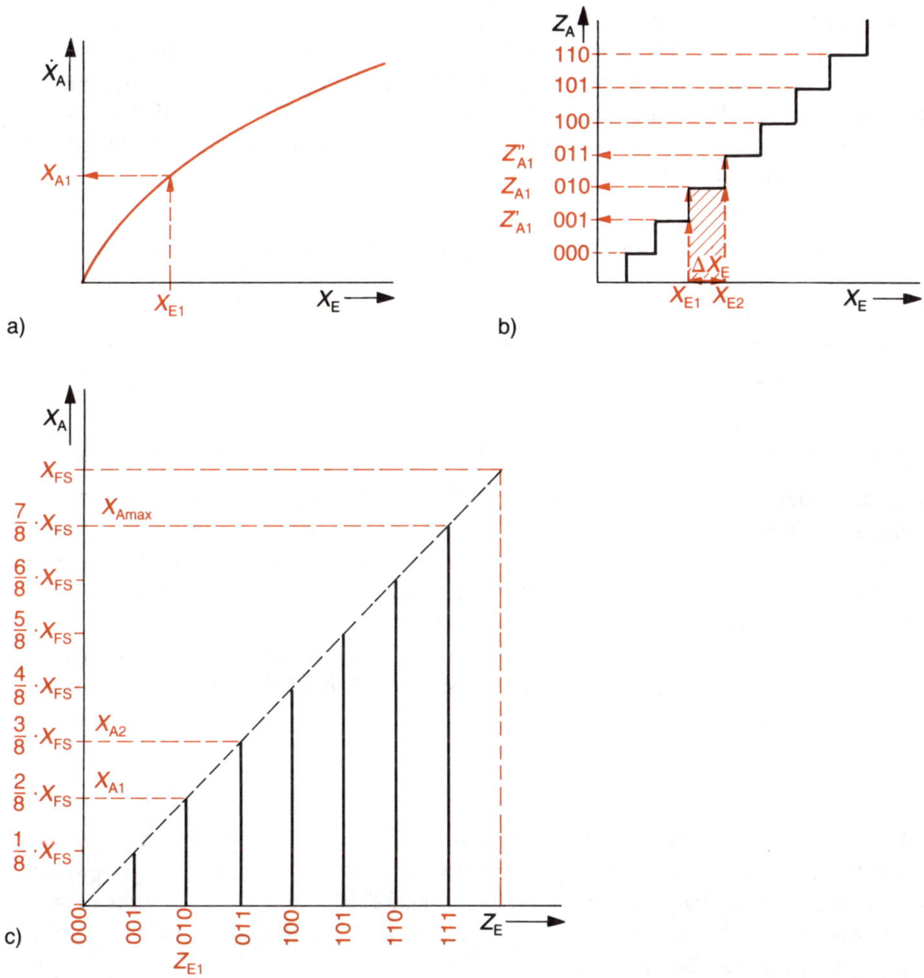

Bild 7.24 Zusammenhang zwischen Ein- und Ausgangssignalen bei Umformern und Umsetzern
a) Signalumformung
b) Signalumsetzung mit ADU
c) Signalumsetzung mit DAU

Umformung: $X_E \longrightarrow X_A$
(Analoge Größe $\longrightarrow$ Analoge Größe)
Umsetzung: $X_E \longrightarrow Z_A$
(Analoge Größe $\longrightarrow$ Zahl)
$Z_E \longrightarrow X_A$
(Zahl $\longrightarrow$ Analoge Größe)

Hierbei wird deutlich, daß ein Umformer innerhalb seines Arbeitsbereiches jedem Wert X_E der Eingangsgröße genau einen Wert X_A der Ausgangsgröße zuordnet. Ganz anders verhalten sich die Umsetzer (Bild 74b, c). Beim ADU gehören zu der Dualzahl $Z_{A1} = 011$ alle Eingangswerte zwischen X_{E1} und X_{E2}. Die Grenzwerte X_{E1} und X_{E2} können sogar jeweils zwei verschiedene Zahlen Z_{A1}, Z'_{A1} bzw. Z_{A1}, Z''_{A1} zugeordnet werden. Ähnliche Mehrdeutigkeiten verursacht der DAU. Die Eingangszahl $Z_{E1} = 010$ repräsentiert den Wertebereich $X_{A1} < X_A < X_{A2}$, wenn auch nur der Wert X_{A1} ausgegeben wird. Aus diesem Grund wird auch der Bereichsendwert nicht durch $X_{A\ max}$, sondern durch X_{FS} (FS = Full Scale) definiert, also eine Stufe über $X_{A\ max}$. Es entsteht demnach ein analoges Ausgangssignal, das nur bestimmte Werte enthalten kann.

> Der Umformer ordnet einem analogen Eingangswert genau einen analogen Ausgangswert zu.
> Der ADU ordnet einem analogen Wertebereich eine Zahl zu.
> Der DAU ordnet einer Zahl einen Analogwert zu.

7.2.1 Digital-Analog-Umsetzer (DAU)

Digital-Analog-Umsetzer werden in verschiedenen Ausführungsformen als integrierte Schaltkreise hergestellt. Das Datenblatt gibt Auskunft über die Eigenschaften und Einsatzmöglichkeiten. Bild 7.25 zeigt ein vereinfachtes Funktionsschaltbild des D/A-Umsetzers DAC-03 mit äußerer Beschaltung nach den Datenblattunterlagen von PMI (Precision Monolitics Incorporated).

Zunächst werden nun einige typische Kenn- und Fehlergrößen behandelt, wie sie in den Datenblättern von D/A-Umsetzern zu finden sind. Danach wird auf Schaltungsprinzipien und konkrete Beschaltung eingegangen.

7.2.1.1 Kenngrößen

Überlicherweise bevorzugt man für die digitale Eingangsseite des DAU den Dualcode mit 8 bis 18 Binärstellen (Bit). Gelegentlich findet man auch den natürlichen BCD-Code, insbesondere bei programmierbaren Spannungs- oder Stromquellen. Am Ausgang liefert der DAU je nach Ausführung des Bausteins eine Spannung oder einen Strom. Hierbei ist zwischen Unipolar- und Bipolarbetrieb zu unterscheiden.
Unipolarbetrieb: Ausgangsspannung und -strom haben nur eine Polarität.
Typische Bereiche: $U_A = 0$ bis 5 V
$U_A = 0$ bis 10 V
$I_A = 0$ bis -2 mA

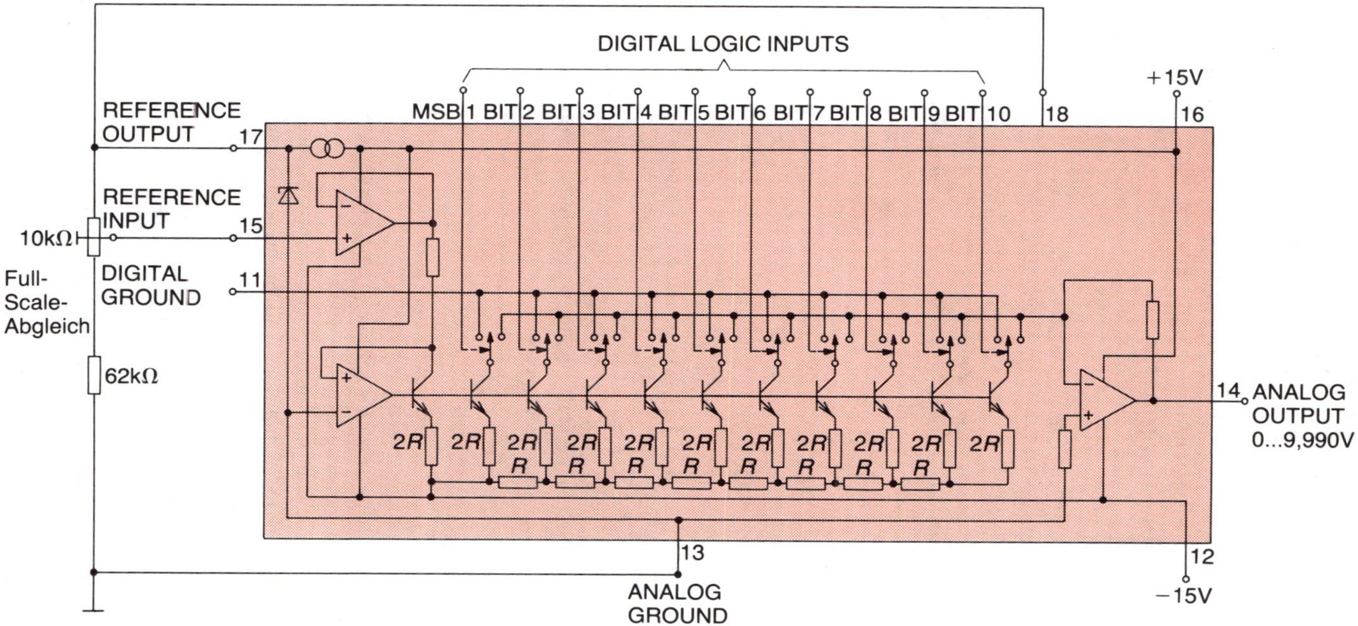

Bild 7.25 Funktionsschaltbild und äußere Beschaltung des 10-Bit-D/A-Umsetzers DAC-03 (PIM-Datenblatt), 18-PIN-DIP-Gehäuse

Bipolarbetrieb: Ausgangsspannung und -strom können positiv oder negativ sein.
Typische Bereiche: $U_A = \pm 2{,}5,\ \pm 5,\ \pm 10\,V$
$I_A = \pm 1\,mA$

> Der Digitaleingang des DAU ist meist dualcodiert mit 8 bis 18 Binärstellen. Der Ausgang liefert je nach Typ einen Analogstrom oder eine Analogspannung. Die Betriebsart kann unipolar oder bipolar sein.

Maximale Ausgangsspannung und Full-Scale-Spannung
Wird die Dualzahl am Eingang des DAU um 1 erhöht, dann ändert sich die Ausgangsgröße sprunghaft (Bild 7.24c). Diese Spannungs- oder Stromstärkesprünge sind um so kleiner je größer die Zahl der Binärstellen ist. Die Zahl der Binärstellen bestimmt auch die Zahl der Spannungs- oder Stromwerte die man am Ausgang einstellen kann. Für einen 8-Bit-DAU mit Spannungsausgang würde zum Beispiel gelten:
Von Dualzahl 00000000 = $U_A = 0\,V$
bis Dualzahl 11111111 = $U_{A\,max}$
ergeben sich insgesamt $2^8 = 256$ verschiedene Spannungswerte (einschließlich 0 V) oder $2^8 - 1 = 255$ Spannungsstufen.

Für einen DAU mit Spannungsausgang gilt allgemein bei Dualcodierung:

> Ein DAU mit n Binärstellen kann 2^n verschiedene Spannungswerte einschließlich 0 V erzeugen.

Die Höhe der einzelnen Spannungsstufen hängt natürlich auch von der Maximalspannung $U_{A\,max}$ ab, für die der DAU konzipiert wurde.

$$\Delta U_A = \frac{U_{A\,max}}{2^n - 1}$$

$U_{A\,max}$ (engl.: Full Output Range = FR) ist die größte erreichbare Ausgangsspannung des DAU. $U_{A\,max}$ stellt sich im vorgenannten Beispiel ein, wenn alle 8 Bit am Eingang auf «1» springen. Da der DAU keine kontinuierliche Spannung liefern kann, steht der Binärwert am Eingang jeweils für ein ganzes Spannungsintervall. Somit ergibt sich als Bereichsendwert oder Full-Scale-Spannungswert U_{FS}

$$U_{FS} = U_{A\,max} + \Delta U_A$$

Bezogen auf den Bereichsendwert läßt sich die Intervallspannung ΔU_A ausdrücken:

$$\Delta U_A = \frac{U_{FS}}{2^n} \qquad \text{(Gl. 7.25)}$$

Die Full-Scale-Spannung ist um einen Spannungsschritt ΔU_A größer als die maximale Ausgangsspannung des DAU.

LSB, MSB, und Auflösung

Bezüglich des Eingangs entspricht das niederwertigste Bit, genannt Least Significant Bit (LSB), gerade dem Spannungssprung ΔU_A

$$\text{LSB} \triangleq \Delta U_A = \frac{U_{FS}}{2^n} \tag{Gl. 7.26}$$

Der Spannungsunterschied zwischen zwei Ausgangsspannungsstufen entspricht 1 LSB.

Das höchstwertige Bit genannt Most Significant Bit (MSB) hat im Dualsystem die Wertigkeit 2^{n-1} bei n Bit des Dualcodes. Daraus folgt für dieses Bit der Spannungswert

$$\text{MSB} \triangleq 2^{n-1} \cdot \Delta U_A = \frac{U_{FS}}{2^n} \cdot 2^{n-1}$$

$$\text{MSB} \triangleq \frac{U_{FS}}{2} \tag{Gl. 7.27}$$

Dem höchstwertigen Bit (MSB) am Digitaleingang entspricht die halbe Full-Scale-Spannung am Ausgang.

Da die Zahl der Binärstellen festlegt, in wieviel Stufen die Ausgangsspannung aufgelöst werden kann, wird die Bitzahl auch als Auflösung des DAU bezeichnet.

Die Zahl der Binärstellen (Bit) am Digitaleingang wird als Auflösung (Resolution) des DAU bezeichnet.

Gelegentlich findet man die Auflösung auch als Prozentangabe der Spannungsänderung ΔU_A bezogen auf die Full-Scale-Spannung. Mit Gleichung 7.25 errechnet man damit

$$A_{\%} = \frac{\Delta U_A}{U_{FS}} \cdot 100\% = \frac{100\%}{2^n} \tag{Gl. 7.28}$$

Auflösung in Prozent

Damit könnte die Auflösung eines 8-Bit-DAU in zweifacher Weise angegeben werden:

$$\underline{\underline{A_{\%}}} = \frac{1}{2^8} \cdot 100\% = \underline{\underline{0{,}391\%}} \text{ oder 8 Bit.}$$

An einem Beispiel sollen die einzelnen Kenngrößen veranschaulicht werden.
Für den DAU AD 558 (Analog-Devices) gelten folgende Datenblattwerte:
Auflösung 8 Bit

$U_{FS} = 10\,V$.

Daraus ergibt sich: $\underline{\underline{1\ LSB}} \triangleq \Delta U_A = \frac{10\,V}{2^8} = \underline{\underline{39{,}1\,mV}}$

$$\underline{\underline{1\ MSB}} \triangleq \frac{U_{FS}}{2} = \underline{\underline{5\,V}}$$

$$U_{A\ max} = U_{FS} - \Delta U_A = 10\,V - 39{,}1\,mV$$

$$\underline{\underline{U_{A\ max}}} = \underline{\underline{9{,}9609\,V}}$$

Tabelle 7.1 zeigt für verschiedene Eingangszahlen die jeweils erzeugten Ausgangsspannungen.

Einschwingzeit (Settling Time)
Zur Charakterisierung der Umsetzungszeit wird diese Kenngröße im Datenblatt angeführt. Dabei wird am Digitaleingang ein Wechsel z. B. aller Bits von 0 auf 1 vollzogen und die Zeit bestimmt, bis daraufhin der Ausgang auf seinen neuen Wert (meist $U_{A\ max}$) bis auf ±½ LSB eingeschwungen ist. Je nach Typ liegt die Zeit zwischen etwa 50 ns und 8 µs.

Digitaleingang			Analogausgang
Dualcode – Nat. Binärcode	Hexadezimal	Dezimal	U_A/V
0000 0000	00	0	0 V
0000 0001	01	1	39,1 mV (LSB)
0000 0010	02	2	78,2 mV
0000 1111	0F	15	586 mV
0001 0000	10	16	625 mV
0111 1111	7F	127	4,961 V
1000 0000	80	128	5,0 V (MSB)
1111 1111	FF	255	9,961 V (U_{FS} – 1 LSB)

$U_{FS} = 10\,V$

Tabelle 7.1 Dualcodierung im Unipolarbetrieb des DA-Umsetzers AD 585

Wichtige Übertragungskennwerte eines DAU sind: Auflösung, Full-Scale-Spannung, Ausgangsspannungsbereich und Einschwingzeit.

7.2.1.2 Codierung für Unipolar- und Bipolarbetrieb

Wie bereits erläutert wurde, ist ein häufiger Eingangscode im Unipolarbetrieb des DAU der Dualcode oder natürliche Binärcode (Natural Coding). Ebenso findet man aber auch den komplementären Binärcode (Complementary Binary Coding) vor. Tabelle 7.1 zeigt die Codierung im natürlichen Binärcode. Werden darin 0 und 1 vertauscht, ergibt sich der komplementäre Binärcode. Damit gelten z. B. die Zuordnungen:
0000 0000 ⟶ 9,961 V $= U_{FS} - 1$ LSB
1111 1111 ⟶ 0 V

Im Unipolarbetrieb sind die Eingänge des DAU im natürlichen oder komplementären Binärcode verschlüsselt.

Im Bipolarbetrieb soll der DAU sowohl positive als auch negative Spannungen bzw. Ströme abgeben. Viele integrierte Umsetzer erlauben die Umschaltung von Unipolar- auf Bipolarbetrieb mit Hilfe eines speziellen Steueranschlusses. Die Eingangscodierung ist bei den einzelnen Typen sehr verschieden. Häufig sind die folgenden drei Codierungsarten anzutreffen:
1. Vorzeichenbetragcodierung (Sign Magnitude Coding)
2. Offsetbinärcodierung (Bipolar Offset Binary Coding)
3. Zweierkomplementcodierung (Twos Complement Coding)

Vorzeichenbetragcodierung
Bei DA-Umsetzern mit dieser Codierung wird durch die Bitkombination am Eingang lediglich der Betrag der Ausgangsspannung festgelegt. Mit einem gesonderten Vorzeichenbit (Sign-bit) bestimmt man, ob die Ausgangsspannung positiv oder negativ sein soll (z. B. 10-Bit-Umsetzer DAC-02 PMI).

Offsetbinärcodierung
Nach Umschaltung von Unipolar- auf den Bipolarbetrieb wird hier durch den Eingangscode bestimmt, ob die Ausgangsspannung positiv oder negativ wird.

Die Umschaltung auf Bipolarbetrieb bewirkt beim DAU, daß von der ursprünglichen Ausgangsspannung jeweils die halbe Full-Scale-Spannung des Unipolarbetriebs als Offsetspannung abgezogen wird:

$$U_{AB} = U_{AU} - \frac{U_{FSU}}{2}$$

mit U_{AB} Ausgangsspannung bipolar
U_{AU} Ausgangsspannung unipolar
U_{FSU} Full-Scale-Spannung unipolar

Offsetbinärcodierung	Analogausgangsspannung U_A
1111 1111 1111 1111 1000 0000 0000 0000	$+ U_{FSB} - 1\,LSB = + 9{,}9952\,V$ 0 V
0111 1111 1111 1111 0000 0000 0000 0000	$- 1\,LSB = - 4{,}8\,mV$ $- U_{FSB} = - 10\,V$

$+ U_{FSB} = + 10\,V$
$- U_{FSB} = - 10\,V$

Tabelle 7.2 Offsetbinärcodierung im Bipolarbetrieb des D/A-Umsetzers DAC 811

Wenn also im Unipolarbetrieb ein Bereich von 0 V bis 10 V gegeben ist, dann ergibt sich nach Umschaltung der Bereich $-5\,V$ bis $+5\,V$. Die Full-Scale-Spannungen des Bipolarbetriebs (U_{FSB}, $-U_{FSB}$) sind also betragsmäßig halb so groß wie die Full-Scale-Spannung (U_{FSU}) des Unipolarbetriebs ($+10\,V$).

Die Tabelle 7.2 zeigt die Codierung für den 12-Bit-D/A-Umsetzer DAC 811 (Burr-Brown) für den Spannungsbereich $\pm 10\,V$, also $+U_{FSB} = 10\,V$, $-U_{FSB} = -10\,V$, $1\ LSB = \frac{20\,V}{2^{12}} = 4{,}8\,mV$.

> Bei einer Offsetcodierung addiert der DAU zur Ausgangsspannung eine negative Offsetspannung.

Zweierkomplementcodierung

Nach Umschaltung vom Unipolar- auf den Bipolarbetrieb unterscheidet der DAU zwischen positiven und negativen Dualzahlen und ordnet dementsprechend die Ausgangsspannungen zu.

Eine negative Dualzahl ($-Z$) entsteht, wenn man die positive Dualzahl ($+Z$) invertiert und 1 addiert. Allgemein gilt die Regel:

$$-Z = \overline{+Z} + 1$$ Zweierkomplement

Beispiel: $+Z = 0|0110 \triangleq 6$ (dezimal)
↑ Vorzeichenbit 0: positiv
$\overline{+Z} = 1|1001$
$+1 \qquad +1$
$-Z = 1|1010 \triangleq -6$ (dezimal)
↑ Vorzeichenbit 1: negativ

Das höchstwertige Bit übernimmt dabei die Vorzeichenkennung (Vorzeichenbit).

> Das Vorzeichenbit der positiven Dualzahl ist 0. Das Vorzeichenbit der negativen Dualzahl ist 1.

Tabelle 7.3 zeigt die Zweierkomplementcodierung des 10-Bit-D/A-Umsetzers DAC 04 PIM mit den Daten:

$$+U_{FSB} = +5\,V,\ -U_{FSB} = -5\,V,\ 1\ LSB = \frac{10\,V}{2^{10}} = 9{,}8\,mV.$$

Die Zweierkomplementcodierung geht aus der Offsetbinärcodierung hervor, wenn das höchstwertige Bit invertiert wird. Auf diese Weise läßt sich der eine Code leicht in den anderen überführen.

Die üblichen Eingangscodierungen im Bipolarbetrieb sind:
Vorzeichenbetragcodierung,
Offsetbinärcodierung,
Zweierkomplementcodierung.

Zweierkomplement-codierung	Dezimal	Analogausgangsspannung
0 1 1111 1111	+ 511	U_{FSB} - 1 LSB = 4,99 V
0 0 0000 0001	+ 1	1 LSB = 9,8 mV
0 0 0000 0000	+ 0	0 V
1 1 1111 1111	− 1	− 1 LSB = − 9,8 mV
1 0 0000 0001	− 511	− U_{FSB} + 1 LSB = − 4,99 V
1 0 0000 0000	− 512	− U_{FSB} = − 5 V

$+ U_{FSB} = + 5\,V$
$- U_{FSB} = - 5\,V$

↑
Vorzeichenbit MSB

Tabelle 7.3 Zweierkomplementcodierung im Bipolarbetrieb des D/A-Umsetzers DAC 04

7.2.1.3 Fehlergrößen

Um die Qualität eines DAU einschätzen und verschiedene Typen hinsichtlich ihrer Leistungsfähigkeit vergleichen zu können, werden in den Datenblättern neben den Kennwerten auch Fehlergrößen definiert. Hier sollen einige erläutert werden.

Fehler werden unterschiedlich angegeben. So findet man absolute Fehlerangaben z. B. ±1 LSB oder relative Fehlerangaben, deren Bezugsgröße die Full-Scale-Spannung U_{FS} ist: z. B. ±0,39% von U_{FS} oder 150 ppm (150 parts per million = $150 \cdot 10^{-6}$) von U_{FS}.

Auflosungsfehler (Resolution Error)
Diese Fehlerangabe wird nicht eigens im Datenblatt erwähnt, da der Fehler dem Wesen nach zu jedem DAU gehört und immer gleich groß ist. Gemeint ist mit diesem Fehler die maximale Abweichung der treppenförmigen Ausgangsspannung von einer kontinuierlich ansteigenden Spannung. Die Abweichung beträgt absolut ±½ LSB (Bild 7.26a), als relative Angabe ergäbe sich unter Verwendung von Gleichung 7.25 und 7.26

$$\pm\frac{\tfrac{1}{2}\Delta U_A}{U_{FS}} \cdot 100\% = \pm\frac{100\%}{2 \cdot 2^3} = \pm 6{,}25\%.$$

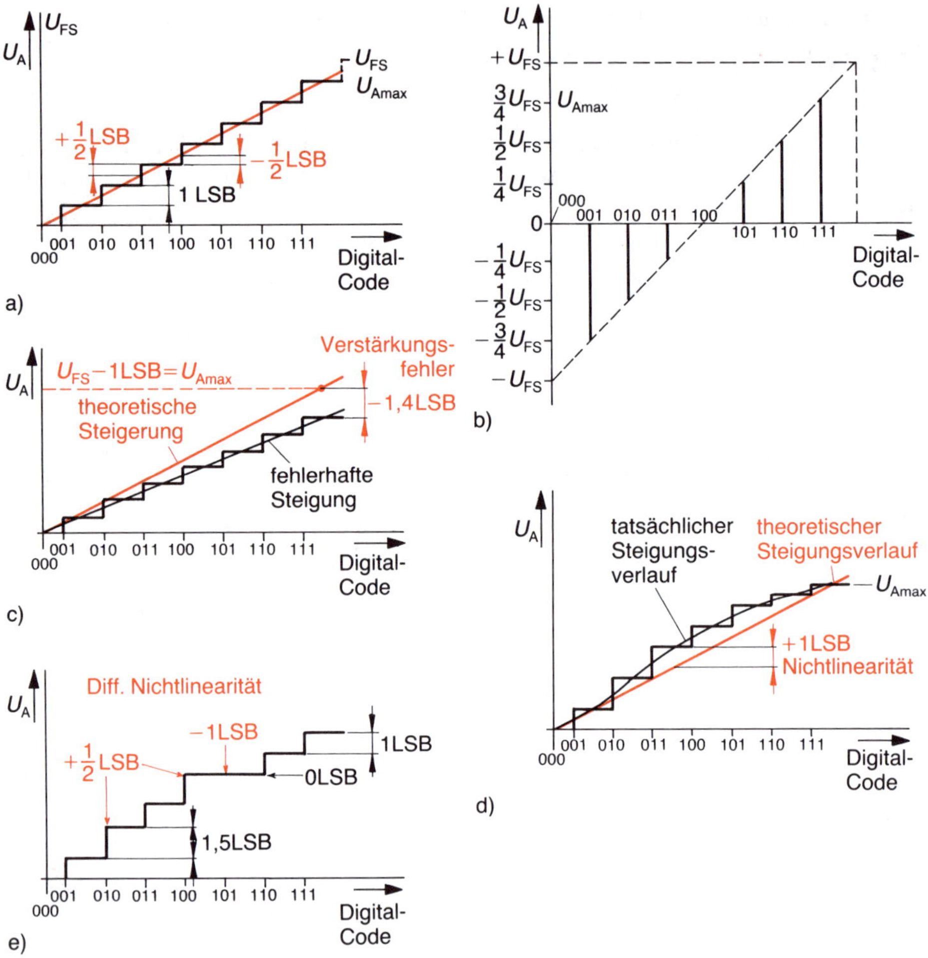

Bild 7.26 Fehlergrößen eines DAU
a) optimale Umsetzungscharakteristik eines 3-Bit-DAU
b) optimale Umsetzungscharakteristik eines 3-Bit DAU in Bipolarbetrieb
c) Verstärkungsfehler
d) Nichtlinearität
e) differentielle Nichtlinearität

Nullpunktfehler (Zero Offset Error)

Dieser Fehler wird durch Komparatoren und Verstärker des DAU verursacht und ist abgleichbar. Er muß abgeglichen werden bevor ein Verstärkungsabgleich vorgenommen wird. Bei Unipolarbetrieb stellt man dazu die Bitkombination für 0 V Ausgangsspannung ein und gleicht mittels im Datenblatt angegebenem Abgleichpotentiometer auf 0 V ab. Ohne Abgleich liegt der Fehler bei ±0,5% von U_{FS}.

Im Bipolarbetrieb kann man ebenso vorgehen, sofern mit Vorzeichenbetragcodierung gearbeitet wird. Bei Offsetbinär- oder Zweierkomplementcodierung wird nicht der Nulldurchgang, sondern die negative Full-Scale-Spannung abgeglichen. Wenn anschließend der Verstärkungsabgleich vorgenommen wird, ist der Nulldurchgang festgelegt. Ein Restfehler kann nun nicht mehr abgeglichen werden. Er liegt in der Größenordnung ±0,05% bis ±0,5% von U_{FS}.

Verstärkungsfehler (Gain Error)
Dieser Fehler beschreibt, wie der Name schon sagt, eine fehlerhafte Einstellung des Verstärkungsfaktors. Damit verbunden ist, daß die theoretische Maximalspannung nicht erreicht oder überschritten wird (Bild 7.26b). Die Abweichung liegt üblicherweise bei etwa ±0,1% bis ±2% von U_{FS} oder in der Größenordnung ±¼ LSB bis ±2 LSB. Der Fehler ist korrigierbar durch Verstärkungsabgleich. Dazu wird der Digitalcode für die maximale positive Ausgangsspannung eingestellt und dann auf den theoretischen Wert $U_{A\ max} = U_{FS} - 1$ LSB abgeglichen.

Linearitätsfehler (Linearity Error)
Nachdem der Null- und Verstärkungsabgleich durchgeführt wurde, sollte der Umsetzer die Charakteristik Bild 7.26a aufweisen. Tatsächlich gibt es mehr oder weniger große Abweichungen (Bild 7.26d). Als Nichtlinearität des DAU bezeichnet man die größte Abweichung der tatsächlichen von der theoretischen Steigungslinie, Angabe in LSB. Übliche Werte sind ±¼ LSB bis ±1 LSB.

Differentielle Nichtlinearität (Differential Linearity Error)
Die ansteigende Ausgangsspannung erhöht sich im Idealfall von Stufe zu Stufe jeweils um 1 *LSB*. Abweichungen von diesem Maß werden durch die differentielle Nichtlinearität gekennzeichnet. Im Datenblatt wird jeweils die größte auftretende Abweichung vom idealen Schrittmaß genannt. Bei einer differentiellen Nichtlinearität von ±½ LSB gibt es somit Schritte von ½ LSB bis 1,5 LSB. Bild 26e zeigt differentielle Nichtlinearitäten von +½ LSB und −1 LSB. Der letzte Wert bedeutet, daß gar kein Spannungssprung stattfindet. Übliche Werte liegen bei ±¼ LSB bis ±0,75 LSB.

Monotonie (Monotonicity)
Solange die differentielle Nichtlinearität nie negativer als −1 LSB wird, erhält man in Bild 7.26e eine Stufencharakteristik ohne fallende Tendenzen, im Grenzfall bleibt die Spannung gleich. Diesen Verlauf bezeichnet man als monoton. Im Datenblatt wird vermerkt, ob Monotonie garantiert wird.

Glitch
Unter Glitch versteht man einen kurzzeitigen Impuls (ns-Bereich), der durch Schaltverzögerung beim Übergang von einer Binärkombination zur anderen am Ausgang des DAU entsteht. Besonders kritisch ist der Übergang beim Schalten des MSB. Dies zeigt folgendes Beispiel:

$$01111111 \triangleq \pm 4{,}96\,\text{V} \;;\; (\tfrac{1}{2}\,U_{FS} - 1\,\text{LSB})$$

$$10000000 \triangleq \pm 5\,\text{V} \;;\; (\tfrac{1}{2}\,U_{FS})$$

Im Idealfall entsteht dabei ein Spannungsschritt. Wenn aber die Umschaltung des MSB von 0 auf 1 etwas früher oder später erfolgt als die Umschaltung von 1 auf 0 der übrigen Bits, dann entsteht ein Glitch:

01111111 ± 4,96 V

11111111 ± 9,96 V ← positiver Glitch

100000000 ± 5 V

01111111 ± 4,96 V

00000000 ± 0 V ← negativer Glitch

100000000 ± 5 V

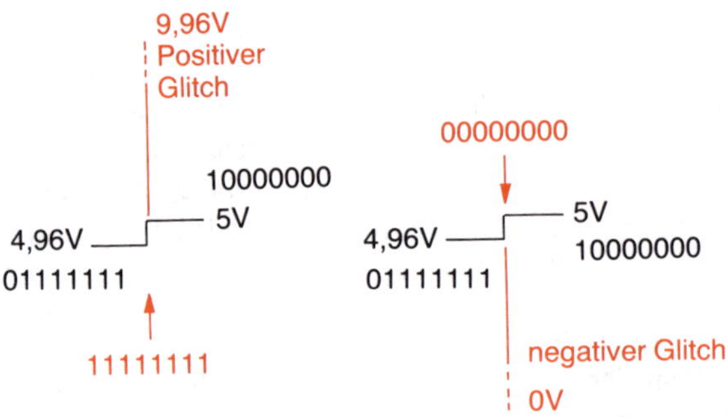

Bild 7.27
Glitch beim Umschalten des DAU

Bild 7.27 zeigt das Impulsverhalten des Ausgangs. Solche kurzen Impulse können sehr störend sein. Deshalb enthalten verschiedene D/A-Umsetzer eine «Deglitcher»-Schaltung, die den Wechsel der Ausgangsspannung erst im eingeschwungenen Zustand des DAU vollzieht.

Die wichtigsten Fehlergrößen eines DAU sind:
- □ Nullpunktfehler,
- □ Verstärkungsfehler,
- □ Linearitätsfehler,
- □ differentielle Nichtlinearität

Abgleich eines DAU
Der Abgleich eines integrierten D/A-Umsetzers mit 8 Bit Auflösung, umschaltbarem Unipolar-/Bipolarbetrieb, $U_{FS} = 10$ V bzw. ±5 V, und natürlichem Binär- bzw. Offsetbinärcode kann in folgenden Schritten erfolgen:

1. Unipolarbetrieb

a) Datenwort 0000 0000: Nullabgleich mit Einstellpotentiometer nach Datenblatt $U_A = 0\,\text{V}$

b) Ermittlung des LSB: $1\ \text{LSB} = \frac{U_{FS}}{2^n} = \frac{10\,\text{V}}{2^8} = 39{,}1\,\text{mV}$

c) Ermittlung des MSB: $1\,\text{MSB} = \frac{U_{FS}}{2} = \frac{10\,\text{V}}{2} = 5\,\text{V}$

d) Datenwort 1111 1111: Verstärkungsabgleich mit Abgleichpotentiometer nach Datenblatt:

$U_{A\ max} = U_{FS} - 1\,\text{LSB}$

$U_{A\ max} = 10\,\text{V} - 39{,}1\,\text{mV} = 9{,}961\,\text{V}$

e) Kontrolle Datenwort 1000 0000: $U_A = \text{MSB} = 5\,\text{V}$

2. Bipolarbetrieb:

a) Datenwort 0000 0000: Abgleich der negativen Maximalspannung:

$-U_{A\ max} = -U_{FS(B)} = -5\,\text{V}$

b) Datenwort 1111 1111: Verstärkungsabgleich

$U_{A\ max} = U_{FS(B)} - 1\,\text{LSB}$

$U_{A\ max} = 5\,\text{V} - 39{,}1\,\text{mV} = 4{,}961\,\text{V}$

c) Kontrolle Datenwort 1000 0000: $U_A = 0\,\text{V}$

7.2.1.4 Schaltungsprinzipien

Die Umsetzung einer Dualzahl in eine entsprechende Analogspannung wird schaltungstechnisch mit Hilfe eines Summierungsverstärkers (vgl. Bild 7.15a) erreicht. Dabei werden den Wertigkeiten des Dualsystems entsprechende Ströme gebildet, die addiert und in eine Summenspannung umgeformt werden.

Umsetzer mit gewichteten Widerständen

Bild 7.28 zeigt, wie hier die unterschiedlichen Ströme durch gewichtete Widerstände im Dualcode mit Hilfe der Referenzspannung U_{REF} gebildet werden.

Je nachdem, welcher Schalter nun durch die Digitaleingänge betätigt wird, fließen die Ströme über den Operationsverstärker oder die Masse. Da der Eingangswiderstand des Operationsverstärkers etwa 0 ist, bleibt die Stromstärke jeweils unabhängig von der Schalterstellung. Der Spannungsabfall am Rückkopplungswiderstand R_K ergibt die Ausgangsspannung.

Es gilt die Beziehung:

$$U_{RK} = U_A = (I_3 \cdot S_3 + I_2 \cdot S_2 + I_1 \cdot S_1 + I_0 \cdot S_0) \cdot R_K$$

S_0 bis S_3 können die Werte 0 oder 1 annehmen. Im Bild 7.28 sind $S_0 = 1, S_3 = 1, S_1 = 0, S_2 = 0$. Bezieht man die Ströme auf die Referenzspannung, dann erhält man:

$$U_A = \left(8 \cdot \frac{U_{REF}}{R_0} \cdot S_3 + 4 \cdot \frac{U_{REF}}{R_0} \cdot S_2 + 2\,\frac{U_{REF}}{R_0} \cdot S_1 + \frac{U_{REF}}{R_0} \cdot S_0\right) \cdot R_K$$

$$U_A = (8 \cdot S_3 + 4 \cdot S_2 + 2 \cdot S_1 + S_0) \cdot U_{REF} \cdot \frac{R_K}{R_0}$$

Bei beliebiger Bitzahl n am Digitaleingang gilt dann

$$U_A = (2^{n-1} \cdot S_{n-1} + 2^{n-2} \cdot S_{n-2} + \ldots + 2^0\,S_0) \cdot U_{REF} \cdot \frac{R_K}{R_0} \qquad \text{(Gl. 7.29)}$$

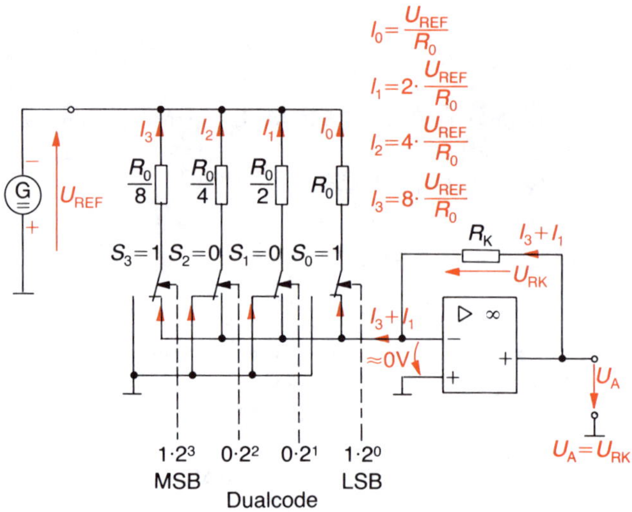

Bild 7.28
DAU mit gewichteten Widerständen

Die Maximalspannung $U_{A\ max}$ ergibt sich mit S_0 bis $S_{n-1} = 1$ zu:

$$U_{A\ max} = (2^n - 1) \cdot U_{REF} \cdot \frac{R_K}{R_0} \qquad \text{(Gl. 7.30)}$$

Die Full-Scale-Spannung ist durch die Bitzahl, die Referenzspannung und das Widerstandsverhältnis gegeben:

$$U_{FS} = 2^n \cdot U_{REF} \cdot \frac{R_K}{R_0} \qquad \text{(Gl. 7.31)}$$

Mit den Gleichungen 7.26 und 7.27 erhält man die Werte für das LSB und MSB.

$$1\ \text{LSB} \triangleq = \Delta U_A = U_{REF} \cdot \frac{R_K}{R_0} \qquad \text{(Gl. 7.32)}$$

$$1\ \text{MSB} \triangleq = \frac{1}{2} \cdot U_{FS} = 2^{n-1} \cdot U_{REF} \cdot \frac{R_K}{R_0} \qquad \text{(Gl. 7.33)}$$

Setzt man in der Schaltung Bild 7.28 z. B. $U_{REF} = 10\,\text{V}$ und $R_0 = 10 \cdot R_K$ ein, dann ergeben sich für den dargestellten 4-Bit-DAU:

$$\underline{\underline{U_{A\ max}}} = (2^4 - 1) \cdot 10\,\text{V} \cdot \frac{1}{10} = \underline{\underline{15\,\text{V}}}$$

$$\underline{\underline{U_{FS}}} = 2^4 \cdot 10\,\text{V} \cdot \frac{1}{10} = \underline{\underline{16\,\text{V}}}$$

$$\underline{\underline{1\ \text{LSB}}} \triangleq 10\,\text{V} \cdot \frac{1}{10} = \underline{\underline{1\,\text{V}}}$$

$$\underline{\underline{1\ \text{MSB}}} \triangleq \tfrac{1}{2}\, U_{FS} = \underline{\underline{8\,\text{V}}}$$

Das vorliegende Schaltungsprinzip wird in der Praxis wenig angewendet, weil es sehr viele unterschiedliche Widerstandswerte nötig macht.

Für integrierte Schaltungen verwendet man statt dessen ein Leiternetzwerk mit nur zwei unterschiedlichen Widerstandswerten.

Bild 7.29
Strom- und Spannungsverteilung am R-$2R$-Leiternetzwerk

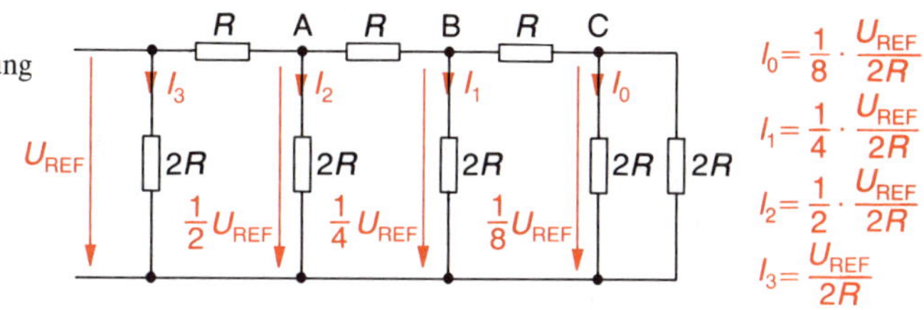

Umsetzer mit Leiternetzwerk

Im Unterschied zur Schaltung Bild 7.28 wird hier die Referenzspannung zunächst mit einem Leiternetzwerk entsprechend der dualen Wertigkeit geteilt. Die einzelnen Ströme können dann mit gleichartigen Widerständen gebildet werden. Bild 7.29 zeigt ein Leiternetzwerk mit den beiden Widerstandswerten R, $2\,R$. Die jeweilige Teilung durch 2 ist leicht verständlich, wenn man das Netzwerk vom Ende her betrachtet: Die beiden Parallelwiderstände $2\,R||2\,R$ am Knoten C ergeben zusammen den Wert R. Gemeinsam mit dem Längswiderstand R ergibt sich die Teilung 2. Zugleich erhält man am Knoten B die Parallelschaltung aus $2\,R||(R + R)$ also wieder zusammen R und so kommt wiederum die Teilung 2 zum Knoten A hin zustande. Man kann das Netzwerk beliebig erweitern. Es entsteht eine duale Spannungsteilung.

Die einzelnen Ströme I_0 bis I_3 stehen ebenfalls im Verhältnis 2 zueinander, sind also dual gestuft.

$$I_0 = \frac{1}{8} \cdot \frac{U_{REF}}{2R}$$

$$I_1 = \frac{1}{4} \cdot \frac{U_{REF}}{2R}$$

$$I_2 = \frac{1}{2} \cdot \frac{U_{REF}}{2R}$$

$$I_3 = \frac{U_{REF}}{2R}$$

Dieses Netzwerk nun wird in der Schaltung Bild 7.30 verwendet. Die Referenzspannungsquelle ist hier umgepolt, damit wegen der Invertierung des Operationsverstärkers die Ausgangsspannung positiv wird.

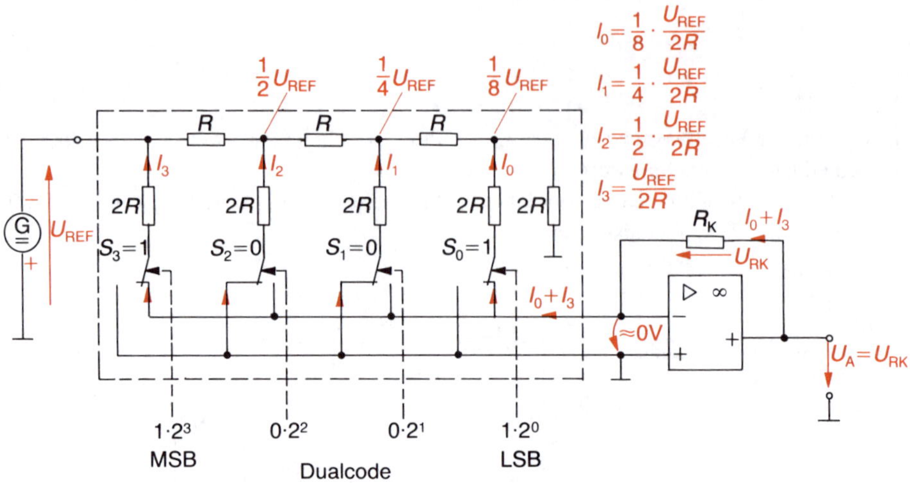

Bild 7.30 DAU mit Leiternetzwerk

Die Digitalschalter können wieder auf Masse ($S = 0$) oder auf den Verstärkereingang gestellt werden ($S = 1$). Da der Eingangswiderstand des gegengekoppelten Verstärkers auch 0 ist, ändert sich für das Netzwerk beim Umschalten nichts. Die Ströme werden wieder addiert und der Spannungsabfall U_{RK} liefert die Ausgangsspannung U_A.

Man berechnet für die Schaltung die Spannung

$$U_{RK} = U_A = (I_3 \cdot S_3 + I_2 \cdot S_2 + I_1 \cdot S_1 + I_0 \cdot S_0) \cdot R_K$$

Für S_0 bis S_3 ist wieder 0 oder 1 zu setzen. Im Bild 7.30 ist $S_0 = 1, S_1 = 0, S_2 = 0, S_3 = 1$. Bezieht man die Ströme auf die Referenzspannung, dann erhält man:

$$U_A = (\frac{U_{REF}}{2R} \cdot S_3 + \frac{1}{2}\frac{U_{REF}}{2R} \cdot S_2 + \frac{1}{4}\frac{U_{REF}}{2R} \cdot S_1 + \frac{1}{8}\frac{U_{REF}}{2R} \cdot S_0) \cdot R_K$$

Nach Ausklammern entsteht die Gleichung

$$U_A = (8 \cdot S_3 + 4 \cdot S_2 + 2\, S_1 + S_0) \cdot \frac{U_{REF} \cdot R_K}{8 \cdot 2R}$$

Bei beliebiger Bitzahl n gilt allgemein:

$$U_A = (2^{n-1} \cdot S_{n-1} + 2^{n-2} \cdot S_{n-2} + \ldots + 2^0 \cdot S_0) \cdot \frac{U_{REF} \cdot R_K}{2^{n-1} \cdot 2R}$$

Meist wird $R_K = R$ gewählt. Dann entsteht die Gleichung:

$$U_A = (2^{n-1} \cdot S_{n-1} + 2^{n-2} \cdot S_{n-2} + \ldots + 2^0 \cdot S_0) \cdot \frac{U_{REF}}{2^n} \qquad \text{(Gl. 7.34)}$$

Mit S_0 bis S_{n-1} =1 erreicht man die Maximalspannung.

$$U_{A\ max} = (2^n - 1) \cdot \frac{U_{REF}}{2^n} \qquad \text{(Gl. 7.35)}$$

Der kleinste Spannungsschritt läßt sich ermitteln, wenn nur $S_0 = 1$ ist.

$$1\ \text{LSB} \triangleq = \Delta U_A = \frac{U_{REF}}{2^n} \qquad \text{(Gl. 7.36)}$$

Der Vergleich mit Gleichung 7.26 ergibt für die Full-Scale-Spannung

$$U_{FS} = U_{REF} \qquad \text{(Gl. 7.37)}$$

Damit ist auch das MSB bestimmt (Gleichung 7.27).

$$1\ \text{MSB} \triangleq = \frac{1}{2} \cdot U_{FS} = \frac{1}{2} \cdot U_{REF} \qquad \text{(Gl. 7.38)}$$

Das Leiternetzwerk wird im allgemeinen in den integrierten DAU-Schaltkreisen angewendet, da hier nur zwei Widerstandswerte zu realisieren sind. Diese werden üblicherweise mittels Laserstrahl in Dünnfilmtechnik hergestellt. Als Schalter sind MOS-Feldeffekt-Transistoren verwendbar. Bild 7.31 zeigt ein Schaltungsbeispiel.

Bild 7.31
MOS-Feldeffekt-Transistoren als elektronische Schalter

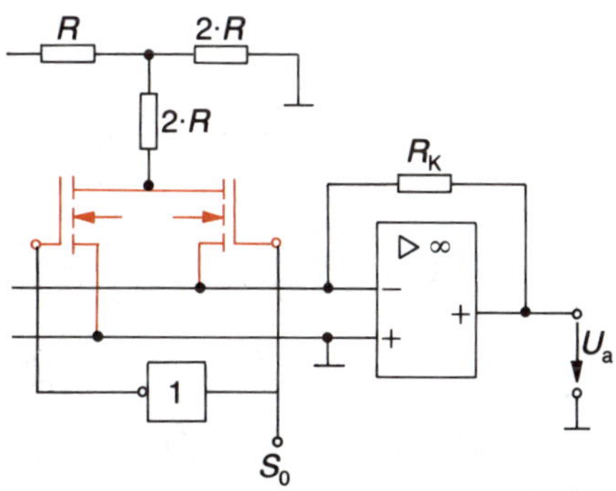

DAU mit gewichteten Stromquellen

Die elektronischen Schalter im Schaltungsbeispiel Bild 7.30 können Fehler verursachen, wenn ihr Restwiderstand nicht genügend klein ist. Das Problem läßt sich eliminieren, wenn die Teilströme durch gesteuerte Stromquellen erzeugt werden. Diese Technik wird in den meisten D/A-Umsetzern angewendet. Der Umsetzer DAC-03 Bild 7.25 ist dafür ein Beispiel. Man erkennt das Leiternetzwerk und die als Stromquellen arbeitenden Transistoren. Zur Erläuterung soll die vereinfachte Schaltung Bild 7.32 dienen.

Mit Hilfe des gegengekoppelten Operationsverstärkers N_1 wird die Basisspannung von Transistor V_1 so geregelt, daß sich der konstante Kollektorstrom

$$I_3 = \frac{U_{REF}}{R_V}$$

einstellt. Die Transistoren V_1 bis V_6 müssen exakt gleiche Kennlinien besitzen. Wenn dann alle Basisanschlüsse parallel liegen, entstehen in diesen Transistoren ebenfalls konstante Ströme, die nur noch von den Emitterwiderständen abhängen. V_2 erhält den gleichen Strom wie V_1, da Basis und Emitter gleich beschaltet sind. Bei V_3 bis V_5 nehmen die Ströme in dualen Schritten ab, da sich durch das Leiternetzwerk die negativen Bezugsspannungen $(-U_B, -\frac{1}{2}U_B, -\frac{1}{4}U_B, -\frac{1}{8}U_B)$ von Stufe zu Stufe halbieren, die Basisspannung und die Emitterwiderstände ($2\,R$) aber gleich bleiben können. V_5 und V_6 haben wieder die gleichen Ströme. Schwankungen der negativen Betriebsspannung ($-U_B$) haben kaum Einfluß auf die Ströme, da N_1 jede Änderung durch entsprechende Nachregelung der Basisspannung ausgleicht.

Die Dioden V_7 bis V_{14} dienen als Umschalter. N_2 ist wieder der Summierverstärker, der aus der Summe der Teilströme die Ausgangsspannung $U_A = U_{RK}$ bildet. Die Digitaleingänge müssen in dieser Schaltung auf 0 liegen, wenn der Strom über den Summierer fließen soll. Wenn z. B. $S_3 = 1$ ist, dann ist die Diode V_7 leitend und V_8 gesperrt. Folglich fließt der Konstantstrom I_3 über den Digitaleingang. Für $S_3 = 0$ ist V_7 gesperrt und V_8 leitend, der Strom fließt über den Summierer. Damit gilt für die Ausgangsspannung

$$U_{RK} = U_A = I \cdot R_K$$

$$U_A = (I_3 \cdot \overline{S}_3 + I_2 \cdot \overline{S}_2 + I_1 \cdot \overline{S}_1 + I_0 \cdot \overline{S}_0) \cdot R_K$$

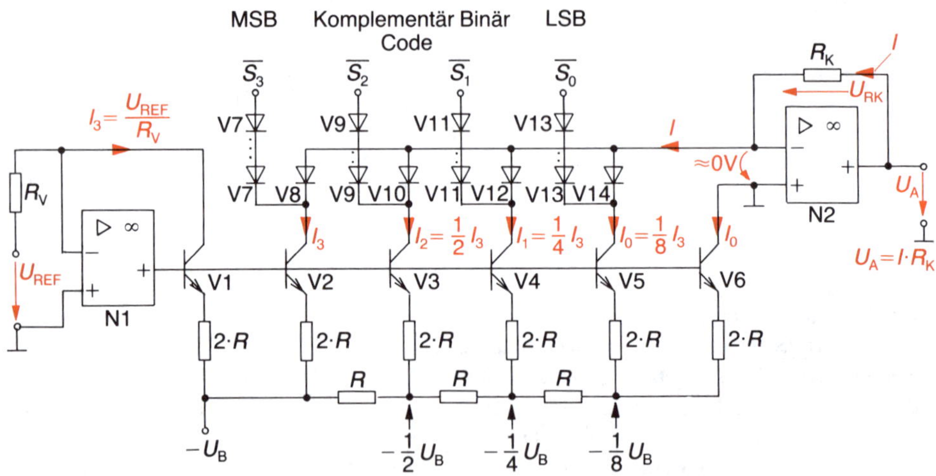

Bild 7.32 DAU mit gewichteten Stromquellen

Aus

$$I_3 = \frac{U_{REF}}{R_V};\ I_2 = \frac{1}{2} \cdot I_3;\ I_1 = \frac{1}{4} \cdot I_3;\ I_0 = \frac{1}{8} \cdot I_3$$

erhält man

$$U_A = (\overline{S}_3 + \frac{1}{2} \cdot \overline{S}_2 + \frac{1}{4} \cdot \overline{S}_1 + \frac{1}{8} \cdot \overline{S}_0) \cdot U_{REF} \cdot \frac{R_K}{R_V}$$

Um die dualen Wertigkeiten zu erkennen, kann die Gleichung in der Form geschrieben werden:

$$U_A = (8 \cdot \overline{S}_3 + 4 \cdot \overline{S}_2 + 2 \cdot \overline{S}_1 + \overline{S}_0) \cdot \frac{U_{REF} \cdot R_K}{8 \cdot R_V} \qquad \text{(Gl. 7.39)}$$

Wählt man für $R_V = 2 \cdot R_K$ und verallgemeinert die Gleichung für n Binäreingänge, so errechnet man schließlich:

$$U_A = (2^{n-1} \cdot \overline{S}_{n-1} + 2^{n-2} \cdot \overline{S}_{n-2} + \ldots + 2^0 \cdot \overline{S}_0) \cdot \frac{U_{REF}}{2^n} \qquad \text{(Gl. 7.40)}$$

Die vorliegende Schaltung muß statt des natürlichen Binärcodes den komplementären für den Digitaleingang verwenden. Für die maximale Ausgangsspannung, die Full-Scale-Spannung, LSB und MSB ergeben sich ebenfalls die Gleichungen 7.35 bis 7.38.

Multiplizierender DA-Umsetzer
Wird in Bild 7.32 die Referenzspannung als analoge Eingangsspannung U_E betrachtet, so erhält man mit Gleichung 7.39 eine Multiplizierschaltung:

$$U_A = Z_E \cdot U_E \cdot \frac{R_K}{8 \cdot R_V} \qquad \text{(Gl. 7.41)}$$

Z_E ist in dieser Schaltung eine Dualzahl im komplementär binären Code.

$$Z_E = 8 \cdot \overline{S}_3 + 4 \cdot \overline{S}_2 + 2 \cdot \overline{S}_1 + S_0$$

Je nach Ausführungsform des DAU könnte U_E unipolar oder bipolar sein und Z_E positive und negative Zahlen umfassen. Damit sind 1-Quadrant-, 2-Quadranten- oder 4-Quadranten-Multiplizierer realisierbar.

7.2.1.5 Steuerung mit einem Mikroprozessor

In vielen Digitalmeßgeräten findet man heute einen Mikroprozessor, der die Steuerungsaufgaben übernimmt: Bereichswahl, Meßgrößenumschaltung, Datenspeicherung und vieles mehr wird von diesem Baustein ausgeführt oder koordiniert. Ebenso kann der DAU in ein Meßsystem einbezogen werden, wenn er bestimmte Steuerungselemente enthält.

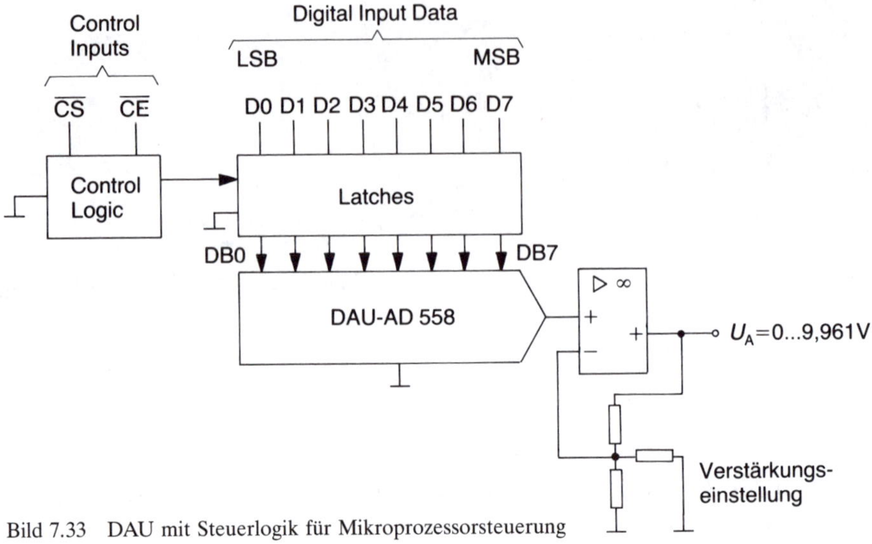

Bild 7.33 DAU mit Steuerlogik für Mikroprozessorsteuerung

> Ein systemfähiger DAU muß durch Latches gepufferte Digitaleingänge und mindestens einen Selektionssteuereingang besitzen.

Das Funktionsschaltbild 7.33 des DA-Umsetzers AD 558 zeigt acht Dateneingänge D0 bis D7, die mit dem Datenbus eines 8-Bit-Prozessors verbunden werden können. Die digitalen Eingangsdaten müssen gespeichert werden, da der Mikroprozessor sie nur kurzzeitig zur Verfügung stellt. Dazu dienen die Latches (Flipflop-Speicher), die von den Steuereingängen Chip-Select (CS) und Chip-Enable (CE) beeinflußt werden. Tabelle 7.4 zeigt die Wirkung dieser Steuerleitungen. $\overline{CS}$ und $\overline{CE}$ sind Low-Aktiv, wirken also, wenn sie auf Low-Potential (0 V bis 0,8 V) gelegt werden. Sie sind im High-Zustand (2,4 V bis 5,5 V) inaktiv.

Für $\overline{CS}$ = $\overline{CE}$ = H sind die Dateneingänge D0 bis D7 gesperrt. Für $\overline{CS}$ = $\overline{CE}$ = L sind die Datenleitungen direkt zum DAU durchgeschaltet. Wechseln von diesem Zustand einer oder beide Steuereingänge auf H, dann werden die Daten (D0 bis D7) in den Latches gespeichert und stehen dem DAU als gepufferte Daten (DB0 bis DB7) zur Verfügung. Die Darstellungen auf dem Bild 7.34 zeigen das Zusammenwirken von Prozessor und DAU-Baustein. Der DAU wird in einem I/O-Schreibzyklus gestartet. Dazu wird ihm eine Adresse zugeordnet, die beim Z80-Prozessor für I/0-Bausteine 8 Bit (A0 bis A7) umfaßt. Der Adreßdecoder entschlüsselt die Adressen und liefert bei Übereinstimmung mit der Adresse des DAU und bei Vorhandensein einer $\overline{IORQ}$-(Input-Output-Request-)Anforderung ($\overline{IORQ}$ = L) das Chip-Select-Signal ($\overline{CS}$ = L). Wenn außerdem ein Schreibzyklus aktiviert ist ($\overline{WR}$ = L), dann wird auch $\overline{CE}$ = L, der Datenbus wird zum DAU durchgeschaltet und es beginnt die Umsetzung. Die Datenbusinformation bleibt gespeichert, wenn $\overline{CS}$ bzw. $\overline{CE}$ in den H-Zustand wechseln. Nach der Einschwingzeit (Settling Time) steht der Analogwert so lange zur Verfügung, bis ein neues Datenwort gesendet wird.

Bild 7.34a zeigt die Leitungsverbindungen, Bild 7.34b den Signalverlauf auf den Leitungen. Hier wird auch deutlich, daß die digitalen Eingangsdaten gespeichert bleiben, auch wenn der Schreibzyklus abgeschlossen ist.

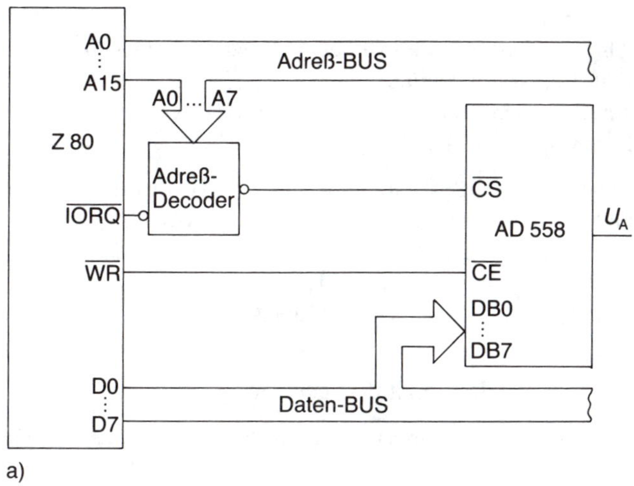

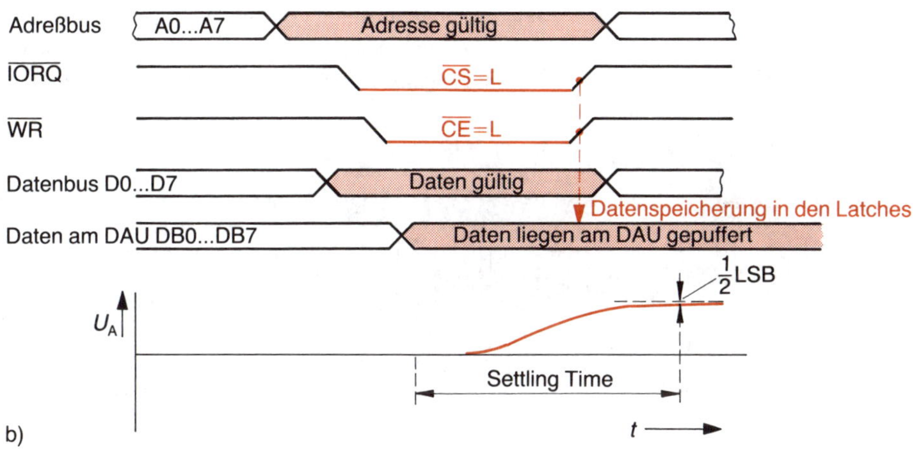

Bild 7.34
Steuerung eines DAU mit Mikroprozessor Z80
a) Steuersignale zwischen Z80-CPU und DAU
b) Signalverlauf beim Start der Umsetzung durch einen Z80-Mikroprozessor

$\overline{CS}$	$\overline{CE}$	Daten am DAU DB0 . . . DB7	Kommentar
L	L	D0 . . . D7	Daten werden durchgeschaltet
L ↑ H	L	D0 . . . D7	Daten werden im Latch gespeichert
L	L ↑ H	D0 . . . D7	
H	H	Keine Änderung	Daten bleiben gespeichert

Tabelle 7.4 Funktion der Steuereingänge $\overline{CS}$, $\overline{CE}$

Programmierbeispiel
Als abschließendes Beispiel sei die Programmierung in mnemonischer Schreibweise für den Z80-Prozessor aufgeführt.
Angenommene Adresse des DAU: 80 (H)
Datenwort FF (H) ≙ $U_{A\ max}$

LD A, FF	Das A-Register der Z80-CPU wird mit dem Datenwort geladen.
OUT (80), A	Das Datenwort wird vom A-Register über den Datenbus an den DAU mit der Adresse 80 (H) gesendet, gleichzeitig werden die Steuersignale $\overline{IORQ}$ = L und $\overline{WR}$ = L gesetzt.
HALT	Ende des Programms

7.2.2 Analog-Digital-Umsetzer (ADU)

Diese Umsetzer bilden das Gegenstück zum Digital-Analog-Umsetzer. Eine analoge Größe, meist eine Spannung, wird binär codiert. Die Codierung des Digitalausgangs entspricht der Eingangscodierung eines DAU (vgl. Abschnitt 7.2.1.2).

Da ein ADU auch für die Digitalanzeige analoger Größen in Digitalmultimetern Anwendung findet, wird häufiger als beim DAU hier auch der BCD-Code in der Form des Sign-Magnitude-Codes (Betragsanzeige mit Vorzeichenbit) angewendet. Bild 7.35 macht den Vorteil dieser Anzeige deutlich.

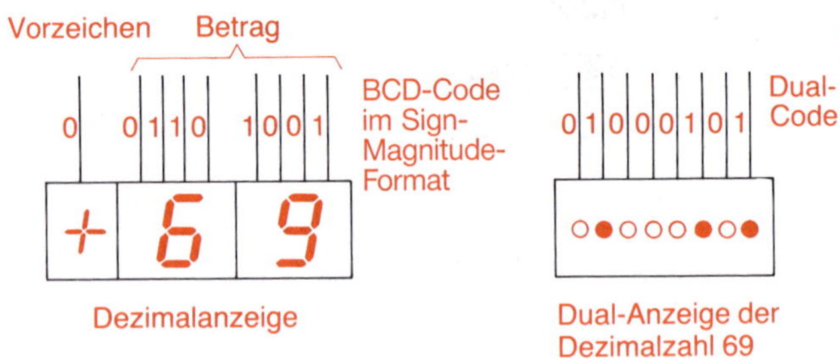

Bild 7.35
Gegenüberstellung Dezimal-Dual-Anzeige

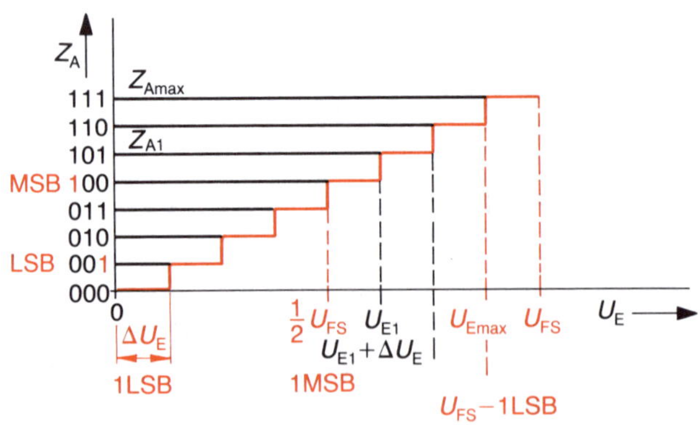

Bild 7.36
Zusammenhang zwischen Eingangsspannung und Ausgangscode eines 3-Bit-ADU

7.2.2.1 Kenngrößen

Full-Scale- und maximale Eingangsspannung

Die typischen Kenngrößen eines ADU haben ähnlichen Charakter wie die eines DAU (Abschnitt 7.2.1.1). So wird auch hier zwischen der maximalen Analogspannung ($U_{E\ max}$) und der Full-Scale-Spannung (U_{FS}) unterschieden. Bild 7.36 zeigt die Zusammenhänge für einen unipolaren 3-Bit-Umsetzer. Der Ausgangscode weist die dualen Wertigkeiten des natürlichen Binärcodes auf. Die größte Zahl $Z_{A\ max} = 111$ am Ausgang stellt sich bei Erreichen von $U_{E\ max}$ ein. $Z_{A\ max}$ hat aber Gültigkeit für das ganze Intervall ΔU_E von $U_{E\ max}$ bis U_{FS}. U_{FS} ist somit der Bereichsendwert oder Full-Scale-Wert der Spannung. Wird am Eingang die Spannung U_{FS} überschritten, so wird dies bei einigen Umsetzern durch ein «Overload»-Signal, verbunden mit dem Rücksetzen auf $Z_A = 0$ berücksichtigt.

> Die Full-Scale-Spannung markiert den Bereichsendwert des ADU. Sie ist um einen Spannungsschritt ΔU_E größer als die Spannung $U_{E\ max}$, die dem Zahlenwert $Z_{A\ max}$ zugeordnet ist.

Auflösung

Die Auflösung ist ein Maß dafür, wie viele Spannungswerte durch einen entsprechenden Zahlenwert dargestellt werden können. Aus Bild 7.36 geht hervor, daß jeweils eine Spannungsänderung ΔU_E erforderlich ist, um die Ausgangszahl um 1 zu verändern. ΔU_Eist um so kleiner, je größer die Stellenzahl des Binärcodes ist. Im vorliegenden Beispiel sind 3 Bit (Binärstellen) vorgesehen. Daraus ergeben sich $2^3 = 8$ verschiedene Spannungen (einschließlich 0 V), die durch eine je eigene Zahl darstellbar sind und $2^3 = 8$ Intervalle ΔU_E, in die der Spannungsbereich von 0 V bis U_{FS} aufgeteilt wird. Allgemein läßt sich das Intervall ΔU_E bei *n* Bit des natürlichen Binärcodes berechnen:

$$\Delta U_E = \frac{U_{FS}}{2^n} \qquad \text{(Gl. 7.42)}$$

Als Auflösung *A* wird die auf U_{FS} bezogene Spannungsänderung bezeichnet, die am Ausgang gerade eine Änderung um 1 erzeugt. Die Angabe wird gewöhnlich in Prozent gemacht.

$$A_{\%} = \frac{\Delta U_E}{U_{FS}} \cdot 100\% = 2^{-n} \cdot 100\% \qquad \text{(Gl. 7.43)}$$

Auflösung des ADU in Prozent der Full-Scale-Spannung

In etwas einfacherer Form läßt sich die Auflösung auch durch Angabe der Bitzahl des Umsetzers kennzeichnen.

Die Auflösung eines ADU ist durch den kleinsten, die Ausgangszahl noch ändernden Spannungsschritt am Eingang, bezogen auf die Full-Scale-Spannung definiert. Sie wird auf zweierlei Weise angegeben:
$A_{\%} = 2^{-n} \cdot 100\%$ oder $A = n$ Bit.
n Bitzahl des natürlichen Binärcodes

LSB und MSB
Diese auch beim DAU verwendeten Größen haben hier die gleiche Bedeutung. sie stellen die Zuordnung zwischen dem Least Significant Bit (LSB, niederwertigstes Bit) und dem Most Significant Bit (MSB, höchstwertiges Bit) des Dualcodes zu den Analogspannungen her. Aus Bild 7.36 geht hervor:

$$\text{LSB} \triangleq \Delta U_E = \frac{U_{FS}}{2^n}$$

$$\text{MSB} \triangleq \frac{U_{FS}}{2}$$

Quantisierungsfehler
Nach Bild 7.36 ist ein Zahlenwert Z_{A1} am Ausgang für einen ganzen Spannungsbereich U_{E1} bis $U_{E1} + \Delta U_E$ gültig. Damit entsteht zwangsläufig ein systembedingter einseitiger Fehler, der Quantisierungsfehler F_Q. Absolut ausgedrückt beträgt der maximale Quantisierungsfehler $F_Q = U_{E1} + \Delta U_E - U_{E1}$.

$$F_Q = + \Delta U_E \triangleq + 1\ \text{LSB}$$

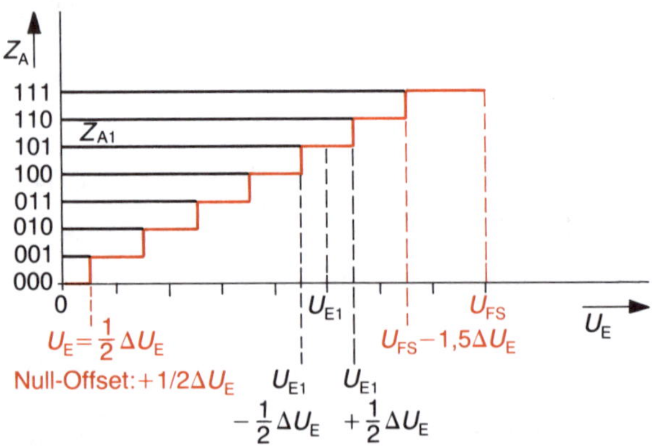

Bild 7.37
ADU mit Nulloffset

Der Quantisierungsfehler läßt sich mit Hilfe einer Nulloffsetspannung (Zero Offset) optimieren. Bild 7.37 zeigt die Übertragungscharakteristik des ADU mit Nulloffset. Der erste Digitalwert 001 wird bereits bei $\frac{\Delta U_E}{2}$ am Eingang erreicht, weil durch eine Offsetspannung von ½ ΔU_E intern eine Ergänzung auf $\Delta U_E \triangleq 1$ LSB erfolgt. Da nun der Ausgang jeweils bei einer um $\frac{\Delta U_E}{2}$ kleineren Spannung schaltet, entsteht ein zweiseitiger Fehler. Als absoluten maximalen Quantisierungsfehler erhält man somit:

$$F_Q = \pm \frac{\Delta U_E}{2} \triangleq \pm\frac{1}{2}\,\text{LSB} \qquad \text{(Gl. 7.44)}$$

Der ADU hat einen systembedingten Quantisierungsfehler. Der optimierte maximale Quantisierungsfehler beträgt $\pm \frac{\Delta U_E}{2} \triangleq \pm\frac{1}{2}$ LSB

Unter Verwendung von Gleichung 7.42 und 7.44 kann man auch einen relativen Fehler bezogen auf die Full-Scale-Spannung U_{FS} angeben:

$$f_{Q\%} = \frac{F_Q}{U_{FS}} \cdot 100\% = \frac{\pm\,\Delta U_E}{2\,U_{FS}} \cdot 100\% = \pm\frac{100\%}{2^{n+1}} \qquad \text{(Gl. 7.45)}$$

Beispielsweise hat ein 12-Bit-ADU einen maximalen Quantisierungsfehler

$$f_{Q\%} = \frac{\pm 100\%}{2^{13}} = \pm 0{,}0122\%$$

Umsetzungszeit (Conversion Time)

Wie die Bezeichnung schon ausdrückt, ist dies die Zeit vom Start der Umsetzung bis zur Ausgabe der gültigen Bitkombination. Die meisten Umsetzer verfügen über einen speziellen Logikeingang (Start of Conversion), über den der Start ausgelöst wird und einen Logikausgang (End of Conversion), der das Ende der Umsetzung anzeigt. Damit wird der ADU durch einen Abtast- und Halteverstärker steuerbar (vgl. Abschnitt 7.2.2.2). Die Umsetzungszeit richtet sich nach dem angewandten Verfahren. Sie kann im ns-Bereich liegen (z. B. Flash Converter) oder z. B. auch 100 ms (integrierende Umsetzer) betragen.

Unipolar- und Bipolarbetrieb

AD-Umsetzer werden zunächst für positive Eingangsspannungen konzipiert, arbeiten also unipolar. Sollen auch negative Spannungen verarbeitet werden, so wird zur Analogeingangsspannung mit Hilfe eines Addierverstärkers die Offsetspannung $\frac{1}{2}\,U_{FS}$ addiert. Damit ergibt sich der Bipolarbetrieb. Eine Umschaltung zwischen beiden Betriebsarten ist bei den üblichen AD-Umsetzern über einen Steuereingang möglich.

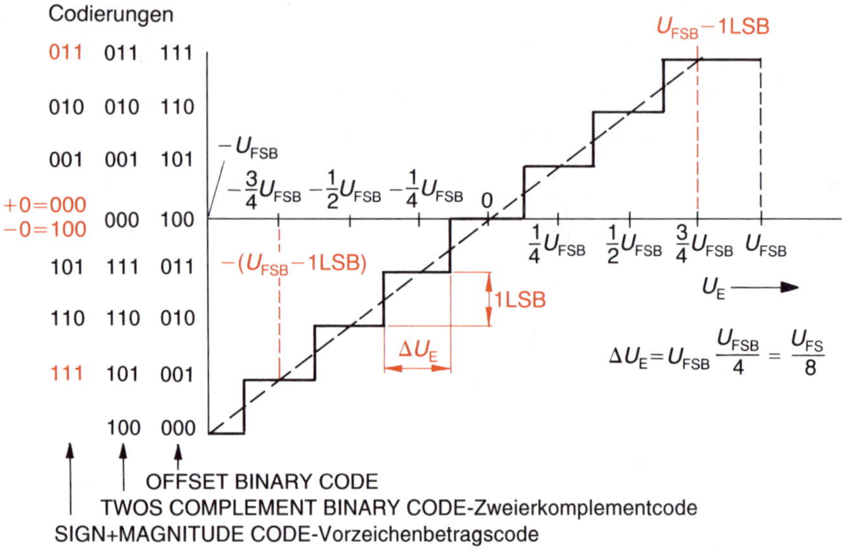

Bild 7.38 Bipolarbetrieb eines 3-Bit-ADU mit Nulloffset und drei Codierungen

> Bei der Umschaltung von Unipolar- auf Bipolarbetrieb wird zur analogen Eingangsspannung eine Offsetspannung $+\frac{1}{2}\,U_{FS}$ addiert.

Mit der Umschaltung auf Bipolarbetrieb wird der Spannungsbereich des Umsetzers auf positive und negative Eingangsspannungen aufgeteilt. Z. B. teilt sich der Bereich von 0 V bis $U_{FS} = 10$ V in einen negativen Teil $-U_{FSB} = -5$ V bis 0 V und einen positiven 0 V bis $+U_{FSB} = +5$ V im Bipolarbetrieb auf. Die Full-Scale-Spannungen des Bipolarbetriebs sind betragsmäßig halb so groß wie die des Unipolarbetriebs: $-U_{FSB} = -½\,U_{FS}$ $+\,U_{FSB} = +½\,U_{FS}$. Als Ausgangscodes werden die gleichen Binärcodes verwendet wie bei D/A-Umsetzern: Offsetbinärcode, Zweierkomplementcode, Vorzeichenbetragcode (vgl. Abschnitt 7.2.1.2). Bild 7.38 zeigt die drei Codierungen am Beispiel eines 3-Bit-ADU. Eine Besonderheit des Vorzeichenbetragcodes wird hier deutlich: Für die 0-V-Eingangsspannung gibt es zwei Binärkombinationen (000, 100) je nachdem, ob man sich der 0 mit positiven oder negativen Werten nähert. Damit ergibt sich ein symmetrischer Nennspannungsbereich von $-¾\,U_{FSB}$ bis $+¾\,U_{FSB}$. Der Nennspannungsbereich für die beiden anderen Codierungsarten reicht von

$$-U_{FSB} \text{ bis } ¾\,U_{FSB} = U_{FSB} - 1\text{ LSB}.$$

Die Grafik zeigt auch, daß ein Nulloffset wirksam ist. Damit verhält sich der ADU nullpunktsymmetrisch bezüglich der Schaltschwellen.

Verstärkungsabgleich

In den Datenblättern eines ADU findet man Hinweise zum Abgleich des Nulloffsets und des Spannungsbereiches. Letzterer wird Verstärkungsabgleich genannt.

Als erstes wird immer der Nulloffsetabgleich vorgenommen, danach folgt der Verstärkungsabgleich.

Unipolarbetrieb: (Beispiel 8-Bit-Dualcode)

1. Nulloffsetabgleich: Übergang 00000000 auf 00000001 bei $U_E = ½\, \Delta U_E$
2. Verstärkungsabgleich: Übergang 11111110 auf 11111111 bei $U_E = U_{FS} - 1{,}5 \cdot \Delta U_E$

Bipolarbetrieb: (Beispiel 8-Bit-Offsetbinärcode)

1. Nulloffsetabgleich: Übergang 00000000 auf 00000001 bei $U_E = -U_{FSB} + ½\, \Delta U_E$
2. Verstärkungsabgleich: Übergang 11111110 auf 11111111 bei $U_E = U_{FSB} - 1{,}5 \cdot \Delta U_E$

Mit ΔU_E nach Gl. 7.42: $\Delta U_E = \dfrac{U_{FS}}{2^n}$ bei Unipolarbetrieb und

$$\Delta U_E = \frac{2 \cdot |U_{FSB}|}{2^n} \text{ bei Bipolarbetrieb.}$$

Linearitätsfehler (Linearity Error)

Der ideale A/D-Umsetzer ist dadurch gekennzeichnet, daß die Intervalle ΔU_E, für die ein Zahlenwechsel am Ausgang eintritt, über den ganzen Spannungsbereich gleich groß sind. Dies ist in den Bildern 7.38 und 7.39 für die schwarz gezeichnete Treppenkurve gegeben. Die Steigung der Treppenkurve ist konstant, wie sich an der Steigungsgeraden (gestrichelte Linie) erkennen läßt. Reale Umsetzer weisen immer gewisse Nichtlinearitäten auf, die durch den Linearitätsfehler gekennzeichnet werden. Dieser gibt den größten Abstand zwischen der idealen und der tatsächlichen Steigungskurve (Bild 7.39) an, wenn der Endpunkt der Treppenkurve zuvor abgeglichen wurde (Verstärkungsabgleich). Der Linearitätsfehler wird gewöhnlich in Teilen oder Vielfachen von

$$1 \text{ LSB} \triangleq \frac{U_{FS}}{2^n} = \Delta U_E$$

angegeben. Im Bild 7.39 beträgt der Linearitätsfehler 1,5 LSB. Übliche A/D-Umsetzer haben Fehler in der Größe ±0,5 LSB bis ±1 LSB.

Differentielle Nichtlinearität

Neben dem Linearitätsfehler wird zur Kennzeichnung der Umsetzungscharakteristik auch die differentielle Nichtlinearität genannt. Sie gibt an, um wieviel die einzelnen Spannungsschritte vom theoretischen Wert

$$\Delta U_E = \frac{U_{FS}}{2^n} \triangleq 1 \text{ LSB}$$

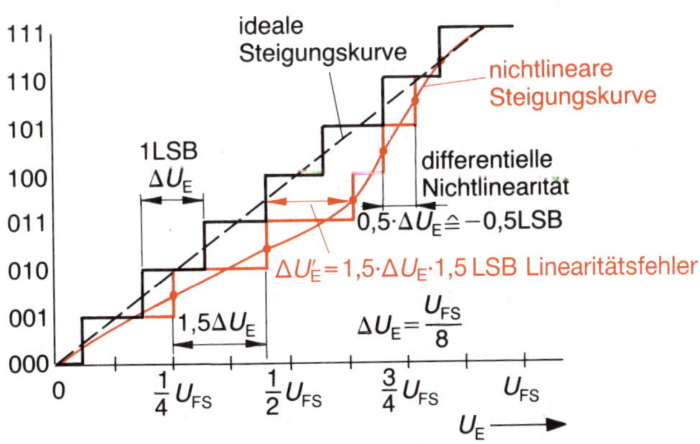

Bild 7.39
Nichtlinearität eines ADU

maximal abweichen können. Bild 7.39 zeigt Schritte, die zu groß sind (1,5 ΔU_E) und solche, die zu klein sind (0,5 ΔU_E). Die Abweichung vom Ideal ist im ersten Fall
$+0{,}5\ \Delta U_E \triangleq$ ½ LSB, im zweiten Fall
$-0{,}5\ \Delta U_E \triangleq -$½ LSB. Für den Umsetzer würde also die differentielle Nichtlinearität ±½ LSB betragen. Nimmt die differentielle Nichtlinearität den Wert −1 LSB oder negativer an, dann treten am Ausgang nicht mehr alle Binärkombinationen auf.

Fehlende Codes (Missing Codes)
Diese Angabe ist eng verbunden mit der differentiellen Nichtlinearität. Es kann bei bestimmten A/D-Umsetzern (z.B. Successive Approcimation) vorkommen, daß beim Durchfahren des Eingangsspannungsbereiches manche Bitkombinationen am Ausgang übersprungen werden. Das Auftreten fehlender Codes (Missing Codes) muß im Datenblatt vermerkt werden, da sich solche Umsetzer z. B. nicht für den Einsatz in Regelungssystemen eignen. Sie können Instabilitäten verursachen.

Die wichtigsten Fehlergrößen des ADU sind:
- □ Quantisierungsfehler,
- □ Verstärkungsfehler,
- □ Linearitätsfehler,
- □ differentielle Nichtlinearität.

In den Datenblättern findet man noch weitere Kenn- und Fehlergrößen. So z. B. Angaben über Betriebsspannungen, Verlustleistung, Eingangs- und Ausgangswiderstände und den Temperaturgang. Es würde den Rahmen dieses Buches sprengen, darauf im einzelnen einzugehen. Es sei auf die ausführlichen Datenbücher einschlägiger ADU- und DAU-Hersteller verwiesen.

Schaltungsprinzipien
In den folgenden Abschnitten werden nun einige wichtige Prinzipien behandelt, die bei der Herstellung von A/D-Umsetzern angewendet werden. Grundsätzlich ist dabei zwischen Momentanwertumsetzern und integrierenden Umsetzern zu unterscheiden. Während sich Momentanwertumsetzer durch sehr kurze Umsetzungszeiten auszeichnen und daher auch zur Umsetzung von Wechselspannungen geeignet sind, ist der besondere Vorzug der integrierenden Umsetzer die große erreichbare Genauigkeit, wobei allerdings relativ lange Umsetzungszeiten hingenommen werden müssen.

Momentanwertumsetzer zeichnen sich durch kurze Umsetzungszeiten aus, integrierende Umsetzer durch die große erreichbare Genauigkeit.

7.2.2.2 Momentanwertumsetzer

Momentanwertumsetzer tasten in regelmäßigen, sehr kurzen Abständen (z. B. einige ns bzw. µs) die Eingangsspannung ab und bilden aus dem Abtastwert einen entsprechenden binär codierten Zahlenwert. Zur Abtastung dient eine sogenannte Sample-and-Hold-Schaltung

(Abtasten und Halten). Sie sorgt dafür, daß der Umsetzer für die Dauer des Umsetzungsvorgangs eine konstant bleibende Eingangsspannung erhält. Die Codierung erfolgt meist im Dualcode mit 8 bis 16 Bit.

> Momentanwertumsetzer tasten in schneller Folge die Analogspannung ab und setzen den Abtastwert in einen binär codierten Zahlenwert um.

Bild 7.40
Prinzip eines Abtast- und Halteverstärkers (Sample and Hold Amplifier)

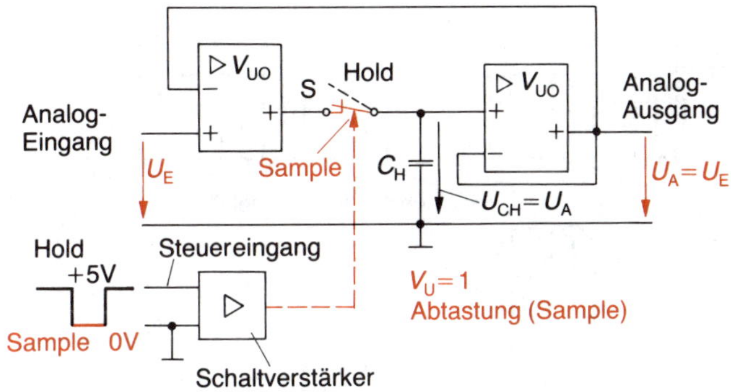

Abtast- und Haltekreis (Sample-and-Hold)
Bild 7.40 zeigt das Prinzipschaltbild eines Verstärkers zur Abtastung des analogen Eingangssignals und Speicherung der Abtastwerte. So lange der Schalter S geschlossen ist (Sample) arbeitet die Schaltung als gegengekoppelter Verstärker mit dem Verstärkungsfaktor

$$V_U = \frac{U_A}{U_E} = 1$$

Die Spannung U_{CH} am Kondensator C_H ändert sich mit der Eingangsspannung

$$U_{CH} = U_A = U_E$$

Wird der Steuereingang nun auf Halten (Hold) umgeschaltet, dann öffnet S und am Ausgang bleibt die Spannung konstant. Der zuletzt gespeicherte Spannungswert U_{CH} bestimmt jetzt die Ausgangsspannung U_A bis eine neue Abtastung erfolgt. Ein- und Ausgangsspannungsverlauf bei Abtastung einer Sinusspannung zeigt das Bild 7.41. Während der Abtastung läuft der Ausgang mit dem Eingang mit, in den Haltephasen bleibt die Ausgangsspannung konstant (schwarze Balken in Bild 7.41). In dieser Phase wird jeweils der Umsetzungszyklus des nachfolgenden ADU gestartet (Signal: Start of Conversion). Die für eine Abtastung erforderliche Zeit (Sampling-Time) wird von zwei Kenngrößen des Abtasthalteverstärkers bestimmt:

> Die Akquisitionszeit (Acquisition Time) ist die Zeit, die nach Umschaltung von Halten auf Abtasten vergeht, bis die Eingangsspannung auf den Ausgang durchgeschaltet ist.
> Die Aperturzeit (Apertur Delay) ist die Zeit, die nach Umschaltung von Abtasten auf Halten vergeht, bis der Speicherkondensator vom Eingang abgetrennt und die Ausgangsspannung konstant ist.

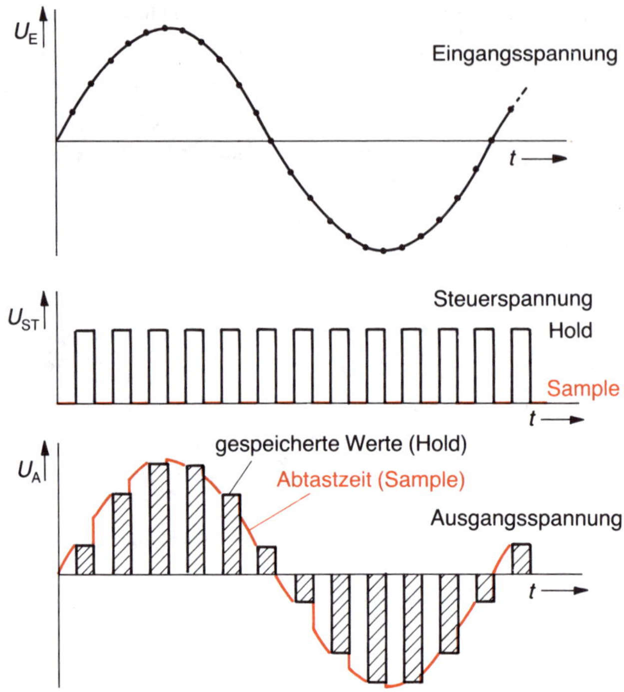

Bild 7.41
Ein- und Ausgangsspannung eines Abtast- und Halteverstärkers

Beide Zeitgrößen werden vom Hersteller der integrierten Sample and Hold Amplifier im Datenblatt angegeben. Sie liegen bei sehr schnellen Verstärkern im ns-Bereich (SHC 601, Fa. Burr Brown: Aperturzeit 4 ns, Akquisitionszeit 16 ns). Damit wäre eine Abtastfolgefrequenz von 50 MHz realisierbar.

Abtasttheorem nach SHANNON

Mit Hilfe des Abtast- und Halteschaltkreises werden dem Eingangssignal Proben entnommen, die dann von einem ADU in entsprechende Binärkombinationen umzusetzen sind. Das binär codierte Signal wird nun unterschiedlich weiterverarbeitet. Im einfachsten Fall dient es der Digitalanzeige. In der Nachrichtentechnik dagegen wird es beispielsweise als codiertes Sprachsignal über lange Leitungen übertragen und muß am Empfangsort mittels D/A-Umsetzer wieder in ein verständliches Analogsignal zurückgeführt werden (Puls Code Modulation, PCM). In einem Digitalspeicheroszilloskop wird es einerseits digital gespeichert, andererseits muß es nach Digital-Analog-Umsetzung wieder auf dem Bildschirm unverfälscht darstellbar sein. Damit erhebt sich die Frage nach der notwendigen Zahl von Abtastwerten, um aus dem binär codierten Digitalsignal wieder das ursprüngliche Analogsignal rekonstruieren zu können. Diese Frage läßt sich mit Hilfe des Abtasttheorems nach SHANNON klären.

Bild 7.42a zeigt zunächst einmal den Prozeß der Umsetzung, beginnend mit der Abtastung, danach A/D-Umsetzung mit einem 8-Bit-ADU (Offsetbinärcode) und D/A-Umsetzung. Bild 7.42b stellt das Eingangssignal (U_E) und die vom Sample-and-Hold-Verstärker gespeicherten Proben die der ADU jeweils umsetzt, dar. Der ADU erzeugt als paralleles 8-Bit-Datenwort

Bild 7.42
Abtastung und Rückgewinnung des analogen Signals
a) Blockschaltbild der Übertragung
b) Abtastung und Codierung
c) Decodierung mit DAU

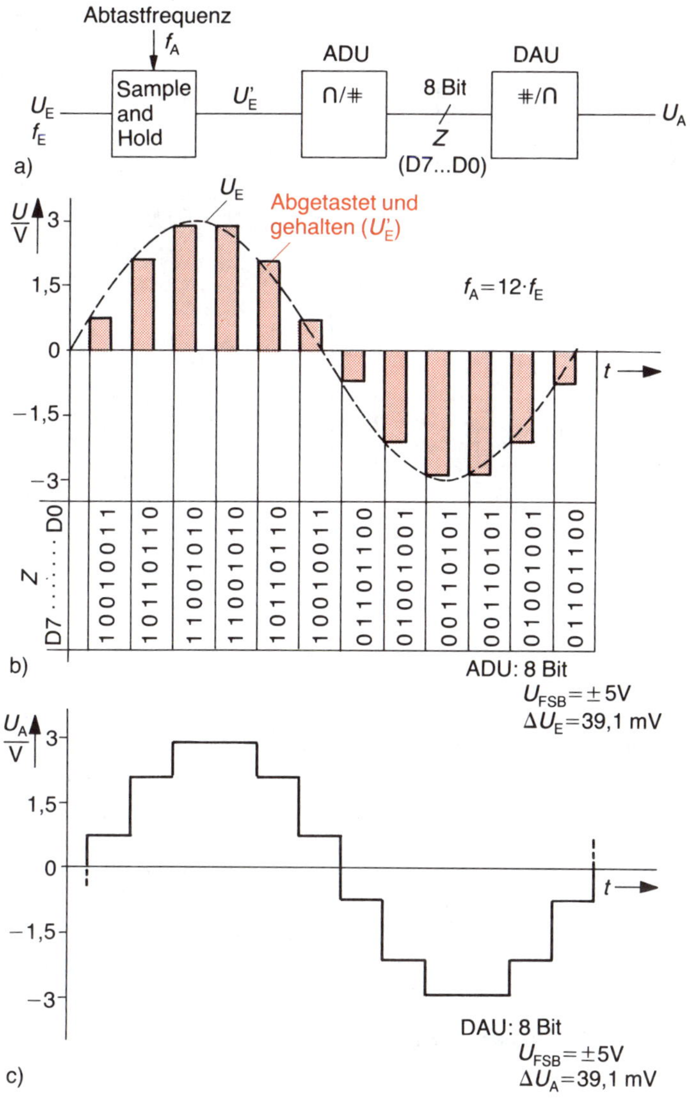

die Zahlen Z im Offsetbinärcode, die dann mit einem entsprechenden DAU zur Spannung Bild 7.42c führen. U_A zeigt die Konturen der ursprünglichen Spannung U_E recht deutlich, denn für eine Sinusperiode wurden 12 Abtastungen vorgenommen. Die Abtastfrequenz f_A ist also $f_A = 12\, f_E$, wobei f_E die Frequenz der Analogspannung ist.

Obwohl zweifellos bei Verkleinerung der Abtastfrequenz die Ähnlichkeit zwischen U_A und f_E immer mehr verloren geht, enthält die Pulsspannung noch immer die Grundfrequenz f_E. Dies zeigt das Frequenzspektrum der Spannung U_A (Bild 7.43). Man findet die Frequenz f_E, die Abtastfrequenz f_A und ihre Oberwellen sowie die Seitenbandfrequenzen $f_A \pm f_E$, $2\, f_A \pm f_E$ usw.

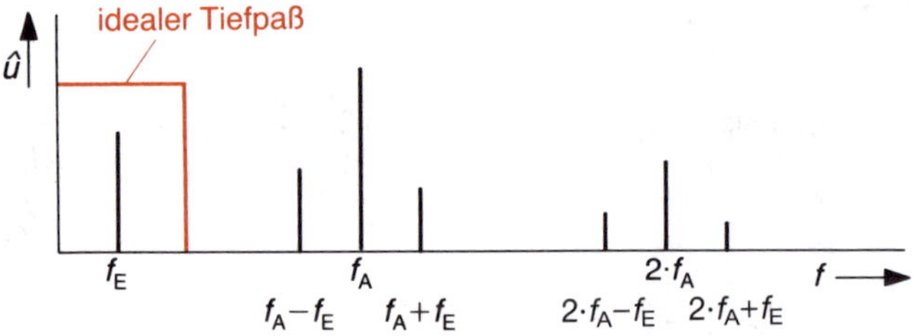

Bild 7.43
Frequenzspektrum einer abgetasteten Sinusspannung

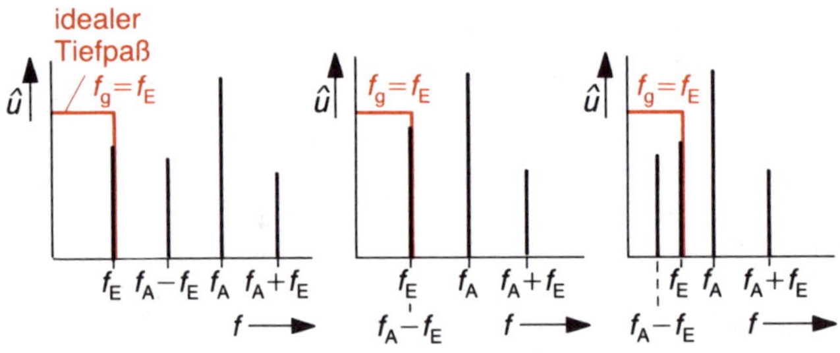

Bild 7.44
Untere Frequenzgrenze der Abtastspannung

Hier liegt nun der Schlüssel zur Rückgewinnung der ursprünglichen Analogspannung: Man muß U_A über einen Tiefpaß führen, der die Frequenz f_E herausfiltert. Zugleich wird auch deutlich, wie weit man die Abtastfrequenz f_A verkleinern kann: Es muß sichergestellt sein, daß die Differenzfrequenz $f_A - f_E$ nicht in den Durchlaßbereich des Tiefpasses fällt.

Die drei Beispiele in Bild 7.44 zeigen, daß für den Fall eines idealen Tiefpasses, dessen Grenzfrequenz $f_g = f_E$ ist, die untere Grenze für die Abtastfrequenz bei $f_A = 2\,f_E$ liegt. Hier fällt das untere Seitenband $f_A - f_E$ gerade auf die Frequenz f_E. Damit ergibt sich die erstaunliche Tatsache, daß zwei Abtastungen je Periode einer Sinusspannung genügen, um die Sinusspannung zurückgewinnen zu können. Dabei ist allerdings vorausgesetzt, daß die Sinusspannung kontinuierlich anliegt und ein idealer Tiefpaß verwendet wird.

> Das Abtasttheorem nach SHANNON besagt, daß die Abtastfrequenz f_A mindestens doppelt so groß sein muß wie die abzutastende Frequenz f_E:
>
> $$f_A \geq 2\,f_E$$

Der reale Tiefpaß hat immer einen fließenden Übergang vom Durchlaß in den Sperrbereich. Daher wird in der Praxis mit höheren Abtastfrequenzen gearbeitet.

> In der Praxis wählt man für die Abtastfrequenz
>
> $$f_A = 3 \text{ bis } 5\,f_E.$$
>
> f_E höchste abzutastende Sinusfrequenz

Aliasing

Bild 7.44c zeigt, daß sich wegen der zu niedrigen Abtastfrequenz im Durchlaßbereich des Tiefpasses die Fremdfrequenz $f_A - f_E$ (sie wird auch Aliasingfrequenz genannt) der Frequenz f_E überlagert. Die Folge ist eine starke Verzerrung bis hin zur völligen Verfälschung des ursprünglichen Signals. Dieser Effekt tritt auch auf, wenn durch Nichtlinearitäten Oberwellen von f_E existieren, die dann in den Durchlaßbereich transformiert werden. Das kann man verhindern, wenn man bereits vor der Abtastung mit einem sogenannten Aliasingfilter die Bandbreite des Eingangssignals begrenzt.

Sequentielles Sampling

Der hier unerwünschte Aliasingeffekt wird beim Samplingoszilloskop technisch ausgenützt. Dort geht es darum, eine sehr hohe Eingangsfrequenz herunterzutransformieren. Dazu wählt man eine Abtastfrequenz, die sogar etwas kleiner ist als die Eingangsfrequenz. Herausgefiltert wird die Differenzfrequenz $f_E - f_A$, die nun sehr viel niedriger liegt als die ursprüngliche Frequenz f_E. Man spricht in diesem Fall von sequentiellem Sampling. Da je Periode nur eine Abtastung erfolgt, müssen immer mehrere Sinusperioden – bei $\frac{f_E}{f_A} = 1{,}1$ sind es z. B. 10 Perioden – abgetastet werden, bevor eine Periode der Frequenz $f_E - f_A$ zur Verfügung steht.

> Man unterscheidet Echtzeitsampling und sequentielles Sampling.
> Echtzeitsampling: $f_A > 2\,f_E$
> Die Frequenz f_E bleibt erhalten.
> Sequentielles Sampling: $f_A < f_E$
> Die Frequenz f_E wird auf den kleinen Wert $f_E - f_A$ transformiert.

Schaltungsbeispiele

In den folgenden Abschnitten werden einige verbreitete Schaltungsprinzipien des Momentanwertumsetzers behandelt. Man unterscheidet Serien- und Parallelumsetzer.

> Serienumsetzer ermitteln die binär codierte Zahl durch einen Zählvorgang in mehreren Schritten. Parallelumsetzer ermitteln die binär codierte Zahl durch Spannungsvergleich in einem Schritt.

Zunächst soll hier auf das Prinzip der Serienumsetzung Bezug genommen werden. Dabei kann die Modellvorstellung einer Waage (Bild 7.45) hilfreich sein.

Ein unbekanntes Gewicht wird durch Vergleich mit bekannten Gewichten ermittelt. Dabei sind zwei Möglichkeiten denkbar.

Inkrementalumsetzer

Bei diesem Prinzip verwendet man viele kleine aber gleich große Gewichte. Legt sie nacheinander auf die Waage bis Gleichgewicht herrscht und zählt sie dann ab. Dieses sogenannte Inkrementalverfahren (inkrementieren = um 1 erhöhen) läßt sich auf elektronischem Wege leicht realisieren, wie Bild 7.46 zeigt. Mit Hilfe eines Dualzählers wird ein D/A-Umsetzer angesteuert und liefert so eine Treppenspannung, die als Vergleichspannung dient.

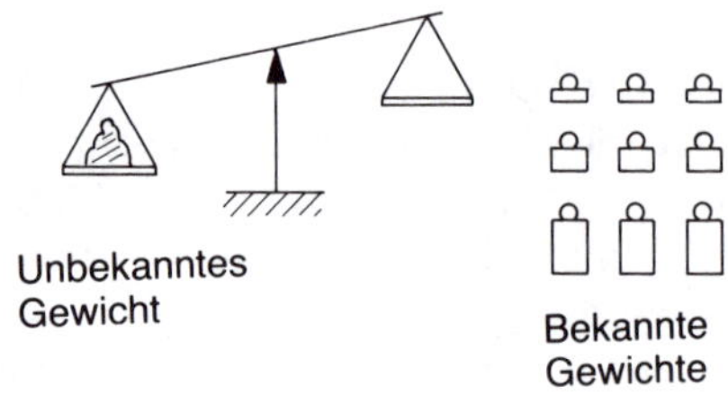

Bild 7.45
Modell einer Waage

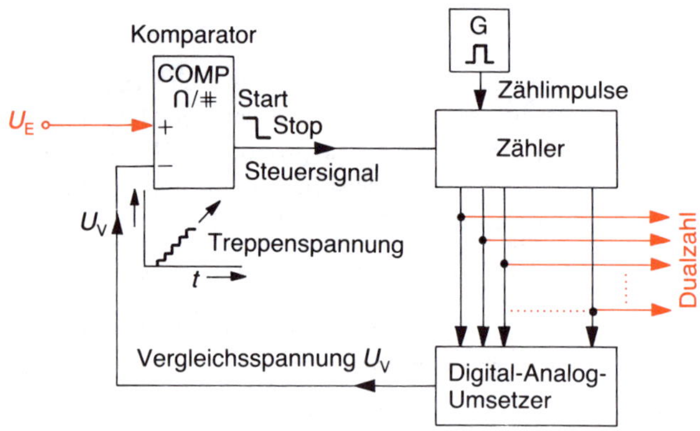

Bild 7.46
Prinzip des Inkrementalumsetzers

Bild 7.47
Prinzip des ADU mit sukzessiver Approximation

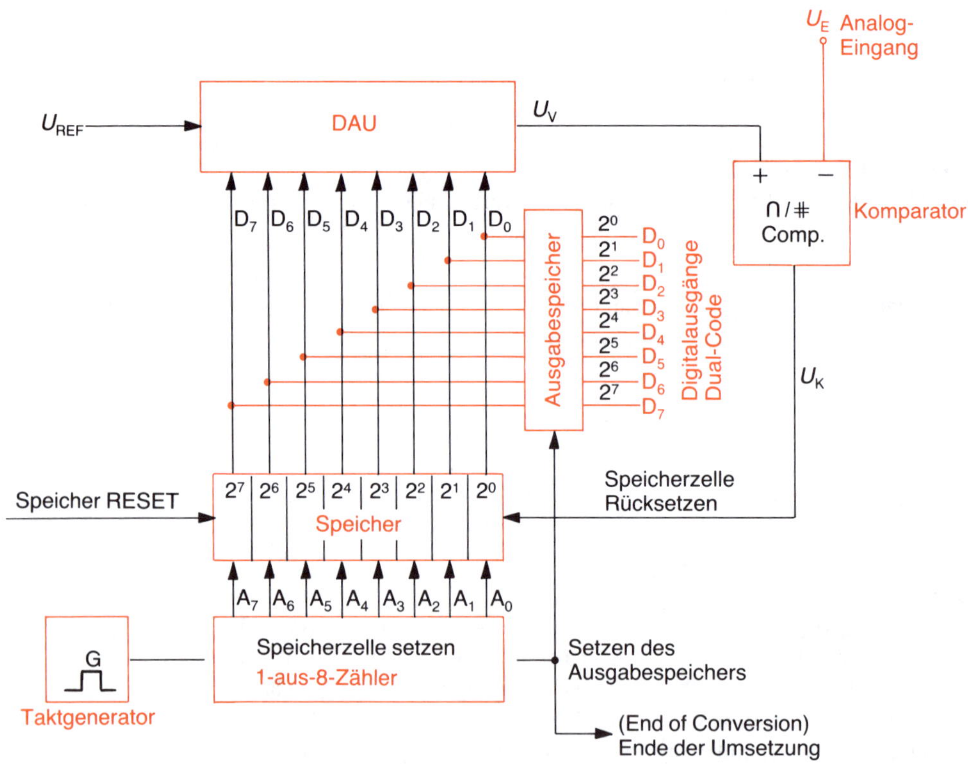

Solange $U_E > U_V$ ist, steht der Ausgang des Komparators auf Start, der Zähler zählt hoch. Sobald aber $U_V > U_E$ wird, stoppt der Komparator den Zähler. Der Zählerstand wird ausgegeben und kann gespeichert werden. Die der Spannung U_E entsprechende Dualzahl ist ermittelt. Die Umsetzungszeit richtet sich nach der Höhe der Spannung U_E und der Bitzahl am Ausgang. Man bedenke, daß ein 16-Bit-ADU insgesamt 65535 Stufen besitzt, die ja im Grenzfall alle durchgegangen werden müssen.

> Inkrementalumsetzer vergleichen die Eingangsspannung U_E mit einer Treppenspannung. Die Stufen werden ausgezählt.
> Die Umsetzungszeit ist nicht konstant. Sie ist bei kleinen Spannungen klein, bei großen Spannungen groß.

Sukzessive Approximation

Das vorgenannte Verfahren wird wegen der zum Teil recht langen und spannungsabhängigen Umsetzungszeit kaum angewendet. Üblich ist das Verfahren der sukzessiven Approximation oder schrittweisen Annäherung.

Auch hier kann Bild 7.45 wieder eine Hilfe zum Verständnis sein. Nun werden nicht gleichartige, sondern unterschiedliche Gewichte verwendet, bei denen das nächst größere Gewicht z. B. immer doppelt so groß ist wie das darunterliegende (duale Reihe). Zunächst legt man das größte vorhandene Gewicht auf. Ist es zu schwer, so vertauscht man es mit dem nächst kleineren. Ist dieses nun zu leicht, so legt man das als nächstes folgende kleine Gewicht dazu. Dies wiederholt sich, bis man schließlich zum kleinsten verfügbaren Gewicht kommt. Der Wägevorgang ist jetzt abgeschlossen. Die verwendeten Gewichte werden zusammengezählt und bilden das Äquivalent zum Gewicht des unbekannten Objekts.

Übertragen auf den Umsetzer, stellen die einzelnen Gewichte die Binärausgänge im Dualcode dar. Eine «1» besagt dann jeweils: «Das Gewicht wird verwendet», eine «0» bedeutet: «Das Gewicht wird nicht verwendet». Bild 7.47 zeigt das Prinzip des ADU mit sukzessiver Approximation.

Vergleichsspannung U_V

Der Digital-Analog-Umsetzer arbeitet als programmierbare Spannungsquelle. Entsprechend der an den Digitaleingängen (D_7 bis D_0) eingegebenen Dualzahl erzeugt der DAU eine Ausgangsspannung U_V. Der kleinste erzeugbare Spannungswert ergibt sich für $D_0 = 1$ und D_1 bis $D_7 = 0$. Der größte Spannungswert wird mit D_0 bis $D_7 = 1$ erreicht. Bei D_0 bis $D_7 = 0$ wird $U_V = 0\,V$. Wie bei dem beschriebenen Wägevorgang dient U_V dem Vergleich mit der umzusetzenden Spannung $U_E \cdot U_V$ wird durch einen schrittweisen Abgleich der Spannung U_E angenähert. Sobald der Abgleich vollzogen ist, steht an den Digitalausgängen die Dualzahl zur Verfügung, die U_V und damit bis auf einen Restfehler U_E entspricht. Das Maximum der Spannung U_V wird von der Referenzspannung U_{REF} des DAU festgelegt. Der kleinste Schritt mit dem sich U_V verändert, ergibt sich aus der Beziehung:

$$\Delta U_V = \frac{1}{2^n} \cdot U_{REF} \qquad \text{(Gl. 7.46)}$$

mit n Anzahl der Binärstellen im Dualcode zur Steuerung des DAU

In Bild 7.47 ist $n = 8$. Daraus errechnet man die Schrittweite:

$$\Delta U_V = \frac{1}{2^8} \cdot U_{REF} = 3{,}90625 \cdot 10^{-3} \cdot U_{REF}$$

Je kleiner die Schrittweite der Vergleichsspannung U_V ist, desto besser kann die Eingangsspannung U_E angenähert werden.

Allgemein läßt sich die Vergleichsspannung aus der Dualzahl (D_{n-1} bis D_0) berechnen, indem die «Gewichte» des Dualcodes eingesetzt werden:

$$U_V = (D_{n-1} \cdot 2^{n-1} + \text{bis } D_1 \cdot 2^1 + D_0 \cdot 2^0) \cdot \frac{U_{REF}}{2^n} \qquad \text{(Gl. 7.47)}$$

Hierbei muß nun für D_{n-1} bis D_0 entsprechend der Dualzahl «1» oder «0» gesetzt werden, n ist die Anzahl der Bits.

Daraus läßt sich die Maximalspannung U_E errechnen:

$$U_{V\,max} = \frac{2^{n-1} + \ldots 2^1 + 2^0}{2^n} \cdot U_{REF} = (1 - 2^{-n}) \cdot U_{REF} \qquad \text{(Gl. 7.48)}$$

Mit $n = 8$ und $U_{REF} = 10\,V$ würde sich die Spannung ergeben:

$$U_{V\,max} = \frac{2^7 + 2^6 + 2^5 + 2^4 + 2^3 + 2^2 + 2^1 + 2^0}{2^8} \cdot 10\,V$$

$$\underline{\underline{U_{V\,max} = 9{,}960937\,V}}$$

Abgleichvorgang (Bild 7.47)

Der 1-aus-8-Zähler setzt mit jedem Takt einen seiner Ausgänge auf «1», beginnend mit A_7. Dieser Wert wird gespeichert und steuert den DAU am Eingang D_7 an. Die daraus resultierende Spannung U_V wird mit U_E verglichen. Ist $U_V < U_E$, so bleibt die Speicherzelle gesetzt. Mit dem nächsten Takt liefert der Zähler an A_6 eine «1», diese wird auch zunächst wieder gespeichert und steuert D_6. Nun wiederholt sich der Vergleich. Ist jetzt $U_V > U_E$, dann wird die Speicherzelle für den Ausgang D_6 zurückgesetzt, andernfalls bleibt sie gesetzt. Beim 8. Takt ist das kleinste «Gewicht» erreicht. Nach 8 Takten ist also der Umsetzungsvorgang abgeschlossen. Die Speicherausgänge geben nun den Wert von U_E als Dualzahl (D_7 bis D_0) wieder.

Der ADU mit sukzessiver Approximation vergleicht die Eingangsspannung mit einer Vergleichsspannung, die entsprechend den Wertigkeitsstufen des Dualsystems schrittweise verändert wird.

Die Umsetzungszeit richtet sich nach der Anzahl der Dualstellen des Ausgangs. Bei 8 Bit werden 8 Takte benötigt, bei 16 Bit sind es 16 Takte. Arbeitet man mit einer Taktfrequenz von 50 MHz, erhält man bei einem 8-Bit-ADU eine Umsetzungszeit von etwa

$$t = T \cdot n$$

$$n = 8$$

$$T = \frac{1}{50\,\text{MHz}} = 20\,\text{ns}$$

$$\underline{\underline{t}} = 20\,\text{ns} \cdot 8 = \underline{\underline{160\,\text{ns}}}$$

> Der ADU mit sukzessiver Approximation benötigt für eine Umsetzung so viele Takte wie Binärstellen am Digitalausgang vorhanden sind.
> Die Umsetzungszeit ist unabhängig von der Größe der Eingangsspannung.

Bild 7.48 veranschaulicht den Abgleichvorgang nochmals für ein konkretes Beispiel.

Es sei ein Digitalausgang mit $n = 8$ Binärstellen angenommen, die Referenzspannung betrage $U_{\text{REF}} = 10\,\text{V}$. Die Eingangsspannung sei $U_E = 6{,}5\,\text{V}$, U_V wird mit Gleichung 7.47 errechnet:

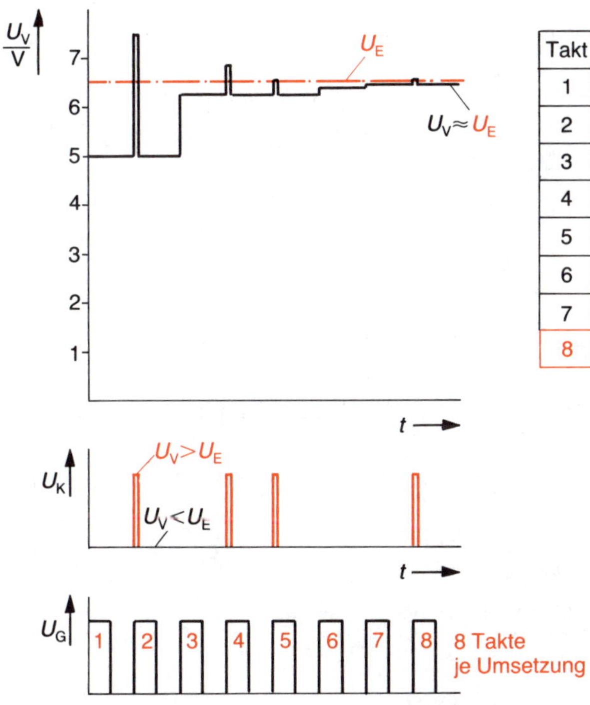

Takt	D_7	D_6	D_5	D_4	D_3	D_2	D_1	D_0	
1	1	0	0	0	0	0	0	0	
2	1	0	0	0	0	0	0	0	
3	1	0	1	0	0	0	0	0	
4	1	0	1	0	0	0	0	0	
5	1	0	1	0	0	0	0	0	
6	1	0	1	0	0	1	0	0	
7	1	0	1	0	0	1	1	0	
8	1	0	1	0	0	1	1	0	$=D_A$

Digitalausgang

Bild 7.48 Abgleichvorgang des ADU mit sukzessiver Approximation

1. Takt: D_7 wird gesetzt → $U_V = \frac{2^7}{2^8} \cdot 10\,V = 5\,V$

$U_V < U_E$: D_7 bleibt gesetzt

2. Takt: D_6 wird gesetzt → $U_V = \frac{2^7 + 2^6}{2^8} \cdot 10\,V = 7{,}5\,V$

$U_V > U_E$: D_6 wird zurückgesetzt

3. Takt: D_5 wird gesetzt → $U_V = \frac{2^7 + 2^5}{2^8} \cdot 10\,V = 6{,}25\,V$

$U_V < U_E$: D_5 bleibt gesetzt

4. Takt: D_4 wird gesetzt → $U_V = \frac{2^7 + 2^5 + 2^4}{2^8} \cdot 10\,V = 6{,}875\,V$

$U_V > U_E$: D_4 wird zurückgesetzt

5. Takt: D_3 wird gesetzt → $U_V = \frac{2^7 + 2^5 + 2^3}{2^8} \cdot 10\,V = 6{,}5625\,V$

$U_V > U_E$: D_3 wird zurückgesetzt

6. Takt: D_2 wird gesetzt → $U_V = \frac{2^7 + 2^5 + 2^2}{2^8} \cdot 10\,V = 6{,}40625\,V$

$U_V < U_E$: D_2 bleibt gesetzt

7. Takt: D_1 wird gesetzt → $U_V = \frac{2^7 + 2^5 + 2^2 + 2^1}{2^8} \cdot 10\,V = 6{,}484375\,V$

$U_V < U_E$: D_1 bleibt gesetzt

8. Takt: D_0 wird gesetzt → $U_V = \frac{2^7 + 2^5 + 2^2 + 2^1 + 2^0}{2^8} \cdot 10\,V = 6{,}523437\,V$

$U_V > U_E$: D_0 wird zurückgesetzt

Ergebnis: $D_7 = 1$, $D_6 = 0$, $D_5 = 1$, $D_4 = 0$, $D_3 = 0$, $D_2 = 1$, $D_1 = 1$, $D_0 = 0$
10100110 (2) $\triangleq U_E$

Kenngrößen: Entsprechend den Ausführungen des Abschnitts 7.2.2.1 kann man die Kennwerte der Schaltung zusammenfassen.

Die Full-Scale-Spannung beträgt:

$$U_{FS} = U_{REF}$$

$$\underline{\underline{U_{FS}}} = \underline{\underline{10\,V}}$$

Daraus errechnet man die Intervallbreite der Eingangsspannung:

$$\Delta U_E = \frac{U_{FS}}{2^n} = \frac{U_{REF}}{2^n}$$

$$\Delta U_E = \frac{10\,V}{2^8} = \underline{\underline{39{,}1\,mV}}$$

Der Wert von LSB und MSB wird folgend berechnet:

$$1\ \text{LSB} \triangleq \Delta U_E = \frac{U_{REF}}{2^n}$$

$$\underline{\underline{1\ \text{LSB}}} \triangleq \underline{\underline{39{,}1\,\text{mV}}}$$

$$1\ \text{MSB} \triangleq \frac{U_{FS}}{2} = \frac{U_{REF}}{2}$$

$$\underline{\underline{1\ \text{MSB}}} \triangleq \underline{\underline{5\,\text{V}}}$$

Die Auflösung des Umsetzers beträgt 8 Bit oder als Prozentangabe:

$$A_{\%} = \frac{\Delta U_E}{U_{FS}} \cdot 100\%$$

$$A_{\%} = \frac{39{,}1\,\text{mV}}{10\,\text{V}} \cdot 100\% = \underline{\underline{0{,}391\%}}$$

Der maximale absolute Quantisierungsfehler ist hier einseitig negativ, d. h., die ausgegebene Dualzahl kann einen Ziffernschritt, 1 Digit oder 1 LSB, zu klein sein.

$$\underline{\underline{F_{Q\ max}}} = \underline{\underline{-1\ \text{Digit}}} = \underline{\underline{-1\ \text{LSB}}}$$

Der maximale relative Quantisierungsfehler wird auf den Full-Scale-Wert bezogen und in Prozent angegeben.

$$\underline{\underline{f_{Q\ max}}} = \frac{-1}{2^8} \cdot 100\% = \underline{\underline{-0{,}391\%}}$$

Die Optimierung des Quantisierungsfehlers ($F_{Q\ max} = \pm ½$ LSB) könnte nach Abschnitt 7.2.2.1 durch einen Nulloffset erreicht werden.

Abschließend zeigt Bild 7.49 das Timingdiagramm eines 12-Bit-Umsetzers. Mit dem Signal Convert Start beginnt die Umsetzung. Zugleich geht das Signal EOC (End of Conversion) in den High-Zustand und zeigt die Arbeitsphase des Umsetzers an. Taktgesteuert werden nun nacheinander die Wertigkeiten geprüft, beginnend mit dem MSB bis zum niederwertigsten Bit. Nun geht das EOC-Signal auf Low und meldet das Ende der Umsetzung. Nach 12 Takten steht das Ergebnis mit einer Auflösung von 12 Bit zur Verfügung.

Parallelumsetzer (Flash Converter)

Dieses Umsetzungsverfahren ermöglicht die kürzesten Umsetzungszeiten, daher auch der englische Ausdruck Flash Converter, «Blitz»-Umsetzer. Als Modellvorstellung für diese Art der Umsetzung kann Bild 7.50 hilfreich sein. Der Ableser zählt nicht die Striche auf der Skala, sondern erfaßt augenblicklich den Zeigerstand mit der zugeordneten Ziffer. Parallelumsetzer bilden daher keine Treppenspannung durch den Zählvorgang, sondern alle Stufen existieren schon und werden gleichzeitig mit der unbekannten Spannung verglichen.

Bild 7.51 zeigt einen solchen Umsetzer für 3 Bit. Mit einem Spannungsteiler werden alle Spannungsstufen hergestellt und als Vergleichsspannungen an die Komparatoren angeschlossen. Die Spannung U_E wird somit gleichzeitig mit allen Komparatoren ausgewertet. Die Ausgänge K_1 bis K_7 stehen ähnlich einem Thermometer bis zu einer gewissen «Höhe» auf «1»

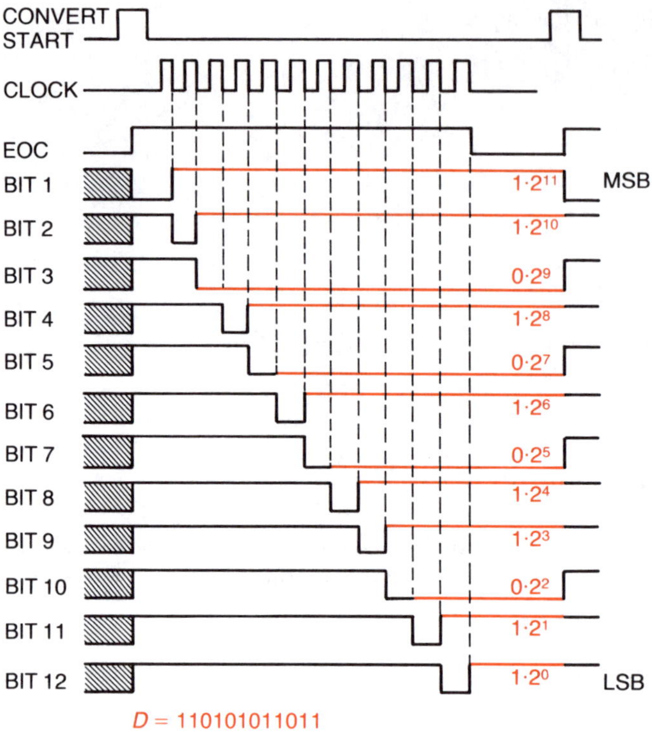

Bild 7.49
Timingdiagramm eines 12-Bit-ADU mit sukzessiver Approximation

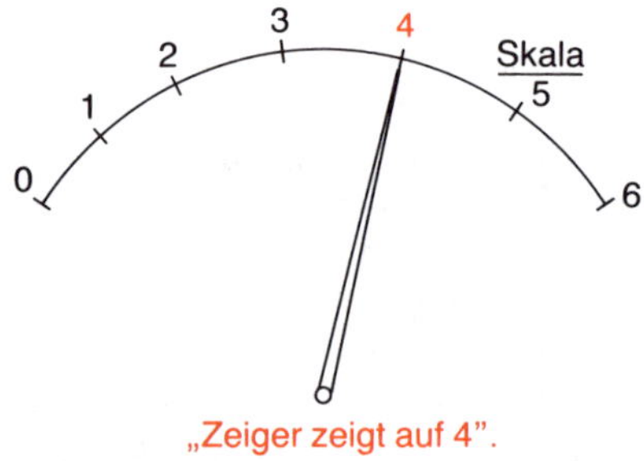

Bild 7.50
Modell zur Parallelumsetzung

und danach auf «0». Eine nachfolgende Codierschaltung bildet daraus den Dualcode. Um eine Optimierung des Quantisierungsfehlers zu erreichen (vgl. Abschnitt 7.2.2.1), ist die erste Schaltschwelle bei $\frac{1}{16}\,U_{\text{REF}}$. Die weiteren Stufen erfolgen jeweils mit den Schritten $\Delta U = \frac{1}{8}\,U_{\text{REF}}$. Das wird mit Bild 7.52 nochmals verdeutlicht. Hier ist auch der jeweilige Komparatorenstand und die Dualcodierung angegeben. Bild 7.53 zeigt eine Codierschaltung für den angegebenen Umsetzer. Dieser schnelle ADU ist sehr aufwendig.

> Der Parallelumsetzer benötigt für eine Auflösung von n Bit 2^{n-1} Komparatoren.

Meist werden Parallelumsetzer nur mit maximal 8 Bit hergestellt. Ein Beispiel ist der integrierte Schaltkreis AD 9012 (Analog Devices) mit einer Umsetzungszeit von 10 ns bei 8 Bit Auflösung.

Bild 7.51
3-Bit-Parallelumsetzer

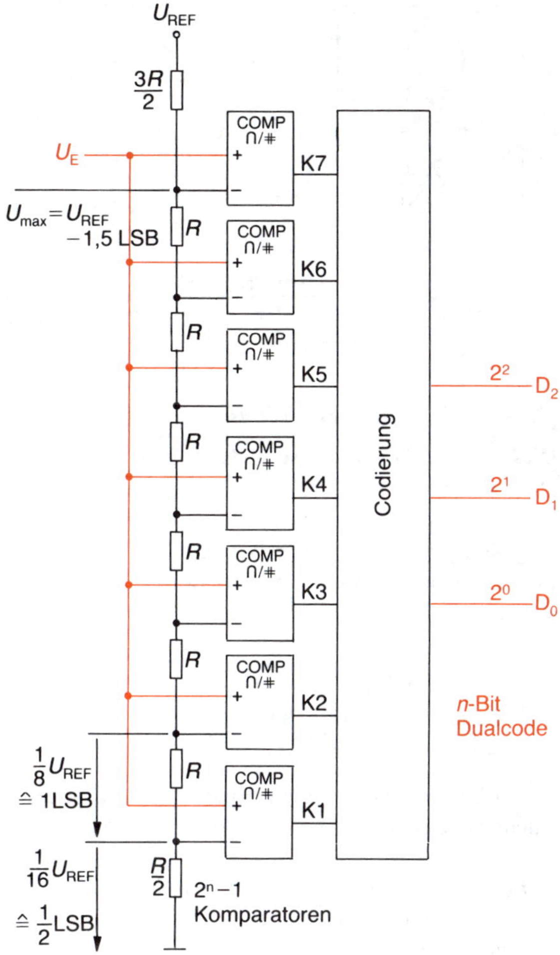

Bild 7.52
Übertragungscharakteristik des Parallelumsetzers

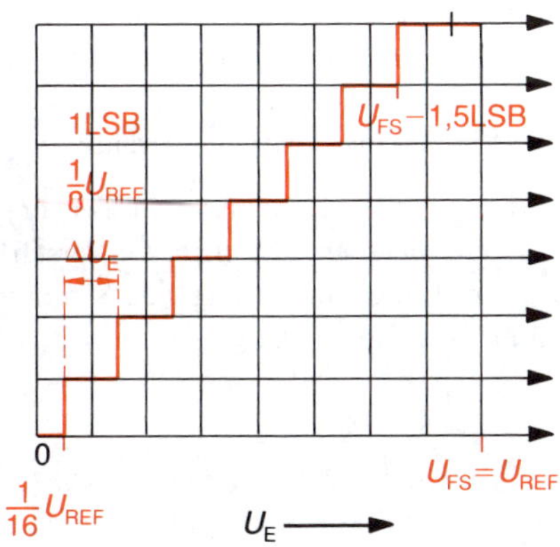

K1	K2	K3	K4	K5	K6	K7	D2	D1	D0
1	1	1	1	1	1	1	1	1	1
1	1	1	1	1	1	0	1	1	0
1	1	1	1	1	0	0	1	0	1
1	1	1	1	0	0	0	1	0	0
1	1	1	0	0	0	0	0	1	1
1	1	0	0	0	0	0	0	1	0
1	0	0	0	0	0	0	0	0	1
0	0	0	0	0	0	0	0	0	0

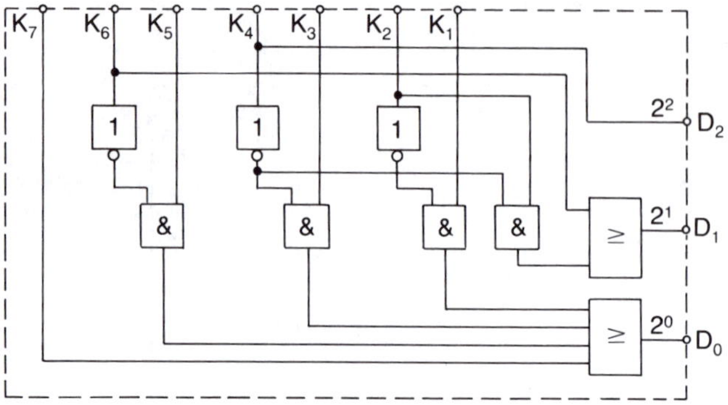

Bild 7.53
Codierschaltung für 3-Bit-Parallelumsetzer

7.2.2.3 Integrierende Umsetzer

Diese Analog-Digital-Umsetzer enthalten, wie der Name schon andeutet, einen Integrator. Die Schaltung tastet nicht einzelne Werte der Eingangsspannung ab, sondern bildet den Mittelwert über ein bestimmtes Zeitintervall und setzt diesen in eine Binärzahl um. Hierbei wird häufig ein BCD-Code verwendet. Die Umsetzungszeit ist bei integrierenden Umsetzern wesentlich länger als bei Momentanwertumsetzern. Sie sind allerdings in der Regel genauer als diese.

> Ein integrierender Umsetzer integriert die Eingangsspannung bis zu einem bestimmten Integrationswert und zählt die Integrationszeit mit einem Zähler aus.

Daraus ergibt sich die Grundstruktur des Umsetzers: Er besteht aus einem Integrator und einem Zeitzähler, der die Digitalisierung bewirkt.

Umsetzer nach dem Dual-Slope-Verfahren

Ein in der Meßtechik häufig eingesetzter Umsetzer ist der Dual-Slope-Umsetzer. Er zeichnet sich durch hohe Genauigkeit aus und wird daher in Digitalvoltmetern bevorzugt verwendet. Integrierte Hybridschaltkreise werden mit Auflösungen bis zu 22 Bit hergestellt (AD 1170 – Analog-Devices).

Dual Slope ist aus dem englischen Sprachgebrauch übernommen und bedeutet «2 Flanken». Der Name kennzeichnet das Prinzip: Es werden zwei Flanken einer Integrationsspannung ausgewertet. Die Umsetzung erfolgt in zwei Schritten. Bild 7.54 zeigt ein Schaltbild, das den Umsetzungsvorgang beschreibt, Bild 7.55 zeigt die Spannungsverläufe.

1. Schritt: Die Eingangsspannung U_E wird während einer definierten Zeit (T_1) integriert. Dabei entsteht eine negative ansteigende Integrationsspannung u_i, da der Verstärker invertierend arbeitet. Nach der Zeit T_1 ergibt sich am Integratorausgang eine Spannung, die dem Mittelwert der Eingangsspannung $\overline{u}_E$ proportional ist.

$$u_{i\ max} = -\frac{1}{\tau_i} \cdot \int_0^{T_1} u_E \cdot dt$$

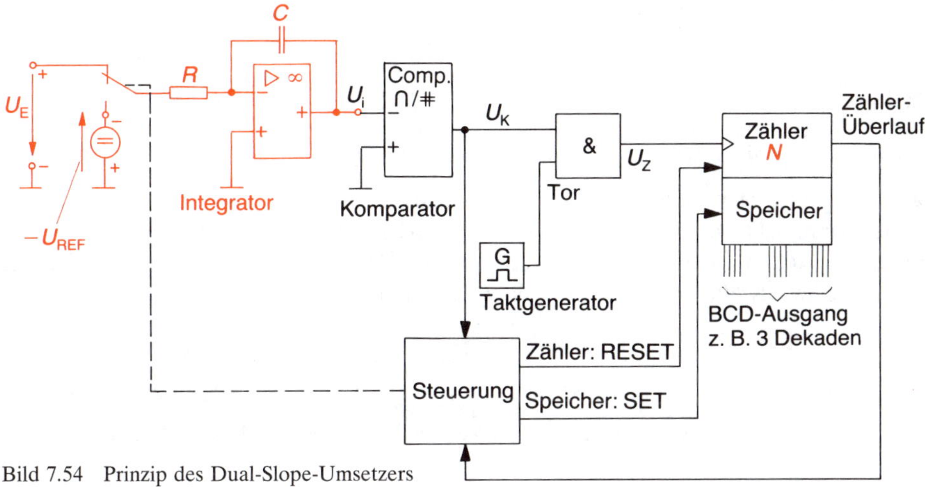

Bild 7.54 Prinzip des Dual-Slope-Umsetzers

Bild 7.55
Spannungsverläufe beim
Dual-Slope-Umsetzer

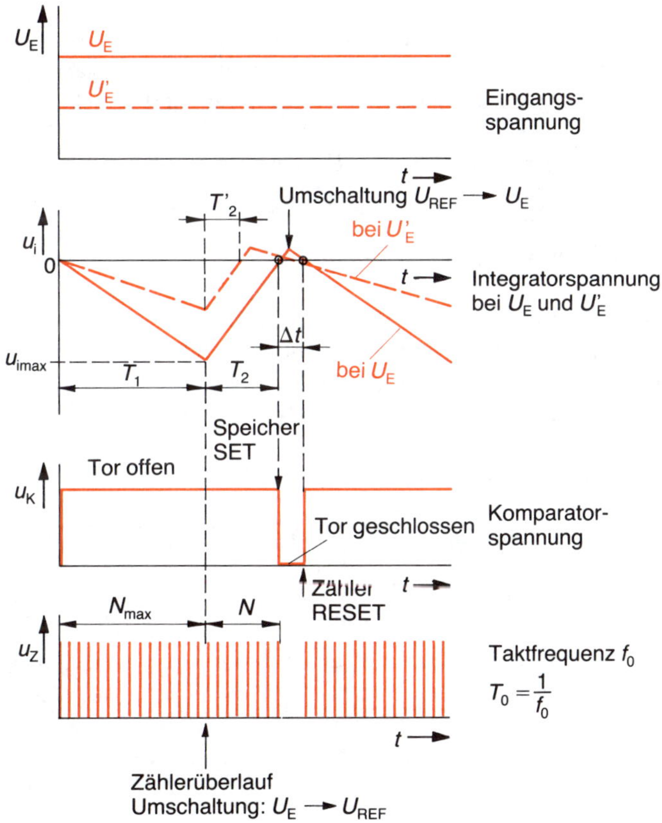

$$u_{i\ max} = -\frac{T_1}{\tau_i} \cdot \overline{u}_E \qquad \text{(Gl. 7.49)}$$

Integrationskonstante $\tau_i = R \cdot C$

Die konstante Zeit T_1 wird mit Hilfe des Zählers und der Frequenz $f_0 = \frac{1}{T_0}$ des Taktgenerators festgelegt. Der Zähler, Dual- oder BCD-Zähler, wird mit den Impulsen des Taktgenerators einmal bis zum maximalen Zählerstand durchgezählt. Die Integration beginnt beim Zählerstand 0 und endet, wenn der Zähler nach dem Überlauf wieder auf 0 zurückschaltet. Mit dieser Impulszahl N_{max} ergibt sich die Integrationszeit:

$$T_1 = N_{max} \cdot T_0$$

mit T_0 Periodendauer des Taktgenerators

Unter Verwendung von Gleichung 7.49 läßt sich die Maximalspannung des Integrators auch ausdrücken:

$$u_{i\ max} = -\frac{N_{max} \cdot T_0}{\tau_i} \cdot \overline{u}_E \qquad \text{(Gl. 7.50)}$$

2. Schritt: Nach der Zeit T_1 wird am Eingang des Integrators auf die Referenzspannung umgeschaltet, die entgegengesetzte Polarität wie die Eingangsspannung hat. Damit wird nun die Ausgangsspannung des Integrators linear auf 0 zurückgeführt, nach der Gleichung:

$$u_i = u_{i\ max} + \left(-\frac{1}{\tau_i} \cdot \int U_{REF} \cdot dt\right)$$

$$u_i = u_{i\ max} - \frac{U_{REF}}{\tau_i} \cdot t$$

Der Zähler zählt in dieser Phase die Impulse des Taktgenerators weiter, bis er bei $u_i = 0\,V$ gestoppt wird. Die Zeit $t = T_2$ der Rückintegration läßt sich aus dem Zählerstand N und der Periodendauer T_0 des Taktgenerators ermitteln:

$$T_2 = N \cdot T_0$$

Damit erhält man für den Fall $u_i = 0\,V$ die Beziehung

$$u_i = 0 = u_{i\ max} - \frac{U_{REF}}{\tau_i} \cdot T_2$$

$$0 = u_{i\ max} - \frac{U_{REF}}{\tau_i} \cdot N \cdot T_0$$

Mit Gleichung 7.50 erhält man eine Bestimmungsgleichung für die Spannung u_E:

$$u_{i\ max} = \frac{U_{REF}}{\tau_i} \cdot N \cdot T_0$$

$$\frac{-N_{max} \cdot T_0}{\tau_i} \cdot \overline{u}_E = \frac{U_{REF}}{\tau_i} \cdot N \cdot T_0$$

$$\overline{u}_E = -U_{REF} \cdot \frac{N}{N_{max}}$$ (Gl. 7.51)

Gleichung 7.51 zeigt, daß weder die Periodendauer des Taktgenerators noch die Integrationszeitkonstante in den Umsetzungsvorgang eingehen. Lediglich die Referenzspannung hat Einfluß auf das Ergebnis. Beim Nulldurchgang der Integratorspannung (Bild 7.55) wird die Torschaltung gesperrt, so daß keine weiteren Impulse in den Zähler gelangen. Der Zählerstand wird in den Speicher übertragen (Speicher-SET), danach schaltet die Steuereinrichtung den Integrator wieder auf die Eingangsspannung U_E zurück, der Zähler wird zurückgesetzt. Beim Nulldurchgang von u_i beginnt nun ein neuer Meßzyklus. Bild 7.55 zeigt für zwei Eingangsspannungen U_E und U'_E den Verlauf der Integrationsspannung. Während die Zeit T_1 jeweils die gleiche ist, wird die Zeit T_2 spannungsabhängig und proportional der Eingangsspannung:

$$T_2 \triangleq U_E,\ T'_2 \triangleq U'_E$$

Der ADU nach dem Dual-Slope-Verfahren setzt die analoge Eingangsspannung mit sehr großer Genauigkeit in eine Impulszahl um. Die Genauigkeit wird von der Referenzspannung bestimmt, der Taktgenerator und der Integrator gehen nicht in die Messung ein.

Meßzeit

Die Meßzeit des ADU nach dem Dual-Slope-Verfahren wird von drei Abschnitten bestimmt:

- ☐ Konstante Zeit $T_1 = N_{max} \cdot T_0$
- ☐ Meßgrößenabhängige Zeit $T_2 = N \cdot T_0$
- ☐ Auswertungszeit Δt (vernachlässigbar klein).

Daraus erhält man die Meßzeit:

$$t_M = T_1 + T_2 + \Delta t = (N_{max} + N) \cdot T_0 + \Delta t$$

$$t_M \approx (N_{max} + N) \cdot T_0$$

Die Meßzeit des ADU wird durch die Frequenz des Taktgeneratgors $f_0 = \frac{1}{T_0}$ und die Zählkapazität des Zählers N_{max} bestimmt. Die maximale Zählzeit beträgt $t_M \approx 2 \cdot N_{max} \cdot T_0$.

Um ein Optimum an Störsicherheit zu erreichen, wird bei Digitalvoltmetern die Zeit T_1 häufig mit 20 ms festgelegt. Diese Zeit entspricht der Periodendauer einer Wechselspannung der Frequenz $f = 50\,Hz$. Mit dieser Maßnahme wird erreicht, daß der Eingangsspannung U_E überlagerte Störspannungen der Frequenz 50 Hz und deren Oberwellen keine Auswirkung auf das Meßergebnis haben, da deren arithmetischer Mittelwert über die Zeit $T_1 = 20\,ms$ 0 ist.

Störspannungen der Frequenz $f = 50\,Hz$ und deren Oberwellen beeinflussen das Meßergebnis nicht, wenn die Integrationszeit $T_1 = 20\,ms$ gewählt wird.

Quad-Slope-Umsetzer
Noch größere Genauigkeit als mit dem Dual-Slope-Verfahren erreicht man mit dem «4-Flanken»-Verfahren. Bevor hier mit konstanter Zeit die Eingangsspannung integriert und ausgezählt wird, legt man den Eingang auf 0 V und mißt im 2-Flanken-Verfahren. Dabei erfaßt man die Fehlspannungen. Der Zählerwert wird gespeichert. Daran schließt sich die Messung der Spannung U_E im 2-Flanken-Verfahren an. Vom gewonnenen Zählergebnis wird nun der erste Zahlenwert abgezogen. Damit sind Fehlspannungen (z. B. Offset) eliminiert. So ergeben sich für einen Meßzyklus zwei Dual-Slope-Umsetzungen, die zur Bezeichnung Quad-Slope-Umsetzer führen.

7.2.2.4 Steuerung mit einem Mikroprozessor

Analog-Digital-Umsetzer sind in jedem Meßgerät zu finden, das analoge Größen digital anzeigt oder als Bestandteil eines Meßsystems digital gesteuert wird. Als universelles Steuerungselement findet der Mikroprozessor Anwendung.

An den ADU sind einige grundsätzliche Anforderungen zu stellen, wenn er systemfähig sein soll. So müssen die Datenleitungen am Ausgang hochohmig abtrennbar sein (Tri-State-Technik). Dies ist deshalb wichtig, weil am Datenbus eine ganze Reihe von Datenquellen angeschlossen sind, aber nur eine von ihnen per Adressierung zugeschaltet ist, während die übrigen abgetrennt sind.

Die Umsetzung des ADU muß des weiteren durch ein Steuersignal gestartet werden können. Für einige Anwendungsfälle sollte der ADU in der Lage sein, das Ende der Umsetzung zu signalisieren. Diese Anforderungen erfüllt z.B. der 8-Bit-A/D-Umsetzer (Bild 7.56) mit seinen Steuersignalen:

- □ Convert Start (C): Start der Umsetzung, mit der ansteigenden Flanke wird der Umsetzer zurückgesetzt, mit der abfallenden beginnt die Umsetzung.
- □ End of Conversion (EOC): Bei Beginn der Umsetzung geht der Ausgang auf High-Pegel und signalisiert mit Low das Ende der Umsetzung.
- □ Data Enable (DE): Mit Low-Pegel werden die Datenleitungen D_0 bis D_7 aktiviert. Mit High-Pegel sind sie hochohmig abgetrennt (Tri-State).

> Ein systemfähiger ADU muß Tri-State-Datenausgänge und einen Steuereingang zum Starten der Umsetzung aufweisen.

Bild 7.57 zeigt die Signalverbindungen zwischen dem Mikroprozessor Z80 und dem Baustein AD 673. Im vorliegenden Fall geht man davon aus, daß die Adressierung des ADU im I/O-Modus vorgenommen wird. Dafür sind die Adreßleitungen A_0 bis A_7 ausreichend (bei Memory-Mapped-Betrieb wären A_0 bis A_{15} zu verwenden). Wenn eine Umsetzung gestartet werden soll, muß die Adresse des ADU auf dem Adreßbus liegen und das I/O-Request-Signal aktiviert sein ($\overline{IORQ}$ = Low). Ferner ist die Schreibleitung zu aktivieren ($\overline{WR}$ = Low). Damit wird am C-Eingang des ADU ein Startimpuls erzeugt. Um die Daten des ADU zu übernehmen, erfolgt wiederum die Adressierung mit A_0 bis A_7 und $\overline{IORQ}$ = Low. Nun aber wird die

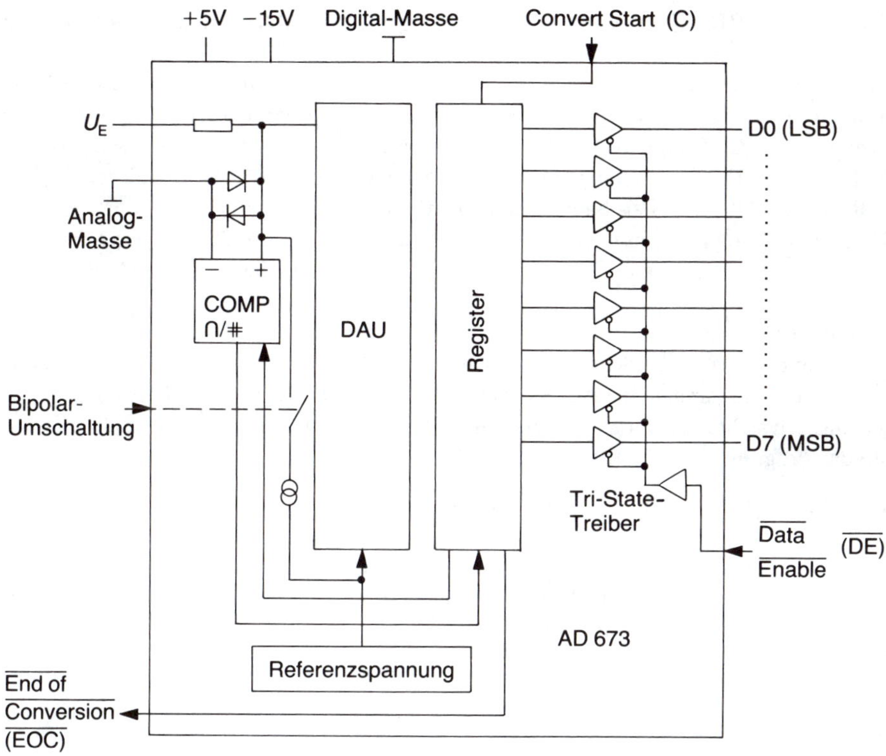

Bild 7.56 Funktionsschaltbild des steuerbaren ADU AD673

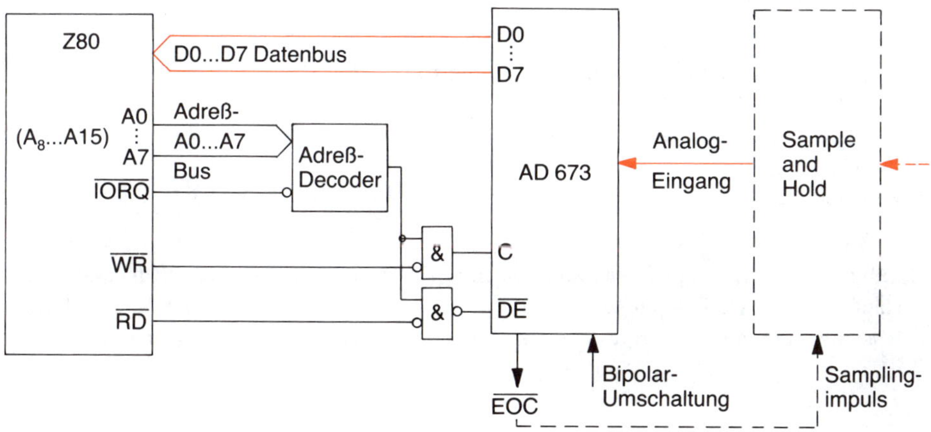

Bild 7.57 Mikroprozessorsteuerung eines ADU

Leseleitung aktiv (RD = Low) und das Signal DE = Low bewirkt die Ausgabe der Daten auf den Datenbus.

Zwischen Schreib- und Lesevorgang liegt die Umsetzungszeit des ADU. Das ist beim Programmieren zu berücksichtigen. Diese Zeit kann fest programmiert oder aber unter Verwendung des EOC-Signals zur Interruptsteuerung des Prozessors vom ADU selbst bestimmt werden. Falls der Analogeingang über einen Sample-and-Hold-Verstärker gespeist wird, dient das EOC-Signal als Samplingimpuls für den Verstärker (gestrichelt gezeichnet). Die Umschaltung von Unipolar- auf Bipolarbetrieb könnte man ebenfalls über den Mikroprozessor vornehmen. Dazu wäre hier aber eine zusätzliche Logikschaltung erforderlich.

Programmierbeispiel

Die Programmierung eines Schreib-Lese-Vorgangs soll nun an einem Beispiel erläutert werden. Es sei angenommen die Adresse des ADU ist 80 (H) und für die Überbrückung der Umsetzungszeit steht ein Zeitunterprogramm zur Verfügung. In mnemonischer Schreibweise könnte das Programm so aussehen:

OUT (80), A	Start der Umsetzung (der Inhalt des A-Register ist bedeutungslos), $\overline{IORQ}$, $\overline{WR}$ werden aktiviert.
CALL ZEIT	Das Zeitunterprogramm wird aufgerufen.
IN A, (80)	Lesevorgang, die Daten des ADU werden in das A-Register übertragen, $\overline{IORQ}$, $\overline{RD}$ sind aktiv.
HALT	Ende des Schreib-Lese-Vorgangs.

7.3 Digitalmultimeter (DMM)

Digitalmultimeter sind in der heutigen Labor- und Betriebsmeßtechnik nicht wegzudenken. Durch vielfältigen Einsatz von integrierten Schaltkreisen sind sie außerordentlich preisgünstig geworden und bieten im allgemeinen dennoch eine hohe Genauigkeit. Ein besonderer Vorteil, der vor allem in der Betriebsmeßtechnik und im Service geschätzt wird, ist, daß sie mehrere Meßgeräte in sich vereinigen.

Übliche Digitalmultimeter sind zur Messung von:
- □ Gleich- und Wechselspannungen,
- □ Gleich- und Wechselströmen sowie
- □ Widerständen

geeignet.

Darüber hinaus erlauben einige Geräte auch noch Kapazitäts- und Frequenzmessungen.

Häufig werden Digitalmultimeter z. B. mit einem IEC-625-Bus-Interface ausgestattet, so daß sie auch in ein computergesteuertes Meßsystem integriert werden können.

7.3.1 Aufbau und Baugruppen

Masse und Erde

Das Blockschaltbild 7.58 zeigt typische Baugruppen eines DMM. Dabei fällt zunächst auf, daß der Analogteil potentialmäßig vom Digitalteil getrennt ist, also schwebendes Potential besitzt. Die Signale des Digitalteils haben Erdbezug durch den Schutzleiter PE. Aus sicherheitstechnischen Gründen und zur Abschirmung ist das Gehäuse mit dem Schutzleiter verbunden. Der Erdbezug der digitalen Seite ist auch wichtig, wenn das Meßgerät in ein Meßsystem eingebunden wird und über die Steuerleitungen mit verschiedenen Geräten verknüpft ist. Die analogen Eingangsleitungen sind mit Low und High gekennzeichnet, wobei Low die Analogmasse darstellt und den «erdnahen» Pol bildet. Zwischen Analogmasse und Erde besteht über den Netztransformator eine kapazitive Kopplung. Man kann zwar auf der Analogseite an potentialmäßig hoch liegenden Punkten eines Meßobjekts messen, wenn das Meßobjekt allerdings Erdbezug hat, können über die kapazitive Kopplung Störströme zustande kommen und Brummstörungen verursachen. Es kann dann günstiger sein, die Analogmasse ebenfalls auf Schutzleiterpotential zu legen und mit einem Differenzverstärker am Eingang zu arbeiten.

Die Übergabe der im ADU gewonnenen codierten Signale an Speicher und Anzeigeteil erfolgt über einen Signalübertrager. Ebenso könnte auch ein Optokoppler eingesetzt werden. In Bild 7.58 sind die meßwertführenden Teile rot markiert. Die Steuerungsleitungen, die von einem Mikroprozessorsystem (CPU, ROM, RAM) bedient werden, sind schwarz dargestellt.

Eingangsteiler

Hier erfolgt eine grobe Bereichsanpassung bei Gleich- und Wechselspannungsmessung. Z. B. Voltbereich mit einer Teilung 1000 : 1 und Millivoltbereich mit Teilung 1 : 1. Natürlich ist die konkrete Gestaltung von Gerät zu Gerät verschieden. Der Teiler muß breitbandig ausgelegt sein, weil er für Gleich- und Wechselspannungen gleichermaßen verwendet wird. Schaltkapazitäten sind daher entsprechend abzugleichen (vgl. Bild 4.5). Mit dem Teiler werden die Eingangsspannungen auf den für die nachfolgenden Verstärker zulässigen Bereich, z. B. 100 mV Maximalspannung reduziert. Als Eingangswiderstand bei Gleichspannung findet man die Standardwerte 1 MΩ oder 10 MΩ. Im Wechselspannungsbereich muß zusätzlich eine Parallelkapazität von 40 pF bis 200 pF berücksichtigt werden.

Shunt-Teiler

Da die Messung der Stromstärke über eine Spannungsmessung erfolgt, liegen dem Stromeingang ein Widerstand oder mehrere umschaltbare Widerstände parallel. Der Spannungsabfall am jeweiligen Widerstand wird dann ausgewertet. Mit der Umschaltung der Widerstände ist eine Bereichsumschaltung verbunden, z. B. 1-A- oder 1-mA-Bereich mit dem maximalen Spannungsabfall von 200 mV. Die Parallelwiderstände haben dann die Werte 0,2 Ω bzw. 200 Ω. Wie beim Eingangsteiler für die Spannungen, handelt es sich bei diesem Teiler auch um eine grobe Bereichsanpassung.

Stromquelle

Die angedeutete Stromquelle dient der Widerstandsmessung. Sie erzeugt einen Gleichstrom von etwa 1 mA, der über den unbekannten Widerstand fließt. Der entstehende Spannungsabfall ist dem Widerstandswert proportional und wird ausgewertet (vgl. Bild 5.62).

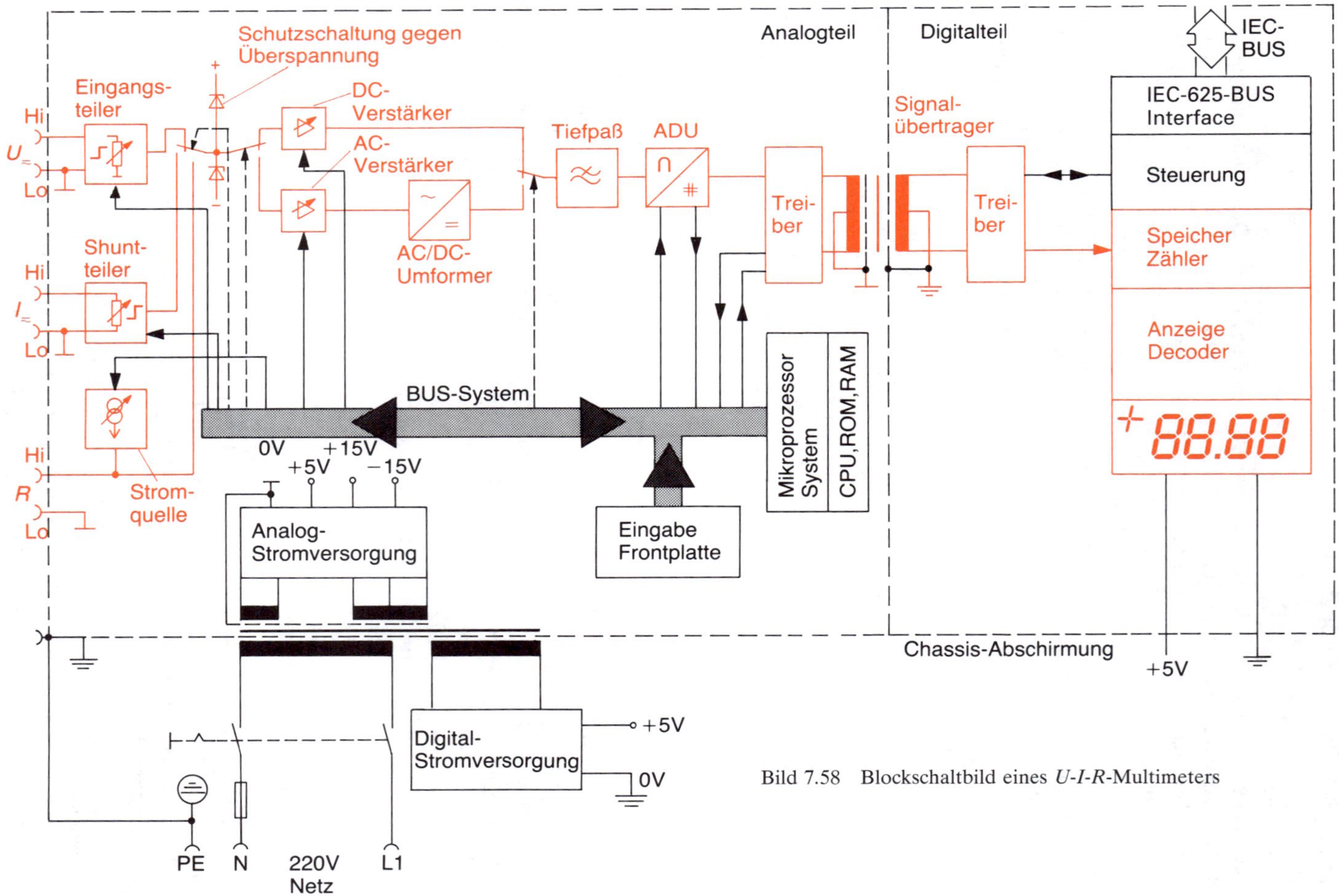

Bild 7.58 Blockschaltbild eines *U-I-R*-Multimeters

DC- und AC-Verstärker
Nach der groben Bereichsanpassung werden die Gleichspannungen, die vom Spannungs-, Strom- oder Widerstandseingang herrühren so verstärkt, daß sie in den Spannungsbereich des A/D-Umsetzers passen. Das Entsprechende gilt für Wechselspannungen. Sowohl der Gleich- (DC-) als auch der Wechselspannungs-(AC-)verstärker sind in Stufen von z. B. 1, 10, 100 in der Verstärkung umschaltbar, um eine optimale Meßwertanzeige zu erreichen. Die Umschaltung ist mit einer Verschiebung des Dezimalpunktes in der Digitalanzeige verbunden.

AC-DC-Umformer
Die Umformung des Wechselspannungssignals in eine Gleichspannung kann grundsätzlich durch einen Spitzen-, Mittelwert- oder echten Effektivwertgleichrichter erfolgen. Weit verbreitet sind der Mittelwertgleichrichter Bild 7.16 und der stromgespeiste 2-Puls-Gleichrichter Bild 5.7. Letzterer erfordert allerdings einen nachgeschalteten Differenzverstärker, da die Brückenspannung nicht massebezogen ist.

Geräte mit Mittelwertgleichrichter haben aber den Nachteil, daß sie nur bei Sinusform der Wechselspannung den Effektivwert richtig anzeigen. In den neueren Geräten findet man häufiger echte Effektivwertumformer, die als integrierte Bausteine auf dem Prinzip des rechnenden Verstärkers Bild 5.14 basieren. Ein Beispiel dafür ist der monolithisch integrierte Effektivwert-Gleichspannungs-Umformer AD 637 (Analog Devices), der für Präzisionsanwendungen einsetzbar ist: Relativer Fehler ±0,05%, Frequenzbandbreite bis zu 8 MHz. Geräte mit echten Effektivwertumformern zeigen den Effektivwert kurvenformunabhängig immer richtig an.

Tiefpaß und ADU
Der Tiefpaß beseitigt überlagerte Störungen bzw. Restwelligkeiten auf der Gleichspannung. Als A/D-Umsetzer werden in der Regel integrierende Umsetzer nach dem Dual-Slope- oder Quad-Slope-Verfahren eingesetzt, um die Genauigkeit eines Präzisionsmeßgerätes zu erreichen. Die Meßzeit ist entsprechend lang. Man kann sie bei einigen Geräten bei reduzierter Genauigkeit bis auf etwa 2 ms herabsetzen (3stellige Anzeige). Um die höchste Genauigkeit zu erreichen, werden Meßzeiten bis zu etwa 1 s gewählt (5stellige Anzeige).

Mikroprozessorsteuerung
Moderne Digitalmultimeter sind heute meist mit einem Mikroprozessor ausgestattet, der alle Steuerungsaufgaben übernimmt. In einem Festwertspeicher (ROM) sind verschiedene Programme vorgesehen, die nicht nur optimale Bereichswahl, Nullabgleichprozeduren, eine Überwachung der Eingabetastaturen ermöglichen, sondern relativ komplizierte Vorgänge wie die Eingabe von Grenzwerten in einem RAM-Speicher, Extremwertspeicherung in einer Meßserie, prozentuale Abweichung der Meßwerte von einem Referenzwert, Überschreitung von Grenzwerten oder Datenaustausch über ein peripheres Bussystem. Die einzelnen Funktionen werden über die Eingabetastatur oder über Fernsteuerung (Remote) ausgewählt. Tabelle 7.5 zeigt eine Zusammenstellung der Funktionen des DMM-UDS-5 (Rhode und Schwarz).

Meßgrößen	Gleichspannung (U_{DC}) Wechselspannung (U_{AC}), Effektivwert Gleichstrom (I_{DC}) Wechselstrom (I_{AC}), Effektivwert Widerstand (R)
Meßbereiche	
Gleichspannung	1 µV ... 1200 V
Wechselspannung	500 µV ... 800 V, 20 Hz ... 200 kHz
Gleichstrom	100 nA ... 1,6 A
Wechselstrom	10 µA ... 1,6 A, 20 Hz ... 20 kHz
Widerstand	1 mΩ ... 16 mΩ automatische 2-Pol-/4-Pol-Umschaltung
Bereichseinstellung	automatisch oder manuell
Referenzwert	Eingabe über Tastatur oder Übernahme des Meßwerts
Nullkorrektur	mit Offsettaste
Autokalibration	für alle Meßfunktionen über Frontplatte oder IEC-Busanschluß
Zweitfunktionsebene	für Dateneingabe, und Kontrolle der IEC-Busadresse, Prüfprogramme und Autokalibration
Fernsteuerung	IEC-Bus (IEC 625-1/IEEE 488)

- AC-, DC-, Widerstandsmessungen mit wahlweise 3½-, 4½- oder 5½stelliger Meßwertanzeige
- Fehler bei U_{DC} 0,003%, U_{AC} 0,25%, R 0,004%
- 80 Messungen/s für U_{DC}
- Anzeige lin., log. oder relativ, bezogen auf beliebig wählbaren Referenzwert

Tabelle 7.5 Daten und Eigenschaften des Digitalmultimeters (DMM) UDS-5 (Rhode und Schwarz)

7.3.2 Systemmeßgeräte

In einem modernen Industriebetrieb ist die Entwicklung, Fertigung und Qualitätskontrolle ohne Computerunterstützung nicht mehr denkbar. Dies betrifft in hohem Maß die Meßtechnik. Zeitraubende Meßreihen, Qualitätsüberwachung von Serienprodukten, Sammlung und Auswertung großer Datenmengen erfordern einerseits präzise arbeitende Meßgeräte, die andererseits zuverlässig fernsteuerbar sein müssen. Solche Meßgeräte werden als Systemmeßgeräte bezeichnet. Der Datenaustausch zwischen den Meßgeräten und dem Prozeßrechner oder Prozeßcontroller erfolgt rein digital über ein Daten- und Steuerbussystem. Um nun Geräte unterschiedlichster Hersteller in ein solches System einbauen zu können, bedarf es einer Normung der Verbindungswege.

> Weltweit ist derzeit das IEC-625-Bussystem (oder IEEE-488, amerikanische Normung) das am weitesten verbreitete genormte Bussystem für Meßgeräte.

Systemmeßgeräte werden deshalb meistens mit einem Interface ausgerüstet, das den Datenverkehr über den IEC-Bus gestattet. Im Bild 7.58 ist das Interface angedeutet. Es paßt die herstellerspezifischen Eigenheiten des Meßgerätes an den Bus an, so daß alle Meßgeräte, die über ein solches Interface verfügen, durch entsprechende Kabel einfach miteinander verbunden werden können.

> Systemmeßgeräte müssen fernsteuerbar sein und über ein Interface zum Anschluß an den digitalarbeitenden Meßbus verfügen.

In Abschnitt 7.5 wird ausführlich auf das Bussystem, die damit verbundene Steuerung der Meßgeräte sowie die Normung eingegangen.

7.4 Spezialoszilloskope

Neben den standardmäßigen Ausführungen des Oszilloskops (Kapitel 4) sind für bestimmte Meßaufgaben eine ganze Reihe von Spezialoszilloskopen entwickelt worden. Von ihnen sind solche Geräte zu unterscheiden, die zwar die Katodenstrahlröhre zur Visualisierung von Vorgängen benutzen, die aber im eigentlichen Sinne keine Meßgeräte sind (z. B. Monitore der Computertechnik). Aus der Vielzahl solcher Spezialoszilloskope werden hier der Kennlinienschreiber, das Samplingoszilloskop und Digitalspeicheroszilloskop, der Spektrumanalysator und der Logikanalysator vorgestellt.

7.4.1 Kennlinienschreiber

Zur schnellen Erfassung der Kennlinien von Dioden, bipolaren und unipolaren Transistoren sowie von Thyristoren hat sich im Labor der Kennlinienschreiber bewährt. Anstelle der zeitaufwendigen punktweisen Messung wird die ganze Kennlinie oder Kennlinienschar auf dem Bildschirm dargestellt. Man gewinnt einen schnellen Überblick über die Funktionsfähigkeit des Bauelements und kann Bereiche eingrenzen, die dann präziser punktweise gemessen werden können.

Bild 7.59 zeigt ein Prinzipschaltbild zur Messung von Transistoren. Hier ist als Beispiel die Aufnahme der Ausgangskennlinienschar eines npn-Transistors dargestellt.

Der Sägezahngenerator steuert einen Leistungsverstärker, der die Spannung U_{CE} von 0 V bis $\pm U_{CE\ max}$ ansteigen läßt (1). Je nach Bauelement (z. B. npn- oder pnp-Transistor) wird die positive oder negative Spannung gewählt (2). Der Strom-Spannungs-Umformer bildet eine Ausgangsspannung, die der Stromstärke I_C proportional ist. $U_y = K \cdot I_C$. Zur Skalierung in y-Richtung ist der Proportionalitätsfaktor K einstellbar (4). Über den y-Verstärker (vgl. Bild 4.4) wird schließlich die y-Ablenkspannung erzeugt. Der Positionssteller (9) dient der optimalen Positionierung des Diagramms auf dem Bildschirm in y-Richtung.

Zum Schutz des Bauelements ist eine einstellbare Strombegrenzung vorgesehen.

Um eine Kennlinie $I_C = f(U_{CE})$ auf dem Bildschirm zu erzeugen, wird die Spannung U_{CE} am Transistor auf die x-Platten geführt. Dazwischen liegt der Verstärker (8) zur Skalierung der x-Achse sowie der x-Ablenkverstärker mit Positionssteller (10). Soll nicht nur eine Kennlinie dargestellt werden, sondern eine Kurvenschar, wie das beim Ausgangskennlinienfeld des Transistors üblich ist, muß ein Strom- oder Spannungsparameter gebildet werden. Diese Funktion übernimmt der Dualzähler in Verbindung mit einem D/A-Umsetzer. Zu Beginn

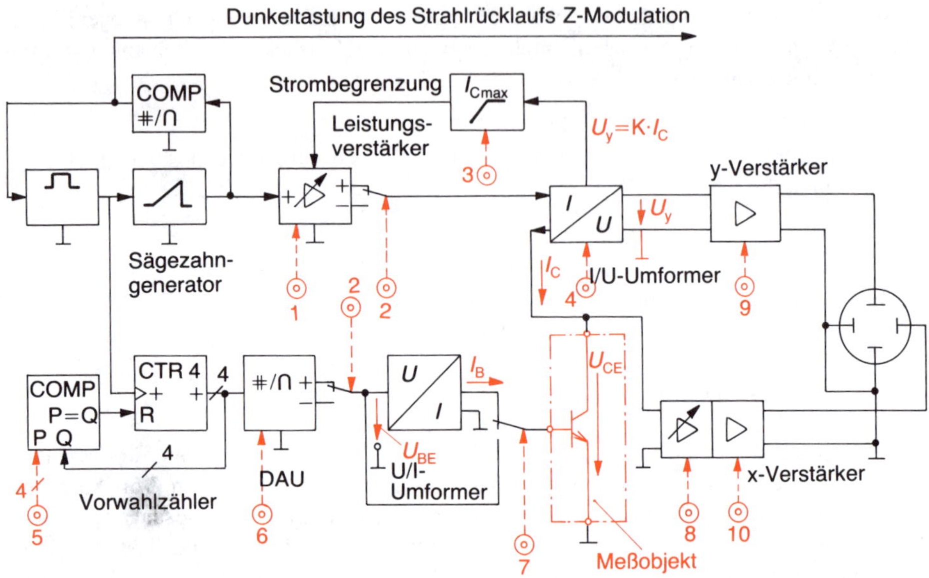

Bild 7.59 Prinzipschaltbild des Kennlinienschreibers
Bedienungselemente
1 Einstellung des U_{CE}-Bereiches
2 Umschaltung der Polarität (npn/pnp)
3 Strombegrenzung
4 Skalierung der y-Ablenkung
5 Anzahl der Stufen, 1 bis 16
6 Stufenhöhe, U_{BE} oder I_B
7 Umschaltung, U_{BE}/I_B
8 Skalierung der x-Ablenkung
9 Position y
10 Position x

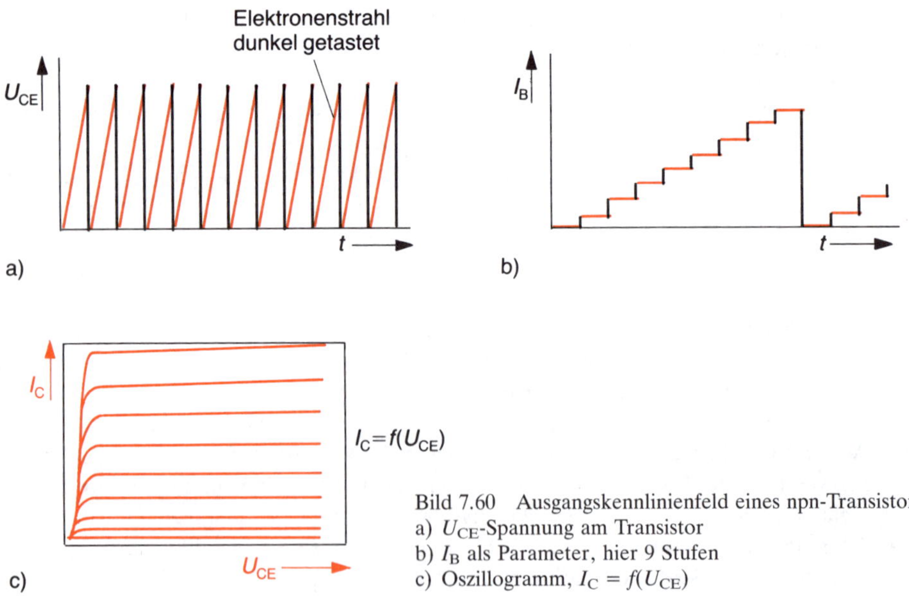

Bild 7.60 Ausgangskennlinienfeld eines npn-Transistors
a) U_{CE}-Spannung am Transistor
b) I_B als Parameter, hier 9 Stufen
c) Oszillogramm, $I_C = f(U_{CE})$

jedes Sägezahns schaltet der Zähler um 1 weiter. Über den Stufenzahlwähler (5) kann bestimmt werden, wie viele Kennlinien dargestellt werden sollen. Der Komparator vergleicht dabei die vorgewählte Zahl mit dem Zählerstand und stellt den Zähler bei Erreichen wieder auf 0 zurück. Im vorliegenden Beispiel können insgesamt 16 Parameterwerte gewählt werden. Die Stufenhöhe läßt sich am DAU festlegen (6), ebenso die Polarität (2). Bei Bipolartransistoren kann als Parameter im Ausgangskennlinienfeld der Basisstrom I_B oder die Basis-Emitter-Spannung U_{BE} bestimmt werden (7). Bei Feldeffekttransistoren wird immer die Spannung als Parameter gewählt.

Bild 7.60 zeigt zusammenfassend den sägezahnförmigen Verlauf von U_{CE}, der sich für jeden I_B-Wert, hier sind es 9, wiederholt. Damit ergeben sich als Oszillogramm 9 Ausgangskennlinien $I_C = f(U_{CE})$. Während des Sägezahnrücklaufs wird der Strahl jeweils dunkel getastet. Die Sägezahnfrequenz liegt im Bereich 500 Hz bis 1 kHz. Damit ist gewährleistet, daß sich bei 16 Parameterstufen noch ein flimmerfreies Bild ergibt. Der Kennlinienschreiber bietet eine Reihe von Umschaltmöglichkeiten (im Bild 7.59 nicht dargestellt), die es erlauben das gesamte 4-Quadranten-Kennlinienfeld darzustellen. Ferner gibt es die Möglichkeit die U_{CE}-Spannung von Hand zu durchfahren und ebenso einzelne Parameterstufen auszuwählen.

Der Kennlinienschreiber dient vor allem der parametrischen Darstellung von Kennlinien der Form $I = f(U)$.

7.4.2 Samplingoszilloskop

Die Echtzeitdarstellung sehr hoher Frequenzen mit dem Oszilloskop stößt auf erhebliche Schwierigkeiten. Übliche Oszilloskopröhren verursachen Laufzeit- und Phasenfehler und die Bildhelligkeit läßt wegen der schnellen Ablenkung nach. Mit sehr großem Aufwand sind Oszilloskope entwickelt worden, die unter Verwendung spezieller Röhren noch Frequenzen bis in den GHz-Bereich aufzeichnen können.

7.4.2.1 Sequentielles Samplingverfahren

In der Praxis verzichtet man oberhalb etwa 400 MHz auf Echtzeitdarstellung und wendet das sequentielle Samplingverfahren (vgl. Abschnitt 7.2.2.2) an.

Beim sequentiellen Samplingverfahren wird jeder Periode des Eingangssignals nur ein Meßwert entnommen. Im Spannungs-Zeit-Diagramm bilden die Meßwerte das Eingangssignal mit herabgesetzter Frequenz nach. Zur oszillographischen Darstellung einer Periode müssen mehrere Perioden des Eingangssignals abgetastet werden.

Bild 7.61 macht das an einem Beispiel deutlich. Auf das Blockschaltbild 7.64 wird im folgenden noch näher eingegangen.

Zur x-Ablenkung wird beim Samplingoszilloskop eine Treppenspannung (u_T) verwendet, wobei zu jeder Treppenstufe ein Abtastwert gehört, der in y-Richtung auf dem Bildschirm dargestellt wird.

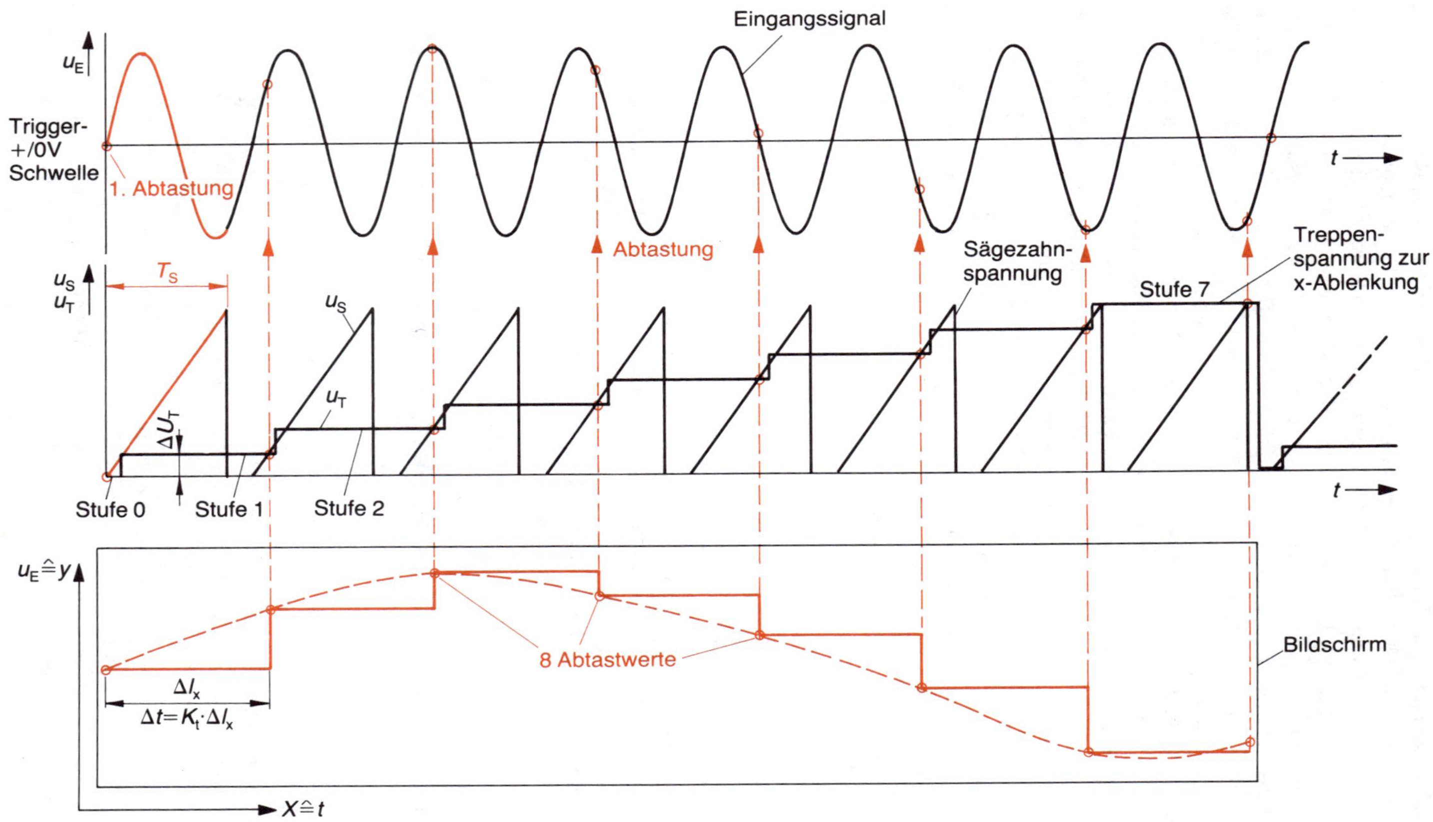

Bild 7.61 Entstehung des Oszillogramms beim Samplingverfahren

Unter der Abtastdichte D (Density) des Oszilloskops versteht man die Zahl der Abtastwerte (Samples) je Rastereinheit (Division) des Bildschirms in x-Richtung. (Z. B. $10 \frac{\text{Samples}}{\text{cm}}$ oder $10 \frac{\text{Samples}}{\text{Division}}$)

Die Abtastdichte ist umschaltbar. Gestartet wird die x-Ablenkungsspannung durch Triggerung. Wie beim herkömmlichen Oszilloskop sind die Triggerschwelle (Level) und Triggerflanke (Slope + oder −) wählbar. Die Triggerquelle ist das Eingangssignal (interne Triggerung). Die Triggerschaltung startet nun die Zeitbasis beim Erreichen der Triggerschwelle. Dabei beginnt die x-Treppenspannung mit der untersten Stufe (Stufe 0), der Elektronenstrahl ist also auf den linken Bildrand gesetzt. Des weiteren wird eine Sägezahnspannung (u_S) gestartet, die den Abtastvorgang auslöst, wenn ihr Momentanwert an der steigenden Flanke gleich dem Stufenwert der Treppenspannung ist. Da ja jetzt gerade die Stufe 0 eingestellt ist, erfolgt beim Loslaufen der Sägezahnspannung sofort auch eine Abtastung des Eingangssignals. Nach der Abtastung wird die Treppenspannung jeweils um eine Stufe erhöht. Nach Ablauf der Sägezahnperiode (T_S) erfolgt ein neuer Sägezahnstart wiederum bei Erreichen der Triggerschwelle. Nun wird der Abtastvorgang ausgelöst, sobald die Sägezahnspannung die Stufe 1 der Treppenspannung erreicht hat. Nach der Abtastung folgt erneut die Erhöhung der Treppenspannung nun auf die Stufe 2. So wiederholen sich die Abläufe bis die letzte Treppenstufe (7) erreicht und der Elektronenstrahl am rechten Bildrand angekommen ist. Danach beginnt wieder alles bei Stufe 0 am linken Bildrand.

Mit 8 Abtastwerten ergibt sich natürlich nur eine recht grobe Darstellung des Eingangssignals. Man erkennt aber in Bild 7.61 deutlich die Signalstruktur. Bei 20 Samples/cm und 10 cm Bildschirmbreite käme man auf 200 Abtastungen je Bild, entsprechend 200 Stufen des Treppenspannungssignals zur x-Ablenkung. Mit dieser Abtastrate verschwinden nahezu die Stufen im Bild. Zusätzlich kann ein Glättungsfilter eingeschaltet werden (Smooth), dann ergibt sich ein durchgehender Linienzug (gestrichelt gezeichnet in Bild 7.61).

Je größer die Zahl der Abtastungen pro Bild ist, desto höher ist die Auflösung des Oszilloskops und um so genauer die Darstellung.

7.4.2.2 *Zeitablenkfaktor*

Um das Oszillogramm auswerten zu können, müssen die y- und x-Auslenkungen kalibriert sein. In y-Richtung, hier wird die Signalspannung dargestellt, geschieht das wie beim üblichen Oszilloskop durch entsprechende Eichung der y-Verstärker. Schwieriger ist die Kalibrierung der x-, also Zeitachse. Die Frequenzumsetzung muß ja berücksichtigt werden. Aus den Darstellungen des Bildes 7.61 geht hervor, daß die Zeitbasis sowohl eine Sägezahnspannung als auch die Treppenspannung erzeugen muß. Beide bestimmen den Zeitablenkfaktor in x-Richtung.

Geht man davon aus, daß eine bestimmte Zahl von Stufen je Bild existiert (z. B. 200) und die Spannungsstufen gerade den ganzen Sägezahnspannungsbereich erfassen, dann ergibt sich der Zeitablenkfaktor aus der Anstiegszeit T_S des Sägezahns. Bild 7.61 zeigt, daß der Teil der Eingangsspannung auf dem Bildschirm erscheint, der im Zeitabschnitt T_S liegt (rot hervorgehoben). Das heißt, Verlängerung von T_S bringt einen größeren Signalausschnitt, Verkürzung einen kleineren. Daraus ergibt sich der Ablenkfaktor K_t.

$$K_t = \frac{T_S}{l_x}$$

l_x Bildschirmbreite

Der Zeitablenkfaktor K_t gibt die Zeiteichung der x-Achse des Bildschirms an. (Angabe z. B. in $\frac{\mu s}{cm}$ oder $\frac{\mu s}{\text{Rastereinheit}}$).

Beträgt beispielsweise die Anstiegszeit $T_S = 1\,\mu s$ und die Bildschirmbreite 10 cm, dann ergibt sich der Ablenkfaktor:

$$\underline{\underline{K_t}} = \frac{1\,\mu s}{10\,cm} = \underline{\underline{0{,}1\,\frac{\mu s}{cm}}}$$

Das bedeutet konkret: 1 cm Abschnitt des abgebildeten Signals in x-Richtung entspricht beim Eingangssignal der Zeitspanne 0,1 µs.

Bild 7.62 zeigt nochmals die Bildschirmdarstellung für zwei Anstiegszeiten des Sägezahns. Der Einfachheit halber wurden nur 6 Abtastwerte genommen, das Eingangssignal ist eine Dreieckspannung.

Einfluß der Stufenhöhe

In der Praxis wird T_S nur in groben Stufen umgeschaltet. Eine feinere Abstimmung des Ablenkfaktors wird durch Veränderung der Stufenhöhe (Δu_T) der Treppenspannung erreicht. Verkleinert man die Treppenspannung mit einem Teiler bevor sie mit der Sägezahnspannung verglichen wird, so verkleinert sich auch der Phasen- und damit auch der Spannungsunterschied zwischen zwei Abtastpunkten der Eingangsspannung. Außerdem würde die Treppenspannung nicht mehr bis zum Maximalwert der Sägezahnspannung ansteigen. Eine Halbierung der Stufenhöhe bei gleicher Stufenzahl hätte zur Folge, daß nur noch die Hälfte des vorherigen Signalausschnitts gezeigt würde. Der Ablenkfaktor wäre halbiert. Bild 7.63 veranschaulicht das am Beispiel einer Dreieckspannung als Eingangssignal und sechs Abtastpunkten.

Bezeichnet man den Teilungsfaktor mit V_T, dann ergibt sich der Ablenkfaktor

$$K_t = V_T \cdot \frac{T_S}{l_x}$$

Vielfach wird bei Samplingoszilloskopen zur Treppenspannung eine einstellbare Gleichspannung addiert und das Summensignal mit der Sägezahnspannung verglichen. Bei kleinen Werten von V_T (z. B. $V_T = 1/10$) bewirkt das Durchdrehen der Gleichspannung ein langsames Verschieben des ganzen Signals in x-Richtung (Lupenwirkung).

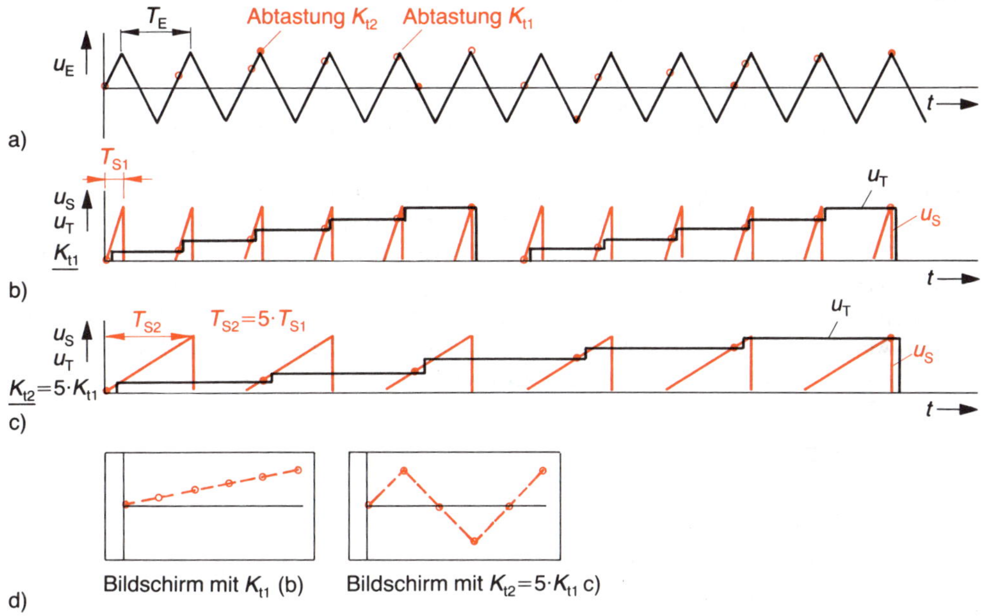

Bild 7.62 Einfluß der Anstiegszeit der Sägezahnspannung auf die Bilddarstellung
a) Eingangsspannung
b) T_{s1} ist kleiner als die Periodendauer T_E, K_{t1}
c) $T_{s2} = 5\ T_{s1}$ ist größer als die Periodendauer T_E, $K_{t2} = 5\ K_{t1}$
d) Bildschirmdarstellung für a) und b)

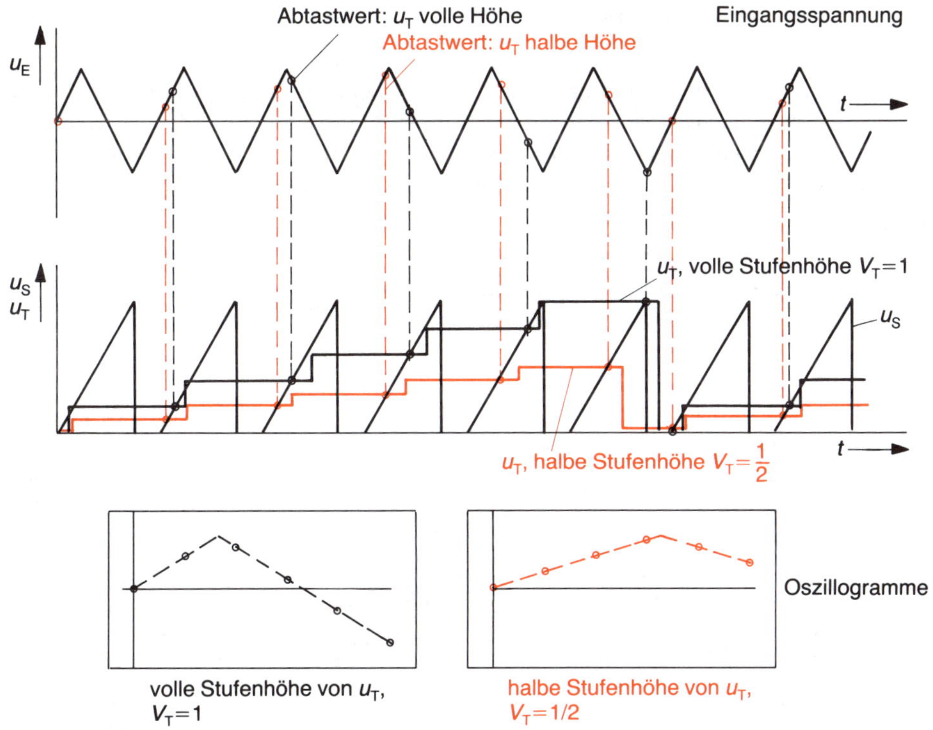

Bild 7.63 Einfluß der Stufenhöhe von μ_T auf den Zeitablenkfaktor K_t bei 6 Abtastwerten

7.4.2.3 x-Schreibdauer

Während man bei einem üblichen Oszilloskop unmittelbar aus dem Zeitablenkkoeffizienten K_t und der Bildbreite l_x die Zeit für einen Strahldurchlauf ($t_x = K_t \cdot l_x$) ermitteln kann, ist dies beim Samplingoszilloskop so nicht möglich. $K_t \cdot l_x$ gibt hier lediglich die Zeit an, die dem dargestellten Bildausschnitt des Eingangssignals entspricht. Da aber für diese Darstellung eine Vielzahl von Perioden des Eingangssignals abgetastet werden mußte, ist die Schreibzeit t_x erheblich länger. Das kann zu starkem Bildflimmern führen, wenn zu niedrige Frequenzen untersucht werden. Aus der Abtastdichte D und der Bildschirmbreite l_x ergibt sich die Zahl der Abtastungen N je Bild: $N = D \cdot l_x$. Da nun aus jeder Periode des Eingangssignals höchstens ein Abtastwert entnommen wird, ergibt sich die Mindestzeit $t_{x\,min}$ für einen x-Durchlauf:

$$\boxed{t_{x\,min} = T_E \cdot D \cdot l_x} \qquad \text{(Gl. 7.53)}$$

T_E Periodendauer der Eingangsfrequenz

D Abtastrate $\left(\frac{\text{Samples}}{\text{cm}}\right)$

l_x Breite des Bildschirms

> Die Zeit für einen x-Durchlauf des Elektronenstrahls beträgt mindestens den N-fachen Wert der Periodendauer des Eingangssignals.
> N Zahl der Abtastungen je Bild

Die Zeit t_x kann allerdings wesentlich größer werden, wenn nur aus jeder 2. oder 3. Periode ein Abtastwert genommen wird. Dies ist der Fall, wenn die Anstiegszeit T_S des Sägezahns größer als die Periodendauer der Eingangsspannung ist (Bild 7.62c). Hier ergibt sich die Durchlaufzeit t_x aus der Zeit des Signalausschnitts ($K_t \cdot l_x$) und der Zahl der Abtastungen ($D \cdot l_x$):

$$\boxed{t_x \geq K_t \cdot \mathrm{l}_x \cdot D \cdot l_x = K_t \cdot D \cdot l_x^2} \qquad \text{(Gl. 7.54)}$$

für $T_S > T_E$

Beispiel: 1. $T_S = 1\,\mu s$; $T_E = 1\,ms$; $f_E = 1\,kHz$; $T_S < T_E$

$l_x = 10\,cm$; $D = 20\,\frac{\text{Samples}}{\text{cm}}$

$$t_{x\,min} = 1\,ms \cdot 20\,\frac{\text{Samples}}{\text{cm}} \cdot 10\,cm$$

$$\underline{\underline{t_{x\,min}}} = \underline{\underline{200\,ms}} \quad \text{(bewirkt starkes Flimmern)}$$

2. $T_S = 1\,ms$; $T_E = 0{,}1\,ms$; $f_E = 10\,kHz$; $T_S > T_E$

$l_x = 10\,cm$; $D = 20\,\frac{\text{Samples}}{\text{cm}}$

$$K_t = \frac{1\,\text{ms}}{10\,\text{cm}} = 0{,}1\,\frac{\text{ms}}{\text{cm}}$$

$$t_x \geq 0{,}1\,\frac{\text{ms}}{\text{cm}} \cdot 10\,\text{cm} \cdot 20\,\frac{\text{Samples}}{\text{cm}} \cdot 10\,\text{cm}$$

$$\underline{\underline{t_x}} \geq \underline{\underline{200\,\text{ms}}} \qquad \text{(bewirkt starkes Flimmern)}$$

Probleme dieser Art können in der Praxis auftreten, wenn man sehr kurze Impulsspitzen auf relativ niederfrequenten Signalen darstellen und analysieren möchte. Hier ist $T_S \ll T_E$. $t_{x\,\min}$ läßt sich nur verkleinern, wenn auf geringere Abtastdichte D umgeschaltet wird, was aber auch mit Verlust an Darstellungsqualität verbunden ist. Bei Hf-Signalen spielt das Flimmern keine Rolle.

7.4.2.4 Blockschaltbild

Bild 7.64 zeigt in vereinfachter Form die wichtigsten Baugruppen eines Samplingoszilloskops. Der y-Kanal enthält zunächst ähnliche Elemente wie das herkömmliche Oszilloskop (vgl. Bild 4.4). Besonderheiten bieten der Abtast- und Halteverstärker im y-Kanal und die bereits erläuterte Zeitbasis mit dem Treppenspannungssignal für die x-Ablenkung. Durch den Abtastvorgang entsteht aus dem Hf-Signal am Eingang ein vergleichsweise niederfrequentes Signal, das in der Oszilloskopröhre zur Anzeige kommt.

Sehr hohe Anforderungen sind an den Abtast- und Halteverstärker zu stellen. Hier versagen in der Regel die integrierten Schaltungen nach Abschnitt 7.2.2.2. Will man sehr hohe Frequenzen (z. B. 1 GHz) abtasten und darstellen, dann sind die Abtastimpulse und damit die Abtastzeiten extrem kurz. Die Periodendauer der Frequenz 1 GHz beträgt 1 ns, folglich muß die Abtastzeit deutlich kürzer sein. Sie sollte höchstens ⅕ bis ⅓ der Periodendauer betragen, also 0,25 bis 0,33 ns. Zur Abtastung werden hier Samplingbrücken verwendet, bei denen als Schalter die schnellen Hot-Carrier-Dioden zur Anwendung kommen (Bild 7.65). Die Brückenschaltung hat den Vorteil, daß die Schwellspannungen der Dioden nicht in den Ladestromkreis des Eingangssignals i_E eingehen, da sie für diesen Stromkreis gegeneinander geschaltet sind. Der Samplingimpuls schaltet die Dioden durch, so daß der Kondensator C von u_E geladen werden kann. Dabei ist natürlich davon auszugehen, daß der Schaltstrom i_{si} groß gegen i_E ist. Der Abtastwert u_E kann nun von einer Halteschaltung übernommen, dann gespeichert, verstärkt und an den Vertikalverstärker übergeben werden.

Die Zeitbasis erlaubt verschiedene Einstellmöglichkeiten:
- □ Wahl des Ablenkkoeffizienten,
- □ Feineinstellung des Ablenkkoeffizienten mit Lupenfunktion,
- □ Wahl der Abtastdichte.

> Das Samplingoszilloskop kann zur Messung sehr hoher, aber auch tiefer Frequenzen verwendet werden. Zur Vermeidung von Bildflimmern bei tiefen Frequenzen muß die Abtastdichte herabgesetzt werden.

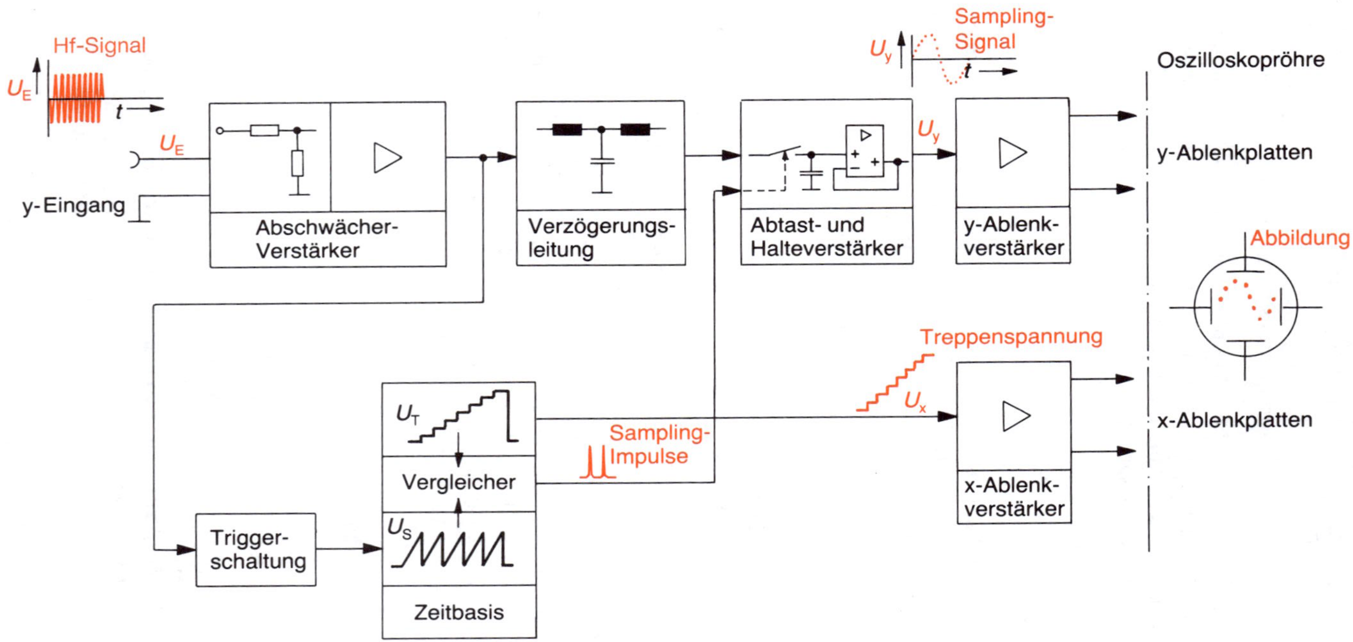

Bild 7.64 Vereinfachtes Blockschaltbild eines Samplingoszilloskops

Bild 7.65 Prinzip einer Samplingbrücke mit Hot-Carrier-Dioden

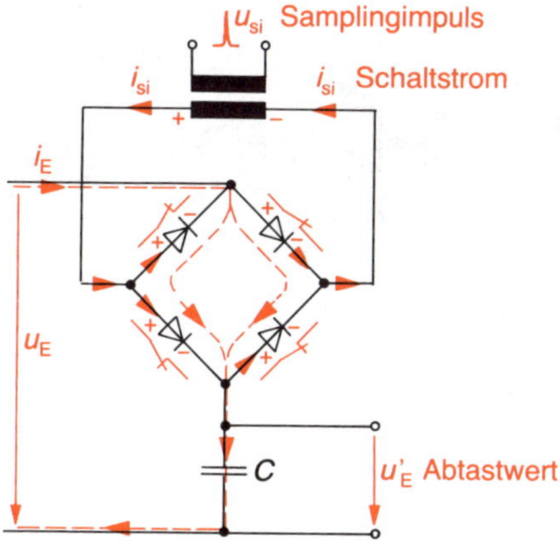

7.4.3 Frequenzanalysator

Frequenzanalysegeräte werden in der Nachrichtentechnik für sehr verschiedene Meßaufgaben eingesetzt. Einige Beispiele sind: Fourieranalyse, Verzerrungsmessungen (Klirrfaktor), Rauschmessungen, Seitenbandmessungen modulierter Schwingungen, selektive Pegelmessungen. Meist wird zur Anzeige nicht nur die Oszilloskopröhre verwendet, sondern auch der *x*-*y*-Schreiber, der über besondere Ausgänge des Gerätes angeschlossen wird. Für selektive Pegelmessungen verfügt der Frequenzanalysator auch über ein Zeigerinstrument bzw. einen Digitalanzeiger zur Spannungsmessung und einen Frequenzzähler zur Frequenzmessung des Eingangssignals. Daraus wird deutlich, daß der Frequenzanalysator sehr vielfältig einsetzbar ist.

> Der Frequenzanalysator dient der Erfassung der Spannungswerte einzelner Frequenzen aus einem Frequenzgemisch.

Grundprinzip

Grundsätzlich geht es darum, mit Hilfe eines Bandpaßfilters mit möglichst geringer Bandbreite die interessierende Frequenz herauszufiltern und ihre Amplitude unverfälscht anzuzeigen.

Bild 7.66 zeigt das Grundprinzip. Das Frequenzgemisch wird zunächst verstärkt und danach über einen Bandpaß mit verschiebbarer Mittenfrequenz geführt. Die ausgefilterte Spannung wird wiederum verstärkt, dann gleichgerichtet und kann oszillographisch dargestellt werden. Die Spannung wird an die *y*-Platten geführt, während die *x*-Ablenkspannung proportional zur Verschiebung der Mittenfrequenz des Filters sein muß. Wird nun der Frequenzbereich von f_1 bis f_2 durchgestimmt, dann erscheint auf dem Bildschirm im Idealfall eine Spektrallinie bei der Eingangsfrequenz f_E, deren Höhe der Amplitude des Signals u_E entspricht. Tatsächlich zeigt das Oszillogramm die Durchlaßcharakteristik des Filters mit der Bandbreite Δf an (Bild 7.66b). Enthält das Eingangssignal verschiedene Frequenzen im Bereich f_1 bis f_2, dann erscheinen auf dem Bildschirm die entsprechenden Impulsdarstellungen nebeneinander. Das Maximum markiert jeweils die tatsächlich vorhandene Eingangsfrequenz.

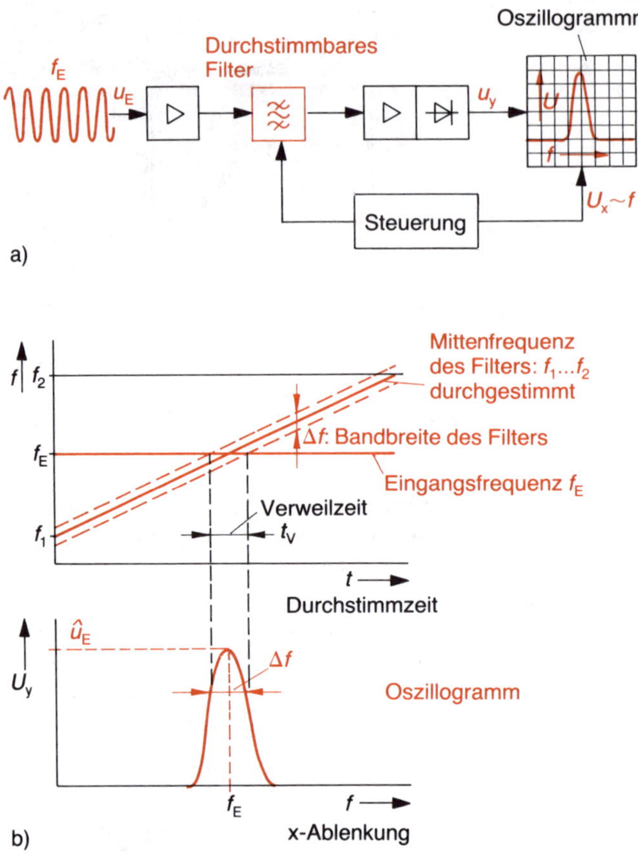

Bild 7.66
Grundprinzip des Spektrumanalysators
a) Prinzipdarstellung
b) Entstehung des Oszillogramms

Verweildauer und x-Durchlaufzeit

Um Frequenzgemische untersuchen zu können, muß die Bandbreite des Filters so schmal sein, daß zwei benachbarte Frequenzen noch getrennt dargestellt werden können. Ein gewisses Problem bei der Verkleinerung der Bandbreite stellt die damit größer werdende Einschwingzeit des Filters dar. Wenn am Filterausgang die korrekte Amplitude der zu untersuchenden Eingangsfrequenz entstehen soll, muß sich diese eine bestimmte Mindestzeit im Bereich der Bandbreite des Filters befinden. Diese Mindesverweildauer läßt sich nach der Beziehung angeben:

$$t_{\mathrm{v\ min}} = K \cdot \frac{1}{\Delta f} \qquad \text{(Gl. 7.55)}$$

$t_{\mathrm{v\ min}}$ Mindestverweildauer
Δf Filterbandbreite (3-dB-Bandbreite)
K Faktor, der die Flankensteilheit des Filters berücksichtigt

Für einkreisige Filter kann mit dem Wert $K \approx 2$ gearbeitet werden. Bei mehrkreisigen, also steileren Filtern, muß der Wert bis auf $K = 10$ erhöht werden. Beispielsweise beträgt die erforderliche Verweilzeit bei einem einkreisigen Filter mit der Bandbreite

$$f = 1\,\text{kHz}$$

$$\underline{\underline{t_{\text{v min}}}} = 2 \cdot \frac{1}{1\,\text{kHz}} = \underline{\underline{2\,\text{ms}}}$$

Wird diese minimale Verweilzeit unterschritten, dann verbreitert sich der Spannungsimpuls und wird kleiner. Wenn das Filter nur kurz angestoßen wird, schwingt es aus und erzeugt Nebenmaxima.

> Für eine genaue Frequenzanzeige des Analysators muß die minimale Verweilzeit des Filters beachtet werden.

Die oszillographische Darstellung erfordert nun eine schnelle Wiederholung des Durchstimmvorgangs, damit sich ein stehendes Bild ergibt. Je schmaler aber die Bandbreite gewählt wird, desto langsamer muß der x-Durchlauf wegen der größer werdenden Verweilzeit erfolgen. Bei einem Frequenzbereich von f_1 bis f_2, der Bandbreite Δf und der Verweilzeit t_v ergibt sich die x-Durchlaufzeit t_x:

$$t_x = \frac{f_2 - f_1}{\Delta f} \cdot t_v \qquad \text{(Gl. 7.56)}$$

Mit der Mindestverweilzeit $t_{\text{v min}}$ (Gleichung 7.55) läßt sich die kürzeste zulässige x-Durchlaufzeit ermitteln:

$$\boxed{t_{\text{x min}} = K \cdot \frac{f_2 - f_1}{\Delta f^2}} \qquad \text{(Gl. 7.57)}$$

Ein Beispiel zeigt die Problematik.

Mit $f_1 = 1\,\text{kHz}$, $f_2 = 20\,\text{kHz}$, $\Delta f = 1\,\text{kHz}$, $K = 2$ ergibt sich die Zeit

$$t_{\text{x min}} = 2 \cdot \frac{19\,\text{kHz}}{(1\,\text{kHz})^2} = \underline{\underline{38\,\text{ms}}}$$

Mit dieser Zeit entsteht eine Bildwechselfrequenz

$$f = \frac{1}{t_x}$$

von 26 Hz, das Bild beginnt zu flimmern. Tatsächlich werden aber noch schmalere Bandbreiten in diesem Frequenzbereich benutzt, so daß der Elektronenstrahl sehr langsam über den Bildschirm streicht und kein zusammenhängendes Bild mehr entsteht. Hier wird die Aufzeichnung gewöhnlich mit einem x-y-Schreiber vorgenommen oder man verwendet als Oszilloskopröhre eine Bildspeicherröhre bzw. ein digital speicherndes System (Prinzip des Digitalspeicheroszilloskops). Dann spielt die Durchlaufzeit keine wesentliche Rolle mehr.

Bei selektiver Pegelmessung ist eine manuelle Durchstimmung und Anzeige mit Spannungsmesser sinnvoll.

Schaltungsrealisierung
In der Schaltungstechnik stößt die Realisierung eines durchstimmbaren Filters für einen großen Frequenzbereich auf erhebliche Schwierigkeiten, wenn eine gleichbleibende Bandbreite gefordert ist. Daher geht man in der Praxis einen anderen Weg. Es wird ein Filter mit konstanter Mittenfrequenz verwendet und dafür die Frequenz variiert. Dies geschieht durch Mischung des Eingangssignals mit einer periodisch sich ändernden Oszillatorfrequenz $f_{osz\ 1}$ bis $f_{osz\ 2}$. Dabei entstehen ja die Mischfrequenzen $f_{osz} - f_E$ und $f_{osz} + f_E$. Das untere Seitenband ($f_{osz} - f_E$) wird ausgewertet. Die Mischfrequenzen werden nun über das Zwischenfrequenzfilter (Zf-Filter), dessen Mittenfrequenz $f_M = f_{osz\ 1}$ ist, geführt. Läuft nun f_{osz} von $f_{osz\ 1}$ bis $f_{osz\ 2}$, dann entsteht nach dem Filter eine Ausgangsspannung, wenn die Differenz $f_{osz} - f_E$ gerade den Wert $f_M = f_{osz\ 1}$ annimmt.

Das durchstimmbare Filter wird in der Praxis durch ein festes Filter und Mischung der Eingangsfrequenz mit einem durchstimmbaren Oszillator ersetzt.

Ein Beispiel kann das verdeutlichen:

Die Oszillatorfrequenz läuft von $f_{osz\ 1} = 80\,\text{kHz}$ bis $f_{osz\ 2} = 100\,\text{kHz}$. Die Eingangsfrequenz sei $f_E = 10\,\text{kHz}$. Die Mittenfrequenz des Filters hat den Wert $f_M = f_{osz\ 1} = 80\,\text{kHz}$. Damit entsteht ein Ausgangssignal, wenn der Oszillator auf 90 kHz kommt, denn $90\,\text{kHz} - 10\,\text{kHz} = 80\,\text{kHz} = f_M$.

Für das vorgenannte Beispiel ergibt sich daraus die Grundschaltung Bild 7.67. Die x-Achse muß wieder im Frequenzmaßstab der Eingangsfrequenzen geeicht werden. Als Hilfe für die Frequenz- und Spannungseichung ist der Eichoszillator vorgesehen. Die Übersteuerungskontrolle wird mittels einer Breitbandanzeige der Eingangsspannung vorgenommen und hilft, den Eingangsteiler auf günstige Werte einzustellen.

Das dargestellte Blockschaltbild soll nur das Prinzip verdeutlichen. Tatsächlich ist in den kommerziellen Geräten noch eine Vielzahl von Umschaltmöglichkeiten, z. B. der Zf-Bandbreite, der Oszillatorfrequenzen und Anschlußmöglichkeiten für Registriereinrichtungen vorgesehen, die hier nicht näher erläutert werden.

Dynamikbereich
Ein wichtiges Qualitätsmerkmal des Frequenzanalysators ist der Dynamikbereich. Darunter ist die maximale Amplitudendifferenz zwischen verschiedenen Eingangsfrequenzen zu verstehen, die der Analysator verarbeiten und darstellen kann, ohne daß Verzerrungen oder Mischprodukte zwischen diesen Frequenzen entstehen. Gewöhnlich wird der Bereich in db angegeben.

$$D = 20 \cdot \lg \frac{U_{E\ max}\,(f_1)}{U_{E\ min}\,(f_2)}$$

Um noch sehr kleine und zugleich sehr große Amplituden auf dem Bildschirm darstellen zu können, wird mit Hilfe eines logarithmischen y-Verstärkers eine db-Skalierung vorgenommen. Man kann zwischen linearer und logarithmischer Darstellung umschalten. Gute Frequenzanalysatoren erreichen einen Dynamikbereich bis zu 100 dB, also Amplitudenverhältnisse bis 1 : 100 000.

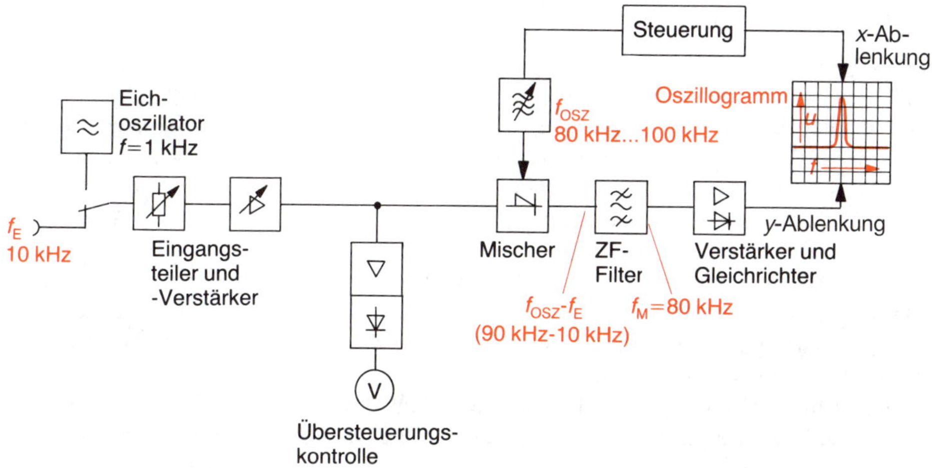

Bild 7.67 Spektrumanalysator für den Nf-Bereich, Blockschaltbild

7.4.4 Digitalspeicheroszilloskop

Ein übliches Oszilloskop liefert für das Auge nur dann stehende Bilder, wenn das Eingangssignal eine sich periodisch schnell wiederholende Spannung ist. Einmalige, aber auch sehr langsam ablaufende periodische Vorgänge – letztere erzeugen einen wandernden Punkt – lassen sich nur mit einem Speicheroszilloskop oszillographisch analysieren. *y-t*-Schreiber sind zur Darstellung langsamer Spannungs-Zeit-Abläufe ebenfalls gut geeignet. Sie scheiden allerdings bei schnellen Impulsvorgängen wegen ihrer mechanischen Trägheit aus.

Lange Zeit stand für diese Meßaufgaben nur das Analogspeicheroszilloskop zur Verfügung, bei dem mittels Speicherröhre das Bild für Minuten bis Stunden sichtbar gehalten werden kann. Man findet diese Oszilloskope auch heute in der Meßtechnik vor allem da, wo hochfrequente Signale zu speichern sind. Mit den Fortschritten in der Herstellung schneller und genauer Analog-Digital- und Digital-Analog-Umsetzer sowie von schnellen RAM-Speichern ist das analoge mehr und mehr vom digitalen Speicheroszilloskop verdrängt worden. Der Aufwand für das digital speichernde Gerät ist zwar vergleichsweise größer, hat aber doch zwei ganz wesentliche Vorzüge: Die Speicherzeit ist praktisch unbegrenzt, und es kann mit anderen digitalen Meßgeräten in ein Meßsystem integriert werden. So wird verständlich, daß das Digitalspeicheroszilloskop heute schon zum Standard in der Oszillographenmeßtechnik gehört.

Das Digitalspeicheroszilloskop besitzt im Gegensatz zum analogen beliebig lange Speicherzeit und kann in prozessorgesteuerte Meßsysteme integriert werden. Die obere Grenzfrequenz wird vor allem durch die Umsetzungszeiten der A/D- und D/A-Umsetzer bestimmt.

7.4.4.1 Baugruppen

Grundprinzip

Bild 7.68a (am Ende des Buches) zeigt das Funktionsschaltbild eines Digitalspeicheroszilloskops. Die analoge Eingangsspannung wird verstärkt und mit einem Analog-Digital-Umsetzer digitalisiert. Die so entstehenden Datenwörter werden nacheinander in einen RAM-Speicher geschrieben. Der Speicher enthält nun die Daten für ein Oszillogramm. Um das auf dem Bildschirm sichtbar zu machen werden die Daten mittels DAU wieder in Analogwerte zurückgewandelt und abgebildet.

Der RAM-Speicher kann nun ähnlich einem Schieberegister den Speicherinhalt permanent im Ring zirkulieren lassen, so daß auf dem Bildschirm immer der gleiche Bildausschnitt erscheint, also ein stehendes Bild entsteht. Das gespeicherte Oszillogramm bleibt erhalten bis der Speicherinhalt erneuert wird.

Die sehr vielseitigen Anwendungsmöglichkeiten des Digitalspeicheroszilloskops, vom einfachen Labormeßgerät bis hin zum automatisierten Meßplatz, bringen es mit sich, daß es eine Vielzahl von Ausführungen gibt. Hier kann nur auf die Grundstruktur eingegangen werden. Bild 7.68b zeigt ein vereinfachtes Blockschaltbild. Es handelt sich um ein 2-Kanal-Oszilloskop mit der Möglichkeit der Fernsteuerung über den IEC-625-Meßbus (vgl. Abschnitt 7.5). Wegen der großen Zahl an Steuerungsfunktionen werden diese meist von einem Mikroprozessor übernommen. Er überwacht die Bedienungselemente an der Frontplatte und bedient entsprechende Schalter und Kontakte über den Systembus. Im Fall der Fernsteuerung übernimmt er gemeinsam mit der Interfacebaugruppe die Koordinierung des Datenverkehrs.

y-Kanäle

Die beiden Kanäle y_1 und y_2 sind am Eingang ähnlich gestaltet wie bei einem herkömmlichen Oszilloskop. Es gibt die Umschaltmöglichkeiten DC-AC-GND, um den Wechselspannungsanteil vom Signal abtrennen und die Nullinie einstellen zu können. Über die Abschwächer-/Verstärkereinheit wird das Signal in kalibrierten Stufen dem Bildschirm angepaßt. Zusätzlich erfolgt hier die Positionseinstellung in y-Richtung. Der nachfolgende Umschalter ist typisch für ein 2-Kanal-Oszilloskop mit den Darstellungsmöglichkeiten:

y_1 und $\pm y_2$:	jeweils im Einkanalbetrieb, y_2 invertierbar
$y_1 \pm y_2$:	Addition und Subtraktion der Signale
Chopperbetrieb:	2-Kanal-Betrieb mit ständigem Wechsel zwischen y_1 und y_2 während des Strahldurchlaufs
alternierender Betrieb:	y_1 und y_2 werden jeweils im Wechsel für einen ganzen Strahldurchlauf an die y-Platten geführt

(vgl. dazu Abschnitt 4.3).

Die Verzögerungsleitung erfüllt auch hier den gleichen Zweck wie in Abschnitt 4.2.1 bereits erläutert wurde. Besonderheiten treten nun im folgenden Signalfluß auf.

Vom analogen Eingangssignal werden mit einer schnellen Abtastschaltung (Sample-and-Hold) Proben genommen und gespeichert (vgl. Abschnitt 7.2.2.2). Anschließend erfolgt die Analog-Digital-Umsetzung (ADU) der Probe in einen Digitalwert. Häufig ist es eine 8-Bit-Dualzahl. In diesem Fall ist dann festgelegt, daß in y-Richtung insgesamt $2^8 = 256$ verschiedene Spannungswerte unterschieden werden können.

Die analoge Eingangsspannung wird im y-Kanal von einer Sample-and-Hold-Schaltung abgetastet und mit einem ADU in einen Binärcode umgesetzt. Mit 8 Bit ergeben sich 256 Spannungswerte in y-Richtung des Bildschirms.

Pre-Triggerspeicher

Dieser Speicher wird im Blockschaltbild 7.68b aus einem 4-KByte-RAM (RAM: Random Access Memory = Schreib-Lese-Speicher) gebildet, d. h., es können maximal $4 \cdot 1024 = 4096$ verschiedene 8-Bit-Wörter oder Bytes des ADU gespeichert werden.

Wie der Name Pre-Triggerspeicher sagt, werden hier Werte gespeichert, die bereits vor dem Triggerzeitpunkt liegen. Über die Frontplatteneinstellung «Pre-Trigger» kann man wählen, wieviel Bildanteil vor der Triggerung angezeigt werden soll. Die üblichen Einstellungen sind 0%, 25%, 50%, 75%, 100%. D. h., bei 0% wird der Pre-Triggerspeicher gar nicht in Anspruch genommen, bei 100% wird er voll benutzt und das dargestellte Oszillogramm zeigt nur den Spannungsverlauf unmittelbar vor der Triggerung an. Die einzelnen Speicherplätze werden nacheinander vom Pre-Triggerspeicher-Adressenzähler aufgerufen. Das jeweilige ADU-Datenwort wird gespeichert. Der Adressenzähler beginnt seine Zählung bei 100% Pre-Trigger mit der Adresse 0, bei 75% mit der Adresse 1024, bei 50% mit Adresse 2048, bei 25% mit Adresse 3072 und bei 0% wird gar nicht mehr gezählt, er steht auf Adresse 4095.

Bei Erreichen der höchsten Adresse beginnt die Zählung wieder von vorn mit der eingestellten Pre-Triggeranfangsadresse.

Bevor ein Speicherplatz des RAM wieder neu beschrieben wird, erfolgt das Auslesen dieser Adresse und die Übernahme des Inhalts in einen 8-Bit-Zwischenspeicher (Latch). Von hier aus werden nun nacheinander die Pre-Triggerbytes an den Anzeigenspeicher weitergegeben, sobald ein Triggerstart erfolgt.

Der Pre-Triggerspeicher dient der Darstellung von Spannungswerten, die vor dem Triggerzeitpunkt liegen.

Anzeigespeicher und Bilddarstellung

Auch der Anzeigespeicher ist im Blockschaltbild 7.68b als 4-KByte-RAM ausgeführt. Die einzelnen RAM-Adressen (0 bis 4095) werden vom Adressenzähler dieses Speichers angewählt. Zugleich dienen die binär codierten Adressen aber auch der Erzeugung einer Treppenspannung mit 4096 Spannungsstufen durch den x-Digital-Analog-Umsetzer (x-DAU). Die Treppenspannung wird als x-Ablenkspannung des Oszilloskops verwendet.

Der Anzeigespeicher wird mit den vom Pre-Triggerspeicher ausgegebenen Digitalwerten im Zählerrhythmus gefüllt sobald ein Triggervorgang ausgelöst ist. Die Zähler von Pre-Trigger- und Anzeigespeicher arbeiten mit der gleichen Zählfrequenz. Bild 7.69 soll den Vorgang für den Fall eines 25% Pre-Triggers veranschaulichen.

In den Pre-Triggerspeicher werden ständig die Daten des ADU Adresse für Adresse abgelegt. Der Adressenzähler läuft zyklisch von 3072 bis 4095. Die übrigen Speicherplätze (0 bis 3071) sind bei 25% Pre-Triggeranteil ungenützt. Erfolgt nun eine Triggerung beispielsweise, wenn der Zähler gerade auf 3072 kommt, so wird das hier vom letzten Zählerdurchgang gespeicherte Datenwort zunächst in den Zwischenspeicher (Latch) abgegeben bevor das

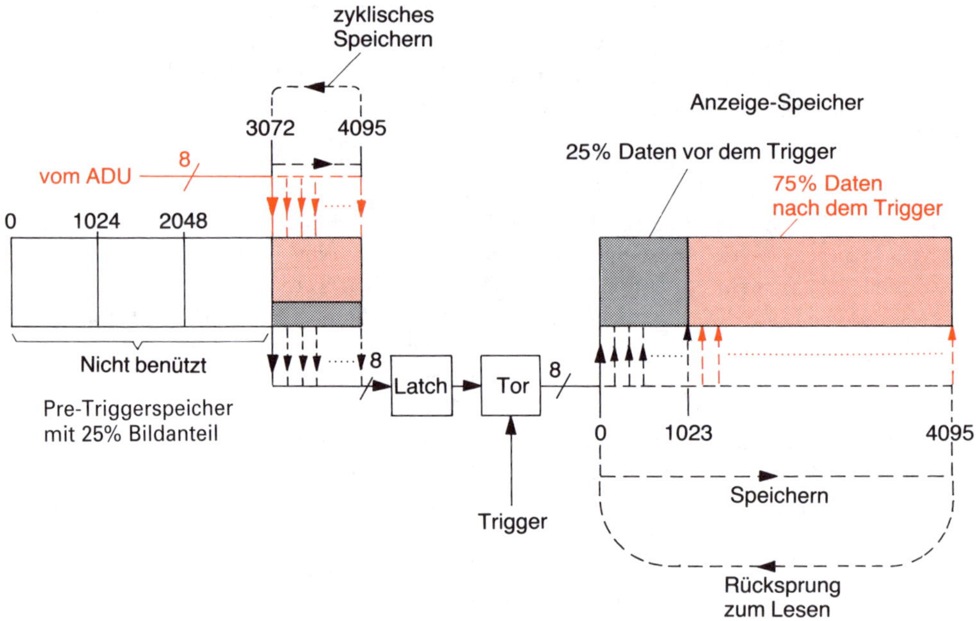

Bild 7.69 Datenübergabe vom Pre-Triggerspeicher an den Anzeigespeicher

im Zeitpunkt des Triggers ankommende ADU-Datenwort in Adresse 3072 eingespeichert wird. Vom Latch aus übernimmt der Anzeigespeicher nun in seiner Adresse 0 das «alte Datenwort». Dieser Vorgang wiederholt sich bis der Pre-Triggerzähler auf 4095 steht. Damit sind alle «alten Datenworte» in den Anzeigespeicher eingeschrieben, er steht jetzt auf Adresse 1023. Wenn nun der Pre-Triggerzähler auf 3072 zurückspringt, befindet sich dort als Datenwort der zum Zeitpunkt der Triggerung eingespeicherte Wert. Das bedeutet, von jetzt an übernimmt der Anzeigespeicher Datenwörter, die nach dem Triggerzeitpunkt im Pre-Triggerspeicher abgelegt wurden. Ist der Anzeigespeicher bei Erreichen der Adresse 4095 gefüllt, wird die Torschaltung geschlossen. Jetzt steht eine vollständige, gespeicherte Bildinformation zur Verfügung. Die Daten können nun aus dem RAM gelesen (beginnend mit Adresse 0) und vom y-DAU wieder in analoge Spannungswerte zurückgewandelt werden. Nach einer Glättung der Spannungssprünge durch das Smoothfilter (RC-Tiefpaß) gelangt das analoge Signal über den y-Ablenkverstärker an die y-Platten. Da ja die x-Ablenkspannung vom Adressenzähler des Anzeigespeichers abgeleitet ist, also synchron mit den y-Spannungswerten läuft, wird der Inhalt des Anzeigespeichers genau im Bildbereich der Oszilloskopröhre als Spannungs-Zeit-Diagramm dargestellt.

Der Anzeigespeicher ist ein RAM. Seine Speicherkapazität umfaßt die y-Daten für ein Oszillogramm. Der y-DAU setzt die gespeicherten Daten wieder in analoge Spannungswerte um.

Bild 7.70 zeigt ein Oszillogramm wie es sich mit 25% Pre-Triggeranteil darstellen könnte.

Der entstehende Linienzug ist hier aus 4096 Einzelpunkten zusammengesetzt. Gewöhnlich werden die letzten 96 Bildpunkte bereits abgedunkelt, so daß der im Raster des Bildschirms befindliche Signalausschnitt 4000 Punkte umfaßt. Bei 10 Rasterteilungen (Division) ergibt sich somit eine Punktdichte (Abtastdichte) in x-Richtung von

$$\frac{400 \text{ Samples}}{\text{Division}}$$

Dies kann natürlich von Oszilloskop zu Oszilloskop verschieden sein

$$\left(\text{z. B. } 200 \frac{\text{Samples}}{\text{Division}},\ 100 \frac{\text{Samples}}{\text{Division}},\ 50 \frac{\text{Samples}}{\text{Division}}\right).$$

Während der Auslesephase des Anzeigespeichers bleibt die Triggerung unterdrückt. Danach beginnt beim Eintreffen des nächsten Triggersignals zunächst wieder das Laden des Speichers bei Adresse 0 und anschließend das Auslesen, wenn der Speicher gefüllt ist. Der Pre-Triggerspeicher nimmt während dieser Vorgänge kontinuierlich die neuen Daten weiter auf.

Bild 7.70 Oszillogramm mit 25% ≙ 1/4 Pre-Triggeranteil

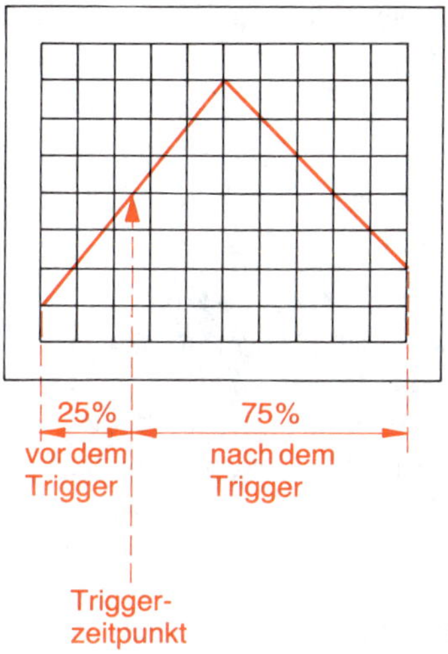

> Die x-Ablenkspannung wird von einer Treppenspannung gebildet, deren Stufenzahl so groß ist wie die Zahl der Anzeigespeicherplätze.

Triggerschaltung

Die Triggerung des Digitalspeicheroszilloskops arbeitet prinzipiell ebenso wie die des herkömmlichen. Wie dort kann der Start der x-Ablenkung auch hier von den internen y_1- oder y_2-Eingangsspannungen, von einem externen Signal oder von der Netzfrequenz (Linie) abgeleitet werden. Desgleichen kann eine Filterung vorgesehen werden, und man findet ebenso die unterschiedlichen Modi: Normal, Automatik, Single Sweep mit positiver oder negativer Flanke (± Slope) und Einstellung der Triggerschwelle (vgl. Abschnitt 4.2.3). Besonderheiten ergeben sich allerdings bei der Zeitbasis.

Abtastung und Zeitbasis
Die Zeitbasiseinstellung läßt Zeitteilungen der x-Achse über einen sehr großen Bereich zu:

$$\text{Z. B. } 5\,\frac{\text{s}}{\text{cm}} \text{ bis } 0{,}1\,\frac{\mu\text{s}}{\text{cm}}$$

Zu beachten ist dabei allerdings, daß nicht jede Zeitbasiseinstellung zur Echtzeitdarstellung des y-Signals führt. Eine Grenze bildet dabei die maximale Umsetzungsfrequenz (Abtastrate) des A/D-Umsetzers im y-Kanal. Am Oszilloskop ist der Zeitbasisbereich für Echtzeitsampling deutlich markiert. In diesem Bereich erhält die Abtastschaltung (Sample and Hold) über den Steuerbus jeweils einen neuen Abtastimpuls (Sample), wenn der ADU das Ende der Umsetzung (EOC = End of Conversion) signalisiert und das Datenwort vom Pre-Triggerspeicher übernommen worden ist. Bei Eintreffen eines Triggerimpulses werden die Daten in den Anzeigespeicher übernommen und anschließend ausgelesen, wobei die x-Ablenkung durch die bereits beschriebene Treppenspannung erfolgt. Das sogenannte Echtzeitsampling (vgl. Abschnitt 7.2.2.2) wird für höhere Frequenzen, bei denen ja die Zeitbasis auf kleinere Zeitwerte umgeschaltet wird, vom sequentiellen Samplingverfahren abgelöst.

Der Zeitbereich des Echtzeitsampling (Echtzeitdarstellung) wird durch die maximale Abtastrate von Sample-and-Hold- und ADU-Schaltung bestimmt. Je größer die Abtastrate ist, desto höher sind die in Echtzeit darstellbaren Frequenzen.

Nach den Überlegungen des Abschnitts 7.2.2.2 beträgt die höchste darstellbare Frequenz in Echtzeit etwa ⅕ der Abtastrate. Übliche Abtastraten liegen im Bereich 2 bis 500 MHz.

Das sequentielle Sampling, wie es auch beim Samplingoszilloskop (vgl. Abschnitt 7.4.2) angewandt wird, erlaubt nicht mehr die Echtzeitdarstellung. Das Oszillogramm einer Periode des Eingangssignals ist hier das Ergebnis der Abtastungen vieler Perioden der Eingangsfrequenz. Die Abbildung einmaliger Vorgänge ist in diesem Zeitbereich der Zeitbasis nicht mehr möglich. Das sequentielle Samplingverfahren ist auf dem Bild 7.68b im Zeitbasisblock angedeutet. Die Samplingimpulse für die Sample-and-Hold-Schaltung werden hier aus dem Vergleich der Treppenspannung mit einer sehr schnellen Sägezahnspannung gewonnen. Dies ist ausführlich in Abschnitt 7.4.2 erläutert. Die x-Ablenkung beginnt auch hier wieder sobald der Anzeigespeicher gefüllt ist und ausgelesen werden kann.

Beim Digitalspeicheroszilloskop ist zwischen Zeitbasiseinstellungen mit Echtzeitsampling und sequentiellem Sampling zu unterscheiden. Darstellung von einmaligen Vorgängen ist nur im Echtzeitsampling möglich.

IEC-Bus-Interface
Digitalspeicheroszilloskope können zur Erweiterung ihrer Einsatzmöglichkeiten in ein automatisches Meßsystem eingebaut werden. Sie müssen zu diesem Zweck eine entsprechende Schnittstelle zum Meßbus aufweisen. Schon im Abschnitt 7.3.2 wurde auf die große Bedeutung des IEC-625-Bussystems in der Meßtechnik hingewiesen. In Abschnitt 7.5 wird ausführlich darauf eingegangen.

Im Blockschaltbild 7.68b ist daher auch ein Interface für dieses Bussystem angedeutet. Zu erkennen sind die drei typischen Leitungsarten des Systems.

1. Der Daten- und Befehlsbus mit 8 Bit dient der Datenaus- und -eingabe. Die Daten des Anzeigespeichers werden hier ausgegeben oder der Anzeigespeicher kann mit Daten extern versorgt werden. Ferner werden über den Datenbus Befehle des Controllers übermittelt, die den Mikroprozessor und das Interface selbst betreffen. Dazu gehört auch die Adressierung. Mittels einer Adreßschaltereinheit kann dem Oszilloskop im System eine Adresse zugeordnet und der Arbeitsmodus eingestellt werden (vgl. Abschnitt 7.5.2). Über die Adresse wird das Oszilloskop vom Controller gesteuert.
2. Der Managementbus mit fünf Leitungen steuert u. a. die Umschaltung von Daten- und Befehlsaufnahme im Interface. Beide Informationen werden über den Datenbus vermittelt.
3. Die drei Handshakeleitungen dienen der Abwicklung von Informationsaufnahme und -abgabe zwischen System und Oszilloskop.

Weitere Einzelheiten über Anschlußstecker, Normung und Arbeitsweise werden in Abschnitt 7.5 ausführlich erläutert.

7.4.4.2 Betriebsformen

Nach der Beschreibung der Baugruppen sollen nun einige spezielle Betriebsformen des Speicheroszilloskops besprochen werden.

Refresh-Mode

In dieser Betriebsart verhält sich das Oszilloskop nach außen hin wie ein ganz gewöhnliches Oszilloskop. Nach jeder Triggerung werden die digitalen Daten über den Pre-Triggerspeicher in den Anzeigespeicher geladen und kommen – wenn dieser gefüllt ist – zur Bildschirmanzeige. Danach wird der Anzeigespeicher nach Triggerung wieder mit den nächsten Daten geladen usw. Es entsteht das stehende Bild der Eingangsspannung.

Roll-Mode

Bei sehr langsamen Vorgängen ist diese Darstellungsart zu bevorzugen. Hier erfolgt das Auslesen und Anzeigen der Eingangsspannung nicht erst nachdem der Anzeigespeicher vollständig geladen ist, sondern jeweils schon nach dem Laden einer Adresse. Das Bild entwickelt sich somit langsam auf dem Bildschirm.

Save-Mode (Speichermodus)

Nach dem Laden wird der Anzeigespeicher periodisch gelesen und der Inhalt dargestellt. Der Speicherinhalt bleibt also erhalten; auch nach dem Ausschalten des Gerätes, wenn der RAM-Anzeigespeicher mittels Pufferbatterie in Betrieb gehalten wird. Somit läßt sich ein Oszillogramm beliebig lange speichern.

Compare-Mode

Um zwei Signale miteinander vergleichen zu können, wird der Anzeigespeicher in zwei Bereiche aufgeteilt. Der erste Teil umfaßt beispielsweise alle geradzahligen Adressen, der zweite die ungeradzahligen. Wird nun zunächst im Refresh-Mode gearbeitet und danach in den Compare-Mode umgeschaltet, dann bleiben die Daten des ersten Bereichs erhalten

(Save-Mode), während die des zweiten weiterhin im Refresh-Mode betrieben werden. Es entstehen damit gleichzeitig zwei Bilder: ein unveränderliches und ein nach Triggerung ständig neu aufgebautes Bild, das zum Vergleich dann auch in den Save-Mode geschaltet werden kann.

Nach einem anderen Prinzip ist für den Bildvergleich ein zweiter sogenannter Referenzspeicher vorhanden, der periodisch abgefragt werden kann und somit den Vergleich zwischen dem aktuellen und dem Vergleichsbild zuläßt.

Minimum-Maximum-Mode
Signalanteile, die zwischen zwei Abtastwerten des ADU liegen, können normalerweise nicht erfaßt werden. Das ist in den meisten Anwendungsfällen auch ohne Belang, da die Abtastrate so groß ist, daß sich das Signal in den Zwischenräumen kaum ändert. Um nun aber Störspitzen erfassen zu können, kann mittels Tastendruck ein Spitzenwertdetektor eingeschaltet werden, der das Maximum bzw. das Minimum des Signals zwischen zwei Abtastungen erfaßt. Diese Werte digitalisiert anschließend der ADU. Damit ist es möglich auch extrem kurze Spannungsimpulse (z. B. Glitchimpulse) noch oszillographisch darzustellen und zu speichern.

Chopper- und alternierender Betrieb
Diese zwei vom herkömmlichen 2-Kanal-Oszilloskop bekannten Betriebsarten findet man nicht beide bei allen Digitalspeicheroszilloskopen. Gewöhnlich ist der Chopperbetrieb anzutreffen. Hier wird der Anzeigespeicher in zwei Bereiche aufgeteilt, wobei ähnlich dem Compare-Mode zwischen den geradzahligen und den ungeradzahligen Adressen unterschieden wird.

Der Chopper arbeitet dabei synchron mit den Zählern des Pre-Trigger- bzw. Anzeigespeichers. Damit kommen automatisch die Spannungsanteile des y_1-Eingangs in den einen Speicherbereich und die des y_2-Eingangs in den anderen. Ist der Anzeigespeicher voll, wird er wieder ausgelesen und angezeigt. Durch den Wechsel von geradzahligen und ungeradzahligen Adressen beim Auslesen entsteht das übliche Chopperbild des 2-Kanal-Oszilloskops.

Im alternierenden Betrieb – er ist meist nur im Zusammenhang mit dem Minimum-Maximum-Mode wählbar – wird einmal der Speicher mit y_1-Signal gefüllt, danach gelesen und angezeigt. Anschließend wird auf y_2-Signal umgeschaltet.

Single-Mode
Wie beim herkömmlichen Oszilloskop wird bei dieser Betriebsart nur eine einmalige Triggerung ausgelöst. Der Anzeigespeicher wird gefüllt, danach ständig ausgelesen und angezeigt. Erneute Triggerung ist nach Betätigung der Resettaste möglich.

Clear-Funktion
Diese Funktion wird bei Betätigung einer entsprechenden Taste ausgeführt und bewirkt das Löschen der Pre-Trigger- und Anzeigespeicher.

Local-Mode
Geräte, die innerhalb eines automatischen Meßsystems ferngesteuert werden, sind dann über die Frontplatte des Gerätes nicht mehr bedienbar. Mit dem Localschalter kann die Fernsteuerung unterbrochen werden, so fern im Fernsteuerprogramm des Controllers der Local-Mode zugelassen wurde.

7.4.5 Logikanalysator

Der Logikanalysator kann nicht als Oszilloskop im eigentlichen Sinne betrachtet werden: Es geht bei diesem Gerät nicht um die Aufzeichnung von analogen Spannungsverläufen als Funktionen der Zeit, sondern um die Darstellung von Bitkombinationen als 1/0-Bitmuster (High-Low-Signale) oder in numerischer Form als Binär-, Oktal-, Dezimal- oder Hexadezimalzahlen.

> Der Logikanalysator dient der Darstellung von Bitkombinationen als 1/0-Impulsfolgen oder in numerischer Form als Binär-, Oktal-, Dezimal- oder Hexadezimalzahlen.

Dabei können grundsätzlich zwei Darstellungsarten unterschieden werden. Einmal stellt die x-Achse des Bildschirms eine Zeitachse dar und man kann Zeitabstände zwischen einzelnen Impulsflanken messen. Diese Darstellung wird Timingdiagramm genannt und kommt einem Oszillogramm am nächsten. Zum anderen läßt sich beispielsweise der Inhalt eines Speichers zu einem bestimmten Zeitpunkt in binärer oder hexadezimaler Form abbilden. Man bezeichnet diese Darstellung dann als Zustandsdiagramm. Sie hat mit einem Oszillogramm kaum etwas zu tun.

> Das Timingdiagramm dient der Analyse zeitlicher Zusammenhänge. Das Zustandsdiagramm bildet den Speicherinhalt zu einem bestimmten Zeitpunkt ab.

Während das Oszilloskop in der Regel nur 2 bis 4 Kanäle aufweist, können Logikanalysatoren über 16, 32, 80 und mehr Datenkanäle verfügen. Die Triggerung wird beim Oszilloskop von einem bestimmten Eingangssignal abgeleitet während der Logikanalysator das Bitmuster mehrerer Eingangskanäle als Triggerwort verwenden kann.

Bild 7.71 zeigt den Unterschied zwischen einem Timingdiagramm und einer Zustandsdarstellung in Hex- und Binärformat. Man erkennt beim Timingdiagramm die prinzipiell oszillographische Darstellung wieder, wobei hier allerdings die Impulsflanken und Amplituden immer gleich sind.

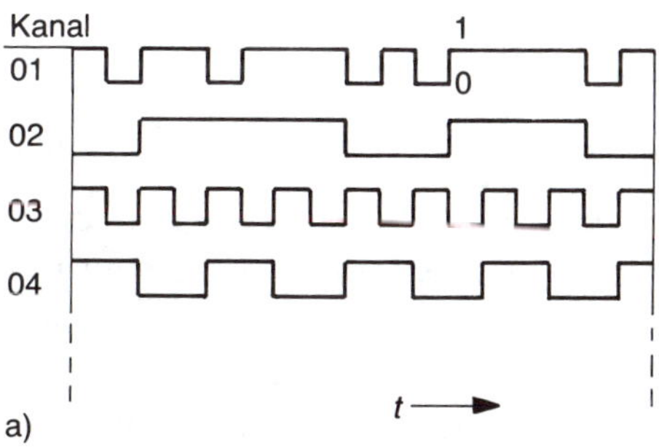

Speicher Platz	Hex.-	Binär-Format
0040	6F2	011011110010
0041	6F2	011011110010
0042	7F1	011111110001
0043	7FE	011111111110
0044	3A0	001110100000
0045	2A0	001010100000
0046	7F1	011111110001
⋮	⋮	⋮

b)

Bild 7.71 Unterscheidung zwischen Timing- und Zustandsdiagramm
a) Timingdiagramm
b) hexadezimales und binäres Zustandsdiagramm

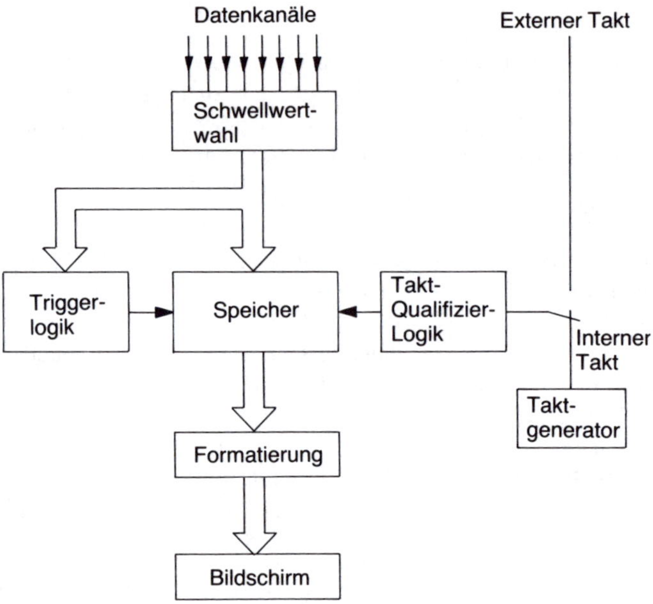

Bild 7.72
Vereinfachtes Blockschaltbild eines Logikanalysators

Blockschaltbild

Das Schaltbild 7.72 ist ein sehr vereinfachtes Blockschema des Logikanalysators. Es läßt aber die typischen Baugruppen erkennen.

Die Dateneingänge sind meist in Steckeinheiten zu je 8 Kanälen gegliedert. Die Eingangssignale werden zunächst über einstellbare Schwellwertschalter geführt, die der Unterscheidung der Pegel bei verschiedenen Logikfamilien (TTL, CMOS, ECL usw.) dienen.

Jedem Kanal ist ein RAM-Speicheranteil zugeordnet, der je Kanal zwischen 256 und 4096 Bits aufnehmen kann. Diese Speichertiefe ist bei den einzelnen Logikanalysatoren verschieden.

Zur Analyse von 8-Bit-Mikroprozessorsystemen wird ein Logikalanalysator mindestens 32 Kanäle aufweisen müssen: 8 Datenbus-, 16 Adreßbus- und 8 Steuerbusleitungen. Somit ergäbe sich ein Arbeitsspeicher mit 32 × 256 bis 32 × 4096 Bit Speicherkapazität. Neben dem Arbeitsspeicher ist meist noch ein Referenzspeicher mit gleicher Kapazität vorgesehen. Mit ihm lassen sich Vergleichsanalysen durchführen. Der Speicher nimmt die Daten der Eingangskanäle im Rhythmus eines Taktsignales auf, das entweder vom internen Taktgenerator oder extern vom Systemtakt des zu analysierenden Geräts abgenommen wird.

Im Asynchronbetrieb erfolgt die Datenspeicherung mit dem internen Takt.
Im Synchronbetrieb erfolgt die Datenspeicherung mit dem dazugehörigen externen Systemtakt.

Mit jedem Taktimpuls werden der Adressenzähler des Speichers um 1 weitergeschaltet und die anliegenden Daten gespeichert. Sobald der Speicher gefüllt ist, kann eine Anzeige des Speicherinhalts erfolgen. Die Periodendauer des internen Taktgenerators ist umschaltbar, so daß sich im Timingdiagramm unterschiedliche Zeitbasiseinstellungen ergeben. Die höchsten

Taktfrequenzen liegen bei 100 MHz bis 500 MHz. Damit ergibt sich eine Abtastperiode der Kanäle von 10 ns bis 2 ns.

> Je höher die interne Taktfrequenz ist, desto genauer wird die Timingdarstellung im Asynchronbetrieb.

Da ja die Impulsfolgen der Kanäle und die Taktflanken zur Speicherung bei interner Taktsteuerung nicht synchronisiert sind, ergibt sich im Timingdiagramm zwangsläufig ein Zeitfehler. Da nun auch noch bestimmte Mindestzeiten zwischen Anliegen des Eingangssignals und Abtastaugenblick berücksichtigt werden müssen (Skewfehler), kommt man im ungünstigsten Fall auf ±2 Abtastperioden als Zeitfehler. Bei 100 MHz Taktfrequenz ergäben sich Unsicherheiten von ±20 ns im Zeitdiagramm.

Triggerung
Im Gegensatz zum Triggerprinzip eines Oszilloskops bestimmt die Triggerlogik des Logikanalysators den Zeitpunkt, bei dem die Abtastung und Speicherung der Kanäle beendet wird. Dies geschieht, wenn die Bits auf bestimmten Kanälen eine Bitkombination bilden, die dem vorher eingegebenen Triggerwort entsprechen. Zusätzlich können noch weitere Bedingungen vereinbart werden wie z. B., daß das Triggerwort mehrmals aufgetreten oder ein zweites Triggerwort ebenfalls eingetroffen sein muß.

> Die Triggerung des Logikanalysators erfolgt beim Auftreten eines oder mehrerer vorher vereinbarter Triggerworte. Mit der Triggerung wird die Datenaufnahme gestoppt und der Speicherinhalt angezeigt (Pre-Triggerprinzip).

In der Regel enthält der Logikanalysator eine einstellbare Verzögerungsschaltung, mit deren Hilfe das Stoppsignal für die Datenaufnahme erst eine gewisse Zeit nach Erfüllung der Triggerbedingung gegeben wird, so daß auch später eintreffende Daten noch gespeichert werden. Diese Verzögerungszeit (Triggerdelay) kann so gewählt werden, daß 25%, 50%, 75% oder 100% des Speicherinhalts in die Zeit nach der Triggerung fallen.

Die Qualifizierlogik erlaubt bei externer Taktsteuerung die Ausblendung gewisser Taktimpulse, so daß nur bestimmte Bitfolgen in den Speicher übernommen werden. Dies ist besonders bei der Analyse von Computerprogrammen hilfreich. Die Speicherkapazität wird damit für die interessierenden Programmteile freigehalten.

> Die Qualifizierlogik ermöglicht eine Auswahl der Bitfolgen, die gespeichert werden sollen. Die Qualifizierbedingungen werden vor dem Start in den Logikanalysator eingegeben.

Asynchron- und Synchronbetrieb
Wie bereits erwähnt, unterscheidet man grundsätzlich zwischen Timing- und Zustandsdiagrammen. Im Blockschaltbild 7.72 dient die Formatierungseinheit der Anpassung an den Bildschirm. Während die Timinganalyse im Asynchronbetrieb für Zeitmessungen mit der

kalibrierten Zeitbasis verwendet wird, setzt man die Timinganalyse im Synchronbetrieb dann ein, wenn die exakte Zuordnung der Datenflanken von Wichtigkeit ist. Da ja der externe Systemtakt synchron mit den gelieferten Kanaldaten läuft, gibt es hier keine Zeitfehler zwischen den Kanälen. Zeitmessungen sind allerdings nicht möglich, denn hierbei fehlt die durch den internen Takt gegebene kalibrierte Zeitbasis. Synchrone Timingdarstellungen sind für die Analyse der Adressen, Daten, und Steuersignale eines Mikroprozessors sehr von Vorteil. Auch Zustandsdiagramme der Mikroprozessorsignale werden im Synchronbetrieb erstellt. Damit können Programmanalysen durchgeführt werden. Das ist besonders leicht möglich, wenn der Logikanalysator ein Modul besitzt, das die Speicherdaten in den mnemonischen Code des untersuchten Mikrocomputers übersetzt und so auf den Bildschirm ausgibt.

Es würde den Rahmen dieses Buches sprengen, die vielfältigen Meßmöglichkeiten zur Logikanalyse darzustellen. Für weiterführende theoretische Überlegungen und praktische Anwendungen sei auf die Spezialliteratur verwiesen.

7.5 Automatische Meßtechnik

Ob in Prüffeldern, in der Qualitätskontrolle oder in der Entwicklung von Bauelementen und Geräten, überall findet man rechnergesteuerte Meßsysteme. Rechner und steuerbare Meßgeräte sind so preisgünstig geworden, daß nicht nur Großanlagen in automatisierter Form realisiert werden, sondern schon einfache Labormeßplätze mit Meßgeräten und einem für diesen Zweck ausreichenden Controller (Steuergerät) oder PC (Personal Computer).

Die Vorteile solcher Meßsysteme liegen auf der Hand: Große Datenmengen können in kurzer Zeit erfaßt werden, die Messungen laufen nach Programmen mit geringem Personaleinsatz automatisch ab, Auswertung und Dokumentation der Meßdaten übernehmen Rechner mit Drucker- oder Plottereinsatz und schließlich lassen sich Meßautomaten in übergreifende Prozeßleitsysteme für ganze Fertigungsstraßen einbeziehen.

7.5.1 Aufbau eines Meßsystems

Die folgenden Ausführungen beschränken sich auf ein Meßsystem, wie es im Rahmen der Labormeßtechniken anzutreffen ist. Diese Einschränkung ist notwendig, da ja die Systemmeßtechnik je nach Einsatzbereich zu sehr unterschiedlichen Konzeptionen führt, die im Rahmen dieses Buches nicht alle erörtert werden können. Z. B. ist zu unterscheiden, ob die Meßgeräte zu einem Prozeßleitsystem gehören oder ob einfach nur das mühsame und zeitraubende Ablesen und Überwachen von Meßgeräten bei Dauerversuchen im Labor rationell gestaltet werden soll.

Im Entwicklungslabor wird es oft darum gehen, viele Parameter einer elektronischen Schaltung möglichst genau zu erfassen und auszuwerten, um optimale Lösungen zu erreichen. Dabei müssen sehr verschiedenartige Geräte wie z. B. Strom- und Spannungsquellen, Funktionsgeneratoren, Multimeter, Frequenzzähler und Oszilloskope zu einem Meßplatz integriert werden. Die Meßergebnisse sind zu speichern und zu dokumentieren. Häufig geht der eigentlichen «Echtzeitmessung» eine Simulation der Schaltung mit Hilfe von Computerprogrammen (Z. B. PSPICE) voraus. Die Daten der simulierten Schaltung müssen anschließend mit denen des Labormusters verglichen und Abweichungen analysiert werden. Für den Computereinsatz setzt dies voraus, daß auch die Meßdaten in digitaler Form vorliegen.

Ein automatisierter Meßplatz umfaßt mehrere unterschiedliche, genaue Meßgeräte, deren Meßergebnisse in digitaler Form einem Steuergerät (Controller, PC) zugeführt werden. Das Steuergerät koordiniert den Ablauf der Messungen.

Eine besondere Bedeutung kommt dem Verbindungsweg zwischen dem Meßgerät und dem Steuergerät oder Steuerrechner zu. Hier ist zwischen zwei grundsätzlich verschiedenen Philosophien zu unterscheiden, die je nach Anwendungsfall Vorzüge und Nachteile mit sich bringen.

- ☐ Zentrale Meßsysteme:
  Die Meßgeräte sind in Form von Steckkarten im Rechner integriert. Rechner und Meßgeräte bilden eine Einheit.
- ☐ Dezentrale Meßsysteme:
  Die Meßgeräte sind eigenständig und werden über Kabel mit dem Rechner verbunden.

Zentrales Meßsystem

Unbestrittener Vorteil des zentralen Systems ist die hohe Meß- und Datenübertragungsgeschwindigkeit, da die Meßgeräte unmittelbar mit dem Systembus des Rechners verbunden sind.

Ein wesentlicher Nachteil besteht einerseits in der Beschränkung der Zahl von Meßkarten auf die Zahl der Steckplätze des Rechners und andererseits auch darin, daß die einzelnen Steckkarten an den speziellen Rechner angepaßt sein müssen und somit nicht universell verwendbar sind. Sicher ist man bei diesem Konzept auch in der Auswahl der verwendbaren Meßgeräte eingeschränkt. Oszilloskope, Analysatoren oder Schreiber sind kaum in das System zu integrieren.

Dezentrales Meßsystem

Für eine dezentrale Lösung spricht, daß im Prinzip beliebige Meßgeräte zum Einsatz kommen können. Ferner läßt sich eine Normung über Interfacebaugruppen erreichen. Damit sind Rechner und Meßgeräte austauschbar, sofern eine einheitliche Schnittstelle vereinbart ist. Vorteilhaft kann auch die Möglichkeit der Trennung von Meßort und Auswertungsort sein, wenn man an die äußeren Bedingungen in einem Produktionsbetrieb denkt.

Nachteilig für dieses Gerätekonzept ist sicher der erhebliche Mehraufwand für die Interfacebaugruppen. Die Datenübertragungsgeschwindigkeit über zwei Interfaces (Meßgerät ... Rechner) mit Formatierungsprozessen ist deutlich geringer als bei zentralen Systemen. Somit ist von Fall zu Fall zu prüfen, ob die zentrale oder dezentrale Lösung zu bevorzugen ist.

Hinsichtlich des Verbindungsweges zwischen den Meßgeräten und dem Steuergerät lassen sich die Blockstrukturen Bild 7.73 unterscheiden. Bild 7.73a zeigt ein zentrales System, Meßgeräte und Rechner bilden eine Einheit.
In Bild 7.73b ist der Rechner vom Meßort getrennt. Die einzelnen Geräte übermitteln die digitalisierten Meßdaten über ein Leitungsbündel, den Meßbus, an den Steuerrechner.

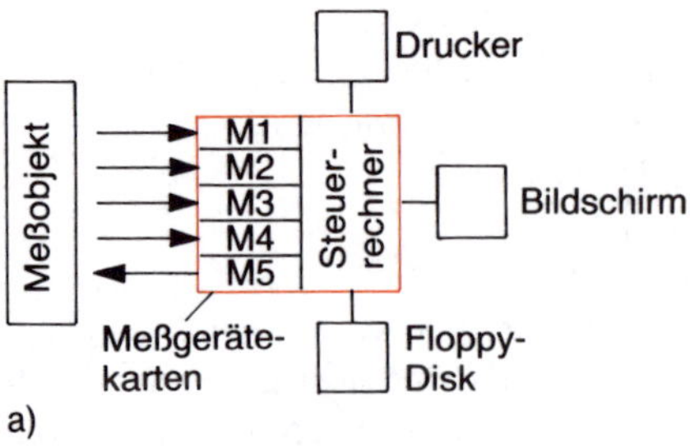

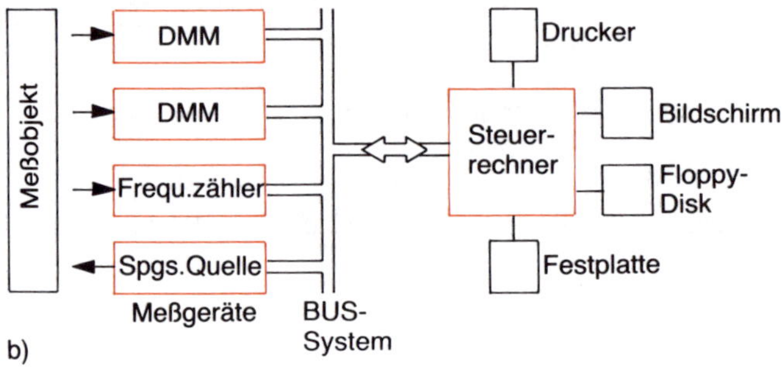

Bild 7.73 Aufbau von zentralen und dezentralen Meßsystemen
a) zentrales Meßsystem
b) dezentrales Meßsystem

Parallele Datenübertragung

Im Rahmen der Labormeßtechnik erfolgt die Datenübertragung über einen Meßbus meist parallel. Für jedes Bit eines Datenwortes bzw. einer Übertragungseinheit (z. B. 1 Byte = 8 Bit) steht eine Leitung zur Verfügung. Somit werden gleichzeitig immer 8 Bit gesendet. Man spricht dann von bitparalleler, byteserieller Übertragung. Hinzu kommen weitere Leitungen für Steuerungszwecke. Der Bus wird im Multiplexbetrieb verwendet. D. h., für den Datenverkehr gibt es nur ein gemeinsames Leitungsbündel, an das die einzelnen Geräte über Adressierungsvorgänge angeschlossen oder von dem sie hochohmig abgetrennt werden können (Tri-State-Technik). Dabei darf es im System immer nur einen Datensender, wohl aber mehrere Empfänger geben. Die Übertragungsbedingungen sind im sogenannten Busprotokoll festgelegt.

Die Parallelstruktur ermöglicht zwar eine sehr schnelle Datenübertragung, wegen der großen Zahl an Leitungen – je nach Systems können es bis zu 64 sein – verbietet sich allerdings der Datenverkehr über große Entfernungen. So ist z. B. die maximale Distanz für den IEC-625-Bus 20 m und für den CAMAC-Branch-Highway-Bus ca. 60 m.

Im Laborbetrieb hat sich weitgehend der IEC-625-Bus durchgesetzt. Hier geht es weniger um die Überbrückung großer Entfernungen, sondern mehr um schnelle Meßvorgänge mit vielen unterschiedlichen Meßgeräten.

Serielle Datenübertragung

Sollen Entfernungen über mehrere Kilometer überbrückt werden, dann kommt nur ein Bussystem mit serieller Datenübertragung in Frage. Solche Systeme werden vor allem in der Prozeßleittechnik benötigt, wo es um Messung, Steuerung und Regelung von Produktionsprozessen geht. Ein solches Bussystem bildet der PDV-Bus (Prozeßlenkung mit Daten-Verarbeitungsanlagen). Im Gegensatz zur parallelen Übertragung werden hier die einzelnen

Bits des Datenwortes nacheinander auf einer Leitung gesendet. Die einzelnen Teilnehmer werden über einen Buskoppler (Transformator) gleichsam wie an eine Steckdose angeschlossen. Gesteuert vom Leitsystem können die Teilnehmer Daten senden oder empfangen. Der PDV-Bus ist für Entfernungen bis etwa 3 km ausgelegt.

Durch die bitserielle Übertragungsweise ist natürlich die Übertragungsgeschwindigkeit im Vergleich zu der eines Parallelbussystems deutlich reduziert. Typische Übertragungsgeschwindigkeiten sind:
4800 Baud, 9600 Baud, 19200 Baud.

$$1 \text{ Baud} = 1 \frac{\text{Bit}}{\text{s}}$$

Ein relativ einfaches serielles Datenübertragungssystem zeigt Bild 7.74. Es eignet sich vor allem für die Prozeßüberwachung mit Hilfe verschiedener Sensoren. Diese erzeugen in Verbindung mit geeigneten Anpaß- oder Umformerschaltungen eine zur Meßgröße (Temperatur, Druck usw.) proportionale Spannung. Für die Messung genügt ein Digitalvoltmeter, dessen Eingang über einen Meßstellenumschalter (Scanner) mit den verschiedenen Sensoren verbunden wird. Die digitale Signalübertragung zum Steuerrechner wird häufig über die serielle Schnittstelle RS232C (amerikanischer Standard der Electronic Industry Association – EIA) bzw. V. 24 und V. 28 (internationaler Standard des Comité Consultatif International Telephonique et Telegraphique – CCITT) geführt.

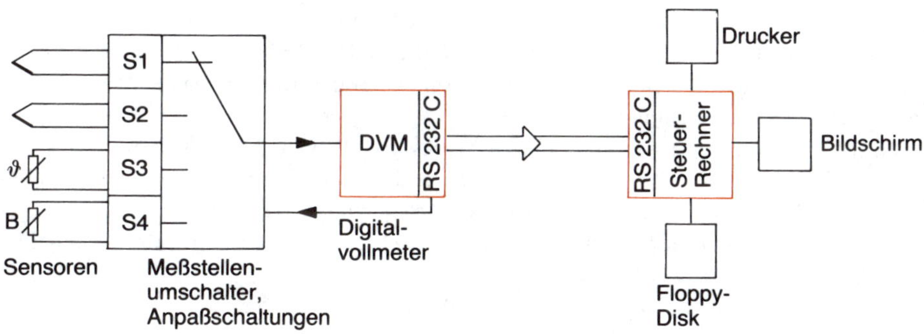

Bild 7.74 Serielles Datenübertragungssystem

Diese Verbindung stellt kein Bussystem dar, da ja lediglich die Verbindung zwischen einem Rechner und einem Meßgerät hergestellt wird. Die Leitungslänge bei unmittelbarer Verbindung Meßgerät–Rechner sollte 15 m nicht überschreiten, kann aber durch Zwischenschaltung von Modems (Modulator – Demodulator) beliebig vergrößert werden. Die Digitalsignale werden dazu einer Trägerfrequenz überlagert und so übertragen. Am Empfangsort erfolgt die Demodulation und Rückgewinnung der Signale. Die bevorzugte Datenübertragungsrate beträgt 9600 Baud. Die maximale Übertragungsgeschwindigkeit liegt bei etwa 20000 Baud (20000 Bit/s).

Ein paralleler Meßbus eignet sich für schnelle Datenübertragung über kurze Entfernungen, ein serielles Bussystem für die Datenfernübertragung.

7.5.2 IEC-625-Bussystem

Als Beispiel für ein parallel arbeitendes Meßdatenübertragungssystem soll im folgenden der inzwischen international genormte IEC-Meßbus näher beschrieben werden. Dieses System ist für den Laboratoriumsbereich entwickelt worden. Es geht auf das bereits 1965 von der Firma Hewlett-Packard erarbeitete Interfacesystem für programmierbare Meßgeräte zurück. Der Vorschlag wurde dann vom amerikanischen Institute of Electrical and Electronic Engineers (IEEE) aufgegriffen und als Norm IEEE Standard Instrumentation Bus 488/1978 und ANSI-Standard MC 1.1 standardisiert. Diese Norm fand internationale Verbreitung und wurde schließlich von der International Electrotechnical Commission (IEC) als international verbindlicher Standard IEC 625-1 für dieses Bussystem festgelegt. Das System trifft man auch noch unter anderen Bezeichnungen an: HP-IB (Hewlett-Packard-Interface-Bus), GPIB (General-Purpose-Interface-Bus) sind dabei die häufigsten.

Gegenstand der Normung

Der internationale Standard bezieht sich auf die Busanschlußstecker, die Pegelwerte und Belastungsgrenzwerte, die Interfacefunktionen und die Weise der Datenübertragung zwischen den beteiligten Geräten. Es handelt sich also um eine sehr weitgehende Normung.

Gerätespezifisch und damit noch nicht genormt sind bisher die Steuerworte zur Einstellung der Betriebsarten und Meßbereiche der einzelnen Meßgeräte sowie die genaue Struktur der Meßdaten. Lediglich die Verwendung des ISO-7-Bit-Codes (ASCII-Code) zur Verschlüsselung von Daten und Befehlen ist vereinbart. Es sind allerdings Bestrebungen im Gange auch hier zu einer Vereinheitlichung zu kommen.

Eine Besonderheit besteht auch bei den Steckverbindungen. Die IEC-Norm sieht den 25poligen Stecker (Cannon) vor, während nach der amerikanischen IEEE-Norm ein 24poliger Stecker (Amphenol) vorgeschlagen ist. Tatsächlich hat sich der 24polige Stecker weitgehend durchgesetzt. Im Einzelfall muß das vorhandene Steckersystem überprüft und mit Hilfe von Adaptern angepaßt werden.

Bild 7.75a und b zeigt die beiden Stecker mit den Anschlußleitungen, auf die im folgenden noch genauer eingegangen wird.

- □ Das IEC-Bussystem ist international nach IEC 625-1 genormt.
- □ Die Norm umfaßt: Steckersystem, Pegel- und Belastungswerte, Interfacefunktionen und die Übertragungsoperationen.
- □ Zur Datenübertragung dient der ISO-7-Bit-Code (ASCII-Code).

Das Bussystem ist für relativ kurze Leitungslängen, wie sie eben im Laborbereich auftreten, vorgesehen. Die Gesamtlänge aller Buskabel beträgt maximal 20 m, wobei die Leitungslänge zwischen zwei Geräten 2 m nicht überschreiten soll und jedes Kabel mit einem Interface abgeschlossen werden muß, um Reflexionen zu vermeiden.

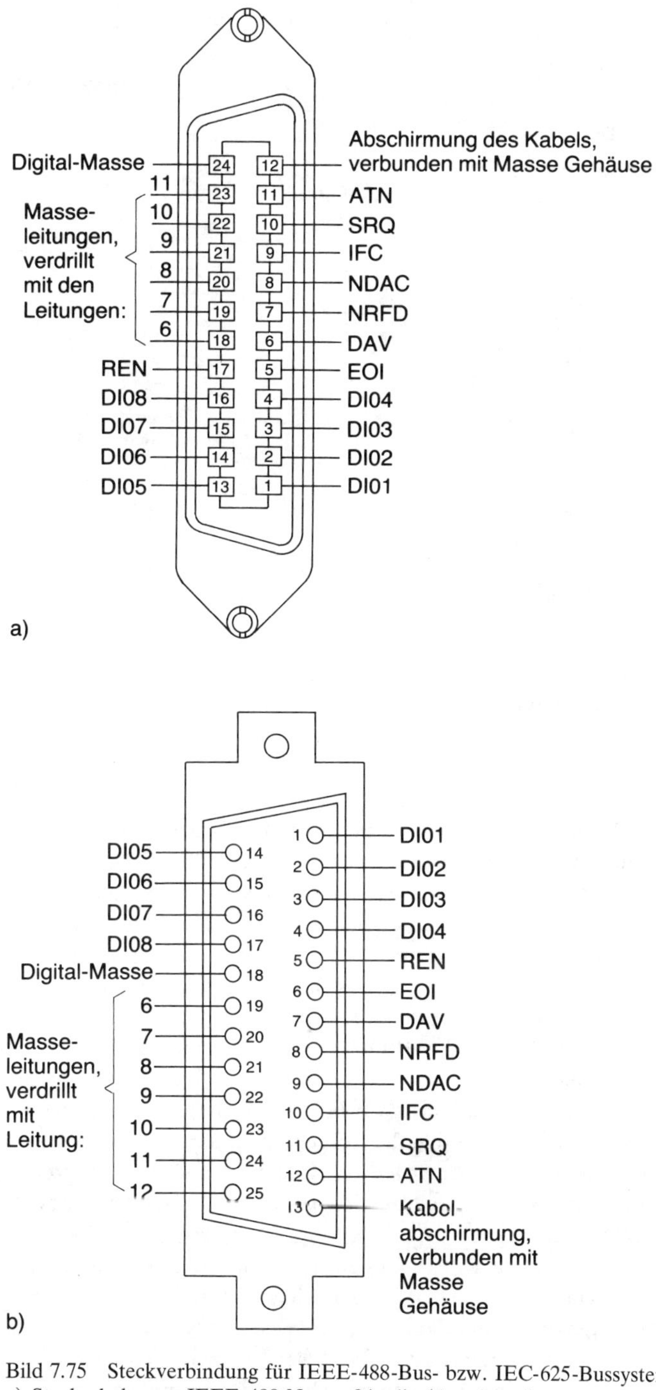

Bild 7.75 Steckverbindung für IEEE-488-Bus- bzw. IEC-625-Bussystem
a) Steckerbelegung IEEE-488-Norm, 24polig (Amphenol)
b) Steckerbelegung IEC-625-Norm 25polig (Cannon)

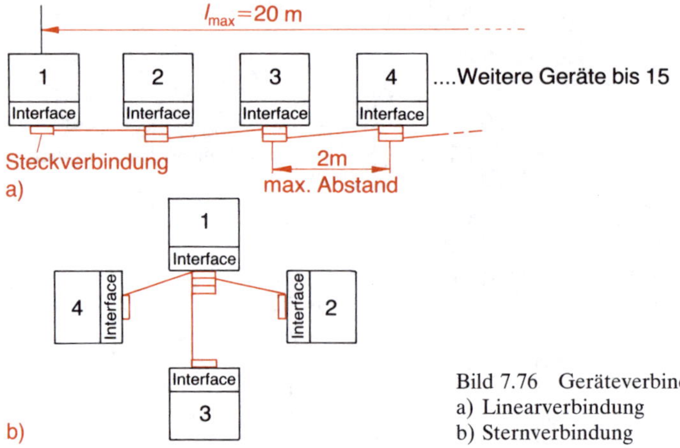

Bild 7.76 Geräteverbindungen des IEC-Bussystems
a) Linearverbindung
b) Sternverbindung

> Die maximale Kabellänge des IEC-Bussystems beträgt 20 m, die Kabellänge zwischen zwei Geräten soll 2 m nicht überschreiten.

Die Bilder 7.76a und b zeigen die beiden üblichen Verbindungsmöglichkeiten als Stern- und Linearverbindungen.

7.5.2.1 Struktur

Die Art und Weise der Kommunikation zwischen den einzelnen Geräten des Systems wird häufig mit der einer Konferenz verglichen. Bild 7.77 zeigt den runden Tisch mit einem Vorsitzenden und seinem Stellvertreter sowie verschiedenen Konferenzteilnehmern. Der Vorsitzende leitet die Konferenz nach einer festen Konferenzordnung. Dazu gehört, daß nur der sprechen darf, dem vom Vorsitzenden das Wort erteilt wurde. Der Vorsitzende bittet mit seiner Tischglocke alle um Aufmerksamkeit bevor er dann das Wort erteilt und den oder die Zuhörer nennt, die angesprochen sind.

Sprechen darf in der Runde nur einer, zuhören können grundsätzlich alle. Nur der Vorsitzende hat das Recht einem Teilnehmer das Wort zu entziehen. Jeder Teilnehmer darf den Vorsitzenden um das Wort bitten, das dieser dann erteilen kann oder auch nicht. Der Vorsitzende ist berechtigt, die Konferenzleitung an seinen Stellvertreter zu delegieren, bleibt aber dennoch Teilnehmer an der Konferenz und darf jederzeit die Leitung zurückfordern. Unter Aufsicht des Vorsitzenden ist also Kommunikation zwischen allen Beteiligten der Runde möglich.

Übertragen auf das Bussystem nehmen alle Systemkomponenten mit Hilfe ihres IEC-Businterfaces an der «Konferenz» teil. Das Interface ist also der eigentlich agierende Teil in der Datenkommunikation. Obwohl nach der Norm jedes Interface prinzipiell die gleichen Funktionen erfüllt, ist es den Geräteherstellern doch überlassen festzulegen, welche Funktionen in den einzelnen Geräten tatsächlich aktiviert werden können. Das ist auch sinnvoll, denn beispielsweise benötigt man in der «Konferenzrunde» nur ein Gerät mit allen Interfacefunktionen, nämlich den «Vorsitzenden». Bei den übrigen Geräten können die Interfaceaktivitäten mehr oder weniger eingeschränkt sein.

> Im IEC-Bussystem nehmen die beteiligten Geräte durch ihr Interface an der Datenkommunikation teil.

Je nach ihren aktivierbaren Interfacefunktionen unterscheidet man im System folgende Gerätetypen:

Talker
Geräte mit dieser Interfacefunktion sind «Sprecher». Sie können auf Anforderung Daten über den Bus senden (z. B. Digitalmultimeter).

Listener
Solche Geräte sind «Hörer» und können Daten empfangen (z. B. Drucker, programmierbare Quellen).

Systemcontroller
Dieses Gerät (PC oder Buscontroller) fungiert als «Vorsitzender» und übernimmt die Steuerung des Systems. Er kann selbst als Talker oder Listener arbeiten, darüber hinaus aber das «Wort» in der Runde einem Talker erteilen und den oder die Listener bestimmen. Allein der Systemcontroller ist in der Lage, die angeschlossenen Geräte in den Fernsteuerbetrieb zu schalten oder alle Busaktivitäten abzubrechen, wenn z. B. ein Fehler auftritt.

Bild 7.77
Modell für die Datenkommunikation im IEC-Bussystem

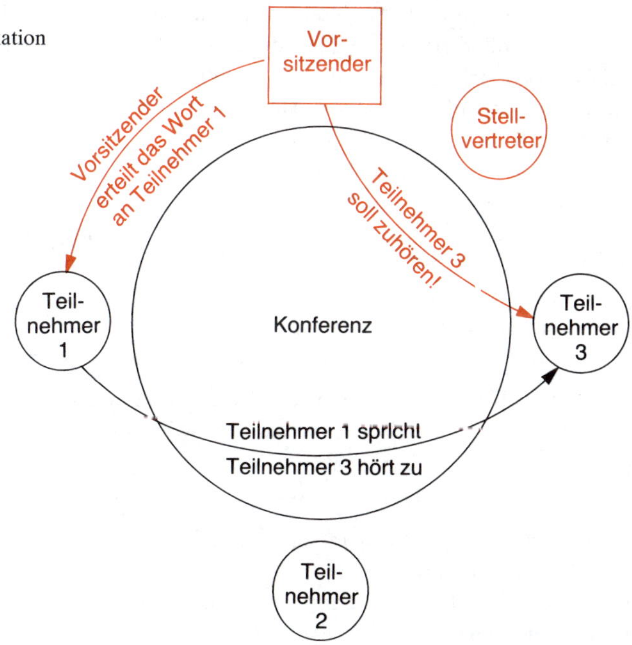

Controller
Solange der Systemcontroller die Steuerung innehat, nimmt der Controller als gewöhnlicher Talker oder Listener an der Datenkommunikation teil. Er kann aber die Steuerung des Systems übernehmen, wenn der Systemcontroller das bestimmt (Stellvertreterprinzip). Allerdings bleibt dieser trotzdem in übergeordneter Funktion und übernimmt die Steuerung wieder, wenn eine Störung auftritt oder wenn es aus anderen Gründen erforderlich ist. Der Controller kann ein Kleinrechner sein. Er findet neben dem Systemcontroller nur in umfangreichen Meßsystemen Verwendung.

Die Geräte des IEC-Bussystems müssen mindestens eine der folgenden Funktionen aktivieren können:
- □ Systemcontroller – Steuergerät,
- □ Listener – Datenempfänger,
- □ Talker – Datensender.

Im System gibt es immer nur einen aktiven Talker, es können aber mehrere Listener aktiv sein.

Adressen
Um einen geregelten Datenverkehr gewährleisten zu können, muß jedes Gerät vom Systemcontroller einzeln ansprechbar sein. Dazu erhalten die Geräte Adressen, die im Bereich 00 bis 30 (dezimal) liegen dürfen.

Eigentlich erhalten nicht die Geräte selbst die Adressen, sondern ihre Interfacebaugruppen, denn sie sind die Ansprechpartner für den Controller. Häufig ist dem Interface des Systemcontrollers bereits vom Hersteller eine Adresse zugeordnet worden (z. B. Adresse 21 bei HP-IB-Interface), die dann bei den übrigen Teilnehmern ausgespart werden muß. Die Adresseneinstellung erfolgt von Hand an jedem einzelnen Meßgerät. Dabei ist darauf zu achten, daß eine Adresse nicht mehrmals vergeben wird.

Obwohl mit dem Adreßbereich 00 bis 30 insgesamt 31 Geräte unterschieden werden können, dürfen am Bus gleichzeitig nur maximal 15 Geräte, einschließlich des Systemcontrollers, angeschlossen sein. Dies ist durch die elektrische Belastbarkeit des Datensenders begründet, der nach der Norm maximal 14 Datenempfänger parallel bedienen können muß. Dabei wird davon ausgegangen, daß alle Geräte eingeschaltet sind. Nicht eingeschaltete Geräte haben am Bus eine erhöhte Stromaufnahme.

Jedes am IEC-Bus angeschlossene Gerät wird durch eine Adresse im Bereich 00 bis 30 (dezimal) gekennzeichnet. Am Bus dürfen gleichzeitig maximal 15 Geräte angeschlossen sein.

Ein typisches Anschlußfeld an einem IEC-Busmeßgerät zeigt Bild 7.78. Neben dem Stecker sind die Adressierungsschalter zu erkennen. Im Dualcode mit 6 Bit lassen sich die Adressen 000000 $\triangleq$ 0 bis 111111 $\triangleq$ 31 einstellen. Dabei ist allerdings die Adresse 31 ausgeschlossen, da sie für Steuerungszwecke genützt wird.

Bild 7.78
Typisches Anschlußfeld an einem Meßgerät mit IEC-Bussteuerung

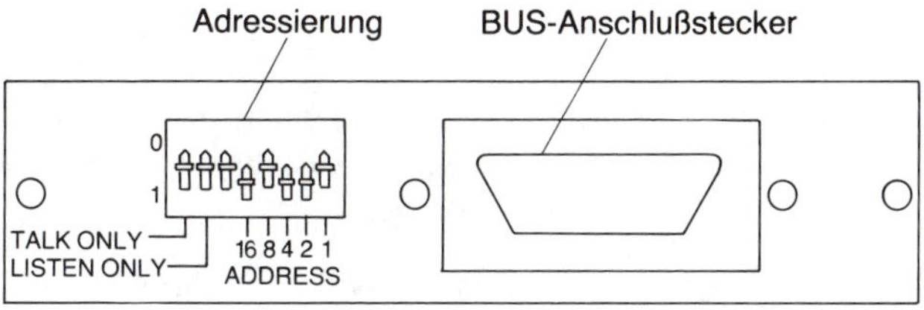

Bild 7.79
Busstruktur des IEC-625-Bussystems

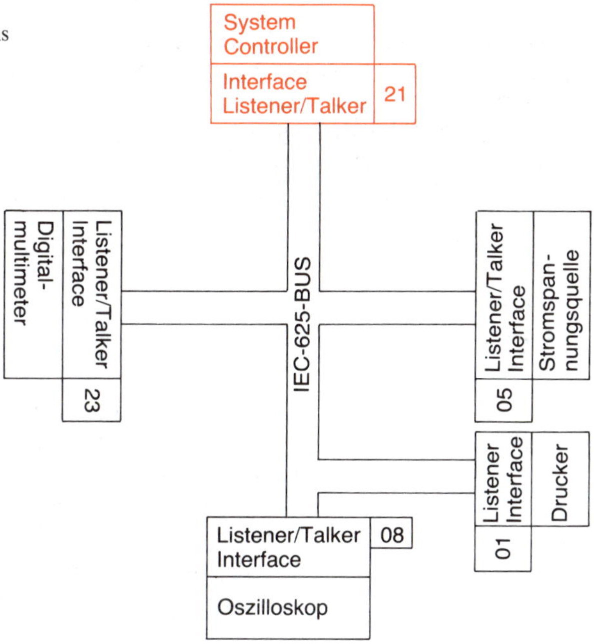

Neben den Adressierungsschaltern sind hier noch drei weitere Schalter angeordnet, wobei lediglich die zwei äußeren eine Funktion erfüllen. Das vorliegende Gerät kann offenbar als Talker und Listener arbeiten. Die Einstellungen TALK ONLY = 1 bzw. LISTEN ONLY = 1 sind für Datenverkehr ohne Steuergerät vorgesehen. Hier können in festverdrahteter Form digitalisierte Daten von einem Sender (TALK ONLY = 1) zu einem zweiten Gerät, als Empfänger geschaltet (LISTEN ONLY = 1), unadressiert über den Bus übertragen werden. Es findet also keine Fernsteuerung statt. Für den Datenverkehr im gesteuerten Bussystem müssen die Schalter in der Position TALK ONLY = 0 und LISTEN ONLY = 0 stehen.

Bild 7.79 zeigt noch einmal die Struktur des Bussystems in Anlehnung an das Modell Bild 7.77. Der Controller als «Stellvertreter» wurde dabei nicht dargestellt. Die Steuerung übernimmt der Systemcontroller mit der Interfaceadresse 21. Die angeschlossenen Meßgeräte sind mit Ausnahme des Druckers heute üblich mit Listener- und Talkerfunktionen ausgestattet. Die Adressen (01, 23, 05, 08 – dezimal) sind frei wählbar. Der in jedem System vorhandene Drucker wird häufig nicht über den IEC-Bus gesteuert, sondern vom Systemcontroller über ein eigenes Interface (Centronics, RS232C), um den Platz für ein Meßgerät im Busverkehr zu gewinnen.

Busleitungen

Der in Bild 7.79 noch sehr undifferenziert dargestellte IEC-625-Bus soll nun genauer betrachtet werden. Er besteht aus insgesamt 16 signalführenden Leitungen und zusätzlichen Masseverbindungen. Die Leitungsbezeichnungen gehen aus Bild 7.80 hervor. Danach unterscheidet man drei Leitungssysteme:

Datenbus (DIO 0 bis 7, DIO = Daten-Input-Output): 8 Leitungen.
Managementbus (REN, ATN, IFC, SRQ, EOI): 5 Leitungen.
Handshakebus (DAV, NRFD, NDAC): 3 Leitungen.

Die Masseleitungen sind in Bild 7.80 nicht dargestellt, sie sind aus der Steckerbelegung Bild 7.75 ersichtlich. Die Managementleitungen ATN, SRQ, IFC und die Handshakeleitungen DAV, NDAC, NRFD haben jeweils eigene Massebezugsleitungen, die übrigen Leitungen sind auf die Digitalmasse bezogen und das gesamte Kabel ist mit einer Abschirmung umgeben, die auf der Gehäusemasse liegt.

Der IEC-Bus umfaßt drei Leitungssysteme:
8 Datenleitungen – Datenbus,
5 Managementleitungen – Managementbus,
3 Handshakeleitungen – Handshakebus.

Wie der Name schon sagt, werden über den Datenbus Meßdaten in digitalisierter Form übertragen. Darüber hinaus dient der Datenbus auch der Übertragung von bestimmten Busbefehlen an die Meßgeräte, der Adressierung (Aufruf) eines Listener oder Talkers und der Übertragung von Einstellparametern für ein adressiertes Meßgerät.

Der Managementbus überwacht alle Busaktivitäten. Insbesondere signalisiert seine ATN-Leitung, ob über den Datenbus Daten, Befehle oder Adressen übertragen werden. Der Handshakebus regelt die Datenübergabe zwischen den korrespondierenden Geräten.

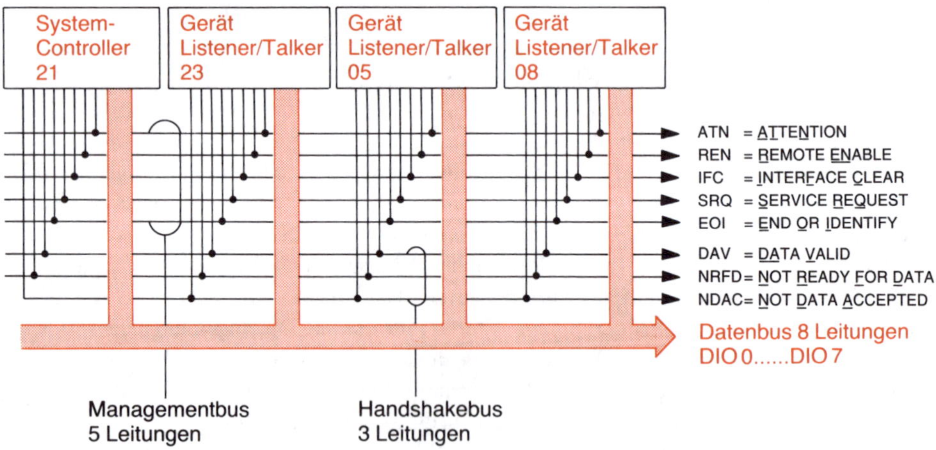

Bild 7.80 Busleitungen

Signalspannungen
Die elektrischen Spannungswerte auf den Busleitungen entsprechen den TTL-Pegeln. Ein Signalsender (Treiber) muß die folgenden Werte an seinem Ausgang garantieren:

Low-Zustand: $U_L \leq 0{,}5\,V$, $I_{L\ max} = 48\,mA$
High-Zustand: $U_H \geq 2{,}4\,V$, $I_{H\ max} = -5{,}2\,mA$ (Tri-State)
Betriebsspannung: $4{,}75\,V \leq U_B \leq 5{,}25\,V$

Die Treiberstufen können für nicht zu hohe Übertragungsgeschwindigkeiten (<250 KByte/s) Open-Collector-Stufen sein. D. h., der Kollektor eines Schalttransistors bildet den Ausgang, es ist aber kein Kollektorwiderstand vorhanden. Dieser muß auf der Empfängerseite vorgesehen werden und liegt meist bei 3 kΩ.

Der Eingangsstrom auf der Empfängerseite beträgt dann etwa 3,4 mA bei Low-Pegel am Eingang. Damit ergibt sich auch die Begrenzung des Systems auf 14 aktive Empfänger: $14 \cdot 3{,}4\,mA \approx 48\,mA$ maximaler Treiberstrom (Bild 7.81a). Natürlich kann eine Open-Collektor-Stufe nur ein aktives Low erzeugen.

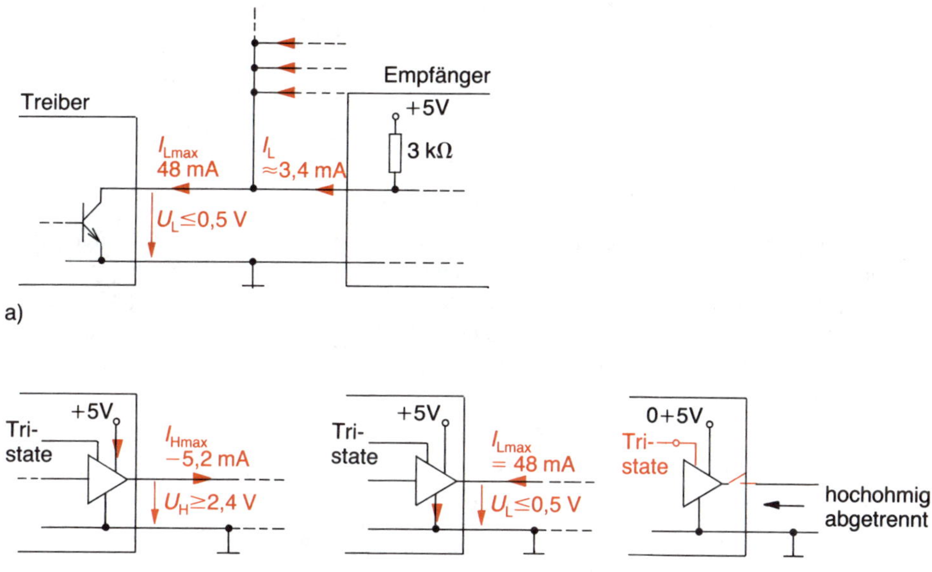

b)

Bild 7.81 Spannungen und Ströme der Busleitungen
a) Open-Collector-Stufe: Der Transistor ist nur im Low-Zustand aktiv
b) Tri-State-Treiber: Stufe ist im Low- und High-Zustand aktiv, eine hochohmige Abtrennung ist möglich

Um sehr hohe Datenübertragungsgeschwindigkeiten zu ermöglichen, müssen die Treiberstufen auch ein aktives High-Signal senden können. Die Impulsflanken werden damit steiler, denn die Leitungskapazitäten werden nun niederohmig umgeladen. Das erfordert Tri-State-Treiber, die neben der Erzeugung des aktiven Low- und High-Signals auch in der Lage sind, die Leitung durch hochohmiges Abtrennen freizugeben (Bild 7.81b). Die Leitungstreiber für die Signale SRQ, NRFD und NDAC müssen in Open-Collector-Technik ausgeführt sein, um ein Wired-Or zu ermöglichen.

Die Treiberstufen werden in Open-Collector-Technik oder Tri-State-Technik ausgeführt:
Open-Collector: Übertragungsgeschwindigkeit <250 KByte/s
Tri-State: Übertragungsgeschwindigkeit 250 KByte/s bis 1 MByte/s.

Logische Pegel und Spannungspegel
Bezüglich der Zuordnung der Spannungspegel Low und High zu den logischen Pegeln 1 und 0 wird nach der Norm zwischen Daten- und Steuersignalen unterschieden.

Datenbussignale: Positive Logik
1 ≙ High ($U_H \geq 2\,V$); 0 ≙ Low ($U_L \leq 0{,}8\,V$)
Steuersignale: Negative Logik
1 ≙ Low-Signal ist aktiv
0 ≙ High-Signal ist nicht aktiv

Die Wahl der negativen Logik für die Steuersignale wird mit den geringeren Rauschstörungen bei aktivem Low begründet.

7.5.2.2 Handshakeverfahren

Die Datenübertragung zwischen zwei Geräten erfolgt asynchron. Es gibt also kein festes taktgesteuertes Übertragungsprotokoll. Die Datenübertragung richtet sich nach der Arbeitsgeschwindigkeit der angeschlossenen Geräte. Sendet beispielsweise ein Talker Informationen gleichzeitig an mehrere Listener, so bestimmt das «langsamste» Gerät die Übertragungsgeschwindigkeit. Damit lassen sich Geräte mit sehr unterschiedlichen Meßzeiten problemlos in das System einbinden.

Die Datenübertragung im IEC-Bussystem erfolgt asynchron. Die Übertragungsgeschwindigkeit wird von den beteiligten Geräten bestimmt.

Handshake
Der Begriff «Händeschütteln» soll auf die Weise der Datenübergabe vom Talker zum Listener hinweisen. Hierbei gilt ein Grundprinzip:

Der Talker darf erst senden, wenn der Listener Empfangsbereitschaft signalisiert. Der Listener übernimmt erst Daten, wenn der Talker ihm die Gültigkeit der Daten meldet.

Diese Prozedur wird durch drei Signale abgewickelt.
DAV = Low: DAta Valid = Daten gültig, sendet der Talker
NRFD = Low: Not Ready For Data = Nicht bereit zur Datenübernahme, sendet der Listener

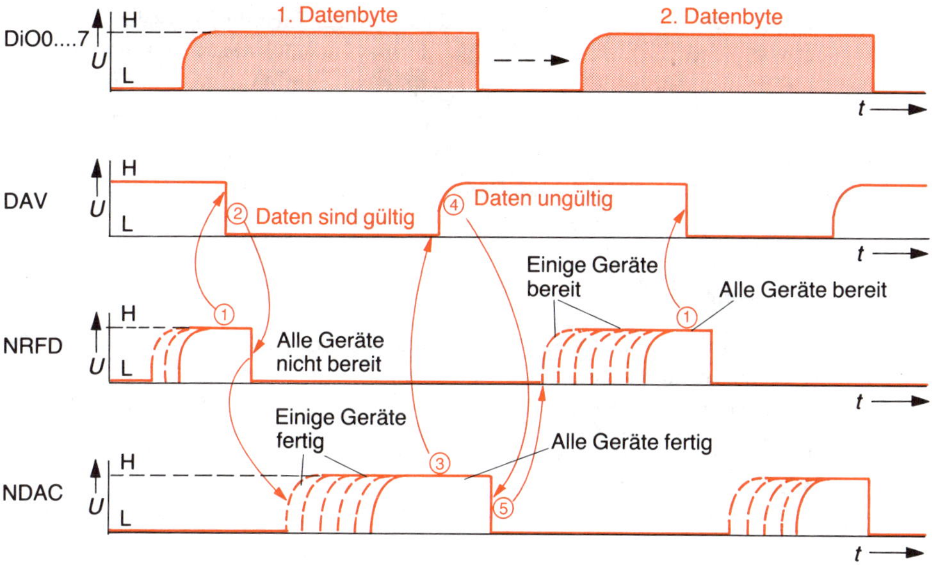

Bild 7.82 Signale beim 3-Draht-Handshake

NDAC = Low: Not Data ACcepted = Daten nicht übernommen, sendet der Listener

Alle Signale sind Low-aktiv.

Die Datenübergabe erfolgt entsprechend dem Signalablaufplan Bild 7.82 in 5 Schritten. Dabei sei angenommen, daß ein Talker an mehrere Listener sendet.

1. Schritt (1): Der vom Systemcontroller adressierte Talker legt seine Daten auf den Datenbus und beobachtet die NRFD-Leitung. So lange die Leitung Low-Pegel führt, sind noch nicht alle Listener empfangsbereit. Der Talker muß nun warten bis auch der langsamste Listener seine Bereitschaft signalisiert und damit NRFD = High wird (Open-Collector: alle Ausgänge sind inaktiv).
2. Schritt (2): Bei NRFD = High meldet der Talker mit der Leitung DAV = Low, daß Daten auf dem Datenbus abrufbereit liegen. Dies erkennen die Listener, beginnen die Datenübernahme und setzen NRFD wieder auf Low-Pegel (Aktiv-Low).
3. Schritt (3): Während der Datenübernahme ziehen die Listener ihre Quittungsleitung NDAC auf Low und geben sie erst frei (High), wenn sie mit der Datenaufnahme fertig sind. Somit bleibt NDAC = Low bis der langsamste Listener die Daten übernommen hat. NDAC = High bedeutet für den Talker, daß er neue Daten bereitstellen kann. Er nimmt das Gültigkeitssignal wieder zurück, DAV wird High.
4. Schritt (4): Da nun keine gültigen Daten mehr vorliegen (DAV = High), schalten die Listener ihre NDAC-Leitung auf Low.
5. Schritt (5): Die vorher aufgenommenen Daten werden nun von den Listenern verarbeitet. Wenn sie damit fertigt sind, zeigen sie dies dem Talker an, in dem sie ihre NRFD-Leitung freigeben (inaktiv = High).
   Ist dies bei allen Listenern geschehen, wird NRFD = High und der Talker kann mit DAV = Low wieder neue Daten anmelden. Alles wiederholt sich (1).

Wie aus dem beschriebenen Ablauf deutlich wird, bedient der Talker die DAV-Leitung. Man spricht dabei vom Senderhandshake (SH). Die Listener bedienen die NRFD- und NDAC-Leitungen und erfüllen damit den sogenannten Empfänger- oder Akzeptorhandshake (AH).

> Jeder Bytetransfer über den Datenbus unterliegt der Handshakeprozedur. Dabei ist es gleichgültig, ob Daten, Adressen oder Befehle übertragen werden.

7.5.2.3 Managementbus

Zur Steuerung der Interfacefunktionen werden besondere Signalleitungen benötigt, die als Steuer- oder Managementbus zusammenfaßt werden.

Die Steuersignale haben festgelegte Bezeichnungen:

ATN – ATtentioN («Aufmerksamkeit»):
sendet der Systemcontroller
IFC – InterFace Clear («Interface zurücksetzen»):
sendet der Systemcontroller
REN – Remote ENable («Fernsteuerung einschalten»):
sendet der Systemcontroller
EOI – End Or Identify
«Endekennung»: sendet der aktive Talker
«Geräteidentifikation»: sendet der Systemcontroller
SRQ – Service ReQuest («Bedienungsanforderung»):
kann jedes Gerät außer dem aktiven Controller senden.

ATN-Signal
Da über den Datenbus gerätespezifische Daten (Einstellparameter, Meßwerte) aber auch Adressen und Kommandos übertragen werden, bedarf es eines Unterscheidungskriteriums. Der Systemcontroller als aktiver Controller benutzt die ATN-Leitung zur Kennzeichnung des Datencharakters.

> Die ATN-Leitung dient der Kennzeichnung der Datenbussignale:
> ATN = High: Auf dem Datenbus werden gerätespezifische Daten übertragen.
> ATN = Low: Auf dem Datenbus werden Adressen oder Befehle übertragen.

IFC-Signal
Dieses Signal kann nur der Systemcontroller aussenden. Es ist ein kurzer High-Low-High-Impuls, der als Rücksetzsignal (Reset) auf alle Interfacebaugruppen der angeschlossenen Geräte wirkt und damit die Busaktivitäten abbricht. Die gerätespezifischen Funktionen werden jedoch nicht beeinträchtigt.

REN-Signal
Mit Hilfe des Signals REN = Low versetzt der Systemcontroller ein adressiertes Gerät in den Fernsteuerungsmodus. Mit REN = High gehen alle Geräte in den Handbetrieb über.

EOI-Signal
Dieses Signal erfüllt eine doppelte Funktion. Im Fall der Übertragung gerätespezifischer Daten (ATN = High) kann der aktive Talker gleichzeitig mit dem letzten Datenbyte die Leitung EOI = Low setzen und damit das Ende der Datenübertragung signalisieren. Das EOI-Signal kann aber auch der Systemcontroller benützen, um ein Gerät, das zuvor eine Bedienungsanforderung (SRQ) gemeldet hat, zur Identifizierung zu veranlassen (siehe Parallel Polling). Dazu setzt der Systemcontroller ATN = Low und EOI = Low.

SRQ-Signal
SRQ = Low kann jedes angeschlossene Gerät – mit Ausnahme des aktiven Controllers – setzen, um damit anzuzeigen, daß es vom Steuergerät bedient werden möchte. Dies kann z. B. bedeuten, daß Daten zur Verfügung stehen, daß eine Messung abgeschlossen ist oder daß ein Fehler vorliegt. Das Steuergerät veranlaßt daraufhin einen Identifizierungszyklus, um das anfordernde Gerät zu ermitteln (siehe Parallel Poll, Serial Poll).

7.5.2.4 Datenbus

Zur Übertragung von Meß- und Einstelldaten für die Geräte sowie von Adressen und Befehlen stehen 8 Datenleitungen (DIO 0 bis 7) zur Verfügung. Davon werden für Adressen und Befehle nur 7 ausgenützt, da die Codierung im ISO-7-Bit-Code (ASCII-Code) erfolgt. Der Datenverkehr vollzieht sich bidirektional, darauf weist auch die Abkürzung DIO = Data Input Output hin. Die Codierung der Meßdaten ist nicht festgelegt. Sie entspricht meist dem ISO-7-Bit-Code, könnte aber auch alle 8 Bit einbeziehen.

Adressierung
Bereits im Abschnitt 7.5.2.1 wurde ausgeführt, daß jedes am Busverkehr teilnehmende Gerät durch eine Adresse im Bereich dezimal 00 bis 30 identifizierbar sein muß. Dazu werden an den einzelnen Geräten mittels Adressierungsschaltern 5-Bit-Dualadressen eingestellt (Bild 7.78). Der Systemcontroller sendet über den Datenbus die Adressen der Kommunikationspartner (Talker und Listener) zwischen denen Datenaustausch stattfinden soll. Dazu setzt er die ATN-Leitung auf Low (Aktiv). Die Datenbits 0 bis 4 geben jetzt die Adresse an, mit den Bits 5 und 6 wird die Talker- bzw. Listenerfunktion zugeteilt und Bit 7 bleibt unbenutzt.

> Zur Übertragung von Adressen auf dem Datenbus muß die ATN-Leitung Low-Pegel führen.

Alle auf dem Datenbus übertragenen Signale entsprechen der positiven Logik: 1 ≙ High, 0 ≙ Low (vgl. Abschnitt 7.5.2.1).

Als Beispiel soll der Adressierungscode für ein Digitalvoltmeter mit der Dezimaladresse 23 dargestellt werden (Tabelle 7.6). Am Digitalvoltmeter (DVM) müssen die Adreßschalter die Stellungen A0 = 1, A1 = 1, A2 = 1 A3 = 0, A4 = 1 einnehmen, da 23 (dezimal) ≙ 10111 (dual).

Das Digitalvoltmeter muß als Listener arbeiten, wenn es die Einstellparameter empfangen soll. Es arbeitet als Talker, wenn es die Meßdaten sendet.

Tabelle 7.6 zeigt in der ersten Zeile die Datenbuscodierung für die Listeneradressierung, in

Datenbus DIO	2^7 7	2^6 6	2^5 5	2^4 4	2^3 3	2^2 2	2^1 1	2^0 0	ISO-7-Bit Code	
Listener	X	0	1	1	0	1	1	1	7	ATN = Low
Talker	X	1	0	1	0	1	1	1	W	
Sekundäradresse	X	1	1	0	1	0	1	0	j	
	unbenutzt	Funktion		Geräteadresse					ASCII-Zeichen	

Tabelle 7.6 Adressenbildung im IEC-Bussystem

der zweiten Zeile für die Talkeradressierung. Die dritte Zeile stellt eine Sekundäradressierung dar.

> Der Systemcontroller kennzeichnet
> die Listenerfunktion mit DIO 5 = 1, DIO 6 = 0
> die Talkerfunktion mit DIO 5 = 0, DIO 6 = 1
> eine Sekundäradresse mit DIO 5 = 1, DIO 6 = 1

Sekundäradressen

Arbeitet das Digitalvoltmeter mit einem Meßstellenumschalter zusammen, so kann mit Hilfe der Sekundäradresse der gewünschte Meßkanal ausgewählt werden. Für jedes am Bus angeschlossene Gerät sind nochmals 31 Sekundäradressen möglich: dezimal 00 bis 30. In Tabelle 7.6 soll als Beispiel der Meßkanal 10 (dezimal) $\triangleq$ 01010 (dual) des DVM Meßdaten liefern. Der Controller sendet zunächst die Talkeradresse des Digitalvoltmeters: x10|10111 und anschließend die Sekundäradresse des Meßkanals x11|01010.

ISO-7-Bit-Code

Bei der Programmierung des Systemcontrollers werden in der Regel nicht die binären Bitkombinationen, sondern die Zeichen des ISO-7-Bit-Codes (DIN 66003) oder deren dezimales Äquivalent verwendet. Dies führt zu einer wesentlich bequemeren, da verkürzten Dateneingabe. Damit ergibt sich in Tabelle 7.6 für die Listeneradressierung das Zeichen «7», für die Talkeradressierung «W» und für die Sekundäradresse «j».

Tabelle 7.7 gibt eine Zusammenstellung der Zeichen. Sie stimmen mit den ASCII-Zeichen überein.

Busbefehle

Die Leitungen des Managementbus (vgl. Abschnitt 7.5.2.3) reichen nicht aus, um alle Steuerungsfunktionen erfüllen zu können. Daher dient auch der Datenbus nicht nur der Übertragung von Meßdaten und Einstellparametern, sondern übernimmt zusätzlich die Übertragung von Steuerungsinformationen: Adressen und Befehle. Kennzeichnend dafür ist in jedem Fall die ATN-Leitung, die hierbei Low-Pegel führen muß. Nur der Systemcontroller bzw. der aktive Controller sind in der Lage, Busbefehle zu senden. Im folgenden wird für beide die Kurzbezeichnung Controller verwendet.

DIO			0	0	1	0	1	0	1	0	1	0	1	0	1	0	1	0	1
			1	0	0	1	1	0	0	1	1	0	0	1	1	0	0	1	1
			2	0	0	0	0	1	1	1	1	0	0	0	0	1	1	1	1
			3	0	0	0	0	0	0	0	0	1	1	1	1	1	1	1	1
6	5	4																	
0	0	0		0 NULL	1 SOH	2 STX	3 ETX	4 EOT	5 ENQ	6 ACK	7 BELL	8 BS	9 HT	10 LF	11 VT	12 FF	13 CR	14 SO	15 SI
0	0	1		16 DLE	17 DC1	18 DC2	19 DC3	20 DC4	21 NAK	22 SYNC	23 ETB	24 CAN	25 EM	26 SUB	27 ESC	28 FS	29 GS	30 RS	31 US
0	1	0		32 SPACE	33 !	34 ”	35 #	36 $	37 %	38 &	39 ’	40 (	41)	42 *	43 +	44 ,	45 —	46 .	47 /
0	1	1		48 0	49 1	50 2	51 3	52 4	53 5	54 6	55 7	56 8	57 9	58 :	59 ;	60 ‹	61 =	62 ›	63 ?
1	0	0		64 @	65 A	66 B	67 C	68 D	69 E	70 F	71 G	72 H	73 I	74 J	75 K	76 L	77 M	78 N	79 O
1	0	1		80 P	81 Q	82 R	83 S	84 T	85 U	86 V	87 W	88 X	89 Y	90 Z	91 [	92 \	93]	94 ^	95 _
1	1	0		96 -	97 a	98 b	99 c	100 d	101 e	102 f	103 g	104 h	105 i	106 j	107 k	108 l	109 m	110 n	111 o
1	1	1		112 p	113 q	114 r	115 s	116 t	117 u	118 v	119 w	120 x	121 y	122 z	123 {	124 ¦	125 }	126 ~	127 DEL

Tabelle 7.7 ISO-7-Bit-Code (DIN 66003) mit Dezimalzuordnung und Binärcodierung

Bei der Übertragung von Befehlen auf dem Datenbus muß die ATN-Leitung Low-Pegel führen.

Je nach der besonderen Funktion unterscheidet man zwischen drei Befehlsarten: Entadressierbefehle, Universalbefehle, adressierte Befehle.

Entadressierbefehle
Mit diesen Befehlen ist es dem Controller möglich, alle aktiven Listener und den aktiven Talker in den inaktiven Zustand zu versetzen. Dazu setzt der Controller die Adressierungsbits (DIO 0 bis 4) in Tabelle 7.6 auf 1 und die Funktionsbits bei der Entadressierung aller Listener DIO 5 = 1, DIO 6 = 0; bei der Entadressierung des Talkers DIO 5 = 0, DIO 6 = 1. Die Befehle werden meist durch Abkürzungen gekennzeichnet:
Entadressierung der Listener = UNListen = UNL
Entadressierung des Talkers = UNTalk = UNT

Nach dem ISO-7-Bit-Code entspricht:
UNL = x01|11111 dem ASCII-Zeichen «–» und
UNT = x10|11111 dem ASCII-Zeichen «?».

Die Entadressierbefehle UNT (UNTalk) und UNL (UNListen) setzen den Talker und die Listener in den inaktiven Zustand.

Bevor der Controller ein Gerät adressiert, sendet er einen Entadressierungszyklus.

Universalbefehle
Die Bezeichnung soll zum Ausdruck bringen, daß diese Befehle von allen angeschlossenen Geräten «gehört» werden können, ob sie nun Listener sind oder Talker. Die Universalbefehle werden aber nicht unbedingt von allen Geräten «verstanden». Es bleibt dem Meßgerätehersteller überlassen, welche der Interfacefunktionen er als Gerätefunktionen auch tatsächlich implementiert.

Bei der Codierung ist allen Universalbefehlen gemeinsam, daß die Bits DIO 5 und 6 auf 0 gesetzt sind.

Local LockOut – LLO
Die Handbedienung am Meßgerät wird unterdrückt und damit verhindert, daß am ferngesteuerten Gerät versehentlich Handeinstellungen vorgenommen werden. Ausgenommen ist dabei der Netzschalter.
Code: x00|10001 ≙ DC1 (ASCII)

Device CLear – DCL
Mit diesem Befehl werden die Meßgeräte in einen vom Hersteller definierten Anfangszustand gesetzt (Reset).
Code: x00|10100 ≙ DC4 (ASCII)

Seriell Poll Enable – SPE
Dieser Befehl wird vom Controller gesendet, wenn er über die SRQ-Leitung (Managementbus) eine Serviceanforderung erhalten hat. Nacheinander werden alle Geräte, die SRQ senden können, mit SPE aufgefordert, ihr Statusbyte auf den Datenbus zu legen. Daran erkennt der Controller, welches Gerät SRQ gesendet hat und aus welchem Grund.
Code: x00|11000 ≙ CAN (ASCII)

Seriell Poll Disable – SPD
Nachdem der Controller mittels SPE das SRQ-sendende Gerät identifiziert und dessen Statusbyte empfangen hat, beendet er die Abfrage mit SPD. Das Gerät ist nun in der Lage, bei Bedarf erneut SRQ zu senden.
Code: x00|11001 ≙ EM (ASCII)

Parallel Poll Unconfigured – PPU
Dieser Befehl steht im Zusammenhang mit der Parallelabfrage (Parallel Poll) nach einem SRQ-Ruf. PPU hebt die für eine Parallelabfrage getroffenen Vereinbarungen auf (siehe Parallel Poll Configure – PPC, adressierter Befehl).
Code: x00|10101 ≙ NAK (ASCII)

Adressierte Befehle
Diese Befehle sind immer an ein ganz bestimmtes Gerät gerichtet, das zuvor als Listener adressiert werden muß. Eine Ausnahme bildet der TCT-Befehl. Hier muß das angesprochene Gerät als Talker adressiert sein (siehe TCT-Befehl). In der Codierung werden wie bei den Universalbefehlen die Bits DIO 5 und 6 auf 0 gesetzt.

Selective Device Clear – SDC
Dieser Befehl entspricht dem Universalbefehl DCL, richtet sich aber nur an den oder die adressierten Listener. Diese werden in einen definierten Anfangszustand versetzt.
Code: x00|00100 ≙ EOT (ASCII)

Go To Local – GTL
Mit diesem Befehl werden die adressierten Listener in den Handbetrieb geschaltet. Die Fernsteuerung ist dann unterbrochen.
Code: x00|00001 ≙ SOH (ASCII)

Group Execute Trigger – GET
Die als Listener adressierten Geräte erhaltenen mit diesem Befehl ein Triggersignal und können damit z. B. eine Messung starten.
Dies ist bei Oszilloskopen oder Digitalmultimetern eine häufige Anwendung.
Code: x00|01000 ≙ BS (ASCII)

Parallel Poll Configure – PC
Um auf die SRQ-Anforderung eines Gerätes reagieren zu können, muß dieses Gerät zunächst identifiziert werden. Dazu kann das serielle Polling dienen (vgl. SPE, SPD) oder das Parallel Polling. Bei letzterem wird mit dem Befehl PPC den angeschlossenen Geräten je eine der acht Datenleitungen als Meldeleitung zugeordnet. Am Parallel Polling können also maximal acht

Geräte teilnehmen. Im Fall eines SRQ-Rufs gibt der Controller den Parallel-Poll-Befehl PPE – Parallel Poll Enable ab und veranlaßt damit die angeschlossenen Geräte, ihre Meldeleitung zu aktivieren. Danach wird der Parallel-Poll-Zyklus mit dem Befehl PPD – Parallel Poll Disable beendet.

Nun muß allerdings in einem zweiten Abfragezyklus noch geklärt werden, welcher Grund für die SRQ-Meldung vorliegt. Daher wird nun mit einer gezielten SPE-SPD-Folge das Statusbyte erfragt.

Parallel Polling wird kaum angewendet, weil damit zwar eine schnelle Geräteidentifikation möglich ist, aber anschließend immer noch der Statusabfragezyklus folgen muß.

Code: PPC x00|00101 ≙ ENQ (ASCII)
PPE x11|01111 ≙ o (ASCII)
PPD x11|10000 ≙ p (ASCII)

Take ConTrol – TCT

Mit diesem Befehl übergibt der aktive Controller die Systemsteuerung an ein anderes kontrollfähiges Gerät. Dieses muß zuvor als Talker adressiert worden sein.

Code: x00|01001 ≙ HT (ASCII)

Tabelle 7.8 gibt eine Übersicht der Busbefehle.

Entadressierbefehle	UNL	UNListen	alle Listener werden inaktiv
	UNT	UNTalk	alle Talker werden inaktiv
Universalbefehle	LLO	Local Lock Out	Unterdrückung der Handbedienung des Gerätes
	DCL	Device CLear	Geräte werden in einem definierten Grundzustand versetzt
	SPE	Serial Poll Enable	Serienabfrage nach einer SRQ-Meldung
	SPD	Serial Poll Disable	Beenden der Serienabfrage, Rücksetzen des SRQ-Statusbit am Gerät
	PPU	Parallel Poll Unconfigure	Aufhebung der Parallelabfrage für SRQ
adressierte Befehle	SDC	Selective Device Clear	wie DCL, jedoch nur für den adressierten Listener
	GTL	Go To Local	Unterbrechung der Fernsteuerung, Übergang zum Handbetrieb
	GET	Get Group Execute Trigger	Triggersignal für den adressierten Listener
	PPC	Parallel Poll Configure	Zuweisung von Datenleitungen für SRQ-Abfrage durch Controller
	TCT	Take ConTrol	Übergabe der Controllerfunktion an ein kontrollfähiges Gerät

Tabelle 7.8 Übersicht der BUS-Befehle des IEC-625-Bussystems

Busbefehle dienen der Auswahl und dem Aufruf bestimmter Interfacefunktionen der angeschlossenen Geräte. Die Geräte werden dazu als Listener adressiert mit ATN = Low.

Die Übertragung eines Befehls, z. B. eines adressierten Befehls erfolgt in festgelegten Schritten:

1. Controller legt ATN-Leitung auf Low,
2. Controller sendet den Befehl UNL – Entadressierung aller Listener: x01|11111,
3. Controller bestimmt z. B. das Digitalvoltmeter mit der Adresse 23 (dezimal) als Listener: x01|10111,
4. Controller sendet an das adressierte Digitalvoltmeter z. B. den GET-Befehl zur Triggerung des Gerätes: x00|01000.

Jede Busaktivität wird dabei mittels 3-Draht-Handshake abgewickelt.

Interface- und Gerätefunktionen
Jedes IEC-Businterface ist in der Lage die gesendeten Busbefehle aufzunehmen, zu interpretieren und an das Gerät zur Ausführung weiterzugeben. Letzteres ist allerdings nur möglich, wenn der Hersteller die entsprechende Funktion im Gerät auch vorgesehen hat. Dies ist den Herstellern freigestellt. Wird nun ein Befehl an ein Gerät gerichtet, das über die geforderte Funktion nicht verfügt, so wird er ignoriert. Dabei tritt weder eine Fehlermeldung noch sonstige Störung des Datenverkehrs auf.

Für den Anwender sind die verfügbaren Gerätefunktionen im Datenblatt aufgeführt. Die Tabelle 7.9 zeigt einige wichtige Gerätekennzeichnungen mit den üblichen Symbolen. Das Symbol T kennzeichnet allgemein die Talkerfunktion. Dazu sind noch bis zu acht Kennzahlen möglich.
Beispiel:

- T5 kennzeichnet einen Talker mit allen Funktionen.
- T3 kennzeichnet einen Talker, der nur in der festverdrahteten Anwendung mit einem Listener arbeiten kann – TALK ONLY.
- T6 ein Talker dieser Art besitzt keine TALK-ONLY-Funktion.

Entsprechend lassen sich Listener mit L1 bis L4 klassifizieren, wobei L3 der Listener mit allen Funktionen ist.

Bezüglich der Handshakefunktion muß man zwischen Geräten mit Sender- und Empfängerhandshake unterscheiden. Voll systemfähige Geräte verfügen über beide Funktionen, SH1 und AH1. Als Beispiel soll die Kennzeichnung der programmierbaren Stromspannungsquelle 6632A von Hewlett-Packard angeführt werden. Im Datenbuch findet man: SH1, AH1, T6, L4, SR1, RL1, PP1, DC1, DT0, C0, E1. Es handelt sich also um ein Gerät, das:

1. Sende- und Empfangshandshake ausführen kann (SH1, AH1),
2. als Talker und Listener über alle Funktionen außer TALK ONLY und LISTEN ONLY verfügt (T6, L4),
3. SRQ-Signal senden kann (SR1),
4. umschaltbar von Fern- in Handsteuerung ist (RL1),
5. mit Parallel Poll abfragbar ist (PP1),
6. in den Grundzustand (Reset) versetzt werden kann (DC1),

Symbol	Kennzahl 1	2	3	4	5	6	7	8	Eigenschaft
T	×	×	×	×	×	×	×	×	Talkerfunktion allgemein,
	–	–	–	–	×	×	×	×	autom. Entadressierung, wenn Controller seine Talkeradresse sendet
	×	×	–	–	×	×	–	–	Seriell Poll ist möglich
	×	–	×	–	×	–	×	–	TALK-ONLY-Funktion
L	×	×	×	×					Listenerfunktion allgemein,
	–	–	×	×					autom. Entadressierung, wenn Controller seine Listeneradresse sendet
	×	–	×	–					LISTEN ONLY-Funktion
SH	0								Senderhandshake nicht möglich (kein DAV-Signal)
SH	1								Senderhandshake möglich (DAV-Signal vorh.)
AH	0								Empfängerhandshake nicht möglich (kein NRFD, NDAC)
AH	1								Empfängerhandshake möglich (NRFD, NDAC vorh.)
SR	0								SRQ – nicht vorhanden
SR	1								SRQ – vorhanden
RL	0								Umschaltung Fernsteuerung – Handsteuerung nicht möglich
RL	1								Umschaltung Fernsteuerung – Handsteuerung möglich
DC	0								Geräterücksetzfunktion nicht vorhanden
	1								Rücksetzfunktion vorhanden (DCL, SDC)
	2								Rücksetzfunktion vorhanden, nur DCL
DT	0								Triggerfunktion nicht vorhanden
	1								Triggerfunktion vorhanden
C	0								kein kontrollfähiges Gerät
	1 . . . 5								kontrollfähiges Gerät mit untersch. Funktionen
PP	0								Parallel-Poll-Abfrage nicht vorhanden
	1								Parallel-Poll-Abfrage vorhanden
E	1								Treiberelektronik: Opencollektortreiber
	2								Tri-State-Treiber

Tabelle 7.9 Kennzeichnung der verfügbaren Gerätefunktionen

7. nicht triggerbar ist (DT0),
8. nicht als Controller arbeiten kann (C0) und
9. über Open-Collektor-Ausgänge verfügt (E1).

> Die für den Busverkehr verfügbaren Gerätefunktionen werden durch Symbole und Kennzahlen im Datenblatt eines Geräts vermerkt. Sie sind eine dem Einsatz des Gerätes angepaßte Auswahl der nach der Norm möglichen Interfacefunktionen.

Datenübertragung
Daten im eigentlichen Sinne sind die codierten Meßwerte der angeschlossenen Meßgeräte. Darüber hinaus werden aber auch die Einstellparameter für die Meßgeräte den Daten zugeordnet. Bevor ein Digitalmultimeter eine Messung durchführen kann, muß dem Gerät zuerst vermittelt werden, ob eine Gleich- oder Wechsel-, Strom- oder Spannungs- oder Widerstandsmessung auszuführen ist. Ebenso müssen der Meßbereich und die Auflösung festgelegt werden. Zur Kennzeichnung und Unterscheidung setzt der Controller bei der Datenübertragung die ATN-Leitung auf High. Daran erkennen alle angeschlossenen Geräte, daß über den Bus Meßdaten oder Einstellparameter übertragen werden. Der Sender (Talker) dieser Daten und der oder die Empfänger (Listener) werden vorher durch Adressierung vom Controller bestimmt.

> Während der Übertragung von Meßdaten und Einstellparametern setzt der Controller die ATN-Leitung auf High.

Datenstruktur
Prinzipiell stehen für die Datenübertragung die acht Leitungen des Datenbusses zur Verfügung. Allerdings ist die Codierung der Daten nicht von der Norm abgedeckt. Es sind zwar Bestrebungen im Gange, auch hier ein einheitliches Übertragungsprotokoll verbindlich zu erklären. Bei der Vielzahl der Meßprinzipien und Gerätekonzeptionen erscheint dies allerdings nicht ohne weiteres machbar. Im allgemeinen verwenden die Gerätehersteller auch für die Codierung der Daten den ISO-7-Bit-Code, nützen also nur sieben von acht Datenbits aus. Wie nun aber Meßdaten und Einstellparameter verschlüsselt sind, kann nur aus dem Datenbuch des jeweiligen Meßgerätes entnommen werden.

Es empfiehlt sich daher, ein Meßsystem aus Meßgeräten mit ähnlicher Datenstruktur zu installieren, um die Programmierarbeit möglichst einfach gestalten zu können. Unabhängig von der konkreten Datenstruktur muß es eine Vereinbarung darüber geben, wie das Ende der Datenübertragung zu erkennen ist. Hierbei sind grundsätzlich zwei Möglichkeiten gegeben:

1. Erfolgt die Datenübertragung im ISO-7-Bit-Code, dann sendet der Talker als letzte Zeichen CR und/oder LF (Carriage Return, Line Feed). Daran erkennt der Listener das Ende der Übertragung. Dieser Terminator kann aber bei vielen Geräten per Programm auch anders gewählt und an die Listener angepaßt werden.
2. Erfolgt die Datenübertragung binär (z. B. duale Zahlendarstellung), dann dient allein die Managementleitung EOI (vgl. Abschnitt 7.5.2.3) als Endeterminator. Beim letzten Datenbyte wird sie ja grundsätzlich auf Low gesetzt. Der Listener erkennt so das Ende. Die Verwendung des binären Datenformats ermöglicht eine schnellere Datenübertragung, da die Umsetzung in den ISO-7-Bit-Code entfällt.

Ein Beispiel soll den Vorgang der Datenübertragung von einem Meßgerät mit der Adresse 09 (dezimal) zum Controller mit der Adresse 21 (dezimal) veranschaulichen. Die Schritte sind in Tabelle 7.10 zusammengestellt mit der Annahme einer ISO-7-Bit-Codierung.

> Eine Datenübertragung ist nur fehlerfrei möglich, wenn Talker und Listener den gleichen Datenterminator (Endekennung) verwenden.

EOI	ATN	DIO 7 6 5 4 3 2 1 0	Bedeutung	
High	Low	×1 0 0 1 0 0 1	Adressierung: Talkeradresse 9 wird gesendet	Controller sendet
High	Low	×0 1 1 1 1 1 1	Befehl UNL: Alle Listener abschalten	
High	Low	×0 1 1 0 1 0 1	Adressierung: Controller wird Listener, Adresse 21	
High	High	⋮	Talker sendet Daten	Meßgerät als Talker sendet
	⋮			
Low	High	×0 0 0 1 1 0 1	Talker sendet CR	
Low	High	×0 0 0 1 0 101	Talker sendet LF	

Tabelle 7.10 Ablauf der Datenübertragung zwischen Talker und Listener

7.5.3 Programmierung eines IEC-625-Bussystems

Um ein automatisches Meßsystem effektiv nutzen zu können, muß die Programmierung auch ohne Detailkenntnisse der Signalstrukturen möglich sein. Dazu stehen dem Anwender eine ganze Reihe Softwarepakete zur Verfügung, die von den einschlägigen Meßgerätefirmen für den Betrieb mit ihren busfähigen Geräten angeboten werden. Da allerdings die Codierung der Meßdaten herstellerabhängig ist, kann in der Regel eine solche Software nur sinnvoll eingesetzt werden, wenn alle am System teilnehmenden Geräte einschließlich des Controllers von einer Meßgerätefirma stammen. Will man hier allerdings flexibel bleiben – schließlich ist jedes IEC-625-Busgerät verwendbar –, dann muß der Anwender die Programmierung unter Zuhilfenahme der Meßgerätedatenbücher selbst vornehmen. Die Programmierung erfolgt am Controller in der Regel in einer Hochsprache wie BASIC oder Pascal. Im folgenden wird auf die Programmiersprache HP-BASIC 5.0 Bezug genommen, wie sie in den HP-Computern der Serien 200/300 Anwendung findet.

7.5.3.1 Adressierung der Geräte

Jeder Prozeßrechner verfügt über mehrere Interfacekarten, über die er mit der Außenwelt in Kontakt tritt. So ist für die Tastatur, den Bildschirm, die Floppy-Disk und eben auch für den IEC-625-Bus ein eigenes Interface erforderlich. Sollen nun Daten über eine dieser Interfacebaugruppen übertragen werden, muß der Rechner zunächst das Interface auswählen, also adressieren. Dazu dient der sogenannte Selectcode, der bei HP-Rechnern für das IEC-Businterface meist den Wert 7 (dezimal) besitzt. Die Geräte, die mit ihren Interfacebaugruppen nun am Datenaustausch teilnehmen, bilden ihrerseits ein Subsystem mit je eigenen Adressen (00 bis 30), wie dies in Abschnitt 7.5.2.4 schon dargelegt wurde. Innerhalb des Subsystems besitzt auch das Controllerinterface eine eigene Adresse, die bei HP-Rechnern meist mit 21 (dezimal) festgelegt ist.

Soll nun vom Rechner ein Gerät angesprochen werden, das am Meßbus mit der Adresse 23 arbeitet, dann ergibt sich die Gesamtadresse 723. Dabei ist die 7 der Selectcode des Interfaces und 23 die Geräteadresse.

Die Adressen für Peripheriegeräte werden im Controller aus dem Selectcode des zugeordneten Interfaces und der Adresse des Peripheriegerätes gebildet (z. B. Selectcode 7, Geräteadresse 23 ergibt Adresse 723).

Sollen Befehle an alle Geräte gerichtet werden, die am IEC-Businterface des Rechners angeschlossen sind, so wird als Adresse nur noch der Selectcode (7) verwendet.

In der HP-BASIC-Sprache sind für alle Busbefehle Makros vorhanden, mit denen automatisch die Handshake-Management- und Datenbusleitungen bedient werden. Die Programmierung ist damit außerordentlich vereinfacht.

7.5.3.2 Makros für Busbefehle

Anhand einiger Beispiele wird nun gezeigt, wie mit Hilfe der Befehlsmakros Busbefehle nach Abschnitt 7.5.2.4 an einzelne Geräte gesendet werden können. Neben den Befehlen in HP-BASIC ist jeweils auch die Abfolge der damit verbundenen Einzelaktivitäten genannt.

Zunächst ein einfacher Vorgang:
Das Gerät mit der Busadresse 23 soll in den Fernsteuerzustand versetzt werden.
Makrobefehl: REMOTE 723 (7 Selectcode, 23 Geräteadresse)

Ablauf:	ATN = L	Befehlskennung
	REN = L	Fernsteuerleitung aktiv
	TALKER 21	Talker ist Controller, Adresse 21
	UNL	Entadressierung aller Listener
	LISTENER 23	Adressierung des Listener 23

Wird der Makrobefehl REMOTE 7 gewählt, dann werden alle am Meßbus arbeitenden Geräte in den Fernsteuermodus versetzt. Bild 7.83 zeigt die wichtigsten Befehlsmakros und den Ablauf auf den Management- und Datenleitungen.

7.5.3.3 BASIC-Befehle zur Datenübertragung

Für die Datenübertragung vom Controller zu den Busgeräten steht in HP-BASIC der Befehl OUTPUT zur Verfügung. In den Controller können mit dem Befehl ENTER Daten eingelesen werden. Bild 7.84 zeigt an je einem Beispiel, wie die Befehle eingesetzt werden können.

Mit OUTPUT wird automatisch der Controller (21) zum Talker, alle Listener werden entadressiert und Gerät 05 zum Listener bestimmt. Danach erfolgt, in Anführungszeichen gesetzt, die gerätespezifische Datenübermittlung. Hier handelt es sich um eine programmierbare Spannungsquelle, die mit «VSET 1» auf 1 V gesetzt wird. Der ENTER-Befehl bestimmt das Gerät 23 zum Talker, der Controller (21) selbst wird Listener. Das Gerät 23 ist hier ein Digitalmultimeter, das numerische Meßdaten sendet, die im Controller in der Variablen X abgespeichert werden.

Diese zwei Grundbefehle ermöglichen Datenverkehr zwischen Controller und Busgeräten. Darüber hinaus stellt HP-BASIC mit dem SEND-Befehl auch einen Universalbefehl zur Verfügung, mit dem ein Datenaustausch zwischen beliebigen Geräten möglich ist. Dieser

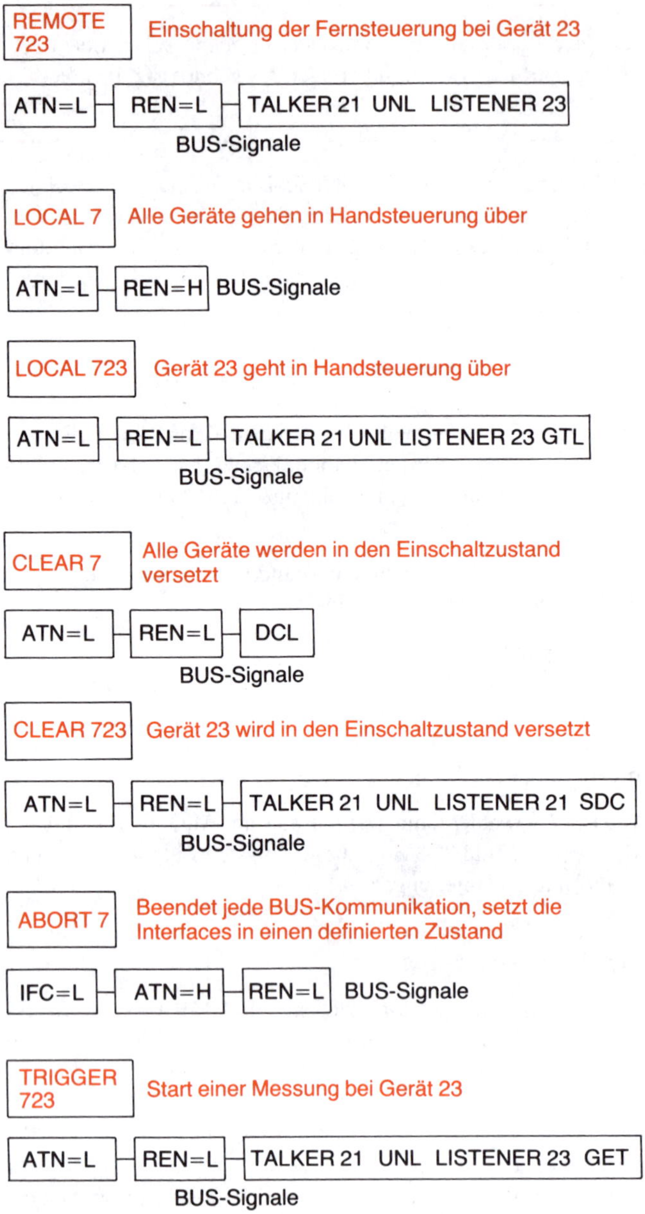

Bild 7.83 Die wichtigsten Busbefehle (rot: Makros in HP-BASIC)

Befehl erlaubt auch die Verwendung von ASCII-Zeichen. So läßt sich der OUTPUT-Befehl nach Bild 7.84a auch wie folgt schreiben:

OUTPUT-Befehl: SEND 7;CMD"U?%"DATA"VSET 1",13,10
Erläuterung:

CMD	=	COMMAND, die ANT-Leitung wird Low gesetzt.
U	=	ASCII-Zeichen für TALKER 21 (x10|10101)
?	=	ASCII-Zeichen für UNL (x01|11111)
%	=	ASCII-Zeichen für LISTENER 05 (x01|00101)
DATA	=	ATN-Leitung wird High gesetzt.
VSET 1	=	gerätespezifische Einstelldaten
13	=	Carriage Return (ASCII dezimal), CR
10	=	Line Feed (ASCII dezimal), LF

13, 10 bilden den Datenterminator (Endekennung). Für ein komplettes Meßprogramm sind natürlich noch eine Vielzahl weiterer BASIC-Befehle, insbesondere zur Datendokumentation erforderlich. Darauf kann hier im einzelnen nicht eingegangen werden.

Anschließend soll ein einfaches Meßprogramm das Prinzip der Meßdatenerfassung veranschaulichen.

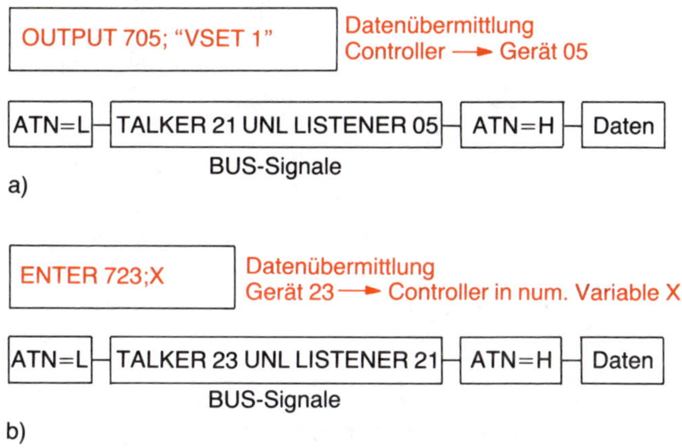

Bild 7.84
HP-BASIC-Befehle zur Datenübertragung
a) Datenfluß vom Controller zum Meßgerät
b) Datenfluß vom Meßgerät zum Controller

7.5.3.4 Beispielprogramm zur Meßdatenerfassung

Bild 7.85 zeigt eine Meßschaltung zur Aufnahme der Kennlinie eines nichtlinearen Widerstands $I = f(U)$. Es handelt sich um eine Glühlampe.

Dazu werden eine programmierbare Gleichspannungsquelle (HP 6633A) und ein Digitalmultimeter (HP 3478A) als Strommesser mit dem Innenwiderstand $R_A \approx 0\,\Omega$ verwendet. Die Spannung soll, ausgehend von 0 V, in Schritten von 2 V bis auf 50 V erhöht und dabei die Stromstärke gemessen werden.

Bild 7.86 stellt den Programmablaufplan für den Meßvorgang dar. Nachdem alle Meßpunkte vorliegen, wird ein Grafikunterprogramm aufgerufen.

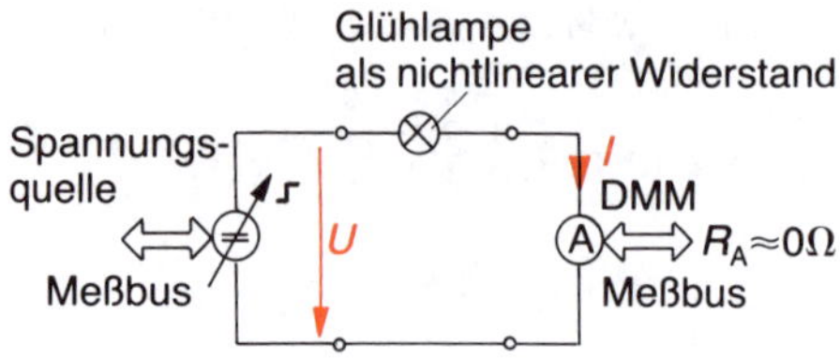

Bild 7.85
Meßschaltung zur Kennlinienaufnahme eines nichtlinearen Widerstands

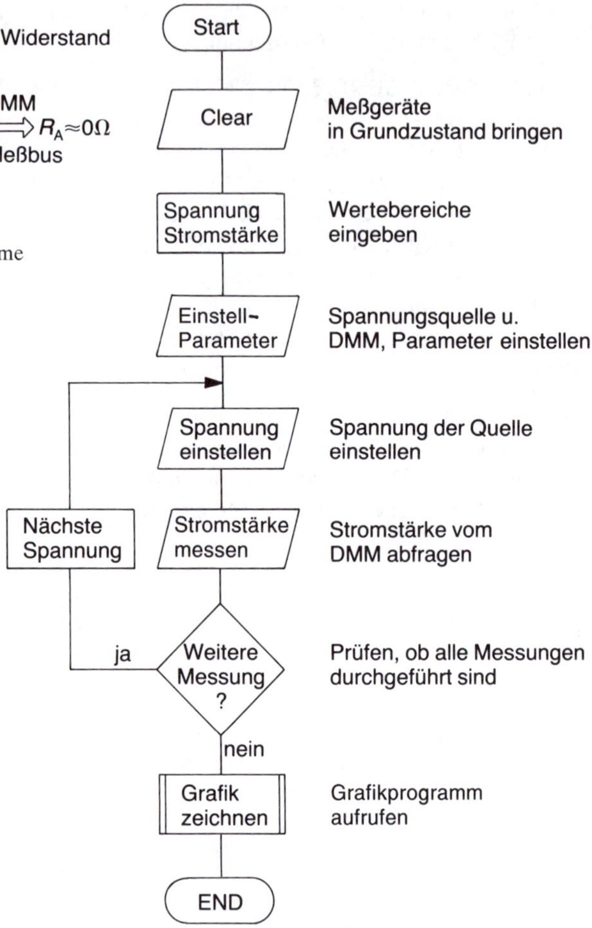

Bild 7.86
Programmablaufplan zur Meßdatenerfassung (Prinzip)

Die Meßwerte werden ausgedruckt und die Kennlinie als Funktion $I = f(U)$ geplottet oder gedruckt. Das Programm ist in HP-BASIC 5.0 realisiert worden und wird im folgenden aufgelistet. Auf die Darstellung des Grafikprogramms wird hier verzichtet, da dessen Erläuterung den Rahmen dieser eher grundsätzlichen Ausführungen sprengen würde.

Programm:

```
10 PRINTER IS 701
20 CLEAR 7
30 PRINT "MESSUNG: I = F(U)"
40 PRINT "U/Volt", "I/AMPERE"
50 OPTION BASE 1
60 DIM Mx(200), My(200)
70 INPUT "Spannungsbereich in Volt: Umin,Umax,dU ",U1,U2,D
80 INPUT "Strombegrenzung in Ampere:Imax ",I$
90 OUTPUT 723;"F5T4R-2RAZ1N4"
```

```
100 OUTPUT 705;"ISET "&I$
110 L=0
120 FOR X=U1 TO U2 STEP D
130 L=L+1
140 Mx(L)=X
150 OUTPUT 705;"VSET "&VAL$(Mx(L))
160 WAIT 0.1
170 TRIGGER 723
180 ENTER 723;My(L)
190 PRINT Mx(L),MY(L)
200 NEXT X
210 OUTPUT 705;"OUT 0"
220 GOSUB Grafik
230 END
```

Als Geräte wurden im vorliegenden Fall verwendet:
Drucker HP-ThinJet Adresse 701
Strom-Spannungsquelle HP 6633A Adresse 705
Digitalmultimeter HP 3478A Adresse 723
(vgl. Adreßbildung Abschnitt 7.5.3.1)

Erläuterung der Programmzeilen:

10 Als Systemdrucker wird der Drucker am IEC-Bus Adresse 701 definiert.
20 Alle Busgeräte werden initialisiert (Drucker, Strom-/Spannungsquelle, DMM).
30, 40 Tabellenüberschrift auf dem Bildschirm.
50 Festlegung des Anfangsindex 1 für die Variablenfelder Mx(L), My(L).
60 Dimensionierung zweier eindimensionaler Variablenfelder mit je 200 Werten.
70 Eingabe des Wertebereichs für die Spannungen: Hier wird gesetzt $U1 = 0\,V$, $U2 = 50\,V$, $D = 2\,V$ als numerische Konstanten.
80 Die Spannungsquelle verlangt die Angabe eines Maximalstromwertes: hier z. B. 1 A als Stringkonstante.
90 Übermittlung der Einstellparameter an das Digitalmultimeter 723. Der in Anführungszeichen stehende String ist gerätespezifisch und bedeutet laut Datenbuch: F5 = Gleichstrommessung, T4 = die Messung erfolgt aufgrund des Triggerbefehls, R-2RA = Automatische Strommeßbereichswahl, beginnend mit dem empfindlichsten Meßbereich, Z1 = Vor der Messung erfolgt ein automatischer Nullabgleich des Meßgeräts, N4 = 4½stelliges Meßergebnis (Display).
100 Übermittlung des Einstellparameters «Strombegrenzung» an die Spannungsquelle 705. Der in Zeile 80 eingegebene String I$ mit dem Wert 1 (Ampere) wird an den gerätespezifischen String «ISET» angehängt, dies geschieht mit dem Zeichen &. Damit ist die Stromstärke 1 A als Grenze gesetzt.
110 Die Schleifenvariable L wird 0 gesetzt.
120 Die FOR-NEXT-Schleife für die einzustellenden Spannungen wird definiert. X ist jeweils der einzustellende Spannungswert, Anfangswert $X = U1 = 0$, Endwert $X=U2=50$, Schrittweite $D = 2$.
130 Die für die Feldvariable als Index gewählte Variable L wird um 1 erhöht.
140 Damit ist der erste Spannungswert Mx(1)=0.

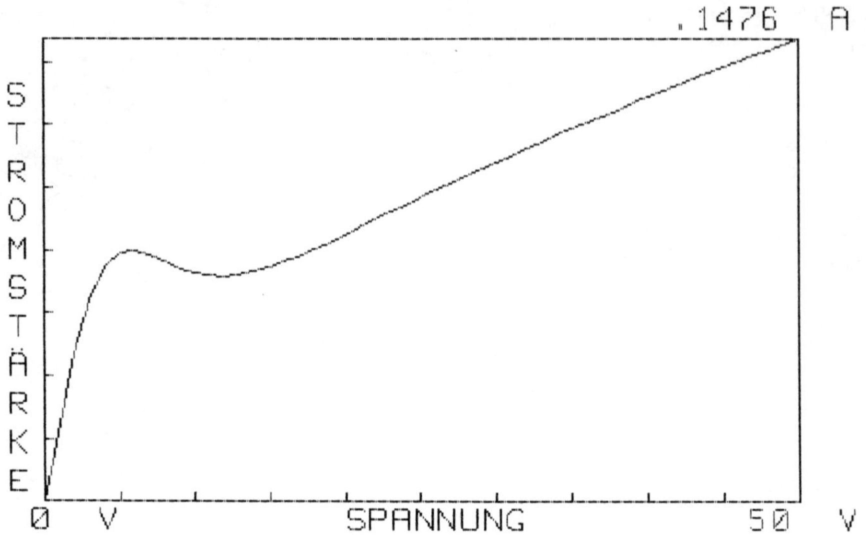

Bild 7.87 Ergebnis einer automatischen Strom-Spannungs-Messung über ein IEC-625-Bussystem
a) Tabelle der Meßwerte
b) grafische Darstellung $I = f(U)$

150 Die Spannungsquelle wird gesetzt. An den gerätespezifischen String «VSET» wird mit & der mit VAL $ in einen String umgewandelte Zahlenwert = Spannung Mx(L) angefügt.
160 Eine Wartezeit von 0,1 s wird angefügt, um der Quelle Zeit zur Meßwerteinstellung zu geben.
170 Das DMM 723 wird getriggert, die Strommessung wird gestartet.
180 Der Meßwert des DMM 723 wird abgefragt und in die numerische Variable My(L) gespeichert.
190 Ausdruck der zugehörigen Spannungs-/Stromwerte auf dem Bildschirm.
200 Schleife wird wiederholt bis $X > U2$ ist.
210 Der Ausgang der Spannungsquelle wird abgeschaltet mit dem gerätespezifischen String «OUT 0».
220 Aufruf des Grafikunterprogramms.
230 Ende der Meßwerterfassung.

Das Ergebnis der Programmabarbeitung zeigen die Bilder 7.87a und b.

Meßwerte werden üblicherweise tabellarisch oder in Form von Grafiken dokumentiert. Darüber hinaus lassen sich weitergehende Eigenschaften des untersuchten Meßobjektes erfassen, indem z. B. die Meßgeschwindigkeit variiert wird oder Mittelwerte aus vielen Meßreihen gebildet werden.

Polling und Interrupt

Abschließend soll noch kurz auf ein Prinzip hingewiesen werden, das eine gewisse Optimierung der Meßgeschwindigkeit zuläßt. Das vorher erläuterte Beispielprogramm weist in Zeile 160 eine Wartezeit von 0,1 s auf, die der Spannungsquelle Zeit zum Einstellen der geforderten

Spannung läßt. Diese Zeit benötigt die Quelle laut Datenbuch auch etwa. Viele andere Geräte besitzen je nach Meßbedingungen allerdings flexible Einstell- und Meßzeiten. Hier ist es sinnvoll, das entsprechende Gerät aufzufordern, selbst mitzuteilen, wenn die Einstellung bzw. Messung vollzogen ist. Dazu kann die SRQ-Leitung dienen. Der Controller kann entweder diese Leitung nach dem Start einer Messung periodisch abfragen bis z. B. mit SRQ = L das Ende der Messung angezeigt wird, oder der Controller führt zwischenzeitlich andere Programmschritte aus und erhält über SRQ eine Interruptanforderung (Unterbrechungsanforderung). Er übernimmt daraufhin die jetzt bereitstehenden Meßwerte. Diese Polling- und Interruptverfahren müssen den Gegebenheiten der verwendeten Geräte angepaßt werden und können deshalb hier im einzelnen nicht näher aufgeführt werden. Detaillierte Beschreibungen des Umgangs mit den Statusbytes und den SRQ-Bedingungen findet man in den Bedienungsanweisungen der busfähigen Geräte.

Standardsoftware für die Meßdatenverarbeitung

Die Bilder 7.88a, b zeigen den Aufbau eines Meßsystems, das mehrere IEC-Busgeräte enthält. Neben dem PC als Controller sind eine Strom-/Spannungsquelle, ein Funktionsgenerator, ein Oszilloskop, ein Schreiber und ein Meßstellenumschalter in das System integriert. Um solche oder ähnliche Meßsysteme voll nützen zu können, ist es ratsam, insbesondere für die Datendokumentation, mit speziellen Meßtechnik-Grafikprogrammen zu arbeiten. Inzwischen gibt es eine ganze Reihe Softwarefirmen, die Meßtechnikprogramme anbieten. Einige Programmnamen und Hersteller sollen hier genannt werden.

Alle Programmpakete unterstützen Messungen über IEC-Bus und RS232-Schnittstellen sowie A/D-D/A-Umsetzer der wichtigsten Hersteller. Ferner werden umfangreiche Grafikmöglichkeiten bis zu dreidimensionaler Darstellung geboten. Spezielle Eigenschaften sind beim Hersteller zu erfahren:

LabWindows von National Instruments
ASYST von Keithley/Asyst
SIGNALYS von Ziegler Instruments GmbH
TURBOLAB von Stemmer PC-Systeme
DIA/DAGO von GfS mbH
REMUS von Caesar Datensysteme.

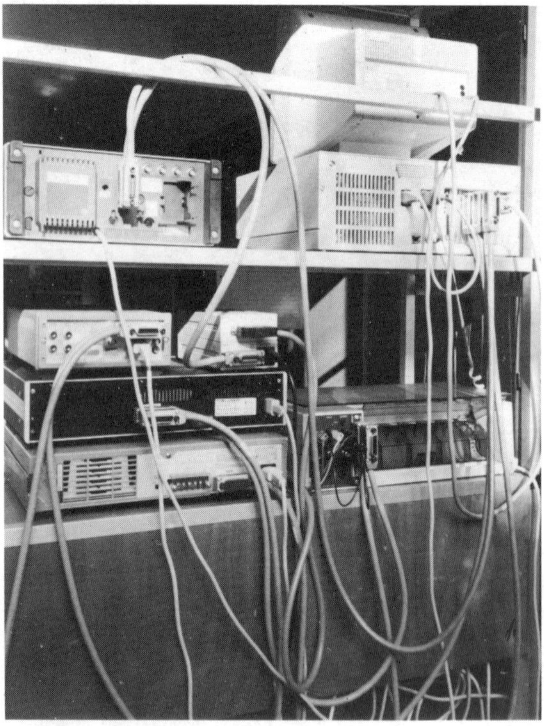

Bild 7.88a
IEC-625-Meßsystem und PC, Oszilloskop, DMM, Funktionsgenerator, Strom-Spannungs-Quelle, Schreiber und Meßstellenumschalter

Bild 7.88b
Rückansicht des Meßsystems, zu erkennen sind die Norm-Buskabel

Anhang

A Übungsaufgaben zur Lernkontrolle

A 1 Grundbegriffe der Meßtechnik

A 1.1 Größen, Einheiten, Normalien

1. Welcher Zusammenhang besteht zwischen einer Größe und ihrer Einheit?
2. Nennen Sie die Basisgrößen und Basiseinheiten des internationalen Maßsystems (SI).
3. Zeigen Sie am Beispiel der Einheit 1 V, wie man eine abgeleitete Einheit auf die Basiseinheiten zurückführen kann.
4. Wie unterscheiden sich Primär-, Sekundär- und Arbeitsnormalien?
5. Für welche abgeleiteten elektrischen Einheiten stehen praktische Normalien zur Verfügung?

A 1.2 Meßfehler

1. Welcher prinzipielle Unterschied besteht zwischen der Genauigkeit und der Empfindlichkeit eines Meßgeräts?
2. Wodurch sind systematische Fehler und zufällige Fehler gekennzeichnet?
3. Nennen Sie ein typisches Beispiel für einen systematischen Fehler.
4. Welche Ursachen können zufällige Fehler haben?
5. Was versteht man bei einem Meßgerät unter Garantiefehlergrenze?
6. Welche Bedeutung haben die Klassen der Instrumente, welche Klassen unterscheidet man?
7. Zeigen Sie an einem Beispiel, weshalb es sinnvoll ist, den Meßbereich eines Instruments so zu wählen, daß der Zeigerausschlag möglichst in der Nähe des Vollausschlags liegt.
8. Ein Spannungsmesser der Genauigkeitsklasse 1,5 zeigt auf dem 10-V-Bereich 8,32 V an. Ein Strommesser der Genauigkeitsklasse 1 zeigt auf dem 3-mA-Bereich 1,47 mA an.
   a) Wie groß sind der absolute und der relative Fehler beider Messungen?
   b) Angenommen, die beiden Meßwerte stellen den Spannungsabfall an einem unbekannten Widerstand und den Strom durch diesen dar.
      Wie groß ist der unbekannte Widerstand und mit welchem absoluten und relativen Fehler läßt er sich bestimmen?
9. Eine Strommessung wird mit drei verschiedenen Instrumenten der Klasse 2,5 im 30-mA-Bereich durchgeführt. Dabei werden folgende Werte gemessen: Instrument 1: $I = 25{,}5\,\text{mA}$; Instrument 2: $I = 25{,}75\,\text{mA}$; Instrument 3: $I = 24{,}5\,\text{mA}$.
   a) Wie groß kann der maximale absolute Fehler der Instrumente sein?
   b) In welchem Bereich könnte der richtige Wert der Stromstärke liegen, wenn nur mit Instrument 1 gemessen würde?
   c) In welchem Bereich muß der richtige Wert liegen, wenn man alle drei Meßinstrumente in die Beurteilung einbezieht?

10. Drei Widerstände der 5%-Reihe liegen in Serie (Bild A1).

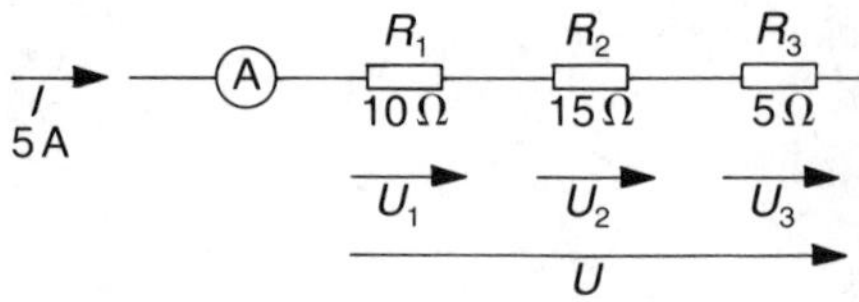

Bild A1

Der Strommesser zeigt die Stromstärke $I = 5\,\text{A}$ mit einem rel. Fehler $\pm 1{,}5\%$ an.

a) Berechnen Sie die Teilspannungen U_1, U_2, U_3 und geben Sie den maximalen relativen Fehler in % an, mit dem die Ergebnisse behaftet sein können.

b) Geben Sie die Gesamtspannung U und den maximalen relativen Fehler an.

c) Mit welchem wahrscheinlichen Fehler der Gesamtspannung kann man rechnen?

d) Berechnen Sie die Leistung in jedem Widerstand mit Angabe des maximalen relativen Fehlers.

11. Ein mit einer 270-Grad-Skala versehenes lineares Potentiometer mit dem Gesamtwiderstand $1\,\text{k}\Omega \pm 5\%$ soll zwei gleich große Teilspannungen von 5 V aus der Gesamtspannung $10\,\text{V} \pm 2\%$ erzeugen.

Der Abgriff des Potentiometers steht dabei auf 135° mit einer Unsicherheit von ±5°.

a) Berechnen Sie den maximalen relativen Fehler der beiden Teilspannungen.

b) Wie groß ist der maximale relative Fehler vom Verhältnis der beiden Teilspannungen?

12. Mit Hilfe der dargestellten Brückenschaltung wird ein unbekannter Widerstand R_X ermittelt (Bild A2). Nach dem Nullabgleich ergeben sich folgende Widerstandswerte:

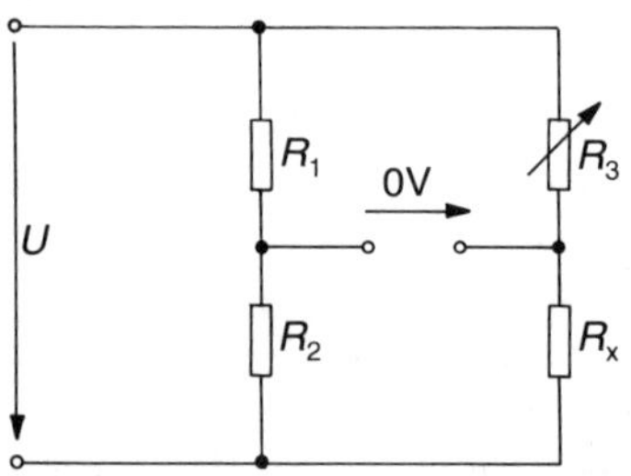

$R_1 = 5\,\text{k}\Omega \pm 1\%$,
$R_2 = 7\,\text{k}\Omega \pm 1\%$,
$R_3 = 12{,}3\,\text{k}\Omega \pm 2{,}5\%$.

Bild A2

Ermitteln Sie den Widerstand R_X mit Angabe der Meßunsicherheit in Prozent (Formel: $R_X = R_3 \cdot \frac{R_2}{R_1}$).

13. In einer Fertigungshalle wurden mit Hilfe eines Pegel-Häufigkeitszählers die in der nachstehenden Tabelle wiedergegebenen Häufigkeiten der jeweiligen Schalldruckpegel registriert:

Schalldruckpegel in dB	Häufigkeit
57,5	3
62,5	13
67,5	43
72,5	105
77,5	128
82,5	48
87,5	14
92,5	2

a) Berechnen Sie den Mittelwert des Schalldruckpegels.
b) Wie groß ist die Standardabweichung?
c) In welchem Pegelbereich liegen etwa 89% aller Schalleinwirkungen?

A 2 Kenngrößen von Strom und Spannung

A 2.1 Mittelwerte periodischer Spannungen und Ströme

1. Zeigerinstrumente zur Messung von Spannung und Stromstärke zeigen meist Mittelwerte der Meßgröße an. Nennen Sie die üblichen Mittelwerte und erläutern Sie deren Bedeutung.
2. Berechnen Sie für die angegebene Spannung die 3 typischen Mittelwerte (Bild A3).
3. Die dargestellte Spannung (Bild A3) wird von einem Gleichspannungsmesser gemessen. Welche Anzeige ist zu erwarten?

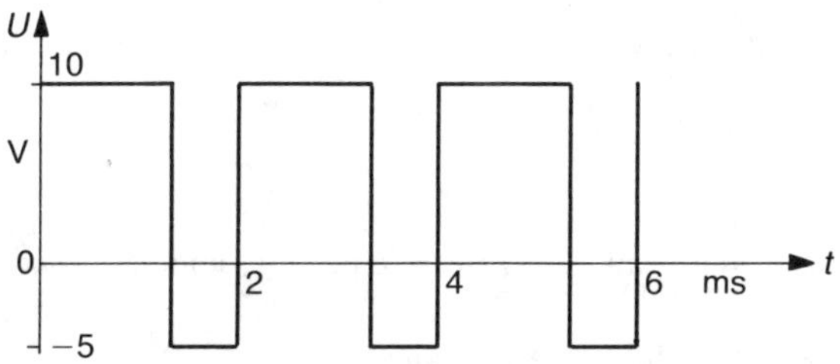

Bild A3

4. Ein übliches Vielfachinstrument mit Drehspulmeßwerk hat im Wechselspannungsbereich den Formfaktor $F = 1{,}11$. Ermitteln Sie, welche Skalenanzeige das Instrument im Wechselspannungsbereich anzeigt, bei folgenden Spannungen (jeweils mit dem gleichen Maximalwert $\pm 5\,\mathrm{V}$):
   a) Sinusspannung,
   b) symmetrische Rechteckspannung,
   c) symmetrische Dreieckspannung.
5. Ein Spannungsmesser, der den Effektivwert anzeigt, wird zur Messung der gezeichneten Spannung verwendet (Bild A4).

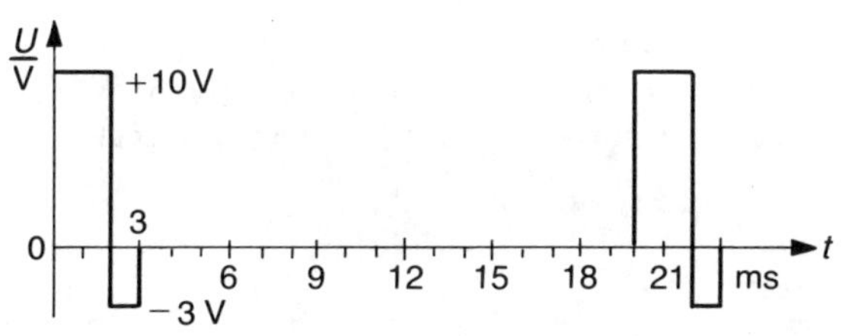

Bild A4

   a) Prüfen Sie nach, ob der Spannungsmesser geeignet ist, wenn er einen Crestfaktor von 4 zuläßt.
   b) Was müßte der Spannungsmesser anzeigen?

A 2.2 Kenngrößen nichtsinusförmiger Spannungen und Ströme

1. Wodurch läßt sich eine nichtsinusförmige Spannung kennzeichnen?
2. Was versteht man unter dem Amplitudenspektrum?
3. Weshalb wird ein nichtsinusförmiges Signal beim Durchlaufen eines RC-Glieds in seiner Kurvenform verändert?
4. Wie entsteht eine Schwebung?
5. Skizzieren Sie das Amplitudenspektrum einer amplitudenmodulierten Trägerfrequenz.
6. Was ist der Unterschied zwischen einer Impuls- und einer Pulsspannung?
7. Was versteht man unter dem Klirrfaktor?
8. Berechnen Sie den Klirrfaktor einer Rechteckspannung, wenn 4 Oberwellen berücksichtigt werden.

A 3 Meßprinzipien elektrischer Zeigerinstrumente

A 3.1 Das Meßwerk als Meßumformer

A 3.2 Dämpfung von Meßwerken

A 3.3 Lagerung

1. Zeigerinstrumente arbeiten meist auf dem Prinzip einer Drehmomentwaage. Erklären Sie, was damit gemeint ist.
2. Eine Skala ist zu zeichnen, die folgende Aufteilung hat:
   Anfangswert 0
   Endwert 10
   Skalenmitte 5
   Von 0 bis 5 ist der Abbildungsmaßstab quadratisch, von 5 bis 10 linear.
   Gesamte Skalenlänge 10 cm.
   Teilungsstriche 0, 1, 2, 3, 4, 5, 6, 7, 8, 9, 10.
3. Weshalb muß ein Zeigerinstrument gedämpft werden?
4. Beschreiben Sie zwei Dämpfungsmaßnahmen.
5. Wie unterscheidet sich das Einschwingverhalten, wenn der Dämpfungsfaktor: $d < 1$, $d = 1$, $d > 1$ ist?
6. Bei welchem Dämpfungsfaktor ist die Einstellzeit am kürzesten?
7. Was versteht man unter der Beruhigungszeit?
8. Welche Art der Lagerung bevorzugt man bei registrierenden Meßwerken?
9. Für welche Instrumente ist die Spannbandlagerung besonders geeignet?

A 3.4 Drehspulmeßwerk

A 3.5 Kreuzspulmeßwerk

A 3.6 Drehmagnetmeßwerk

1. Erklären Sie den Aufbau eines Drehspulmeßwerks.
2. Welcher elektrischen Größe ist der Zeigerausschlag des Drehspulmeßwerks direkt proportional?

3. Bei welchen Messungen ist eine Temperaturkompensation des Drehspulmeßwerks erforderlich?
4. Mit welcher Bauform des Drehspulmeßwerks lassen sich besonders kleine Abmessungen erreichen?
5. Weshalb ist bei einem Kreuzspulmeßwerk keine Drehfeder erforderlich?
6. Begründen Sie, warum sich das Kreuzspulmeßwerk zur Widerstandsmessung eignet.
7. Welchen Vorzug und welchen Nachteil hat ein Drehmagnetmeßwerk im Vergleich zum Drehspulmeßwerk?
8. Welcher elektrischen Größe ist der Zeigerausschlag des Drehmagnetmeßwerks proportional?

A 3.7 Elektrodynamisches Meßwerk

1. Erläutern Sie den Aufbau und die Wirkungsweise des elektrodynamischen Meßwerks.
2. Wodurch wird der Zeigerausschlag des Meßwerks bestimmt?
3. Weshalb ist das Meßwerk für Wechselstrommessungen geeignet?
4. Geben Sie die Skalengleichung für das Meßwerk bei Speisung mit zwei sinusförmigen Strömen an.
5. Wie kann das Meßwerk als Effektivstrommesser verwendet werden?
6. Für welche Anwendung wird das Meßwerk vorwiegend eingesetzt?

A 3.8 Dreheisenmeßwerk

1. Erklären Sie den Aufbau eines Dreheisenmeßwerks.
2. Welche elektrische Größe bestimmt den Zeigerausschlag des Dreheisenmeßwerks?
3. Welche Probleme treten bei der Spannungsmessung mit dem Dreheisenmeßwerk auf?
4. Weshalb hat das Dreheisenmeßwerk meist getrennte Skalen für Gleich- und Wechselstrommessung?
5. Wo liegt das Hauptanwendungsgebiet für Dreheisenmeßwerke?

A 3.9 Elektrostatisches Meßwerk

A 3.10 Thermische Meßwerke

1. Erläutern Sie das Meßprinzip eines elektrostatischen Meßwerks.
2. Erklären Sie mit Hilfe der Skalengleichung, weshalb das elektrostatische Meßwerk für Gleich- und Wechselspannungsmessungen geeignet ist.
3. Für welche Messungen wird das elektrostatische Meßwerk vorzugsweise eingesetzt?
4. Welchen besonderen Vorteil bringt die Spannungsmessung mit einem elektrostatischen Meßwerk?
5. Nennen Sie drei thermische Meßwerke.
6. Erläutern Sie an einem Beispiel das Meßprinzip eines thermischen Meßwerks.
7. Welche elektrische Größe wird mit einem thermischen Meßwerk erfaßt?
8. Nennen Sie zwei typische Anwendungen thermischer Meßwerke.

A 3.11 Induktionsmeßwerk

1. Beschreiben Sie das Wirkungsprinzip eines Induktionsmeßwerks.
2. Wie läßt sich das Meßwerk als Leistungsmesser verwenden?
3. Weshalb ist das Meßwerk nur für Anwendungen im Wechselstromkreis verwendbar?
4. Welche Bedingungen sind zu erfüllen, wenn das Meßwerk als Wirkverbrauchszähler arbeiten soll?
5. Welche Bedingungen sind zu erfüllen, wenn das Meßwerk als Blindverbrauchszähler arbeiten soll?

A 3.12 Vibrationsmeßwerke

1. In welchem Frequenzbereich werden Vibrationsmeßwerke für Frequenzmessungen eingesetzt?
2. Nennen Sie jeweils ein Anwendungsbeispiel für den Einsatz von Drehmagnet-Vibrationsmeßwerken und von Zungenfrequenzmessern.

A 3.13 Registrierende Meßgeräte

1. Wodurch unterscheiden sich Linien- und Punktschreiber?
2. Nennen Sie jeweils ein Schreibersystem zur Registrierung sehr langsam sich ändernder Spannungen und ein System für schnell sich ändernde Spannungen (z. B. 1 kHz).
3. Welcher Unterschied besteht zwischen einem Schreiber und einem Plotter?
4. Nennen Sie jeweils ein Anwendungsbeispiel für einen Linienschreiber und einen Kompensationsschreiber.
5. Nennen Sie fünf typische Meßaufgaben für ein Digital-Speicheroszilloskop.
6. Wodurch ist die obere Grenzfrequenz eines Digital-Speicheroszilloskops festgelegt?

A 3.14 Meßwerksymbole und Zeichen

1. Auf einem Meßwerk sind die folgenden Zeichen dargestellt (Bild A5).
   Erklären Sie deren Bedeutung.

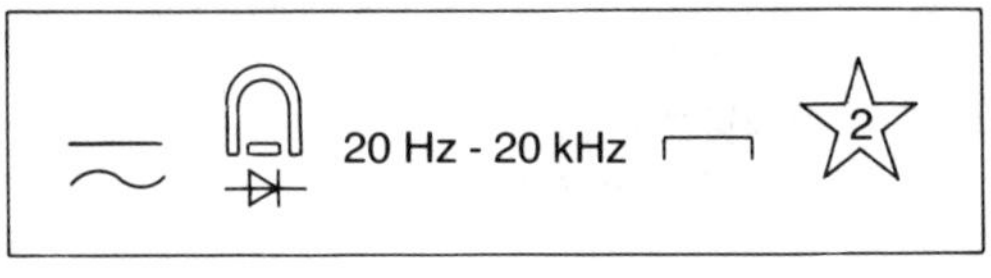

Bild A5

2. Wie hoch dürfen Betriebsinstrumente überlastet werden?

A 4 Meßprinzip des Oszilloskops

A 4.1 Aufbau und Wirkungsweise der Oszilloskopröhre

1. Skizzieren Sie die Teile einer Oszillographenröhre.
2. Erklären Sie, wie bei einem Oszilloskop die Helligkeitseinstellung erfolgt.
3. Erläutern Sie das Prinzip der Fokussierung.

4. Welche Aufgabe hat die Nachbeschleunigungsanode?
5. Erläutern Sie die Begriffe Fluoreszenz und Phosphoreszenz.
6. Was versteht man unter dem Ablenkkoeffizienten der x- und y-Platten?
7. Weshalb sind die y-Platten katodennah angeordnet?
8. Wie lassen sich bei Hochfrequenz-Oszilloskopröhren Laufzeitfehler ausgleichen?

A 4.2 Baugruppen und Kennwerte

1. Nennen Sie die Baugruppen eines Standard-1-Kanal-Oszilloskops.
2. In welchen Stufen wird der Eingangsabschwächer des y-Kanals üblicherweise ausgeführt?
3. Der Eingangswiderstand des y-Eingangs soll bei Gleichspannung $R_e = 1\,\text{M}\Omega$ betragen, die Parallelkapazität sei $C_e = 35\,\text{pF}$. Bei welcher Frequenz ist der Eingangswiderstand auf den Wert $Z_e = 707\,\text{k}\Omega$ gesunken?
4. Wie groß muß bei Aufgabe 3. die Eingangs-Serienkapazität im AC-Betrieb gewählt werden, wenn der Eingangshochpaß eine Grenzfrequenz von 5 Hz haben soll?
5. Wie ist der Eingangsabschwächer des y-Eingangs aufgebaut?
6. Ein Oszilloskop hat nach Datenblatt eine Grenzfrequenz von 20 MHz. Wie groß darf die Anstiegszeit von Rechteckimpulsen sein, wenn diese noch weitgehend unverfälscht abgebildet werden sollen?
7. Bei der Grenzfrequenz wird eine Sinusspannung mit der Amplitude 5 V abgebildet. Wie groß ist die Amplitude wirklich?
8. Welche Aufgabe erfüllt die Verzögerungsleitung im y-Kanal eines Oszilloskops?
9. Was versteht man bei einem Oszilloskop unter z-Modulation?
10. In den Kurvenzug eines dargestellten Signals sollen Zeitmarken eingeblendet werden. Wie läßt sich das realisieren?
11. Was versteht man unter dem Triggern eines Oszilloskops?
12. Ein Oszilloskop wird wie folgt eingestellt: Trigger – Intern, Normal, AC, positive Flanke. Erklären Sie die Bedeutung dieser Einstellung.
13. a) Beschreiben Sie eine Meßaufgabe, die nur mit einem Oszilloskop mit verzögerter Zeitbasis zu lösen ist.
    b) Erklären Sie anhand des gewählten Beispiels die Wirkungsweise der verzögerten Zeitbasis.

A 4.3 2-Kanal-Oszilloskop

A 4.4 Tastköpfe

1. Wodurch unterscheidet sich grundsätzlich ein 2-Kanal-Oszilloskop von einem 2-Strahl-Oszilloskop?
2. Erläutern Sie die beiden Betriebsarten: Chopperbetrieb und alternierender Betrieb.
3. Zwei Wechselspannungen der Frequenz 10 Hz sollen mit Hilfe des 2-Kanal-Oszilloskops verglichen werden. Welche Betriebsart ist hierbei zu wählen?
4. Welche Darstellungsweisen der Signale lassen sich mit dem Kanalwähler üblicherweise einstellen?
5. In welcher Betriebsart kann die Kennliniendarstellung mit dem 2-Kanal-Oszilloskop erfolgen?

6. Welche besonderen Aufgaben erfüllen Tastköpfe?
7. Nennen Sie drei Ausführungsformen von Tastköpfen und geben Sie jeweils einen Anwendungsfall an.
8. Ein Oszilloskop habe den Eingangswiderstand 1 MΩ und die Parallelkapazität 45 pF. Berechnen Sie die Bauteile für einen frequenzkompensierten 10 : 1-Tastteiler.
9. Wie groß ist der Eingangsscheinwiderstand des Oszilloskops mit dem Tastteiler von Aufgabe 8:
   Bei sehr tiefen Frequenzen ($f \approx 0\,\text{Hz}$),
   bei $f = 10\,\text{kHz}$ und
   bei $f = 1\,\text{MHz}$?

A 4.5 Messungen mit dem Oszilloskop

1. In welcher Richtung wird der Elektronenstrahl abgelenkt, wenn an den *y*-Kanal eine positive Spannung angelegt wird?
2. In welcher Richtung wird der Elektronenstrahl abgelenkt, wenn am *y*-Verstärker eine positive und am *x*-Verstärker eine negative Spannung anliegt?
3. Mit einem Oszilloskop wird eine Rechteckspannung gemessen. Welche Fehleinstellung könnte vorliegen, wenn das Rechteckt auf dem Bildschirm eine Dachschräge aufweist?
4. Welche Anteile einer Meßspannung werden angezeigt, wenn der *y*-Eingang auf a) AC, b) DC steht?
5. Von einer Mischspannung soll der Gleichspannungsanteil meßtechnisch ermittelt werden. Beschreiben Sie die Messung mit dem Oszilloskop.
6. Auf welche Weise lassen sich mit dem Oszilloskop Ströme messen?

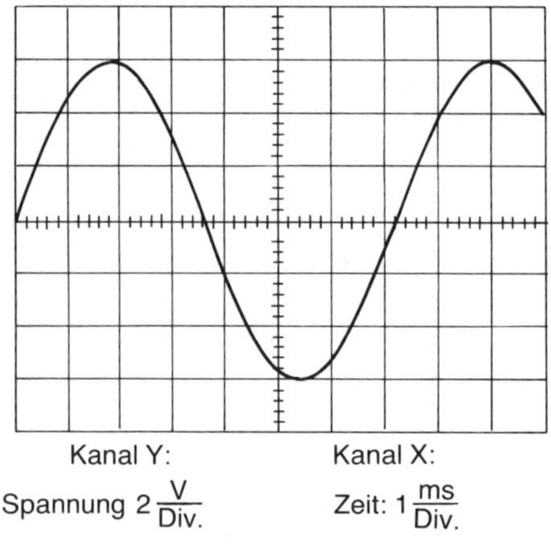

Bild A6

7. Auf dem Bildschirm eines Oszilloskops ist eine Sinusspannung (Bild A6) dargestellt. Die Ablenkkoeffizienten sind eingestellt auf: $K_y = 2\,\frac{\text{V}}{\text{Div.}}$, $K_x = 1\,\frac{\text{ms}}{\text{Div.}}$. Ermitteln Sie den Scheitelwert, den Effektivwert und die Frequenz der Spannung.
8. Mit Hilfe der Lissajous-Figuren soll die Phasenverschiebung zwischen Ein- und Ausgang eines Verstärkers bestimmt werden. Skizzieren Sie die Meßanordnung, und beschreiben Sie den Meßvorgang.

9. Mit dem Oszilloskop wurde die Phasenverschiebung einer 1-kHz-Spannung mit Hilfe der Zeitbasis gemessen (Bild A7). Werten Sie das Bild aus, und berechnen Sie die Phasenverschiebung nach Betrag und Vorzeichen.

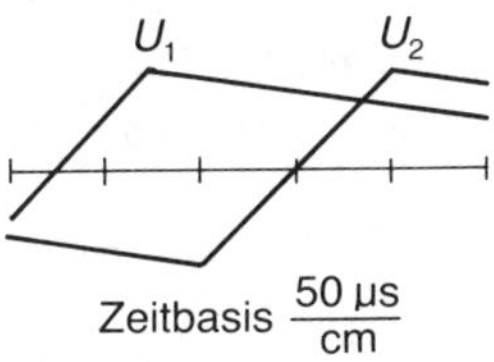

Bild A7

10. Bild A8 zeigt eine Lissajous-Figur. Ermitteln Sie die Phasenverschiebung der beteiligten Sinusspannungen.

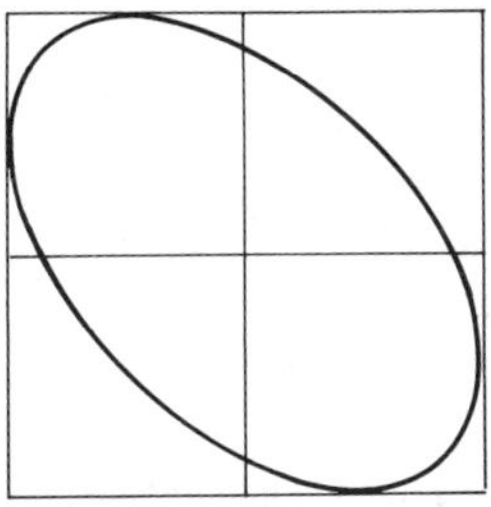

Bild A8

11. Skizzieren und erläutern Sie die Schaltung zur Darstellung einer Diodenkennlinie mit dem Oszilloskop. Welche Einstellungen sind am Oszilloskop vorzunehmen?

A 5 Meßverfahren zur Messung elektrischer Größen

A 5.1 Meßgenauigkeit

1. Häufig werden elektrische Größen (z. B. Spannung) nicht direkt gemessen, sondern zunächst in eine analoge Frequenz umgeformt, die dann gemessen wird. Geben Sie dafür einen Grund an.
2. Es sollen folgende Größen gemessen werden:
   Spannung, Kapazität, el. Widerstand, Zeit, Induktivität, Frequenz.
   Ordnen Sie die Größen in der Reihenfolge der jeweils erreichbaren Meßgenauigkeit.

A 5.2 Spannungs- und Strommessung mit dem Drehspulmeßwerk

1. Aus welchem Grunde muß ein Drehspulmeßwerk für Spannungsmessungen temperaturkompensiert sein?
2. Welche Bedeutung hat der spannungsbezogene Innenwiderstand und wie wird er angegeben?
3. Mit Hilfe eines Drehspulmeßwerks soll ein Gleichspannungsmesser mit den Meßbereichen: 0,3 V; 1 V; 3 V; 10 V; 30 V; 100 V aufgebaut werden. Das Meßwerk hat den Widerstand $R_M = 1\,\text{k}\Omega$, der Spannungsmesser soll den Innenwiderstand $R_{iv} = 50\,\frac{\text{k}\Omega}{\text{V}}$ haben. Skizzieren Sie die Schaltung und berechnen Sie die erforderlichen Widerstände.

4. An einem Spannungsteiler wurde die geteilte Spannung mit einem Spannungsmesser ($R_{iv} = 50\ \frac{k\Omega}{V}$) einmal im 10-V-Bereich gemessen: $U_1 = 8\,V$ und dann im 30-V-Bereich: $U_2 = 10\,V$.
   a) Begründen Sie das Zustandekommen der unterschiedlichen Meßergebnisse.
   b) Wie groß ist die Spannung am Abgreifpunkt, wenn der Spannungsmesser nicht anliegt?
5. Auf welche Weise erfolgt die Meßbereichserweiterung bei der Gleichstrommessung mit dem Drehspulmeßwerk?
6. Ein Vielfachmeßgerät mit dem Schließungswiderstand $R_S = 15\,k\Omega$ ist für folgende Meßbereiche zu entwerfen:
   Gleichstrombereiche: 50 µA, 300 µA, 1 mA, 3 mA, 10 mA, 30 mA
   Gleichspannungsbereiche: 180 mV, 300 mV, 1 V, 3 V, 10 V, 30 V.
   Das Meßwerk hat die Daten: $R_M = 6\,k\Omega$, $I_M = 30\,\mu A$.
   a) Berechnen Sie die Nebenwiderstände der Strommeßbereiche.
   b) Berechnen Sie die Vorwiderstände der Spannungsmeßbereiche.
   c) Wie groß ist der spannungsbezogene Innenwiderstand bei der Spannungsmessung?
   Die Meßbereiche sollen durch einen Umschalter gewählt werden können.
7. Zur Messung von Wechselspannungen werden Drehspulinstrumente mit Gleichrichterschaltungen kombiniert. Welche Gleichrichterschaltungen eignen sich für Messungen im Niederfrequenzbereich, welche für den Hochfrequenzbereich? Begründen Sie Ihre Antwort.
8. Aus welchem Grund ist der Anfangsbereich der Skala bei Wechselspannungsmessungen meist nicht linear?
9. Skizzieren Sie eine Schaltung, mit der der Spitze-Spitze-Wert einer Wechselspannung gemessen werden kann.
10. Nach welcher Methode kann erreicht werden, daß bei der Wechselspannungsmessung mit Gleichrichter die Schwellspannung der Dioden ohne Einfluß auf das Meßergebnis bleibt?
11. Erläutern Sie die Meßbereichserweiterung bei Wechselstrommessung mit Stromwandler.
12. Mit einem Spannungsmesser mit Drehspulmeßwerk, Brückengleichrichter und Spannungswandler im Wechselspannungsbereich werden die Spannungen (Bild A9) gemessen.

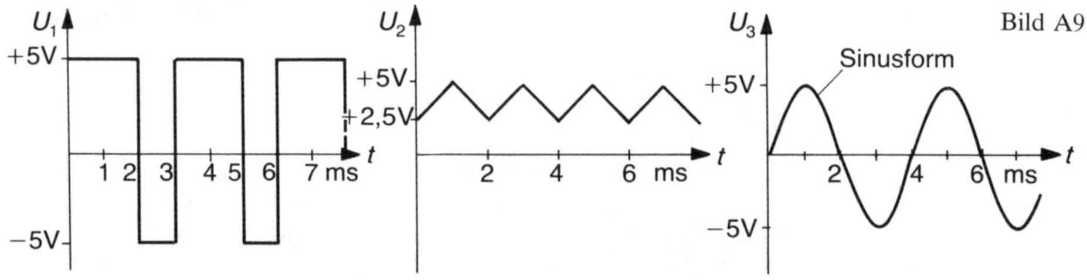

Bild A9

   a) Mit welcher Anzeige ist im Gleichspannungsmeßbereich zu rechnen?
   b) Was wird der Spannungsmesser im Wechselspannungsbereich anzeigen?
   c) Wie groß wäre der Kurvenformfehler bei b), wenn man die angezeigten Werte jeweils als Effektivwerte auffassen würde?

A 5.3 Messung des Effektivwerts von Strom und Spannung

1. Wodurch unterscheidet sich die Anzeige eines «echten» Effektivwertmessers von der eines in Effektivwerten geeichten Wechselspannungsmessers mit Drehspulmeßwerk und Gleichrichter?
2. Nennen Sie vier Meßverfahren zur Messung des Effektivwerts einer Wechselspannung.
3. Auf welche Weise kann die Meßbereichserweiterung eines Wechselstrommessers mit Dreheisenmeßwerk erfolgen?
4. Welches ist das Haupteinsatzgebiet von Dreheisenstrom- und -spannungsmessern? Begründung!
5. Erläutern Sie die Arbeitsweise eines Spannungskomparators zur Effektivwertmessung.
6. Wie läßt sich ein Effektivwertmesser aus Analogrechenbausteinen realisieren?
7. Nennen Sie jeweils ein Verfahren zur Effektivwertmessung in der Nieder- und in der Hochfrequenztechnik.
8. Die Spannungen in Bild A9 werden mit einem «echten» Effektivspannungsmesser gemessen. Berechnen Sie den zu erwartenden Anzeigewert.

A 5.4 Kompensationsverfahren zur Spannungs- und Strommessung

1. Welche besonderen Vorteile bietet ein Spannungsmesser nach dem Kompensationsverfahren gegenüber einem üblichen Spannungsmesser mit Drehspulmeßwerk?
2. Erklären Sie die Meßprinzipien nach POGGENDORF und LINDECK-ROTHE.
3. Was versteht man unter einem selbstabgleichenden Kompensator? Zeigen Sie das an einem Beispiel.
4. Erläutern Sie das Prinzip eines Kompensations-Linienschreibers.

A 5.5 U/f- und U/t-Umformer

1. Welche Vorteile bietet die Umformung der zu messenden Spannung in eine analoge Frequenz? Nennen Sie drei Vorteile.
2. Erläutern Sie ein Verfahren zur Spannungs-Frequenz-Umformung.
3. Begründen Sie, weshalb bei einem integrierenden U/f-Umformer kurze Störimpulse unterdrückt werden.
4. Wie ließe sich ein U/f-Umformer so erweitern, daß sich ein digital anzeigender Spannungsmesser ergäbe?
5. Wie läßt sich am Ausgang eines U/f-Umformers das Vorzeichen der Eingangsspannung unterscheiden?
6. Welcher grundsätzliche Zusammenhang zwischen Eingangs- und Ausgangsgröße besteht bei einem U/t-Impulsbreitenumformer? Was läßt sich über die Frequenz des Ausgangssignals sagen?
7. Auf welche Weise lassen sich mit einem U/t-Impulsbreitenumformer Wechselspannungen umformen? Welche Bedingung muß dabei eingehalten werden?
8. Ein Impulsbreitenumformer nach Bild 5.27 soll zur Umformung einer 50-Hz-Sinusspannung verwendet werden. Die Taktfrequenz betrage 10 kHz, die Referenzspannung 10 V, die Integrationszeitkonstante 0,1 ms.
   a) Wie groß darf die Amplitude der Wechselspannung sein?
   b) Wie viele Abtastimpulse fallen in eine Periode der Eingangswechselspannung?

A 5.6 *Leistungsmessung*

1. Skizzieren Sie die Anordnung des Leistungsmessers bei der Spannungs- und bei der Stromfehlerschaltung. In welchem Fall wird die Spannungsfehlerschaltung und in welchem Fall die Stromfehlerschaltung bevorzugt?
2. Welche Leistungsarten unterscheidet man im Wechselstromkreis? Wie werden sie aus den Stromkreisgrößen berechnet und durch welche Einheiten gekennzeichnet?
3. Wie läßt sich ein elektrodynamisches Meßwerk als Wirk- und Blindleistungsmesser einsetzen?
4. Skizzieren Sie die Anordnung der Leistungsmesser zur Messung der Wirkleistung im Dreileiter- und Vierleiter-Drehstromnetz jeweils bei Stern- und Dreieckschaltung beliebiger Verbraucher.
5. Wie läßt sich bei symmetrischer Belastung die Wirkleistung im Drehstromnetz am einfachsten messen (Schaltung, Berechnung)?
6. Erklären Sie das Prinzip der Blindleistungsmessung im Dreileiter- und Vierleiter-Drehstromnetz.
7. Erklären Sie die Aron-Schaltung.
8. Nennen Sie drei Meßverfahren zur Leistungsmessung mit Hilfe von Multiplizierbausteinen.
9. Was versteht man unter 1-Quadrant-, 2-Quadrant- und 4-Quadrant-Multiplizierern?
10. Welcher Multiplizierbaustein-Typ ist zur Messung der Wechselstromleistung einzusetzen?
11. Erläutern Sie die Leistungsmessung mit Hilfe des Time-Division-Multiplizierers.

A 5.7 *Messung von ohmschen Widerständen*

1. Skizzieren Sie die Schaltungen zur Widerstandsbestimmung: Spannungsfehlerschaltung, Stromfehlerschaltung. Wodurch ist jeweils der Methodenfehler bestimmt?
2. Mit Hilfe einer Strom-Spannungs-Messung soll der genaue Wert eines Widerstands ermittelt werden. Der Widerstandswert liegt zwischen 5,5 kΩ und 6 kΩ.
   Zur Verfügung stehen:
   Spannungsmesser $R_{\text{iv}} = 20\,\frac{\text{k}\Omega}{\text{V}}$, Klasse 1,5
   Strommesser $U_{\text{A}} = 100\,\text{mV}$ bei Vollausschlag, Klasse 1
   Die Messung erfolgt im 10-V- bzw. im 1-mA-Bereich.
   a) Prüfen Sie durch Vergleich des jeweiligen systematischen Fehlers, ob Strom- oder Spannungsfehlerschaltung zu bevorzugen ist.
   b) In der Spannungsfehlerschaltung zeigt der Spannungsmesser $U = 5{,}7\,\text{V}$ an und der Strommesser $I = 0{,}95\,\text{mA}$.
   Berechnen Sie den Widerstandswert mit und ohne Korrektur des systematischen Fehlers.
   c) Wie groß ist der maximale relative Fehler der Messung aufgrund der Klassengenauigkeit der Instrumente?
   d) Wie groß ist der maximale relative Fehler, wenn der systematische Fehler nicht korrigiert wird?
3. Bei der Widerstandsbestimmung nach der Spannungsvergleichsmethode benutzt man einen Spannungsmesser der Klasse 0,5. Am Vergleichswiderstand 1 kΩ/0,1% wird im

10-V-Bereich eine Spannung 7,42 V und am unbekannten Widerstand die Spannung 8,46 V gemessen.

a) Skizzieren und beschreiben Sie die Meßanordnung.

b) Berechnen Sie den unbekannten Widerstand.

c) Ermitteln Sie den maximalen relativen Fehler der Messung.

4. Bei einer Widerstandsbestimmung mit der Stromvergleichsmethode wird ein Strommesser der Klasse 1,5 mit dem Innenwiderstand 10 Ω benutzt. Der Innenwiderstand der speisenden Quelle beträgt 0 Ω.

Mit dem Vergleichswiderstand 500 Ω/1% wird im 10-mA-Bereich des Instruments der Strom $I_N = 8\,\text{mA}$ gemessen, mit dem unbekannten Widerstand im gleichen Meßbereich $I_x = 8{,}75\,\text{mA}$.

a) Skizzieren und beschreiben Sie die Meßschaltung.

b) Bestimmen Sie den unbekannten Widerstand ohne und mit Korrektur des Methodenfehlers.

c) Wie groß ist der verbleibende maximale relative Fehler der Messung nach Korrektur des Methodenfehlers?

5. Meßbrücken gehören zu den sehr genauen Meßschaltungen zur Widerstandsbestimmung. Begründen Sie diese Aussage.

6. Mit welcher Brückenschaltung lassen sich extrem kleine Widerstandswerte messen? Wie ist diese Schaltung aufgebaut?

7. Eine Brückenschaltung zur Messung eines unbekannten Widerstands führt nach dem Abgleich zu den folgenden Widerstandswerten: $R_2 = 2{,}01\,\text{k}\Omega$, $R_3 = 4{,}66\,\text{k}\Omega$, $R_4 = 5{,}34\,\text{k}\Omega$.

Der unbekannte Widerstand ist $R_x = R_1$.

Die Vergleichswiderstände haben die Toleranz ±0,25%.

a) Wie groß ist der unbekannte Widerstand?

b) Mit welchem maximalen relativen Fehler muß man rechnen?

c) Angenommen, die Widerstände R_3 und R_4 wären die Teilwiderstände eines 10-kΩ-Potentiometers, dessen Widerstandstoleranzwert ±1% beträgt. Wie groß wäre dann der anzunehmende maximale relative Fehler?

8. Eine Brückenschaltung wird bei folgenden Widerständen abgeglichen:

$R_{10} = 100\,\Omega$ $R_{20} = 100\,\Omega$

$R_{30} = 100\,\Omega$ $R_{40} = 100\,\Omega$

Die Speisespannung der Brücke beträgt 3,0 V.

a) Wie groß ist die Brückenspannung im unbelasteten Zustand, wenn R_1 um 1 Ω verstimmt wird? Berechnen Sie den Wert einmal genau und dann mit Hilfe der Näherung. Wie groß ist der relative Fehler bei Anwendung der Näherung? Vergleichen sie mit dem Wert nach Gl. 5.63.

b) Die Brückenspannung wird nun mit einem Meßgerät mit dem Innenwiderstand 100 Ω gemessen.

Wie groß ist die angezeigte Spannung (Näherungsrechnung)?

9. Ein NTC-Widerstand, der bei 20 °C den Wert 3 kΩ besitzt, soll zur genauen Temperaturüberwachung im Temperaturbereich 17 °C bis 23 °C benutzt werden. Die Temperaturabweichungen sollen mit einem Drehspulinstrument mit dem Meßbereich ±50 mV und dem Innenwiderstand 1,5 kΩ registriert werden. Der Temperaturkoeffizient des NTC-Widerstands betrage $-1\,\frac{\%}{\text{K}}$. Die Brückenwiderstände sollen gleich groß gewählt werden.

a) Wie groß müssen die Brückenwiderstände sein?
b) Welche Speisespannung ist einzustellen, wenn der Meßbereich des Drehspulinstruments voll ausgenutzt werden soll (Anwendung der Näherungsformel)?

10. Für welche Meßaufgaben werden vorwiegend Abgleichbrücken und für welche vorwiegend Ausschlagbrücken verwendet?
11. Nennen Sie vier Verfahren für direkt anzeigende Widerstandsmesser.
12. Beschreiben Sie die direkte Widerstandsmessung mit einer Stromquelle und geben Sie eine Schaltung an.
13. Welche Vorteile bietet ein *R*-*T*-Umformer im Vergleich zu der direkten Widerstandsmessung?
14. Beschreiben Sie die Schaltung eines *R*-*T*-Umformers mit Integrator.

A 5.8 Messung von Spulen und Kondensatoren

1. Ein Kondensator und eine Spule haben bei 1 MHz jeweils den Scheinwiderstand 1 kΩ. Der Verlustfaktor des Kondensators beträgt 0,01, die Spulengüte 50.
   Berechnen Sie jeweils die Größen des Reihen- und des Parallelersatzschaltbilds.
2. Bei der Messung eines Kondensators ergaben sich die Größen des Reihenersatzschaltbilds: $C = 200\,\text{pF}$, $R_R = 10\,\Omega$.
   Die Messung erfolgte bei $f = 1\,\text{MHz}$.
   a) Berechnen Sie die Größen des Parallelersatzschaltbilds.
   b) Welchen Verlustfaktor und welche Güte hat der Kondensator?
3. Das Parallel-Ersatzschaltbild einer Spule bestehe bei $f = 10\,\text{kHz}$ aus den Werten: $X_L = 1\,\text{k}\Omega$, $R_P = 20\,\text{k}\Omega$.
   Berechnen Sie L und R_R des Reihen-Ersatzschaltbilds.
4. Nennen und beschreiben Sie jeweils 4 Verfahren zur Bestimmung der Induktivität und Güte von Spulen.
5. Nennen und beschreiben Sie jeweils 4 Verfahren zur Bestimmung der Kapazität und des Verlustfaktors von Kondensatoren.
6. Die Induktivität und Güte einer Spule wurden gemessen. Weshalb muß die Meßfrequenz angegeben werden?
7. Bei einer Strom-Spannungs-Messung im Gleichstromkreis wurde an einer Spannung von $U_1 = 1\,\text{V}$ der Strom durch eine Spule $I_1 = 50\,\text{mA}$ gemessen. Im Wechselstromkreis ergab sich bei sinusförmiger Spannung $U_2 = 1\,\text{V}$ mit der Frequenz $f = 1\,\text{kHz}$ die Stromstärke $I_2 = 10\,\text{mA}$ (Spule ohne Eisenkern).
   Berechnen Sie daraus die Induktivität und den Reihen-Verlustwiderstand.
8. Mit der 3-Spannungsmesser-Methode haben sich bei Messung einer verlustbehafteten Spule die folgenden Spannungswerte ergeben:
   $U = 10\,\text{V}$ Gesamtspannung der Frequenz $f = 1\,\text{kHz}$,
   $U_N = 6{,}4\,\text{V}$ Spannung am Vergleichswiderstand 1 kΩ,
   $U_X = 6{,}66\,\text{V}$ Spannung an der Spule.
   Berechnen Sie die Induktivität und Güte der Spule (Reihen-Ersatzschaltbild).
9. Ein verlustbehafteter Kondensator soll mit der 3-Spannungsmesser-Methode ausgemessen werden (Parallel-Ersatzschaltbild).

Die Spannungsmesser zeigen folgende Werte:
$U \;\; = 14{,}41\,\text{V}$ Gesamtspannung der Frequenz $f = 50\,\text{Hz}$,
$U_N = 10\,\text{V}$ Spannung am Vergleichswiderstand $5\,\text{k}\Omega$,
$U_X = \;\; 9{,}30\,\text{V}$ Spannung am Kondensator.

Die Spannungsmesser haben den Innenwiderstand $R_{iv} = 5\,\frac{\text{k}\Omega}{\text{V}}$

Gemessen wird: U im 30-V-Meßbereich,
U_N im 10-V-Meßbereich,
U_X im 10-V-Meßbereich.

Berechnen Sie C und R_P des Kondensators.
Berücksichtigen Sie dabei die Innenwiderstände der Spannungsmesser.

10. Erklären Sie die Meßanordnung und das Verfahren zur Messung von Spulen und Kondensatoren mit Hilfe des phasenselektiven Gleichrichters.
11. Erläutern Sie, wie man den komplexen Eingangswiderstand eines Verstärkers messen kann.
12. Ein unbekannter Scheinwiderstand soll mit Hilfe des Resonanzverfahrens ausgemessen werden.
    Bei der Resonanzfrequenz $f = 1\,\text{MHz}$ wurden folgende Werte ermittelt:
    Parallelschwingkreis ohne Z_X: $C_1 = 200\,\text{pF}$, $\Delta f_1 = 60\,\text{kHz}$
    mit Z_X: $C_2 = 164\,\text{pF}$, $\Delta f_2 = 80\,\text{kHz}$.
    Bestimmen Sie aus diesen Werten den Betrag und die Werte der Komponenten des Scheinwiderstands.
13. Eine verlustbehaftete Spule wird nach der Methode der abklingenden Schwingung ausgemessen.
    Die Spule liegt parallel zu einem verlustfrei anzunehmenden Kondensator $C = 47\,\text{pF}$. Die Schwingamplitude fällt vom Anfangswert 4 V bei 10 nachfolgenden Schwingungen auf den Wert 3,2 V ab.
    Die Schwingfrequenz beträgt 1 MHz.
    a) Berechnen Sie aus diesen Daten die Induktivität und die Güte der Spule.
    b) Die Schwingung wurde mit einem Oszilloskop ausgewertet, das mit seinem Eingangswiderstand ($C_e = 35\,\text{pF}$, $R_e = 1\,\text{M}\Omega$) parallel zum Schwingkreis lag. Welche Induktivität und Güte ergeben sich, wenn der Einfluß des Oszilloskops mitberücksichtigt wird?
14. Meßbrücken gehören zu den sehr genauen Meßschaltungen zur Erfassung des Scheinwiderstands.
    Wie können Sie das begründen?
15. Begründen Sie, weshalb bei Brücken zur Messung komplexer Widerstände ein zweifacher Abgleich erforderlich ist. Geben Sie die Abgleichbedingungen allgemein an.
16. Gegeben ist die dargestellte Brückenschaltung (Bild A10). Prüfen Sie durch Anwendung der allgemeinen Abgleichbedingungen, welche Art von komplexen Widerständen gemessen werden können (induktiv oder kapazitiv).

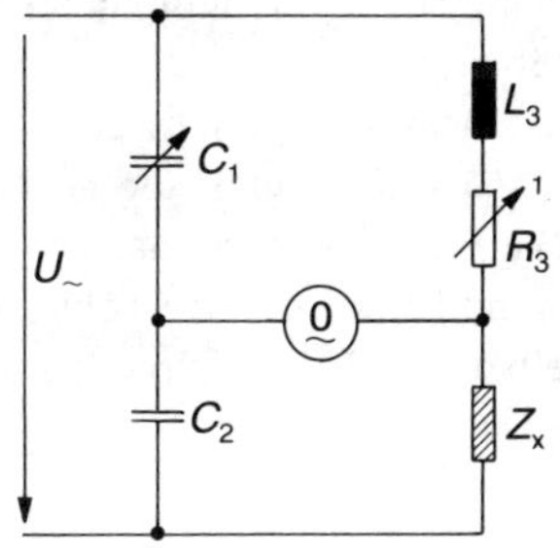

Bild A10

17. Ermitteln Sie für die Schaltung Bild A10 die Abgleichbedingungen.
18. a) Zeichnen Sie eine Kapazitätsmeßbrücke nach Wien für das Parallel-Ersatzschaltbild.
    b) Nach dem Abgleich haben sich bei dieser Brückenschaltung folgende Werte ergeben:
       $C_2 = 2{,}2\,\text{uF}$, $R_2 = 225\,\text{k}\Omega$,
       $R_3 = 1{,}1\,\text{M}\Omega$, $R_4 = 110\,\text{k}\Omega$,
       $f = 1\,\text{kHz}$.
       Berechnen Sie die unbekannte Kapazität und den Verlustfaktor des Kondensators.
    c) Wie groß ist der maximale relative Fehler dieser Ergebnisse, wenn die Widerstände eine Toleranz von $\pm 0{,}25\%$, die Vergleichskapazität $\pm 1\%$ und die Frequenz $\pm 0{,}1\%$ haben?
19. Für die Induktivitäts- und Gütemessung einer Spule wurde die Maxwell-Wien-Brücke Bild 5.78 eingesetzt. Nach dem Abgleich bei $f = 1\,\text{kHz} \pm 0{,}1\%$ ergaben sich die Werte:
    $R_2 = 1\,\text{k}\Omega \pm 1\%$ $R_3 = 1{,}5\,\text{k}\Omega \pm 1\%$
    $R_4 = 1{,}5\,\text{M}\Omega \pm 1\%$ $C_4 = 4{,}75\,\text{nF} \pm 1{,}5\%$
    Errechnen Sie daraus die unbekannte Induktivität und die Spulengüte jeweils mit Angabe des maximalen relativen Fehlers.
20. Zur Ermittlung eines unbekannten Scheinleitwerts kann eine Vergleichsschaltung mit einem Differentialtransformator dienen.
    Erläutern Sie das Prinzip am Beispiel der Messung kapazitiver Scheinleitwerte.
21. Was vesteht man unter einer halbautomatischen Wechselstrombrücke und wie arbeitet sie prinzipiell?
22. Welche Vorteile bietet die *C-T*-Umformung?
    Erklären Sie das Prinzip an einem Beispiel.

A 5.9 Frequenz- und Zeitmessung

1. Welche besonderen Vorteile bietet die Informationsübertragung mittels Frequenzsignalen?
2. Beschreiben Sie drei verschiedene Methoden, eine Frequenz zu messen.
3. Beschreiben Sie die Frequenzmessung mit einer Wien-Robinson-Meßbrücke (Schaltskizze, Dimensionierung, Beschreibung).
   Wodurch wird die Genauigkeit bestimmt? Ist dieses Meßverfahren zur Erzielung höchster Genauigkeit bei der Frequenzmessung geeignet?
4. Welche Messungen lassen sich üblicherweise mit einem Universalzähler durchführen?
5. a) Erläutern Sie die Messung der Frequenz und der Periodendauer anhand eines Blockschaltbilds eines Universalzählers.
   b) Welcher Zusammenhang besteht jeweils zwischen der Ziffernanzeige und der Eingangsgröße?
   c) Wodurch ist jeweils die Meßgenauigkeit bestimmt?
6. In welchem Fall bevorzugt man die Frequenzmessung und in welchem Fall die Periodendauermessung?
7. Ein Frequenzzähler mit der Zeitbasisgenauigkeit von $\pm 2 \cdot 10^{-6}$ wird mit einer Torzeit von 0,1 s betrieben und liefert die Anzeige 187643.
   a) Welche Frequenz weist das Eingangssignal auf?
   b) Wie groß ist der relative Fehler der Messung?
8. Beschreiben Sie das Prinzip der Impulsbreitenmessung mit einem Universalzähler.

A 5.10 Phasenwinkelmessung

1. Nennen Sie vier verschiedene Verfahren zur Messung der Phasenverschiebung zwischen zwei Spannungen.
2. Erklären Sie das Prinzip des φ-t-Umformers.
   Wie läßt sich mit Hilfe des Umformers ein digital anzeigender Phasenmesser realisieren?
3. Erläutern Sie die Arbeitsweise des phasenselektiven Gleichrichters zur Phasenmessung.
   Für welche Messungen läßt sich dieser Gleichrichter auch einsetzen?

A 6 Elektrische Messung nichtelektrischer Größen

1. Welche Schaltungsteile gehören zu einer Meßkette?
2. Was versteht man unter einem passiven, was unter einem aktiven Sensor?
3. Nennen Sie vier aktive und vier passive Sensoren.
4. a) Wodurch ist der Einheitsmeßumformer gekennzeichnet?
   b) Welche Ausgangssignale liefern Einheitsumformer?
5. Was versteht man unter einem Umformer, was versteht man unter einem Umsetzer?

A 6.1 Längenmessung

1. Zur Erfassung der Länge eines Werkstücks (Bereich 1 cm bis 1 m) soll eine elektrische Längenmessung vorgesehen werden.
   a) Beschreiben Sie einen geeigneten Aufnehmer und geben Sie eine Meßschaltung an.
   b) Nennen Sie drei Anforderungen, die an das Material eines ohmschen Längenfühlers gestellt werden müssen.
2. Nennen Sie Vor- und Nachteile von ohmschen Längenaufnehmern.
3. Beschreiben Sie das Verfahren der induktiven Längenmessung mit Hilfe der Doppeldrossel und erklären Sie die dazugehörige Meßschaltung.
4. Beschreiben Sie zwei Methoden zur Messung von Längen im µm-Bereich.
5. Erläutern Sie die Meßanordnung zur kapazitiven Höhenstandsmessung leitender Flüssigkeiten.
6. Wodurch unterscheidet sich ein inkrementaler Wegaufnehmer von einem Codierlineal?
7. a) Erklären Sie das Meßprinzip und die Meßanordnung bei einem inkrementalen Wegaufnehmer.
   b) Wie erfolgt die Richtungsunterscheidung bei Wegänderungen?
8. Wie lassen sich Längen im µm-Bereich inkremental messen?

A 6.2 Winkelmessung

1. Nennen Sie zwei Verfahren zur elektrischen Winkelmessung für Winkel von 0° bis 360°.
2. Beschreiben Sie das Teleperm-System zur Winkelmessung.
3. Auf welche Weise lassen sich Winkel von 0° bis 360° digital messen?
4. Wie ist eine digitale Winkelmeßeinrichtung zur Messung von Winkeln über 360° hinaus aufgebaut?

A 6.3 Messung der Dehnung

1. Wie ist die Längendehnung eines Körpers definiert?
2. Was versteht man unter der Poissonzahl?
3. Wie groß darf die Dehnung eines metallischen Dehnungsmeßstreifens etwa werden?
4. Welche Bedeutung hat der k-Faktor eines DMS und wie groß ist er bei Konstantan-DMS?
5. DMS werden meist in Brückenschaltungen betrieben. Nennen Sie drei Gründe dafür.
6. a) Skizzieren Sie die Anordnung der Dehnungsmeßstreifen bei der Überwachung der Durchbiegung eines Trägers. Es sollen zwei aktive DMS verwendet werden.
   b) Skizzieren Sie die zugehörige Brückenschaltung.
7. Wodurch wird der Temperaturgang bei der Messung mit einem DMS verursacht?
8. Ein DMS aus Konstantan wird um 0,5% in der Länge gedehnt. Der nicht gedehnte Streifen hat einen Widerstand von 600 Ω. Mit welcher Widerstandsänderung ist zu rechnen?
9. Bei der Torsionsmessung an einer Welle werden vier DMS verwendet.
   a) Skizzieren Sie die Anordnung der DMS auf der Welle.
   b) Die Dehnungsmeßstreifen werden in einer Vollbrücke betrieben. Im Ruhezustand haben alle den Widerstand 300 Ω, der k-Faktor beträgt 2,05. Mit welcher Speisespannung ist die Brücke zu betreiben, wenn bei einer Dehnung bzw. Stauchung von 1 mm/m eines jeden DMS die Brückenspannung 2 mV (unbelastet) auftreten soll (Näherungsrechnung).
10. Nennen Sie einen Vorteil und einen Nachteil von Halbleiter-DMS.

A 6.4 Kraftmessung

1. Mit welchem Aufnehmer läßt sich vorzugsweise eine dynamische Kraft messen, mit welchem eine statische? Geben Sie eine Begründung.
2. Skizzieren und erläutern Sie einen Kraftaufnehmer mit Piezokristall.
3. Zeichnen Sie die Meßschaltungen:
   Ladungsverstärker, Spannungsverstärker
   für den Piezo-Aufnehmer.
   Welche besonderen Anforderungen sind an die Schaltungen jeweils zu stellen?
4. Nennen Sie jeweils einen Vorteil und einen Nachteil für den Einsatz von:
   Quarzkristallen,
   Bariumtitanat-Keramiken
   als Piezo-Kraftaufnehmer.
5. Berechnen Sie die Kraft, die auf einen Quarz-Kraftaufnehmer wirkt, wenn die abgegebene Ladung durch einen Ladungsverstärker mit dem Integrationskondensator $C = 200\,\text{pF}$ verstärkt wird und eine Ausgangsspannung von 2,3 V entsteht.
6. Welche Vorteile bietet ein DMS-Kraftaufnehmer im Vergleich zu einem Piezo-Aufnehmer?

A 6.5 Temperaturmessung

1. Nennen Sie zwei Vorteile und zwei Nachteile eines Pt-100-Meßfühlers gegenüber einem NTC-Widerstandsfühler aus Halbleitermaterial.
2. Die Temperatur eines Ofens soll auf 500 °C gehalten werden. Zur Messung soll ein Widerstandsthermometer verwendet werden. Welcher Widerstandswerkstoff ist dafür geeignet?
3. Um wieviel Ohm ändern ein Pt-100- und ein Ni-100-Widerstand etwa ihren Wert bei 100 K Temperaturänderung?
4. Für die Temperaturfernmessung mit Widerstandsthermometern werden die 2-Leiter-, 3-Leiter- und 4-Leiter-Schaltungen verwendet.
   a) Aus welchem Grund sind diese Schaltungsmaßnahmen erforderlich?
   b) Erklären Sie Aufbau und Wirkungsweise der Schaltungen.
5. Nennen Sie drei typische Thermoelementpaare.
6. Was versteht man unter der thermoelektrischen Spannungsreihe?
7. Aus welchem Grund muß die Vergleichsstelle von der Meßstelle räumlich entfernt angeordnet sein? Weshalb muß die Vergleichsstellentemperatur konstant gehalten werden?
8. Welche Aufgabe erfüllen Ausgleichsleitungen und aus welchem Material bestehen sie?
9. Erläutern Sie die verschiedenen Möglichkeiten zur Vermeidung des Störungseinflusses von Raumtemperaturschwankungen auf die Vergleichsstelle.
10. Skizzieren Sie eine Kompensationsschaltung für die Vergleichsstelle und beschreiben Sie ihre Wirkungsweise.
11. An der Meßstelle herrscht die Temperatur 200 °C. Sie soll mit einem Eisen-Konstantan-Thermopaar gemessen werden. Die Vergleichsstelle liegt auf 25 °C.
    a) Wie groß wird die Thermospannung?
    b) Die Vergleichsstellentemperatur schwankt um ±5 K. Wie groß ist die daraus resultierende Schwankung der Thermospannung?
12. Nennen Sie zwei Vorteile der Temperaturmessung mit Thermoelementen gegenüber der Messung mit Widerstandsthermometern.
    Welche Nachteile bringt die Messung mit dem Thermoelement?

A 7 Elektronische Meßgeräte

A 7.1 Meßverstärker

1. Nennen sie zwei Gründe für die Anwendung der Gegenkopplung bei Meßverstärkern.
2. Was versteht man unter den Fehlergrößen: Nullpunktfehler, Steigungsfehler und Linearitätsfehler?
3. Nennen Sie die 4 Grundformen von Meßverstärkern, und geben Sie deren Besonderheiten bezüglich Übertragungsfaktor, Ein- und Ausgangswiderstand an.
4. Welcher Verstärkertyp ist zu wählen, wenn eine kleine Eingangsspannung verstärkt und das Ausgangssignal fernübertragen werden soll.
5. Nennen Sie zwei Vorteile eines Trägerfrequenz-Meßverstärkers gegenüber einem direkt gekoppelten Meßverstärker.
6. Welche Kriterien sind für die Wahl der Trägerfrequenz maßgebend?

7. Beschreiben Sie Aufbau und Wirkungsweise eines Chopper- und eines Modulationsverstärkers.
8. Wodurch ist die obere Grenzfrequenz des Chopperverstärkers festgelegt?
9. Weshalb benötigt man für den Betrieb eines Trägerfrequenzverstärkers am Ausgang einen gesteuerten Gleichrichter?
10. Welche besonderen Eigenschaften besitzt der chopperstabilisierte Operationsverstärker?
11. Erläutern Sie den prinzipiellen Aufbau eines Trennverstärkers. Nennen Sie zwei Einsatzgebiete.
12. Mit Hilfe des Addierverstärkers Bild 7.15a soll die Addition $U_A = 2 \cdot U_{E1} + 3 \cdot U_{E2} + 5 \cdot U_{E3}$ durchgeführt werden. Zur Verfügung stehen beliebig viele Operationsverstärker und Widerstände $\geq 1\,k\Omega$. Entwerfen Sie eine geeignete Schaltung.
13. Der Subtrahierungsverstärker Bild 7.15b soll als Brückenspannungsverstärker eingesetzt werden. Die Brücke sei eine Ausschlagbrücke wie in Bild 5.51 gezeigt. Im abgeglichenen Zustand haben alle Brückenwiderstände den Wert $1\,k\Omega$. Die Brücke wird mit der Gleichspannung $U_o = 5\,V$ gespeist.
    Bei Vergrößerung des Widerstandes R_{20} um $100\,\Omega$ soll der Verstärker die Spannung $U_A = +1\,V$ erzeugen.
    Skizzieren Sie die Gesamtschaltung, und ermitteln Sie geeignete Widerstandswerte für den Verstärker (Annahme z. B. $R_K = 100\,k\Omega$).
14. Mit den Schaltungen 7.15a und b ist folgende Operation auszuführen:
    $U_A = 5 \cdot (U_{E1} + U_{E2}) - 5 \cdot U_{E3}$.
    Skizzieren Sie die Schaltung, und ermitteln Sie die erforderlichen Widerstandswerte (Annahme z. B. $R \geq 1\,k\Omega$).
15. Mit Hilfe eines aktiven Tiefpasses nach Bild 7.17a sollen die einem Gleichspannungssignal überlagerten Wechselspannungsreste unterdrückt werden. die Gleichspannung dagegen ist zu verstärken.
    Eingangsgleichspannung $U_E = 0{,}2\,V$,
    Überlagerte Wechselspannung $\hat{u}_E = 50\,mV$,
    Frequenz der Wechselspannung $f_E = 1\,kHz$.
    Der Eingangswiderstand des Verstärkers soll $R_2 = 1\,k\Omega$ betragen.
    a) Wie groß muß R_1 gewählt werden, wenn die Ausgangsgleichspannung $U_A = -2\,V$ betragen soll?
    b) Die Ausgangswechselspannung muß auf $\hat{u}_A = 10\,mV$ reduziert werden. Wie hoch ist die obere Grenzfrequenz des Tiefpasses zu wählen?
    c) Ermitteln Sie die Kondensatorkapazität C.
    d) Welche Einstellzeit benötigt der Tiefpaß?
16. Erklären Sie das Schaltungsprinzip eines integrierten Multiplizierverstärkers.
17. Zeigen Sie anhand je einer Schaltung, wie der Multiplizierverstärker mit Hilfe der Gegenkopplung zum Dividier- und Radizierverstärker erweitert werden kann.

A 7.2 D/A- und A/D-Umsetzer

1. Nennen Sie Vor- und Nachteile von analoger und digitaler Meßwertanzeige.
2. Wodurch ist ein Meßwertumformer gekennzeichnet und wodurch ein Meßwertumsetzer?
3. Erklären Sie die Kenngrößen eines DAU: LSB, MSB, Auflösung und Full-Scale-Spannung.

4. Ein DAU habe eine Auflösung von 10 Bit.
   a) Wie viele verschiedene Spannungsstufen (einschließlich 0 V) sind einstellbar?
   b) Berechnen Sie für die Spannung $U_{FS} = 10\,V$ den Wert des LSB und des MSB.
5. Was versteht man unter dem Unipolar- und dem Bipolarbetrieb des DAU?
6. Wodurch unterscheiden sich natürlicher und komplementärer Binärcode?
7. Nennen Sie die drei üblichen Eingangscodes für den Bipolarbetrieb des DAU und geben Sie jeweils eine typische Eigenschaft an.
8. Nennen Sie die vier wichtigsten Fehlergrößen des DAU.
9. Was versteht man bei einem DAU unter dem Glitch, wie entsteht er und wie kann er unterdrückt werden?
10. Welchen Vorteil bietet das Leiternetzwerk im Vergleich zu einem Netzwerk mit gewichteten Widerständen?
11. Integrierte DAU verwenden häufig gesteuerte Stromquellen zur Erzeugung gewichteter Ströme. Begründen Sie diese Maßnahme.
12. Welche Mindestanforderungen muß ein systemfähiger DAU erfüllen?
13. Erklären Sie die Kenngrößen eines ADU: LSB, MSB, Auflösung.
14. Was versteht man bei einem ADU unter dem Quantisierungsfehler?
15. Wie groß ist der absolute maximale zweiseitige Quantisierungsfehler eines ADU mit der Auflösung 8 Bit und der Spannung $U_{FS} = 10\,V$?
16. Wie wird beim ADU der Bipolarbetrieb erreicht?
17. Nennen und erläutern Sie die vier wichtigsten Fehlergrößen des ADU.
18. Wie lassen sich ADUs hinsichtlich ihrer Arbeitsweise grundsätzlich einteilen?
19. Welche Aufgabe erfüllt beim ADU die Sample-and-Hold-Schaltung?
20. Was besagt das Abtasttheorem nach SHANNON?
21. Welche Aufgabe erfüllt ein Aliasingfilter vor dem ADU-Eingang?
22. Erläutern Sie die Arbeitsweise des ADU:
    a) Nach dem Verfahren der sukzessiven Approximation,
    b) nach dem Dual-Slope-Verfahren.
    c) Vergleichen Sie beide Umsetzungsverfahren hinsichtlich ihrer Genauigkeit und Umsetzungsgeschwindigkeit.
23. Ein ADU mit sukzessiver Approximation habe 13 Digitalausgänge mit Dualcodierung. Die Referenzspannung betrage 10 V.
    a) Wie groß ist die Auflösung des Umsetzers?
    b) Wie groß sind der absolute und relative Quantisierungsfehler bei der Messung von 6,0 V?
24. Ein ADU nach dem Dual-Slope-Verfahren hat bei einer vierstelligen Dezimalanzeige den Meßbereich 9999 mV, die konstante Integrationszeit beträgt 20 ms.
    a) Wie groß ist die Taktfrequenz?
    b) Wie groß muß die Referenzspannung sein?
    c) Welche Gesamtmeßzeit benötigt der Umsetzer bei der Messung von 7950 mV?
25. Ein ADU soll in ein Meßsystem integriert werden. Welche Bedeutung haben und welche Aufgaben erfüllen in diesem Zusammenhang die ADU-Anschlüsse: Convert Start, End of Conversion, Data Enable?

A 7.3 Digitalmultimeter

1. Welche elektrischen Größen können mit Standardmultimetern üblicherweise gemessen werden?
2. Erläutern Sie, wie in einem DMM die Messung von:
   a) Widerständen,
   b) Strömen,
   c) Effektivwerten von Strom und Spannungen erfolgt.
3. Welche besondere Ausstattung ist für ein Systemmultimeter erforderlich?

A 7.4 Spezialoszilloskope

1. Nennen Sie je eine typische Meßaufgabe für:
   a) Kennlinienschreiber,
   b) Samplingoszilloskop,
   c) Frequenzanalysator,
   d) Digitalspeicheroszilloskop,
   e) Logikanalysator.
2. Wodurch unterscheidet sich beim Oszilloskop die Echtzeitdarstellung von der Darstellung mit dem sequentiellen Samplingverfahren?
3. Was versteht man beim Samplingoszilloskop unter der Abtastdichte, und welche Bedeutung hat sie für die Bildschirmdarstellung?
4. Wodurch wird der Zeitablenkfaktor K_t des Samplingoszilloskop bestimmt?
5. Einem Eingangssignal der Frequenz $f_E = 100\,\text{Hz}$ ist ein Störimpuls von 10 ns Dauer überlagert.
   Die Bildschirmbreite beträgt 10 cm.
   a) Welcher Zeitablenkfaktor K_t ist einzustellen, wenn der Störimpuls gerade die Bildbreite einnehmen soll?
   b) Wie lange dauert ein Strahldurchlauf in x-Richtung, wenn als Abtastdichte $D = 20$ Samples/cm gewählt wird?
   c) Beurteilen Sie, ob sich ein auswertbares Oszillogramm ergeben kann?
   Wie ließe sich der Mangel beheben?
6. Mit einem Frequenzanalysator sollen zwei sehr dicht nebeneinanderliegende Frequenzen oszillographisch dargestellt werden. Welches Problem ergibt sich dabei? Weshalb ist hier der Anschluß eines Schreibers sinnvoll?
7. Wie läßt sich ein Frequenzanalysator als selektiver Pegelmesser verwenden?
8. Was versteht man beim Frequenzanalysator unter Dynamikbereich?
9. Erläutern Sie das Grundprinzip eines Digitalspeicheroszilloskops.
10. Welche Aufgabe erfüllen Pretrigger-Speicher und Anzeigespeicher.
11. Welche Vorgänge spielen sich im Moment der Triggerung eines Digitalspeicheroszilloskops mit 25% Pretrigger ab?
12. Wie wird die x-Ablenkspannung beim Digitalspeicheroszilloskop erzeugt?
13. Welcher Unterschied besteht beim Speicheroszilloskop zwischen Echtzeitbetrieb und sequentiellem Samplingbetrieb?
14. Ein Digitalspeicheroszilloskop soll im Echtzeitbetrieb noch Frequenzen von 10 MHz darstellen können. Mit welcher Abtastfrequenz muß das Oszilloskop etwa arbeiten?

15. Wodurch unterscheiden sich bei einem Logikanalysator Timing- und Zustandsdiagramm? Nennen Sie je eine Meßaufgabe für diese Darstellungsarten.
16. Welcher wichtige Unterschied besteht zwischen der Triggerung eines Logikanalysators und eines Oszilloskops?
17. Was versteht man beim Logikanalysator unter dem Synchron- und dem Asynchronbetrieb?

A 7.5 Automatische Meßtechnik

1. Bei automatischen Meßsystemen unterscheidet man zwischen zentralen und dezentralen Systemen. Erläutern Sie den Unterschied.
2. Nennen Sie Vor- und Nachteile der seriellen und der parallelen Datenübertragung.
3. Wodurch ist ein Meßbussystem gekennzeichnet?
4. Auf welche Komponenten, bzw. Funktionen bezieht sich die Normung IEC-625-1.
5. Wodurch sind im IEC-Bussystem die Funktionen Talker, Listener, Systemcontroller gekennzeichnet?
6. Welcher Adreßbereich (dezimal) steht für die Adressierung der am Bus arbeitenden Geräte zur Verfügung? Wie viele Geräte dürfen gleichzeitig am Bus angeschlossen sein?
7. Nennen Sie die 3 Leitungssysteme, die den IEC-Bus bilden und geben Sie jeweils die Zahl der Leitungen an.
8. In welcher Logik arbeiten: Datenbussignale und Steuersignale, welche Spannungswerte werden verwendet?
9. Treiberstufen können mit Opencollector- oder Tri-State-Ausgängen versehen sein. Wodurch unterscheiden sie sich im Aufbau und der Übertragungsgeschwindigkeit?
10. Weshalb müssen die Handshakeleitungen NRFD und NDAC immer von Open-Collector-Treibern bedient werden?
11. Erklären Sie den zeitlichen Ablauf des 3-Draht-Handshakeverfahrens.
12. Welche besondere Funktion erfüllt das Managementsignal ATN?
13. Welche drei Arten von Busbefehlen kann man beim IEC-Bus unterscheiden?
14. Was versteht man unter dem SRQ-Signal? Wie reagiert der Controller auf SRQ?
15. Ein Gerät hat die Gerätefunktionen:
    SH1, AH1, T4, L2, SR0, RL1, DC1, DT0, C0, PP0, E1. Welche Busaktivitäten sind mit dem Gerät möglich?
16. Bei ATN=L sendet der Controller über den Datenbus die Bitkombination: x0111100. Welcher Befehl wird übertragen?
17. Aus welchen beiden Teilen bildet der Controller die Adresse eines Peripheriegerätes am IEC-Bus?

B Lösung der Übungsaufgaben

B 1 Grundbegriffe der Meßtechnik

B 1.1 Größen, Einheiten, Normalien

1. Siehe Buchtext 1.1.1
2. Siehe Buchtext 1.1.2 und Tabelle 1.1
3. Siehe Tabelle 1.2; $1\,\text{V} = 1\dfrac{\text{kg} \cdot \text{m}^2}{\text{A} \cdot \text{s}^3}$
4. u. 5. Siehe Buchtext 1.1.3 und 5.1

B 1.2 Meßfehler

1. Siehe Buchtext 1.2.4.1 und 1.2.4.2
2. bis 4. Siehe Buchtext 1.2.1
5. bis 7. Siehe Buchtext 1.2.4 und Tabelle 1.6
8. a) $F_U = \pm 0{,}15\,\text{V}$; $f_U = \pm 0{,}018 \triangleq \pm 1{,}8\%$
   $F_I = \pm 0{,}03\,\text{mA}$; $f_I = \pm 0{,}02 \triangleq \pm 2\%$
   b) $R = 5{,}66\,\text{k}\Omega$
   $F_R = \pm 215\,\Omega$; $f_R = \pm 0{,}038 \triangleq \pm 3{,}8\%$
   Siehe Buchtext 1.2.2.3 und 1.2.4
9. a) $F_I = \pm 0{,}75\,\text{mA}$
   b) $I_R = 24{,}75\,\text{mA} \ldots 26{,}25\,\text{mA}$
   c) $I_R = 25\,\text{mA} \ldots 25{,}25\,\text{mA}$
   Siehe Buchtext 1.2.4
10. a) $U_1 = 50\,\text{V} \pm 6{,}5\%$
    $U_2 = 75\,\text{V} \pm 6{,}5\%$
    $U_3 = 25\,\text{V} \pm 6{,}5\%$
    $f_U = \pm 6{,}5\%$
    b) $U = 150\,\text{V} \pm 6{,}5\%$
    $f_U = \pm 6{,}5\%$
    c) $f_W = \pm 5{,}22\%$
    d) $P_1 = 250\,\text{W} \pm 8\%$
    $P_2 = 375\,\text{W} \pm 8\%$
    $P_3 = 125\,\text{W} \pm 8\%$
    Siehe Buchtext 1.2.2.2 und 1.2.2.3
11. a) $f_U = \pm 5{,}7\%$
    b) $f_V \approx f_\alpha = \pm 3{,}7\%$
12. $R_X = 17{,}22\,\text{k}\Omega$
    $f_R = \pm 4{,}5\%$
13. a) $\overline{L}_S = 75{,}25\,\text{dB}$
    b) $\sigma_{(n)} \approx s = 5{,}88\,\text{dB}$
    c) $L_S \approx 75{,}25\,\text{dB} \pm 9{,}41\,\text{dB}$
    Siehe Buchtext 1.2.3.2 und Tabelle 1.5

B 2 Kenngrößen von Strom und Spannung

B 2.1 Mittelwerte periodischer Spannungen und Ströme

1. Siehe Buchtext 2.1
2. $\overline{u} = 5\,\text{V}$ arithmetischer Mittelwert
   $\overline{(u^2)} = 75\,\text{V}$ quadratischer Mittelwert
   $|\overline{u}| = 8{,}33\,\text{V}$ Gleichrichtwert
3. $U_{\text{Anz}} = \overline{u} = 5\,\text{V}$
4. a) $U_{\text{Anz}} = 3{,}54\,\text{V}$
   b) $U_{\text{Anz}} = 5{,}55\,\text{V}$
   c) $U_{\text{Anz}} = 2{,}775\,\text{V}$
5. a) $u_{\text{max}} = 10\,\text{V}$, $U_{\text{eff}} = 3{,}23\,\text{V}$
   $\xi = 3{,}09$ ist geeignet.
   b) $U = 3{,}23\,\text{V}$
   Siehe Buchtext 2.1.4

B 2.2 Kenngrößen nichtsinusförmiger Spannungen und Ströme

1. Siehe Buchtext 2.2
2. bis 6. Siehe Buchtext 2.2.1 für 5. Bild 2.13b
7. Siehe Buchtext 2.2.2
8. $k = 39{,}4\%$

B 3 Meßprinzipien elektrischer Zeigerinstrumente

B 3.1 Das Meßwerk als Meßumformer

B 3.2 Dämpfung von Meßwerken

B 3.3 Lagerung

1. Siehe Buchtext 3.1.2
2. Siehe Bild B1
3. bis 7. Siehe Buchtext 3.2
8. und 9. Siehe Buchtext 3.3

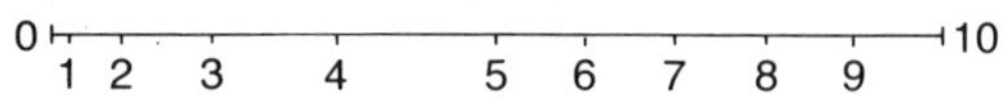

Bild B1

B 3.4 Drehspulmeßwerk

B 3.5 Kreuzspulmeßwerk

B 3.6 Drehmagnetmeßwerk

1. und 2. Siehe Buchtext 3.4.1
3. Siehe Buchtext 3.4.2.3
4. Siehe Buchtext 3.4.2.2
5. und 6. Siehe Buchtext 3.5
7. und 8. Siehe Buchtext 3.6

B 3.7 Elektrodynamisches Meßwerk

1. bis 6. Siehe Buchtext 3.7

B 3.8 Dreheisenmeßwerk

1. bis 5. Siehe Buchtext 3.8

B 3.9 Elektrostatisches Meßwerk

B 3.10 Thermische Meßwerke

1. bis 8. Siehe Buchtext 3.9 und 3.10

B 3.11 Induktionsmeßwerk

1. bis 5. Siehe Buchtext 3.11

B 3.12 Vibrationsmeßwerke

1. und 2. Siehe Buchtext 3.12

B 3.13 Registrierende Meßwerke

1. Siehe Buchtext 3.13.1
2. Siehe Tabelle 3.1
3. Siehe Buchtext 3.13.2
4. Siehe Buchtext 3.13.1 und 5.4
5. und 6. Siehe Buchtext 3.13.2

B 3.14 Meßwerksymbole und Zeichen

1. Gleich- und Wechselstrommessung möglich
   Drehspulmeßwerk mit Gleichrichter
   Bei Wechselstrommessungen:
   Frequenzbereich 20 Hz bis 20 kHz
   Waagerechte Gebrauchslage
   2 kV Isolationsprüfspannung
   Siehe Tabelle 3.2
2. Siehe Buchtext 3.14

B 4 Meßprinzip des Oszilloskops

B 4.1 Aufbau und Wirkungsweise der Oszilloskopröhre

1. Siehe Bild 4.1
2. bis 8. Siehe Buchtext 4.1

B 4.2 Baugruppen und Kennwerte

1. Siehe Bild 4.4
2. Siehe Buchtext 4.2.1
3. $f = 4{,}55\,\text{kHz}$
4. $C = 31{,}8\,\text{nF}$
5. Siehe Buchtext 4.2.1
6. $t_{An} \geqq 17\,\text{ns}$
7. $\hat{u} = 7{,}07\,\text{V}$
8. Siehe Buchtext 4.2.1
9. und 10. Siehe Buchtext 4.2.2
11. und 12. Siehe Buchtext 4.2.3
13. Siehe Buchtext 4.2.5 und Bilder 4.13 und 4.14

B 4.3 2-Kanal-Oszilloskop

B 4.4 Tastköpfe

1. Siehe Buchtext 4.3
2. und 3. Siehe Buchtext 4.3.2
4. Siehe Bild 4.15
5. Siehe Buchtext 4.3.3
6. und 7. Siehe Buchtext 4.4
8. $R_T = 9\,\text{M}\Omega$
   $C_T = 5\,\text{pF}$
   Siehe Buchtext 4.4.2
9. $f \approx 0\,\text{Hz}$ $Z = 10\,\text{M}\Omega$
   $f \approx 10\,\text{kHz}$ $Z \approx 3{,}33\,\text{M}\Omega$
   $f \approx 1\,\text{MHz}$ $Z \approx 35{,}4\,\text{k}\Omega$

B 4.5 Messungen mit dem Oszilloskop

1. Nach oben
2. Linke obere Ecke
3. y-Eingang steht auf AC statt auf DC
4. a) Nur Wechselspannung
   b) Gleich- und Wechselspannung
5. Siehe Buchtext 4.5.1
6. Z. B. wie bei 4.5.4
   Spannungsabfall an einem Widerstand
7. $\hat{u} = 6\,\text{V}$
   $U = 4{,}24\,\text{V}$
   $f = 138{,}89\,\text{Hz}$
8. Siehe Buchtext 4.5.3
9. $\Delta\varphi = 45°$
   U_1 ist voreilend gegen U_2
10. $\Delta\varphi = 180° \pm 61°$
11. Siehe Buchtext 4.5.4

B 5 Meßverfahren zur Messung elektrischer Größen

B 5.1 Meßgenauigkeit

1. Siehe Buchtext 5.1
2. Siehe Tabelle 5.1

B 5.2 Spannungs- und Strommessung mit dem Drehspulmeßwerk

1. Siehe Buchtext 3.4.2.3
2. Siehe Buchtext 5.2
3. Siehe Bild B2

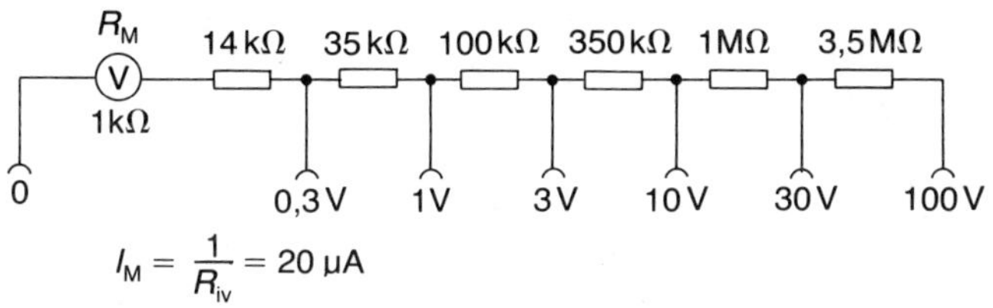

Bild B2

4. a) Belastung des Spannungsteilers mit den unterschiedlichen Innenwiderständen
   b) $U_0 = 11{,}429\,V$
5. Siehe Buchtext 5.2.2
6. Siehe Bild B3

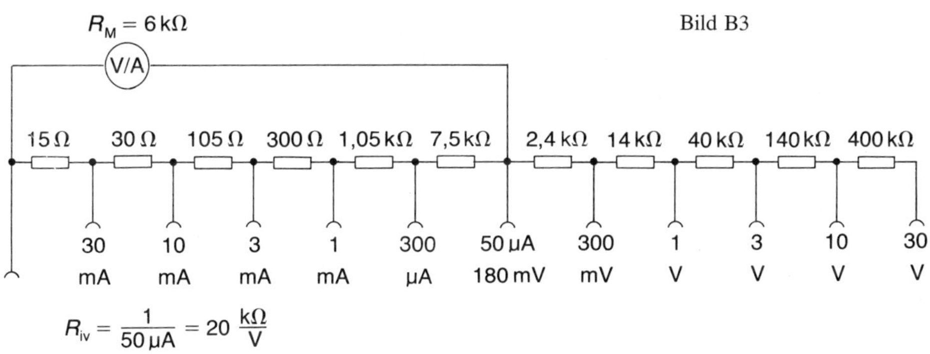

Bild B3

7. bis 9. Siehe Buchtext 5.2.3
10. Siehe Buchtext 5.2.3.2
11. Siehe Buchtext 5.2.4
12. a) $U_1 = 1{,}66\,V$; $U_2 = 3{,}75\,V$; $U_3 = 0\,V$
    b) $U_1 = 4{,}94\,V$; $U_2 = 0{,}694\,V$; $U_3 = 3{,}54\,V$
    c) $U_{1eff} = 5\,V$; $f_K = -1{,}2\%$
    $U_{2eff} = 3{,}82\,V$; $f_K = -82\%$
    $U_{3eff} = 3{,}54\,V$; $f_K = 0\%$

B 5.3 Messung des Effektivwerts von Strom und Spannung

1. Siehe Buchtext 5.2.3
2. Siehe Buchtext 5.3
3. und 4. Siehe Buchtext 5.3.1
5. Siehe Buchtext 5.3.3
6. Siehe Buchtext 5.3.4
7. Siehe Buchtext 5.3
8. $U_1 = 5\,V$; $U_2 = 3{,}82\,V$; $U_3 = 3{,}54\,V$

B 5.4 Kompensationsverfahren zur Spannungs- und Strommessung

1 bis 4. Siehe Buchtext 5.4

B 5.5 U/f- und U/t-Umformer

1. bis 6. Siehe Buchtext 5.5.1
7. Siehe Buchtext 5.5.2
8. a) $\hat{u} = 10\,V$
   b) $N = 200$

B 5.6 Leistungsmessung

1. Siehe Buchtext 5.6.1.1
2. Siehe Buchtext 5.6.1.2
3. Siehe Buchtext 5.6.1
4. Siehe Bilder 5.34 und 5.35
5. bis 7. Siehe Buchtext 5.6.1.3
8. bis 11. Siehe Buchtext 5.6.2

B 5.7 Messung von ohmschen Widerständen

1. Siehe Buchtext 5.7.1
2. a) $f_{MI} > f_{MU}$, gewählt Spannungsfehlerschaltung
   b) ohne Korrektur $R'_X = 6\,k\Omega$
   mit Korrektur $R_X = 5{,}9\,k\Omega$
   c) $f_R = \pm 3{,}68\%$
   d) $f_R = +\,5{,}37\%$
3. a) Siehe Buchtext 5.7.2
   b) $R_X = 1{,}14\,k\Omega$
   c) $f_R = \pm 0{,}18\%$
   Siehe Buchtext 1.2.2
4. a) Siehe Buchtext 5.7.2.2
   b) ohne Korrektur $R'_X = 457{,}14\,\Omega$
   mit Korrektur $R_X = 456{,}28\,\Omega$
   c) $f_R = \pm 1{,}17\%$
   Siehe Buchtext 1.2.2

5. Siehe Buchtext 5.7.3
6. Siehe Buchtext 5.7.3.3
7. a) $R_X = 1{,}754\,k\Omega$
   b) $f_R = \pm 0{,}75\%$
   c) $f_R \approx \pm 0{,}25\%$
8. a) $U_{AB0} = -7{,}4626\,mV$ genau
   $U_{AB0} = -7{,}5\,mV$ Näherung
   $|f| = 0{,}5\%$
   b) $U_{AB} = -3{,}75\,mV$
9. a) alle Brückenwiderstände $3\,k\Omega$
   b) $U_0 = 20\,V$
10. Siehe Buchtext 5.7.4
11. und 12. Siehe Buchtext 5.7.5
13. und 14. Siehe Buchtext 5.7.6

B 5.8 Messung von Spulen und Kondensatoren

1. Kondensator: $R_R \approx 10\,\Omega$; $R_P \approx 100\,k\Omega$; $C = 159\,pF$
   Spule: $R_R \approx 20\,\Omega$; $R_P \approx 50\,k\Omega$; $L = 159\,\mu H$
2. a) $R_P = 63{,}34\,k\Omega$; $C \approx 200\,pF$
   b) $Q = 79{,}58$; $\tan\delta = 0{,}0126$
3. $L = 15{,}88\,mH$; $R_R = 49{,}88\,\Omega$
4. bis 6. Siehe Buchtext 5.8.2 bis 5.8.7
7. $L = 15{,}59\,mH$; $R_R = 20\,\Omega$
8. $L = 163{,}15\,mH$; $Q = 5{,}72$
9. $C = 0{,}748\,\mu F$; $R_P = 144{,}73\,k\Omega$
10. Siehe Buchtext 5.3.8
11. Siehe Buchtext 5.8.4
12. $Z_X = 4{,}394\,k\Omega$; $C_X = 36\,pF$; $R_{PX} = 39{,}789\,k\Omega$
13. a) $L = 538{,}9\,\mu H$; $Q = 140{,}79$
    b) $L = 308{,}9\,\mu H$; $Q = 193{,}77$
14. und 15. Siehe Buchtext 5.8.5.1
16. $\varphi_3 - \varphi_X = 0$; $\varphi_3 > 0$; Abgleich nur für $\varphi_X > 0$: induktiv
17. $L_X = L_3 \cdot \frac{C_1}{C_2}$; $R_X = R_3 \cdot \frac{C_1}{C_2}$
18. a) Siehe Bild 5.76b
    b) $C_X = 0{,}22\,\mu F$; $\tan\delta_X = 3{,}215.10^{-4}$
    c) $f_{CX} = \pm 1{,}5\%$; $f_{\tan\delta X} = +1{,}35\%$
19. $L_X = 7{,}125\,mH \pm 3{,}5\%$
    $Q_X = 44{,}77 \pm 2{,}6\%$
20. Siehe Buchtext 5.8.6
21. Siehe Buchtext 5.8.5.5
22. Siehe Buchtext 5.8.7

B 5.9 Frequenz- und Zeitmessung

1. und 2. Siehe Buchtext 5.9
3. Siehe Buchtext 5.9.1
4. Siehe Buchtext 5.9.2
5. und 6. Siehe Buchtext 5.9.2.1 und Bilder 5.84, 5.85
7. a) $f = 1{,}876430\,\text{MHz}$
   b) $f_Z = \pm 7{,}33.10^{-6}$
8. Siehe Bild 5.87

5.10 Phasenwinkelmessung

1. Siehe Buchtext 5.10
2. Siehe Buchtext 5.10
   Digitalanzeige: Kombination des Umformers mit einem Impulsbreitenzähler (Siehe 5.9.2.2)
3. Siehe Buchtext 5.10.2 und 5.8.3

B 6 Elektrische Messung nichtelektrischer Größen

1. und 2. Siehe Buchtext 6. und Bild 6.1
3. Siehe Tabelle 6.1 und 6.2
4. Siehe Buchtext 6. und Bild 6.2
5. Umformer führen eine physikalische Eingangsgröße in eine analoge physikalische Ausgangsgröße über.
   Umsetzer verändern die Signalstruktur:
   Analoge Eingangsgröße ... digitale Ausgangsgröße
   Digitale Eingangsgröße ... analoge Ausgangsgröße
   Digitaler Code 1 ... digitaler Code 2

B 6.1 Längenmessung

1. Siehe Buchtext 6.1.1.1
2. bis 5. Siehe Buchtext 6.1.1
6. bis 8. Siehe Buchtext 6.1.2

B 6.2 Winkelmessung

1. Siehe Buchtext 6.2
2. Siehe Buchtext 6.2.1
3. und 4. Siehe Buchtext 6.2.2

B 6.3 Messung der Dehnung

1. und 2. Siehe Buchtext 6.3
3. und 4. Siehe Buchtext 6.3.1

5. Siehe Buchtext 6.3.2
6. Siehe Bild 6.20
7. Siehe Buchtext 6.3.1
8. $\Delta R = 6\,\Omega$
9. a) Siehe Bild 6.20
   b) $U_0 = 0{,}9756\,\text{V}$
10. Siehe Buchtext 6.3.1

B 6.4 Kraftmessung

1. und 2. Siehe Buchtext 6.4.1 und 6.4.2
3. Siehe Bild 6.24 und Buchtext 6.4.1
4. Siehe Buchtext 6.4.1
5. $F = 100\,\text{N}$
6. Siehe Buchtext 6.4.2

B 6.5 Temperaturmessung

1. Siehe Buchtext 6.5.1
2. Pt 100
3. Ni 100: $R = 61{,}7\,\Omega$
   Pt 100: $R = 38{,}5\,\Omega$
4. Siehe Buchtext 6.5.1 und Bild 6.27
5. Siehe Tabelle 6.4
6. Siehe Buchtext 6.5.2 und Tabelle 6.3
7. bis 9. Siehe Buchtext 6.5.2
10. Siehe Bild 6.31
11. a) $U_{th} = 9{,}8\,\text{mV}$
    b) $\Delta U_{th} = \pm 280\,\text{mV}$
12. Siehe Buchtext 6.5.1 und 6.5.2

B 7 Elektronische Meßgeräte

B 7.1 Meßverstärker

1. Verringerung von Linearitätsfehlern, Stabilisierung des Verstärkungsfaktors, Erzeugung bestimmter Übertragungscharakteristiken.
2. Siehe Buchtext 7.1.1
3. Siehe Buchtext 7.1.2
4. *U-I*-Umformer, siehe Buchtext 7.1.2
5. Vernachlässigbare Offsetspannung,
   Frequenzband kann in die «ruhige Zone» gelegt werden,
   Arbeitspunktschwankungen des Verstärkers spielen kaum eine Rolle.
6. Die Trägerfrequenz muß in der «ruhigen Zone» liegen, oberhalb etwa 500 Hz und unterhalb etwa 50 kHz.
   Siehe Buchtext 7.1.4

7. Siehe Buchtext 7.1.4.1 und 7.1.4.2
8. Sie wird durch die Chopperfrequenz bestimmt und liegt etwa bei ⅕ der Chopperfrequenz.
9. Siehe Buchtext 7.1.4.1
10. Vernachlässigbare Offsetspannung,
    Grenzfrequenz kann oberhalb der Chopperfrequenz liegen.
11. Siehe Buchtext 7.1.4.2
12. Es sind verschiedene Lösungen möglich.
    Bild B4a zeigt die Lösung nach der Darstellung von Bild 7.15a.
    Bild B4b zeigt eine vereinfachte Schaltung.

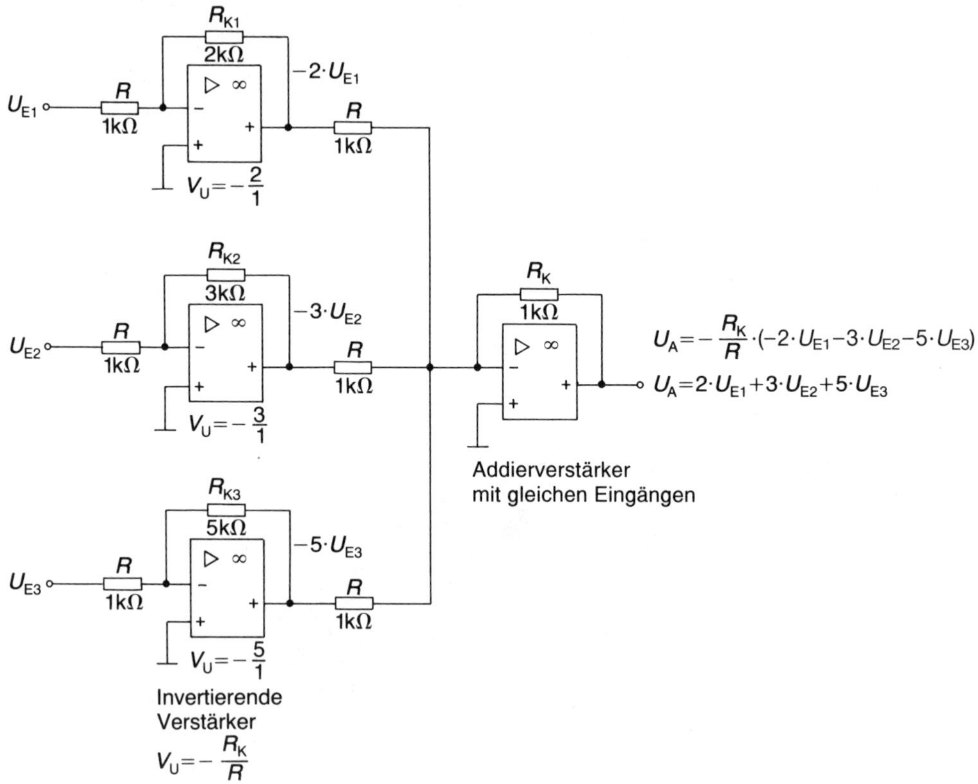

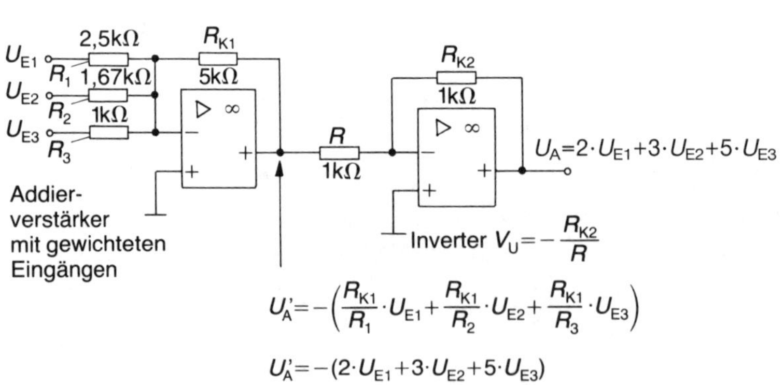

13. Nach Gleichung 5.54 kann die Brückenspannung berechnet werden: $U_{ABO} = 0{,}119\,V$. Vernachlässigt man den Eingangswiderstand des Subtrahierverstärkers, dann ist die Brücke als unbelastet zu betrachten (ist hier zulässig).
Mit Gleichung 7.6 und $U_{ABO} = U_{E1} - U_{E2} = 0{,}119\,V$, $R_K = 100\,k\Omega$ ergibt sich für $U_A = 1V$:

$$R = \frac{100\,k\Omega}{1\,V} \cdot 0{,}119\,V = 11{,}9\,k\Omega$$

Schaltung Bild B5

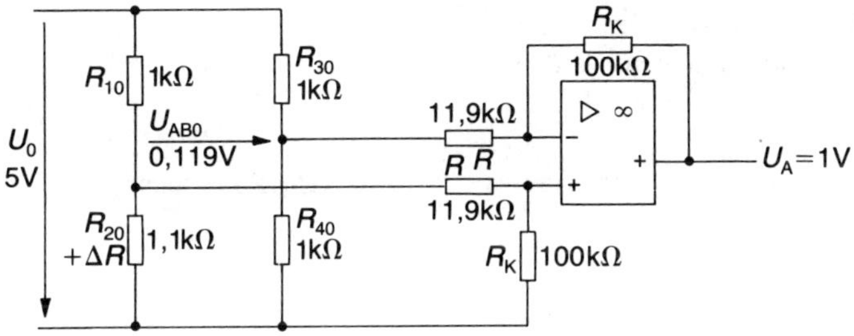

14. Schaltung Bild B6 zeigt die Lösung.

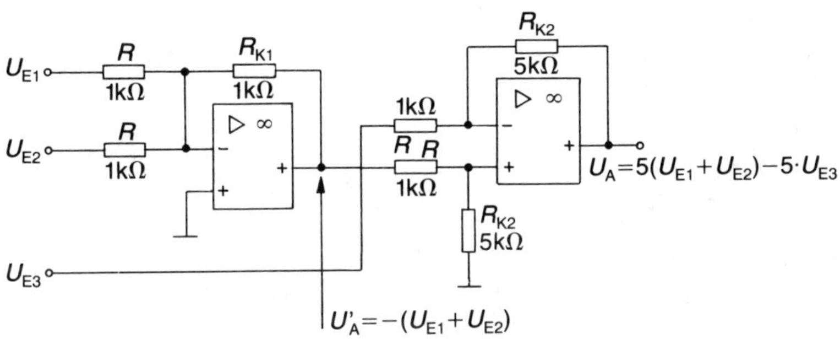

15. a) $V_{UDC} = -\,R1/R2 = -2V/0{,}2V = -10$
Mit $R_2 = 1\,k\Omega$ ergibt sich $R_1 = 10\,k\Omega$.
b) $|V_U| = \hat{u}_A/\hat{u}_E = 10\,mV/50\,mV = 0{,}2$
Mit Gleichung 7.9; $|V_{UDC}| = 10$; $|V_U| = 0{,}2$; $f_E = 1\,kHz$
ergibt sich $f_{go} = 20\,Hz$.
c) Aus Gleichung 7.10 kann C ermittelt werden mit $R_1 = 10\,k\Omega$ und $f_{go} = 20\,Hz$:
$C = 796\,nF$.
d) $t_E = 1{,}1/20\,Hz = 55\,ms$.
16. Siehe Buchtext 7.1.5.4
17. Siehe Bild 7.20

B 7.2 D/A- und A/D-Umsetzer

1. und 2. Siehe Buchtext 7.2
3. Siehe Buchtext 7.2.1.1

4. a) $2^{10} = 1024$
   b) 1LSB $\triangleq$ 10 V/1024 = 9,8 mV
   1MSB $\triangleq$ ½ · 10 V = 5 V
5. Unipolarbetrieb: Ausgangsspannung ist nur positiv (oder nur negativ)
   Bipolarbetrieb: Ausgangsspannung kann positive und negative Werte haben.
6. Siehe Buchtext 7.2.1.2
7. Siehe Buchtext 7.2.1.2
8. Siehe Buchtext 7.2.1.3
9. Siehe Buchtext 7.2.1.3
10. Es werden nur zwei verschiedene Widerstandswerte (R, $2R$) benötigt.
11. Durch Verwendung der Stromquellen werden die Restwiderstände der Schalter unwirksam.
    Siehe Buchtext 7.2.1.4
12. Die Digitaleingänge müssen latchesgepuffert sein, es muß ein Selektionseingang vorhanden sein (Chipselect).
13. Siehe Buchtext 7.2.2.1
14. Siehe Buchtext 7.2.2.1
15. $2^8 = 256$, $F_Q = \pm½ \cdot 10\text{V}/256 = \pm 19{,}5\,\text{mV}$
16. Siehe Buchtext 7.2.2.1
17. Siehe Buchtext 7.2.2.1
18. Momentanwertumsetzer und integrierende Umsetzer.
19. Während des Umsetzungsvorgangs wird die Eingangsspannung des ADU konstant gehalten.
20. Siehe Buchtext 7.2.2.2
21. Siehe Buchtext 7.2.2.2
22. Siehe Buchtext 7.2.2.2 und 7.2.2.3
23. $2^{13} = 8192$
    a) $U_E = 10\,\text{V}/8192 = 1{,}2207\,\text{mV}$
    b) $F_Q = 1$ Digit $\triangleq$ 1,2207 mV (ohne Nullpunktoffset) rel. Fehler auf Meßwert bezogen:
    $f_{\%} = 100\% \cdot 1{,}2207\,\text{mV}/6{,}0\,\text{V} = 0{,}02\%$
24. a) $N_{max} = 10000$, Zählerüberlauf
    $T_1 = N_{max} \cdot T_o = 20\,\text{ms}$; $T_o = 2\,\mu\text{s}$; $f_o = 500\,\text{kHz}$
    b) $U_{REF} = 10\,\text{V}$
    c) $t_M \approx (10000 + 7950) \cdot 2\,\mu\text{s} = 35{,}9\,\text{ms}$
25. Siehe Buchtext 7.2.2.4

B 7.3 Digitalmultimeter

1. Gleich- und Wechselspannungen,
   Gleich- und Wechselströme,
   Widerstandswerte.
2. Siehe Buchtext 7.3.1
3. Siehe Buchtext 7.3.2

B 7.4 Spezialoszilloskope

1. a) Aufnahme des Kennlinienfeldes von Transistoren,
   b) Messung von Hochfrequenzspannungen z. B. bei 1 GHz,
   c) Darstellung des Frequenzspektrums einer verzerrten Sinusspannung, Messung des Klirrfaktors,
   d) Aufnahme und Speicherung der Ladespannung an einem Kondensator,
   e) Darstellung der Datenbussignale bei Abarbeitung eines Maschinenbefehls eines Mikroprozessors.
2. Echtzeitdarstellung: Das Oszillogramm zeigt die während der Strahlablenkung vorhandenen Momentanwerte der Eingangsspannung.
   Sequentielles Samplingverfahren: Das Oszillogramm setzt sich aus einzelnen Abtastwerten der Eingangsspannung zusammen, wobei jeder Periode des Eingangssignals nur ein Abtastwert entnommen wird.
   Siehe Buchtext 7.4.2
3. Siehe Buchtext 7.4.2.1
4. Der Ablenkfaktor wird durch die Anstiegszeit der Sägezahnspannung und die Stufenhöhe der Treppenspannung bestimmt. Siehe Buchtext 7.4.2.2.
5. a) $K_t = 10\,\text{ns}/10\,\text{cm} = 1\,\text{ns/cm}$
   b) $T_E = 1/100\,\text{s} = 10\,\text{ms}$; $t_x = 10\,\text{ms} \cdot 20\,\text{Samples/cm} \cdot 10\,\text{cm}$
   $t_x = 2\,\text{s}$.
   c) Die Durchlaufzeit des Strahls ist zu langsam. Es entsteht kein zusammenhängendes Bild mehr.
   Abhilfe: Hier muß ein Samplingoszilloskop mit Bildspeicherröhre verwendet werden, bzw. ein digitalspeicherndes Samplingoszilloskop.
   Die Herabsetzung der Abtastdichte wäre prinzipiell ebenfalls eine Lösungsmöglichkeit. Allerdings käme man im vorliegenden Fall dann auf Abtastdichten von D = 0,5 Samples/cm und würde damit nur eine sehr grobe Darstellung des 10-ns-Impulses erhalten.
6. Die Bandbreite des Filters muß sehr klein gewählt werden. Damit ergäbe sich ein zu langsamer Strahldurchlauf in x-Richtung. Die Aufzeichnung mit Schreiber führt zu einem guten Ergebnis.
7. Die Frequenzverschiebung wird von Hand vorgenommen, die Spannungswerte werden über den Spannungsausgang des Analysators mit einem Spannungsmesser angezeigt.
8. Siehe Buchtext 7.4.3
9. Siehe Buchtext 7.4.4.1
10. Siehe Buchtext 7.4.4.1
11. Siehe Buchtext 7.4.4.1
12. Die x-Ablenkspannung wird mit einem DAU erzeugt, der synchron mit den Dualadressen des Anzeigespeichers angesteuert wird und so eine Treppenspannung bildet. Diese dient als x-Ablenkspannung.
13. Siehe Buchtext 7.4.4.1
14. $f_A \approx 5 \cdot 10\,\text{MHz}$
15. Siehe Buchtext 7.4.5
16. Oszilloskop: Die Signalaufnahme beginnt bei der Triggerung.
    Logikanalysator: Die Signalaufnahme wird bei der Triggerung beendet.
17. Siehe Buchtext 7.4.5

1. Siehe Buchtext 7.5.1
2. Siehe Buchtext 7.5.1
3. Die Meßdaten werden digital codiert übertragen,
   der Bus arbeitet im Multiplexbetrieb,
   am Meßbus sind viele verschiedene Meßgeräte parallel geschaltet oder werden seriell angekoppelt,
   die Steuerung wird von einem Systemcontroller oder Steuerrechner übernommen.
4. Siehe Buchtext 7.5.2
5. Siehe Buchtext 7.5.2.1
6. Adreßbereich 00 bis 30 (dezimal),
   Betrieb von 15 Geräten einschließlich Controller.
7. 8 Datenbusleitungen, 5 Managementbusleitungen, 3 Handshakeleitungen.
8. Siehe Buchtext 7.5.2.1
9. Siehe Bild 7.81, Buchtext 7.5.2.1
10. Siehe Buchtext 7.5.2.1
11. Siehe Bild 7.82
12. ATN = L: Es werden Busbefehle übertragen,
    ATN = H: Es werden Meßdaten oder Einstellparameter übertragen.
13. Entadressierbefehle,
    Universalbefehle,
    adressierte Befehle
14. Siehe Buchtext 7.5.2.3
15. Sender- und Empfängerhandshake ist möglich,
    die Talkerfunktion und die Listenerfunktion sind in der einfachsten Form vorhanden,
    SRQ ist nicht möglich,
    Umschaltung von Fernsteuerung in Handsteuerung ist möglich,
    die Rücksetzfunktion ist vorhanden,
    das Gerät ist nicht triggerbar,
    das Gerät hat keine Controllerfunktion,
    Parallel-Polling ist nicht möglich,
    die Treiber arbeiten mit Opencollektorstufen.
16. x01 – Listenerprogrammierung des Gerätes mit der Adresse 11100 $\triangleq$ 28 (dezimal).
17. Selectcode des Controllerinterfaces und Interfaceadresse des anzusprechenden Peripheriegerätes. Siehe Buchtext 7.5.3.

Literaturverzeichnis

Kapitel 1

VIEWEG, R.: *Maß und Messen in kulturgeschichtlicher Sicht.* Steiner-Verlag, Wiesbaden, 1962.
PTB-Bericht: *Probleme bei der Darstellung elektrischer Einheiten.* PTB-E – 12. Juni 1979.
Das internationale Einheitensystem (SI). Vieweg, Braunschweig, 1977.
WINTER, F. W.: *Die neuen Einheiten im Meßwesen.* Girardet, Essen, 2. Aufl. 1974.
SCHRADER, H. J.: *Normalien der Meßtechnik,* VDE-Verlag, Berlin, 1962.
MELCHERT, F.: *Darstellung der Spannungseinheiten mit Hilfe des Josephson-Effektes.* Technisches Messen atm 46 (1979) 2, S. 59–68.
DIN 1319: Grundbegriffe der Meßtechnik, Beuth-Vertrieb, Berlin.
Blatt 1: Messen, Zählen, Prüfen
Blatt 2: Begriffe für die Anwendung von Meßgeräten
Blatt 3: Begriffe für die Fehler beim Messen
DIN 1301: Einheiten, Einheitennamen, Einheitenzeichen, 1971.
VDE 0410: Regeln für elektrische Meßgeräte, VDE-Verlag, Berlin.
VDI/VDE 2600: Metrologie, 1973.
Blatt 1: Gesamtstichwortverzeichnis
Blatt 2: Grundbegriffe
Blatt 3: Gerätetechnische Begriffe
Blatt 4: Begriffe zur Beschreibung der Eigenschaften von Meßeinrichtungen
VDE/VDI 2620 Blatt 1 und 2: Fortpflanzung von Fehlergrenzen bei Messungen, 1974.
RÜMCKER, B.: *SI-Einheiten / Gesetzliche Einheiten und ihre Anwendungspflicht in der Praxis ab 1978.* Weka-Verlag, 1978.
LUDWIG, R.: *Methoden der Fehler- und Ausgleichsrechnung.* Braunschweig, Vieweg-Verlag, 1969.
BARFORD, N. C.: *Kleine Einführung in die statistische Analyse von Meßergebnissen.* Akademische Verlagsgesellschaft, Frankfurt/Main, 1970.
KREYSZIG, E.: *Statische Methoden und ihre Anwendung.* Göttingen, Vandenhoek & Ruprecht, 1977.
SCHRÜFER, E.: *Zuverlässigkeit von Meß- und Automatisierungseinrichtungen,* München-Wien, Carl Hanser Verlag, 1984.
DREYER, H. / SAUER, W.: *Prozeßanalyse,* Berlin, VEB-Verlag Technik, 1982.

Kapitel 2

RINT, C.: *Handbuch für Hochfrequenz- und Elektrotechniker, Band 1.* Verlag für Radio-Foto-Kinotechnik, Berlin, 1954.
MEISTER, H.: *Elektronische Grundlagen – Elektronik 1.* Würzburg, Vogel Buchverlag.
GRAVE, H. F.: *Grundlagen der Elektrotechnik I und II.* Akademische Verlagsgesellschaft, Frankfurt, 1971.

Kapitel 3

MERZ, L.: *Grundkurs der Meßtechnik,* Teil 1. Oldenbourg, München, 1974.
PFLIER, P. M./JAHN, H.: *Elektrische Meßgeräte und Meßverfahren.* Springer, Berlin, 1965.
STÖCKL/WINTERLING: *Elektrische Meßtechnik.* Teubner, Stuttgart, 1968.
SCHULTZ, J.: *Elektrische Meßtechnik – 1000 Begriffe für den Praktiker.* Berlin, VEB-Verlag Technik, 1986.
SIEMENS: *Elektrische Meßgeräte und Meßeinrichtungen.* 1973.
BAETZ, O./KRANNICH, W./POTT, B.: *Elektrische Registriergeräte.* Berlin, AEG-Verlag, 1967.
SÖRENSEN, C./BIENECKE, O./HEDERER, A.: *Schnellschreibende Meßgeräte.* Siemens AG, München, 1972.

Kapitel 4

KLEIN, P. E.: *Das Oszilloskop.* München, Franzis Verlag, 1979.
LIPINSKI, K.: *Das Oszilloskop, Funktion und Anwendung.* Berlin, VDE-Verlag, 1976.
FRICKE, H. W.: *Das Arbeiten mit Elektronenstrahl-Oszilloskopen.* Band 1, Arbeitsweise und Eigenschaften. Heidelberg, Dr. Alfred Hüthig Verlag, 1976.
HUTTEN, H.: *Die Sampling- oder Abtastmethode in der Meßtechnik.* Radio Mentor, 1964, S. 197–201.

Kapitel 5

SCHRÜFER, E.: *Elektrische Meßtechnik.* München–Wien, Carl Hanser Verlag, 1984.
OSINGA, J./MAASKANT, J. W.: *Handbuch der elektronischen Meßgeräte.* München, Franzis Verlag, 1984.
BAIER, W.: *Elektronik-Lexikon.* Stuttgart, Franckh'sche Verlagshandlung, 1982.
BERGMANN, K.: *Elektrische Meßtechnik.* Braunschweig, Vieweg, 1981.
BEUTH, K./SCHMUSCH, W.: *Grundschaltungen der Elektronik – Elektronik 3.* Würzburg, Vogel Buchverlag.
BEUTH, K.: *Digitaltechnik – Elektronik 4.* Würzburg, Vogel Buchverlag.
ARNOLDS, F.: *Elektronische Meßtechnik.* Stuttgart, Verlag Berliner Union, 1976.
MEINKE, H./GUNDLACH, F. W.: *Taschenbuch der Hochfrequenztechnik.* Springer. Berlin, 1968.
DIN 40 700: Schaltzeichen, Digitale Informationsverarbeitung. Berlin/Köln, Beuth-Verlag, 1976.
HELKE, H.: *Gleichstrommeßbrücken, Gleichspannungskompensatoren und ihre Normale.* München/Wien, R. Oldenbourg-Verlag, 1971.
HELKE, H.: *Meßbrücken und Kompensatoren für Wechselstrom.* München/Wien. R. Oldenbourg-Verlag, 1971.
PROFOS, P.: *Handbuch der industriellen Meßtechnik.* Vulkan-Verlag, Essen, 1974.
WILHELMY, L.: *Meßgerät für Widerstände von mΩ ... TΩ.* Elektronik 1981, 21, S. 65–66.
ROHDE & SCHWARZ: *Elektronische Meßgeräte und Meßsysteme.* Katalog 1983/84.
LANGE, W. R.: *Digital-Analog/Analog-Digital-Wandlung.* Oldenbourg, München, 1974.
HOFER, H.: *Datenfernverarbeitung.* Springer, Berlin, 1973.
MERZ, L.: *Grundkurs der Regelungstechnik.* Oldenbourg, München, 1976.

Kapitel 6

MERZ, L.: *Grundkurs der Meßtechnik,* Teil 2: *Das elektrische Messen nichtelektrischer Größen.* Oldenbourg, München, 1973.
JÜTTEMANN, H.: *Grundlagen des elektrischen Messens nichtelektrischer Größen.* VDI-Verlag, Düsseldorf, 1974.
WINKLER, J./BUCHER, E./MASSOW, H./KÖLBEL, E.: *Technische Mechanik für Ingenieurschulen, Band 2, Festigungslehre.* Deutsch, Frankfurt, 1973.
NIEBUHR, J.: *Physikalische Meßtechnik; Band 1: Aufnehmer und Anpasser; Band II: Meßprinzipien und Meßverfahren.* München–Wien, R. Oldenbourg-Verlag, 1977.
KRONMÜLLER, H./BAKARAT, F.: *Prozeßmeßtechnik I – Elektrisches Messen nichtelektrischer Größen.* Berlin, Springer, 1974.
VALVO: Sensoren. Hamburg, Valvo Unternehmensbereich Bauelemente der Philips GmbH.
SCHMIDT, W./FEUSTEL, O.: *Optoelektronik kurz und bündig.* Würzburg, Vogel-Verlag, 1975.
TICHÝ, J./GAUTSCHI, G.: *Piezoelektrische Meßtechnik.* Berlin, Springer, 1980.
STEUDEL, E./WUNDERER, P.: *Gleichstromverstärker kleiner Signale.* Akad. Verlagsges. Frankfurt, 1967.
WEICHERT, L.: *Temperaturmessung in der Technik.* Lexika-Verlag, 1976.
KLAPPE, H. J. A.: *Platin-Widerstandsthermometer für industrielle Anwendungen.* Technisches Messen tm 54 (1987), 4, 130–140.
KRAUSE, D./SCHWANDTNER, D.: *Der Einfluß der Vergleichsstellen-Temperatur bei Temperaturmessungen mit Thermoelementen und Meßverstärkern, Teil 1: Grundlagen der Temperaturmessung mit Thermoelementen und Linearisierung der Kennlinien im Meßverstärker.* Technisches Messen atm 49 (1982), 9, 303–307.
PRIESS, U.: *Schwingquarze als hochauflösende Temperaturfühler.* Elektronik 1982, 6, S. 49.
Elektrische Meßgeräte für den Umweltschutz. Herausgegeben vom Fachverband Meßtechnik und Prozeßautomatisierung im ZVEI, Frankfurt, 1973.
KRIST, TH.: *Grundwissen Umweltschutz.* Technik-Tabellen-Verlag Fikentscher & Co., Darmstadt, 1974.

BEUTH, K., SCHMUSCH, W.: *Grundschaltungen – Elektronik 3.* Würzburg, Vogel Buchverlag.
Analog Devices Inc.: Data Conversion Products Databook 1988, Norwood: Mass., USA.
Burr-Brown Corp.: Burr-Brown Integrated Circuits Data Book, Volume 33, 1989, Tucson, USA.
Precision Monolithics Inc.: Full Line Catalogue. Santa Clara: Cal., USA.
National Semiconductor Corp.: Linear Applications Handbook, 1986, Santa Clara: Cal., USA.
STADLER, E., HARTMANNSGRUBER, J.: *Meßtechnik.* Tettnang: Verlag Senn, 1985.
BENZ, W.: *Meßtechnik.* Frankfurt a. M.: Frankfurter Fachverlag, 1988.
SCHMIDT, H., WEBER, W.: *Messen und Experimentieren.* Bonn: Ferd.-Dümmlers-Verlag, 1989.
Philips Export B. V.: 35 MHz Four Channel Digital-Oscilloscope – PM 3305 Service Manual, Eindhoven: Holland, 1985
HENSE, S.: Hewlett-Packard Interface Bus. Frankfurt: Hewlett-Packard GmbH, 1985.
Hewlett-Packard Company: 3478A Multimeter Operator's Manual. Loveland: Colorado, USA, 1983.
REMBOLD, U., ARMBRUSTER, K., ÜLZMANN, W.: *Interface-Technologie für Prozeßrechner.* München–Wien: R. Oldenbourg Verlag, 1981.
MAGIN, R., WÜCHNER, W. (Hrsg.): *Digitale Prozeßleittechnik.* Würzburg: Vogel Buchverlag, 1987.
Rhode & Schwarz GmbH.: Elektronische Meßgeräte und Meßsysteme. Gesamtkatalog, München: 1992.
Burster-Präzisionsmeßtechnik: Gesamtkatalog 1989, Gernsbach.

Stichwortverzeichnis